高 等 学 校 规 划 教 材

# Physical Chemistry

# 物理化学（下）

（第二版）

唐浩东 刘 佳 李小年 主编

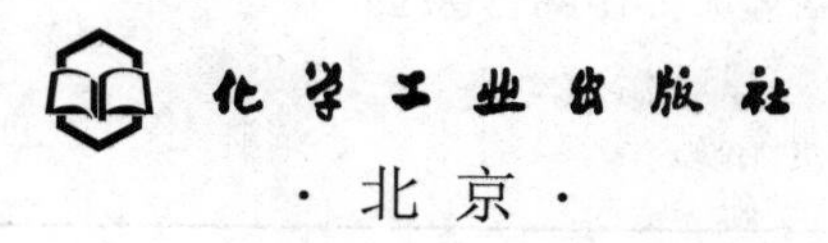


·北京·

## 内 容 简 介

《物理化学》（第二版）分上、下册出版。上册包括气体的 $pVT$ 关系和性质、热力学第一定律、热力学第二定律、多组分系统热力学、化学平衡和相平衡六章；下册包括电化学、统计热力学、界面现象、胶体化学和化学动力学五章。书中列举了众多物理化学在日常生活和科研生产中的实例，有助于读者对物理化学原理和定律的理解。本书对重难点知识点和部分例题习题配有微课讲解，读者可扫封底二维码获得正版授权后免费学习。

本书可作为高等院校化学类、化工类、材料类、制药类、环境类、生化类等专业的教学用书，亦可作为科研和工程技术人员的参考书。

**图书在版编目（CIP）数据**

物理化学．下/唐浩东，刘佳，李小年主编．—2版．—北京：化学工业出版社，2021.11（2024.8重印）

高等学校规划教材

ISBN 978-7-122-40339-1

Ⅰ.①物… Ⅱ.①唐…②刘…③李… Ⅲ.①物理化学-高等学校-教材 Ⅳ.①O64

中国版本图书馆CIP数据核字（2021）第239824号

责任编辑：宋林青 李 玹　　装帧设计：史利平

责任校对：李雨晴

出版发行：化学工业出版社（北京市东城区青年湖南街13号 邮政编码100011）

印 装：河北延风印务有限公司

787mm×1092mm 1/16 印张20 字数496千字 2024年8月北京第2版第2次印刷

购书咨询：010-64518888　　售后服务：010-64518899

网 址：http://www.cip.com.cn

凡购买本书，如有缺损质量问题，本社销售中心负责调换。

定 价：45.00元

# 目录

## 第7章　电化学　1

## 第8章 统计热力学初步 80

关注易读书坊
扫封底授权码
学习线上资源

# 第7章 电化学

关注易读书坊
扫封底授权码
学习线上资源

电化学主要是研究电能和化学能之间的相互转化及转化过程中有关规律的科学。

电化学是一门历史悠久而又前沿的学科。说它悠久，最早可以追溯到1791年意大利生物学家伽法尼（L. Galvani）发现的两端与金属相连的蛙腿肌肉发生抽缩的“生物电”现象。但是真正的电化学当从1799年算起，1799年意大利物理学家伏特（A. Volta）在伽法尼“生物电”现象启发下发明的用不同金属片夹湿纸组成的“电堆”，即所谓“伏打堆”，这是化学电源的雏形。“电堆”的出现早于“电-磁”转换现象的发现和直流电机发明，化学电源是当时唯一能提供恒稳电流的电源。因此，在“伏打堆”产生电流后，当时的人们不禁要问：“电”从何而来？为回答这一提问，产生了两种有代表性的解释。一为“接触”说——伏特本人的观点，伏特认为，金属内有一种物质叫“电流体”，是金属本身所固有的，同时他还认为不同的金属其“张力”不同，当两金属接触时，“电流体”从“张力”高的金属流向“张力”低的金属从而形成电流。尽管伏特的“接触”说很形象（“张力”相当于现在的电压，“电流体”相当于现在的电子），但他既没有说清“电流体”和“张力”的物理意义，如何测定？也没有解释介质的作用。另一解释为“化学说”——法拉第（随后还有奥斯特瓦尔德等化学工作者）认为：电堆供电必须伴随着金属/溶液界面上的化学反应，否则不可能产生电，也就是说“化学作用产生了电，电就是化学作用”（法拉第语）。随后的法拉第定律提供了电量与化学反应物质的量之间的定量关系，成为“化学说”无可辩驳的事实根据。1834年法拉第电解定律的发现为电化学奠定了定量基础。其后，19世纪下半叶，经过亥姆霍兹和吉布斯的工作，赋予电池的电动势以明确的热力学含义；1889年能斯特用热力学导出了参与电极反应的物质活度与电极电势的关系，即著名的能斯特方程；1923年德拜和休克尔提出了人们普遍接受的强电解质稀溶液静电理论。这些研究大大地促进了电化学在理论探讨和实验方法方面的发展。20世纪40年代以后电化学暂态技术的应用和发展、电化学方法与光学和表面技术的联用，使人们可以研究快速和复杂的电极反应，可提供电极界面上反应中间物的信息。电化学的发展与固体物理、催化、生命科学等学科的互相渗透，使得电化学一直是物理化学中一支比较活跃的分支学科。

电化学应用非常广泛，举例如下。①电解工业和电化学合成：氯碱工业是仅次于合成氨和硫酸的无机基础工业，尼龙66的单体己二腈是通过电解合成的；铝、钠等轻金属的冶炼，铜、锌等金属的精炼用的都是电解法。②金属表面处理：机械工业中用电镀、电抛光、电泳涂漆等来完成部件的表面精整。③电化学环保：可用电渗析的方法除去氰离子、铬离子等污染物，以达到环境保护的目的。④化学电源：如手机的可充电电池、宇宙飞船上使用的燃料电池。⑤金属防腐（大部分金属腐蚀是电化学腐蚀）：对大型钢铁桥梁和钢铁建筑通过外加电流的阴极保护、对海洋中战舰进行牺牲阳极的防腐等都是利用电化学原理进行的金属防腐。⑥生理过程中的电化学现象：许多生命现象如人体横膈肌及其动作神经产生电，神经通过生物电流进行信息传递等，都涉及电化学机理。⑦电分析：利用电化学原理发展起来的各种电化学分析法已成为实验室和工业监控的不可缺少的手段。正如马克思所说“世界上几乎没有一件事物的发生、变化不伴随着电现象的产生”。

物理化学课程中的电化学主要介绍电化学的基础理论和部分应用，即用热力学的方法来研究化学能与电能之间相互转换的规律。其中主要包括电能与化学能相互转化的两方面内容：一方面是利用化学反应来产生电能——将能够自发进行的化学反应放在原电池装置中使化学能转化为电能；另一方面是利用电能来驱动化学反应——将不能自发进行的反应放在电解池装置中输入电流使反应得以进行。

无论是化学能转化为电能，还是电能转化为化学能，都离不开作为介质的电解液。因此本章在介绍原电池和电解池的电化学原理之前，先介绍一些电解质溶液的基本性质。



## 7.1 离子的迁移

### 7.1.1 原电池和电解池

电化学过程必须通过电化学池（简称为电池）才能实现，电池可以分为两类：**原电池**和**电解池**。

**(1) 原电池**

原电池又称为化学电源，是将化学能转变为电能的装置。在原电池中，体系通过电极反应自发地将自身的化学能转变为电能。如图 7-1(a) 所示的丹尼尔电池。在图 7-1 中，虚线框内称为内电路，虚线框外为外电路。内电路导体为电极和电解质溶液，电解质通过离子导电。外电路通过电子导电。电极是电子得失场所，即发生氧化-还原的地方。（允许离子通过的）多孔滤芯膜将电池分为两部分：一部分由 Zn 电极及其相应的电解质（$ZnSO_4$ 溶液）构成；另一部分由 Cu 电极和相应的电解质（$CuSO_4$ 溶液）构成，两个电极与相应的电解质构成一完整的原电池（或电解池）。在原电池中，作为电极，Zn 板和 Cu 板分别插入用多孔滤芯膜隔开的 $ZnSO_4$ 和 $CuSO_4$ 溶液中，并通过铜线与负载电阻串联形成回路。在丹尼尔电池中，由于 Zn 较 Cu 易失去电子而发生氧化反应 $Zn \longrightarrow Zn^{2+} + 2e^-$，$Zn^{2+}$ 进入溶液，电子则留在电极上并通过导线向 Cu 电极运动，故 Zn 板电势较低作为负极；相对于 Zn 而言，Cu 较易获得电子而发生还原反应 $Cu^{2+} + 2e^- \longrightarrow Cu$，溶液中 $Cu^{2+}$ 在 Cu 电极上获得电子变成 Cu。Cu 极由于缺少电子而具有较 Zn 高的电势作为正极。总的结果是，自发化学反应 Zn+

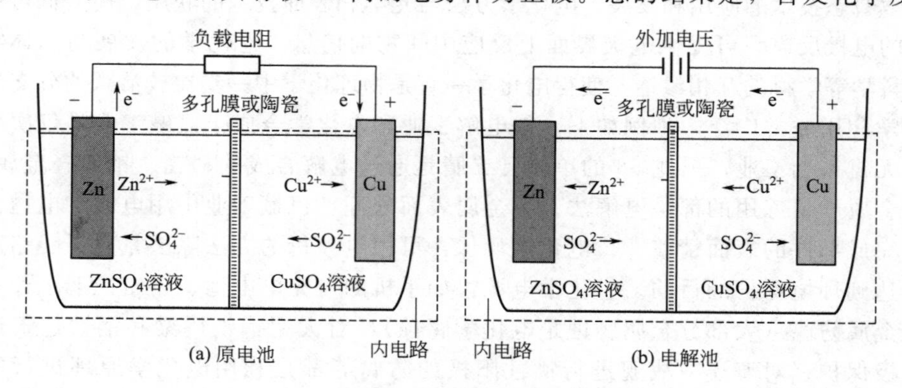


图 7-1 原电池与电解池

$Cu^{2+} \longrightarrow Zn^{2+} + Cu$ 发生的同时，对外做了电功，即化学能转化成了电能。

**(2) 电解池**

电解池是将电能转变为化学能的装置。最常见的情况是使原本自发进行的化学反应逆向进行，如图 7-1(b) 所示。为了使 Zn 极发生还原反应，需要从外电路输入电子，故将 Zn 电极与外电路的低电势端（负极）相连；而 Cu 电极上发生氧化反应，需要向外输出电子，故将 Cu 电极与外电路的高电势端（正极）相连。即外加电压的正、负极与原电池的正、负极一致。当外加电压足够高时，非自发化学反应 $Zn^{2+} + Cu \longrightarrow Zn + Cu^{2+}$ 发生，总的结果是，外电路消耗了电功而实现了电能转化为化学能。

无论是原电池还是电解池，其共同特性是：当外电路接通时，在电极与溶液的界面上有电子得失的化学反应发生，溶液内部有离子作定向迁移运动。这种在电极与溶液界面上进行的化学反应称为**电极反应**；两个电极反应之和为总的化学反应，对原电池而言，称为**电池反应**，对电解池则称为**电解反应**。

**(3) 电极的命名**

电化学中规定：无论是原电池，还是电解池，发生氧化反应的电极为**阳极**，发生还原反应的电极为**阴极**。由于历史习惯，对于原电池，同时又规定：电势高的电极为**正极**，电势低的电极为**负极**。换言之，对于原电池，有两套电极名称的规定，使用时要加以区别和注意。

以丹尼尔电池为例，在丹尼尔电池中，Zn 在阳极上自动被氧化，失去的电子输出到外电路中，$Cu^{2+}$ 在阴极得到从外电路传来的电子被还原。电极及电池反应为

阳极　$Zn \longrightarrow Zn^{2+} + 2e^-$

阴极　$Cu^{2+} + 2e^- \longrightarrow Cu$

电池反应为　$Zn + Cu^{2+} \longrightarrow Zn^{2+} + Cu$

在电解池中 $Zn^{2+}$ 在阴极得到由外电路输入的电子被还原，而 Cu 在阳极失去电子被氧化。电极与总的电解反应如下。

阴极　$Zn^{2+} + 2e^- \longrightarrow Zn$（保持溶液的 pH 足够大）

阳极　$Cu \longrightarrow Cu^{2+} + 2e^-$

电解反应为　$Zn^{2+} + Cu \longrightarrow Zn + Cu^{2+}$

原电池与电解池的不同之处为：原电池中［图 7-1(a)］电子在外电路运行的方向是从阳极（负极）到阴极（正极），而电流的方向是阴极到阳极，阴极的电极电势较阳极电势高，故原电池中正极又称为阴极，负极为阳极。电解池中［图 7-1(b)］，虚线框内为内电路，电子由外电源的负极流向阴极，电流由外电源的正极流向阳极，再通过溶液流向阴极，故在电解池中阳极的电势较高，阴极的电势较低。

值得注意的是，无论是原电池还是电解池，在溶液内部，被还原的（阳）离子总是向阴极运动，被氧化的（阴）离子总是向阳极运动。电化学池的电极过程及电极名称如表 7-1 所示。

**表 7-1　电极过程及电极名称**

| 电极 | 阳极 | 阴极 |
| --- | --- | --- |
| 电极反应 | 氧化反应 | 还原反应 |
| 原电池 | 负极 | 正极 |
| 电解池 | 阳极 | 阴极 |

### 7.1.2 电解质溶液的导电机理

无论是原电池还是电解池，其外部的电流都是由金属导线传导，而内部的电流则是由电解质溶液传导。电解质的导电机理与金属的导电机理不同。能导电的物质统称为导体，常见的导体分为两类。第一类是电子导体，如金属、石墨、某些金属氧化物（如 $PbO_2$）、金属碳化物（如 WC）等。当电流通过时，导体本身不发生化学变化。温度升高，导体内部质点的热运动加剧，阻碍自由电子的定向运动，电阻增大，导电能力下降。第二类是离子导体，如电解质溶液、熔盐及固体电解质。在电场作用下，正、负离子分别向阴极和阳极运动，共同承担导电任务。在第二类导体中使用最广泛的是电解质的水溶液，当温度升高时，由于溶液的黏度降低，离子迁移速度加快，导电能力增加。

离子导体本身并不能构成回路，需要与电子导体一起共同构成回路。通常使用两个第一类导体作为电极，将其浸入电解质溶液中使极板与溶液直接接触。当电流通过时，溶液中阴离子向阳极运动，阳离子向阴极运动，同时在两个极板与溶液接触的界面上分别发生电子得失反应，以保持整个回路中电流的连续性。如图 7-1(a)、图 7-1(b) 所示，在回路中任一截面上，无论是金属导线、电解质溶液还是在极板与溶液的界面上，在相同时间内，必然有相同的电量通过。

### 7.1.3 法拉第 (Faraday)定律

1834 年英国科学家法拉第（Faraday Michael）在研究了大量电解过程后提出了著名的法拉第定律，即电解时在电极上发生化学变化的物质 B 的量与通入的电量成正比。仔细分析，法拉第定律包括两个方面：①在电极/溶液界面上发生化学变化的物质的质量与通入的电量成正比；②通电于若干个电解池串联的电路中，当所取的基本粒子的荷电数相同时，在各个电极上发生反应的物质，其物质的量相同，析出物质的质量与其摩尔质量成正比。如图 7-2 所示，当合上电键 K，同时有 1mol 电子和 1mol $Ag^+$ 向阴极运动并在电解池 1 的阴极上析出 1mol Ag（107.868g）。与此同时，根据法拉第定律，在电解池 $i$ 中一定有 1mol 电子和 1mol $1/2Cu^{2+}$ 在其阴极上析出（1/2×63.546g）。

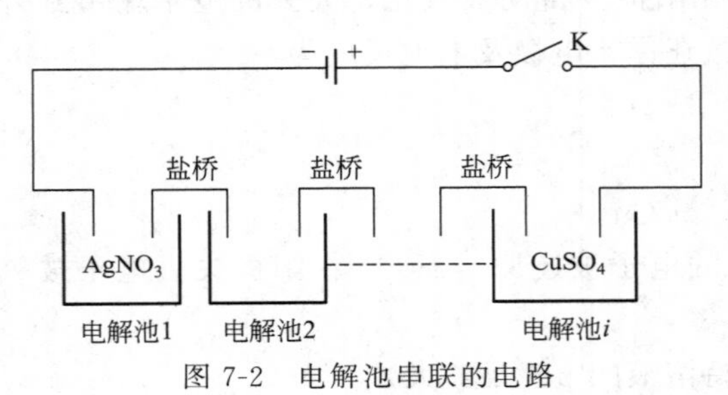


图 7-2 电解池串联的电路

如果以 $Q$ 表示通过的电量（单位为库仑，C），$n_{电}$ 表示电极反应得失电子的物质的量（单位为 mol），法拉第定律可表示为

$$Q=n_{电}F \tag{7-1}$$

式中，$F$ 称为法拉第常数，其物理意义为 1mol 电子的电量。已知一个电子的电量 $e=1.602176487\times10^{-19}$C，所以

$$F=Le=(6.02214179\times10^{23}\times1.602176487\times10^{-19})\text{C}\cdot\text{mol}^{-1}$$
$$=96485.34\text{C}\cdot\text{mol}^{-1}\approx96500\text{C}\cdot\text{mol}^{-1}$$

电极反应的通式可写为

$$M^{z+}(\text{氧化态})+ze^-\longrightarrow M(\text{还原态})$$

或

$$M(\text{还原态})\longrightarrow M^{z+}(\text{氧化态})+ze^-$$

式中，$z$ 为电极反应的电荷数（即转移的电子数），取正值，量纲为 1。当电极反应的反应进度为 $\xi$ 时，通过电极的元电荷的物质的量为 $z\xi$，通过的电荷数为 $z\xi L$（$L$ 为阿伏加德

罗常数），通过的电量为 $z\xi Le$，因为 $F=Le$，所以通过的电量可写为 $z\xi F$，即

$$Q=z\xi F \tag{7-2a}$$

电极上发生反应的物质的质量 $m$ 为

$$m=nM=\frac{MQ}{zF} \tag{7-2b}$$

式中，$n$ 和 $M$ 分别为发生反应的物质的量和摩尔质量。以上二式皆为法拉第定律的数学表达式。

法拉第定律是自然界中为数不多的最准确和最严格的自然科学定律之一，也是整个电化学研究和应用的基础，对电化学的发展起了巨大的作用。它反映了电量与电极上发生反应的物质的量的定量关系。在任何温度、压力下均可适用，也不受电解液浓度、溶剂、电极材料的影响。此外，不管是电解池还是原电池，不管是多个电化学装置串联起来的反应还是同一电极上的平行反应，法拉第定律都适用。

通过串联的电化学装置，可以设计出用于测量电路中所通过电量的装置，这种装置称为“电量计”或“库仑计”。常见电量计有“银电量计”“铜电量计”“气体电量计”。

**例 7-1** 在电路中串联有两个电量计，一个银电量计，一个铜电量计。当有 1 法拉第的电量通过电路时，问两个电量计上分别析出多少摩尔的银和铜？

**解** (1) 银电量计的电极反应为

$$Ag^{+}+e^{-}\longrightarrow Ag,\ z=1$$

当 $Q=1F=96500C$ 时，根据法拉第定律有

$$\xi=\frac{Q}{zF}=\frac{96500}{1\times96500}\text{mol}=1\text{mol}$$

由反应进度的定义可知

$$\xi=\frac{\Delta n_B}{\nu_B}$$

$$\Delta n_{Ag}=\nu_{Ag}\xi=(1\times1)\text{mol}=1\text{mol}$$

即当有 1 法拉第电量通过电路时，银电量计中就有 1mol 的 $Ag^{+}$ 被还原为 Ag 析出。

(2) 铜电量计的电极反应为

$$Cu^{2+}+2e^{-}\longrightarrow Cu,\ z=2$$

当 $Q=1F=96500C$ 时，根据法拉第定律有：

$$\xi=\frac{Q}{zF}=\frac{96500}{2\times96500}\text{mol}=0.5\text{mol}$$

由 $\xi=\Delta n_B/\nu_B$ 可得

$$\Delta n_{Cu}=\nu_{Cu}\xi=(1\times0.5)\text{mol}=0.5\text{mol}$$

$$\Delta n_{Cu^{2+}}=\nu_{Cu^{2+}}\xi=[(-1)\times0.5]\text{mol}=-0.5\text{mol}$$

即当有 1mol 的法拉第电量通过电路时，铜电量计就有 0.5mol 的 $Cu^{2+}$ 还原为 Cu 析出。

注意：当铜电量计的电极反应写为

$$\frac{1}{2}Cu^{2+}+e^{-}\longrightarrow\frac{1}{2}Cu,\ z=1$$

时，则相应的计算为

$$\xi=\frac{\Delta n_B}{\nu_B}$$

$$\Delta n_{\frac{1}{2}Cu}=\nu_{\frac{1}{2}Cu}\xi=(1\times1)\text{mol}=1\text{mol}\left(\frac{1}{2}Cu\right)$$

上述计算说明：①两种计算方法所得的析出 Cu 的质量相同，这说明虽然电荷数 $z$ 和反应进度 $\xi$ 与电极反应的书写（即计量数的不同）有关，但相同电量与所对应某物质发生反应的质量是相同的，与化学计量式书写无关，即电极上发生化学反应的物质的质量是与通过的电量成正比的；②通电于若干个电解池串联的电路中，当所取的基本粒子的荷电数相同时，在各个电极上发生反应的物质，其物质的量相同。

### 7.1.4 离子的迁移数

#### (1) 电迁移率

由电解质溶液导电机理可知，溶液中电流的传导是由离子的定向运动来完成的。电化学中把在电场作用下溶液中阳离子、阴离子分别向两极运动的现象称为**电迁移**。在一定的温度和溶液条件下，离子在电场中运动的速率与电位梯度有关，用公式表示为

$$v_+\propto dE/dl, \quad v_-\propto dE/dl$$

$$v_+=U_+(dE/dl), \quad v_-=U_-(dE/dl)$$

式中，$dE/dl$ 为电位梯度；比例系数 $U_+$ 和 $U_-$ 分别称为正、负离子的**电迁移率**，又称为**离子淌度**，即相当于单位电位梯度时离子迁移的速率，其单位是 $m^2\cdot V^{-1}\cdot s^{-1}$。电迁移率的数值与离子本性、溶剂性质、温度等因素有关，可以用界面移动法测量。表 7-2 列出了 25℃无限稀释水溶液中几种离子的电迁移率。

表 7-2 25℃无限稀释水溶液中几种离子的电迁移率

| 阳离子 | $U_+^\infty\times10^8/m^2\cdot V^{-1}\cdot s^{-1}$ | 阴离子 | $U_-^\infty\times10^8/m^2\cdot V^{-1}\cdot s^{-1}$ |
|---|---|---|---|
| $H^+$ | 36.30 | $OH^-$ | 20.52 |
| $K^+$ | 7.62 | $SO_4^{2-}$ | 8.27 |
| $Ba^{2+}$ | 6.59 | $Cl^-$ | 7.91 |
| $Na^+$ | 5.19 | $NO_3^-$ | 7.40 |
| $Li^+$ | 4.01 | $HCO_3^-$ | 4.61 |

#### (2) 迁移数

由法拉第定律可知，对于每一个电极来说，一定时间内，流出的电量＝流入的电量＝电路中任意截面流过的总电荷量 $Q$。在金属导线中，电流完全是由电子传递的，而在溶液中却是由阳、阴离子共同完成的。即

$$Q=Q_++Q_- \quad 或 \quad I=I_++I_- \tag{7-3}$$

式中，$Q_+$、$Q_-$ 及 $I_+$、$I_-$、$I$ 分别为阳、阴离子运载的电量、电流及总电流。由于大多数电解质的阳、阴离子的运动速率不同，即 $v_+\neq v_-$，因而通过一定电量时，由阳、阴离子运载的电量及电流也不相等，即 $Q_+\neq Q_-$，$I_+\neq I_-$。为了表示不同离子对运载电流的贡献，提出了**迁移数**的概念。当电流通过电解质溶液时，某种离子 B 所迁移的电量 $Q_B$ 与通过溶液的总电量（$\sum Q_B$）之比叫作该离子的**迁移数**。以符号 $t$ 表示，其量纲为 1。若溶液中只有一种阳离子和一种阴离子，它们的迁移数分别以 $t_+$ 和 $t_-$ 表示，有

$$t_+=\frac{Q_+}{Q_++Q_-}=\frac{I_+}{I_++I_-} \tag{7-4}$$

$$t_-=\frac{Q_-}{Q_++Q_-}=\frac{I_-}{I_++I_-} \tag{7-5}$$

显然

$$t_++t_-=1 \tag{7-6}$$

对于由多种离子组成的电解质溶液则有 $t_B=Q_B/Q$，$\sum t_B=1$。

某种离子运载电量的多少，与该离子的运动速率、浓度及所带电荷的多少有关。通电过程中，单位时间内正、负离子流过溶液中某一截面积 $A$ 的电量可由下式计算：

$$I_+=Av_+c_+z_+F$$

$$I_-=Av_-c_-z_-F \tag{7-7}$$

式中，$c_+$、$c_-$分别为正、负离子的体积摩尔浓度；$z_+$、$z_-$分别为正、负离子的荷电数；$v_+$、$v_-$分别为正、负离子的运动速率；$A$ 为截面积，$m^2$；$F$ 为法拉第常数。

很明显，单位时间内在 $Av_+$体积元内的正离子均可穿越截面 $A$，其所带的电量取决于 $c_+z_+F$，负离子与之类似。由于溶液整体是电中性，故有 $c_+z_+=c_-z_-$，而 $A$ 和 $F$ 均为常数，所以，将式(7-7) 代入式(7-4) 和式(7-5) 得

$$t_+=\frac{v_+}{v_++v_-}，t_-=\frac{v_-}{v_++v_-} \tag{7-8}$$

式(7-8) 似乎表明，离子迁移数主要取决于溶液中离子的运动速率，与离子的浓度及价态无关，尤其在电解质浓度较低，阴、阳离子价数相同时，确是如此。然而离子的运动速率要受到如温度、浓度、离子的大小、离子的荷电数（价态）、离子的水化程度等诸多因素的影响。因此说，$t_i$ 实际上是与离子的浓度及价态等因素有关的，尤其是在高浓度、多种电解质系统中。所以在给出离子在某种溶液中的迁移数时，应当标明相应的条件，特别是温度、离子种类及其浓度等。

离子的运动速率受浓度影响主要缘于离子间的相互作用。浓度较低时，这种作用不明显，但当浓度较大时，离子间的相互作用随距离的减小而增强，这时阴、阳离子的运动速率均会减慢。若阴、阳离子价数相同，由式(7-8) 可知，理论上 $t_+$、$t_-$受离子浓度的影响不是很大，例如 KCl 溶液中的阴、阳离子价数相同，其迁移数 $t_+$、$t_-$基本不受浓度的影响。但是，其他离子的迁移数一般会受到不同程度的影响。尤其当阴、阳离子价数不同时，高价离子的迁移速率随着浓度增加而减少的情况比低价离子要显著。图 7-3 为离子的电迁移过程的示意图。

假设有一 1-1 价型的电解质盛于电解池中，将电解池划分为阴极区、中间区和阳极区，通电前每部分含有 5mol 电解质，即 5mol 阳离子和 5mol 阴离子，如图 7-3(a) 所示，同时假设电极为惰性电极。图中每个＋、－分别代表 1mol 阳离子和 1mol 阴离子。通电后，根据正、负离子的相对运动速率之差异，阴、阳极区所剩下的电解质的物质的量亦不同。

第一种情况假设阳离子的运动速率等于阴离子运动速率（$v_+=v_-$），如图 7-3(b) 所示。根据电流通路上载荷量处处相等的原则，若通电 4$F$ 电量，阴极区将有 4mol 基本单元的物质（阳离子）在阴极上被还原；而阳极区则有 4mol 基本单元的物质（阴离子）在阳极上被氧化。为了保持整个回路中电流的连续，在任意截面处，有 2mol 的阳离子向阴极区迁移，同时有 2mol 的阴离子向阳极区迁移。最后的结果是：阳极上有 4mol 阴离子被氧化，阴极上有 4mol 阳离子被还原，而电解质溶液的阳极区、中间区和阴极区中电解质则分别由开始的 5mol 变成 3mol、5mol 和 3mol，中间区电解质的量在通电前后没有变化，而阴极区

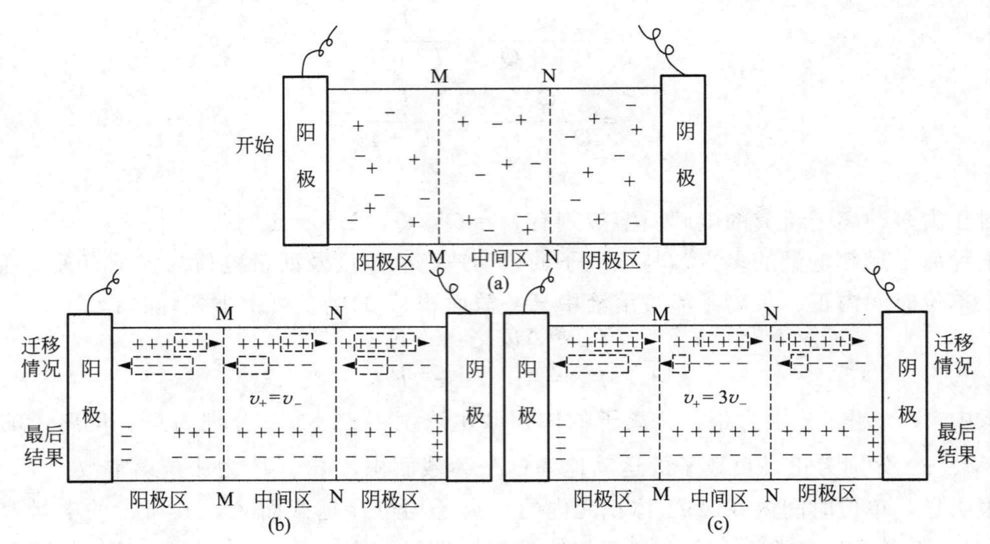


图 7-3　离子电迁移过程的示意图

和阳极区同时各减少了 2mol。

第二种情况是假设阳离子的运动速率 3 倍于阴离子（$v_+=3v_-$），如图 7-3(c) 所示。同样通电 $4F$ 电量，阴极区将有 4mol 基本单元的物质被还原于阴极上；而阳极区则有 4mol 基本单元的另一物质被氧化于阳极上；为了保持整个回路中电流的连续，在任意截面处，有 3mol 的阳离子向阴极区迁移，同时有 1mol 的阴离子向阳极区迁移。最后的结果是：阳极上有 4mol 阴离子被氧化，阴极上有 4mol 阳离子被还原，而电解质溶液的阳极区、中间区和阴极区中电解质则分别由开始的 5mol 变成 2mol、5mol 和 4mol，中间区电解质的量在通电前后仍然没有变化，但阴极区只少了 1mol，而阳极区少了 3mol。

由以上的实验结果分析可知

$$\frac{\text{阳极区电解质量的减少}}{\text{阴极区电解质量的减少}}=\frac{\text{正离子所传导的电量}(Q_+)}{\text{负离子所传导的电量}(Q_-)}=\frac{\text{正离子的迁移速率}(v_+)}{\text{负离子的迁移速率}(v_-)}$$

如果正、负离子荷电量不等，或电极本身也发生反应，情况就要更复杂一些。读者可参阅相关参考书。

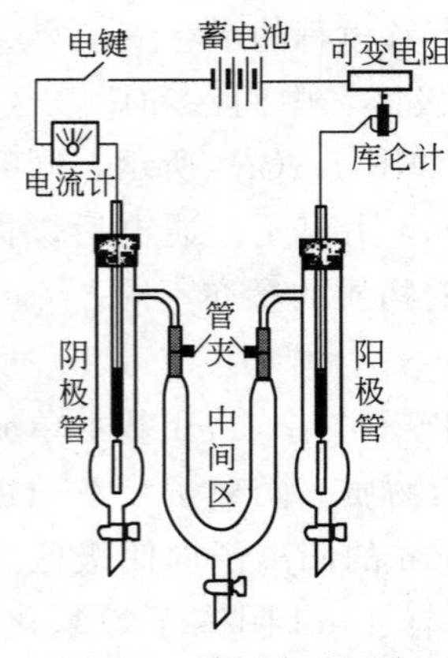


图 7-4　希托夫法测定离子迁移数的装置

### 7.1.5　离子迁移数的测定方法

测定迁移数的方法有多种，最直接的是希托夫（Hittorf）法和界面移动法。

**(1) 希托夫法**（电解法）

希托夫（Hittorf）法是电解法测量迁移数的经典方法，其基本思路来自于图 7-3。通过测定通电前后阴极区或阳极区指定离子 B 的物质的量的变化 $\Delta n_B$ 获得迁移数。实验装置如图 7-4 所示，迁移数管分为阳极区、中间区和阴极区三个部分。通电后，正、负离子分别向阴、阳极迁移，通电结束后可自活塞放出两电极附近的电解液以分析其浓度，所通过的电量可自电量计测出，根据式(7-4)～式(7-6) 的定义和式(7-2) 的法拉第定律，可以通过下面二式计算 $t_+$ 和 $t_-$：

$$t_{+}=\frac{\text{阳离子迁出阳极区的物质的量}}{\text{电极反应的物质的量}}=\frac{\Delta n_{+(\text{迁移})}}{n_{\text{反应}}} \tag{7-9a}$$

$$t_{-}=\frac{\text{阴离子迁出阴极区的物质的量}}{\text{电极反应的物质的量}}=\frac{\Delta n_{-(\text{迁移})}}{n_{\text{反应}}} \tag{7-9b}$$

式(7-9a) 和式(7-9b) 中的分母项可通过库仑计所测电量算出电极反应的物质的量。而分子项则需要根据阳极区或阴极区电解前后的物质的量的变化，并结合电极上发生的氧化还原反应，通过物料衡算求得。在式(7-9a) 和式(7-9b) 中涉及物质的量的计算时，所有物质（迁移的离子或电极反应中的离子）必须荷相同的电荷。物料衡算的基本思路是：电解后某种离子在阴（或阳）极区剩余的物质的量 $n_{\text{电解后}}$＝该离子电解前的物质的量 $n_{\text{电解前}}$±该离子参与电极反应的物质的量 $\Delta n_{\text{反应}}$±该离子迁移的物质的量 $n_{\text{迁移}}$，即

$$n_{\text{电解后}}=n_{\text{电解前}}\pm n_{\text{反应}}\pm n_{\text{迁移}} \tag{7-10}$$

$n_{\text{反应}}$前的正负号，根据电极反应是增加还是减少该离子在相应极区中的浓度来确定，增加取＋，减少取－。如果所要计算的离子 B 不参加电极反应则 $n_{\text{反应}}=0$；$n_{\text{迁移}}$前面的正负号，根据该离子是迁入还是迁出来确定，迁入取＋，迁出取－。下面通过具体的例子来说明。

**例 7-2**　用银电极电解 KCl 水溶液。电解前每 100g 溶液中含有 KCl 0.7422g。阳极溶解下来的 $Ag^+$ 与溶液中的 $Cl^-$ 反应生成 AgCl(s)，其反应可表示为 $Ag \longrightarrow Ag^+ + e^-$，$Ag^+ + Cl^- \longrightarrow AgCl(s)$，总反应为 $Ag + Cl^- \longrightarrow AgCl(s) + e^-$。通电一定时间后，测得银电量计中沉淀了 0.6136g Ag，并测知阳极区溶液重 117.51g，其中含 KCl 0.6659g。试计算 $t_{K^+}$ 和 $t_{Cl^-}$。

**解**　由 Ag 电量计上析出的 Ag 计算通过电解池的电量或电极上发生反应的物质的量

$$n_{\text{反应}}=\frac{0.6136}{107.87}\text{mol}=5.688\times10^{-3}\text{mol}$$

设阳极区水的质量在电解前后不变，则

$$m_{\text{水(阳极区)}}=(117.51-0.6659)\text{g}=116.844\text{g}$$

电解前、后阳极区 KCl 也即 $Cl^-$ 的物质的量分别为

$$n_{Cl^-(\text{电解前})}=\frac{116.844\times0.7422}{(100-0.7422)\times74.55}\text{mol}=11.72\times10^{-3}\text{mol}$$

$$n_{Cl^-(\text{电解后})}=\frac{0.6659}{74.55}\text{mol}=8.932\times10^{-3}\text{mol}$$

电解后引起阳极区 $Cl^-$ 物质的量的改变因素有：

(1) 电极反应 $Ag + Cl^- \longrightarrow AgCl(s) + e^-$ 引起的 $Cl^-$ 物质的量的减少；

(2) $Cl^-$ 向阳极区迁移引起的 $Cl^-$ 物质的量的增加。

综合考虑电解前后及电解过程中引起阳极区 $Cl^-$ 变化的原因后，对阳极区进行物料衡算，应有等式

$$n_{Cl^-(\text{电解后})}=n_{Cl^-(\text{电解前})}+n_{Cl^-(\text{迁移})}-n_{Cl^-(\text{反应})}$$

由此得

$$t_{Cl^-}=\frac{n_{Cl^-(\text{迁移})}}{n_{\text{反应}}}=\frac{n_{Cl^-(\text{电解后})}+n_{Cl^-(\text{反应})}-n_{Cl^-(\text{电解前})}}{n_{\text{反应}}}$$

$$=\frac{(8.932+5.688-11.72)\times10^{-3}}{5.688\times10^{-3}}=0.510$$

对于只含一种正离子和一种负离子的电解液，因为 $t_{Cl^-}+t_{K^+}=1$，所以 $t_{K^+}=1-0.510=0.490$。

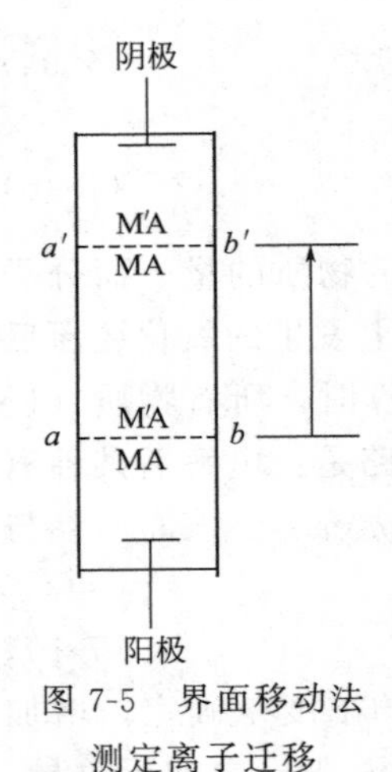

图 7-5 界面移动法测定离子迁移数装置示意图

希托夫法的原理较简单，但实验中由于对流、扩散、外界震动及水分子随离子的迁移等因素的影响，数据的准确性往往较差。

*(2) 界面移动法

界面移动法是测定离子的运动速率以确定离子迁移数的另一种方法。如图 7-5 所示，为测定置于玻璃管下方的 MA 电解质溶液中 $M^+$ 的迁移数，可由上部小心地加入具有相同阴离子 $A^-$ 的 $M'A$ 溶液作指示溶液。两种溶液因其折射率不同而在 $ab$ 处呈现一清晰界面，选择适宜条件，可使 $M'^+$ 的移动速率略大于 $M^+$ 的移动速率。通电时 $M^+$ 与 $M'^+$ 两种离子顺序地向阴极移动，可以观察到清晰界面的缓慢移动。通电一定时间后，$ab$ 界面移至 $a'b'$。

若通电的电荷量为 $nF$，则有物质的量为 $t_+n$ 的 $M^+$ 通过界面 $a'b'$，也就是说，在界面 $ab$ 与 $a'b'$间的液柱中全部离子通过了界面 $a'b'$。设此液柱的体积为 $V$，MA 溶液的浓度为 $c$，则

$$t_+n=Vc\text{，}\ t_+=Vc/n \tag{7-11}$$

玻璃管的直径是已知的，界面移动的距离 $aa'$可由实验测出，于是可以计算出 $V$。$n$ 可由库仑计测出，故可由式(7-11) 计算出阳离子 $M^+$ 的 $t_+$。298.15K 时水溶液中某些正离子的迁移数见表 7-3。

**表 7-3 298.15K 时水溶液中某些正离子的迁移数**

| 浓度/mol·dm$^{-3}$ | HCl | NaCl | KCl | $KNO_3$ |
|---|---|---|---|---|
| 0.01 | 0.8251 | 0.3918 | 0.4902 | 0.5084 |
| 0.05 | 0.8292 | 0.3876 | 0.4899 | 0.5093 |
| 0.1 | 0.8314 | 0.3854 | 0.4898 | 0.5103 |
| 0.2 | 0.8337 | 0.3821 | 0.4894 | 0.5120 |
| 0.5 | — | — | 0.4888 | — |

## 7.2 电解质溶液的电导

电解质溶液作为离子导体，其导电行为直接影响到原电池或电解池的能量转换效率。此外，通过测量溶液的导电特性，可以：①检测水的纯度；②在膜分离工艺中，确定反渗液中离子的浓度；③测定弱酸的解离度和难溶盐的溶度积等。因此，研究电解质的导电性质有着十分重要的意义。由于离子的种类、价态和浓度的不同而导致离子之间存在各异的强相互作用，相伴随的电极反应使得离子导体的导电机理与电子导体不同，具有其特殊性和复杂性。本节将从电学中熟悉的电导和电导率的概念出发，引出描述电解质溶液导电行为的摩尔电导率等重要概念，讨论衡量电解质溶液导电能力的标准，并举例说明其应用。

### 7.2.1 电导、电导率和摩尔电导率

根据欧姆定律，流过金属导体的电流 $I$ 与加在该导体两端的电压 $V$ 成正比，$I=V/R$，其中常数 $R$ 为电阻，其倒数称为**电导** $G$，单位为西门子，符号为 S，$1S=1\Omega^{-1}$。电导是衡量导体导电能力的物理量，与导体的尺寸有关，均匀导体在均匀电场中的电导与导体截面积 $A$ 成正比，与其长度 $l$ 成反比，即

$$G=\frac{1}{R}=\frac{1}{\rho}\times\frac{A}{l} \tag{7-12}$$

式中，$\rho$ 为电阻率，其倒数为**电导率**，用 $\kappa$ 表示，其单位为 $S\cdot m^{-1}$。因此，式(7-12)

可写为

$$\kappa=\frac{1}{\rho}=G\,\frac{l}{A} \tag{7-13}$$

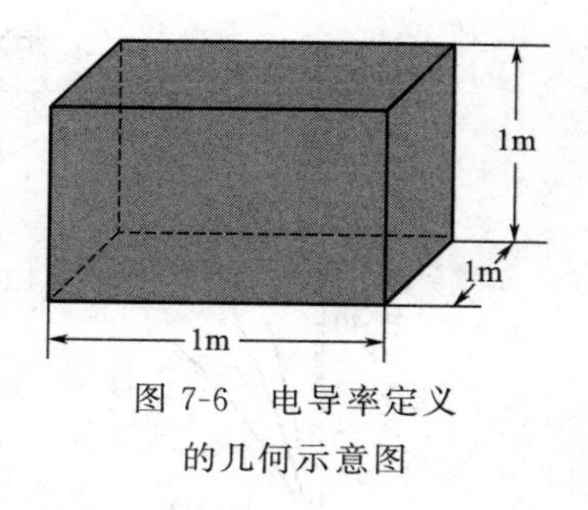

图 7-6　电导率定义的几何示意图

式(7-13)说明电导率 $\kappa$ 是单位体积导体的电导，即长度为 1m、面积为 $1m^2$ 的导体的电导，如图 7-6 所示。

由式(7-13)可知，电解质溶液的电导与电导池（用于电导测量的电化学池）中两个电极的面积 $A$ 及其距离 $l$ 有关，$l/A$ 称为**电导池常数**，用 $K_{cell}$ 表示，是一个表示电导池几何特征的常数。$\kappa$ 与电导池常数无关，但与电解质的种类、所携带的电荷数以及浓度有关。

$\kappa$ 只是定义了单位体积导体的电导，并没有界定其中物质的量，很显然，同一溶液，电解质浓度不同时，其 $\kappa$ 值是不一样的。为了方便比较不同电解质导电能力的强弱，在电解质溶液理论中还定义了一个摩尔电导率的物理量。某一定浓度电解质溶液的摩尔电导率定义为该溶液的电导率与其浓度之比，即

$$\Lambda_m=\kappa/c \tag{7-14}$$

式中，$\Lambda_m$ 为摩尔电导率，$S\cdot m^2\cdot mol^{-1}$。

必须注意的是，在表示电解质的摩尔电导率时，应注明物质的基本结构单元。通常用分数表达式和分子式指明基本结构单元。例如，某条件下 $MgCl_2$ 的摩尔电导率 $\Lambda_m$ 可写成

$$\Lambda_m(1/2MgCl_2)=0.0129S\cdot m^2\cdot mol^{-1}$$

$$\Lambda_m\ (MgCl_2)\ =2\Lambda_m\ (1/2MgCl_2)\ =0.0258S\cdot m^2\cdot mol^{-1}$$

表 7-4 列出了几种常见电解质溶液在 298.15K 不同浓度下的摩尔电导率。

**表 7-4　几种常见电解质溶液在 298.15K 不同浓度下的摩尔电导率**　　单位：$S\cdot m^2\cdot mol^{-1}$

| 电解质 | $c/mol\cdot dm^{-3}$ | | | | | | | |
|---|---|---|---|---|---|---|---|---|
| | $c\to0$ | 0.0005 | 0.001 | 0.005 | 0.01 | 0.02 | 0.05 | 0.1 |
| $AgNO_3$ | 133.29 | 131.20 | 130.45 | 127.14 | 124.70 | 121.35 | 115.18 | 109.09 |
| $KNO_3$ | 144.89 | 142.70 | 141.77 | 138.41 | 135.15 | 132.34 | 126.25 | 120.34 |
| LiCl | 114.97 | 113.09 | 112.34 | 109.35 | 107.27 | 104.60 | 100.06 | 95.81 |
| $LiClO_4$ | 105.93 | 104.13 | 103.39 | 100.50 | 98.56 | 96.13 | 92.15 | 88.52 |
| NaCl | 126.39 | 124.44 | 123.68 | 120.59 | 118.45 | 115.70 | 111.01 | 106.69 |
| $NaClO_4$ | 117.42 | 115.8 | 114.82 | 111.70 | 109.54 | 106.91 | 102.35 | 98.38 |
| $1/2MgCl_2$ | 129.34 | 125.55 | 124.15 | 118.25 | 114.49 | 109.99 | 103.03 | 97.05 |
| $1/2ZnCl_2$ | 132.7 | 121.3 | 114.47 | 95.44 | 84.87 | 74.20 | 61.17 | 52.61 |

比较电导率和摩尔电导率的定义可知：$\kappa$ 规定了两极间距离（1m）和面积（$1m^2$），但物质的量未定。$\Lambda_m$ 规定了两极间距离（1m）和物质的量（1mol），但两极的面积不定。

### 7.2.2　电导率和摩尔电导率随浓度的变化

对于同一电解质溶液的电导率，随着电解质溶液浓度的不同有很大的变化。稀溶液时，随着浓度的增大，单位体积内导电离子增多，溶液的电导率几乎随着浓度成正比增加；在浓度较大时，由于正、负离子的相互作用，使得离子的运动速率降低，所以尽管单位体积内离子的数目不断增加，但电导率经过一极大值后反而降低。电导率与电解质溶液物质的量浓度的关系如图 7-7 所示。

关于摩尔电导率与浓度的关系，科尔劳施（Kohlrausch F）总结大量实验数据得出如下结论：很稀的强电解质溶液中，其摩尔电导率与浓度的平方根为直线关系，数学表达式为

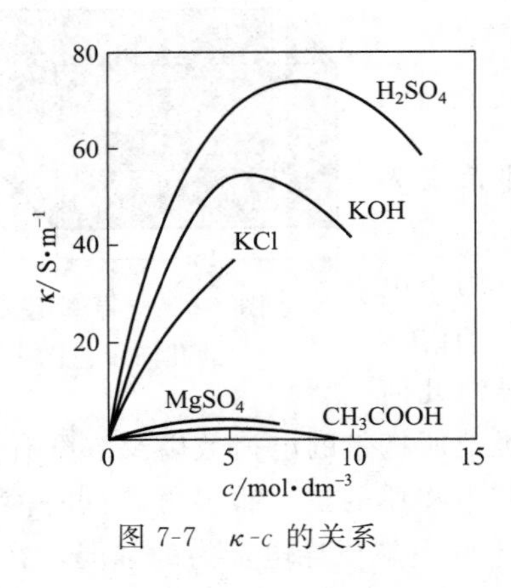

图 7-7 $\kappa$-$c$ 的关系

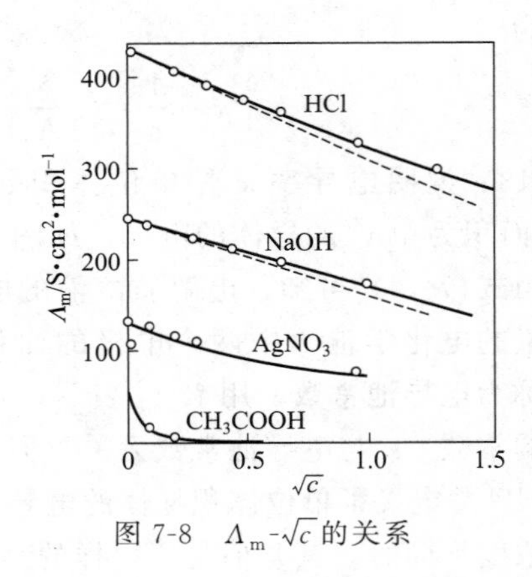

图 7-8 $\Lambda_m$-$\sqrt{c}$ 的关系

$$\Lambda_m = \Lambda_m^{\infty} - A\sqrt{c} \tag{7-15}$$

式中，$\Lambda_m^{\infty}$ 为无限稀溶液摩尔电导率，即极限摩尔电导率；$A$ 为与电解质有关的常数。

摩尔电导率与几种电解质溶液物质的量浓度的平方根的关系见图 7-8。由图可知，无论是强电解质还是弱电解质，摩尔电导率均随溶液的稀释而增大，与电导率随浓度的变化不同。

对强电解质而言，溶液浓度降低，摩尔电导率增大。这是因为在导电离子数量一定的条件下（1mol），随着溶液浓度的降低，离子之间的库仑作用力因距离增加而减小，离子运动速率加快，故摩尔电导率增大。在低浓度时，图 7-8 中的曲线接近一条直线，将直线外推至纵坐标，所得截距即为无限稀释时摩尔电导率 $\Lambda_m^{\infty}$，此值亦称极限摩尔电导率。

对弱电解质来说，溶液浓度降低时，摩尔电导率增加。在溶液极稀时，随着溶液浓度的降低，摩尔电导率急剧增加。究其原因，这是因为弱电解质的摩尔电导率随浓度降低而增加是由两方面原因引起的，其一是溶液浓度降低，离子之间的库仑作用力因距离增加而减小；其二是弱电解质的解离度随着溶液的稀释而增加，浓度越低，离子越多，摩尔电导率也越大。由图 7-8 可知，因为变化斜率太大，弱电解质无限稀释时的摩尔电导率无法用外推法求得，故式(7-15) 不适用于弱电解质。如何求算或测量弱电解质在无限稀释时的摩尔电导率 $\Lambda_m^{\infty}$？

### 7.2.3 离子独立运动定律和离子的摩尔电导率

#### (1) 离子独立运动定律

表 7-5 中有 6 组电解质和与其对应的无限稀溶液的摩尔电导率数据。左边 3 组是分别具有相同阴离子的钾盐和锂盐，右边 3 组是分别具有相同阳离子的氯化物和硝酸盐。左边具有相同阴离子的钾盐和锂盐具有相同的 $\Delta\Lambda_m^{\infty}=0.00349\text{S}\cdot\text{m}^2\cdot\text{mol}^{-1}$；右边具有相同阳离子的氯化物和硝酸盐其 $\Delta\Lambda_m^{\infty}=0.00049\text{S}\cdot\text{m}^2\cdot\text{mol}^{-1}$。即在指定温度、无限稀释的条件下：

**表 7-5 25℃时一些电解质的极限摩尔电导率**

| 电解质 | $\Lambda_m^{\infty}/\text{S}\cdot\text{m}^2\cdot\text{mol}^{-1}$ | Δ差值 | 电解质 | $\Lambda_m^{\infty}/\text{S}\cdot\text{m}^2\cdot\text{mol}^{-1}$ | Δ差值 |
|---|---|---|---|---|---|
| KCl | 0.01499 | | HCl | 0.04262 | |
| LiCl | 0.01150 | 0.00349 | $HNO_3$ | 0.04213 | 0.00049 |
| $KNO_3$ | 0.01450 | | KCl | 0.01499 | |
| $LiNO_3$ | 0.01101 | 0.00349 | $KNO_3$ | 0.01450 | 0.00049 |
| KOH | 0.02715 | | LiCl | 0.01150 | |
| LiOH | 0.02367 | 0.00348 | $LiNO_3$ | 0.01101 | 0.00049 |

① 具有相同阴离子的钾盐、锂盐和氢氧化物，其 $\Delta\Lambda_m^\infty$ 为常数与阴离子性质无关；

$$\Lambda_m^\infty(KCl)-\Lambda_m^\infty(LiCl)=\Lambda_m^\infty(KNO_3)-\Lambda_m^\infty(LiNO_3)=\Lambda_m^\infty(KOH)-\Lambda_m^\infty(LiOH)$$
$$=0.00349S\cdot m^2\cdot mol^{-1}$$

② 具有相同阳离子的氯化物和硝酸盐的 $\Delta\Lambda_m^\infty$ 也为一常数，与阳离子性质无关。

$$\Lambda_m^\infty(HCl)-\Lambda_m^\infty(HNO_3)=\Lambda_m^\infty(KCl)-\Lambda_m^\infty(KNO_3)=\Lambda_m^\infty(LiCl)-\Lambda_m^\infty(LiNO_3)$$
$$=0.00049S\cdot m^2\cdot mol^{-1}$$

实验表明，在无限稀的条件下，其他电解质也有类似的规律。

根据这些实验结果，科尔劳施提出了“离子独立运动定律”：在无限稀释时，所有电解质均完全电离且相互作用力消失，每一种离子的迁移速率仅取决于该离子的本性而与共存的其他离子的性质无关。即

$$\Lambda_m^\infty=\nu_+\Lambda_{m,+}^\infty+\nu_-\Lambda_{m,-}^\infty \tag{7-16}$$

式中，$\Lambda_m^\infty$、$\Lambda_{m,+}^\infty$、$\Lambda_{m,-}^\infty$ 分别为无限稀释时电解质、阳离子及阴离子的摩尔电导率，且 1mol 电解质溶液中产生 $\nu_+$ mol 阳离子和 $\nu_-$ mol 阴离子。

利用上述的结论，可以利用强电解质无限稀释摩尔电导率计算弱电解质无限稀释摩尔电导率。

例如，弱电解质 $CH_3COOH$ 的无限稀释摩尔电导率可以用强电解质 HCl、$CH_3COONa$ 及 NaCl 的无限稀释摩尔电导率来计算：

$$\Lambda_m^\infty(CH_3COOH)=\Lambda_m^\infty(H^+)+\Lambda_m^\infty(CH_3COO^-)$$
$$=\Lambda_m^\infty(HCl)+\Lambda_m^\infty(CH_3COONa)-\Lambda_m^\infty(NaCl)$$

**(2) 无限稀释时离子的摩尔电导率**

无限稀释时离子的摩尔电导率可通过实验确定，原理如下。

电解质的摩尔电导率是溶液中阴、阳离子摩尔电导率之和，故离子的迁移数也可以看作是某种离子的摩尔电导率占电解质总摩尔电导率的分数。在无限稀释时有

$$t_+^\infty=\frac{\nu_+\Lambda_{m,+}^\infty}{\Lambda_m^\infty},\quad t_-^\infty=\frac{\nu_-\Lambda_{m,-}^\infty}{\Lambda_m^\infty}$$

通过实验和离子独立运动定律可分别求出某种强电解质的 $\Lambda_m^\infty$、$\Lambda_{m,+}^\infty$ 和 $\Lambda_{m,-}^\infty$，由此即可求出该电解质的 $t_+^\infty$、$t_-^\infty$。表 7-6 列出了一些离子在 25℃时的无限稀释水溶液中离子的摩尔电导率。

**表 7-6 25℃无限稀释水溶液中离子的摩尔电导率**

| 阳离子 | $\Lambda_{m,+}^\infty/10^{-4}S\cdot m^2\cdot mol^{-1}$ | 阴离子 | $\Lambda_{m,-}^\infty/10^{-4}S\cdot m^2\cdot mol^{-1}$ |
|---|---|---|---|
| $H^+$ | 349.82 | $OH^-$ | 198.0 |
| $Li^+$ | 38.69 | $Cl^-$ | 76.34 |
| $Na^+$ | 50.11 | $Br^-$ | 78.4 |
| $K^+$ | 73.52 | $I^-$ | 76.8 |
| $NH_4^+$ | 73.4 | $NO_3^-$ | 71.44 |
| $Ag^+$ | 61.92 | $CH_3COO^-$ | 40.9 |
| $1/2Mg^{2+}$ | 53.06 | $ClO_4^-$ | 68.0 |
| $1/2Ca^{2+}$ | 59.50 | $1/2SO_4^{2-}$ | 79.8 |

由于离子的摩尔电导率还与离子的价态即所带电荷数有关，所以在使用时必须指明所涉及的基本单元。如镁离子的基本单元必须指明是 $Mg^{2+}$ 还是 $1/2Mg^{2+}$，因为 $\Lambda_m^\infty(Mg^{2+})=2\Lambda_m^\infty(1/2Mg^{2+})$。通常的做法是将一个电荷数为 $z_B$ 的离子的 $1/z_B$ 作为基本单元，如钠、镁离子的基本单元分别为 $Na^+$、$1/2Mg^{2+}$，相应的无限稀释摩尔电导率分别为 $\Lambda_m^\infty(Na^+)$、$\Lambda_m^\infty(1/2Mg^{2+})$，因为这时不同离子均含有 1mol 的基本电荷，故易于比较各种离子摩尔电

导率的相对大小，上表中给出的都是具有 1mol 电荷的离子的摩尔电导率的值。

从表 7-6 可见，在水溶液中，$H^+$、$OH^-$ 的无限稀释摩尔电导率特别大，比其他离子大几倍，这说明水溶液中的 $H^+$ 和 $OH^-$ 在电场力的作用下运动速率特别快。关于 $H^+$ 和 $OH^-$ 在水溶液中运动速率特别快的原因，格鲁萨斯（Grotthus）认为，$H^+$ 和 $OH^-$ 并不是通过本身的运动，而是通过质子转移来传递电流的，如图 7-9 所示。

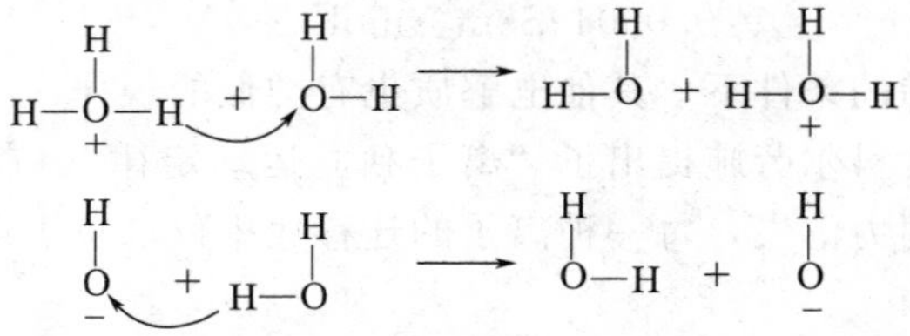

H–O⁺(H)–H + O(H)–H ⟶ H–O–H + H–O⁺(H)–H

O⁻–H + H–O–H ⟶ H–O–H + O⁻–H

图 7-9 水溶液中 $H^+$ 和 $OH^-$ 的导电机理示意图

从表 7-6 中数据还可以看出，$K^+$ 和 $Cl^-$、$NH_4^+$ 和 $NO_3^-$ 的摩尔电导率近似相等，这说明 KCl 溶液中 $K^+$ 和 $Cl^-$ 分别传导的电荷量近似相等，二者的离子迁移数也近似相等，所以人们常使用 KCl 或 $NH_4NO_3$ 作为盐桥的电解质来消除液体接界电势。

### 7.2.4 电导测定及其应用

**(1) 电导的测定**

电导是电阻的倒数。因此测定电解质溶液的电导，实际上是测定其电阻。测定溶液的电阻，可利用惠斯顿（Wheatstone）电桥。若在直流电的条件下，电解质溶液导电必然伴随着电极反应。为了尽可能避免发生电极反应和极化现象而影响所测定电导的可靠性，测定电解质溶液的电导时，必须采用交流电源。图 7-10 是测定电导用的惠斯顿电桥示意图。

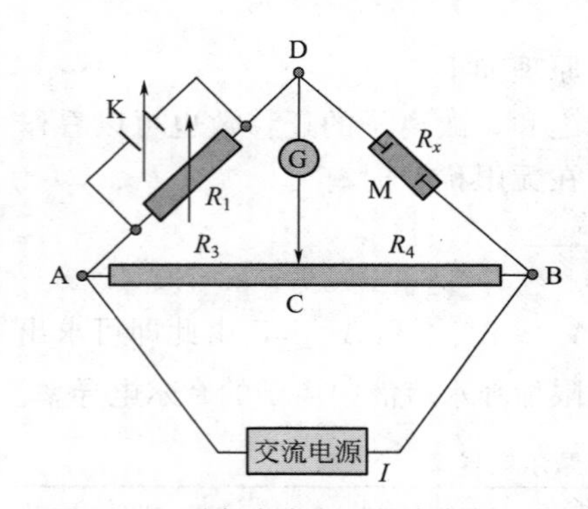


图 7-10 测定溶液电阻的惠斯顿电桥

图 7-10 中 AB 为均匀的滑线电阻；$R_1$ 为可变电阻；$R_x$ 为放有待测溶液电导池的电阻；$I$ 是具有一定频率的交流电源，通常取其频率为 1000Hz，在可变电阻 $R_1$ 上并联了一个可变电容 K，这是为了抵消电导池电容以实现阻抗平衡；G 为检流器（耳机或阴极示波器）。测定时，接通电源，选择一定的电阻 $R_1$，移动接触点 $C$，直到 CD 间的电流相对最小，此后，调节与 $R_1$ 并联的可变电容器，这时 CD 间的电流进一步减小，甚至为零。此时电桥已达到阻抗平衡，在忽略电导池电容效应的条件下，有如下关系

$$R_1/R_x=R_3/R_4$$

$$G=\frac{1}{R_x}=\frac{R_3}{R_4R_1}=\frac{\mathrm{AC}}{\mathrm{BC}}\times\frac{1}{R_1}$$

式中，$R_3$、$R_4$ 分别为 AC、BC 段的电阻，$R_1$ 为可变电阻器的电阻，均可从实验中测得，从而可以求出电导池中电解质溶液的电导。

根据式(7-13)，待测溶液的电导率为

$$\kappa=G_x\frac{l}{A}=\frac{1}{R_x}K_{\mathrm{cell}} \tag{7-17}$$

对于一个固定的电导池，电导池常数 $K_{\mathrm{cell}}$（单位为 $m^{-1}$）为定值。

因为电导池中两极之间的距离 $l$ 和电极面积 $A$ 是很难准确测量的，因此电导池常数 $K_{cell}$ 的测定通常是把已知电导率的溶液（常用一定浓度的 KCl 溶液）注入电导池，测量其电阻，然后根据式(7-17) 计算 $K_{cell}$ 值。测知此电导池的电导池常数后，再将待测溶液置于同一电导池中，测其电阻，即可由式(7-17) 求出待测溶液的电导率。再由式(7-14) 计算其摩尔电导率。

不同浓度的 KCl 溶液的电导率前人已精确测出，见表 7-7。

**表 7-7　在 298K 和标准压力下，几种浓度 KCl 水溶液的 $\kappa$ 和 $\Lambda_m$ 的值**

| $c$/mol·dm$^{-3}$ | $\kappa$/S·m$^{-1}$ | $\Lambda_m$/S·m$^2$·mol$^{-1}$ | $c$/mol·dm$^{-3}$ | $\kappa$/S·m$^{-1}$ | $\Lambda_m$/S·m$^2$·mol$^{-1}$ |
|---|---|---|---|---|---|
| 0 | 0 | 0.0150 | 0.1 | 1.229 | 0.0129 |
| 0.001 | 0.0147 | 0.0147 | 1.0 | 11.2 | 0.0112 |
| 0.01 | 0.1411 | 0.0141 | | | |

**(2) 电导测定的应用**

① 检验水的纯度　普通蒸馏水的电导率约为 $1\times10^{-3}$S·m$^{-1}$，重蒸馏水（蒸馏水经 $KMnO_4$ 和 KOH 溶液处理以除去 $CO_2$ 及有机杂质，然后在石英器皿中重新蒸馏 1～2 次）和去离子水的电导率可小于 $1\times10^{-4}$S·m$^{-1}$。由于水本身有微弱的解离：$H_2O \rightleftharpoons H^+ + OH^-$，故虽然反复蒸馏，仍有一定的电导。$H^+$ 和 $OH^-$ 的浓度近似为 $10^{-7}$mol·dm$^{-3}$，查表得：$\Lambda_m^\infty(H_2O)=5.5\times10^{-2}$S·m$^2$·mol$^{-1}$，这样水的电导率应为

$$\kappa=c\Lambda_m^\infty=(5.5\times10^{-2}\times10^{-7}\times10^3)\text{S·m}^{-1}=5.5\times10^{-6}\text{S·m}^{-1}$$

在半导体工业或涉及电导测量的研究中，需要高纯度的水，水的电导率要求小于 $1\times10^{-4}$S·m$^{-1}$。所以只要测定水的电导率，就可以知道其纯度是否符合要求。

② 计算弱电解质的解离度和解离常数　在弱电解质的水溶液中，一般电解质分子在水的作用下，部分解离成离子，且离子与未解离的分子之间达成动态平衡。例如在乙酸水溶液中，乙酸分子的解离：

$$CH_3COOH \rightleftharpoons H^+ + CH_3COO^-$$

解离平衡时　　$c(1-\alpha)$　　$c\alpha$　　$c\alpha$

解离常数 $K^\ominus$与乙酸的浓度和解离度的关系为

$$K^\ominus=\frac{(c\alpha/c^\ominus)^2}{c(1-\alpha)/c^\ominus}=\frac{\alpha^2}{1-\alpha}\times\frac{c}{c^\ominus}$$

由于弱电解质的电离度很小，溶液中离子的浓度很低，可以认为离子移动速率受浓度改变的影响极其微弱，因而某一浓度下弱电解质溶液的摩尔电导率 $\Lambda_m$ 与其在无限稀释时的摩尔电导率 $\Lambda_m^\infty$ 的差别主要来自于电离度的不同。如 1mol 乙酸在水溶液无限稀释时，电离度 $\alpha$ 趋近于 1，即有 1mol $H^+$、1mol $CH_3COO^-$ 同时参与导电，此时的摩尔电导率为 $\Lambda_m^\infty$。当溶液的浓度为 $c$ 时，电离度为 $\alpha$，此时的摩尔电导率为 $\Lambda_m$。既然摩尔电导率仅取决于溶液离子数目，即是由电离度不同造成的，故有

$$\alpha=\frac{\Lambda_m}{\Lambda_m^\infty} \tag{7-18}$$

$\Lambda_m^\infty$ 可由式(7-16) 计算，有了电离度 $\alpha$，即可计算弱电解质的解离常数 $K^\ominus$。

**例 7-3**　在 25℃ 时 0.05mol·dm$^{-3}$ $CH_3COOH$ 溶液的电导率为 $3.68\times10^{-2}$S·m$^{-1}$。计算 $CH_3COOH$ 的解离度 $\alpha$ 及解离常数 $K^\ominus$。

**解**　根据离子独立运动定律，乙酸在无限稀释时的摩尔电导率 $\Lambda_m^\infty$ 为

$$\Lambda_m^\infty = \Lambda_m^\infty(H^+) + \Lambda_m^\infty(CH_3COO^-)$$

查表 7-6 得 $\Lambda_m^\infty(H^+) = 349.82\times10^{-4}S\cdot m^2\cdot mol^{-1}$，$\Lambda_m^\infty(CH_3COO^-) = 40.9\times10^{-4}S\cdot m^2\cdot mol^{-1}$，则

$$\Lambda_m^\infty = \Lambda_m^\infty(H^+) + \Lambda_m^\infty(CH_3COO^-) = (349.82+40.9)\times10^{-4}S\cdot m^2\cdot mol^{-1} = 390.72\times10^{-4}S\cdot m^2\cdot mol^{-1}$$

$0.05mol\cdot dm^{-3}$ $CH_3COOH$ 溶液的摩尔电导率

$$\Lambda_m = \frac{\kappa}{c} = \frac{3.68\times10^{-2}}{0.05\times10^3}S\cdot m^2\cdot mol^{-1} = 7.36\times10^{-4}S\cdot m^2\cdot mol^{-1}$$

电离度 $\alpha$ 由式(7-18) 计算

$$\alpha = \frac{\Lambda_m}{\Lambda_m^\infty} = \frac{7.36\times10^{-4}}{390.72\times10^{-4}} = 0.01884$$

乙酸的平衡常数为 $K^\ominus$

$$K^\ominus = \frac{\alpha^2}{1-\alpha}\times\frac{c}{c^\ominus} = \frac{0.01884^2}{1-0.01884}\times\frac{0.05}{1} = 1.809\times10^{-5}$$

③ 难溶盐溶解度的测定　一些难溶盐如 $BaSO_4(s)$、$AgCl(s)$ 等在水中的溶解度很小，其浓度不能用普通滴定方法测定，但可用测电导法求得。以 $BaSO_4(s)$ 为例，先测定其饱和溶液的电导率 $\kappa$，由于溶液极稀，水的电导率已占有一定的比例，不能忽略，所以必须从中扣去水的电导率才能得到 $BaSO_4$ 的电导率

$$\kappa(BaSO_4) = \kappa(BaSO_4\ 饱和溶液) - \kappa(H_2O)$$

$BaSO_4$ 摩尔电导率为

$$\Lambda_m(BaSO_4) = \frac{\kappa(BaSO_4)}{c(BaSO_4)}$$

由于难溶盐饱和溶液的浓度小，故可以近似地用 $\Lambda_m^\infty$ 代替 $\Lambda_m$，由此可从上式计算出难溶盐的溶解度 $c$，单位为 $mol\cdot m^{-3}$，在求解时要注意所取粒子的基本单元在 $\Lambda_m$ 和 $c$ 中应一致。

**例 7-4**　在 298K 下 $BaSO_4$ 饱和溶液的电导率为 $4.63\times10^{-4}S\cdot m^{-1}$，所用蒸馏水的电导率为 $1.12\times10^{-4}S\cdot m^{-1}$。试计算 298K 时 $BaSO_4$ 在水中的饱和浓度和溶度积。

**解**　查 7-6 表得　$\Lambda_m^\infty(1/2Ba^{2+}) = 63.64\times10^{-4}\times10^{-4}S\cdot m^2\cdot mol^{-1}$

$$\Lambda_m^\infty(1/2SO_4^{2-}) = 79.8\times10^{-4}S\cdot m^2\cdot mol^{-1}$$

$$\Lambda_m^\infty(1/2BaSO_4) = (63.64+79.8)\times10^{-4}S\cdot m^2\cdot mol^{-1} = 143.44\times10^{-4}S\cdot m^2\cdot mol^{-1}$$

$$\Lambda_m^\infty(BaSO_4) = 2\Lambda_m^\infty(1/2BaSO_4) = 2\times143.44\times10^{-4}S\cdot m^2\cdot mol^{-1} = 286.88\times10^{-4}S\cdot m^2\cdot mol^{-1}$$

$$\kappa(BaSO_4) = \kappa(饱和\ BaSO_4) - \kappa(水) = (4.63\times10^{-4} - 1.12\times10^{-4})S\cdot m^{-1} = 3.51\times10^{-4}S\cdot m^{-1}$$

$$c(BaSO_4) = \frac{\kappa}{\Lambda_m^\infty} = \frac{3.51\times10^{-4}}{286.88\times10^{-4}} = 0.01224mol\cdot m^{-3} = 1.224\times10^{-5}mol\cdot dm^{-3}$$

$$K_{sp}(BaSO_4) = \left(\frac{c}{c^\ominus}\right)^2 = \left(\frac{1.224\times10^{-5}}{1}\right)^2 = 1.498\times10^{-10}$$

④ 电导滴定法　电导滴定法是一种根据滴定过程中溶液电导的变化来确定滴定终点的分析

方法。其原理是在滴定过程中，滴定剂与溶液中被测离子生成水、或沉淀、或难离解的化合物，使溶液的电导发生变化，通过滴定曲线上出现的转折点，指示滴定终点。电导滴定的优点是不用指示剂，对有色溶液和沉淀反应都能得到较好的效果，并能自动记录。图 7-11 为三种滴定实例。

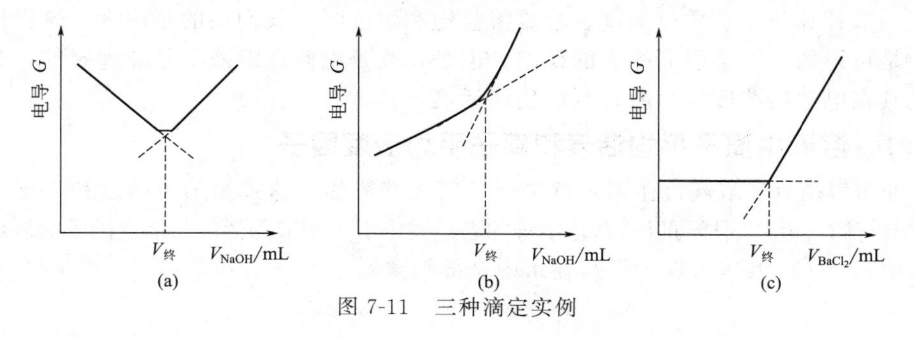


图 7-11 三种滴定实例

a. 强碱滴定强酸。以 NaOH 滴定 HCl 为例 [图 7-11(a)]，反应式可写成

$$H^+ + Cl^- + Na^+ + OH^- \longrightarrow Na^+ + Cl^- + H_2O$$

在等当点前，随着 NaOH 溶液的加入，$H^+$ 和 $OH^-$ 结合成难电离的 $H_2O$，由于电导率很大的 $H^+$ 被电导率较小的 $Na^+$ 所取代，因此溶液的电导随着 NaOH 的加入而减小。当过了等当点，加入的 NaOH 不再起反应，这等于单纯增加溶液中 $Na^+$ 和 $OH^-$ 的浓度，因此溶液的电导快速增加。将电导的下降线段与上升线段分别延伸相交于某一点，则此点即为滴定终点。

b. 强碱滴定弱酸。以 $CH_3COOH$ 为例 [图 7-11(b)]，反应式可写成

$$CH_3COOH + Na^+ + OH^- \longrightarrow H_2O + CH_3COO^- + Na^+$$

由于 $CH_3COOH$ 是弱酸，电导较小。但随着碱的加入，增加了更多的 $CH_3COO^-$ 和 $Na^+$，即弱酸由完全电离的 $CH_3COONa$ 所代替，因此溶液的电导逐渐上升；过了等当点后，由于 $Na^+$ 和 $OH^-$ 的增加导致电导迅速增大，故可由转折点确定滴定终点。

以上两例电导滴定过程中，由于滴定剂的加入而使溶液不断稀释，为了减小稀释效应的影响和提高方法的准确度，应使用浓度较大的滴定剂，一般是十倍于被滴液的浓度。酸碱电导滴定的主要特点是能用于滴定极弱的酸或碱（$K=10^{-10}$），如硼酸、苯酚、对苯二酚等，并能用于滴定弱酸盐或弱碱盐以及强、弱混合酸。而这在普通滴定分析或电位滴定中都是无法进行的。电导滴定过程中，被测溶液的温度要保持恒定。

c. 沉淀滴定。以 $BaCl_2$ 滴定 $AgNO_3$ 为例，反应式为

$$2Ag^+ + 2NO_3^- + Ba^{2+} + 2Cl^- \longrightarrow 2AgCl\downarrow + Ba(NO_3)_2$$

在等当点前，由于 $Ag^+$ 被与其电导率相近的 $1/2Ba^{2+}$ 取代，因此溶液的电导基本上不变，[见图 7-11(c)]。在等当点之后，加入的 $Ba^{2+}$ 和 $Cl^-$ 对电导产生净贡献，因此溶液电导线性上升，由两直线交点便可确定滴定终点。

## 7.3 强电解质的活度、活度因子及德拜-休克尔极限公式

电解质是指有能力电离出可以自由移动的离子的物质。溶解于水中能完全电离的电解质为强电解质，若只有部分电离，则为弱电解质。其实二者并无严格的区别，因为这与溶液的浓度有关，通常在无限稀释的溶液中，弱电解质也能全部解离。

在电解质溶液中，由于离子间存在相互作用，因而情况要比非电解质溶液复杂许多。特别是在强电解质的溶液中，溶质几乎全部解离成离子，分子已不复存在。在电解质溶液中，正、负离子共存并相互吸引，不能单独存在，故常需考虑正、负离子相互作用和相互影响的平均值。

在上一节计算强电解质电离度、求难溶盐饱和浓度时，我们用的是浓度，这在稀溶液近似计算中是可以的，不会引起很大的误差。但是，凡是电解质溶液都是非理想的，在严格计算中，尤其在电解质浓度较大时，则应使用活度计算。

### 7.3.1 溶液中离子平均活度和离子平均活度因子

对于非电解质真实溶液，在第4章中通过其化学势的表达式给出了活度和活度因子的定义。对于电解质溶液，同样可以从其化学势的表达式中引出相应的活度与活度因子的表示方法。

以强电解质 $C_{\nu_+}A_{\nu_-}$ 为例，设其在水中全部解离：

$$C_{\nu_+}A_{\nu_-} \longrightarrow \nu_+ C^{z^+} + \nu_- A^{z^-}$$

式中，$z^+$ 和 $z^-$ 代表正、负离子的价数。

类比非电解溶液中物质B的化学势的表达式，电解质的化学势 $\mu_B$ 以及阳离子、阴离子的化学势可分别表示为

$$\mu_B = \mu_B^{\ominus}(T) + RT\ln a_B$$

$$\mu_+ = \mu_+^{\ominus}(T) + RT\ln a_+$$

$$\mu_- = \mu_-^{\ominus}(T) + RT\ln a_-$$

式中，$a_B$、$a_+$、$a_-$ 分别为电解质、阳离子、阴离子的活度；$\mu_B^{\ominus}$、$\mu_+^{\ominus}$、$\mu_-^{\ominus}$ 分别为三者的标准化学势。对于强电解质，假设其在溶液中按下式完全电离

$$C_{\nu_+}A_{\nu_-} \longrightarrow \nu_+ C^{z^+} + \nu_- A^{z^-}$$

与此同时，由于静电作用，溶液中正、负离子可按下式形成离子对

$$C^{z^+} + A^{z^-} \rightleftharpoons CA^{z^+z^-}$$

假定溶液由 $n_B$mol 强电解质B和 $n$mol 溶剂构成，其中存在溶剂分子、$C^{z^+}$、$A^{z^-}$ 和 $CA^{z^+z^-}$ 四种物质，它们的物质的量分别为 $n$、$n^+$、$n^-$ 和 $n_{CA^{z^+z^-}}$。根据化学势的定义、热力学基本方程和化学平衡条件（$\sum\nu_i\mu_i=0$），可以证明

$$\mu_B = \nu_+\mu_+ + \nu_-\mu_- = (\nu_+\mu_+^{\ominus} + \nu_-\mu_-^{\ominus}) + RT\ln(a_+^{\nu_+}a_-^{\nu_-}) = \mu_B^{\ominus} + RT\ln(a_+^{\nu_+}a_-^{\nu_-}) = \mu_B^{\ominus} + RT\ln a_B$$

由此得

$$a_B = a_+^{\nu_+}a_-^{\nu_-} \tag{7-19}$$

式(7-19)即为电解质活度与离子活度关系式。由于不知道每种离子的活度为多少，因此还不能直接通过式(7-19)求电解质的活度。又因为在电解质溶液中，正、负离子相伴而生，且存在相互吸引，故常需考虑正、负离子相互作用和相互影响的平均值。为此需要定义强电解质B的平均活度。强电解质B的离子平均活度 $a_\pm$、离子平均活度因子（系数）$\gamma_\pm$ 和离子平均质量摩尔浓度 $b_\pm$ 分别定义为

$$a_\pm \xlongequal{\text{def}} (a_+^{\nu_+}a_-^{\nu_-})^{1/\nu} \tag{7-20}$$

$$\gamma_\pm \xlongequal{\text{def}} (\gamma_+^{\nu_+}\gamma_-^{\nu_-})^{1/\nu} \tag{7-21}$$

$$b_\pm \xlongequal{\text{def}} (b_+^{\nu_+}b_-^{\nu_-})^{1/\nu} \tag{7-22}$$

式中，$\nu=\nu_+ + \nu_-$，因为 $a_+=\gamma_+ b_+/b^{\ominus}$，$a_-=\gamma_- b_-/b^{\ominus}$，故

$$a_\pm = \gamma_\pm \frac{b_\pm}{b^{\ominus}} \tag{7-23}$$

$$a_B = a_+^{\nu_+}a_-^{\nu_-} = a_\pm^{\nu} \tag{7-24}$$

在这里引进离子平均活度和离子平均活度因子的概念，是因为在电解质溶液中，阴、阳离子是同时存在的，尚无实验方法可测定单个离子的活度和活度因子，而离子平均活度及离子平均活度因子是可以通过实验测量的。

表 7-8 列出了 25℃时水溶液中不同质量摩尔浓度下一些电解质的离子平均活度因子。

**表 7-8　25℃时水溶液中电解质的离子平均活度因子 $\gamma_{\pm}$**

| $b/\text{mol}\cdot\text{kg}^{-1}$ | 0.001 | 0.005 | 0.01 | 0.05 | 0.10 | 0.50 | 1.0 | 2.0 | 4.0 |
|---|---|---|---|---|---|---|---|---|---|
| $\gamma_{\pm}$ (HCl) | 0.965 | 0.928 | 0.904 | 0.830 | 0.796 | 0.757 | 0.809 | 1.009 | 1.762 |
| $\gamma_{\pm}$ (NaCl) | 0.966 | 0.929 | 0.904 | 0.823 | 0.778 | 0.682 | 0.658 | 0.671 | 0.783 |
| $\gamma_{\pm}$ (KCl) | 0.965 | 0.927 | 0.901 | 0.815 | 0.769 | 0.650 | 0.605 | 0.575 | 0.582 |
| $\gamma_{\pm}$ (KOH) |  | 0.927 | 0.901 | 0.868 | 0.810 | 0.671 | 0.679 |  |  |
| $\gamma_{\pm}$ (NaOH) | 0.965 | 0.927 | 0.899 | 0.818 | 0.766 | 0.693 | 0.679 | 0.700 | 0.890 |
| $\gamma_{\pm}$ ($CaCl_2$) | 0.887 | 0.783 | 0.724 | 0.574 | 0.518 | 0.448 | 0.500 | 0.792 | 2.934 |
| $\gamma_{\pm}$ ($ZnCl_2$) | 0.881 | 0.786 | 0.708 | 0.556 | 0.502 | 0.376 | 0.325 |  |  |
| $\gamma_{\pm}$ ($CdCl_2$) | 0.819 | 0.623 | 0.524 | 0.304 | 0.228 | 0.100 | 0.066 | 0.044 |  |
| $\gamma_{\pm}$ ($BaCl_2$) | 0.88 | 0.77 | 0.72 | 0.56 | 0.49 | 0.39 |  |  |  |
| $\gamma_{\pm}$ ($K_2SO_4$) | 0.89 | 0.78 | 0.71 | 0.52 | 0.43 | 0.251 |  |  |  |
| $\gamma_{\pm}$ ($H_2SO_4$) | 0.83 | 0.639 | 0.544 | 0.340 | 0.265 | 0.154 | 0.130 | 0.124 | 0.171 |
| $\gamma_{\pm}$ ($CuSO_4$) | 0.74 | 0.53 | 0.41 | 0.21 | 0.16 | 0.068 | 0.047 |  |  |
| $\gamma_{\pm}$ ($ZnSO_4$) | 0.734 | 0.477 | 0.387 | 0.202 | 0.148 | 0.063 | 0.043 | 0.035 |  |

从表 7-8 中可以看出，$\gamma_{\pm}$与 $b$ 和 $z$ 值有关。

① $\gamma_{\pm}$在稀溶液 $b_B \leqslant 0.5\text{mol}\cdot\text{kg}^{-1}$浓度范围内大致上随着浓度 $b$ 升高而减小（无限稀释时达到极限值为 1），但当浓度较大时，$\gamma_{\pm}$随着浓度 $b$ 升高而增大。

② 在稀溶液 $b_B \leqslant 1.0\text{mol}\cdot\text{kg}^{-1}$浓度范围内，$\gamma_{\pm}$随着$|z|$增大而减小。这说明

$$\gamma_{\pm}=f(b_B, |z|, T, \cdots)$$

大量实验事实证明，影响离子平均活度因子的主要因素是离子的浓度和价数，而且价数的影响更显著。为了突出离子价数对离子平均活度因子的影响，1921 年，Lewis 提出了离子强度的概念。当浓度用质量摩尔浓度表示时，离子强度 $I$ 等于

$$I=\frac{1}{2}\sum_B b_B z_B^2 \tag{7-25}$$

在此基础上，Lewis 根据实验进一步指出：离子平均活度因子和离子强度的关系在稀溶液范围内符合如下的经验式

$$\lg\gamma_{\pm}=-k\sqrt{I} \tag{7-26}$$

当指定温度和溶剂时，$k$ 为常数，需要注意的是，式(7-26) 中的 $\gamma_{\pm}$是指定电解质 B 的平均离子活度因子，而 $I$ 的计算则是涉及溶液中所有存在的离子。可见，电解质 B 的 $\gamma_{\pm}$不仅仅是与 B 的浓度和价态有关，而是与所有离子的浓度及价数有关。

**例 7-5**　试利用表 7-8 中数据计算 25℃时 $0.1\text{mol}\cdot\text{kg}^{-1}$ $BaCl_2$ 水溶液中电解质 $BaCl_2$ 的离子平均活度 $a_{\pm}$及电解质的活度 $a_{BaCl_2}$。

**解**　先计算出 $BaCl_2$ 的离子平均质量摩尔浓度 $b_{\pm}$。

对于 $BaCl_2$，由式(7-22) 得

$$b_{\pm}=(b_+^{\nu_+}b_-^{\nu_-})^{1/\nu}=[b(2b)^2]^{1/3}=\sqrt[3]{4}b=0.1587\text{mol}\cdot\text{kg}^{-1}$$

由表 7-8 查得 25℃时 $0.1\text{mol}\cdot\text{kg}^{-1}$ $BaCl_2$ 的 $\gamma_{\pm}=0.49$，于是得

$$a_{\pm}=\gamma_{\pm}\frac{b_{\pm}}{b^{\ominus}}=0.49\times\frac{0.1587}{1}=0.0778$$

$$a_{BaCl_2}=a_{\pm}^3=0.0778^3=4.709\times10^{-4}$$

**例 7-6** 同时含 $0.1mol \cdot kg^{-1}$ 的 NaCl 和 $0.01mol \cdot kg^{-1}$ $CaCl_2$ 的水溶液，其离子强度为多少？$b_{\pm}(NaCl)$ 和 $b_{\pm}(CaCl_2)$ 等于多少？

**解** 该溶液共有三种离子：钠离子 $b(Na^+)=0.1mol \cdot kg^{-1}$，$z(Na^+)=1$；钙离子 $b(Ca^{2+})=0.01mol \cdot kg^{-1}$，$z(Ca^{2+})=2$；氯离子 $b(Cl^-)=b(Na^+)+2b(Ca^{2+})=(0.1+2\times 0.01)mol \cdot kg^{-1}=0.12mol \cdot kg^{-1}$，$z(Cl^-)=-1$

$$I=\frac{1}{2}\sum b_B z_B^2=\frac{1}{2}[0.1\times 1^2+0.01\times 2^2+0.12\times(-1)^2]mol \cdot kg^{-1}=0.13mol \cdot kg^{-1}$$

根据式(7-22)，有

$$b_{\pm}(NaCl)=[0.1^1\times(2\times 0.01+0.1)^1]^{1/2}mol \cdot kg^{-1}=0.11mol \cdot kg^{-1}$$

$$b_{\pm}(CaCl_2)=[0.01^1\times(2\times 0.01+0.1)^2]^{1/3}mol \cdot kg^{-1}=0.052mol \cdot kg^{-1}$$

离子强度的概念是从实验数据得到的一些感性认识中提炼出来的，它是溶液中由于离子电荷所形成的静电场强度的一种度量。此后在根据德拜-休克尔（Debye-Hückel）理论所导出的关系式中，很自然地出现了与离子强度有关的一项，并且德拜-休克尔的结果与 Lewis 所得到的经验式的关系是一致的。

### 7.3.2 德拜-休克尔极限公式

1878 年，阿累尼乌斯提出了电解质部分电离学说，用电离度解释电解质溶液依数性与非电解质（溶液的依数性）相比所出现的偏差，但电离平衡的概念不适合于强电解质溶液。1923 年德拜和休克尔把物理学中的静电学和化学联系起来，提出了强电解质离子互吸理论。该理论假定强电解质在低浓度溶液中完全电离，电离后的离子间的主要作用是静电库仑力，并认为离子之间的库仑力是造成强电解质与理想溶液偏差的主要原因。与此同时，为了便于数学处理，他们提出了离子氛的概念。下面简要介绍一下离子氛的概念和德拜-休克尔极限公式。

**(1) 离子氛的概念**

溶液中阴、阳离子共存，根据库仑定律，同性离子相斥、异性离子相吸。一方面离子在静电作用力的影响下，趋向于如同离子晶体那样规则的排列而呈有序的分布，另一方面分子热运动又使离子处于杂乱分布。由于热运动不足以抵消库仑力的影响，以致两种力相互作用的结果形成这样的情景：在一个离子（中心离子）的周围，异性离子出现的概率要比同性离子多。因此可以统计地认为，在每一个中心离子的周围，相对集中地分布着“一层”带异号电荷的离子，这层异号离子的荷电总量等于中心离子的电荷。从统计的角度来看，这层异号离子是球形对称的，德拜和休克尔将这层异号离子所构成的球体称为**离子氛**，见图 7-12。

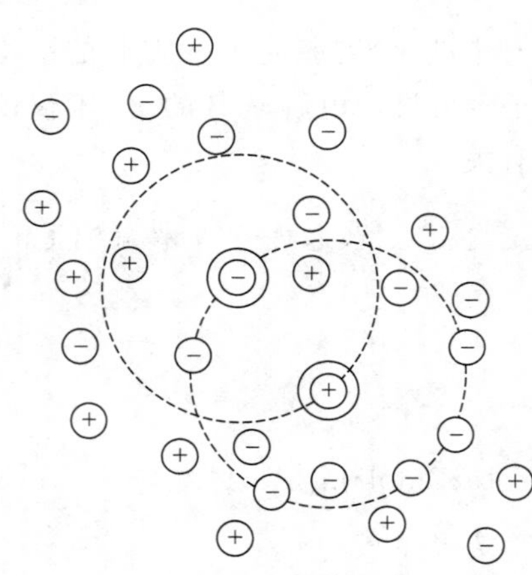

图 7-12 离子氛模型的示意图

任意一个离子的周围，均可设想存在一个异号离子构成的离子氛，即中心离子是任意选择的，溶液中的每一个离子均可作为中心离子。而与此同时它又是其他离子氛中的成员之一。这种情况在一定程度上可以与离子晶体中单位晶格相比拟。但与晶格不同，由于离子的热运动，中心离子在溶液中并没有固定的位置，因此，离子氛是瞬息万变的。

由于离子氛连同被它包围的中心离子是电中性的，所以溶液中各个离子氛之间不再存在着静电作用。因此，可以将溶液中的静电作用完全归结为中心离子与离子氛之间的作用，从而使所研究的问题及理论处理大大简化。

**(2) 德拜-休克尔极限公式**

德拜-休克尔除了认为强电解质的稀溶液完全离解和离子间的相互作用力（主要是静电库仑引力）可归结为中心离子和离子氛间的作用外，再加上以下几个假定，从而导出了稀溶液中平均离子活度系数的公式。这些假定是

① 离子在静电引力场中的分布符合玻尔兹曼（Boltzmann）公式，并且电荷密度与电位之间的关系遵从静电学中的泊松（Poisson）方程。

② 离子是带电荷的圆球，离子电场是球形对称的，离子不极化，在极稀的溶液中可看成点电荷。

③ 离子之间的作用力只存在库仑引力，其他的分子间作用力均可忽略不计。

④ 离子间因吸引力而产生的吸引能远小于它的热运动能，即此理论只适用于稀溶液。

⑤ 溶液的介电常数与溶剂的介电常数相差不大，可忽略加入电解质后溶液介电常数的变化。

根据这些假设导出了稀溶液中第 $i$ 种离子的活度因子公式为

$$\lg\gamma_i = -Az_i^2\sqrt{I} \tag{7-27}$$

及离子平均活度因子公式

$$\lg\gamma_\pm = -Az_+|z_-|\sqrt{I} \tag{7-28}$$

其中

$$A = \frac{(2\pi L\rho_A^*)^{1/2}e^3}{2.303(4\pi\varepsilon_0\varepsilon_r kT)^{3/2}} \tag{7-29}$$

式中，$\pi$ 为圆周率；$L$ 为阿伏伽德罗常数，$mol^{-1}$；$\rho_A^*$ 为纯溶剂的密度，$kg\cdot m^{-3}$；$e$ 为电子电荷量，C；$\varepsilon_0$ 为真空电容率，$C^2\cdot J^{-1}\cdot m^{-1}$；$\varepsilon_r$ 为溶剂的相对电容率（即相对介电常数）；$k$ 为玻耳兹曼因子，$J\cdot K^{-1}$；$T$ 为热力学温度，K。可以看出 $A$ 是一个与溶剂性质、温度等有关的常数，在 25℃水溶液中，$A=0.509(kg\cdot mol^{-1})^{1/2}$。

式(7-27) 称为德拜-休克尔的极限定律（Debye-Huckel's limiting law）。之所以称为极限定律，是因为在推导过程中的一些假定只有在溶液非常稀时才能成立。

由式(7-28) 可知，当温度、溶剂确定后，电解质的平均活度因子 $\gamma_\pm$ 只与离子所带电荷数以及溶液的离子强度有关。因此不同电解质，只要价型相同，即 $z_+|z_-|$ 乘积相同，以 $\lg\gamma_\pm$ 对 $\sqrt{I}$ 作图均在一条直线上。图 7-13 为不同价型电解质水溶液的 $\lg\gamma_\pm$-$\sqrt{I}$ 图，图中粗线为实验值，细线为德拜-休克尔极限公式的计算值。从图可看出，在溶液浓度很稀时，理论值与实验值符合很好。另外，图中曲线显示，在相同离子强度下，$z_+|z_-|$ 乘积越大的电解质 $\gamma_\pm$ 值越小，即偏离理想的程度越高。这也说明了静电作用力确实是使电解质溶液偏离理想溶液的主要原因。

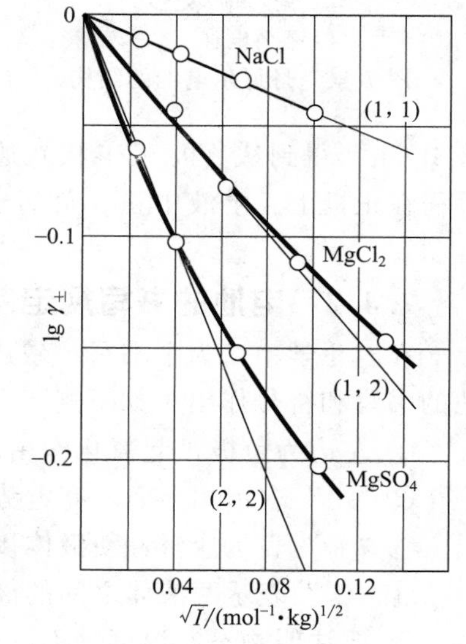


图 7-13 德拜-休克尔极限公式的验证

**例 7-7** 试用德拜-休克尔极限公式计算 25℃时 $b=0.005\text{mol}\cdot\text{kg}^{-1}$ $H_2SO_4$ 水溶液中，$H_2SO_4$ 的离子平均活度因子 $\gamma_{\pm}$。

**解** 溶液中有 $H^+$ 和 $SO_4^{2-}$，$b(H^+)=0.01\text{mol}\cdot\text{kg}^{-1}$，$b(SO_4^{2-})=0.005\text{mol}\cdot\text{kg}^{-1}$，$z^+=1$，$z^-=-2$，即

$$I=\frac{1}{2}\sum b_B z_B^2=\frac{1}{2}[0.01\times1^2+0.005\times(-2)^2]\text{mol}\cdot\text{kg}^{-1}=0.015\text{mol}\cdot\text{kg}^{-1}$$

根据式(7-28)，$A=0.509\ (\text{kg}\cdot\text{mol}^{-1})^{1/2}$

$$\lg\gamma_{\pm}=-Az^+|z^-|\sqrt{I}=-0.509\times1\times|-2|\times\sqrt{0.015}=-0.1247$$

故 $\gamma_{\pm}=0.75$

## 7.4 可逆电池及其电动势的测定

### 7.4.1 电池的构造及各部分功能

原电池是利用电极上的氧化还原反应自发地将化学能转化为电能的装置。在介绍可逆电池热力学之前，为了更好地理解电极电势和电池电动势产生的机理，有必要再简述一下在本章开篇曾简单地介绍过的原电池的结构和各部分的作用。具体地说，构成一个电池要有电极以及能与电极建立起电化学反应平衡的电解质溶液和相应的外电路，如图 7-14 丹尼尔（Daniel）电池所示。它由正极（阴极）：Cu + $CuSO_4$ 和负极（阳极）：Zn+$ZnSO_4$ 构成，中间以一个允许离子通过多孔隔膜将两个电极区隔。很显然，丹尼尔电池是一双液电池。负极（阳极）：$Zn \longrightarrow Zn^{2+}+2e^-$ 发生氧化反应，$Zn^{2+}$ 进入溶液中，而电子则被留在电极上并通过外电路的导线流向正极；正极（阴极）：$Cu^{2+}+2e^- \longrightarrow Cu$ 发生还原反应，溶液中 $Cu^{2+}$ 得到从负极（Zn 极）通过外电路流入到正极（Cu 极）的电子，被还原成 Cu，并沉积在正极上。溶液中正、负离子共同承担导电任务，正离子向阴极运动，负离子向阳极运动。

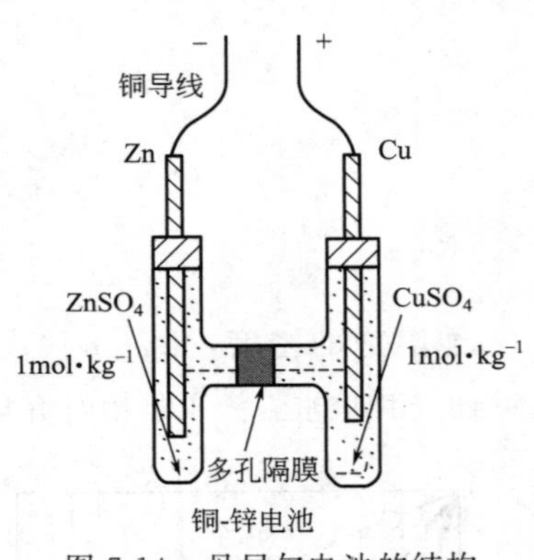


图 7-14 丹尼尔电池的结构

### 7.4.2 电池的书写规定

在电化学中，为了书写、叙述和交流的方便，国际应用与纯粹化学会（IUPAC）对电池的书写和符号作出了如下规定。

① 左边为负极，起氧化作用；右边为正极，起还原作用。

② “|”表示相界面，有电势差存在。

③ “‖”表示盐桥，使液体接界电势降到可以忽略不计。

④ “¦”表示两液体之间的液体接界界面。

⑤ 要注明物态、温度（不注明就是 298.15K），气体要注明压力，溶液要注明浓度。

⑥ 气体电极和氧化还原电极要写出导电的惰性电极，通常是铂电极，Pt。

⑦ 电池的电动势 $\boldsymbol{E}$ 等于电流 $I\to0$ 情况下电池书写式中右侧还原电极电势 $E_右$ 减左

侧的还原电极电势 $E_{左}$，即

$$E=E_{右}-E_{左} \tag{7-30}$$

此时电池中的各点均建立起了化学平衡和电荷平衡。

仍以丹尼尔电池为例，其书写式如下：

丹尼尔电池：　　　　$Zn \mid ZnSO_4(aq) ¦ CuSO_4(aq) \mid Cu$

### 7.4.3　电极电势产生的机理

在电池的正、负极之间，有电动势存在。现在急需知道的是，电池电动势是如何产生的？为此，我们有必要先了解电极电势是如何产生的。

任何金属，例如 Zn，将其插入电解质 $ZnSO_4$ 水溶液中［如图 7-15(a) 所示］，由于极性很大的水分子与构成晶格的锌离子相吸而发生水合作用，结果削弱了表面晶格中锌离子与金属中其他锌离子之间的键力，甚至使部分金属锌以离子的形式进入与电极表面接近的溶液中。金属失去 $Zn^{2+}$ 带负电，溶液中因 $Zn^{2+}$ 的进入而带正电荷，这两种相反的电荷相互吸引，使得进入溶液中的 $Zn^{2+}$ 沿着电极表面排列，如图 7-15(b) 所示。同时，溶液中的正电荷对随后进入溶液的 $Zn^{2+}$ 有库仑阻碍作用，在金属表面负电荷的吸引下，已经溶解的 $Zn^{2+}$ 可能再次沉积到金属表面，最终 $Zn^{2+}$ 在电极和溶液间的溶解和沉积达到动态平衡，在溶液和金属（电极）的界面间形成一带异号电荷的双电层。同时，溶液中溶剂分子的热运动，又会使紧密排列在电极表面的 $Zn^{2+}$ 向溶液本体扩散。最终，在金属与溶液的界面上，在正、负离子静电吸引和溶剂分子的热运动两种效应的共同作用下，溶液中的反离子只有一部分紧密地排在固体表面附近，相距约一二个分子厚度（图中 AB 面至金属表面），称为紧密层；另一部分离子按一定的浓度梯度扩散到溶液本体中，称为扩散层。金属表面与溶液本体之间的电势差 $\varphi_0$ 即为界面电势差，紧密层 AB 面与无穷远处电势差叫 $\xi$ 电势（$\xi$ 电势的物理意义在后面胶体化学中将详细介绍），如图 7-15(b)。

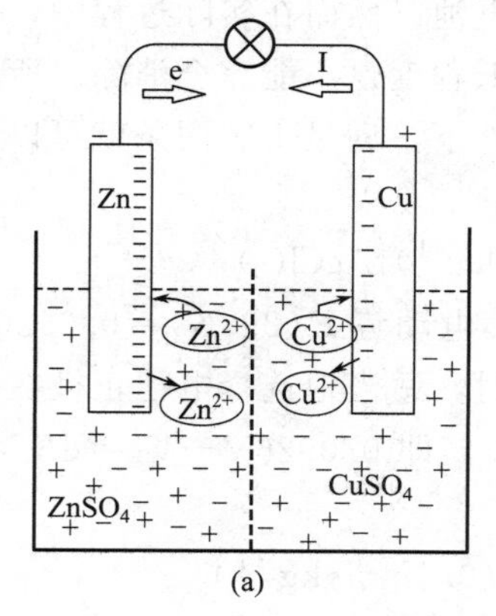


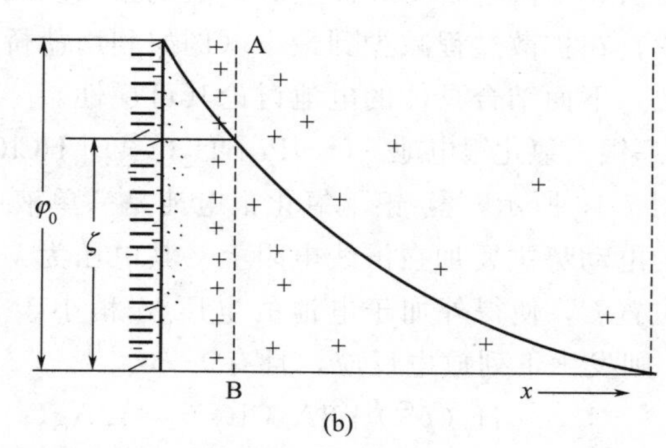


图 7-15　电池电动势产生机理示意图

同理，将金属 Cu 插入其电解质 $CuSO_4$ 水溶液中［如图 7-15(a) 所示］，其结果与 Zn 类似。但是，由于 Zn 比 Cu 更容易以正离子进入溶液中，这样在 Zn 极上积累的负电荷比 Cu 极上多，Zn 极的界面电势更负。Cu、Zn 两电极电势之差就是该电池的电动势。当用一根电阻为 $R$ 的导线将二者接通，在 Cu、Zn 之间电势差的作用下，$e^-$ 从 Zn（负）极通过外电路流向 Cu（正）极。

上面定性地描述了电极电势和电池电动势产生的机理，现在要问：由不同金属与其相应的电解质溶液构成的电池，其电动势大小如何？是否可以测量？回答是肯定的，不但可以测量，还可以用热力学方法进行计算和研究。

在第 3 章中我们曾讲到式(3-42b)，即在等温等压下有

$$\Delta G_{T,p} \leqslant W_{\mathrm{f}} \tag{7-31a}$$

在只有电功的条件下，

$$\Delta_{\mathrm{r}} G_{T,p} \leqslant W_{\mathrm{f}} = -nFE \tag{7-31b}$$

如果电池在可逆条件下放电做功，则有

$$\Delta_{\mathrm{r}} G_{T,p,R} = W_{\mathrm{f,max}} = -nFE \tag{7-31c}$$

对于可逆的摩尔电化学反应

$$(\Delta_{\mathrm{r}} G_{\mathrm{m}})_{T,p,R} = -nEF/\xi = -zEF \tag{7-31d}$$

式中，$n$ 为电池输出元电荷的物质的量，mol；$z$ 为电极反应式中电子的计量系数，$[z]=1$。式(7-31d) 是通过热力学研究可逆电化学的桥梁方程。由式(7-31d) 可知，欲将电化学与热力学联系起来，电化学过程必须是可逆的。为此，我们将要研究的是热力学上可逆电池。研究可逆电池的目的有二：一是计算化学能转变成电能的最高极限，为改善电池性能提供理论依据；二是为准确测量热力学数据提供电化学方法和手段。

### 7.4.4 可逆电池

所谓可逆电池，必须满足如下条件。

① 化学反应可逆，即电极上的化学反应可向正、反两个方向进行。

② 通过的电流必须是无限小，即电池是在接近平衡状态下充、放电。不存在功变成热的过程。由于在电池的内、外电路上存在电阻，当有宏观电流通过时，就有电功变成热的不可逆过程产生。

③（在不同的电解质的界面上）不存在扩散现象。

凡严格符合上述三个条件的电池称为热力学上的可逆电池。然而在实际过程中，无论采取什么方法，不同电解质界面上的扩散现象只能减少到最低程度，不能完全消除。所以，实际过程中，在扩散过程减少到最小（例如利用盐桥）的条件下，满足①②两条就可以认为是可逆电池。下面结合具体的电池讨论其可逆性。

a. 氢-银｜氯化银电池。(−)Pt｜$H_2(p^{\ominus})$｜HCl(0.1mol·kg$^{-1}$)|AgCl(s)|Ag(+)

如图 7-16 所示，氢-银｜氯化银电池是一单液电池，其电动势 $E$(298K)=0.0926V。外加电源的电动势主要加在滑线电阻上，其电压为 $V$。实验时，适当地选择电池正极在滑线电阻上的位置 C，使得外加于电池的电压 $V'$ 稍小于 0.0926V，即 0.0926V$-V'=\mathrm{d}E>0$，且 $\mathrm{d}E\to\mathbf{0}$，则发生下列放电反应，且有 $\boldsymbol{I}\to\mathbf{0}$。

$$\mathrm{H_2}(p^{\ominus}) + 2\mathrm{AgCl(s)} \rightleftharpoons 2\mathrm{Ag(s)} + 2\mathrm{HCl}(0.1\mathrm{mol\cdot kg^{-1}})$$

若外加于电池的电压 $V'$ 稍大于 0.0926V，即 0.0926V$-V'=\mathrm{d}E<0$，且 $\mathrm{d}E\to\mathbf{0}$，则发生下列充电反应，且有 $\boldsymbol{I}\to\mathbf{0}$。

$$2\mathrm{Ag(s)} + 2\mathrm{HCl}(0.1\mathrm{mol\cdot kg^{-1}}) \rightleftharpoons \mathrm{H_2}(p^{\ominus}) + 2\mathrm{AgCl(s)}$$

上述电池充（放）电反应刚好可逆，且通过的电流无限小，加上氢-银｜氯化银电池是单液电池，因此，氢-银｜氯化银电池是可逆电池。

b. 在如图 7-17 所示的 Cu-Zn 双液电池中（注：图中 $Zn^{2+}$、$Cu^{2+}$ 和 $SO_4^{2-}$ 没有画出），正极：Cu|$CuSO_4$，负极：Zn|$ZnSO_4$[$a_{\pm}(Zn^{2+})<1$]，溶液的 pH 值足够小（pH<1），设

其电动势为 $E$。实验时，外加电源的电动势主要加在滑线电阻上，其电压为 $V$。通过选择触点 C 的位置，可控制 $E-V'=\mathrm{d}E>0$，且使 $\mathrm{d}E\to 0$，作为电池，对外放电，且电流无限小。其电极反应和电池反应为

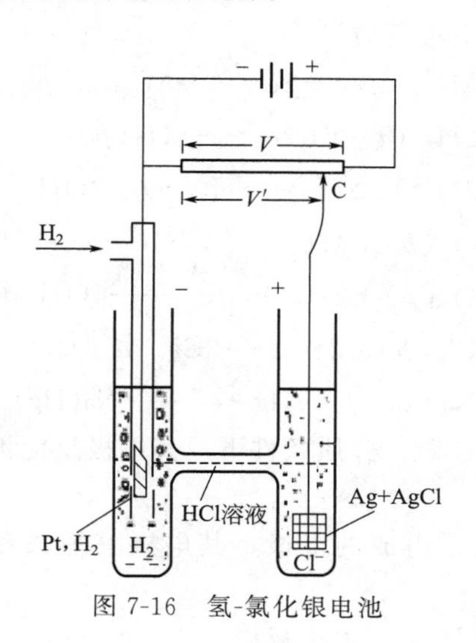


图 7-16　氢-氯化银电池

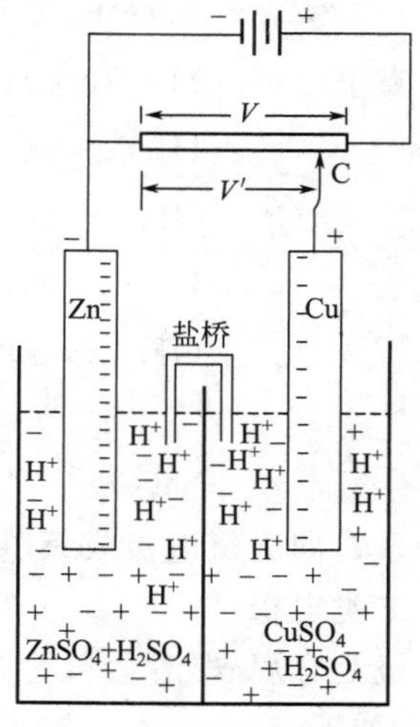


图 7-17　Cu-Zn 双液电池

阳极　　$Zn \longrightarrow Zn^{2+}+2e^-$

阴极　　$Cu^{2+}+2e^- \longrightarrow Cu$

电池反应为　　$Zn+Cu^{2+} \longrightarrow Zn^{2+}+Cu$

当控制 $E-V'=\mathrm{d}E<0$，且使 $\mathrm{d}E\to 0$ 时，作为电解池被充电，且电流无限小。在给定的 [$a_{\pm}(Zn^{2+})<1$]、pH 值足够小（pH<1）的条件下，即使考虑到 $H_2$ 在 Zn 表面析出的超电势（关于超电势将在本章第 3 部分详细讨论），实验和计算皆证明 $H_2$ 比 Zn 更容易析出。因此，作为电解池时，Cu-Zn 双液电池的电极反应和电池反应为

阴极　　$2H^+ +2e^- \longrightarrow H_2$

阳极　　$Cu \longrightarrow Cu^{2+}+2e^-$

电解反应为　　$2H^+ +Cu \longrightarrow H_2+Cu^{2+}$

比较图 7-17 电池的电池反应和电解反应可知，Cu-Zn 双液电池尽管通过的电流无限小，在两电解质之间通过盐桥最大限度地消除了扩散，但化学反应不可逆，不满足第一条，仍是一不可逆电池，是不可充电的一次电池。

只有可逆电池，在实际使用中才可充电（例如铅酸电池、Ni-$H_2$ 电池等）。

### 7.4.5　可逆电极的类型

电池包括正极和负极，构成可逆电池的电极应是可逆的。一般将可逆电极分成以下三类。

**(1) 第一类电极**

由金属浸在含有该金属离子的溶液中构成。如 Cu(s) 插在 $CuSO_4$ 溶液中，当 Cu(s) 作为阳极时，电极上发生氧化反应，其反应为

$$Cu(s) \longrightarrow Cu^{2+}+2e^-$$

当 Cu(s) 作为阴极时，电极上发生还原反应，其反应为

$$Cu^{2+}+2e^- \longrightarrow Cu(s)$$

这样的 Cu(s) 电极的氧化和还原作用恰好互为逆向反应。

属于第一类电极的除金属外，还有如氢电极、氧电极、卤素电极等气体电极和汞齐电极。由于气态物质是非导体，故要借助于铂或其他惰性物质起导电作用。

第一类电极书写式和电极（还原）反应如下：

| 电　极 | 书写式 | 电极反应 |
| --- | --- | --- |
| 金属与其阳离子 | $M^{z+}(a_+)\|M(s)$ | $M^{z+}(a_+)+ze^- \longrightarrow M(s)$ |
| 氢电极 | $H^+(a_+)\|H_2(p)\|Pt$ | $2H^+(a_+)+2e^- \longrightarrow H_2(p)$ |
| | $OH^-(a_-)\|H_2(p)\|Pt$ | $2H_2O+2e^- \longrightarrow H_2(p)+2OH^-(a_-)$ |
| 氧电极 | $H^+(a_+)\|O_2(p)\|Pt$ | $O_2(p)+4H^+(a_+)+4e^- \longrightarrow 2H_2O$ |
| | $OH^-(a_-)\|O_2(p)\|Pt$ | $O_2(p)+2H_2O+4e^- \longrightarrow 4OH^-(a_-)$ |
| 卤素电极 | $Cl^-(a_-)\|Cl_2(p),Pt$ | $Cl_2(p)+2e^- \longrightarrow 2Cl^-(a_-)$ |
| 汞齐电极 | $Na^+(a_+)\|Na(Hg)(a)$ | $Na^+(a_+)+nHg+e^- \longrightarrow Na(Hg)_n(a)$ |

值得注意的是，同为氢电极或氧电极，在不同的（酸或碱）介质条件下，其电极反应不同。

**(2) 第二类电极**

这类电极是金属-难溶盐或金属-氧化物及其阴离子组成的电极，其电极书写式和电极（还原）反应如下：

| 电　极 | 书写式 | 电极反应 |
| --- | --- | --- |
| 金属-难溶盐及其阴离子 | $Cl^-(a_-)\|AgCl(s)\|Ag(s)$ | $AgCl(s)+e^- \longrightarrow Ag(s)+Cl^-(a_-)$ |
| 金属-氧化物及其阴离子 | $OH^-(a_-)\|Ag_2O(s)\|Ag(s)$ | $Ag_2O(s)+H_2O+2e^- \longrightarrow 2Ag(s)+2OH^-(a_-)$ |
| | $H^+(a_+)\|Ag_2O(s)\|Ag(s)$ | $Ag_2O+2H^+(a_+)+2e^- \longrightarrow 2Ag(s)+H_2O$ |

**(3) 第三类电极**

氧化-还原电极系由惰性金属如铂片插入含有某种离子的两种不同氧化态的溶液中构成的。这里的“氧化”“还原”指的是某种金属在溶液中的“氧化态（高价态）”和“还原态（低价态）”。惰性金属只是起导电作用，而氧化-还原反应是溶液中不同价态的离子在溶液与金属的界面上反应，如：

| 氧化-还原电极书写式 | 电极反应 |
| --- | --- |
| $Fe^{3+}(a_1)$，$Fe^{2+}(a_2)\|Pt$ | $Fe^{3+}(a_1)+e^- \longrightarrow Fe^{2+}(a_2)$ |
| $Cu^{2+}(a_1)$，$Cu^+(a_2)\|Pt$ | $Cu^{2+}(a_1)+e^- \longrightarrow Cu^+(a_2)$ |
| $Sn^{4+}(a_1)$，$Sn^{2+}(a_2)\|Pt$ | $Sn^{4+}(a_1)+2e^- \longrightarrow Sn^{2+}(a_2)$ |
| $MnO_4^-(a_1)$，$Mn^{2+}(a_2)$，$H^+(a_3)$，$H_2O\|Pt$ | $MnO_4^-(a_1)+8H^+(a_3)+5e^- = Mn^{2+}(a_2)+4H_2O$ |

### 7.4.6 韦斯顿（Weston）标准电池

在电化学中，为了测定一个电池的电动势，需要用到标准电池。作为标准电池的要求是：高度可逆，电动势已知；温度系数小，组成稳定，即 $E$ 稳定。韦斯顿电池能较好满足上述要求，故韦斯顿标准电池常被作为实验中的标准电池用。韦斯顿标准电池的结构、电池的书写式及电极和电池反应如下。

结构：韦斯顿标准电池是一单液电池，其结构如图 7-18 所示。

电池的书写：从负极到正极，韦斯顿标准电池的书写式为

Cd(12.5%Hg 齐)|$CdSO_4\cdot 8/3H_2O(s)$|$CdSO_4$(饱和溶液)|$CdSO_4\cdot 8/3H_2O(s)$|$Hg_2SO_4(s)$-Hg(l)

电极反应：(−) $Cd(Hg)(a) \longrightarrow Cd^{2+} + Hg(l) + 2e^-$

(+) $Hg_2SO_4(s) + 2e^- \longrightarrow 2Hg(l) + SO_4^{2-}$

电池反应：$Hg_2SO_4(s) + Cd(Hg)(a) + \frac{8}{3}H_2O \longrightarrow CdSO_4\cdot\frac{8}{3}H_2O(s) + 3Hg(l)$

使用标准电池的注意事项请参考物理化学实验教材。

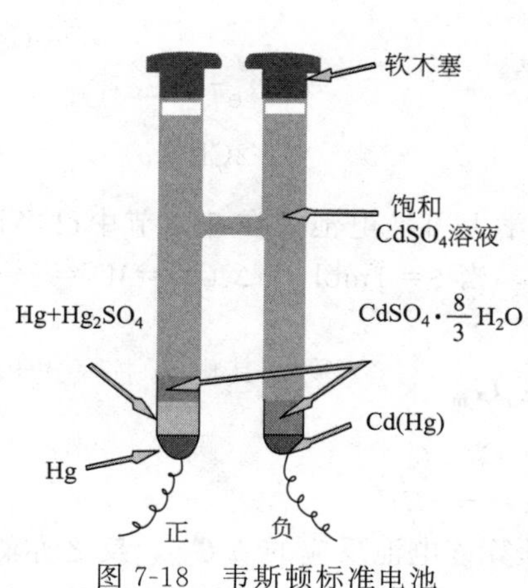


图 7-18　韦斯顿标准电池

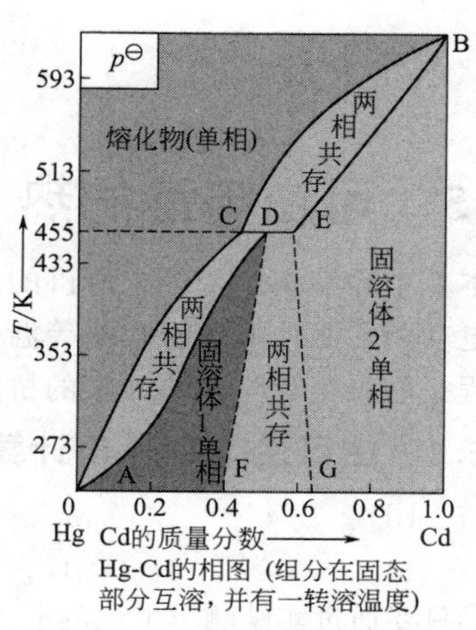


图 7-19　Cd-Hg 二组分相图

思考题：结合 Cd-Hg 相图（见图 7-19），回答下列问题：在韦斯顿标准电池中，为什么将 Cd(Hg) 中的 $Cd^{2+}$ 浓度选定在 4%～15%之间。

### 7.4.7 可逆电池电动势的测定

对于一个电池，在任何情况下从电极两端测得的电压称为端电压 $V$。由于在电池的内、外电路中存在着电阻，当有一定的宏观电流 $I$ 通过时，存在着功→热的不可逆过程。而可逆电池在放电过程中必须满足能量可逆的条件，不能有功→热的过程存在。所以电池电动势的测定不允许有有限的电流通过。只有当外电路中电阻 $R_0 \to \infty$，$I \to 0$ 时，才有 $E \approx V$。遗憾的是万用表无法测量 $I=0$ 的开路电压。测量 $I \to 0$ 时电池电动势的经典方法是采用波根多夫（Poggendorff）对消法。对消法的测量原理及其装置如图 7-20 所示。在图 7-20 中存在两个回路，一个是由工作电源 $E_w$、可变电阻 $R$、滑线电阻 AB 构成的工作回路，另一个是由双掷开关 Q、电键 K、检流计 G、滑线电阻 AB 和标准电池 $E_{s.c}$ 或待测电池 $E_x$ 构成的测量回路，工作回路和测量回路中电流的方向是相反的。工作回路的作用就是通过调节可变电阻 $R$，提供一个准确的工作电流 $I_w$，用来对消由测量回路中的标准电池 $E_{s.c}$ 或待测电池 $E_x$ 产生的电流，从而达到通过电池的电流 $I=0$ 的目的。实验中的具体操作是：①校正工作电流 $I_w$，首先根据实验时的室温，算出标准电池电动势，根据 $E_{s.c}$ 的计算值将正极触点置于滑线电阻上 H 点位置，使 $V_{AH}=E_{s.c}$。将双掷开关推向标准电池，合上电键 K，通过调节可变电阻 $R$，使得通过检流计 G 上的电流几乎为

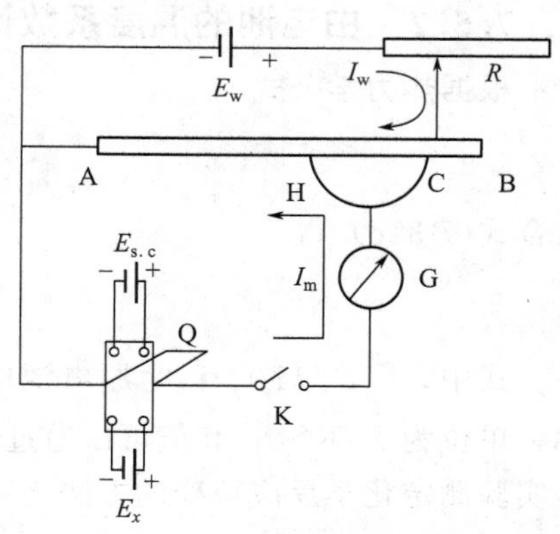


图 7-20　对消法测量电动势的原理图

零（最好等于零），这时通过工作回路中的电流 $I_w$ 与通过测量回路中的电流 $I_m$ 恰好对消，$E_{s.c}=I_wR_{AH}=V_{AH}$。这样，工作电流 $I_w$ 就准确地校正到了仪器规定的数值。②工作电流 $I_w$ 校正好了之后（在整个测量过程中可变电阻 $R$ 的数值不能改变，除非再一次校正工作电流 $I_w$），将双掷开关推向待测电池，合上电键 K，通过正极触点在滑线电阻上找到一点 $C$，使得通过检流计 G 的电流几乎为零（最好等于零），这时通过工作回路中的电流 $I_w$ 与通过测量回路中的电流 $I_m$ 又一次对消，$E_x=I_wR_{AC}$。由此求得

$$E_x=E_{s.c}\frac{R_{AC}}{R_{AH}} \tag{7-32}$$

可逆电池的热力学

## 7.5 可逆电池的热力学

在本节中除特别声明外，所讲的原电池都是热力学上可逆电池。在 7.4 节中已经讲过，在只有电功而无其他非体积功的等温等压可逆条件下，当 $\xi=1\text{mol}$ 时 $\Delta_rG_m=W_f=-zFE$。这一方程是联结电化学和热力学的桥梁。

### 7.5.1 由可逆电动势 $E$ 计算电池反应的 $\Delta_rG_m$

式(7-31d)

$$(\Delta_rG_m)_{T,p,R}=-nEF/\xi=-zEF \tag{7-31d}$$

表明：①只要通过实验测出电池的电动势 $E$，就可以计算该电池反应的 $\Delta_rG_m$，反之亦然。②如果实验测出的电池电动势 $E<0$，说明该电池反应的 $\Delta_rG_m>0$，则该电池反应不能进行，而其逆反应是自发的。③由于公式中 $z$ 是电池反应所涉及的电子的数目，$\Delta_rG_m$ 的大小与电池反应的书写有关。其实，有关电池反应的所有热力学广延量（广度性质）的改变值 $\Delta_rS_m$、$\Delta_rH_m$ 等都与电池反应的书写有关。④可逆电池的电能来源于系统吉布斯函数减少（$\Delta_rG_m$），对于 $\Delta_rG_m<0$ 的反应，在恒温恒压可逆条件下，吉布斯函数的减少值可全部转化为电功。

### 7.5.2 由电池的温度系数计算电池反应的 $\Delta_rS_m$

根据热力学公式

$$\left(\frac{\partial\Delta_rG_m}{\partial T}\right)_p=-\Delta_rS_m$$

结合式(7-31d) 得

$$\Delta_rS_m=zF\left(\frac{\partial E}{\partial T}\right)_p \tag{7-33}$$

式中，$(\partial E/\partial T)_p$ 称为原电池电动势的温度系数，它表示恒压下电动势随温度的变化率，单位为 $\text{V}\cdot\text{K}^{-1}$，其值可以通过实验测定一系列不同温度下的电动势求得。实际上这也是实验测定化学反应熵变的方法之一。

### 7.5.3 由可逆电动势 $E$ 和电池温度系数$(\partial E/\partial T)_p$计算电池反应的 $\Delta_rH_m$

因为在恒温下 $\Delta_rG_m=\Delta_rH_m-T\Delta_rS_m$，所以 $\Delta_rH_m=\Delta_rG_m+T\Delta_rS_m$，将式(7-31d) 和式(7-33) 代入上式得到：

$$\Delta_rH_m=-zFE+zFT\left(\frac{\partial E}{\partial T}\right)_p \tag{7-34}$$

由式(7-31d)、式(7-33) 和式(7-34) 可知，若通过实验测出了电池电动势和电池的温度系数，就可以分别求出 $\Delta_rG_m$、$\Delta_rS_m$ 和 $\Delta_rH_m$，反之亦然。但事实上由于电池电动势的

测量精度远高于量热精度，因而在热力学研究中，对于可安排成电池的化学反应，总是尽可能通过测量 $E$ 和 $(\partial E/\partial T)_p$ 以求得 $\Delta_r G_m$、$\Delta_r H_m$、$\Delta_r S_m$。

### 7.5.4 计算原电池可逆放电时的热效应 $Q_r$

原电池可逆放电时，化学反应热为可逆热 $Q_r$，在恒温下，$Q_r = T\Delta_r S_m$，将式(7-33)代入，得

$$Q_r = T\Delta_r S_m = zFT\left(\frac{\partial E}{\partial T}\right)_p \tag{7-35}$$

故式(7-34) 又可以写作

$$\Delta_r H_m = -zFE + zFT\left(\frac{\partial E}{\partial T}\right)_p = W_{f,max} + Q_r \tag{7-36}$$

由式(7-35) 可知，在恒温下电池可逆放电时。

若 $(\partial E/\partial T)_p = 0$，$Q_r = 0$，电池放电时既不吸热也不放热，由 $\Delta_r H_m = W_{f,max} + Q_r$ 可知，此时电池反应焓变全部转化为系统对外所做的可逆电功，$\Delta_r H_m = \Delta_r G_m = W_{f,max}$；

若 $(\partial E/\partial T)_p < 0$，则 $Q_r < 0$，电池向环境放热，在此情况下，电池反应焓变一部分转化为系统对外所做的可逆电功，剩余部分以热的形式放出，$\Delta_r H_m < \Delta_r G_m = W_{f,max}$；

若 $(\partial E/\partial T)_p > 0$，则 $Q_r > 0$，电池向环境吸热，即电池反应焓变大于系统对外所做的可逆电功，多出的部分来自于从环境所吸的热，$\Delta_r H_m > \Delta_r G_m = W_{f,max}$。

根据上述对电池反应可逆热效应的讨论，如果将化学能转化为电能的转化效率 $\eta_e$ 定义为

$$\eta_e = \frac{\Delta G}{\Delta H} \tag{7-37}$$

则由上面讨论可知，$\eta_e$ 可大于、小于或等于 1。

例如反应 $H_2(g) + \frac{1}{2}O_2(g) = H_2O(l)$ 在 25℃、100kPa 下反应的 $\Delta_r H_m^{\ominus} = -285.830\text{kJ}\cdot\text{mol}^{-1}$，$\Delta_r G_m^{\ominus} = -237.129\text{kJ}\cdot\text{mol}^{-1}$，则该氢-氧燃料电池的化学能-电能的转换效率 $\eta_e$ 为

$$\eta_e = \frac{\Delta G}{\Delta H} = \frac{-237.129}{-285.830} \times 100\% = 82.96\%$$

由此可见电池是一种高效利用化学反应能量的装置，而且它不像热能转变为机械能受理想热机效率的限制（即受高、低温热源温度的限制）。不过恒温恒压下反应的 $\Delta_r G_m$ 是电池能将化学能转化为电能理论上的最大值。由于电池内阻、电极的极化等因素的影响，电池效率往往达不到其理论最大值。正因为如此，研究电池的性质，改进电池的设计，不断制造出效率高、成本低、污染小的新型原电池，是推动电化学研究不断深入的不竭动力之一。

**例 7-8** 25℃时，电池

$$Ag|AgCl(s)|HCl(a)|Cl_2(g, 100kPa)|Pt$$

的电动势 $E = 1.136V$，电动势的温度系数 $(\partial E/\partial T)_p = -5.95\times10^{-4}\text{V}\cdot\text{K}^{-1}$。电池反应为

$$Ag + \frac{1}{2}Cl_2(g, 100kPa) \longrightarrow AgCl(s)$$

试计算该反应的 $\Delta_r G_m$、$\Delta_r S_m$、$\Delta_r H_m$ 及电池恒温可逆放电时过程的可逆热 $Q_r$。

**解** 先写出电极反应和电池反应，根据题意

正极： $\frac{1}{2}Cl_2(g, 100kPa) + e^- \longrightarrow Cl^-$

负极： $Ag + Cl^-(a) \longrightarrow AgCl(s) + e^-$

电池反应： $Ag + \frac{1}{2}Cl_2(g, 100kPa) \longrightarrow AgCl(s)$

转移的电子数 $z=1$。根据式(7-31d)、式(7-33) 和式(7-34) 得

$$\Delta_r G_m = -zFE = -1\times 96500\times 1.136 J\cdot mol^{-1} = -109.6 kJ\cdot mol^{-1}$$

$$\Delta_r S_m = zF(\partial E/\partial T)_p = 1\times 96500\times(-5.95\times 10^{-4}) J\cdot K^{-1} = -57.4 J\cdot K^{-1}$$

$$\Delta_r H_m = \Delta_r G_m + T\Delta_r S_m = [-109.6 + 298.15\times(-57.4\times 10^{-3})] kJ\cdot mol^{-1} = -126.7 kJ\cdot mol^{-1}$$

$$Q_r = T\Delta_r S_m = 298.15\times(-57.4\times 10^{-3}) J\cdot mol^{-1} = -17.1 kJ\cdot mol^{-1}$$

若将上述反应安排在恒温恒压、非体积功为零的情况下（在烧杯中）进行 $Q_{p,m} = \Delta_r H_m = -126.7 kJ\cdot mol^{-1}$，即发生 $\xi = 1mol$ 反应时系统可向环境放热 126.7kJ；但同样反应在原电池中恒温恒压可逆进行时 $Q_r = -17.1 kJ\cdot mol^{-1}$，此时 $Q_r \neq \Delta_r H_m$，少放出来的热做了电功。因为 $W_{f,max} = \Delta_r G_m = -109.6 kJ\cdot mol^{-1}$，所以此电池的能量转换效率为 $\eta_e = \Delta_r G_m/\Delta_r H_m = 86.5\%$。

在上题中，如果电池反应为 $2Ag + Cl_2(g, 100kPa) \xlongequal{} 2AgCl$，$\Delta_r G_m$、$\Delta_r H_m$、$\Delta_r S_m$、$Q_{r,m}$ 各为多少？

**例 7-9** 电池 $Ag|AgCl(s)|KCl$ 溶液$|Hg_2Cl_2(s)|Hg$ 在 25℃按通电 $1F$ 的电池反应 $\Delta_r H_m = 5.435 kJ\cdot mol^{-1}$。电池反应中各物质的规定熵 $S_m/J\cdot mol^{-1}\cdot K^{-1}$ 分别为 Ag(s) 为 42.55；AgCl(s) 为 96.2；Hg(l) 为 77.4；$Hg_2Cl_2(s)$ 为 195.8。试计算 25℃时电池的电动势，电池的温度系数及电池反应的可逆过程热。

**解** 先写出电极和电池反应，根据题意

正极： $\frac{1}{2}Hg_2Cl_2 + e^- \longrightarrow Cl^- + Hg(l)$

负极： $Ag + Cl^-(a) \longrightarrow AgCl(s) + e^-$

电池反应： $Ag + \frac{1}{2}Hg_2Cl_2 \xlongequal{} AgCl(s) + Hg(l)$

根据题目给定的条件，欲求 $E$ 必须先求出 $\Delta_r G_m$。已知 $\Delta_r G_m = \Delta_r H_m - T\Delta_r S_m$，电池反应的 $\Delta_r H_m = 5435 J\cdot mol^{-1}$ 和

$$\Delta_r S_m = \sum \nu_B S_m(B) = [S_m(AgCl) + S_m(Hg)] - [S_m(Ag) + 1/2 S_m(Hg_2Cl_2)]$$

$$= [(96.2 + 77.4) - (42.55 + 1/2\times 195.8)] J\cdot mol^{-1}\cdot K^{-1} = 33.15 J\cdot mol^{-1}\cdot K^{-1}$$

得 $$\Delta_r G_m = (5435 - 298.15\times 33.15) J\cdot mol^{-1} = -4448.67 J\cdot mol^{-1}$$

又因为 $\Delta_r G_m = -zFE$，$\Delta_r S_m = zF(\partial E/\partial T)_p$ 和 $Q_r = T\Delta_r S$，由此得

$$E = -\Delta_r G_m/zF = [4448.67 \div (1\times 96500)] V = 0.04610 V$$

$$(\partial E/\partial T)_p = \Delta_r S_m/zF = [33.15 \div (1\times 96500)] V\cdot K^{-1} = 3.435\times 10^{-4} V\cdot K^{-1}$$

$$Q_r = T\Delta_r S_m = (298.15\times 33.15) J\cdot mol^{-1} = 9883.67 J\cdot mol^{-1}$$

很显然，例 7-8 是通过电化学测量求热力学状态函数的改变值，而例 7-9 恰好相反。

### 7.5.5 可逆电池电动势与浓度关系——能斯特（Nernst）方程

我们知道，电极通常由两部分构成：承担电子交换（氧化或还原反应）的金属和相应的

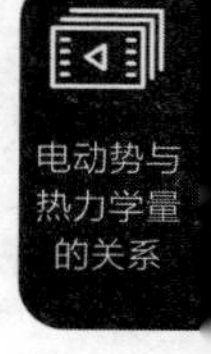


电解质。电极电势不仅与电极材料以及在电极上发生电子交换（氧化或还原反应）的物质种类有关，还与相应的电解质浓度和温度有关。浓度和温度是如何影响电极电势的呢？

恒温、恒压下任一化学反应（当然包括电池反应）有

$$\Delta_r G_m = \Delta_r G_m^{\ominus} + RT\ln \prod_B a_B^{\nu_B}$$

同一反应，当安排在可逆电池中在恒温恒压下进行时

$$\Delta_r G_m = W_{f,max} = -zFE$$

由此得

$$-zFE = \Delta_r G_m^{\ominus} + RT\ln \prod_B a_B^{\nu_B} \tag{7-38}$$

当电池反应在标准状态下进行时

$$\Delta_r G_m^{\ominus} = -zFE^{\ominus} \tag{7-39}$$

式中，$E^{\ominus}$为原电池的标准电动势，它等于参加电池反应各物质均处于各自标准态时的电动势。

将式(7-39）代入式(7-38）得

$$E = E^{\ominus} - \frac{RT}{zF}\ln \prod_B a_B^{\nu_B} \tag{7-40}$$

式(7-40）称为电池的能斯特（Nernst）方程，是原电池的基本方程式。它表明了一定温度下可逆电池的电动势与参加电池反应各组分的活度或逸度之间的关系，反映了温度、活度或逸度对电池电动势的影响。是可逆电池热力学的重要方程之一。

能斯特方程将$E$、$E^{\ominus}$和$a_B$联系起来了，若是能通过实验测出$E$和$E^{\ominus}$，就可以求得$a_B$（或$\gamma_{\pm}$）。反过来，若已知$a_B$（或$\gamma_{\pm}$）和$E^{\ominus}$也可以通过能斯特方程求得$E$。例如

$$Pt|H_2(g,100kPa)|HCl(a)|AgCl(s)|Ag$$

正极：　$AgCl(s) + e^- \longrightarrow Ag + Cl^-(a_-)$

负极：　$\frac{1}{2}H_2(g,100kPa) \longrightarrow H^+(a_+) + e^-$

电池反应：$\frac{1}{2}H_2(g,100kPa) + AgCl(s) \longrightarrow Ag(s) + H^+(a_+) + Cl^-(a_-)$

根据能斯特方程式(7-40)，有

$$E = E^{\ominus} - \frac{RT}{zF}\ln \frac{a_{H^+}a_{Cl^-}a_{Ag}}{(f_{H_2}/p^{\ominus})^{1/2}a_{AgCl}}$$

因为Ag、AgCl皆为纯固体，其活度为1($a_{Ag}=1$，$a_{AgCl}=1$)，$p(H_2)=100kPa$，近似按理想气体处理，则$f(H_2)=p(H_2)$，故

$$E = E^{\ominus} - \frac{RT}{F}\ln(a_{H^+}a_{Cl^-}) = E^{\ominus} - \frac{RT}{F}\ln a_{\pm}^2 \quad (\text{式中，} a_B = a_+^{\nu_+}a_-^{\nu_-} = a_{\pm}^{\nu})$$

又因为$a_{\pm}^{\nu} = \gamma_{\pm}^{\nu}b_{\pm}^{\nu} = \gamma_{\pm}^{\nu}(\nu_+^{\nu_+}\nu_-^{\nu_-})\cdot(b/b^{\ominus})^{\nu}$，对于1-1型电解质，$a_{\pm} = \gamma_{\pm}b/b^{\ominus}$，由此得

$$E = E^{\ominus} - \frac{RT}{F}\ln(\gamma_{\pm}b/b^{\ominus})^2 = E^{\ominus} - 2\frac{RT}{F}\ln(\gamma_{\pm}b/b^{\ominus})$$

$E^{\ominus}$可由手册中查出，若$b$已知，并测得$E$，就可由上式求得温度$T$下，浓度为$b$时HCl的$\gamma_{\pm}$。

除此之外，根据能斯特方程式(7-40)，还可以得到$E^{\ominus}$与$K^{\ominus}$之间的关系方程。因为，当电池反应达到平衡时，$\Delta_r G_m=0$，$E=0$，根据标准平衡常数的定义式$\Delta_r G_m^{\ominus} = -RT\ln K^{\ominus}$及式(7-39）可以得到

$$E^{\ominus} = \frac{RT}{zF}\ln K^{\ominus} \tag{7-41}$$

式中，$K^{\ominus}$即为反应的标准平衡常数。根据式(7-41)可从已知$K^{\ominus}$计算$E^{\ominus}$；反之，也可从实验所测得的$E^{\ominus}$计算$K^{\ominus}$。

对反应体系而言，$E^{\ominus}$与$K^{\ominus}$所处的状态不同。$E^{\ominus}$时，系统中各组成处在各自标准状态；而$K^{\ominus}$是系统处于平衡状态的特征常数，式(7-41)只是通过$\Delta_r G_m^{\ominus}$将两者在数值上联系在一起。

需要指出的是，原电池电动势$E$是强度量，对于一个原电池，只有一个电动势$E$，与电池反应化学计量式的书写无关。电动势是电池固有的性质，只要组成电池的温度、各个组分的浓度及电极等条件确定，电池的电动势也就随之确定了，不会随反应计量式的书写不同而改变。但电池反应的摩尔反应吉布斯函数$\Delta_r G_m$、标准平衡常数$K^{\ominus}$与反应的计量式书写有关。

电动势与电极电势

## 7.6 电极电势

前面7.4节我们曾简单地介绍过金属电极与其相应的电解质溶液之间的界面电势差（电极电势）产生的机理以及电池电动势与界面电势差的关系。理论研究和实验证明，只要有正、负电中心不重合的界面存在，就存在着界面电势。而电池的电动势$E$的数值就是测量回路中所涉及的界面电势差的代数和。以丹尼尔电池为例：

$$(-)\mathrm{Cu}|\mathrm{Zn}|\mathrm{ZnSO_4}(a)\vdots\mathrm{CuSO_4}(a)|\mathrm{Cu}(+)$$

$$\Delta\phi_1\ \Delta\phi_2\qquad\qquad\Delta\phi_3\qquad\qquad\Delta\phi_4$$

该电池存在着$Zn|Cu$、$Zn|Zn^{2+}$、$Zn^{2+}\vdots Cu^{2+}$和$Cu|Cu^{2+}$四个相界面，故丹尼尔电池的电动势可表示为

$$E=\Delta\phi_1+\Delta\phi_2+\Delta\phi_3+\Delta\phi_4 \tag{7-42}$$

式中 $\Delta\phi_1$——金属间接触电势，即金属Zn与Cu之间的界面电势差；

$\Delta\phi_2$——阳极界面电势差，即Zn与$ZnSO_4$溶液间的界面电势差；

$\Delta\phi_3$——液体接界电势，即$ZnSO_4$与$CuSO_4$溶液间的界面电势差，也称扩散电势；

$\Delta\phi_4$——阴极界面电势差，即Cu与$CuSO_4$溶液间的界面电势差。

### 7.6.1 金属接触电势 $\Delta\phi_1$

当两种分别具有电子逸出功$W^{\alpha}$和$W^{\beta}$的金属α和金属β相接触时，将发生电子（扩散）转移并建立稳定界面电势差，这个界面电势差就是金属接触电势。接触电势在数值上近似等于相接触的两种金属的电子逸出功之差。由于$W^{Cu}>W^{Zn}$，Cu与Zn相接触时，Zn向Cu发生电子转移，造成达到平衡时Cu | Zn界面上Zn正Cu负的界面电势差，$\Delta\phi_{Cu|Zn}=W^{Cu}-W^{Zn}$，根据所涉及金属的电子逸出功的大小，常见金属接触电势可以具有几毫伏至几十毫伏的可观数值，在电池电动势中不可忽略。但是，只要整个电池工作在相等温度条件下，金属接触电势的数值是稳定的，几乎不受外界其他因素的影响，故在讨论电势的变化问题时可以忽略其影响。

### 7.6.2 液体接界电势及盐桥

组成或浓度不同的电解质溶液相互接触时，界面上也存在电势差，这种电势差称为**液体接界电势**或**扩散电势**。液体接界电势是由于电解质溶液中离子扩散速率不同而引起的。图7-21是两种典型的情况。其中图7-21(a)表示的是组成相同但浓度不同的HCl溶液中产生液体接界电势的示意图。由于它们的浓度不同（假设$c_2>c_1$），扩散总是由浓度高的溶液向浓度低的溶液进行，但是，$H^+$和$Cl^-$的迁移速率是不相同的，前者要比后者快得多，就像

图 7-21(a) 箭头所表示的那样。这样使得界面上浓度低的一侧正电荷过剩，高浓度一侧负电荷过剩，在液体接界界面上形成了一个电场。电场阻止了随后的 $H^+$ 进一步向低浓度一侧（左侧）扩散。在扩散和电场的共同作用下（当然还有热运动），体系达到动态平衡，形成液体接界处界面电中心不重合的界面层，从而产生**液体接界电势** $\Delta\phi_{液}$。

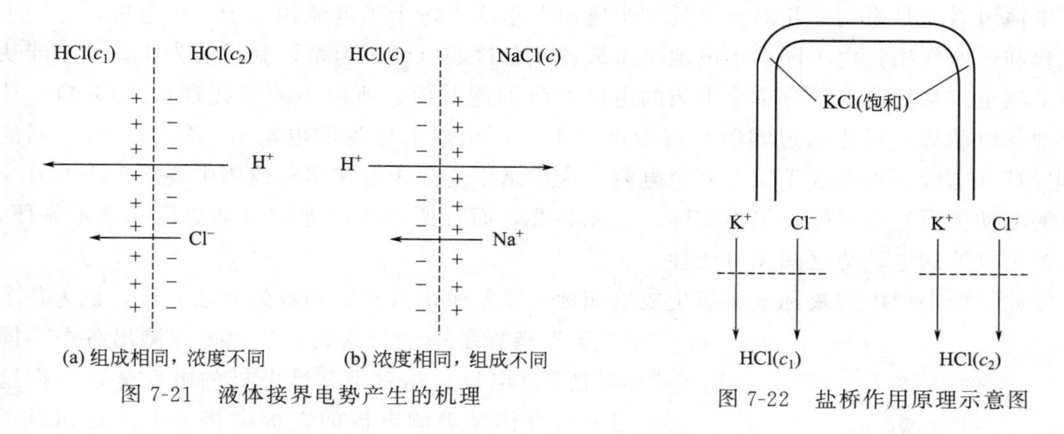


图 7-21 液体接界电势产生的机理

图 7-22 盐桥作用原理示意图

同样，图 7-21(b) 是浓度相同的 HCl 和 NaCl 的液体接界电势或扩散电势。由于它们的浓度相同，$Cl^-$ 的扩散可不予考虑，只有正离子 $H^+$ 和 $Na^+$ 发生相互扩散。由于 $H^+$ 和 $Na^+$ 的迁移速率不同，前者要比后者快得多，就像图 7-21(b) 箭头所示。这便使界面的 NaCl 一侧正电荷过剩，HCl 一侧负电荷过剩，从而产生了电势差。这个电势差将使 $H^+$ 的迁移速率减慢，$Na^+$ 的迁移速率加快。当两者迁移速率相等时，便达到了稳定的电势差，即**液体接界电势**。

关于液体接界电势的计算随后将详细介绍。在这里，我们先介绍如何最大限度地消除液体接界电势。

由上述液体接界电势产生的机理可知，产生液体接界电势的根本原因是电解质溶液中离子扩散速率（即迁移数）不同。**盐桥**正是基于这一机理设计的。盐桥中的电解质溶液不仅正、负离子的迁移速率很接近，诸如 KCl、$NH_4NO_3$ 等，而且电解质的浓度很高。图 7-22 是盐桥作用原理示意图。盐桥是一个 U 形的玻璃管，管内用（琼脂）凝胶将饱和的 KCl（或 $NH_4NO_3$ 等）电解质溶液固定在其中。用它来连接两种不同浓度的 HCl 溶液时，由于 KCl 的浓度很高，扩散几乎是单方向的，即盐桥中的 KCl 向 HCl 溶液扩散。又因正离子 $K^+$ 与负离子 $Cl^-$ 迁移速率很接近，故两个界面上几乎不产生电势差，这使得图 7-21(a) 所示的液体接界电势减小到了可以忽略的程度。应注意，在使用盐桥来消除液体接界电势时，盐桥中的溶液不能与电池中溶液发生作用，例如对 $AgNO_3$ 溶液来说，就不能用 KCl 溶液作为盐桥的电解质，而必须改用其他合适的电解质溶液，如 $NH_4NO_3$ 溶液。

应该指出的是，盐桥只能最大限度地减小液体接界电势，而不能完全消除液体接界电势。

### 7.6.3 电极电势

通过对接触电势和液体接界电势的讨论可知，当利用盐桥最大限度地消除了液体接界电势后，根据式(7-42) 得

$$E=\Delta\phi_{Zn|Cu}+\Delta\phi_{阴}+\Delta\phi_{阳} \tag{7-43}$$

下面我们将看到，相对于同一基准电极，当用相同的导线（例如 Cu）时，最终可将 $\Delta\phi_{Zn|Cu}$ 归结为 $\Delta\phi_{Zn|M_{基准}}$ [$M_{基准}$ 为作为基准电极的金属]，且可合并到相应的电极（Zn 极）电势中去，$\phi_{Zn}=\Delta\phi_{Zn|M_{基准}}+\Delta\phi_{阳}$，类似地，$\phi_{Cu}=\Delta\phi_{Cu|M_{基准}}+\Delta\phi_{阴}$。这样

$$E=\phi_{阴}+\phi_{阳} \tag{7-44}$$

即原电池可看作是由两个相对独立的“半电池”组成，每个半电池相当于一个电极，分别进行氧化和还原作用。由不同的半电池可组成各式各样的电池。但是，到目前为止，还不能从实验上测定或从理论上计算单个电极的电极电势的绝对值。所以不能直接通过式(7-44）计算电池的电动势。只能通过实验测得由两个电极所组成的电池的电动势。然而，由不同的“半电池”（电极）可组成千千万万个电池，这样是不是意味着在实际使用中要测千千万万个电池的电动势呢？虽可行，但不实际，也无必要，而且所测的电池的电动势用起来不方便，因为各个电池的电动势之间无可比性。

为此，像上册中解决标准摩尔生成焓和标准摩尔生成吉布斯函数的方法一样，也为各个“半电池”选择了一个公共的基准电极，测出各个不同“半电池”（电极）相对于基准电极的电动势，并把这一电动势看作是被测电极的电极电势。由于是相对于同一基准电极，这些电极电势之间具有可比性，而且利用这些被测电极的电极电势数值，可以计算由任意两个电极组成的电池的电动势。

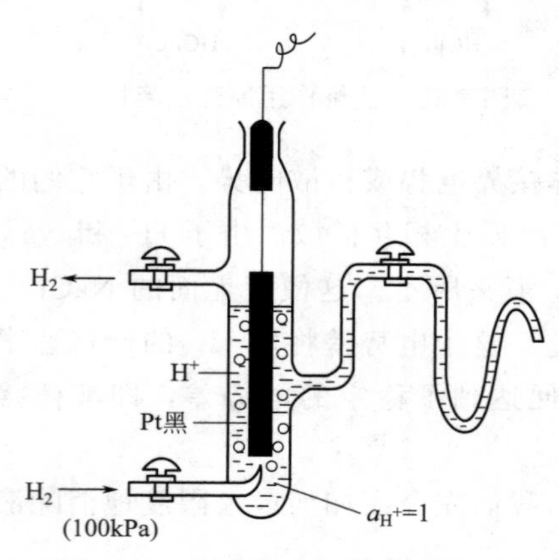

图 7-23　标准氢电极结构示意图

**（1）标准氢电极**

原则上任何电极都可以作为基准电极，但按照 1953 年国际纯粹和应用化学联合会（IUPAC）的规定，采用标准氢电极作为基准电极。标准氢电极的结构如图 7-23 所示，它是由镀铂黑的铂片插入 $a_{H^+}=1$ 的溶液中，并以 $p_{H_2}=100\text{kPa}$ 氢气冲打到铂片上。氢气为还原剂，氧气或其他氧化剂的存在会影响实验测定，而含砷化物、硫化物的气体易被铂黑吸附而使铂黑失去吸附氢气的能力，发生“中毒”现象，故氢气通入之前应预先流经碱性没食子酸溶液和高锰酸钾溶液以净化之。

标准氢电极的书写式：$\text{Pt(铂黑)}|H_2(p^{\ominus})|H^+(a_{H^+}=1)$

标准氢电极的反应：　$2H^+(a_{H^+}=1)+2e^-\longrightarrow H_2(g,p^{\ominus})$

规定任意温度下，　$\boldsymbol{E^{\ominus}(H^+|H_2)=0}$

**（2）相对标准氢电极的电极电势和符号的确定**

相对标准氢电极的任意电极电势是利用下列电池的电动势定义的。

$$\text{Pt}\mid H_2(g,100\text{kPa})\mid H^+(a_{H^+}=1)\parallel \textbf{给定电极}$$

即由标准氢电极 $\text{Pt}|H_2(p^{\ominus})|H^+(a_{H^+}=1)$ 作为负极，给定电极作为正极，若已消除液体接界电势，则此原电池的电动势就定义为给定电极的电极电势，并用 $E$(电极）表示。当给定电极中各组分均处于各自的标准态时，相应的电极电势称为标准电极电势，以 $E^{\ominus}$(电极）表示。这样定义的给定电极的电极电势为还原电极电势，因为给定电极写在右边，发生的总是还原反应，这与电极实际发生的反应无关。

根据上述定义，此定义的电极电势是一相对值，实际上是一电池的电动势，只不过该电

池的负极是特殊规定的标准氢电极而已。

由于给定的电极作正极，相应的电极反应为还原反应，根据定义式，给定电池反应若是自发的，则 $E$（给定电极）$>0$，相应的 $\Delta_r G_m<0$；反之则 $E$（给定电极）$<0$，相应的 $\Delta_r G_m>0$。

切记不要将上述定义的电极电势 $E$(电极）与图 7-15(b) 中的界面电势的绝对值 $\varphi_0$ 或式(7-44）中的 $\varphi_{阴}$ 或 $\varphi_{阳}$ 相混淆。

显然，按此规定，任意温度下，氢电极的标准电极电势恒为 0，即 $\boldsymbol{E^{\ominus}[H^+|H_2(g)]=0}$。

以 Cu 电极为例，$Pt|H_2(p^{\ominus})|H^+(a_{H^+}=1)\|Cu(a_{Cu^{2+}})|Cu(s)$

正极：　$Cu^{2+}(a_{Cu^{2+}})+2e^- \longrightarrow Cu(s)$

负极：　$H_2(p^{\ominus}) \longrightarrow 2H^+(a_{H^+}=1)+2e^-$

电池反应　$H_2(p^{\ominus})+Cu^{2+}(a_{Cu^{2+}}) \longrightarrow Cu(s)+2H^+$

$$E=E^{\ominus}_{Cu^{2+}|Cu}-E^{\ominus}_{H^+|H_2(g)}-\frac{RT}{zF}\ln\frac{a^2_{H^+}a_{Cu}}{a_{H_2}a_{Cu^{2+}}}$$

对于标准氢电极（$a_{H^+}=1$），且压力为 $p^{\ominus}$，$a_{Cu}=1$，$E^{\ominus}_{H^+|H_2(g)}=0$，因此有

$$E=E^{\ominus}_{Cu^{2+}|Cu}-\frac{RT}{zF}\ln\frac{1}{a_{Cu^{2+}}}$$

根据相对标准氢电极的电极电势的规定，上式就是电极 $Cu^{2+}|Cu$ 的能斯特方程，$E_{Cu^{2+}|Cu}$ 就是铜电极相对于标准氢电极的电极电势（它包括了 Pt 与 Cu 导线之间的接触电势 $\Delta\varphi_{Cu|Pt}$），简称为电极 $Cu^{2+}|Cu$ 还原电极电势或电极 $Cu^{2+}|Cu$ 电极电势。式中 $E^{\ominus}_{Cu^{2+}|Cu}$ 叫做铜电极的标准电极电势，实验测得 $E^{\ominus}_{Cu^{2+}|Cu}=0.337V$。由此得铜电极的能斯特方程为

$$E=0.337-\frac{RT}{zF}\ln\frac{1}{a_{Cu^{2+}}} \tag{7-45}$$

**(3) 任意给定电极的能斯特方程**

对于任意给定的电极，电极反应可写成如下通式：

$$氧化态+ze^- \longrightarrow 还原态 \quad 或 \quad a_{Ox}+ze^- \longrightarrow a_{Red} \tag{7-46}$$

既然任意给定的电极电势实际上是一个（规定标准氢电极为负极的）特殊规定的电池的电动势，当然可以像上述电极 $Cu^{2+}|Cu$ 一样，写出任意给定电极式(7-46) 还原反应的能斯特方程如下：

$$E_{Ox|Red}=E^{\ominus}_{Ox|Red}-\frac{RT}{zF}\ln\frac{a_{Red}}{a_{Ox}}$$

$$E_{Ox|Red}=E^{\ominus}_{Ox|Red}-\frac{RT}{zF}\ln\prod_B a_B^{\nu_B} \tag{7-47}$$

在上式中，在还原反应左边的 B，其 $\nu_B$ 取负值，右边的 B，其 $\nu_B$ 取正值。由式(7-47) 可知，只要写出了电极的还原反应，就可以根据式(7-47) 写出它的能斯特方程。

还原电极反应与电池反应以及还原电极电势能斯特方程与电池电动势能斯特方程之间的关系如下。

正极　$a_{O(+)}+ze^- \longrightarrow a_{R(+)}$，$E_{+(Ox|Red)}$

负极　$a_{O(-)}+ze^- \longrightarrow a_{R(-)}$，$E_{-(Ox|Red)}$

电池反应　$a_{O(+)}+a_{R(-)} \longrightarrow a_{R(+)}+a_{O(-)}$

$$E=E_{+(Ox|Red)}-E_{-(Ox|Red)}=E^{\ominus}_{+(Ox|Red)}-E^{\ominus}_{-(Ox|Red)}-\frac{RT}{zF}\ln\frac{a_{R(+)}a_{O(-)}}{a_{O(+)}a_{R(-)}}$$

$$=E^{\ominus}-\frac{RT}{zF}\ln\prod_{\mathrm{B}}a_{\mathrm{B}}^{\nu_{\mathrm{B}}} \tag{7-48}$$

式(7-48) 就是电池反应的能斯特方程，其形式与式(7-47) 完全一样（需要解释的是，当电极反应按照实际过程书写，即正极写成还原反应，负极写成氧化反应，则电池反应为正极反应加负极反应，其电池电动势 $E$ 等于正极的还原电极电势加负极的氧化电极电势，即 $E=E_{还原(+)}+E_{氧化(-)}$，显然，对于同一个电极，$E_{还原}=-E_{氧化}$）。

表 7-9 列出了 25℃水溶液中一些电极的标准电极电势。

**表 7-9　25℃水溶液中一些电极的标准电极电势**

| 电极 | 电极反应 | $E^{\ominus}$/V | 电极 | 电极反应 | $E^{\ominus}$/V |
|---|---|---|---|---|---|
| 第一类电极 | | | $Ag^+\|Ag$ | $Ag^++e^-\longrightarrow Ag$ | +0.7994 |
| $Li^+\|Li$ | $Li^++e^-\longrightarrow Li$ | −3.045 | $Hg^{2+}\|Hg$ | $Hg^{2+}+2e^-\longrightarrow Hg$ | +0.851 |
| $K^+\|K$ | $K^++e^-\longrightarrow K$ | −2.925 | $Br^-\|Br_2(l)\|Pt$ | $Br_2(l)+2e^-\longrightarrow 2Br^-$ | +1.065 |
| $Ba^{2+}\|Ba$ | $Ba^{2+}+2e^-\longrightarrow Ba$ | −2.90 | $H_2O,H^+\|O_2(g)\|Pt$ | $O_2(g)+4H^++4e^-\longrightarrow 2H_2O$ | +1.229 |
| $Ca^{2+}\|Ca$ | $Ca^{2+}+2e^-\longrightarrow Ca$ | −2.76 | $Cl^-\|Cl_2(g)\|Pt$ | $Cl_2+2e^-\longrightarrow 2Cl^-$ | +1.3580 |
| $Na^+\|Na$ | $Na^++e^-\longrightarrow Na$ | −2.7111 | $Au^+\|Au$ | $Au^++e^-\longrightarrow Au$ | +1.68 |
| $Mg^{2+}\|Mg$ | $Mg^{2+}+2e^-\longrightarrow Mg$ | −2.375 | $F^-\|F_2(g)\|Pt$ | $F_2(g)+2e^-\longrightarrow 2F^-$ | +2.87 |
| $H_2O,OH^-\|H_2(g)\|Pt$ | $2H_2O+2e^-\longrightarrow H_2(g)+2OH^-$ | −0.8277 | 第二类电极 | | |
| $Zn^{2+}\|Zn$ | $Zn^{2+}+2e^-\longrightarrow Zn$ | −0.7630 | $SO_4^{2-}\|PbSO_4(s)\|Pb$ | $PbSO_4(s)+2e^-\longrightarrow Pb+SO_4^{2-}$ | −0.356 |
| $Cr^{3+}\|Cr$ | $Cr^{3+}+3e^-\longrightarrow Cr$ | −0.74 | $I^-\|AgI(s)\|Ag$ | $AgI(s)+e^-\longrightarrow Ag+I^-$ | −0.1521 |
| $Cd^{2+}\|Cd$ | $Cd^{2+}+2e^-\longrightarrow Cd$ | −0.4028 | $Br^-\|AgBr(s)\|Ag$ | $AgBr(s)+e^-\longrightarrow Ag+Br^-$ | +0.0711 |
| $Co^{2+}\|Co$ | $Co^{2+}+2e^-\longrightarrow Co$ | −0.28 | $Cl^-\|AgCl(s)\|Ag$ | $AgCl(s)+e^-\longrightarrow Ag+Cl^-$ | +0.2221 |
| $Ni^{2+}\|Ni$ | $Ni^{2+}+2e^-\longrightarrow Ni$ | −0.23 | 第三类电极 | | |
| $Sn^{2+}\|Sn$ | $Sn^{2+}+2e^-\longrightarrow Sn$ | −01366 | （氧化还原电极） | | |
| $Pb^{2+}Pb$ | $Pb^{2+}+2e^-\longrightarrow Pb$ | −0.1265 | $Cr^{3+},Cr^{2+}\|Pt$ | $Cr^{3+}+e^-\longrightarrow Cr^{2+}$ | −0.41 |
| $Fe^{3+}\|Fe$ | $Fe^{3+}+3e^-\longrightarrow Fe$ | −0.036 | $Sn^{4+},Sn^{2+}\|Pt$ | $Sn^{4+}+2e^-\longrightarrow Sn^{2+}$ | +0.15 |
| $H^+\|H_2(g)Pt$ | $2H^++2e^-\longrightarrow H_2(g)$ | 0.0000 | $Cu^{2+},Cu^+\|Pt$ | $Cu^{2+}+e^-\longrightarrow Cu^+$ | +0.158 |
| $Cu^{2+}\|Cu$ | $Cu^{2+}+2e^-\longrightarrow Cu$ | +0.3400 | $H^+$,醌,氢醌$\|Pt$ | $C_6H_4O_2+2H^++2e^-\longrightarrow C_6H_4(OH)_2$ | +0.6993 |
| $H_2O,OH^-\|O_2(g)\|Pt$ | $O_2(g)+2H_2O+4e^-\longrightarrow 4OH^-$ | +0.401 | $Fe^{3+},Fe^{2+}\|Pt$ | $Fe^{3+}+e^-\longrightarrow Fe^{2+}$ | +0.770 |
| $Cu^+\|Cu$ | $Cu^++e^-\longrightarrow Cu$ | +0.522 | $Tl^{3+},Tl^+\|Pt$ | $Tl^{3+}+2e^-\longrightarrow Tl^+$ | +1.247 |
| $I^-\|I_2(g)\|Pt$ | $I_2+2e^-\longrightarrow 2I^-$ | +0.535 | $Ce^{4+},Ce^{3+}\|Pt$ | $Ce^{4+}+e^-\longrightarrow Ce^{3+}$ | +1.61 |
| $Hg_2^{2+}\|Hg$ | $Hg_2^{2+}+2e^-\longrightarrow 2Hg$ | +0.7959 | $Co^{3+},Co^{2+}\|Pt$ | $Co^{3+}+e^-\longrightarrow Co^{2+}$ | +1.808 |

注意：当电极反应涉及 $H^+$ 或 $OH^-$ 时，同一电极在不同介质（酸或碱）中其电极反应不同，标准电极电势也不同，如上表中的氢电极和氧电极。

### (4) 参比电极

在科学实验和研究中，经常要用到参比电极。用标准氢电极作参比电极当然准确。然而，标准氢电极制备和使用条件要求太高、太苛刻，一般实验室很难达到其使用条件。故标准氢电极一般只用作一级基准。实际使用过程中常采用（经过校正了的）一类难溶盐电极如甘汞电极、银-氯化银电极作为二级基准，这类电极常称为“参比电极”。甘汞电极和氯化银电极是最常用的参比电极。参比电极同样应具有稳定可逆的电极电势，且具有较小的温度系数。此外，参比电极的选择还要考虑到对介质的适用性。

甘汞电极是由汞、甘汞（$Hg_2Cl_2$）和一定浓度的氯化钾溶液所构成的难溶盐电极。其结构如图 7-24 所示。此电极可标记为 $Pt|Hg|Hg_2Cl(s)|KCl(a)$

电极反应为　　　　$Hg_2Cl_2(s)+2e^-\longrightarrow 2Hg+2Cl^-$

甘汞电极的电极电势

$$E_{甘汞}=E_{甘汞}^{\ominus}-\frac{RT}{2F}\ln\frac{a_{Hg}^2a_{Cl^-}^2}{a_{Hg_2Cl_2}}=E_{甘汞}^{\ominus}-\frac{RT}{F}\ln a_{Cl^-}$$

由上式可知，甘汞电极的电极电势只与电解质中 $Cl^-$ 浓度有关。在电化学中，将能斯特方程中浓度项只含某一种离子的电极称为对该离子可逆的电极。例如，甘汞电极就是一个对 $Cl^-$ 可逆的电极。利用对某种离子可逆的电极，可以测量含多种离子溶液中该离子的活度。再如，pH 计就是通过对 $H^+$ 可逆的玻璃电极测定电解质溶液中 $H^+$ 的活度。

甘汞电极制备容易，只需在纯汞表面上加一层氯化亚汞与汞混合的糊状物，充入一定浓度的氯化钾溶液即可制成，放置数日后，电势趋于稳定。甘汞电极使用也极为方便。由上式可知，甘汞电极的电极电势随溶液中 $Cl^-$ 浓度不同而异。常用的甘汞电极根据 KCl 浓度不同分三种，见表 7-10。

**表 7-10　甘汞电极在不同浓度下的电极电位**

| 电极类型 | 电极上的还原反应 | 298K 时 $E_{Cl^-\|Hg_2Cl_2\|Hg}$/V |
|---|---|---|
| $KCl(0.1mol\cdot kg^{-1})\|Hg_2Cl_2(s)\|Hg\|Pt$ | | 0.3387 |
| $KCl(1mol\cdot kg^{-1})\|Hg_2Cl_2(s)\|Hg\|Pt$ | $Hg_2Cl_2(s)+2e^- \longrightarrow 2Hg(l)+2Cl^-(a)$ | 0.2801 |
| $KCl$(饱和)$\|Hg_2Cl_2(s)\|Hg\|Pt$ | | 0.2412 |

表 7-10 中，氯化钾溶液浓度为 $0.1mol\cdot kg^{-1}$ 的甘汞电极的电动势温度系数小，适用于精密测量，但饱和氯化钾的甘汞电极容易制备，而且使用时可以起盐桥的作用，所以平时用得较多。

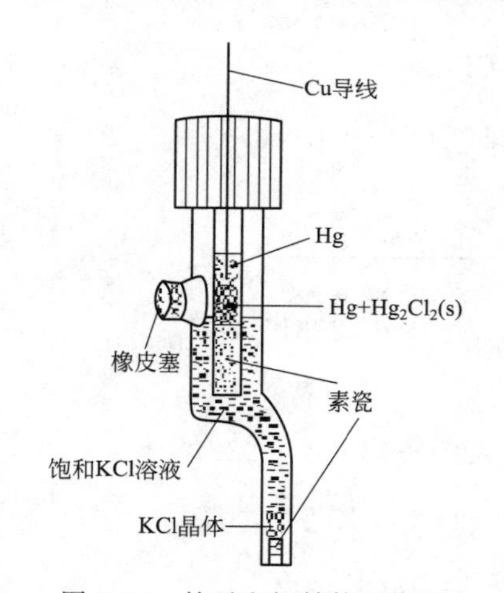


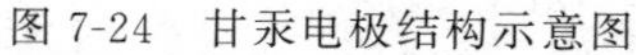
图 7-24　甘汞电极结构示意图

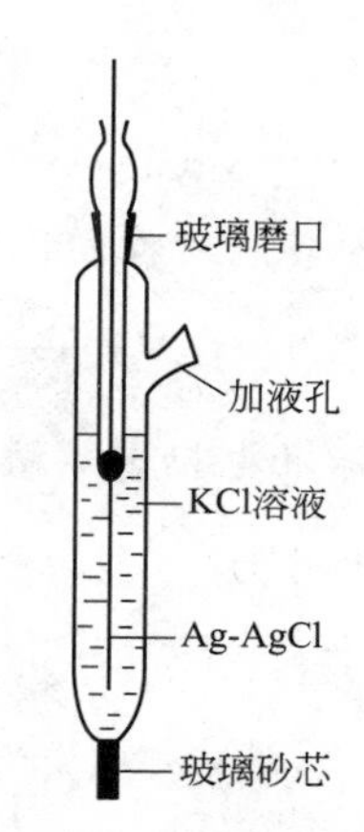


图 7-25　银-氯化银电极结构示意图

银-氯化银电极如图 7-25 所示。将银丝作为阳极在含 $Cl^-$ 溶液中电解沉积上一层氯化银后，插入一定浓度的氯化钾溶液中即可构成。

银-氯化银电极书写式为　　$Ag|AgCl(s)|KCl(a)$

电极反应为　　$AgCl(s)+e^- \longrightarrow Ag+Cl^-, E^{\ominus}_{Cl^-|AgCl(s)|Ag}=0.2221V$

银-氯化银电极制备简单，电势稳定，重现性很好，在温度波动的情况下比甘汞电极稳定，是常用的参比电极。通常有 $0.1mol\cdot L^{-1}$ KCl、$1mol\cdot L^{-1}$ KCl 和饱和 KCl 三种类型。该电极用于含氯离子的溶液时，在酸性溶液中会受痕量氧的干扰，在精确工作中可通氮气保护。当溶液中有 $HNO_3$ 或 $Br^-$、$I^-$、$NH_4^+$、$CN^-$ 等离子存在时，银-氯化银电极不能使用。

银-氯化银电极易制备，也好用，但不易保存。因为银-氯化银电极不用时，AgCl 会因为失水龟裂而脱落。正因为如此，没有商品银-氯化银电极出售，要用时，需临时制备并校正。

## 7.7 不同类型电池电动势的计算

在7.6节中，我们已经详细介绍了不同类型的电极和相对氢标的电极电势的定义及其物理意义；任一电极和电池的能斯特方程，以及如何根据电极反应或电池反应写出其能斯特方程。下面我们将根据电池的类别，通过例题分门别类地介绍如何根据不同类型电池的电极电势计算电池的电动势。

利用标准电极电势和能斯特方程，计算电池电动势的方法有二：一是先按电极的能斯特方程式（7-47）分别计算两个电极的电极电势 $E_{正极}$、$E_{负极}$，然后按 $E=E_{正极}-E_{负极}$ 计算电池的电动势 $E$；二是先计算电池的标准电动势 $E^{\ominus}$，然后按式（7-48）电池的能斯特方程计算电池的电动势。

### 7.7.1 单液化学电池

**例 7-10** 写出电池(−)Pt|$H_2$(g,100kPa)|HCl($b$)|AgCl(s)|Ag(+)的电极和电池反应，并利用电池的能斯特方程计算25℃、$b$(HCl)=0.1mol·kg$^{-1}$时的电池电动势。

**解** 阳极反应 $\frac{1}{2}H_2(g,p^{\ominus})\longrightarrow H^+(b)+e^-$

阴极反应 $AgCl(s)+e^-\longrightarrow Ag+Cl^-$

电池反应 $AgCl(s)+\frac{1}{2}H_2(g,p^{\ominus})\longrightarrow Ag+H^+(b)+Cl^-(b)$

根据电池反应，其能斯特方程和电动势为

$$E=E^{\ominus}-\frac{RT}{zF}\ln\prod_B a_B^{\nu_B}=E^{\ominus}-\frac{RT}{F}\ln\frac{a_{Ag}a_{H^+}a_{Cl^-}}{a_{AgCl}(p_{H_2}/p^{\ominus})^{1/2}}$$

首先计算标准电动势，查表7-9可知 $E^{\ominus}_{Cl^-|AgCl(s)|Ag}=0.2221V$，$E_{H^+|H_2(g)}=0V$，电池的标准电动势为

$$E^{\ominus}=E^{\ominus}_{Cl^-|AgCl(s)|Ag}-E^{\ominus}_{H^+|H_2(g)}=(0.2221-0)V=0.2221V$$

将 $E^{\ominus}=0.2221V$、$a_{Ag}=1$、$a_{AgCl}=1$、$p_{H_2}/p^{\ominus}=1$ 代入上式中，得

$$E=E^{\ominus}-\frac{RT}{zF}\ln\prod_B a_B^{\nu_B}=0.2221-\frac{RT}{F}\ln(a_{H^+}a_{Cl^-})$$

至此，只要计算出 $a_{H^+}a_{Cl^-}$ 的值代入即可。由于本题中 $H^+$ 和 $Cl^-$ 是构成单液电解质溶液的两种离子，故可以通过离子平均活度 $a_{\pm}$ 或离子平均活度因子 $\gamma_{\pm}$ 来计算，如果 $H^+$ 和 $Cl^-$ 不在同一溶液中，则需分别计算活度。

$$a_{H^+}a_{Cl^-}=a_{HCl}=a_{\pm}^2=\left(\gamma_{\pm}\frac{b_{\pm}}{b^{\ominus}}\right)^2$$

查表7-8，25℃下 $b$=0.1mol·kg$^{-1}$ 的HCl水溶液的 $\gamma_{\pm}=0.796$，$b_{\pm}=(b_{H^+}b_{Cl^-})^{\frac{1}{2}}=(b\times b)^{\frac{1}{2}}=b$，所以，$a_{H^+}a_{Cl^-}=\left(\gamma_{\pm}\frac{b_{\pm}}{b^{\ominus}}\right)^2=(0.796\times0.1/1)^2=6.3362\times10^{-3}$，代入能斯特方程得：

$$E=\left(0.2221-\frac{8.314\times298.15}{96500}\ln\frac{1\times6.3362\times10^{-3}}{1\times1^{1/2}}\right)V=0.3521V$$

由本题求解过程可知，在已知电解质溶液浓度 $b$ 的情况下，只要查出该浓度下的 $\gamma_{\pm}$，

即可以通过能斯特方程计算电池的电动势。反过来，测定出电池的电动势，就可以通过能斯特方程求出电解质浓度为 $b$ 情况下的电解质的 $\gamma_{\pm}$。许多电解质溶液的 $\gamma_{\pm}$ 正是通过这种方法测定得到的。

### 7.7.2 双液化学电池

**例 7-11** 试计算 25℃时下列电池的电动势

$$Zn|ZnSO_4(b=0.001mol\cdot kg^{-1})\parallel CuSO_4(b=1.0mol\cdot kg^{-1})|Cu$$

**解** 从电极电势计算电池的电动势

丹尼尔电池电极反应为

阳极 $Zn \longrightarrow Zn^{2+}+2e^-$

阴极 $Cu^{2+}+2e^- \longrightarrow Cu$

正极为铜电极，它的电极电势能斯特方程为

$$E_{Cu^{2+}|Cu}=E^{\ominus}_{Cu^{2+}|Cu}-\frac{RT}{2F}\ln\frac{a_{Cu}}{a_{Cu^{2+}}}$$

负极为锌电极，它的电极电势能斯特方程为［注意：负极反应是按实际（氧化）过程写的，在写其能斯特方程时要按其还原反应写，不要写错了］

$$E_{Zn^{2+}|Zn}=E^{\ominus}_{Zn^{2+}|Zn}-\frac{RT}{2F}\ln\frac{a_{Zn}}{a_{Zn^{2+}}}$$

在上述电极电势表达式中，纯固体的活度为 1，离子的活度按式 $a_+=\gamma_+\frac{b_+}{b^{\ominus}}$，从离子的浓度及活度因子求出其活度。

由于单个离子的活度因子无法测定，故常近似认为 $\gamma_+\approx\gamma_-\approx\gamma_{\pm}$。查表 7-8，在 25℃，$b=0.001mol\cdot kg^{-1}$ $ZnSO_4$ 的 $\gamma_{\pm}=0.734$，$b=1.0mol\cdot kg^{-1}$ $CuSO_4$ 的 $\gamma_{\pm}=0.047$。查表 7-9，$E^{\ominus}_{Zn^{2+}|Zn}=-0.7630V$，$E^{\ominus}_{Cu^{2+}|Cu}=0.3400V$。电极反应 $z=2$，于是

$$\begin{aligned}E&=E_+-E_-=E_{Cu^{2+}|Cu}-E_{Zn^{2+}|Zn}=\left(E^{\ominus}_{Cu^{2+}|Cu}-\frac{RT}{2F}\ln\frac{a_{Cu}}{a_{Cu^{2+}}}\right)-\left(E^{\ominus}_{Zn^{2+}|Zn}-\frac{RT}{2F}\ln\frac{a_{Zn}}{a_{Zn^{2+}}}\right)\\&=(E^{\ominus}_{Cu^{2+}|Cu}-E^{\ominus}_{Zn^{2+}|Zn})-\left(\frac{RT}{2F}\ln\frac{a_{Cu}}{a_{Cu^{2+}}}-\frac{RT}{2F}\ln\frac{a_{Zn}}{a_{Zn^{2+}}}\right)\\&=(E^{\ominus}_{Cu^{2+}|Cu}-E^{\ominus}_{Zn^{2+}|Zn})-\frac{RT}{2F}\ln\frac{a_{Cu}a_{Zn^{2+}}}{a_{Zn}a_{Cu^{2+}}}=E^{\ominus}-\frac{RT}{2F}\ln\frac{a_{Zn^{2+}}}{a_{Cu^{2+}}}\\&=\left[0.3400-(-0.7630)-\frac{8.314\times298.15}{2\times96500}\ln\frac{0.734\times0.001}{0.047\times1.0}\right]V=1.1564V\end{aligned}$$

上述例 7-10 和例 7-11 利用能斯特方程计算电池的电动势时，用了两种计算方法，读者自己体会之。

### 7.7.3 浓差电池

利用电极或电解质溶液间的浓度（或压力）差产生电动势的装置称为浓差电池。

更具体地说，浓差电池是指电池内部物质变化仅由物质从高浓度（或压力）变成低浓度（或压力）的物理过程中吉布斯函数改变值 $\Delta G$ 转化为电能的一类电池。与直接扩散作用不同，在浓差电池中物质的转移是间接地通过电极反应实现的，故其吉布斯函数改

变值 $\Delta G$ 可转变为电功。浓差电池又分为**“电极浓差电池”**和**“电解质溶液浓差电池”**两大类。

**(1) 电极浓差电池**

电极浓差电池是由两个材料相同但电极的活性物质的浓度（或压力）不同的两个电极浸入同一电解质溶液中构成的原电池。常见有下列两种。

① 气体电极浓差电池。两个负载有不同氢气压力的 Pt 片插入一定浓度的酸性介质中构成以下浓差电池。

$$\mathrm{Pt}|\mathrm{H_2}(p_1)|\mathrm{H^+}(a)|\mathrm{H_2}(p_2)|\mathrm{Pt}$$

阳极反应 $\mathrm{H_2}(p_1) \longrightarrow 2\mathrm{H^+}(a)+2\mathrm{e^-}$

阴极反应 $2\mathrm{H^+}(a)+2\mathrm{e^-} \longrightarrow \mathrm{H_2}(p_2)$

电池反应 $\mathrm{H_2}(p_1) \longrightarrow \mathrm{H_2}(p_2)$

上述电池反应完全是一单纯的物理过程。其 $E_c=$？如何计算？既可以根据上述电池反应（过程）的 $\Delta G$ 计算，也可以通过能斯特方程计算。

上述过程在恒温恒压下可逆进行时，$\Delta G = RT\ln(p_2/p_1) = -zFE$，所以，电池的电动势

$$E=(RT/zF)\ln(p_1/p_2)$$

也可根据能斯特方程进行计算

$$E=E_{正}-E_{负}=\left[E^{\ominus}-\frac{RT}{2F}\ln\left(\frac{p_2}{p^{\ominus}}/a^2_{\mathrm{H^+}}\right)\right]-\left[E^{\ominus}-\frac{RT}{2F}\ln\left(\frac{p_1}{p^{\ominus}}/a^2_{\mathrm{H^+}}\right)\right]=\frac{RT}{2F}\ln\frac{p_1}{p_2} \quad (7\text{-}49)$$

对于自发进行的电池反应，其 $E>0$，即 $p_1>p_2$，表明电动势是由高压力氢气（$p_1$）转化为低压力氢气（$p_2$）而产生的。类似的还有

$$\mathrm{Pt}|\mathrm{Cl_2}(p_1)|\mathrm{HCl(aq)}|\mathrm{Cl_2}(p_2)|\mathrm{Pt}$$

$$E=\frac{RT}{zF}\ln\frac{p_2}{p_1} \quad (7\text{-}50)$$

[请注意，同样形式的电极浓差电池（正极压力 $p_2$，负极压力 $p_1$），但是，计算 $\mathrm{H_2}$ 电极浓差电池 $E$ 的方程与计算 $\mathrm{Cl_2}$ 电极浓差电池 $E$ 的方程不同]

② 金属汞齐电极构成的浓差电池。两个浓度不同的金属铜汞齐材料插入一定浓度的 $\mathrm{Cu^{2+}}$ 溶液中也构成电极浓差电池。

$$\mathrm{Cu\text{-}Hg}(a_1)|\mathrm{CuSO_4}(a)|\mathrm{Cu\text{-}Hg}(a_2)$$

阳极反应 $\mathrm{Cu}(a_1) \longrightarrow \mathrm{Cu^{2+}}(a)+2\mathrm{e^-}$

阴极反应 $\mathrm{Cu^{2+}}(a)+2\mathrm{e^-} \longrightarrow \mathrm{Cu}(a_2)$

电池反应 $\mathrm{Cu}(a_1) \longrightarrow \mathrm{Cu}(a_2)$

电池反应的结果是 Cu 从活度为 $a_1$ 的负极中可逆地转移到活度为 $a_2$ 的正极中，是一物理过程。其 $\Delta G=RT\ln(a_2/a_1)$，电池的电动势为

$$E=-\frac{RT}{2F}\ln\frac{a_2}{a_1}=\frac{RT}{2F}\ln\frac{a_1}{a_2} \quad (7\text{-}51)$$

对于自发进行的电池反应，其 $E>0$，即 $a_1>a_2$，表明在适当的电池装置中，高浓度铜汞齐转化为低浓度铜汞齐可产生电动势。

**(2) 电解质溶液浓差电池**

电解质溶液浓差电池，又称为双液浓差电池。根据发生转移的离子不同，可分为阳离子

转移浓差电池和阴离子转移浓差电池。

① 阳离子转移浓差电池

例如 $Ag|AgNO_3(a_1)\parallel AgNO_3(a_2)|Ag$

阳极反应 $Ag \longrightarrow Ag^+(a_1)+e^-$

阴极反应 $Ag^+(a_2)+e^- \longrightarrow Ag$

电池反应 $Ag^+(a_2) \longrightarrow Ag^+(a_1)$

电池反应的结果是 $Ag^+$ 从活度为 $a_2$ 的溶液中可逆地转移到活度为 $a_1$ 的溶液中，是一物理过程。其 $\Delta G=RT\ln(a_1/a_2)$，电池的电动势为

$$E=-\frac{RT}{F}\ln\frac{a_{Ag^+,1}}{a_{Ag^+,2}}=\frac{RT}{F}\ln\frac{a_{Ag^+,2}}{a_{Ag^+,1}} \tag{7-52}$$

对于自发进行的电池反应其 $E>0$，即 $a_2>a_1$，表现为在高浓度电解质离子 $Ag^+(a_2)$ 转化为低浓度电解质离子 $Ag^+(a_1)$ 时，产生了电动势。

② 阴离子转移浓差电池

例如 $Ag|AgCl(s)|HCl(a_1)\parallel HCl(a_2)|AgCl(s)|Ag$

阳极反应 $Ag+Cl^-(a_1) \longrightarrow AgCl(s)+e^-$

阴极反应 $AgCl(s)+e^- \longrightarrow Ag+Cl^-(a_2)$

电池反应 $Cl^-(a_1) \longrightarrow Cl^-(a_2)$

电池反应的结果是 $Cl^-$ 从活度为 $a_1$ 的溶液中可逆地转移到活度为 $a_2$ 的溶液中，是一物理过程。其 $\Delta G=RT\ln(a_2/a_1)$，电池的电动势为

$$E=-\frac{RT}{F}\ln\frac{a_{Cl^-,2}}{a_{Cl^-,1}}=\frac{RT}{F}\ln\frac{a_{Cl^-,1}}{a_{Cl^-,2}} \tag{7-53}$$

当 $a_{Cl^-,1}>a_{Cl^-,2}$ 时，电池自发进行，$E>0$，称该浓差电池为阴离子转移的浓差电池。

细心的读者不难发现，对于上述阳离子转移和阴离子转移的两种浓差电池，尽管其正、负极的活度都分别是 $a_2$ 和 $a_1$，但是，阳离子转移和阴离子转移的电池反应式不同，对于阳离子转移，电池反应左边是 $a_2$，右边是 $a_1$，而阴离子转移则刚好相反。正因为如此，导致阳离子转移和阴离子转移的 $\Delta G$ 和 $E$ 的方程式不同。

③ 双联浓差电池

用两个相同的电池连接在一起，代替双液浓差电池中的盐桥，即构成双联浓差电池。例如

$$Pt|H_2(p^\ominus)|HCl(a_1)|AgCl\text{-}Ag——Ag\text{-}AgCl|HCl(a_2)|H_2(p^\ominus)|Pt$$

这类电池实际上是由两个单液电池组合而成的，左电池反应为

$$\frac{1}{2}H_2(p^\ominus)+AgCl \longrightarrow Ag+HCl(a_1)$$

$$E_L=E_L^\ominus-(2RT/F)\ln a_{\pm,1} \quad (E_L^\ominus=E_{Ag\text{-}AgCl}^\ominus-E_{H_2}^\ominus)$$

右电池反应为

$$Ag+HCl(a_2) \longrightarrow \frac{1}{2}H_2(p^\ominus)+AgCl$$

$$E_R=E_R^\ominus-(2RT/F)\ln[1/a_{\pm,2}] \quad (E_R^\ominus=E_{H_2}^\ominus-E_{Ag\text{-}AgCl}^\ominus)$$

双联电池的总变化应为两个电池反应之和，即

$$HCl(a_2) \longrightarrow HCl(a_1)$$

这与浓差电池相当，其总电动势亦应为两个电池电动势之和，即

$$E=E_L+E_R=(2RT/F)\ln[a_{\pm,2}/a_{\pm,1}]=(2RT/F)\ln[(\gamma_{\pm}b)_2/(\gamma_{\pm}b)_1]$$

在上述浓差电池中，由于正极和负极性质相同，故双联电池的标准电动势 $E^{\ominus}$ 为零，电池电动势只决定于两电极的浓度。

由上式可知，采用双联电池取代盐桥，不仅可以消除液接电势，还可保留单液电池优点，即 $E$ 的表示式中不出现单独离子的 $a_i$ 或 $\gamma_i$。

由此可见，浓差电池中的液体接界电势可以用盐桥减小，也可以通过两个电池的反接形成双联浓差电池，避免液体接界电势。

浓差电池只是一种概念上的电池，它至多只能产生几百毫伏的电动势，与普通化学电池相比要小得多。因此不能构成实用的化学电池。

### 7.7.4 液体接界电势及其计算公式

在 7.6 节中，我们曾经讨论了液体接界电势产生的原因和机理，在这里我们将要给出液体接界电势的计算公式。例如，有电池

$$(-)\mathrm{Pt}|\mathrm{H_2}(p)|\mathrm{HCl}(a_{\pm,1})\,\vdots\,\mathrm{HCl}(a_{\pm,2})|\mathrm{H_2}(p)|\mathrm{Pt}(+)$$

当电池可逆地输送 $n$ mol 元电荷电量时，

$$t_+ n\mathrm{H^+}(a_{\pm,1})\longrightarrow t_+ n\mathrm{H^+}(a_{\pm,2})$$

$$t_- n\mathrm{Cl^-}(a_{\pm,2})\longrightarrow t_- n\mathrm{Cl^-}(a_{\pm,1})$$

在恒温恒压条件下，当 $t_+ n$ mol 的 $H^+$ 由浓度为 $a_{\pm,1}$ 迁移到浓度为 $a_{\pm,2}$ 系统时，其吉布斯函数的改变值为

$$\Delta G(\mathrm{H^+})=t_+ n[\mu_{\mathrm{H^+}}(a_{\pm,2})-\mu_{\mathrm{H^+}}(a_{\pm,1})]=t_+ n[(\mu_{\mathrm{H^+}}^{\ominus}+RT\ln a_{\pm,2})-(\mu_{\mathrm{H^+}}^{\ominus}+RT\ln a_{\pm,1})]$$

$$=t_+ nRT\ln\frac{a_{\pm,2}}{a_{\pm,1}}$$

同理，

$$\Delta G(\mathrm{Cl^-})=t_- nRT\ln\frac{a_{\pm,1}}{a_{\pm,2}}$$

总的吉布斯函数改变值为

$$\Delta G=\Delta G(\mathrm{H^+})+\Delta G(\mathrm{Cl^-})=t_+ nRT\ln\frac{a_{\pm,2}}{a_{\pm,1}}+t_- nRT\ln\frac{a_{\pm,1}}{a_{\pm,2}}$$

同时

$$\Delta G=-nFE_J$$

所以

$$E_J=\frac{t_+ RT}{F}\ln\frac{a_{\pm,1}}{a_{\pm,2}}+\frac{t_- RT}{F}\ln\frac{a_{\pm,2}}{a_{\pm,1}}$$

即

$$E_J=(t_+-t_-)\frac{RT}{F}\ln\frac{a_{\pm,1}}{a_{\pm,2}}=(2t_+-1)\frac{RT}{F}\ln\frac{a_{\pm,1}}{a_{\pm,2}}=(1-2t_-)\frac{RT}{F}\ln\frac{a_{\pm,1}}{a_{\pm,2}} \tag{7-54}$$

式(7-54) 只适用于两接界溶液中电解质种类相同且为 1-1 价型电解质。若为其他类型电解质，或两接界溶液的电解质种类不同，也可用同样方法推导其计算公式。

对于两接界溶液为相同高价型电解质 $M^{z^+}A^{z^-}$

$$E_J=\left(\frac{t_+}{z^+}-\frac{t_-}{z^-}\right)\frac{RT}{F}\ln\frac{a_{\pm,1}}{a_{\pm,2}} \tag{7-55}$$

由上式可知：$E_J$ 与 $t_+$ 和 $t_-$ 有关，若 $t_+=t_-$，则 $E_J=0$。用盐桥消除 $E_J$ 正是根据这一原理设计的。反过来，若测定了 $E_J$，通过上式可计算 $t_+$。

由式(7-54) 和式(7-55) 还可知，液体接界电势的大小及符号和两电解质溶液的离子平均活度有关，也与电解质的本性有关。

**例 7-12**　已知 25℃时 $AgNO_3$ 溶液的离子迁移数 $t_+=0.470$，且与溶液浓度无关，两 $AgNO_3$ 溶液离子平均活度 $a_{\pm,1}=0.10$、$a_{\pm,2}=1.00$，求液体接界电势。

**解**　$t_-=1-t_+=1-0.470=0.530$，因溶液电解质均为 $AgNO_3$，且为 1-1 价型，故将有关数据代入得式(7-54) 可得：

$$E_J=(t_+-t_-)\frac{RT}{F}\ln\frac{a_{\pm,1}}{a_{\pm,2}}=\left[(0.470-0.530)\times\frac{8.314\times298.15}{96485}\ln\frac{0.1}{1.00}\right]V=0.0035V$$

从以上例子可知液体接界电势数值不是太小，在较精确的电动势测量中不容忽略，因此必须设法消除。

### *7.7.5　膜电势及其计算公式

**(1) 电化学势**

在讲膜电势之前，有必要先定义什么叫电化学势。在上册第 4 章中对于非电解质系统中任一组分 $i$ 的化学势被定义为 $\mu_i=(\partial G/\partial n_i)_{T,p,n_{j\neq i}}$，且当同一物质在 α、β 两相中达到相平衡时有 $\mu_i^\alpha=\mu_i^\beta$。对于带电的化学体（当然包括电解质溶液系统中任一组分）来说，由于带有电荷，欲描述其运动方向，需要用电化学势。在实物相中，某组分 $i$（荷电数为 $z_i$）的电化学势 $\overline{\mu}_i^\alpha$ 的定义是把 1mol $i$ 组分在恒温恒压并保持 α 相中各组分浓度不变的条件下，从无穷远处移入 α 相时所引起的吉布斯函数变化值。这也就是以可逆方式进行这一过程所做的非体积功。这一转移过程既有静电作用，又有化学作用，所以可将 $\overline{\mu}_i^\alpha$ 分为电功和化学功两部分。

$$\overline{\mu}_i^\alpha=z_iE^\alpha F+\mu_i^\alpha \tag{7-56}$$

式(7-56) 中 $E^\alpha$ 和 $\mu_i^\alpha$ 分别表示组分 $i$ 在 α 相的电极电势和化学势。组分 $i$ 的荷电数 $z_i$ 可正可负。作为一个特例，当 $z_i=0$ 时，$\overline{\mu}_i^\alpha=\mu_i^\alpha$。

**(2) 膜电势**

当不同浓度的 MX 溶液，用一个只允许 $M^+$ 透过而 $X^-$ 不能透过的半透膜隔开时，由于 $M^+$ 在膜两边的表面电势（即内电势）不同而产生的电势差叫膜电势。

| 电解液(α) | 电解液(β) |
|---|---|
| $M^+$ (α) | $M^+$ (β) |

膜

平衡后，$M^+$ 离子在膜两边的电化学势相等

$$\overline{\mu}_i^\alpha=\overline{\mu}_i^\beta \qquad 或 \qquad z_iE^\beta F+\mu_i^\beta=z_iE^\alpha F+\mu_i^\alpha$$

又因

$$\mu_i=\mu_i^\ominus+RT\ln a_i$$

所以，膜电势

$$E=E^\alpha-E^\beta=\frac{RT}{zF}\ln\frac{a_{M^+}(\beta)}{a_{M^+}(\alpha)} \tag{7-57}$$

若 β 相是较浓的相，则 $E^\alpha>E^\beta$，表明有正离子向 α 相移动。在生物体的细胞膜两侧就有膜电势。例如，$K^+$ 比 $Na^+$ 和 $Cl^-$ 更易透过半透膜，$K^+$ 在内部的浓度比外部约大 10～30 倍，故细胞膜两侧的膜电势 $E$(内,外)≈0.059lg(1/20)≈−70mV。就是这个细胞膜电势维持了神经、脉搏的协调运动。再如，世界上最古老的单细胞原生动物草履虫 [如图 7-26(a) 所示]，其细胞膜两侧由于离子浓度不同，可产生约 40mV 的膜电势。

膜电势产生的真正机理尚不十分清楚，虽然如此，膜电势的应用却相当广泛，除了上述的细胞膜两侧的膜电势外，玻璃电极、离子选择电极等都是膜电势的具体应用。

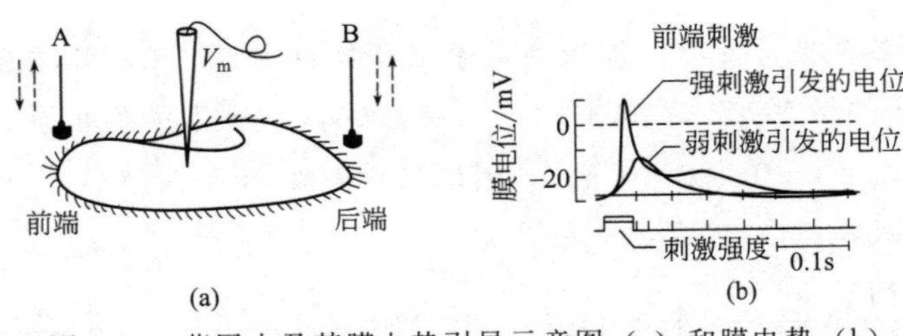


图 7-26 草履虫及其膜电势引导示意图（a）和膜电势（b）

## 7.8 原电池的设计

前面我们讲的是从实际电池⟶电池书写式⟶电极反应⟶电池反应⟶能斯特方程⟶$E$、$(\partial E/\partial T)_p$、$\Delta_r G_m$、$\Delta_r S_m$、$\Delta_r H_m$ 和 $Q_r$ 等。我们知道，电化学测量在许多方面具有应用价值，但是要想利用电化学方法，就必须把实际过程（需要）设计成电池，即：实际过程（需要）⟶设计成电池（反应）。设计电池的要点是

① 写出实际过程（例如氧化、还原反应）。

② 找出哪些物质发生了氧化反应，哪些物质发生了还原反应，且分别是在什么介质（酸性或碱性）中进行的。

③ 将发生还原反应的物质及相应的介质（按还原反应）写成正极的电极反应，发生氧化反应的物质及相应的介质（按氧化反应）写成负极的电极反应，并将两电极反应相加得电池反应，与实际要求相比较，看是否相符。如相符，则进行第④。

④ 按照电池书写式的要求，正极在右，负极在左，从左至右写出电池书写式。

下面以实例说明不同类型的电池设计。

### 7.8.1 氧化还原反应

**例 7-13** 按下列反应设计电池 $Cu + Cu^{2+}(a_1) \longrightarrow 2Cu^+(a_2)$。

**分析** 反应中，被氧化的物质：Cu，被还原的物质：$Cu^{2+}$，氧化和还原的产物：$Cu^+$。

正极 $Cu^{2+} + e^- \longrightarrow Cu^+$

负极 $Cu \longrightarrow Cu^+ + e^-$

电池反应 $Cu + Cu^{2+} \longrightarrow 2Cu^+$

与要求的反应相符。设计电池如下：

$$Cu|Cu^+(a_2) \| Cu^{2+}(a_1), Cu^+(a_2)|Cu$$

［注意：在上述电池中，正、负极中 $Cu^+$ 的浓度应相同（$a_2$），这是因为在实际要求的体系中 $Cu^+$ 的浓度只有一个数值］

**例 7-14** 将反应 $H_2[g, p(H_2)] + \frac{1}{2}O_2[g, p(O_2)] \longrightarrow H_2O(l)$ 设计成电池

**分析** 在该题中，被氧化的物质：$H_2[g, p(H_2)]$，被还原的物质：$O_2\ [g, p(O_2)]$，氧化还原的产物：$H_2O(l)$。此外，在氢电极和氧电极中均涉及到所用的介质，首先看看在酸性介质中

正极 $$\frac{1}{2}O_2[g,p(O_2)]+2H^++2e^-\longrightarrow H_2O(l)$$

负极 $$H_2[g,p(H_2)]\longrightarrow 2H^++2e^-$$

电池反应 $$\frac{1}{2}O_2[g,p(O_2)]+H_2[g,p(H_2)]\longrightarrow H_2O(l)$$

与实际过程相符，故设计电池如下：

$$Pt|H_2[g,p(H_2)]|H^+|O_2[g,p(O_2)]|Pt$$

上述电池也可设计在碱性介质中，读者不妨自己试一试。

但是，若

正极 $\frac{1}{2}O_2[g,p(O_2)]+H_2O(l)+2e^-\longrightarrow 2OH^-$ 在碱性介质中

负极 $H_2[g,p(H_2)]\longrightarrow 2H^++2e^-$ 在酸性介质中

电池反应 $\frac{1}{2}O_2[g,p(O_2)]+H_2[g,p(H_2)]+H_2O(l)\longrightarrow 2OH^-+2H^+$

在上述电池反应中，$2OH^-+2H^+$ 不能写成 $2H_2O$，因为 $OH^-$ 和 $H^+$ 是分别处在两个半电池中，中间通过盐桥相连。很显然，由分别设计在酸性介质和碱性介质中的半电池所构成的双液电池 $Pt|H_2[g,p(H_2)]|H^+\|OH^-|O_2[g,p(O_2)]|Pt$，不是实际反应所需要的电池。

### 7.8.2 扩散过程——浓差电池

可逆浓差电池的设计

**例 7-15** 将气体扩散过程 $H_2(g,p_1)\longrightarrow H_2(g,p_2)$ 设计成电池。

**分析** 很显然，上述过程是一个电极浓差电池反应，无电子得失。方程两边物质的种类相同，仅状态不同而已。与前面讲的在电池反应中存在着氧化态以及与其对应的还原态不一样，怎么办？因为电极反应一定存在着电子得失，为了将上述过程构成电池，我们可将上述反应的一边物质（$H_2$）假想成发生了氧化反应，而另一边物质发生了还原反应。将哪一边物质设计成氧化或还原反应呢？这要视具体情况而定，在上例中，若 $p_1>p_2$，即左边的 $H_2$ 扩散到右边，$H_2(p_1)\longrightarrow H_2(p_2)$，则将右边 $H_2(p_2)$ 设计成还原反应，即

正极 $$2H^++2e^-\longrightarrow H_2(g,p_2)$$

负极 $$H_2(g,p_1)\longrightarrow 2H^++2e^-$$

电池反应 $$H_2(g,p_1)\longrightarrow H_2(g,p_2)$$

上述电池反应不涉及电子得失，仅发生状态变化，与实际过程相符。可设计电池如下：

$$Pt|H_2(g,p_1)|H^+|H_2(g,p_2)|Pt$$

$$E=\frac{RT}{2F}\ln\frac{p_1}{p_2}$$

上述电池也可以设计在碱性介质（$OH^-$）中进行，请读者自己练习之。

**例 7-16** 将离子扩散过程 $Cl^-(a_1)\longrightarrow Cl^-(a_2)$（$a_1>a_2$）设计成电池。

**分析** 这里我们首先要考虑的是在哪些电极反应中所涉及的电解质只有 $Cl^-$。其中一个电极是 $Pt|Cl_2(p)|Cl^-(a)$ 电极，另一个电极是 $Ag\text{-}AgCl(s)|Cl^-(a)$ 电极。具体应用中用哪一个电极要视具体情况而定。这里我们以 $Ag\text{-}AgCl(s)|Cl^-(a)$ 为例［读者可自己以电极 $Pt|Cl_2(p)|Cl^-(a)$ 为例练习］，则

正极 $AgCl(s)+e^- \longrightarrow Ag+Cl^-(a_2)$

负极 $Ag+Cl^-(a_1) \longrightarrow AgCl(s)+e^-$

电池反应 $Cl^-(a_1) \longrightarrow Cl^-(a_2)$

电池 $Ag\text{-}AgCl(s)|Cl^-(a_1) \| Cl^-(a_2)|AgCl(s)\text{-}Ag$

$$E=\frac{RT}{F}\ln\frac{a_1}{a_2}$$

离子扩散过程有阴离子扩散过程和阳离子扩散过程，上面举例的是阴离子扩散过程，关于将阳离子扩散过程设计成电池读者可自己练习。

### 7.8.3 中和反应

**例 7-17** 将中和反应 $H^+ + OH^- \longrightarrow H_2O$ 设计成电池

**分析** 该过程同样不涉及氧化还原物质和电子的得失，其分析同例 7-15 和例 7-16。但要注意，该过程涉及 $H^+$ 和 $OH^-$，故在设计电池时，一定要设计成双液电池。电池设计可用氧电极，也可用氢电极。这里以氧电极为例（读者自己可用氢电极练习之）。

正极 $\frac{1}{2}O_2(g,p)+2H^+ +2e^- \longrightarrow H_2O(l)$ 在酸性介质中

负极 $2OH^- \longrightarrow \frac{1}{2}O_2(g,p)+H_2O(l)+2e^-$ 在碱性介质中

电池反应 $H^+ +OH^- \longrightarrow H_2O(l)$

电池 $Pt|O_2(g,p)|OH^- \| H^+|O_2(g,p)|Pt$

$$E=E_+ - E_- = [E^\ominus_{+(H_2O,H^+/O_2)} - E^\ominus_{-(H_2O,OH^-/O_2)}] - \frac{RT}{F}\ln\frac{a_{H_2O}}{a_{H^+}a_{OH^-}}$$

$$=E^\ominus - \frac{RT}{F}\ln\frac{1}{K_w^\ominus}$$

上述中和反应达到平衡时，$E=0$，由此得

$$E^\ominus=\frac{RT}{F}\ln\frac{1}{K_w^\ominus} \tag{7-58}$$

式(7-58) 也是求水的活度积的公式。查表 7-9，$E^\ominus_{H_2O,H^+|O_2}=1.229V$，$E^\ominus_{H_2O,OH^-|O_2}=0.401V$，代入式(7-58) 中得

$$K_w^\ominus=\exp\left(-\frac{FE^\ominus}{RT}\right)=\exp\left(-\frac{96500\times0.828}{8.314\times298.15}\right)=1.0\times10^{-14}$$

### 7.8.4 沉淀反应——求难溶盐的活度积

**例 7-18** 求反应 $AgCl(s) \longrightarrow Ag^+ +Cl^-$ 的活（浓）度积。

正极 $AgCl(s)+e^- \longrightarrow Ag+Cl^-$

负极 $Ag \longrightarrow Ag^+ +e^-$

电池反应 $AgCl(s) \longrightarrow Ag^+ +Cl^-$

与实际过程相符，其电池为

电池 $Ag|Ag^+ \| Cl^-|Ag\text{-}AgCl(s)$

其电池电动势 $E=E^{\ominus}-\frac{RT}{F}\ln\frac{a_{Ag^+}a_{Cl^-}}{a_{AgCl}}=E^{\ominus}-\frac{RT}{F}\ln(a_{Ag^+}a_{Cl^-})=E^{\ominus}-\frac{RT}{F}\ln K_a$

当沉淀反应达到平衡时，$E=0$

$$K^{\ominus}=K_a=\exp(E^{\ominus}F/RT)\approx K_{sp} \tag{7-59}$$

查表7-8，$E^{\ominus}_{Cl^-|AgCl(s)|Ag}=0.2221V$，$E^{\ominus}_{Ag^+|Ag}=0.7994V$，代入式(7-59)中

当温度为298.15K时，

$$\ln K_{sp}=\frac{E^{\ominus}F}{RT}=\frac{(0.2221-0.7994)\times 96485}{8.314\times 298.15}=-22.4707$$

所以 $K_{sp}=1.74\times 10^{-10}$

## 7.9 电池电动势测定的应用

前面我们介绍了：①电池构造、电极电势产生的机理；②不同类型的电极及其电极电势以及相对氢标的电极电势的定义和计算；③可逆电池热力学的基本原理、能斯特方程及其计算；④根据实际需要如何设计不同类型的电池。下面将进一步梳理电池电动势测定的应用。

电池电动势测定的应用范围相当广泛。例如求热力学函数的变化值$\Delta_r G_m$、$\Delta_r H_m$、$\Delta_r S_m$、标准平衡常数$K^{\ominus}$、$E^{\ominus}$（电池）、$\gamma_{\pm}$、$t_+$（$t_-$）等，下面通过例题的计算举例介绍。

### 7.9.1 判断氧化还原反应的方向

用电动势判断某氧化还原方向，首先要将该反应设计成电池，使电池反应与之完全相同。然后计算（或测定）该电池的电动势，如$E>0$，则该反应的正向反应是自发进行的，反之，则逆向反应是自发进行的。

电极电势反映了电极中物质得、失电子的能力。电势越高，越容易得电子，电势越低，则越容易失电子。如果两种物质的离子活度相同或相近，则用标准电极电势就可以判断反应的趋势。如果两个标准电极电势相差很大，也基本上决定了反应趋势。但是在没有明显差别的情况下，必须通过能斯特方程计算以确定反应方向，因为电极电势是由标准电极电势和离子活度两个因素共同决定的。

**例7-19** 用电动势法判断，在298.15K时下述反应能否自发进行？

$$Fe^{2+}(a_{Fe^{2+}}=1.0)+Ag^+(a_{Ag^+}=1.0)\longrightarrow Ag+Fe^{3+}(a_{Fe^{3+}}=1.0)$$

**解** 将反应设计成电池

$$(-)Pt|Fe^{2+}(a_{Fe^{2+}}=1.0),Fe^{3+}(a_{Fe^{3+}}=1.0)\parallel Ag^+(a_{Ag^+}=1.0)|Ag(+)$$

经检验，该电池的反应就是所给的化学反应。因为各物质处于标准态，所以用标准电动势就能进行判断。查表7-9，$E^{\ominus}_{Fe^{3+}|Fe^{2+}}=0.770V$，$E^{\ominus}_{Ag^+|Ag}=0.7994V$

$$E=E^{\ominus}=E^{\ominus}_{Ag^+|Ag}-E^{\ominus}_{Fe^{3+}|Fe^{2+}}=(0.7994-0.770)V=0.0294V$$

$E>0$，说明该电池为自发电池，反应能正向自发进行。即$Ag^+$能氧化$Fe^{2+}$。用$\Delta_r G_m$值也能证明这一点。

$$\Delta_r G_m=-zFE=-1\times 96485\times 0.0294J\cdot mol^{-1}=-2.837kJ\cdot mol^{-1}<0$$

### 7.9.2 求一价离子的迁移数$t_+$、$t_-$

例如有下列电池（1），欲测得电池（1）的液体接界电势，需额外设计电池（2）。

(1) $Pt|H_2(p)|HCl(b) \vdots HCl(b')|H_2(p)|Pt, E_1$

(2) $Pt|H_2(p)|HCl(b) \| HCl(b')|H_2(p)|Pt, E_2$

因为在电池（1）中既存在液体接界电势 $E_J$，还存在浓差电势 $E_c$。

在分别测定两个电池的电动势 $E_1$ 和 $E_2$ 后，可通过

$$E_1 = E_J + E_c,\quad E_2 = E_c,\quad E_J = E_1 - E_2$$

求得 $E_J$。在测得已知电解质浓度的 $E_J$ 后，可通过式(7-54) 求得 $t_+$ 或 $t_-$。

### 7.9.3 求离子的平均活度系数

以下列电池为例，可求出不同浓度时 HCl 溶液的 $\gamma_\pm$。

$$Pt|H_2(g, 100kPa)|HCl(b)|Hg_2Cl_2(s)|Hg(l)$$

该电池的电池反应为：$\frac{1}{2}H_2(g, 100kPa) + \frac{1}{2}Hg_2Cl_2(s) \longrightarrow Hg(l) + H^+(b) + Cl^-(b)$

电池电动势为 $E = (E^\ominus_{Cl^-|Hg_2Cl_2(s)|Hg(l)} - E^\ominus_{H^+|H_2}) - \frac{RT}{F}\ln a_{H^+}a_{Cl^-}$

对于 1-1 价型电解质，有 $b_+ = b_- = b$，故

$$a_{H^+}a_{Cl^-} = \left(\gamma_+ \frac{b_{H^+}}{b^\ominus}\right) \times \left(\gamma_- \frac{b_{Cl^-}}{b^\ominus}\right) = \left(\gamma_\pm \frac{b_{HCl}}{b^\ominus}\right)^2$$

代入电动势的计算式，得

$$E = E^\ominus_{Cl^-|Hg_2Cl_2(s)|Hg(l)} - \frac{2RT}{F}\ln\frac{b_{HCl}}{b^\ominus} - \frac{2RT}{F}\ln\gamma_\pm \tag{7-60}$$

只要从电极电势表中查得 $E^\ominus_{Cl^-|Hg_2Cl_2(s)|Hg(l)}$ 的值并测得不同浓度 HCl 溶液的电动势 $E$，就可求出不同浓度 $b$ 时的 $\gamma_\pm$ 值。反之，如果平均活度因子 $\gamma_\pm$ 可以根据 Debey-Hückel 公式计算，则可求得 $E^\ominus_{Cl^-|Hg_2Cl_2(s)|Hg(l)}$。

### 7.9.4 测定未知的 $E^\ominus$ 值

在式(7-60) 中

$$E = E^\ominus_{Cl^-|Hg_2Cl_2(s)|Hg(l)} - \frac{2RT}{F}\ln\frac{b_{HCl}}{b^\ominus} - \frac{2RT}{F}\ln\gamma_\pm$$

若电解质浓度足够稀，对于 1-1 型电解质，根据德拜-休克尔公式 $\ln\gamma_\pm = -A'\sqrt{I} \approx -A'\sqrt{b}$，并将其代入上式中，得

$$E^\ominus_{Cl^-|Hg_2Cl_2(s)|Hg(l)} = E + \frac{2RT}{F}\ln\frac{b}{b^\ominus} - \frac{2RTA'}{F}\sqrt{b}$$

通过实验测得不同 $b$ 时的 $E$，以 $E + \frac{2RT}{F}\ln\frac{b}{b^\ominus} - \frac{2RTA'}{F}\sqrt{b}$ 对 $\sqrt{b}$ 作图，当 $b \to 0$ 时，如图 7-27

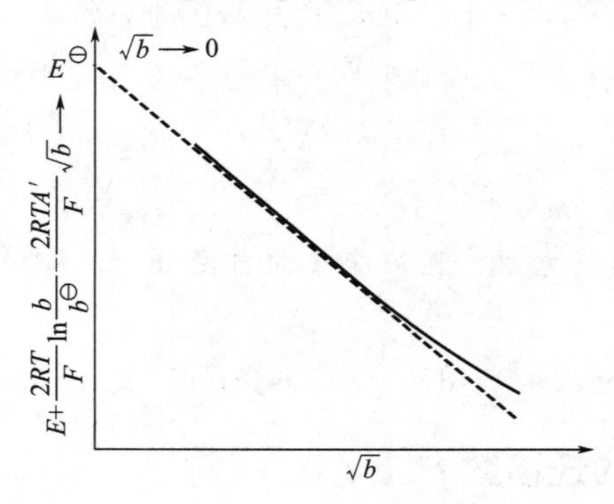


图 7-27 $\sqrt{b} \to 0$ 时，外推求 $E^\ominus$ 示意图

所示，截距$=E^{\ominus}_{Cl^-|Hg_2Cl_2(s)|Hg(l)}$。

### 7.9.5　求化学反应的平衡常数

只要能将化学反应设计成电池反应，其平衡常数都可以用电动势法求出。

**例 7-20**　试计算在25℃时反应 $Cu^{2+}+Pb \longrightarrow Cu+Pb^{2+}$ 的标准平衡常数。

**解**　将上述化学反应设计成原电池如下：

$$(-)Pb|Pb^{2+}(a_{Pb^{2+}}) \| Cu^{2+}(a_{Cu^{2+}})|Cu(+)$$

该电池标准电动势为　$E^{\ominus}=E_{正}-E_{负}=E^{\ominus}_{Cu^{2+}|Cu}-E^{\ominus}_{Pb^{2+}|Pb}$

查表7-9，$E^{\ominus}_{Cu^{2+}|Cu}=0.3400V$，$E^{\ominus}_{Pb^{2+}|Pb}=-0.1265V$，所以电池标准电动势：

$$E^{\ominus}=E^{\ominus}_{Cu^{2+}|Cu}-E^{\ominus}_{Pb^{2+}|Pb}=[0.3400-(-0.1265)]V=0.4665V$$

根据式 $E^{\ominus}=\frac{RT}{zF}\ln K^{\ominus}$，则

$$\ln K^{\ominus}=\frac{zFE^{\ominus}}{RT}=\frac{2\times96485\times0.4665}{8.314\times298.15}=36.316$$

$$K^{\ominus}=5.913\times10^{15}$$

关于求化学反应平衡常数、中和反应水的活度积常数和沉淀反应离子的活（浓）度积常数的应用，请读者参见7.8节中例7-17和例7-18。

### 7.9.6　测定溶液的 pH

溶液的pH可以采用测定电池电动势的方法间接测定。该方法的关键是选择对氢离子可逆的电极（如氢电极、氢醌电极、玻璃电极及锑电极等），并将该电极与一个参比电极通过盐桥相联组成电池，测得该电池的电动势即可通过能斯特方程求出溶液中氢离子活度。通常选用制备容易、使用方便的醌-氢醌电极、玻璃电极及锑电极等作为 $H^+$ 的可逆电极。下面以氢醌电极和玻璃电极为例举例说明之。

**(1) 醌-氢醌电极测 pH**

组建电池：饱和甘汞电极 ‖ 醌-氢醌 $(pH)_x$ |Pt

电极及电池反应：正极　（对苯醌）$+2H^++2e^- \longrightarrow$（对苯二酚）

负极 $2Hg+2Cl^- \longrightarrow Hg_2Cl_2+2e^-$

电池反应　$C_6H_4O_2+2Hg+2Cl^-+2H^+ \longrightarrow Hg_2Cl_2+C_6H_4(OH)_2$

醌-氢醌电极电势　$E=E^{\ominus}-\frac{RT}{2F}\ln\frac{a_{氢醌}}{a_{醌}\,a^2_{H^+}}=0.6995V-0.05916V\times pH$

上式中 $a_{氢醌}=a_{醌}$，$E^{\ominus}_{醌-氢醌}=0.6995V$，$pH=-\lg a_{H^+}$。将温度为25℃时的饱和甘汞电极的电极电势代入，得

$$E=E_{醌-氢醌}-E_{甘汞}=(0.6993-0.05916pH)-E_{甘汞}$$

$$pH=\frac{0.6993-E_{甘汞}-E}{0.05916} \tag{7-61}$$

醌-氢醌电极的制备和使用都极为方便，而且不易中毒。但它不能用于碱性溶液，当 pH>8.5 时，由于氢醌的大量解离并易为空气所氧化，使等式 $a_{氢醌}=a_{醌}$ 不能成立，这样在计算待测溶液的 pH 值时就会产生误差。

**（2）玻璃电极测 pH**

玻璃电极是测量溶液 pH 最常用的一种指示电极。它是一种氢离子选择性电极，其结构如图 7-28 所示，在一支玻璃管（球）下端焊接一个由特殊玻璃（组成为 72% $SiO_2$、22% $Na_2O$、6% CaO）制成的玻璃薄膜，球内盛有一定 pH 的缓冲溶液，或用 $0.1mol \cdot kg^{-1}$ 的盐酸溶液，溶液中浸入一根 Ag-AgCl 电极。通过玻璃薄膜将两个 pH 不同的溶液隔开时，在膜两侧会产生电势差，即膜电势（membrane potential），其值与两侧溶液的 pH 值有关。若将一侧溶液的 pH 值固定，则此电势差仅随另一侧溶液的 pH 而改变，这就是用玻璃电极测 pH 的依据。玻璃电极的电极电势为

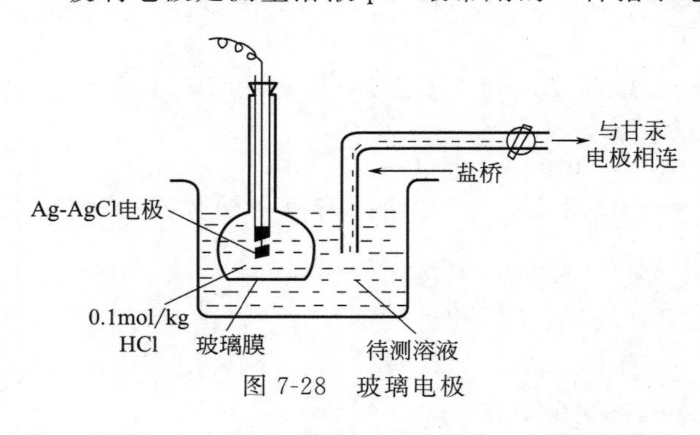

图 7-28 玻璃电极

$$E_{玻}=E_{玻}^{\ominus}+\frac{RT}{F}\ln a_{H^+}=E_{玻}^{\ominus}-\frac{2.303RT}{F}pH \tag{7-62}$$

欲测定待测溶液的 pH，需要将待测溶液与玻璃电极构成如下电池：

$$\text{Ag-AgCl}|\text{HCl}(0.1mol \cdot kg^{-1})|玻璃膜|待测溶液(a_{H^+})\parallel 甘汞电极$$

欲用上述电池的 $E$ 计算未知溶液的 pH，必须先知道 $E_{玻}^{\ominus}$。但不同的玻璃电极的 $E_{玻}^{\ominus}$ 不同，即使是同一支玻璃电极，$E_{玻}^{\ominus}$ 也往往随电极存放的时间而变化。因此，在实际测量时，通常先用已知 pH 的标准缓冲溶液进行标定，测得其与甘汞电极所构成电池的电动势 $E_s$，然后再对未知（$pH_x$）溶液进行测量，测得其与甘汞电极所构成电池的电动势 $E_x$。

$$E_s=E_{甘汞}-E_{玻s}=E_{甘汞}-\left(E_{玻}^{\ominus}-\frac{2.303RT}{F}pH_s\right) \tag{1}$$

$$E_x=E_{甘汞}-E_{玻x}=E_{甘汞}-\left(E_{玻}^{\ominus}-\frac{2.303RT}{F}pH_x\right) \tag{2}$$

式(2)－式(1)，得

$$pH_x=pH_s+\frac{E_x-E_s}{2.303RT/F} \tag{7-63}$$

玻璃电极适用范围在 pH 值 1～13。由于它不受氧化剂、还原剂与金属离子的干扰，也不易受各种“毒物”的影响，使用方便，所以得到广泛应用。但不适用于浓碱性溶液。玻璃电极为高阻抗电极，要配有专用的 pH 计。玻璃电极在使用之前，要在纯水中浸泡使其表面充分溶胀，并用已知 pH 值的标准缓冲液进行标定。

## 7.10 可逆电池热力学的计算举例

在这一节，将通过例题尽可能综合运用前面几节所介绍的可逆电池热力学的基础知识在解决实际问题中的应用，以加强对所介绍的概念、公式等的理解。读者可以将这些题目作为例题来学习，也可以事先不看解题过程和结果，而作为习题来练习。

**例 7-21**　电池 $\mathrm{Pt}|\mathrm{H_2}(p)|\mathrm{NaOH(aq)}|\mathrm{Bi_2O_3(s)\text{-}Bi}$ 在 18℃时，$E=384.6\mathrm{mV}$，在 10～35℃之间，$(\partial E/\partial T)_p=-0.39\mathrm{mV\cdot K^{-1}}$。已知 18℃时液态水的 $\Delta_f H_m^{\ominus}(291\mathrm{K})=-2.859\times10^5\mathrm{J\cdot mol^{-1}}$，试求 $Bi_2O_3$ (s) 在 18℃时的摩尔生成热。

**解**　这是一道有关可逆电池热力学方面题目。更具体地说是用电化学方法测热力学函数的题目。这一题乍一看不知从何处下手，不过，一旦写出电极反应和电池反应，就很容易了。

首先写出电极反应和电池反应

正极　$$\mathrm{Bi_2O_3+3H_2O+6e^-\longrightarrow 2Bi+6OH^-}$$

负极　$$\mathrm{3H_2+6OH^-\longrightarrow 6H_2O+6e^-}$$

电池反应　$$\mathrm{Bi_2O_3(s)+3H_2}(g,p)\longrightarrow \mathrm{2Bi(s)+3H_2O}$$

欲求 $\Delta_f H_m(\mathrm{Bi_2O_3})$，根据已知条件，要用到下式

$$\Delta_r H_m=\sum\nu_B\Delta_f H_m(\mathrm{B})$$
$$=\{2\Delta_f H_m[\mathrm{Bi(s)}]+3\Delta_f H_m[\mathrm{H_2O(l)}]\}-\{\Delta_f H_m[\mathrm{Bi_2O_3(s)}]+3\Delta_f H_m[\mathrm{H_2}(g,p^{\ominus})]\}$$

$\Delta_f H_m[\mathrm{H_2O(l)}]$ 已知，若能求出 $\Delta_r H_m$，则可求得 $\Delta_f H_m[\mathrm{Bi_2O_3(s)}]$。

根据 $\Delta_r G=\Delta_r H-T\Delta_r S$，得

$$\Delta_r H_m=-zFE+zFT(\partial E/\partial T)_p=-zF[E-T(\partial E/\partial T)_p]$$

$$\Delta_f H_m[\mathrm{Bi_2O_3(s)}]=3\Delta_f H_m[\mathrm{H_2O(l)}]-\Delta_r H_m$$
$$=3\times(-2.859\times10^5)-\{-zF[E-T(\partial E/\partial T)_p]\}$$
$$=\{-8.577\times10^5+6\times96500\times[0.3846-291\times(-0.39\times10^{-3})]\}\mathrm{J\cdot mol^{-1}}$$
$$=-5.69\times10^3\mathrm{J\cdot mol^{-1}}$$

**例 7-22**　25℃时，电池 $\mathrm{Pt}|\mathrm{H_2}(p^{\ominus})|\mathrm{HCl}(b=0.1\mathrm{mol\cdot kg^{-1}},\ \gamma_{\pm}=0.798)\ |\ \mathrm{AgCl\text{-}Ag(s)}$ 的电动势 $E=0.3522\mathrm{V}$，试求：

(1) 反应 $\mathrm{H_2}(p^{\ominus},g)+\mathrm{2AgCl(s)}\longrightarrow\mathrm{2Ag(s)+2HCl}(0.1\mathrm{mol\cdot kg^{-1}})$ 的标准平衡常数；

(2) 金属银在 $\gamma_{\pm}=0.809$ 的 $1.0\mathrm{mol\cdot kg^{-1}}$ HCl 中所能产生的 $H_2$ 的平衡分压。

**解**　(1) 该题是有关能斯特方程的应用和通过求 $E^{\ominus}$ 进而求 $K^{\ominus}$ 的题目

首先写出电池反应和电极反应

正极　$$\mathrm{AgCl+e^-\longrightarrow Ag+Cl^-}$$

负极　$$\frac{1}{2}\mathrm{H_2}\longrightarrow\mathrm{H^++e^-}$$

电池反应　$$\frac{1}{2}\mathrm{H_2}(p^{\ominus},g)+\mathrm{AgCl(s)}=\!=\!=\mathrm{Ag(s)+HCl}(0.1\mathrm{mol\cdot kg^{-1}})$$

要求 $K^{\ominus}$ 的反应刚好是上述电池可逆放电 $2F$ 的反应。根据 $E^{\ominus}$ 和 $K^{\ominus}$ 的关系，要想求得 $K^{\ominus}$，必须根据已知条件先求得 $E^{\ominus}$。由电池反应可写出题目所给定电池的能斯特方程为

$$E=E^{\ominus}-\frac{RT}{2F}\ln\frac{a_{\mathrm{HCl}}^2 a_{\mathrm{Ag}}^2}{a_{\mathrm{H_2}}a_{\mathrm{AgCl}}^2}$$

式中，$a_{\mathrm{Ag}}=1$、$a_{\mathrm{AgCl}}=1$、$a_{\mathrm{H_2}}=p^{\ominus}/p^{\ominus}=1$，代入上式中得

$$E=E^{\ominus}-\frac{RT}{2F}\ln a_{\mathrm{HCl}}^2=E^{\ominus}-\frac{RT}{F}\ln a_{\mathrm{HCl}}=E^{\ominus}-\frac{2RT}{F}\ln a_{\pm}=E^{\ominus}-\frac{2RT}{F}\ln(\gamma_{\pm}b_{\pm}/b^{\ominus})$$

对 1-1 型电解质，$b=b_{\pm}$，同时将题目给定的已知条件（$b=0.1\text{mol}\cdot\text{kg}^{-1}$，$\gamma_{\pm}=0.798$）代入上式中得

$$E=E^{\ominus}-\frac{2RT}{F}\ln(0.1\times0.798)$$

$$E^{\ominus}=\left(0.3522+\frac{2\times8.314\times298.2}{96500}\ln0.0798\right)\text{V}=0.2224\text{V}$$

$$K^{\ominus}=\exp\left(\frac{zFE^{\ominus}}{RT}\right)=\exp\left(\frac{2\times96500\times0.2224}{8.314\times298.2}\right)=3.304\times10^{7}$$

（2）分析：利用电化学方法求得平衡常数，进而求 $p(H_2)$。

根据反应方程式，可得

$$K^{\ominus}=\frac{a_{HCl}^{2}}{a_{H_2}}=\frac{(a_{\pm}^{2})^{2}}{p_{H_2}/p^{\ominus}}=\frac{(\gamma_{\pm}b_{\pm}/b^{\ominus})^{4}}{p_{H_2}/p^{\ominus}}=\frac{(\gamma_{\pm}b/b^{\ominus})^{4}}{p_{H_2}/p^{\ominus}}$$

将各已知条件和由（1）求得的 $K^{\ominus}$ 代入上式中得

$$p_{H_2}=\frac{(\gamma_{\pm}b/b^{\ominus})^{4}p^{\ominus}}{K^{\ominus}}=\frac{(0.809\times1)^{4}\times10^{5}}{3.304\times10^{7}}=1.30\times10^{-3}\text{Pa}$$

**例 7-23** 25℃时，电池 $\text{Ag-AgI}|\text{KI}(b=1.0\text{mol}\cdot\text{kg}^{-1},\gamma_{\pm,1})\|\text{AgNO}_3(b=0.001\text{mol}\cdot\text{kg}^{-1},\gamma_{\pm,2})|\text{Ag}$（$\gamma_{\pm,1}$ 和 $\gamma_{\pm,2}$ 分别为 0.65 和 0.95）的电动势 $E=0.720\text{V}$。试求

（1）AgI 的 $K_{sp}$；

（2）AgI 在纯水中溶解度；

（3）在 $1.0\text{mol}\cdot\text{kg}^{-1}$ KI 溶液中的溶解度。

**解**　（1）正极：　$Ag^{+}+e^{-}\longrightarrow Ag$

负极　$Ag+I^{-}\longrightarrow AgI+e^{-}$

电池反应　$Ag^{+}+I^{-}\longrightarrow AgI(s)$

电池反应正好是 AgI（s）溶解反应的逆反应。其能斯特方程为

$$E=E^{\ominus}-\frac{RT}{F}\ln\frac{a_{AgI}}{a_{Ag^+}a_{I^-}}=E^{\ominus}+\frac{RT}{F}\ln a_{Ag^+}a_{I^-}$$

若 $E^{\ominus}$ 已知，可直接通过上式求 $K_{sp}$，遗憾的是 $E^{\ominus}$ 不知道，只好先求 $E^{\ominus}$，进而求 $K_{sp}$

$$E^{\ominus}=E-\frac{RT}{F}\ln(\gamma_{Ag^+}b_{Ag^+}\gamma_{I^-}b_{I^-})$$

假设 $\gamma_{I^-}=\gamma_{\pm,1}$，$\gamma_{Ag^+}=\gamma_{\pm,2}$，且 AgI 为 1-1 型电解质，由此得

$$E^{\ominus}=\left[0.720-\frac{8.314\times298.2}{96500}\ln(0.95\times0.001\times0.65\times1)\right]\text{V}=0.910\text{V}$$

反应达到平衡时，$E=0$

$$E^{\ominus}=\frac{RT}{F}\ln\frac{1}{a_{Ag^+}a_{I^-}}=-\frac{RT}{F}\ln K_{ap}$$

$$K_{sp}\approx K_{ap}=\exp\left(-\frac{FE^{\ominus}}{RT}\right)=\exp\left(-\frac{96500\times0.910}{8.314\times298.2}\right)=4.05\times10^{-16}$$

（2）纯水中，$K_{sp}\approx K_{ap}=a_{Ag^+}a_{I^-}=a_{\pm}^{2}$

$$a_{\pm}\approx\sqrt{K_{sp}}=2.01\times10^{-8}$$

因为 $Ag^+$ 和 $I^-$ 的浓度都很小，且相同，所以可以认为 $\gamma_\pm=1$，$a_\pm=\gamma_\pm b_\pm/b^\ominus$，因此

$$b=b_\pm=a_\pm b^\ominus/\gamma_\pm=\frac{2.01\times10^{-8}}{1}=2.01\times10^{-8}\text{mol·kg}^{-1}$$

溶解度 $s=bM=2.01\times10^{-8}\times234.7=4.72\times10^{-6}\text{g·kg}^{-1}$溶剂$=4.72\times10^{-7}\text{g·(100g)}^{-1}$ 溶剂

(3) 在 $1\text{mol·kg}^{-1}$KI 溶液中（$\gamma_\pm=0.65$），设 AgI 浓度为 $b$，则 $b_{Ag^+}=b$，$b_{I^-}=1.0\text{mol·kg}^{-1}+b_{Ag^+}\approx1\text{mol·kg}^{-1}$，$\gamma_{Ag^+}\approx1$，$\gamma_{I^-}=\gamma_\pm$，由此得

$$K_{sp}\approx(\gamma_{Ag^+}b_{Ag^+}/b^\ominus)(\gamma_{I^-}b_{I^-}/b^\ominus)=\gamma_\pm b_{Ag^+}/b^\ominus=\gamma_\pm b/b^\ominus$$

$$b\approx K_{sp}b^\ominus/\gamma_\pm=\frac{4.05\times10^{-16}}{0.65}\text{mol·kg}^{-1}=6.23\times10^{-16}\text{mol·kg}^{-1}$$

$$s=bM=6.23\times10^{-16}\times234.7=1.46\times10^{-13}\text{g·kg}^{-1}\text{溶剂}=1.46\times10^{-14}\text{g·(100g)}^{-1}\text{溶剂}$$

**例 7-24** 25℃时，电池 Ag-AgBr(s)|KBr($b$)|$Br_2$(l)|Pt 的 $E=0.9940$V，溴在溴化钾溶液中的饱和蒸气压 $p_s=2.126\times10^4$Pa，已知 $E^\ominus_{Ag\text{-}AgBr|Br^-}=0.071$V，求电极 Pt|$Br_2$($p_s$)|$Br^-$ 的 $E^\ominus$。

**解** 已知电池的 $E=0.9940$V，负极 $E^\ominus_{Ag\text{-}AgBr|Br^-}=0.071$V，而要求的不是正极 Pt|$Br_2$(l)|$Br^-$ 的 $E^\ominus$，而是并不出现在上述电池中的 Pt|$Br_2$($p_s$)|$Br^-$ 的 $E^\ominus$，由此推测 Pt|$Br_2$($p_s$)|$Br^-$ 的 $E^\ominus$一定是另一个需要设计电池的一个电极。先求出题给电池的正极的 $E^\ominus$。

正极 $\frac{1}{2}Br_2(l)+e^-\longrightarrow Br^-$

负极 $Ag+Br^-\longrightarrow AgBr+e^-$

电池的反应 $\frac{1}{2}Br_2(l)+Ag\longrightarrow AgBr(s)$

电池反应的各物质皆处在纯态，故活度为1，所以 $E=E^\ominus$

$$E=E^\ominus=E^\ominus_{Br_2(l)|Br^-}-E^\ominus_{Ag\text{-}AgBr|Br^-}$$

$$E^\ominus_{Br_2(l)|Br^-}=E^\ominus+E^\ominus_{Ag\text{-}AgBr|Br^-}=(0.9940+0.071)\text{V}=1.065\text{V}$$

为求 $E^\ominus_{Br_2(p_s)|Br^-}$，需设计电池，题目给出的已知条件是溴在溴化钾中的饱和蒸气压。我们若能设计出 25℃时过程为 $Br_2(l)=Br_2(g,p=2.126\times10^4\text{Pa})$ 的电池就有可能求出 $E^\ominus_{Br_2(p_s)|Br^-}$。根据此思路，设计电池如下。

正极 $Br_2(l)+2e^-\longrightarrow2Br^-$

负极 $2Br^-\longrightarrow Br_2(g,p_s)+2e^-$

电池反应 $Br_2(l)=\!=\!=Br_2(g,p_s)$

电池 Pt|$Br_2(g,p_s)$|KBr|$Br_2$(l)|Pt

所设计的电池符合所设想的过程，其电极电势为

$$E=E^\ominus-\frac{RT}{2F}\ln\frac{p_{Br_2}/p^\ominus}{1}$$

气-液平衡时 $E=0$

$$E^\ominus=\frac{RT}{2F}\ln\frac{p_{Br_2}/p^\ominus}{1}$$

$$E^{\ominus}_{Br_2(l)|Br^-}-E^{\ominus}_{Br_2(p_s)|Br^-}=\frac{RT}{2F}\ln\frac{p_{Br_2}/p^{\ominus}}{1}$$

$$E^{\ominus}_{Br_2(p_s)|Br^-}=E^{\ominus}_{Br_2(l)|Br^-}-\frac{RT}{2F}\ln\frac{p_{Br_2}/p^{\ominus}}{1}$$

$$=(1.065+\frac{8.314\times298.2}{2\times96500}\ln\frac{2.126\times10^4}{10^5})\text{V}$$

$$=1.085\text{V}$$

**例 7-25** 电池 Hg|亚汞盐溶液($b_1$)‖亚汞盐溶液($b_2$)|Hg，在 18℃时，$E=0.029\text{V}$，已知两溶液的离子强度相当，$b_2/b_1=10$，试确定亚汞离子在溶液中形态。

**解** 这是一浓差电池，设亚汞离子在溶液中的形态为 $Hg_n^{n+}$，其电极反应和电池反应为

正极 $Hg_n^{n+}(b_2)+ne^-\longrightarrow nHg$

负极 $nHg\longrightarrow Hg_n^{n+}(b_1)+ne^-$

电池反应 $Hg_n^{n+}(b_2)\longrightarrow Hg_n^{n+}(b_1)$

$$E_C=\frac{RT}{nF}\ln\frac{a_2}{a_1}$$

由于两溶液离子强度相当，则活度系数相等，所以

$$E_C=\frac{RT}{nF}\ln\frac{b_2}{b_1},\quad n=\frac{291\times8.314}{0.029\times96500}\ln10=1.991\approx2$$

由此可以判断离子以 $Hg_2^{2+}$ 形式存在于溶液中。

7-26 精讲

**例 7-26** 已知 25℃时，AgBr 的活度积 $K_{ap}=4.88\times10^{-13}$，$E^{\ominus}_{Ag^+|Ag}=0.7994\text{V}$，$E^{\ominus}_{Br_2(l)|Br^-}=1.065\text{V}$，试计算 25℃时

(1) Ag-AgBr 电极的标准电极电势 $E^{\ominus}_{AgBr(s)|Ag}$；

(2) AgBr(s) 的标准生成吉布斯函数。

**解** (1) 题给的已知条件是方程式 $AgBr(s)\!=\!=\!=Ag^++Br^-$ 的 $K_{ap}$，且已知 $E^{\ominus}_{Ag^+|Ag}$，为了求 $E^{\ominus}_{AgBr|Ag}$，需设计电池，使电池反应为 $AgBr(s)\!=\!=\!=Ag^++Br^-$ 其中的一个电极为 AgBr|Ag。

正极 $AgBr(s)+e^-\longrightarrow Ag+Br^-$

负极 $Ag\longrightarrow Ag^++e^-$

电池反应 $AgBr(s)\longrightarrow Ag^++Br^-$

$$E=E^{\ominus}-\frac{RT}{F}\ln a_{Ag^+}a_{Br^-}=E^{\ominus}-\frac{RT}{F}\ln K_{ap}$$

平衡时，$E=0$，则 $$E^{\ominus}=E^{\ominus}_{AgBr|Ag}-E^{\ominus}_{Ag^+|Ag}=\frac{RT}{F}\ln K_{ap}$$

$$E^{\ominus}_{AgBr|Ag}=E^{\ominus}_{Ag^+|Ag}+\frac{RT}{F}\ln K_{ap}$$

$$=[0.7994+\frac{8.314\times298.2}{96500}\ln(4.88\times10^{-13})]\text{V}$$

$$=0.0709\text{V}$$

(2) AgBr(s) 的标准生成吉布斯函数即为下列反应 $Ag+\frac{1}{2}Br_2 \xlongequal{} AgBr(s)$ 的 $\Delta_f G_m^{\ominus}$，欲求上述反应的 $\Delta_f G_m^{\ominus}$，需先利用已知条件，设计电池，求得该电池反应的 $E^{\ominus}$。

正极　　$\frac{1}{2}Br_2+e^- \longrightarrow Br^-$

负极　　$Ag+Br^- \longrightarrow AgBr(s)+e^-$

电池反应　　$Ag+\frac{1}{2}Br_2(l) \xlongequal{} AgBr(s)$

$$E=E^{\ominus}-\frac{RT}{F}\ln\frac{a_{AgBr}}{a_{Ag}a_{Br_2}}=E^{\ominus}_{Br_2(l)|Br^-}-E^{\ominus}_{AgBr|Ag}$$

$$=(1.065-0.0709)V=0.994V$$

$$\Delta_r G_m=\Delta_f G_m^{\ominus}=-zFE=(-1\times96500\times0.994)J\cdot mol^{-1}=-95.92kJ\cdot mol^{-1}$$

## 7.11　分解电压

在此之前讲的原电池都是可逆电池，电极上没有（或仅有无限小的）电流通过，所测得的电极电势为平衡时的电极电势。但在实际使用中，无论是原电池或电解池都是在非平衡（可逆）条件下进行放电（或充电），因而破坏了电极的平衡状态，使电极上进行的过程成为不可逆过程。此时作为原电池其输出电压要小于平衡（可逆）条件下的电动势，作为电解池，要使电解过程连续不断进行，所需要外加最小电压要大于平衡（可逆）条件下的电动势（反抗电势）。产生这一现象是因为存在着**电极极化**。所谓电极极化就是电极电势偏离平衡电势的现象。研究不可逆电极反应及其规律性有着十分重要的实际意义。在第三部分除讨论电极反应过程、极化作用外，还简要介绍一些电解过程在工业上的应用及金属防腐和化学电源。

在电池上若外加一个直流电源，并逐渐增加电压，使外加电压大于电池的电动势（反抗电势），使电池中的物质在电极上发生化学反应，这就是电解过程。

### 7.11.1　理论分解电压

所谓**理论分解电压**就是使某电解质溶液能连续不断地发生电解时理论上所必须外加的最小电压，在数值上等于该电解池作为可逆电池时的可逆电动势。

$$E_{\text{理论分解电压}}=E_{\text{可逆电动势}}$$

然而，由于电池内、外电阻，电极的极化等不可逆过程存在，实际分解电压总是大于理论分解电压。对于一特定的电解反应，其实际分解电压可通过实验测定。

### 7.11.2　分解电压

例如用 Pt 电极电解 $0.5mol\cdot dm^{-3}$ $H_2SO_4$ 的水溶液，如图 7-29 所示。图中 V 是伏特计，G 是安培计。将电解池接到由电源和可变电阻 $R$ 所组成的分压器上，实验时逐渐增加外加电压（即触点逐渐向右移动），同时记录相应的电流，然后绘制电流-电压（$I$-$V$）曲线，如图 7-30。根据电流随电压变化的特点，电流-电压曲线可分为如图 7-30 所示的 1、2、3 部分。在开始时，外加电压大大小于电池的反抗电势，几乎没有电流通过，即曲线的 1 部分。此后电压增加，电流略有增加如曲线的 2 部分，但当电压增加到某一数值以后，继续增加电压，电流随电压直线上升，如图中曲线的第3部分，此时，电极上有气泡逸出。按 $I$-$V$ 曲线第3部分的斜率，外推到 $I=0$，与横坐标相交于 $D$，$D$ 点所示的电压就是使电解质在两极连续不断地进行分解时所需的最小外加电压，称为**分解电压**。

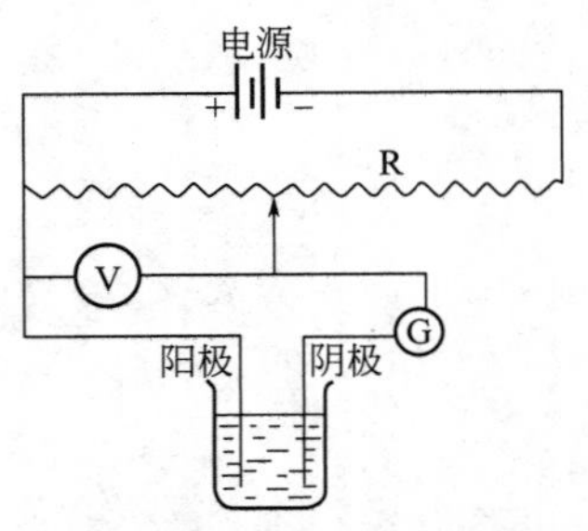


图 7-29 测定分解电压的装置

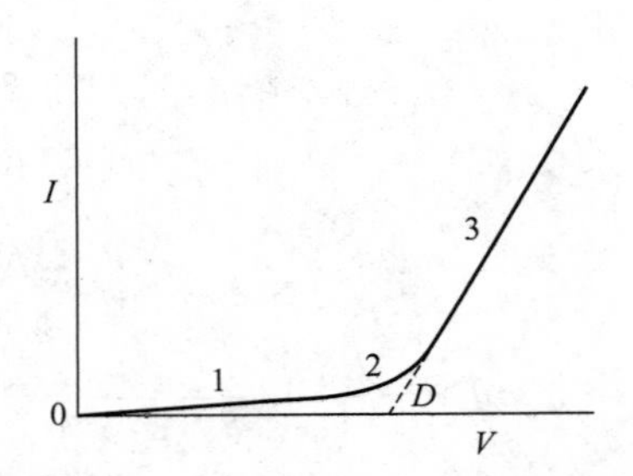


图 7-30 测定分解电压的电流-电压曲线

在外加电压的作用下，硫酸水溶液中的氢离子向阴极（负极）运动，并在阴极上得到电子被还原为氢气，同时，水分子在阳极失去电子，释放出氧气，即

阴极 $$2H^+ + 2e^- \longrightarrow H_2(g,p)$$

阳极 $$H_2O(l) \longrightarrow \frac{1}{2}O_2(g,p) + 2H^+ + 2e^-$$

电解反应 $$H_2O(l) \longrightarrow H_2(g,p) + \frac{1}{2}O_2(g,p)$$

在上述电解过程中，电解产物与溶液中相应的离子在阴极和阳极上分别形成了氢电极和氧电极，且构成如下原电池：

$$Pt|H_2(g,p)|H_2SO_4(0.5mol\cdot L^{-1})|O_2(g,p)|Pt$$

这是一个自发原电池，电池的氢电极应为阳极（负极），氧电极为阴极（正极）。理论上，所形成电池的电动势正好与电解时的外加电压相反，称为反电动势 $E_b$。

在外加电压小于分解电压时，形成的反电动势理论上正好和外加电压相对抗（数值相等），$I$-$V$ 曲线的1、2部分似乎不应该有电流通过。但是，尽管电极表面氢气和氧气的压力远远低于大气的压力，微量的气体不能离开电极而自由逸出，但可以向溶液本体扩散。由于电极上的气体产物的扩散，使得它们在两极的浓度下降，导致原电池产生的反电动势总是小于外加电压，因而在电极上仍有微小电流通过（$I$-$V$ 曲线中第1、2部分），使得电解产物得以补充。

在到达分解电压时，电极产物的浓度达到最大，氢气和氧气的压力达到大气压力而呈气泡逸出。此时反电动势达到极大值 $E_{b,max}$，此后如再增加外加电压 $V$，电流就直线上升。即此时的电流 $I$ 与 $V—E_{b,max}$ 之间的关系服从欧姆定律，$I=(V-E_{b,max})/R$，$R$ 为电解池的电阻。

在一定的电流 $I$ 时，当外加电压等于分解电压时，两极的电极电势分别为该电流 $I$ 时氢和氧的析出电势，记为 $E_{阴,析}$ 和 $E_{阳,析}$。

表7-11中列出一些实验数据。前面几个数据表明，如果用平滑的铂片做电极，则无论是在酸或碱的溶液中，分解电压差不多都是大约1.7V，这是因为无论是酸还是碱的水溶液，在外加电压下都是水被分解，阴、阳极上析出的都分别是 $H_2$ 和 $O_2$。表中的 $E_{理论}$ 即相应的原电池的电动势，由能斯特方程计算得1.229V。由此可见，即使在铂电极上，$E$（分解电压）≠ $E$（可逆电动势），$H_2(g)$ 和 $O_2(g)$ 都有较大的极化作用发生。$E$（分解电压）可写为

$$E_{分解} = E_{阳,析} - E_{阴,析} = E_{理论} + \Delta E_{不可逆} + IR \tag{7-64}$$

式中，$IR$ 是电解池中电阻产生的电压，容易测量和计算；$\Delta E_{不可逆}$ 则是由于不可逆过

程所产生的极化作用所导致的，也是接下来要讨论的重点内容。

表 7-11　几种电解质水溶液的分解电压（室温，铂电极）

| 电解质 | 浓度 $c/mol \cdot dm^{-3}$ | 电解产物 | $E_{分解}/V$ | $E_{理论}/V$ |
|---|---|---|---|---|
| $HNO_3$ | 1 | $H_2$ 和 $O_2$ | 1.69 | 1.23 |
| $H_2SO_4$ | 0.5 | $H_2$ 和 $O_2$ | 1.67 | 1.23 |
| NaOH | 1 | $H_2$ 和 $O_2$ | 1.69 | 1.23 |
| KOH | 1 | $H_2$ 和 $O_2$ | 1.67 | 1.23 |
| $NH_3 \cdot H_2O$ | 1 | $H_2$ 和 $O_2$ | 1.74 | 1.23 |
| HCl | 1 | $H_2$ 和 $Cl_2$ | 1.31 | 1.37 |
| $CdSO_4$ | 0.5 | Cd 和 $O_2$ | 2.03 | 1.26 |
| $ZnSO_4$ | 0.5 | Zn 和 $O_2$ | 2.55 | 1.60 |
| $NiCl_2$ | 0.5 | Ni 和 $Cl_2$ | 1.85 | 1.64 |

# 7.12　极化作用和极化曲线

## 7.12.1　电极的极化和超电势

当电极上无电流通过时，电极处于平衡状态，与之对应的电势为电极的平衡（可逆）电势。随着电极上电流密度增加，电极反应的不可逆程度越来越大，电极极化作用越大，其析出电势偏离平衡电势也就越来越远。某一电流密度下的析出电势与其平衡电极电势之差的绝对值称为**超电势**(又称过电位)，以符号 $\eta$ 表示。显然，$\eta$ 数值表示了电极极化程度的大小。

根据极化产生的原因，可将极化分为两类，即**浓差极化**和**电化学极化**，并将与之相对应的超电势称为**浓差超电势**和**活化超电势**。除了上述两种主要原因之外，还有一种原因是电解过程中在电极表面上生成一层氧化物的薄膜或其他物质，从而对电流通过时产生阻力，有时也称为**电阻超电势**。若以 $R_c$ 表示电极表面层的电阻，$I$ 代表通过的电流，则由于氧化膜的电阻所需额外增加的电压，在数值上等于 $IR_c$。由于这种情况不具有普遍意义，因此本节主要讨论浓差极化和电化学极化。

**(1) 浓差极化**

在电解过程中因电极附近溶液的浓度和本体溶液的浓度差而产生的电极极化叫**浓差极化**。这里本体溶液是指离开电极较远、浓度均匀的溶液。例如当把两个铜电极插到质量摩尔浓度为 $b$ 的 $CuSO_4$ 溶液中进行电解，在阴极附近的 $Cu^{2+}$ 沉积到电极上去，即

$$Cu^{2+} + 2e^- \longrightarrow Cu$$

使得阴极溶液中 $Cu^{2+}$ 浓度不断降低。如果本体溶液中 $Cu^{2+}$ 扩散到电极表面进行补充的速率跟不上 $Cu^{2+}$ 的沉积速率，则在阴极表面 $Cu^{2+}$ 浓度势必比本体浓度低。在一定电流密度下，达到稳定后，溶液中存在一定的浓度梯度，此时电极附近的浓度也有一个小于体相浓度的稳定值。显然，此时电极电势将低于其平衡值，其差值显然是由浓差的大小决定。仍以 Cu 电极为例来分析浓差极化的影响。

电解前 $a_{Cu^{2+},体} = a_{Cu^{2+},表}$，电解时，当 $Cu^{2+}$ 的扩散速率小于反应速率时，随着电流 $I$ 增大，阴极表面 $Cu^{2+}$ 浓度不断下降，$a_{Cu^{2+},体} > a_{Cu^{2+},表}$，从而导致

$$E_{表} = E^{\ominus}_{Cu^{2+}} - \frac{RT}{2F}\ln\frac{1}{a_{Cu^{2+},表}} < E_{平} = E^{\ominus}_{Cu^{2+}} - \frac{RT}{2F}\ln\frac{1}{a_{Cu^{2+},体}}$$

即由于浓差极化，导致阴极表面 $Cu^{2+}$ 浓度下降，所以阴极需要更负的电势才能使 $Cu^{2+}$ 继续在

阴极上还原并析出 Cu。而且，电流密度越大，浓差极化越严重，阴极析出电势越负。反过来，浓差极化将导致阳极表面 $Cu^{2+}$ 浓度升高，阳极需要更正（高）的电势才能使 Cu 在阳极氧化成 $Cu^{2+}$。总而言之，由于极化，**阴极析出电势越极化越负，而阳极析出电势越极化越正**。

浓差大小与搅拌情况、电流密度和温度有关。通常用增大搅拌速度和升温方法可以降低浓差极化，但是由于电极表面有滞流层的存在，所以不可能将浓差极化完全除去。不过，浓差极化现象并不总是坏事，例如极谱分析就是利用滴汞电极上所形成的浓差极化来进行离子种类的鉴别和离子浓度的定量分析。

浓差极化与电化学极化

**(2) 电化学极化**

由前面介绍的电极电势产生的机理可知，在可逆情况下，电极上带有一定量的电荷，建立起了相应的平衡电极电势 $E_{平}$。当有电流通过电极时，由于电极/溶液界面处的电极反应慢，跟不上外加电源输送电量的速率，导致电极上电荷密度发生改变，使电极电势偏离可逆情况下的 $E_{平}$。这种当有电流通过时，由于电化学反应进行的迟缓而使电极上电荷密度与可逆情况时不同，从而导致电极电势偏离 $E_{平}$ 的现象称为**电化学极化**。所偏离的电压称为**电化学超电势**(亦称为活化超电势)。

由于电化学极化的存在，即电极反应速率跟不上电荷输送速率，导致阴极积累越来越多的负电荷，电极电势较平衡时电极电势更负；而阳极则积累越来越多的正电荷，电极电势较平衡时的电极电势更正。由此我们知道，同浓差极化一样，电化学极化使得阳极 $E_{析,阳}$ 越极化越正，而阴极 $E_{析,阴}$ 越极化越负。总而言之，无论是浓差极化，还是电化学极化，**极化的结果总是导致阳极 $E_{析,阳}$ 越极化越正，而阴极 $E_{析,阴}$ 越极化越负**。

实验表明，电解时，电极析出电势与电流密度有关。描述电极析出电势与电流密度间的关系曲线称为极化曲线。该曲线的形状和变化规律反映了电化学过程的动力学特征。

### 7.12.2 测定极化曲线的方法

电极的极化曲线可用图 7-31 所示的仪器装置测定。A 是一个电解池，内盛电解质溶液、两个电极（阴极是待测电极）和搅拌器。电极/溶液界面面积已事先知道。将两电极通过开关 K、安培计 G 和可变电阻 $R$ 与外电池相连。通过改变箭头在可变电阻 $R$ 上的位置，可改变待测电极的电流，其数值可由安培计读出。将浸入溶液的电极面积去除电流，就可以得到电流密度。为了测量待测电极在不同电流密度下的电极电势，需在电解池中加入一个参比电极（通常用甘汞电极），将待测电极和参比电极连上电位计，由电位计测出不同电流密度下的电动势，由于参比电极的电极电势已知，且不存在极化，故可得到不同电流密度下待测电极的电极电势 $E_{析,阴}$。以 $E_{析,阴}$ 为纵坐标，电流密度 $J$ 为横坐标，将测量结果绘制成图，即得阴极极化曲线，如图 7-32 所示。由图可知，$E_{析,阴}$ 值随着电流密度 $J$ 增大而减小（更负）。

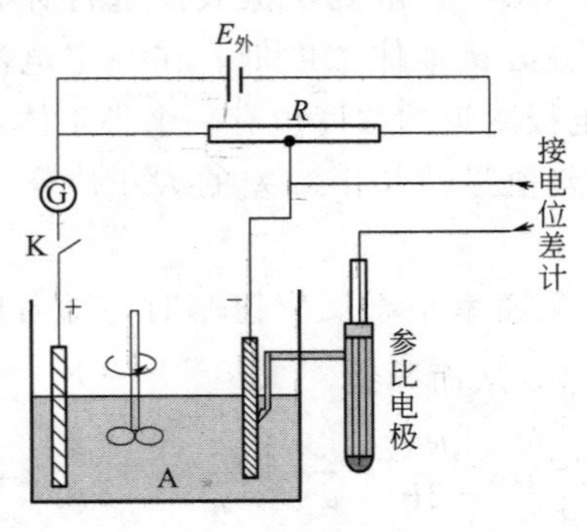


图 7-31 测定极化曲线装置

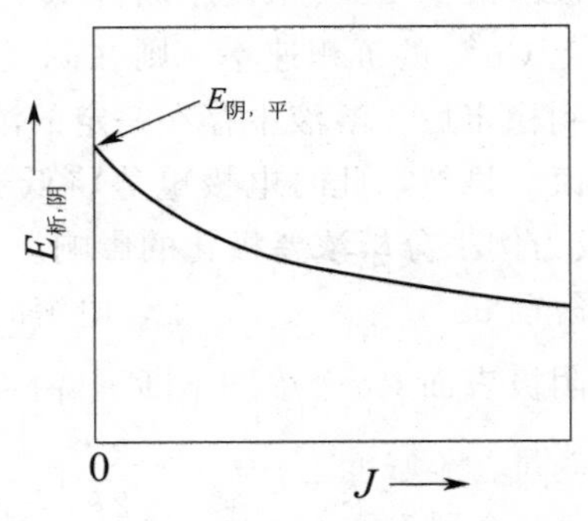


图 7-32 阴极极化曲线

用计算得到的阴极平衡电极电势 $E_{平,阴}$ 减去由实验测得的不同电流密度下的阴极电极电势 $E_{析,阴}$，就可得到不同电流密度下的阴极超电势。即

$$\eta_{阴}=E_{平,阴}-E_{析,阴}，\quad E_{析,阴}=E_{平,阴}-\eta_{阴} \tag{7-65a}$$

对于阳极，由实验测得的不同电流密度下的阳极电极电势 $E_{析,阳}$ 减去由计算得到的阳极平衡电极电势 $E_{平,阳}$，就可得到不同电流密度下的阳极超电势。这一关系可表示为

$$\eta_{阳}=E_{析,阳}-E_{平,阳}，\quad E_{析,阳}=E_{平,阳}+\eta_{阳} \tag{7-65b}$$

这样算出的阴极和阳极超电势均为正值。

### 7.12.3　电解池与原电池极化的差别

无论是电解池还是原电池，阴极极化的结果使电极电势变得更负，阳极极化的结果使电极电势变得更正。

当两个电极组成电解池时，由于电解池阳极的电极电势高于阴极电极电势，所以阳极极化曲线位于阴极极化曲线的上方，如图 7-33(a) 所示（注：图 7-33 中没有标出 $IR$）。超电势随着电流密度的增加而增加，由此导致所需外加电压也随着电流密度的增大而增大，消耗的电能也就越多。分解电压是对整个电解池而言，它等于阳、阴两极的析出电势之差。即

$$E_{分解}=E_{析,阳}-E_{析,阴}=E_{可逆}+IR+\eta_{阳}+\eta_{阴} \tag{7-66a}$$

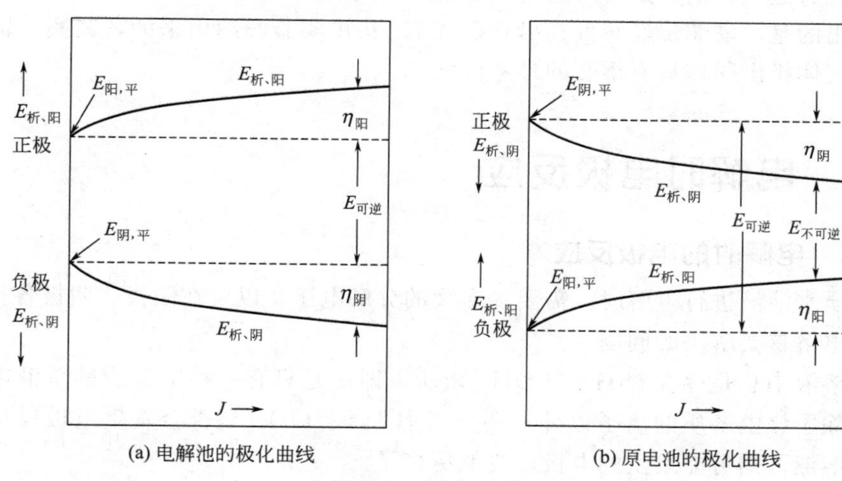

(a) 电解池的极化曲线　　(b) 原电池的极化曲线

图 7-33　极化曲线

在原电池中恰好相反。原电池的阳极电势低，阴极电势高，所以阳极极化曲线位于阴极极化曲线的下方，如图 7-33(b) 所示。所以随着电流密度的增大，两条曲线有相互靠近的趋势，原电池端点的电势差减小，即随着电池放电电流密度的增加，从原电池所获得的功减小。

$$E_{不可逆}=E_{可逆}-\eta_{阳}-\eta_{阴}-IR \tag{7-66b}$$

### 7.12.4　塔菲尔（Tafel）方程

实验研究表明，金属在电极上析出时，其超电势较小，在一般的计算中可忽略不计。但是，气体在电极上析出时，往往有较大的超电势，如图 7-34 所示。图 7-34 是 $H_2$ 在不同阴极上、不同电流密度下的析出超电势。从图中可以看出，在石墨和汞等电极材料上，超电势很大，而在金属 Pt，特别是镀了铂黑的铂电极上，超电势很小。正因为如此，标准氢电极中的铂电极要镀上铂黑。

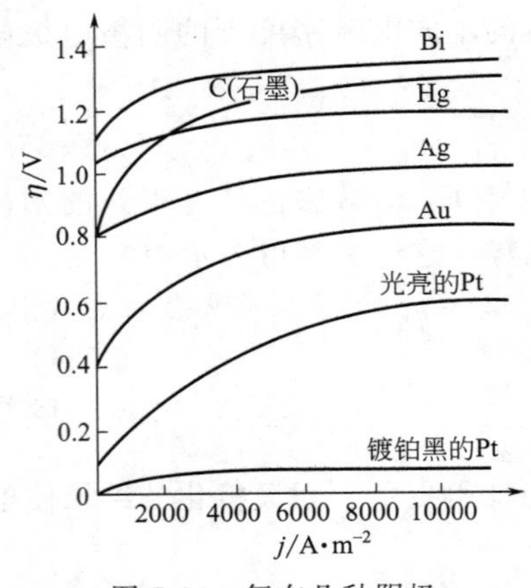


图 7-34　氢在几种阴极材料上的超电势

影响超电势的因素很多，如电极材料、电极表面状态、电流密度、温度、电解质的性质、浓度及溶液中的杂质等。故超电势测量的重现性不是很好。

早在 1905 年，塔菲尔研究 $H_2$ 在不同阴极材料上析出时发现，对于一些常见的电极反应，超电势与电流密度之间在一定范围内存在如下的定量关系：

$$\eta=a+b\ln j \tag{7-67}$$

式中，$j$ 是电流密度；$a$ 是单位电流密度时的超电势值，与电极材料、表面状态、溶液组成和温度等因素有关，它是超电势值的决定因素；$b$ 在常温下约等于 0.05V。值得注意的是，当 $j$ 很小时，塔菲尔公式不适用。这时 $\eta=\omega j$，即超电势与电流密度之间呈线性关系。

通常在电解水制备氢气时，总希望氢超电势尽可能小，电能消耗少，经济效益高，故一般选用 Pt 作电极材料最佳。

其实，超电势并不总是坏事，比如在对金属活动顺序表中处在氢之前的金属进行电镀时，要求不能有氢气析出，这时须选用氢超电势大的材料作阴极。

值得指出的是，塔菲尔经验方程尽管是从 $H_2$ 析出实验归纳出来的，其实，塔菲尔经验方程对其他气体析出同样具有重要的参考价值。

## 7.13　电解时电极反应

### 7.13.1　电解时的电极反应

对电解质水溶液进行电解时，需要加多大的分解电压，以及在阳极、阴极各得到哪种电解产物，是电解首要解决的问题。

由于水溶液中总是存在着 $H^+$ 和 $OH^-$，所以即使是只有一种电解质的单液电池的电解质水溶液，除了该电解质的离子以外，还要考虑 $H^+$、$OH^-$ 是否会发生电极反应。若是混合电解质水溶液，则可能发生的电极反应就更多了。

原则上说，凡是能放出电子的氧化反应都有可能在阳极上发生，例如金属的溶解（如 $Zn \longrightarrow Zn^{2+}+2e^-$），低价离子氧化成高价离子（如 $Fe^{2+} \longrightarrow Fe^{3+}+e^-$），氢氧根离子或水氧化成氧气（$4OH^- \longrightarrow O_2+2H_2O+4e^-$），非金属离子变为单质（如 $2Cl^- \longrightarrow Cl_2+2e^-$）等。同样，凡是能取得电子的还原反应都有可能在阴极上发生，例如可能发生的反应通常有：金属离子的沉积（如 $Zn^{2+}+2e^- \longrightarrow Zn$），高价离子还原成低价离子（如 $Fe^{3+}+e^- \longrightarrow Fe^{2+}$），氢离子或水还原成氢气 $2H^++2e^- \longrightarrow H_2$，非金属单质变为负离子（如 $Cl_2+2e^- \longrightarrow 2Cl^-$）等。

电解质溶液通常用水作溶剂，在电解时，水中 $H^+$ 会在阴极上与金属离子竞争还原。通常金属在电极上析出时超电势很小，可忽略不计。从理论上讲，在金属活泼顺序表中出现在 $H_2$ 以前的金属是不能从电极上被还原析出的。但是，由于气体，特别是氢气和氧气，超电势值较大。利用氢在电极上的超电势，可以使比氢活泼的金属先在阴极析出，这在电镀工业上是很重要的。

在阳极、阴极均有多种反应可能发生的情况下，电解时，阳极上总是析出电势

($E_{析,阳}$) 最低的物质首先被氧化；阴极上总是析出电势 ($E_{析,阴}$) 最高者被优先还原。例如，用铂电极电解 $1mol\cdot kg^{-1}$ 的盐酸溶液时，阴极上只能是 $H^+$ 被还原成氢气而析出；但若电解含有一定浓度 $FeCl_3$ 的上述盐酸溶液时，阴极的反应则不是 $H^+$ 还原为氢气，而是 $Fe^{3+}$ 还原为 $Fe^{2+}$。这是因为 $E_{析,Fe^{3+}|Fe^{2+}} > E_{析,H^+|H_2}$。又如用铂电极电解 $1mol\cdot kg^{-1}$ $AgNO_3$ 溶液，阳极 $H_2O$ 被氧化得到氧气，但如果将阳极铂电极换成银电极，则是 Ag 失去电子氧化为 $Ag^+$。这是因为 $E_{析,Ag^+|Ag} < E_{析,H_2O,OH^-|O_2|Pt}$。为此，我们首先要根据各电极反应物的活度（或气体的压力）按式(7-65a) 和式(7-65b) 分别计算出各物质的析出电势。然后，按上述原则进行判断，确定优先被氧化和还原的物质。优先发生氧化反应物质的析出电势 $E_{析,阳}$ 与优先发生还原反应物质的析出电势 $E_{析,阴}$ 之差，即为分解电压。

阴极反应顺序

$$E_{分解} = E_{析,阳} - E_{析,阴} = E_{可逆} + IR + \eta_{阳} + \eta_{阴}$$

在实际电解中，有些物质的析出电势很相近，这时会出现一种物质还未析出完全，而另外一种物质被同时析出的现象。

阳极反应顺序

此外值得注意的是，电解水溶液时，若有 $H_2$ 或 $O_2$ 析出，会改变溶液的 $H^+$ 或 $OH^-$ 的浓度，计算电极的析出电势时，别忘了把这个因素考虑进去。

**例 7-27**　在25℃，当电流密度为 $0.1A\cdot cm^{-2}$ 时，$H_2(g)$ 和 $O_2(g)$ 在 Ag(s) 电极上的超电势分别为 0.87V 和 0.98V。现将 Ag(s) 电极插入 $b_{OH^-}=0.01mol\cdot kg^{-1}$ 的 NaOH 溶液中进行电解。试问此条件下在两个 Ag(s) 电极上首先发生什么反应？此时外加电压是多少(设活度因子为1)？已知 $E^{\ominus}_{Ag_2O|Ag}=0.342V$，$E^{\ominus}_{Na^+|Na}=-2.71V$，$E^{\ominus}_{OH^-|O_2}=0.401V$。

**解**　在阴极上可能的反应及相应的析出电势为 [中性溶液中 $a(H^+)=10^{-7}$，$\eta_{金属}\approx 0$]

$$2H^+ + 2e^- \longrightarrow H_2(g)$$

$$E_{H^+|H_2,析} = E^{\ominus}_{H^+|H_2} - \frac{RT}{2F}\ln\frac{p_{H_2}/p^{\ominus}}{a^2_{H^+}} - \eta_{阴} = \frac{RT}{F}\ln a_{H^+} - \eta_{阴}$$

$$= \left[\frac{8.314\times 298.15}{96485}\ln\left(\frac{1.008\times 10^{-14}}{0.01}\right) - 0.87\right]V = -1.58V$$

$$Na^+ + e^- \longrightarrow Na$$

$$E_{Na^+|Na,析} = \left(E^{\ominus}_{Na^+|Na} - \frac{RT}{F}\ln\frac{a_{Na}}{a_{Na^+}}\right) - \eta_{阴} = \left\{\left[-2.71 + \left(\frac{8.314\times 298.15}{96485}\ln 0.01\right)\right] - 0\right\}V = -2.83V$$

$E_{H^+|H_2,析} > E_{Na^+|Na,析}$，故阴极上首先是 $H^+$ 还原成 $H_2$。

在阳极上可能的反应及相应的析出电势为

$$2OH^- \longrightarrow H_2O + \frac{1}{2}O_2(g) + 2e^-$$

$$E_{OH^-|O_2,析} = \left[E^{\ominus}_{OH^-|O_2} - \frac{RT}{F}\ln a_{OH^-}\right] + \eta_{阳}$$

$$= \left[0.401 - \left(\frac{8.314\times 298.15}{96485}\ln 0.01\right) + 0.98\right]V = 1.50V$$

$$2Ag(s) + 2OH^-(a_{OH^-}=0.01) \longrightarrow Ag_2O(s) + H_2O + 2e^-$$

$$E_{Ag_2O|Ag,析}=\left(E^{\ominus}_{Ag_2O|Ag}-\frac{RT}{F}\ln a_{OH^-}\right)+\eta_{阳}$$

$$=\left[0.342-\left(\frac{8.314\times298.15}{96485}\ln0.01\right)\right]V=0.460V$$

$E_{Ag_2O|Ag,析}<E_{OH^-|O_2,析}$，故阳极上首先是 Ag(s) 氧化成 $Ag_2O(s)$。因此，电解反应为

$$4Ag(s)+2OH^-(b=0.01mol\cdot kg^{-1})\longrightarrow H_2(g)+2Ag_2O(s)$$

此时外加电压最少应为

$$E_{分解}=E_{析,阳}-E_{析,阴}=(0.460+1.58)V=2.04V$$

### 7.13.2 金属离子的分离

如果溶液中含有多个析出电势不同的金属离子，可以通过控制外加电压的大小，使金属离子分步析出，从而达到分离的目的。

为了更有效地将两种离子分开，两种金属的析出电势至少应该相差多少才能使两种离子基本分离？可以通过下述计算说明：

$$M^{z+}(a_+)+ze^-\longrightarrow M(s)$$

$$E_{M^{z+}|M}=E^{\ominus}_{M^{z+}|M}-\frac{RT}{zF}\ln\frac{1}{a_{M^{z+}}}$$

假定在金属离子还原过程中阳极的电势不变，设金属离子的起始和终了活度分别为 $a_{M^{z+},1}$ 和 $a_{M^{z+},2}$，则由两种离子浓度引起的电势差值为

$$\Delta E_{M^{z+}|M}=\frac{RT}{zF}\ln\frac{a_{M^{z+},1}}{a_{M^{z+},2}} \tag{7-68}$$

当 $a_{M^{z+},1}/a_{M^{z+},2}=10^7$ 时，此时离子的浓度已降低到原浓度的千万分之一，如果该离子起始浓度小于 $1mol\cdot kg^{-1}$，可认为该离子基本析出干净。

在25℃时，对于一价金属离子如 $Ag^+$，$\Delta E_{M^{z+}|M}=0.414V$，对于二价金属离子如 $Zn^{2+}$，$\Delta E_{M^{z+}|M}=0.207V$，其余以此类推。当一种离子浓度下降到原浓度的 $1/10^7$ 时，可将沉积有该金属的阴极取出，然后换成另一新的电极，再增加外加电压，使另一种金属离子继续沉积出来。

当 A、B 两种物质同时在阴极析出时，应满足 $E_{析,A}=E_{析,B}$，即

$$E^{\ominus}_A-\frac{RT}{z_yF}\ln\frac{a_A}{a_A^{y+}}-\eta_A=E^{\ominus}_B-\frac{RT}{z_xF}\ln\frac{a_B}{a_B^{x+}}-\eta_B \tag{7-69}$$

通常对于金属而言 $a_A=1$，$a_B=1$，$\eta\approx0$；对于气体而言 $a_A$ 或 $a_B=p_{大气压}$。

欲使两种离子同时在阴极上析出而形成合金，需调整两种离子的浓度，使其满足式(7-69)，具有相等的析出电势。例如电镀黄铜合金，可在溶液中加入 $CN^-$ 使其成为配合物 $[Cu(CN)_3]^-$、$[Zn(CN)_4]^{2-}$，然后调整 $Cu^{2+}$ 与 $Zn^{2+}$ 的浓度比，使两者的析出电势相等，此时在阴极上铜和锌同时析出而形成黄铜合金。此外，式(7-69) 还可以用来计算当后一种气体或金属析出时，析出前一种气体或金属的离子所剩下的浓度为多少。

**例 7-28** 25℃时，某电解质溶液含有的阳离子为 $Ag^+(a=0.05)$、$Cd^{2+}(a=0.001)$、$Ni^{2+}(a=0.1)$ 和 $H^+(a=0.001)$。若用 Pt 电极电解此溶液，则当外压从零开始逐渐增加时，分析在阴极上依次析出的物质。已知 $H_2(g)$ 在 Pt、Ag、Cd 及 Ni 上的超电势分别为 0.12V、0.20V、0.30V 及 0.24V。假设在 Pt 等金属上析出上述各种金属的超电势可忽略不计，$H^+$ 的活度不随电解的进行而变化，析出的 $H_2$ 压力为 100kPa。

**解** 298.2K时上述溶液中各离子的析出电极电势计算如下（$\eta_{金属}\approx0$）：

$$Ag^{+}(a=0.05)+e^{-}\longrightarrow Ag(s)$$

$$E_{Ag^{+}|Ag,析}=E^{\ominus}_{Ag^{+}|Ag}-\frac{RT}{F}\ln\frac{a_{Ag}}{a_{Ag^{+}}}=\left(0.7994-\frac{8.314\times298.2}{96485}\ln\frac{1}{0.05}\right)V=0.7224V$$

$$Cd^{2+}(a=0.001)+2e^{-}\longrightarrow Cd(s)$$

$$E_{Cd^{2+}|Cd,析}=E^{\ominus}_{Cd^{2+}|Cd}-\frac{RT}{2F}\ln\frac{a_{Cd}}{a_{Cd^{2+}}}=\left(-0.4028-\frac{8.314\times298.2}{2\times96485}\ln\frac{1}{0.001}\right)V=-0.4945V$$

$$Ni^{2+}(a=0.1)+2e^{-}\longrightarrow Ni(s)$$

$$E_{Ni^{2+}|Ni,析}=E^{\ominus}_{Ni^{2+}|Ni}-\frac{RT}{2F}\ln\frac{a_{Ni}}{a_{Ni^{2+}}}=\left(-0.257-\frac{8.314\times298.2}{2\times96485}\ln\frac{1}{0.1}\right)V=-0.287V$$

$$2H^{+}(a=0.001)+2e^{-}\longrightarrow H_2$$

$$E_{H^{+}|H_2,析}=E^{\ominus}_{H^{+}|H_2}-\frac{RT}{2F}\ln\frac{p_{H_2}/p^{\ominus}}{a^2_{H^{+}}}-\eta=-\frac{8.314\times298.2}{2\times96485}\ln\frac{1}{(0.001)^2}V-\eta=-0.1777V-\eta$$

$H_2$在Pt、Ag和Ni上的析出电极电势分别为

$$E_{H^{+}|H_2,析}=-0.1777V-\eta_1=(-0.1777-0.12)V=-0.30V$$

$$E_{H^{+}|H_2,析}=-0.1777V-\eta_2=(-0.1777-0.20)V=-0.38V$$

$$E_{H^{+}|H_2,析}=-0.1777V-\eta_3=(-0.1777-0.24)V=-0.42V$$

在电解池的阴极上进行还原反应时电极电势越正的反应越易于进行。由计算所得的电极电势可知，当外加电压由零逐渐增大时，在阴极上析出物质的次序为Ag→Ni→$H_2$(g)→Cd。

在例7-28中，若考虑电解过程中$H^{+}$浓度变化，则阴极上析出物质的顺序可能不一样。因为在阴极析出金属的同时，阳极发生电解水放出$O_2$的反应：$H_2O\longrightarrow\frac{1}{2}O_2+2H^{+}+2e^{-}$，很显然，随着金属离子的不断析出，溶液的pH随之下降。例如，上述题目中，当$a=b=0.05mol\cdot kg^{-1}$的$Ag^{+}$析出后，溶液的$a(H^{+})$由$0.001mol\cdot kg^{-1}$变为$(0.001+0.05)mol\cdot kg^{-1}$，这时$H_2$电极的$E_{可逆}$为

$$E_{H^{+}|H_2}=E^{\ominus}_{H^{+}|H_2}-\frac{RT}{2F}\ln\frac{p_{H_2}/p^{\ominus}}{a^2_{H^{+}}}=\left[-\frac{8.314\times298.2}{2\times96485}\ln\frac{1}{(0.051)^2}\right]V=-0.0765V$$

$H_2$在Ag上的析出电极电势

$$E_{H^{+}|H_2,析出}=E_{H^{+}|H_2}-\eta_2=(-0.0765-0.20)V=-0.2765V$$

$$E_{H^{+}|H_2,析出}=-0.2765V>E_{Ni^{2+}|Ni,析出}=-0.287V$$

这样，在阴极上析出物质的次序为Ag→$H_2$(g)→Ni→Cd。

**例7-29** 已知溶液中$Cd^{2+}$和$Zn^{2+}$浓度均为$0.1mol\cdot kg^{-1}$，$H_2$在Pt、Cd和Zn上的超电势分别为0.12V、0.48V和0.70V。问25℃时能否用Pt作为电极以电解沉积的方法分离$Cd^{2+}$和$Zn^{2+}$？已知25℃时，$E^{\ominus}_{Zn^{2+}|Zn}=-0.763V$，$E^{\ominus}_{Cd^{2+}|Cd}=-0.4028V$。假设电解过程中保持溶液的pH=7，析出的$H_2$(g)压力为100kPa。

**解** 要判断溶液中组分是否能分离，要看第二个组分析出时溶液中第一个组分的浓度值，通常第一个组分的浓度降低到原浓度的千万分之一时，可认为析出完全。

Cd和Zn的析出电极电势分别为

$$E_{Cd^{2+}|Cd,析}=E^{\ominus}_{Cd^{2+}|Cd}-\frac{RT}{2F}\ln\frac{a_{Cd}}{a_{Cd^{2+}}}\approx E^{\ominus}_{Cd^{2+}|Cd}-\frac{RT}{2F}\ln\frac{1}{b_{Cd^{2+}}/b^{\ominus}}$$

$$=\left[-0.4028-\left(\frac{8.314\times298.2}{2\times96485}\ln\frac{1}{0.1}\right)\right]V=-0.432V$$

$$E_{Zn^{2+}|Zn,析}=E^{\ominus}_{Zn^{2+}|Zn}-\frac{RT}{2F}\ln\frac{a_{Zn}}{a_{Zn^{2+}}}\approx E^{\ominus}_{Zn^{2+}|Zn}-\frac{RT}{2F}\ln\frac{1}{b_{Zn^{2+}}/b^{\ominus}}$$

$$=\left[-0.763-\left(\frac{8.314\times298.2}{2\times96485}\ln\frac{1}{0.1}\right)\right]V=-0.793V$$

$H_2$ 在 Pt 上的析出电势

$$E_{H^+|H_2,析}=E^{\ominus}_{H^+|H_2}-\frac{RT}{2F}\ln\frac{p_{H_2}/p^{\ominus}}{a^2_{H^+}}-\eta=\left[0-\frac{8.314\times298.2}{2\times96485}\ln\frac{1}{(10^{-7})^2}-0.12\right]V$$

$$=-0.534V$$

比较 $E_{Cd^{2+}|Cd,析}$、$E_{Zn^{2+}|Zn,析}$ 和 $E_{H^+|H_2,析}$ 可知，Cd 先在阴极析出，因为 Cd 的析出，下面的电解过程相当于在 Cd 作为阴极的条件下进行。此时 $H_2$ 的析出电极电势为

$$E_{H^+|H_2,析}=E_{H^+|H_2}-\eta=(-0.414-0.48)V=-0.894V$$

比较 $E_{Zn^{2+}|Zn,析}$ 和 $E_{H^+|H_2,析}$ 可知，Zn 先于 $H_2$ 析出。

假设 Zn 开始析出时，溶液中残余的 $Cd^{2+}$ 浓度为 $b'$，则根据式(7-69)，应有等式 $E_{Zn^{2+}|Zn,析}=E_{Cd^{2+}|Cd,析}=-0.793V$，即

$$E_{Cd^{2+}|Cd,析}\approx E^{\ominus}_{Cd^{2+}|Cd}-\frac{RT}{2F}\ln\frac{1}{b'_{Cd^{2+}}/b^{\ominus}}=E_{Zn^{2+}|Zn,析}=-0.793V$$

$$\ln\frac{b'_{Cd^{2+}}}{b^{\ominus}}=\frac{2F(E_{Zn^{2+}|Zn}-E^{\ominus}_{Cd^{2+}|Cd})}{RT}=\frac{2\times96485\times[-0.793-(-0.4028)]}{8.314\times298.2}=-30.4$$

$$b'_{Cd^{2+}}=6\times10^{-14}\,mol\cdot kg^{-1}$$

溶液中残余的 $Cd^{2+}$ 浓度与初始浓度之比为 $\frac{b'_{Cd^{2+}}}{b_{Cd^{2+}}}=\frac{6\times10^{-14}\,mol\cdot kg^{-1}}{0.1mol\cdot kg^{-1}}=6\times10^{-13}<10^{-7}$，计算表明可以用电解沉积的方法来分离溶液中的 $Cd^{2+}$ 和 $Zn^{2+}$。实际上，溶液中 $Cd^{2+}$ 的实际浓度已小到 $10^{-14}$ 数量级，可忽略不计。

## *7.14 金属电化学腐蚀与防腐

金属表面与周围介质发生化学及电化学作用而遭受破坏，统称为金属腐蚀。金属表面与干燥气体或非电解质溶液发生化学作用而引起的破坏，称为化学腐蚀。在发生化学腐蚀作用时无电流产生。如铁在干燥的大气中，铝在无水乙醇中的腐蚀。金属表面与周围介质如潮湿大气、电解质溶液等接触时，因形成微电池而发生电化学作用，引起的腐蚀称为**电化学腐蚀**。

因金属腐蚀而遭受的经济损失是巨大的。据统计，世界上每年被腐蚀掉的钢铁占当年钢产量的 1/3，其中的 2/3 可以通过回炉再生，而另 1/3 则被完全腐蚀，即每年被完全腐蚀的

钢铁约占当年钢产量的 10%，就中国而言，每年被完全腐蚀掉的钢铁达 1000 多万吨，相当于一个中大型钢厂的年产量。因此，研究金属的腐蚀发生的原因并采取有效措施具有十分重要的意义。

在化工过程中，设备通常在酸、碱、盐及潮湿的大气条件下使用，这些潮湿环境多为电解质溶液，所以金属发生的腐蚀主要表现为电化学腐蚀。

### 7.14.1　电化学腐蚀的机理

电化学腐蚀，实际上是大量微小的电池构成的微电池群自发放电的结果。图 7-35(a) 是由不同金属（如 Fe 与 Cu 接触）构成的微电池，图 7-35(b) 是金属与其自身的杂质（如 Zn 中含有杂质 Fe）构成的微电池。当它们的表面与电解质溶液接触时，就会发生原电池反应，导致电极电势低的金属遭受腐蚀。产生电化学腐蚀的微电池称为腐蚀电池。

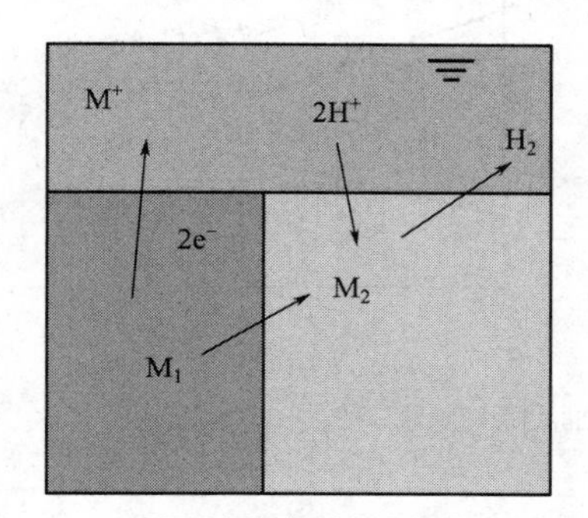


(a) 不同金属接触时构成的微电池

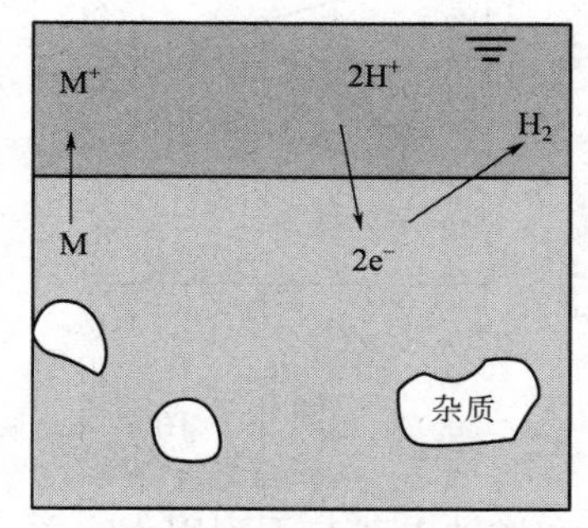


(b) 金属与其中的杂质构成的微电池

图 7-35　微电池

图 7-35(a) 所示的微电池反应为

阳极过程：　$Fe(s) \longrightarrow Fe^{2+}(a_{Fe^{2+}}) + 2e^-$

阴极过程:在阴极 Cu 上可能有下列反应。

$$2H^+(a_{H^+}) + 2e^- \longrightarrow H_2(g, p) \tag{7-70}$$

$$\frac{1}{2}O_2(g, p) + 2H^+(a_{H^+}) + 2e^- \longrightarrow H_2O \tag{7-71}$$

若阴极反应为式(7-70)，则电池（1）反应为

$$Fe(s) + 2H^+(a_{H^+}) \longrightarrow Fe^{2+}(a_{Fe^{2+}}) + H_2(g)$$

若阴极反应为式(7-71)，则电池（2）反应为

$$Fe(s) + \frac{1}{2}O_2(g, p) + 2H^+(a_{H^+}) \longrightarrow Fe^{2+}(a_{Fe^{2+}}) \longrightarrow H_2O$$

利用能斯特方程可以分别计算出 25℃时酸性溶液中上述电池反应的电动势 $E_1$、$E_2$，计算结果显示电池电动势均为正值，表明电池反应是自发的，且 $E_1 < E_2$，说明有氧存在时，腐蚀更为严重。通常把反应式(7-70) 称为析氢腐蚀，反应式(7-71) 称为析氧腐蚀。

### 7.14.2　腐蚀电流与腐蚀速率

当微电池中有电流通过时，阴极和阳极分别发生极化作用，阴极、阳极极化曲线分别如图 7-36(a) 所示。由于腐蚀电池的外电阻为零（两电极金属直接接触），溶液的内阻很小，因而腐蚀金属的表面是等电势的，流经电池的电流等于 $K$ 点处的电流 $I_{corr}$，称为**腐蚀电流**，

相应的电极电势为 $E_{corr}$，叫做**腐蚀电势**。

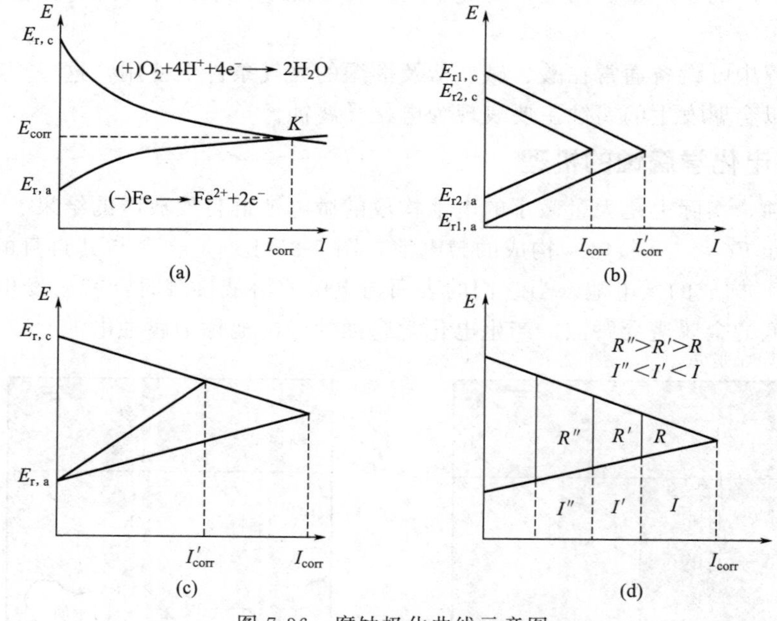


图 7-36 腐蚀极化曲线示意图

腐蚀电流和腐蚀电势与下列因素有关。

① 阴极和阳极反应的平衡电势之差越大，极化曲线在越大的电流相交，极化电流越大，与热力学预示的 E 越大、腐蚀的驱动力越大的趋势一致，见图 7-36(b)。

② 电极的极化程度越大，极化曲线斜率越陡，阴阳极极化曲线相交的电流强度越小，见图 7-36(c)。

③ 腐蚀介质电阻起到限流作用，腐蚀电阻越大，腐蚀电流越小，见图 7-36(d)。

### 7.14.3 金属的防腐方法

根据腐蚀产生的原因，金属的防腐方法有下列几种。

**(1) 采用非金属覆盖层**

用保护性的有机或无机非金属材料（如油漆、树脂等）涂层覆盖金属表面，可以把金属与腐蚀介质隔离开来，从而达到防腐的目的。

**(2) 采用金属覆盖层**

根据金属覆盖层在介质中的电化学行为可将它们分为阳极性覆盖层和阴极性覆盖层。若覆盖层的电极电位比基体金属的电极电位正，称为阴极性覆盖层。在使用时，只能机械地保护基体金属免遭腐蚀，一旦其覆盖层完整性被破坏，将会与基体金属构成腐蚀电池，加速基体金属的腐蚀。如在碳钢表面镀镍、铜、铅、锡等。若覆盖层的电极电位比基体金属的电极电位负，称为阳极性覆盖层。在使用时，即使阳极性覆盖层的完整性被破坏，也可作为牺牲阳极继续保护基体金属免遭腐蚀。如在碳钢表面镀上锌、镉、铝。

由于金属的电极电位随介质条件的变化而变化，因此，金属覆盖层是阳极覆盖层还是阴极覆盖层不是绝对的。例如，通常锡的电极电位比铁正，对铁而言是阴极性覆盖层，但在有机酸中，锡的电极电位比铁负，对铁来说却成了是阳极性覆盖层。所以，金属覆盖层的性质取决于环境和具体情况，在选择这类覆盖层时，应充分认识到这一问题。

**(3) 电化学保护**

电化学保护法可以分为阴极保护和阳极保护两种形式。

① 阴极保护。阴极保护是将被保护的金属与外加直流电源的负极相连，在金属表面通入足够的阴极电流，使金属电势变负，从而使金属溶解速率减小的一种保护方法。

阴极保护除外加直流电流保护外，还可以依靠电势较负的金属（如锌）的溶解来提供保护所需的电流，在保护过程中，这种电极电势较负的金属为阳极，逐渐溶解牺牲掉，所以称为牺牲阳极保护法，实质上它们构成了腐蚀电池。

例如有一金属设备需要防止其腐蚀，可在其附近埋下锌或铝棒，并将它们连接起来。这样锌或铝棒可代替金属设备被腐蚀，而设备受到保护。也可以在牺牲阳极与被保护金属之间通直流电，使被保护的金属具有负电势，或为阴极，这种保护往往更为有效。中国一些油气输送管线、地下管线、贮槽、桥桩、闸门等都使用了阴极保护。在西气东输全长四千多公里的天然气输送管道上也采用了阴极保护和涂层保护联合保护措施。

② 阳极保护。阳极保护常用于能起“钝化”作用的金属。金属钝化是指在一定的 pH 条件下，金属在一定的电势区间形成氧化膜的现象。如图 7-37 所示，加在金属上电势逐渐升高，并记录电流密度，在 $ab$ 区间金属出现正常的阳极溶解，电流密度急剧增大。当达到 $b$ 处的电极电势后，金属表面上开始形成氧化膜而阻碍溶解进行，使电流密度下降并在 $cd$ 区稳定在一个较小的数值，$cd$ 区即为金属的钝化区，而 $b$ 处的电势为钝化电势。当电势进一步提高，钝化膜被破坏，发生新的氧化过程，电流再次上升。因此将电势控制在金属的钝化区，可以使该金属免于遭受更严重的腐蚀。

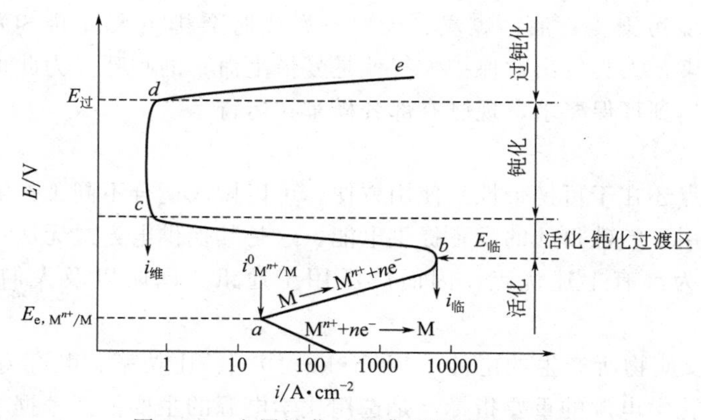

图 7-37　金属钝化过程典型阳极极化曲线

**(4) 加缓蚀剂防腐**

对于一些不得不与介质接触的金属，可以在介质中加入缓蚀剂，从而防止或延缓金属的腐蚀。缓蚀剂的作用一般为降低阳极（或阴极）过程的速度，或者是覆盖在电极表面而达到防腐目的。常用的缓释剂有无机盐类，如硅酸盐、正磷酸盐、亚硝酸盐、铬酸盐等。也有的是有机缓蚀剂，如胺、硫脲、醛或杂环化合物（如吡啶、喹啉、咪唑啉、亚砜）等。由于缓蚀剂的用量少，使用方便且经济，因而被广泛应用于石油、化工、钢铁、机械、运输等部门，是一种常用的防腐方法。

**(5) 提高金属本身的抗腐蚀能力**

在金属冶炼过程中添加一些元素形成合金，从而提高金属的抗腐蚀能力。如在铁中加入铬、镍、钛、钼、铌等元素制成耐腐蚀合金，俗称“不锈钢”。不锈钢并非绝对不生锈，只是比一般铁更耐腐蚀而已。

腐蚀给人类带来巨大的危害，因此，人们梦想着能有与金属性能相似而又不会腐蚀的新材料出现。近年来，随着特种陶瓷、各种功能合成材料的相继问世，看来这并非梦想。

## *7.15 化学电源

### 7.15.1 化学电源

化学电源是一种将化学能转化为电能的装置。俗称为电池。在各种能源装置中，化学电源的主要特点是：

**(1) 能量转换效率高**

如果把化学电源与当今人类普遍利用获取电能的手段——火力发电相比较，其功率和规模确实远不及后者；然而就其能量转换效率而言，远远高于火力发电。从理论上讲可以达到100%。因为火力发电属于间接发电，能量转换环节多，受热机卡诺循环的限制，效率很低，约有60%～70%的热量白白浪费。而化学电源是直接发电装置，以燃料电池为例，实际效率在60%以上，在考虑能量综合利用时其实际效率高于80%。

**(2) 污染相对较少**

化学电源与通过直接燃烧石油、天然气、煤气获取能量方式相比，产生的环境污染少，这是它的又一特点。我们知道，随着工业生产的发展，能源的不合理使用，已经并且正在继续不断地加重着环境污染。石油、煤炭、天然气燃烧时会排出大量的 $SO_2$ 和气溶胶微粒。面对着严重大气污染，人类发出“保护大气就是爱惜生命”的呼吁。为此世界各国正在积极研制电动汽车，以达到环保要求，现已有部分样车在运行。

**(3) 使用方便**

化学电源的特点还在于可携带性且使用方便。可以做成适合不同工作需要的多种性能的装置，从而为一些用于特殊目的的设备提供电能，这是其他供电方式无法比拟的。

化学电源正因为具有上述优点，因而广泛用于通讯、国防以及人们日常生活等各个领域。

比能量［1kg 反应物所产生的电能（$W \cdot h \cdot kg^{-1}$）］、比功率、贮存寿命和蓄电池的充放电循环次数等是化学电源的重要指标，是选用化学电源的主要依据。据统计，目前电池品种已超过一百，常用的也有四十多种，但还远不能满足科学技术发展的要求。化学电源一直是电化学研究中的一个重要方向。

化学电源种类繁多，按照其使用性质可分为两类：一次电池如干电池，二次电池如蓄电池、燃料电池等。按电解质溶液性质可分为碱性电池、酸性电池、中性电池。

### 7.15.2 一次电池

一次电池即干电池，即电池中的反应物质在进行一次电化学反应放电之后就不能再次使用了。常用的有锌锰干电池、锌汞电池、镁锰干电池、锌银干电池等。

锌银电池主要用于电子、航空、航天、舰艇、轻工等领域。“纽扣式”锌银电池早已为人们所熟悉，广泛应用于石英手表、照相机、助听器等小型、微型用电器具。

锌银电池与普通和碱性锌锰电池比较有较高的比能量（见表7-12），放电电压比较平稳，使用温度范围广，重负荷性能好。锌银电池的特点还在于：自放电小，贮存寿命长。

**表7-12 一次电池比能量的比较**

| 电池 | 质量比能量/$W\cdot h\cdot kg^{-1}$ | 体积比能量/$W\cdot h\cdot dm^{-3}$ |
| --- | --- | --- |
| 普通锌锰电池 | 251.3 | 50～180 |
| 碱性锌锰电池 | 274.0 | 150～250 |
| 锌银电池 | 487.5 | 300～500 |

锌银电池的主要缺点是使用了昂贵的银作为电极材料，因而成本高；其次，锌电极易变形和下沉，特别是锌枝晶的生长穿透隔膜而造成短路；锌银电池也可以做成二次电池，但其充放电次数（最高150次）不高。锌银电池适应了化学电源小型化要求，又可作为航空航天等特殊用途的电源，需求量还是上升的趋势。锌银电池的图示式为

$$Zn(s)|ZnO(s)|KOH(40\%)|Ag_2O(s)|Ag(s)$$

负极反应 $Zn+2OH^- \longrightarrow Zn(OH)_2+2e^-$

正极反应 $Ag_2O+H_2O+2e^- \longrightarrow 2Ag+2OH^-$

电池反应 $Zn+Ag_2O = ZnO+2Ag$

该电池标准电动势为 $E^{\ominus}=1.594V$，电池的温度系数 $-3.4\times10^{-4}V\cdot K^{-1}$，因温度系数数值较小，锌银电池在较大的温度范围内使用不会引起电动势太大的波动。

当用化学或电化学方法获得的正极活性物质是过氧化银时，则存在着正极还原反应由过氧化银生成氧化银的阶段，这时负极反应不变，而正极反应为

$$Ag_2O_2+H_2O+2e^- \longrightarrow Ag_2O+2OH^-$$

此时电池反应为 $Zn+Ag_2O_2+H_2O = Zn(OH)_2+Ag_2O$

电池的标准电动势为 $E^{\ominus}=1.856V$。

### 7.15.3 二次电池

二次电池最主要的两种类型是铅酸蓄电池和镉镍电池，虽然它们的理论质量比能量是目前生产的电池中比较低的，但是它因具有能反复充放电的特点而深受人们的欢迎。资料表明，当今世界多种多样，不同用途的电池中，就其总产量而言，其中90%是铅酸蓄电池，足见其重要性。

**(1) 铅酸蓄电池**

铅酸蓄电池由一组充满海绵状金属铅的铅锑合金隔板做负极，由另一组充满氧化铅的铅锑隔板做正极，两组隔板相间浸泡在电解质稀硫酸中。铅酸蓄电池的图示式如下：

$$Pb(s)|PbSO_4|H_2SO_4(aq,b)|PbO_2(s)|Pb(s)$$

放电时，电极反应为

负极反应 $Pb+SO_4^{2-} \longrightarrow PbSO_4+2e^-$

正极反应 $PbO_2+SO_4^{2-}+4H^++2e^- \longrightarrow PbSO_4+2H_2O$

电池反应 $Pb+PbO_2+2H_2SO_4 \longrightarrow 2PbSO_4+2H_2O$

放电后，正负极板上都沉积有一层 $PbSO_4$，放电到一定程度之后又必须进行充电，充电时用一个电压略高于蓄电池电压的直流电压与蓄电池相接，将负极上的 $PbSO_4$ 还原成 Pb，而将正极上的 $PbSO_4$ 氧化成 $PbO_2$，充电时发生放电时的逆反应

阳极反应　　$PbSO_4+2H_2O \longrightarrow PbO_2+SO_4^{2-}+4H^++2e^-$

阴极反应　　$PbSO_4+2e^- \longrightarrow Pb+SO_4^{2-}$

总反应　　$2PbSO_4+2H_2O \longrightarrow Pb+PbO_2+2H_2SO_4$

正常情况下，铅酸蓄电池的电动势为2.1V，随着电池放电的进行，硫酸不断消耗，同时反应生成水，导致电池中电解液浓度不断降低。反之，在充电时，$H_2SO_4$ 却不断地生成。因此，电解液浓度不断增加。$H_2SO_4$ 浓度的变化可用比重计测定，从而推测铅酸蓄电池放电情况。

现在使用的铅酸蓄电池都已实现了免维护密封式结构，这是铅酸蓄电池在原理和工艺技术上最大的改进。传统的铅酸蓄电池由于反复充电使水分有一定的消耗，使用者需要补充蒸馏水加以维护。同时在充电后期或过充电时会造成正极析氧和负极析氢，因而电池不能密封给使用的方式带来不便。现今采用负极活性物质（Pb）过量，当充电后期时只是正极析氧而负极不产生氢气，同时产生的氧气通过多孔膜，电池内部上层空间等位置到达负极，氧化海绵状的铅，反应式为

$$2Pb+O_2+2H_2SO_4 \longrightarrow 2PbSO_4+2H_2O$$

$$PbSO_4+2e^- \longrightarrow Pb+SO_4^{2-}$$

这样生成水，可以减少维护或免维护，同时负极过量而发生“氧再复合”过程，不会使气体溢出，使铅酸蓄电池可以制成密封式，当然在电极材料上还要由原来铅锑合金更新为氢超电势较高的铅钙合金，使负极活性物质的量大于正极活性物质的量；使电解液减少到致使电极露出液面的程度；并选择透气性好的隔板，氧气在负极“吸收”，用以达到密封的目的，这在蓄电池中是个共同的特点。

**(2) 镉镍电池**

镉镍电池的研究虽然比铅酸蓄电池晚，但有许多较铅酸蓄电池优越之处，它的寿命长、自放电小、低温性能好、耐过充放电能力强、维护简单，并且其密闭式电池可以以任何放置方式加以使用，无需维护。其缺点是价格较贵、有污染。不过一只镉镍电池至少可重复充放电使用数百次，这样使用镉镍电池往往比干电池还便宜。

镉镍电池是使用最广泛的化学电源之一。小至电子手表、电子计算器、电动玩具、电动工具的使用，也可用做高级计算机中的金属氧化物半导体（MOS）器件和信息存储器的电压保持（不间断电源）等；大至矿灯、航标灯，乃至行星探测器、大型逆变器等方面，也都使用镉镍电池；密闭式镉镍电池，最初用于飞机、火箭和V-2型飞弹，从而开创了这种碱性蓄电池在空间应用的领域。我国科学实验卫星就是在卫星表面有28块太阳电池方阵与镉镍电池组配对，在卫星阴影期间由镉镍电池组供电，二者共同作为卫星的长期工作电源。应该指出：由于镉电极的污染，使镉镍电池的研制和生产蒙上了一层阴影，代之而起的是氢镍电池等。

镉镍电池的构成为

$$Pb(s)|Cd(OH)_2(s)|KOH(aq)|Ni(OH)_2(s)|NiOOH(s)$$

电极反应和电池反应是

负极　　$Cd+2OH^- \longrightarrow Cd(OH)_2+2e^-$

正极　　$2NiOOH+2H_2O+2e^- \longrightarrow 2Ni(OH)_2+2OH^-$

电池反应　　$2NiOOH+Cd+2H_2O = 2Ni(OH)_2+Cd(OH)_2$

该电池反应的标准电动势为1.299V，电池的实际容量为8～28A·h·kg$^{-1}$，实际质量比能量为10～35W·h·kg$^{-1}$。这样的数据在蓄电池中并不算高。

**(3) 镍氢电池**

老一代镉镍高容量可充式电池已处于淘汰阶段，因为镉有毒，废电池处理复杂，发达国家已禁止使用。因此氢镍电池，特别是金属氢化物作为负极，正极仍为 NiOOH 的氢镍电池发展迅速。镍氢电池工作原理是在充放电时氢在正、负极之间传递，电解质不发生变化。例如 $MH_x$-Ni 电池，其中 $MH_x$ 为贮氢合金，例如 $LaNi_5H_6$，氢以原子状态镶嵌于其中，其简化的电池构成为

$$(-)MH_x \mid KOH(aq) \mid NiOOH(+)$$

电极反应　阳极　　$MH_x + xOH^- \longrightarrow M + xH_2O + xe^-$

　　　　　阴极　$xNiOOH + xH_2O + xe^- \longrightarrow xNi(OH)_2 + xOH^-$

电池反应　　　　$MH_x + xNiOOH \longrightarrow M + xNi(OH)_2$

以 $LaNi_5H_6$ 做电极材料，则放电时从 $LaNi_5H_6$ 放出氢，充电时则反之。这样的贮氢材料主要是某些过渡金属、合金、金属间化合物，由于其特殊的晶格结构等原因，氢原子比较容易透入金属晶格的四面体或八面体间隙位中，并形成金属氢化物，这类材料可以贮存比其体积大 1000～1300 倍的氢。可供发展氢镍电池为二次电池的贮氢材料，除 $LaNi_5$ 外，还有其一系列取代和改性化合物如 LaNiAl、LaNiMn、LaNiFe，以及富镧混合稀土化合物。据报道最高贮氢量可达 $260cm^3 \cdot g^{-1}$，其放电量一般可比镉镍电池高 1.8 倍。可充放电 1000 次以上。这类电池由于具有容量高、体积小、无污染、使用寿命长、可快速充电等优点，在宇航、笔记本电脑、移动电话、电动汽车等行业中得到广泛应用，不过镍氢电池是一种记忆的可充电电池，使用时应将电池的电全部用完后再进行充电。

**(4) 锂电池**

锂电池是日本索尼公司在 1990 年开发的新型可充电电池，在此基础之上人们很快又研制出性能更好的锂离子二次电池。锂离子电池以嵌有锂的过渡金属氧化物如 $LiCoO_2$、$LiNiO_2$、$LiMn_2O_4$ 及含锂化合物 $LiFePO_4$、$Li_2FePO_4F$ 等为正极，以可嵌入锂化合物如天然石墨、合成石墨、微珠碳、碳纤维等材料为负极。电解液中溶质一般采用锂盐，如高氯酸锂（$LiClO_4$）、六氟磷酸锂（$LiPF_6$）、四氟硼酸锂（$LiBF_4$）。由于电池的工作电压远高于水的分解电压，因此锂离子电池常采用有机溶剂，如碳酸乙烯酯、碳酸丙烯酯及碳酸二乙基酯。隔膜多采用聚乙烯、聚丙烯等微多孔膜或它们的复合膜。锂离子电池内所进行的不是一般的氧化还原反应，而是锂离子在充放电时在正、负极之间的转移。电池充电时，锂离子从正极中脱嵌，到负极嵌入；电池放电时，反之。人们把这种靠锂离子在正、负极之间的转移来进行充放电工作的锂离子电池形象地称为“摇椅式电池”。摇椅的两端为电池的两极，锂离子就像运动员一样在摇椅来回奔跑。

与同样大小的镍镉电池、镍氢电池相比，锂离子电池具有质量轻、电压高、比能量大、循环寿命长、无公害、无记忆效应、充电时间短、自放电率低的优点，因此非常适合用于笔记本电脑、手机、液晶数码照相机等小型便携式精密仪器，是目前性能最好的可充电电池。锂离子电池不足之处在于锂离子电池的容量会随使用温度过高而缓慢衰退，不耐受过充和过放，由于错误使用会减少寿命，甚至可能导致爆炸，所以，锂离子电池设计时增加了多种保护机制。

### 7.15.4　燃料电池

燃料电池是借助于在电池内发生所谓燃烧反应，将化学能直接转换为电能的装置。它不同于一次电池和二次电池，一次电池的活性物质利用完毕就不能再放电，二次电池在充电时

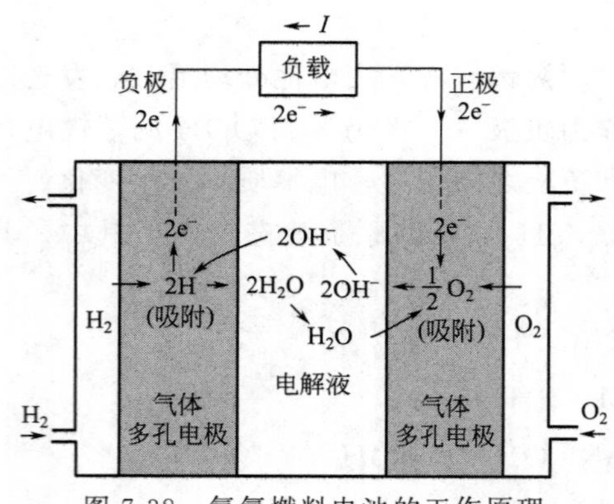

图 7-38 氢氧燃料电池的工作原理

也不能输出电能。而燃料电池只要不断地供给燃料，就像往炉膛里添加煤和油一样，它便能连续地输出电能。一次或二次电池与环境只有能量交换而没有物质的交换，是一个封闭的电化学系统；而燃料电池却是一个敞开的电化学系统，与环境既有能量的交换，又有物质的交换。因此它在化学电源中占有特殊重要的地位。

最早达到实用功率水平的燃料电池是在 20 世纪 50 年代，英国剑桥的 Bacon 用高压氢、氧气体制造了功率为 5kW 的燃料电池，工作温度为 150℃。随后建造了一个 6kW 的高压氢氧燃料电池的发电装置。进入 60 年代，该系列加以发展，成功地用来给 Appollo 登月飞船提供电力。目前，燃料电池作为载人飞船的主电源进行短期飞行，已证明是可行的。美国的“天空实验室”“哥伦比亚号”航天飞机，苏联的“礼炮 6 号”轨道站均采用了燃料电池作为主电源。除了用于航天工业外，在地面实用燃料电池电站的研究中，几兆瓦级的磷酸燃料电池的发电装置已经研制成功，从几瓦到几千瓦的小功率燃料电池早已在潜艇、灯塔、无线电台等方面应用。现在人们又把电动汽车的动力寄希望于燃料电池。

燃料电池的基本组成为电极、电解质、燃料和氧化剂。燃料电池多采用高度分散的贵金属 Pt 或 Ni 等作为电极材料或电极催化材料。燃料可以是气体或液体，人们最早使用的燃料是氢气，后又开发研制出使用其他燃料如煤气、天然气以及液体甲醇等的燃料电池。相对于燃料的选择，氧化剂的种类则较为简单，纯氧气或空气都可以使用。燃料电池中的电解质可以是水溶液或熔融盐，也可以是固体物质。依据电解质的性质的不同，燃料电池分为碱性燃料电池（AFC）、磷酸型燃料电池（PAFC）、熔融碳酸盐燃料电池（MCFC）、固体氧化物燃料电池（SOFC）及质子交换膜燃料电池（PEMFC）等。

氢氧燃料电池的工作原理如图 7-38 所示。电池表示为：

$$\mathrm{Pt(s)|H_2(g)|KOH(aq)|O_2(g)|Pt(s)}$$

电极反应　阳极　$\mathrm{H_2+2OH^- \longrightarrow 2H_2O+2e^-}$

阴极　$\mathrm{\frac{1}{2}O_2+H_2O+2e^- \longrightarrow 2OH^-}$

电池反应　$\mathrm{H_2+\frac{1}{2}O_2 = H_2O(l)}$

氢气在阳极氧化，氧气在阴极还原，其产物是没有污染性的水。该燃料电池的标准电动势为 1.299V。由于燃料电池需要不断地提供燃料，移走反应生成的水和热量，因此需要一个比较复杂的辅助系统。包括反应剂供给系统、排热系统、排水系统。

燃料电池不受卡诺循环限制，因具有能量转换效率高，洁净、无污染、噪声低等特点而受到世界各国普遍重视。

## 本章小结及基本要求

本章主要介绍的内容为电解质溶液、原电池热力学、电解和极化三部分。研究了电能与化学能之间的相互转化及其规律。无论是原电池还是电解池，其内部的导电物质均是电解质溶液，依靠电解质溶液或熔融电解质中的正负离子的定向迁移运动共同完成导电任务。电解质溶液的导电能力与溶液的浓度及离子运动速度大小有关，可以用电导率、摩尔电导率、离子迁移数表征。对于弱电解质溶液，通过测定整体浓度 $c$ 时的电导率 $\kappa$ 及无限稀释摩尔电导率 $\Lambda_m^\infty$，就可以计算得到弱电解质的解离度 $\alpha$（$\alpha=\Lambda_m/\Lambda_m^\infty$，$\Lambda_m=\kappa/c$,）及解离常数 $K^\ominus$。对于难溶盐水溶液，通过测定其电导率 $\kappa$ 及无限稀释摩尔电导率 $\Lambda_m^\infty$，可以计算出难溶盐的溶解度$c=\kappa/\Lambda_m^\infty$ 及浓度积 $K_{sp}$。当电解质溶液的浓度过高时，在溶液的热力学性质（如化学势）与浓度的关系式中，需用活度代替浓度，活度与平均质量摩尔浓度的关系为 $a=a_\pm^\nu=\left(\gamma_\pm\frac{b_\pm}{b^\ominus}\right)^\nu$。

可逆电池揭示了化学能转变为电能的最高极限，指明了改善电池性能的方向。只有可逆电池的电动势才能与吉布斯函数的变化值相联系，为用电化学的方法研究热力学问题提供了可能性。电化学的基础是化学热力学和化学动力学（电解与极化）。之所以称为“电化学热力学”，这是因为对于确定的化学反应（过程）最多能提供多少电能，化学热力学从理论上给出了明确的回答：$\Delta_r G_m=-zFE$。另一方面，由关系式 $\Delta_r G_m=-zFE$，$\Delta_r S_m=zF(\partial E/\partial T)_p$，$\Delta_r H_m=\Delta_r G_m+T\Delta_r S_m$，$Q_r=T\Delta_r S_m$ 可知，如果一个化学反应或过程可以设计成电池，就可以通过测量其平衡电势 $E$ 和$(\partial E/\partial T)_p$，求出该化学反应的 $\Delta_r G_m$、$\Delta_r H_m$、$\Delta_r S_m$ 和 $K^\ominus$等热力学量。

作为电化学与化学热力学之间的桥梁，$\Delta_r G_m=-zFE$ 的应用条件是封闭系统的恒压可逆过程，所以电化学热力学又称为可逆电化学。正因为如此，用来联系电化学和热力学的电池必须是可逆电池。所谓可逆电池就是除了反应在正、反两个方向都是可逆的条件之外，还要求通过的电流无限小，并且不存在扩散过程。因此，要想测量可逆电池的电动势，只有用对消法才能满足这一要求。又因为电池是由两个“半电池”（电极）构成的，所以构成可逆电池的电极也必须是可逆的。常见的可逆电极有三种类型。在电化学中，为了方便电池的书面表示，规定了电池的书写符号和电极的排列：规定电池负极（阳极）写在左边，而正极（阴极）写在右边。

按照电极的实际反应，电池反应应等于电极反应的加和，相应地，电池电动势也是电极电势的加和。遗憾的是，人们还无法测定或理论计算单个电极电势的绝对值。为了计算不同电极间的电势差，人们规定在任何 $T$ 时标准氢电极的电极电势为零。由此得到任何电极（作为正极）相对于标准氢电极的电势——还原电势。当用还原电势表示电极电势时，电池电动势 $E=E_+-E_-$。当正极和负极皆处在标准态时，标准电池电动势 $E^\ominus=E_+^\ominus-E_-^\ominus$。值得注意的是还原电极电势实际上是一特殊电池（负极为标准氢电极）的电动势。

当电池反应不是处在标准态时，电池的电动势不仅与构成（正、负）电极的材料及相应电解质种类有关，还与温度和相应电解质浓度有关。能特斯方程描述了这种关系。能特斯方程是电化学热力学中最常用、最基本的方程，是 Gibbs 函数在电化学中的具体应用和体现。

根据产生电动势的机理进行分类，电池可分为：化学电池、浓差电池和液接界电池。液接界电池是由于不同电解质间扩散造成的，而扩散过程是不可逆过程，所以在可逆电池中，用盐桥连结两电极，以消除不同电解质间的液接界电势。

为了用电化学的方法通过测量电池的电动势 $E$ 和 $(\partial E/\partial T)_p$ 以求得热力学函数的改变值 $\Delta G$、$\Delta S$、$\Delta H$、$Q_r$ 以及 $K_{sp}$（或 $K^\ominus$或液体的饱和蒸气压 $p_s$）、某氧化物的分解压、未知溶液的 pH、离子的迁移数等，就必须将相应的化学反应或过程设计成电池。设计电池是用电化学方法解决热力学问题的关键。设计电池时，首先找准两个氧化还原对，使要解决的热力学问题包含在电池反应中。电池设计得正确，等于解决了问题一半。可逆电化学这一部分的中心内容就是如何通过巧妙地设计电池和熟练掌握能斯特方程的应用以解决上述热力学问题。

无论是原电池还是电解池，当有电流通过时，电极就变得不可逆，其电极电势就会偏离可逆电势。电流密度越大，这种偏离就越明显，这种对可逆电极电势偏离的现象称为极化，偏差值称为超电势。极化主要分电化学极化和浓差极化，极化的结果使得阳极的电极电势升高，阴极的电极电势降低。总的结果是造成电解池的分解电压随电流密度的增加而增大，而原电池的端电压随电流密度的增加而减小。

电解时，阳极上总是析出电势 $E_{析,阳}$ 最低物质首先被氧化；阴极上总是 $E_{析,阴}$ 最高者被优先还原。为此，首先要根据各电极反应物的活度（或气体的压力）按式(7-65a) 和式(7-65b) 分别计算出各物质的析出电势。然后，按上述原则进行判断，确定优先被氧化和还原的物质。优先发生氧化反应物质的极化电极电势 $E_{析,阳}$ 与优先发生还原反应物质的极化电极电势 $E_{析,阴}$ 之差，即为分解电压。

A、B 两种物质同时在阴极析出时，应满足 $E_{析,A}=E_{析,B}$，即

$$E_{A}^{\ominus}-\frac{RT}{z_{y}F}\ln\frac{a_{A}}{a_{A}^{y+}}-\eta_{A}=E_{B}^{\ominus}-\frac{RT}{z_{x}F}\ln\frac{a_{B}}{a_{B}^{x+}}-\eta_{B}$$

本章基本要求。

① 理解电解质溶液的导电机理、法拉第定律、离子的迁移数、迁移数的测定。

② 熟练掌握有关电解质溶液的导电能力的各个概念与相关计算：电导、电导率、摩尔电导率、离子极限摩尔电导率及离子独立运动定律。

③ 熟练掌握关于电解质离子的平均活度与平均活度系数的各种关系式，理解德拜-休克尔极限公式。

④ 熟练掌握关于可逆电池的相关知识：原电池的构成及书写规则、可逆电池的概念。

⑤ 熟练掌握书写电极反应与电池反应。

⑥ 了解界面电势和电池电动势的概念及产生的机理。

⑦ 正确理解相对标准氢电极的还原电极电势的概念及定义和可逆电池的概念。

⑧ 理解对消法测量可逆电池电动势的原理。

⑨ 熟练掌握电极电势与电池电动势的计算、可逆电池热力学的计算。

⑩ 掌握电极的种类、常用的参比电极。

⑪ 了解液接电位产生的原因，理解消除液接电位的原理和方法。

⑫ 初步掌握根据实际过程的需要设计简单原电池的方法。

⑬ 了解产生电极极化的种类和原因，理解因为极化而产生的后果。

⑭ 正确理解电极析出电势、超电势、分解电压的定义和物理意义。

⑮ 掌握判断电解时电解质溶液中离子在阴、阳极析出顺序的方法。

⑯ 理解通过电解分离电解质溶液中不同金属离子的方法和原理及其计算。

## 习题

1. 用铂电极电解 $CuSO_4$ 溶液。通过的电流 10A，时间为 20min，试问：(1) 在阴极上析出多少 Cu? (2) 在阳极上能析出多少标准状况下的 $O_2(g)$?

答案：(1) $m=3.952g$；(2) $V=0.697dm^3$

2. 在电池中，1g电极活性物质放出的电量称为电极的比容量，常用单位为 $mA\cdot h\cdot g^{-1}$，其中：$1C=1A\cdot s=1000mA\cdot s=(1/3.6)\ mA\cdot h$。试估算下列电极反应的放电比容量。[已知 $M(Li)=6.94, M(Ni)=58.69$]

(1) $Li^+ + e^- \longrightarrow Li$(活性物为 $Li^+$)

(2) $NiOOH + e^- + H_2O \longrightarrow Ni(OH)_2 + OH^-$[活性物为 $Ni(OH)_2$]

(3) $2CH_3OH(l) + 12OH^- \longrightarrow 10H_2O(l) + 2CO_2(g) + 12e^-$[活性物为 $CH_3OH(l)$]

答案：各物质的比容量 (1) Li：$3862mA\cdot h\cdot g^{-1}$；(2) $Ni(OH)_2$：$289.2mA\cdot h\cdot g^{-1}$；(3) $CH_3OH(l)$：$5026mA\cdot h\cdot g^{-1}$

3. 在希托夫迁移管中用两个铂电极电解HCl溶液，在阴极部测得一定量的溶液中含 $Cl^-$ 的质量在通电前后分别为0.354g和0.326g。在串联的银库仑计上有0.532g银析出，求 $H^+$ 和 $Cl^-$ 的迁移数。[已知摩尔质量 $M(Ag)=107.868g\cdot mol^{-1}$，$M(Cl^-)=35.5g\cdot mol^{-1}$]

答案：$t(Cl^-)=0.16$，$t(H^+)=0.84$

4. 25℃时用Ag-AgCl电极电解KCl水溶液，通电前溶液中100g溶液中含KCl 0.1494g，通电一定时间后，在质量为120.99g的阴极区溶液中含KCl 0.2348g，同时测得Ag电量计中沉积了0.1602g的Ag，求 $K^+$ 和 $Cl^-$ 的迁移数。

答案：$t(K^+)=0.489$，$t(Cl^-)=0.511$

5. 25℃时用一电导池测得 $0.01mol\cdot dm^{-3}$ KCl溶液的电导为 $1.277\times10^{-3}S$，$0.01mol\cdot dm^{-3}$ $CuSO_4$ 溶液的电导为 $7.231\times10^{-4}S$。已知该温度下 $0.01mol\cdot dm^{-3}$ KCl溶液的电导率 $0.1413S\cdot m^{-1}$，试求：(1) 电导池常数；(2) $CuSO_4$ 溶液的电导率；(3) $CuSO_4$ 溶液的摩尔电导率。

答案：(1) $K_{cell}=110.65m^{-1}$；(2) $\kappa(CuSO_4)=0.0800S\cdot m^{-1}$；(3) $\Lambda_m(CuSO_4)=0.0080S\cdot m^2\cdot mol^{-1}$

6. 在一电导池内（电导池常数为 $4.565cm^{-1}$）盛有浓度是 $5\times10^{-4}mol\cdot dm^{-3}$ 的KCl溶液。在25℃时测得电阻为 $6.13\times10^4\Omega$。KCl水溶液中水的电阻是 $8.0\times10^6\Omega$。试计算25℃时此水溶液KCl的摩尔电导率。

答案：$\Lambda_m=147.8\times10^{-4}S\cdot m^2\cdot mol^{-1}$

7. 三种盐NaCl、KCl与 $KNO_3$ 分别溶于水，其极稀溶液的摩尔电导率 $\Lambda_m/10^{-4}S\cdot m^2\cdot mol^{-1}$ 分别为：126、150和145。且NaCl溶液中 $Na^+$ 迁移数为0.39。求 $NaNO_3$ 极稀溶液的摩尔电导率及 $Na^+$ 在 $NaNO_3$ 极稀溶液中的迁移数。

答案：$\Lambda_m(Na^+)=49.14\times10^{-4}S\cdot m^2\cdot mol^{-1}$，$t(Na^+)=0.406$

8. 含有 $0.01mol\cdot dm^{-3}$ KCl及 $0.02mol\cdot dm^{-3}$ ACl（ACl为强电解质）的水溶液的电导率是 $0.382S\cdot m^{-1}$，如果 $K^+$ 及 $Cl^-$ 的摩尔电导率分别为 $0.0074S\cdot m^2\cdot mol^{-1}$ 和 $0.0076S\cdot m^2\cdot mol^{-1}$，试求 $A^+$ 离子的摩尔电导率。(因浓度很小，假定离子独立运动定律适用)

答案：$\Lambda_m(A^+)=0.004S\cdot m^2\cdot mol^{-1}$

9. 已知298K时，HCl、NaAc及NaCl的 $\Lambda_m^\infty/10^{-4}S\cdot m^2\cdot mol^{-1}$ 分别为426.15，91.01及126.46。计算HAc在398K时的 $\Lambda_m^\infty(HAc)$。已知 $\Lambda_m^\infty(t℃)=\Lambda_m^\infty(25℃)[1+0.02(t-25)]$。

答案：$\Lambda_m^\infty$(HAc，398K)＝$1172.10\times10^{-4}S\cdot m^2\cdot mol^{-1}$

10. 已知298K时$0.05mol\cdot dm^{-3}$ $CH_3COOH$溶液的电导率为$3.68\times10^{-2}S\cdot m^{-1}$，计算$CH_3COOH$的解离度$\alpha$及解离常数$K^\ominus$。[已知：$\Lambda_m^\infty(H^+)=349.82\times10^{-4}S\cdot m^2\cdot mol^{-1}$，$\Lambda_m^\infty(CH_3COO^-)=40.9\times10^{-4}S\cdot m^2\cdot mol^{-1}$]

答案：$\alpha=0.01884$，$K^\ominus=1.809\times10^{-5}$

11. 25℃时测得$SrSO_4$饱和水溶液的电导率为$1.482\times10^{-2}S\cdot m^{-1}$，该温度下水的电导率为$1.5\times10^{-4}S\cdot m^{-1}$，试计算$SrSO_4$在水中的饱和溶液的浓度。[已知：$\Lambda_m^\infty(Sr^{2+})=118.92\times10^{-4}S\cdot m^2\cdot mol^{-1}$，$\Lambda_m^\infty(SO_4^{2-})=159.6\times10^{-4}S\cdot m^2\cdot mol^{-1}$]

答案：$c=0.5267mol\cdot m^{-3}$

12. 已知298K时，测得AgCl饱和溶液及所用纯水的电导率$\kappa$分别为$3.41\times10^{-4}S\cdot m^{-1}$和$1.60\times10^{-4}S\cdot m^{-1}$，又知$\Lambda_m^\infty(AgCl)=1.383\times10^{-2}S\cdot m^2\cdot mol^{-1}$，计算AgCl在此温度下的活度积。

答案：$K_{ap}=1.71\times10^{-10}$

13. 在298K时，$BaSO_4$饱和水溶液的电导率是$4.58\times10^{-4}S\cdot m^{-1}$，所用水的电导率是$1.52\times10^{-4}S\cdot m^{-1}$。求$BaSO_4$在水中饱和溶液的浓度（单位：$mol\cdot dm^{-3}$）和活度积。已知298K无限稀释时$\frac{1}{2}Ba^{2+}$和$\frac{1}{2}SO_4^{2-}$的离子摩尔电导率分别为$63.6\times10^{-4}S\cdot m^2\cdot mol^{-1}$和$79.8\times10^{-4}S\cdot m^2\cdot mol^{-1}$。

答案：$c(BaSO_4)=1.07\times10^{-5}mol\cdot dm^{-3}$，$K_{ap}=1.14\times10^{-10}$

14. 分别计算下列两个溶液的平均质量摩尔浓度$b_\pm$，离子的平均活度$a_\pm$以及电解质的活度$a_B$。

| 电　解　质 | $b/mol\cdot kg^{-1}$ | $\gamma_\pm$ |
|---|---|---|
| $K_3Fe(CN)_6$ | 0.01 | 0.571 |
| $CdCl_2$ | 0.1 | 0.219 |

答案：(1) $b_\pm=2.28\times10^{-2}mol\cdot kg^{-1}$，$a_\pm=1.30\times10^{-2}$，$a_B=2.86\times10^{-8}$；

(2) $b_\pm=0.159mol\cdot kg^{-1}$，$a_\pm=3.48\times10^{-2}$，$a_B=4.21\times10^{-5}$

15. 用德拜-休克尔极限公式计算25℃时$0.05mol\cdot kg^{-1}$ $CaCl_2$溶液中各离子的活度因子和离子平均活度因子，并将计算的离子平均活度因子与表7-8中的数据（$\gamma_\pm=0.574$）比较。

答案：$\gamma_+=0.1627$，$\gamma_-=0.6351$，$\gamma_\pm=0.4043$

16. 298K时，某溶液含$CaCl_2$的浓度为$0.002mol\cdot kg^{-1}$，含$ZnSO_4$的浓度亦为$0.002mol\cdot kg^{-1}$，试用德拜-休克尔极限公式求$ZnSO_4$的离子平均活度系数。已知：$A=0.509\ (mol\cdot kg^{-1})^{-1/2}$。

答案：$\gamma_\pm=0.5742$

17. 在298K时电池$Ag|AgCl(s)|KCl(aq)|Hg_2Cl_2(s)|Hg(l)$的电动势0.455V，电动势的温度系数为$3.38\times10^{-4}V\cdot K^{-1}$。(1) 写出电池的电极反应和电池反应；(2) 求出$\Delta_rG_m$、$\Delta_rH_m$、$\Delta_rS_m$及可逆放电时的热效应$Q_{r,m}$，并计算化学能转化为电能的效率$\eta_e$。

答案：(1) 阴极反应：$Hg_2Cl_2(s)+2e^-\longrightarrow2Hg(l)+2Cl^-$，阳极反应：$2Ag+2Cl^-\longrightarrow2AgCl$

(s)+2e$^-$，电池反应：$Hg_2Cl_2(s)+2Ag \longrightarrow 2AgCl(s)+2Hg(l)$；（2）$\Delta_r G_m=-87.82kJ\cdot mol^{-1}$，$\Delta_r H_m=-68.38kJ\cdot mol^{-1}$，$\Delta_r S_m=65.23J\cdot K^{-1}\cdot mol^{-1}$，$Q_{rm}=19.44kJ\cdot mol^{-1}$，$\eta_e=1.284$

18. 电池 $Pt|H_2(100kPa)|HCl(0.1mol\cdot kg^{-1})|Hg_2Cl_2(s)|Hg$ 电动势与温度的关系为 $E=[0.0694+1.811\times10^{-3}(T/K)-2.9\times10^{-6}(T/K)^2]V$

（1）写出正、负极及电池的反应式；

（2）计算 293K 时该反应的 $\Delta_r G_m$、$\Delta_r H_m$、$\Delta_r S_m$ 以及电池恒温放电时的可逆热效应 $Q_{r,m}$ 和最大电功 W。

答案：（1）正极反应：$Hg_2Cl_2(s)+2e^- \longrightarrow 2Hg(s)+2Cl^-$，负极反应：$H_2(g) \longrightarrow 2H^+ +2e^-$，电池反应：$Hg_2Cl_2(s)+H_2(g) \longrightarrow 2Hg(s)+2HCl$ ($b=0.1mol\cdot kg^{-1}$)；

（2）$\Delta_r G_m=-71.72kJ\cdot mol^{-1}$，$\Delta_r S_m=35.05J\cdot K^{-1}\cdot mol^{-1}$，

$\Delta_r H_m=-61.45kJ\cdot mol^{-1}$，$Q_{r,m}=10.270kJ\cdot mol^{-1}$，$W_{电}=-71.72kJ\cdot mol^{-1}$，

19. 利用反应 $Zn(s)+\frac{1}{2}O_2(g) \longrightarrow ZnO(s)$ 制备锌氧电池，试计算 298K 时的标准电动势及其温度系数。已知上述反应 298K 时的：$\Delta_r H_m^\ominus=-347.980kJ\cdot mol^{-1}$，$\Delta_r S_m^\ominus=-100.20J\cdot mol^{-1}\cdot K^{-1}$。

答案：$E^\ominus=1.65V$，$(\partial E/\partial T)_p=-5.2\times10^{-4}V\cdot K^{-1}$

20. 氢-氧燃料电池 $Pt \mid H_2(p^\ominus) \mid OH^-(aq) \mid O_2(p^\ominus) \mid Pt$ 在 298K 时，$E^\ominus=1.229V$。其反应为 $H_2(p^\ominus)+\frac{1}{2}O_2(p^\ominus) \longrightarrow H_2O(l)$，已知氢的燃烧热 $\Delta_c H_m^\ominus$ 为 $-285.83kJ\cdot mol^{-1}$，计算在 283K 时上述电池的电动势。设在该温度区间内 $\Delta_c H_m^\ominus$ 与 $T$ 无关。

答：$E_2=1.242V$

21. 列出下列由相同元素的不同价态构成的电极反应的标准电极电势之间的关系：

（1）$Fe^{3+}+3e^- \longrightarrow Fe(s)$，$Fe^{3+}+e^- \longrightarrow Fe^{2+}$，$Fe^{2+}+2e^- \longrightarrow Fe(s)$，（2）$Pb^{4+}+4e^- \longrightarrow Pb(s)$，$Pb^{4+}+2e^- \longrightarrow Pb^{2+}$，$Pb^{2+}+2e^- \longrightarrow Pb(s)$。

答案：（1）$E^\ominus_{Fe^{3+}|Fe}=(E^\ominus_{Fe^{3+}|Fe^{2+}}+2E^\ominus_{Fe^{2+}|Fe})/3$；（2）$E^\ominus_{Pb^{4+}|Pb}=(E^\ominus_{Pb^{4+}|Pb^{2+}}+E^\ominus_{Pb^{2+}|Pb)})/2$

22. 在 298K、$p^\ominus$下，浓度为 $0.100mol\cdot dm^{-3}$ 的 $CdCl_2$ 水溶液的离子平均活度系数为 0.228，求电池 $Cu \mid Cd(s) \mid CdCl_2(aq, 0.100mol\cdot dm^{-3}) \mid AgCl(s) \mid Ag(s) \mid Cu$ 在 298K、$p^\ominus$时的 $E$ 与 $E^\ominus$。已知 $E^\ominus_{AgCl(s)|Ag(s)}=0.222V$，$E^\ominus_{Cd^{2+}|Cd}=-0.403V$。

答案：$E^\ominus=0.625V$，$E=0.753V$

23. 在 298K 时有下述电池：$Ag(s)|AgBr(s)|Br^-(a=0.01) \parallel Cl^-(a=0.01)|AgCl(s)|Ag(s)$ 试计算电池的 $E$，并判断该电池反应能否自发进行？已知 $E^\ominus_{AgCl,Cl^-}=0.2223V$，$E^\ominus_{AgBr,Br^-}=0.0713V$。

答案：$E=0.151V$，反应自发进行

24. 25℃时电池 $Pt|H_2(g)|HCl(a)|AgCl(s)|Ag$ 的标准电动势为 0.222V，实验测得氢气压力为 $p^\ominus$时的电动势为 0.385V。（1）请写出正、负极及电池的反应式；（2）计算电池中 HCl 溶液的活度；（3）计算电池反应的 $\Delta_r G_m$。

答案：（1）正极反应：$2AgCl(s)+2e^- \longrightarrow 2Ag+2Cl^-$，负极反应：$H_2(g) \longrightarrow 2H^+ +$

$2e^-$，电池反应：$2AgCl(s)+H_2(g) \longrightarrow 2Ag+2HCl$；（2）$a_{HCl}=0.001756$；（3）$\Delta_r G_m=-74.3kJ \cdot mol^{-1}$

25. 铅酸蓄电池 $Pb|PbSO_4|H_2SO_4(1mol \cdot kg^{-1})|PbO_2|Pb$ 在温度 0～60℃ 的范围内 $E=[1.91737+56.1\times10^{-6}t/℃+1.08\times10^{-8}(t/℃)^2]V$

（1）写出电池反应；

（2）计算 298K 时该电池反应的 $\Delta_r G_m$、$\Delta_r S_m$、$\Delta_r H_m$；

（3）已知 298K 时上述电池的 $E^\ominus=2.041V$，设水的活度为 1，求 $1mol \cdot kg^{-1}$ $H_2SO_4$ 的平均活度系数。

答案：（1）电池反应 $Pb+PbO_2+4H^++2SO_4^{2-} \longrightarrow 2PbSO_4+2H_2O$；（2）$\Delta_r G_m=-370.32kJ \cdot mol^{-1}$，$\Delta_r S_m=10.9J \cdot K^{-1} \cdot mol^{-1}$，$\Delta_r H_m=-367.06kJ \cdot mol^{-1}$；（3）$\gamma_\pm=0.129$

26. 已知 298K 时，$E^\ominus_{Cd^{2+}|Cd}=-0.4028V$，$E^\ominus_{Zn^{2+}|Zn}=-0.7630V$。计算反应 $Cd^{2+}+Zn(s) = Zn^{2+}+Cd(s)$ 的标准平衡常数 $K^\ominus$、标准摩尔反应吉布斯函数 $\Delta_r G^\ominus_m$，并将反应设计成原电池。

答案：$K^\ominus=1.534\times10^{12}$，$\Delta_r G^\ominus_m=-69.519kJ \cdot mol^{-1}$，原电池：$Zn(s)|Zn^{2+}(a_{Zn^{2+}}) \| Cd^{2+}(a_{Cd^{2+}})|Cd(s)$

27. 试将反应 $AgBr(s) \rightleftharpoons Ag^+(a=0.1)+Br^-(a=0.2)$ 设计成电池，并求 25℃ 时的电动势。已知 25℃ 时 $E^\ominus_{Ag^+|Ag}=0.7991V$，$E^\ominus_{Br^-|AgBr|Ag}=0.0711V$。

答案：$E=-0.6276V$

28. 已知 298K 时，$E^\ominus_{Fe^{3+}|Fe^{2+}}=0.771V$，$E^\ominus_{Ag^+|Ag}=0.799V$。设计一电池，计算反应 $Ag+Fe^{3+} \rightleftharpoons Ag^++Fe^{2+}$ 在 298K 时的标准平衡常数。

答案：$K^\ominus=0.336$

29. 正丁烷在 298.15K、100kPa 时完全氧化反应

$$C_4H_{10}(g)+\frac{13}{2}O_2(g) \longrightarrow 4CO_2(g)+5H_2O(l)$$

$\Delta_r H^\ominus_m=-2877kJ \cdot mol^{-1}$，$\Delta_r S^\ominus_m=-432.7J \cdot K^{-1} \cdot mol^{-1}$，将此反应设计成燃料电池：（1）计算 298.15K 时最大的电功；（2）计算 298.15K 时最大的总功；（3）使用熔融氧化物将反应设计成电池，写出电极反应并计算电池的标准电动势。（设气体可视为理想气体）

答案：（1）最大的电功 $W_{e,r}=-2748kJ \cdot mol^{-1}$；（2）最大的总功 $W_{tol,r}=-2739kJ \cdot mol^{-1}$；（3）负极：$C_4H_{10}(g)+13O^{2-} \longrightarrow 4CO_2(g)+5H_2O(l)+26e^-$，正极：$\frac{13}{2}O_2(g)+26e^- \longrightarrow 13O^{2-}$，电池为：$Pt|C_4H_{10}(g)|$熔融氧化物$|O_2(g)|Pt$，$E^\ominus=1.095V$

30. 在酸性介质中，将 C 和 $CH_4$ 的燃烧反应设计成电池，计算相应电池的电动势。已知 C 和 $CH_4$ 燃烧反应的标准摩尔吉布斯函数分别为 $-385.98kJ \cdot mol^{-1}$ 和 $-890.3kJ \cdot mol^{-1}$。

答案：（1）电池：$C(s)|CO_2(g,p)|H^+(a_{H^+}),H_2O|O_2(g,p)|Pt, E^\ominus=1.000V$；（2）电池：$Pt|CH_4(g,p)|H^+(a_{H^+}),H_2O|O_2(g,p)|Pt, E^\ominus=1.153V$

31. 加过量铁粉于浓度为 $0.01mol \cdot dm^{-3}$ 的 $CdSO_4$ 溶液中，有一部分铁溶解为 $Fe^{2+}$，同时有金属镉析出，写出反应的电池表达式，求达平衡后溶液的组成。已知 298K 电极电势 $E^\ominus_{Cd^{2+}|Cd}=-0.403V$，$E^\ominus_{Fe^{2+}|Fe}=-0.440V$。

答案：电池表达式：$Fe|Fe^{2+}(a_1)\|Cd^{2+}(a_2)|Cd$，$c_{CdSO_4}=5.31\times10^{-4}mol\cdot dm^{-3}$

32. 醌-氢醌电极与甘汞电极构成电池为

$$Hg|Hg_2Cl_2(s)|KCl(0.1mol\cdot kg^{-1})\|\text{待测溶液}(pH)|C_6H_4O_2\cdot C_6H_4(OH)_2|Pt$$

可用于测定溶液的 pH 值。当某溶液 pH=3.80 时测得电池电动势 $E_1=0.1410V$；当溶液换为未知 pH 的溶液时测得电池电动势 $E_2=0.0576V$，试计算未知溶液的 pH。

答案：溶液的 pH=5.21

33. 25℃时浓差电池 $Ag|AgCl(s)|KCl(b_1)|KCl(b_2)|AgCl(s)|Ag$ 的电动势为 0.0536V，其中 KCl 水溶液的浓度分别为 $b_1=0.5mol\cdot kg^{-1}$，$b_2=0.05mol\cdot kg^{-1}$，对应的 $\gamma_{\pm,1}=0.649$ 和 $\gamma_{\pm,2}=0.812$。

(1) 写出电极和电池反应；(2) 计算液体接界电池 $E$（液界）和 $Cl^-$ 的迁移数。

答案：(1) 正极反应：$AgCl(s)+e^-\longrightarrow Ag+Cl^-(a_{\pm,2})$，负极反应：$Ag+Cl^-(a_{\pm,1})\longrightarrow AgCl(s)+e^-$，电池反应：$Cl^-(a_{\pm,1})\longrightarrow Cl^-(a_{\pm,2})$；(2) $E_{液接}=0.0002V$，$t_-=0.498$

34. 25℃、$p^\ominus$时用 Pt 作阴极，石墨为阳极，电解 $ZnCl_2$（$0.01mol\cdot kg^{-1}$）和 $CoCl_2$（$0.02mol\cdot kg^{-1}$）的混合水溶液，析出金属时忽略超电势的影响。已知 $E^\ominus_{Zn^{2+}|Zn}=-0.763V$，$E^\ominus_{Co^{2+}|Co}=-0.28V$，$E^\ominus_{Cl^-|Cl_2}=1.36V$，$E^\ominus_{OH^-,H_2O|O_2}=0.401V$，并且活度近似等于浓度。(1) 何种金属首先在阴极上析出？(2) 当第二种金属析出时，至少需加多少电压（计算时先不考虑第一种离子析出时引起的 pH 变化。但是，如果考虑由于第一种离子析出时引起的 pH 的变化，结果又如何）？(3) 当第二种金属开始析出时，第一种金属离子的活度是多少？(4) 若考虑到 $O_2$（g）在石墨上的超电势为 0.8V，则阳极上首先发生什么反应？假设 $H_2$ 在 Pt 和 Co 上的析出超电势分别为 0.12V 和 0.43V。

答：(1) Co 金属首先在阴极上析出；(2) 当第二种金属析出时，至少需加电压 1.637V；(3) 当第二种金属开始析出时，第一种金属离子的活度是 $4.75\times10^{-19}mol\cdot kg^{-1}$；(4) 若考虑到 $O_2(g)$ 在石墨上的超电势为 0.8V，则阳极上首先析出 $Cl_2$

35. 25℃时、$p^\ominus$时用 Cu 作阴极，石墨作阳极，电解 $ZnCl_2$（$0.01mol\cdot kg^{-1}$）溶液，已知 $H_2$ 在 Cu 电极上的超电势为 0.614V，$O_2$ 在石墨电极上的超电势为 0.806V，$Cl_2$ 在石墨电极上的超电势可忽略，并且浓度近似等于活度，试问阴极上首先析出什么物质？在阳极上又析出什么物质？已知 $E^\ominus_{Cl^-|Cl_2}=1.36V$，$E^\ominus_{OH^-|H_2O|O_2}=0.401V$，$E^\ominus_{Zn^{2+}|Zn}=-0.763V$。

答案：阴极上首先析出 Zn，在阳极上又析出 $Cl_2(g)$

# 第8章 统计热力学初步

热力学是以热力学三大定律为基础，研究宏观热力学系统的宏观性质及其相互间所遵循的规律。其研究方法为状态函数法（或称热力学方法），即将由大量粒子组成的宏观系统当作一个宏观连续体，不需要知道系统内部粒子的结构及其宏观变化的细节，只需要知道系统的始态和终态，利用可测量的宏观量 $p$、$T$、$V$ 和 $C_{p,\mathrm{m}}$，外加状态方程，求得宏观系统从始态变到终态的状态函数（$U$、$H$、$S$、$G$ 等）的改变值，以确定变化过程所涉及的能量及变化方向和限度。在人们的生产实践中，还没有发现与热力学第一、第二定律矛盾之处。热力学方法的特点在于它得出的结论具有高度的可靠性和普遍意义，而且无需考虑物质的微观结构，所以对于凡是能明确描述或定义的热力学系统都能使用它的结论。这些既是热力学方法的优点，亦是其局限性所在。热力学不研究过程的机理及速率，它对事物没有微观图像的设想，例如它连一个最简单的理想气体状态方程式也推不出来。热力学方法不能揭示物质系统内在的性质和运动规律。然而，研究证明，宏观系统的任何性质皆是微观粒子运动的宏观反映，人们自然不会仅仅满足于通过热力学“知其然”，还希望能从物质的微观结构和运动来了解物质宏观性质的“所以然”，这正是统计热力学的任务。

统计热力学弥补了热力学方法之不足，其研究方法是利用粒子的微观结构数据和微观粒子运动所遵循的量子力学规律，从分析微观粒子的运动形态入手，用统计的方法处理大量运动着的微观粒子，通过求统计平均的方法确立微观粒子运动与物质宏观性质之间的联系。统计力学是联系物质的微观结构、系统微观运动与宏观性质的桥梁。即用统计平均的方法根据系统内部粒子的微观（平动、转动、振动等）运动及结构数据计算出热力学平衡系统各种宏观性质。

在物理化学中，应用统计热力学的方法研究平衡系统的热力学性质，称为**统计热力学**。

同时应该指出的是，将统计热力学原理应用于结构比较简单的系统，如低压气体、原子晶体等，其计算结果与实验测量值能很好地吻合。但在处理结构比较复杂的系统时，统计热力学常会遇到种种困难，因而不得不做一些近似假设，其结果往往不如热力学那样准确可靠。此外，在统计热力学的计算中常常要用到一些热力学的基本关系和公式，因此，可以说热力学和统计热力学是相互补充、相辅相成的。

在本章的讲述中，限于学时，有关微观粒子各种运动、状态的描述及各种运动能量的计算公式直接利用量子力学的结论而不作详细的推导，读者如需要详细的了解，可参阅相关的物质结构或量子力学书籍。

## 8.1 统计热力学的研究对象及基本定理

### 8.1.1 统计热力学的研究对象及系统分类

统计热力学研究的对象是由大量粒子组成且处于热力学平衡状态的宏观系统。系统中的粒子可以是分子、原子、离子等**微观粒子**，也可以是理想的无体积的质点。在热力学中，根据系统与环境之间有无物质和能量的交换，将系统分为孤立体系、封闭体系和敞开体系。在统计热力学中，除保持用热力学的分类方法外，还将所研究的对象按下面的情况分类。

根据粒子的运动特点，系统可分为：

① **定域粒子系统**　组成系统的 $N$ 个同类粒子各自在确定的位置（即各自在平衡位置左右很小范围内）运动，这种系统称为**定域粒子系统**。尽管粒子等同，但由于粒子是定域的，可以想象根据其位置对其进行编号加以区别，故定域粒子系统又称为**可辨粒子系统**。例如由N原子构成的晶体就是一定域粒子系统。

② **离域粒子系统**　组成系统的 $N$ 个同类粒子处于非定域的混乱运动中，由于粒子彼此都是等同的且处在混乱运动之中，彼此间无法区别。由这样的粒子组成的系统称为**离域粒子系统**或称为**全同粒子系统**。例如，纯气体和纯液体可当作全同粒子系统。

根据组成系统的粒子之间有无相互作用，又可将系统分为：

① **近独立粒子系统**(或简称为独立子系统)　粒子之间除了弹性碰撞之外不存在其他任何作用，或相互作用十分微弱，可忽略不计，粒子之间可近似看作彼此独立的，由这样的粒子组成的系统称为**近独立粒子系统**，例如，理想气体。

② **相依粒子系统**　粒子之间存在着不可忽略的相互作用，粒子之间不能看作是彼此独立的，由这样的粒子组成的系统称为**相依粒子系统**。例如，实际气体、液体。

在本章中，我们只讨论 $U$、$V$、$N$ 一定（即孤立系统）的近独立粒子系统。

### 8.1.2　统计热力学基本假设

**(1) 等概率假设**

处在热力学平衡条件下，孤立系统（$U$、$V$、$N$ 一定的系统）的总微观状态数 $\Omega$ 有定值，其中每个微观运动状态出现的概率相同，即

$$P_1=P_2=P_3=\cdots=P_\Omega=\frac{1}{\Omega} \tag{8-1}$$

$$\sum_{i=1}^{\Omega}P_i=1$$

式(8-1) 就是等概率假设，$P_i\,(i=1,2,3,\cdots,\Omega)$ 是每个微观运动状态出现的概率。等概率假设是统计热力学的一个基本假设，是统计热力学的基石，虽然不能直接证明它，但它推论出的一切结果都是正确的。

[注：若将等概率假设用于 $N$、$V$、$T$ 一定的封闭系统时，该假设可表述为在恒温热浴中的系统，能量相同的微观状态（量子态）有相同的概率。]

**(2) 宏观量是微观量的统计平均值假设**

对系统进行观测得到的某宏观热力学量，都是在一定的约束条件下、在观测的时间范围内微观运动状态的有关该热力学量的平均值。即使观测的时间宏观看来非常之短，由于系统的微观运动状态瞬息万变，这个宏观上非常短的观察时间，在微观上就显得足够长，即在这个宏观短、微观长的时间内，系统的所有的微观运动状态都有可能出现过。因此，系统在一段时间内观测的宏观量，等于相应的微观量对所有的微观运动状态的统计平均值。这就是宏观量是微观量的统计平均值假设。

设有一热力学量 $F$，系统在第 $i$ 个微观运动状态时，热力学量 $F$ 的数值为 $a_i$（$a_i$ 是微观量），同时设第 $i$ 个微观状态的概率为 $P_i$，则观察到的热力学量 $F$ 为

$$F = \bar{a} = \sum_{i=1}^{\Omega} a_i P_i \tag{8-2}$$

式中，$\Omega$ 是系统的总微观状态数。

**(3) 相无规假设**（略）

# 8.2 系统微观状态及分子运动形式和能级表达式

## 8.2.1 系统微观状态的描述

在统计热力学中，系统的状态包括两个方面的含义：一方面是系统的热力学状态，它是由表征系统特征的一些热力学参数所描述，这在前几章的热力学中已讨论过；另一方面是系统的微观运动状态。统计热力学系统是由大量粒子构成的，粒子的微观运动状态是瞬息万变的，由大量粒子构成的系统的微观运动状态当然也是千变万化的。对于一个 $N$（粒子数）、$U$（系统的热力学能）、$V$（系统的体积）一定的宏观（孤立）体系，体系有多少种微观运动状态？如何描述单个粒子的微观运动状态以及系统作为一个整体的微观运动状态呢？在这里我们将借用量子力学的相关概念和描述。

**(1) 粒子微观状态的描述**

量子力学观点认为同种微观粒子是等同的、不可区分的。因此粒子的微观运动状态就不能用经典力学的方法描述。量子力学用**波函数 $\psi$** 描述粒子的微观运动状态。一个 $\psi_i$ 的一套量子数值表示粒子一个可能的微观运动状态。用量子力学描述的微观运动状态又称为**量子状态**，简称为**量子态**。微观粒子的运动不遵守牛顿方程而是遵守薛定谔方程，通过解薛定谔方程可得到粒子的波函数 $\psi_i$，以及与 $\psi_i$ 相对应的能级 $\varepsilon_i$。在同一能级 $\varepsilon_i$ 上，有时只对应有一个波函数（又称**状态函数**）$\psi_i$，则此能级是非简并的；有时同一能级 $\varepsilon_i$ 上有 $g_i$ 个状态函数 $\psi_i$，则此能级是简并的，**简并度**为 $\boldsymbol{g_i}$。$g_i$ 就是 $\varepsilon_i$ 能级上所具有的量子状态数。因此，在量子力学中用粒子的状态函数 $\psi_i$、能级 $\varepsilon_i$、简并度 $g_i$ 的数值来描述粒子的微观运动状态，而 $\psi_i$、$\varepsilon_i$、$g_i$ 又是由一套量子数决定的。

**(2) 系统微观状态的描述**

对于由 $N$ 个独立粒子构成的系统，由于粒子间无相互作用，系统的微观运动状态（量子态）可由各个粒子的波函数的连乘积构成，即由 $\Psi(\vec{r}_1,\vec{r}_2,\cdots,\vec{r}_N)=\prod_{i}^{N}\psi_i(\vec{r}_i)$ 描述。要描述由 $N$ 个粒子（粒子有时又简称为子）构成的系统在某一时刻的微观运动状态，似乎只要解 $N$ 个薛定谔方程，求出每个粒子的状态函数 $\psi_i(\vec{r}_i)$ 就可以确定系统在某一时刻的微观运动状态。但是，对于 $6.023\times10^{23}$ 个全同粒子，这实际上是做不到的。因此必须借助统计力学。其原理是：对于全同粒子系统，由于每个粒子的哈密顿算符的形式等价，因而它们具有完全相同的本征值集合 $\varepsilon_i(i=1,2,\cdots)$。因此，我们只要根据量子力学求出一个粒子的全部可能的能级 $\varepsilon_1$，$\varepsilon_2$，…，$\varepsilon_i$ 以及每个能级上的量子态数（简并度）$g_1$，$g_2$，…，$g_i$ 和 $N$ 个粒子在这些能级上分布的数目（**分布数**）$n_1$，$n_2$，…，$n_i$。每一套分布数 $n_1$，$n_2$，…，$n_i$ 代表系统的一种**能级分布**（注意，系统满足所规定约束条件的能级分布往往不止一种，而是多种），如果每个能级是非简并的，即 $g_1=g_2=\cdots=g_i=1$，则一种能级分布就代表系统的一个微观运动状态，若能级是简并的，则系统的一种能级分布可有多种微观运动状态。将系统所有可能的能级分布及其所对应的微观状态数进行统计计算，就得到系统总的微观状态数。因此，在统计热力学中并不需要知道每个粒子状态函数 $\psi_i$ 的具体形式，只需要知道粒子不同运动形式能级的具体表达式。

至此，我们将上面提出的“对于一个 $N$、$U$、$V$ 一定的宏观（孤立）体系，体系有多少种微观状态?”的问题转化为：对于一个 $N$、$U$、$V$ 确定的系统，系统有哪些能级？每个能级上具有多少个微观运动状态（量子态）？每个微观运动状态（量子态）上有多少粒子数？

### 8.2.2　粒子的运动形式和能级表达式

由上节的讨论可知，只要有全同粒子系统中单个粒子的定态薛定谔（Schrödinger）方程的解，就可以通过统计力学的方法计算系统中各种热力学性质。如果假设粒子及其内部各种运动（平动、转动、振动等）是（近似）相互独立的，由量子力学理论可知，这时解粒子运动的定态薛定谔方程，就是求粒子各种运动形式的本征能量表达式。为此，针对一定粒子所构成的系统，我们必须首先知道系统中的粒子有哪些运动，各种运动有多少自由度。在此基础上，列出粒子各种运动的薛定谔方程，通过求解相应的薛定谔方程，得到粒子各种运动本征能量表达式，由于粒子的各种运动可近似看作是相互独立的，所以粒子的运动能量可以（近似）看作是各种运动形式的能量之和。在这里，我们将不具体求解粒子各种运动形式的薛定谔方程，而是直接引用量子力学的结论。

首先，我们先来了解粒子的微观运动形式和相应的自由度。

除了单原子分子，大多数分子是由一定数目的原子构成的，分子内部原子与原子之间通过化学键相连接。因此，分子热运动形式不仅有平动，还包括转动和振动。简单地说，平动是分子在空间的整体运动，也可以看作是分子的质量中心在空间的位移；转动是分子绕着质量中心的旋转；振动是分子中各原子偏离平衡点的相对位移。分子运动除平动、转动和振动外，还有电子运动和原子核运动。但是在一般情况下，原子核始终保持不变，绝大多数分子的电子运动也都处在基态，而且不易激发。综上所述，分子的运动形式可简单概括如下：

$n$ 原子分子的运动
- 平动(t)：分子质心在三维空间运动(自由度 3)
- 转动(r)：分子作为整体绕质心转动
  - 线性分子自由度 2
  - 非线性分子自由度 3
- 振动(v)：原子核间的相对运动
  - 线性分子自由度 $3n-5$
  - 非线性分子自由度 $3n-6$
- 电子运动(e)：电子在原子核形成的势场中运动
- 原子核运动(n)：原子核中质子、中子等核内运动

对于独立子系统，可以近似地认为分子的各种运动形式间是彼此独立无关的。因此，分子的运动能量可以近似看作是各种运动形式的能量之和，而分子的简并度和状态函数分别等于其各种运动形式的简并度的乘积和各种运动形式状态函数的乘积，即

$$\varepsilon=\varepsilon_t+\varepsilon_r+\varepsilon_v+\varepsilon_e+\varepsilon_n \tag{8-3}$$

$$\psi=\psi_t\psi_r\psi_v\psi_e\psi_n \tag{8-4}$$

$$g=g_t g_r g_v g_e g_n \tag{8-5}$$

如前所述，统计热力学中并不需要知道分子状态函数的具体形式，但是要知道分子各种运动形式的能量表达式和相应的简并度。在接下来的关于分子各种运动形式的能量表达式，我们将直接引入量子力学的结论和公式。

**(1) 分子的平动**

设粒子质量为 $m$，在体积为 $a\times b\times c$ 的长方形箱中自由运动。可以将箱子看作是三维

势阱，在箱内粒子运动的位能$U_I=0$，在箱子外的位能$U_I=\infty$，因此，粒子不能跑出箱外。由此得箱内粒子运动的平动能为

$$\varepsilon_t=\frac{h^2}{8m}\left(\frac{n_x^2}{a^2}+\frac{n_y^2}{b^2}+\frac{n_z^2}{c^2}\right) \tag{8-6}$$

式中，$n_x$、$n_y$、$n_z$ 分别为在 $x$、$y$、$z$ 轴方向的平动量子数，可以取任意正整数，$n_x$、$n_y$、$n_z=1$、2、3，…。当势箱为立方体时，$a=b=c=V^{1/3}$，$V$ 为势箱体积，则式(8-6) 可写为：

$$\varepsilon_t=\frac{h^2}{8mV^{2/3}}(n_x^2+n_y^2+n_z^2) \tag{8-7}$$

由式(8-7) 可知，当 $n_x=n_y=n_z=1$，$\varepsilon_{t,0}=3h^2/(8mV^{2/3})$，该能量为平动的基态能量，只对应 $\psi_{n_x,n_y,n_z}=\psi_{1,1,1}$ 的平动量子态，这一量子态为平动的基态，由此可知，平动基态 $g_0=1$，为非简并的；平动第一激发态（$n_x,n_y,n_z$）可分别取值（1,1,2）、（1,2,1）和（2,1,1），所对应的能量为同一值，即 $\varepsilon_{t,1}=6h^2/(8mV^{2/3})$，而相应的平动量子态为 $\psi_{1,1,2}$、$\psi_{1,2,1}$ 和 $\psi_{2,1,1}$，这说明平动第一激发态（$g_1=3$）为三重简并。第二、第三，甚至更高激发态的能量及相应简并度读者可自行计算和类推。从平动能的能量公式可以看出：①平动能是量子化的；②平动能与粒子运动所占的体积 $V$ 有关，体积愈大，平动能愈小；③平动能是简并的，简并度就是具有同一能量的 $n_x$、$n_y$、$n_z$ 取不同允许值的组合方式数。

**例 8-1** 在 300K、100kPa 条件下，将 1mol $H_2$ 置于立方形容器中，试求单个分子平动的基态能级的能量值 $\varepsilon_{t,0}$，以及第一激发态与基态的能级差。

**解** 将 $H_2$ 看作理想气体，其活动的空间为

$$V=\frac{nRT}{p}=\frac{1\times8.314\times300}{100\times10^3}\text{m}^3=0.02494\text{m}^3$$

$$m_{H_2}=\frac{M}{L}=\frac{2.0158\times10^{-3}}{6.023\times10^{23}}\text{kg}=3.347\times10^{-27}\text{kg}$$

根据式(8-7)，可得基态能量为

$$\varepsilon_{t,0}=\frac{3h^2}{8mV^{2/3}}=\frac{3\times(6.626\times10^{-34})^2}{8\times3.347\times10^{-27}\times0.02494^{2/3}}\text{J}=5.762\times10^{-40}\text{J}$$

第一激发态的能级为

$$\varepsilon_{t,1}=\frac{6h^2}{8mV^{2/3}}=2\varepsilon_{t,0}=11.524\times10^{-40}\text{J}$$

能级差 $\Delta\varepsilon=\varepsilon_{t,1}-\varepsilon_{t,0}=(11.524-5.762)\times10^{-40}\text{J}=5.762\times10^{-40}\text{J}$

在统计热力学中，经常需要把分子各种运动形式的能级间隔与 $kT$ 值相比较［$k$ 是玻尔兹曼（Boltzmann）常数，$T$ 是热力学温度］。与 $kT$ 相比的目的在于区分哪些运动形式的能级是紧密的，可近似看作为能量是连续变化的，可以按经典力学情况处理；哪些能量量子化特征特别显著，不能按经典力学方法处理。上述的计算表明，平动的能级之差非常小，为 $10^{-40}$ 数量级，所以平动粒子很容易受到激发而处于各个能级上。常温下，$\Delta\varepsilon_t/(kT)$ 值约为 $10^{-19}$ 数量级左右，能级密度很大，量子效应不显著，可近似用经典力学处理。

**（2）双原子分子的转动**

双原子分子绕质心的转动可近似地看作是刚性转子绕质心的转动。所谓刚性转子就是在

转动中保持形状和大小不变。若分子中两个原子间的平衡距离（键长）为 $2r$，原子的质量分别为 $m_1$ 和 $m_2$，则转子的约化质量 $\mu=m_1m_2/(m_1+m_2)$，转子绕质心（原点）转动的转动惯量 $I=\mu r^2$。转子转动时没有位能，总转动能

$$\varepsilon_r=J(J+1)\frac{h^2}{8\pi^2 I} \tag{8-8}$$

式中，$J$ 是转动量子数，$J=0$，1，2，3，…。从转动能级公式可以看出：①转动能级是量子化的；②转动能与转动惯量 $I$、转动量子数 $J$ 有关，转动惯量 $I$ 的值可通过分子转动光谱得到；③转动能级是简并的。对应于一个 $J$ 值，转动角动量的取值可以是 $-J$，$-J+1$，$-J+2$，…，0，1，2，…，$J$，即转动能级的简并度 $g_{r,J}=2J+1$。常温下，转动能级间隔 $\Delta\varepsilon_r=\varepsilon_{r,1}-\varepsilon_{r,0}\approx 10^{-23}\,\text{J}\approx 10^{-2}kT$，相对于平动能级间隔要大得多，但是还是比较小的，在多数情况下，也可以用经典力学处理。

**（3）双原子分子的振动**

对于双原子分子而言，振动自由度为 1（6－3－2＝1）。设双原子分子中，只有沿化学键方向的振动，且为简谐振动。所谓简谐振动就是指符合虎克定律 $f=-kx$ 的振动［$k$ 为弹力常数，经典力学给出弹力常数 $k$ 与简谐振动频率 $\nu$ 的关系为 $\nu=\sqrt{k/\mu}/(2\pi)$，式中 $\mu$ 为谐振子的约化质量，$\mu=m_1m_2/(m_1+m_2)$］。其振动能

$$\varepsilon_v=\left(v+\frac{1}{2}\right)h\nu \tag{8-9}$$

式中，$v$ 是振动量子数，$v=0$，1，2，…。从能级公式可以看出：振动能级是量子化的；$v=0$ 时，$\varepsilon_0=h\nu/2$，称为零点振动能；一维谐振子的振动能级是非简并的，$g_v=1$。振动能级差 $\Delta\varepsilon_v=\varepsilon_{v,1}-\varepsilon_{v,0}\approx 10^{-20}\,\text{J}$，常温下，振动能极差达 $10kT$，其量子效应已非常显著，不能用经典力学的方法处理。

## 8.3　独立子系统的统计规律性

统计热力学的目的是通过统计的方法对微观状态的物理量进行统计平均以求得相应的热力学量。原则上，这就需要求出系统中可能出现的每一个微观状态的概率。要做到这一点，理论上要求出给定条件下系统的微观状态总数 $\Omega$。为此，必须首先了解系统能级分布，以及每一种能级分布的微观状态数，然后对各种能级分布的微观状态数求和，理论上可求得 $\Omega$。

在本节中，我们首先介绍能级分布的基本概念，然后根据粒子的可辨（离域）与否，分别计算定域粒子各种能级分布的微观状态数和离域子的各种能级分布的微观状态数。最后，我们将引出并说明一种最重要的分布——最概然分布以及最概然分布与平衡分布的关系。

### 8.3.1　能级分布

对于 $N$、$U$、$V$ 有定值的独立子系统，设单个粒子的能级为 $\varepsilon_0$，$\varepsilon_1$，$\varepsilon_2$，…，$\varepsilon_i$，在满足方程

$$N=\sum_i n_i \tag{8-10a}$$

$$U=\sum_i n_i\varepsilon_i \tag{8-10b}$$

的前提下，相应能级分别被 $n_0$，$n_1$，$n_2$，…，$n_i$ 个粒子所占据，则 $n_0$，$n_1$，$n_2$，…，$n_i$

分别称为能级$\varepsilon_0$，$\varepsilon_1$，$\varepsilon_2$，…，$\varepsilon_i$上的**能级分布数**（简称为**分布数**）。系统在某一时刻的微观运动状态是由构成系统的$N$个粒子在粒子许可能级上的一套能级分布数（$n_0$，$n_1$，$n_2$，…，$n_i$）所描述的。这一套能级分布数称为系统的**能级分布**，或称为系统的某一**能级分布类型**。值得注意的是，$N$、$U$、$V$一定的独立子系统在一定的条件下往往不止一套分布数，而是有多套分布数皆可满足式(8-10a) 和式(8-10b)，而且$N$值越大，能级分布类型越多。在一个达到热平衡的$N$、$U$、$V$值一定的系统，系统中有多少种能级分布是完全确定的，因而其微观状态的总数$\Omega$值也是确定的。

首先讨论一个简单系统，然后再讨论由大量粒子构成的系统。假想系统由三个彼此独立的一维谐振子组成，系统总能量为$9h\nu/2$（$\nu$为一维谐振子的振动频率），这三个谐振子分别在定点A、B、C附近振动，借助三者的位置可将其进行编号加以区别，所以该系统可看作是独立可辨粒子系统。根据式(8-10a) 和式(8-10b)，该系统的任一能级分布必须满足方程

$$\sum_i n_i = 3 \quad 和 \quad \sum_i n_i\varepsilon_i = \sum_i n_i(v+1/2)h\nu = 9h\nu/2 \quad (v=0,1,2,\cdots)$$

上述二方程表明，具有能级$i$的振子数$n_i \leqslant 3$；另一方面，由于$U=\sum n_i\varepsilon_i = 9h\nu/2$，所以$v<4$，即只可能存在$\varepsilon_0$、$\varepsilon_1$、$\varepsilon_2$、$\varepsilon_3$ 4个能级。因此只存在如下三种能级分布类型：

| 能级分布类型 | 能级分布数 $n_0,n_1,n_2,n_3$ | $N=\sum_i n_i$ | $U=\sum_i n_i\varepsilon_i$ |
|---|---|---|---|
| Ⅰ | 0 3 0 0 | 3 | $3\times\frac{3}{2}h\nu=\frac{9}{2}h\nu$ |
| Ⅱ | 2 0 0 1 | 3 | $2\times\frac{1}{2}h\nu+1\times\frac{7}{2}h\nu=\frac{9}{2}h\nu$ |
| Ⅲ | 1 1 1 0 | 3 | $1\times\frac{1}{2}h\nu+1\times\frac{3}{2}h\nu+1\times\frac{5}{2}h\nu=\frac{9}{2}h\nu$ |

值得注意的是，对于上述仅三个粒子数的系统我们可以通过解式(8-10a) 和式(8-10b) 求出系统完全确定的三种能级分布类型（不可能再有第四种能级分布类型），但是，对$N$很大的系统（$6.023\times10^{23}$），通过解式(8-10a) 和式(8-10b) 来完全确定系统的分布类型是不可能的事。

### 8.3.2 状态分布

能级分布只是指出了各个能级上分布的粒子数，至于这些粒子在各能级的微观运动状态还不得而知。换句话说，实现这一能级分布类型尚有不同的分布方式，而每一种分布方式代表着系统的一个可区别的微观运动状态。也就是说，一种能级分布类型可能对应着多种分布方式，这些分布方式又称为**状态分布**。很显然，对于全同粒子，当$g=1$时，**能级分布＝状态分布**。

了解了能级分布和状态分布的基本概念，接下来要解决的问题是一种能级分布类型的微观状态数，即状态分布数有多少？所谓能级分布类型的微观状态数就是实现这种能级分布类型的**状态分布**数。仍以上述简单的三个一维谐振子系统为例来说明能级分布与状态分布的区别。三个一维谐振子系统每一种能级分布类型$D$的微观状态数$W_D$与粒子分布数之间的关系可从图8-1直观看出。

3个全同但位置可辨粒子总的排列方式为3个粒子的全排列3!，由于一维谐振子的能级是非简并的，即一个能级只有一个量子态，而同一能级上全同粒子因位置固定而不可能重新排列产生新的量子态，因此应从总排列方式中将它扣除；而不同能级上两个粒子相互交换，

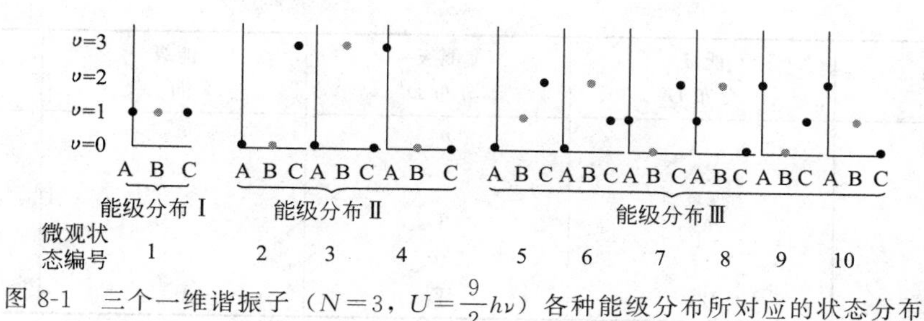


图 8-1　三个一维谐振子（$N=3$，$U=\frac{9}{2}h\nu$）各种能级分布所对应的状态分布

由于粒子位置是可辨的，每交换一次，就产生不同的微观状态。因此，能级分布类型 $D_{\mathrm{I}}$、$D_{\mathrm{II}}$、$D_{\mathrm{III}}$ 的微观状态数为：

$$W_{\mathrm{I}}=\frac{3!}{0!3!0!0!}=1,\ W_{\mathrm{II}}=\frac{3!}{2!0!0!1!}=3,\ W_{\mathrm{III}}=\frac{3!}{1!1!1!0!}=6$$

通式可表示为

$$W=\frac{N!}{n_0!n_1!n_2!n_3!}$$

体系总的微观状态数

$$\Omega=W_{\mathrm{I}}+W_{\mathrm{II}}+W_{\mathrm{III}}=1+3+6=10$$

各种能级分布类型的数学概率 $P$ 分别为：

$$P_{\mathrm{I}}=\frac{W_{\mathrm{I}}}{\Omega}=\frac{1}{10},\ P_{\mathrm{II}}=\frac{W_{\mathrm{II}}}{\Omega}=\frac{3}{10},\ P_{\mathrm{III}}=\frac{W_{\mathrm{III}}}{\Omega}=\frac{6}{10}$$

式中，$W_{\mathrm{I}}$、$W_{\mathrm{II}}$、$W_{\mathrm{III}}$ 是某一种能级分布类型的微观状态数，即实现某一能级分布的方式数，又称为能级分布类型 $D_{\mathrm{I}}$、$D_{\mathrm{II}}$、$D_{\mathrm{III}}$ 的热力学概率，与数学概率总是处于 0～1 之间不同，热力学概率是一个很大的数值。

$$热力学概率=数学概率\times\Omega$$

$\Omega$ 是系统的总的微观状态数，是一状态函数。$N$、$U$、$V$ 一定的热力学平衡系统的总微观状态数 $\Omega$ 是一定值，因此数学概率正比于热力学概率。

### 8.3.3　定域子系统能级分布及其微观状态数的计算

关于系统的能级分布，前面我们以三个一维谐振子构成的系统为例，给出了在满足 $N=\sum\limits_i n_i=3$，$U=\sum\limits_i n_i\varepsilon_i=9h\nu/2$ 条件下，所有的能级分布类型和微观状态数。然而，将上面讨论的结果推广到由 $N$ 个独立定域粒子系统，比如 1mol 粒子构成的晶体，$N=6.023\times10^{23}$，我们就很难轻松地做到这一点。

设想一个模型系统，它是由 $N$ 个独立的全同粒子组成，粒子的运动是定域的，可根据位置区别它们，故粒子是可辨的，且系统的能量等于各个粒子能量之和。统计单位是单个粒子，由于是同种粒子，所以每个粒子可达到的能级均为 $\varepsilon_0$，$\varepsilon_1$，$\varepsilon_2$，…，$\varepsilon_i$。由于假设了能量因弹性碰撞可以从一个粒子传递到另一个粒子，因而可以认为在每个能级上的粒子数可连续地变化。原子晶体可近似地看作如上所述的模型系统。在满足 $N=\sum\limits_i n_i$、$U=\sum\limits_i n_i\varepsilon_i$ 条件下，上述系统可能的能级分布类型如下所示（$i$ 表示许可的能级）。

| 能　级 | 能级<br>分布 $D$ | 能级<br>分布 $D'$ | 能级<br>分布 $D''$ | …<br>… |
|---|---|---|---|---|
| $\varepsilon_0$ | $n_0$ | $n'_0$ | $n''_0$ | … |
| $\varepsilon_1$ | $n_1$ | $n'_1$ | $n''_1$ | … |

续表

| 能　　级 | 能级<br>分布 $D$ | 能级<br>分布 $D'$ | 能级<br>分布 $D''$ | …<br>… |
|---|---|---|---|---|
| $\varepsilon_2$ | $n_2$ | $n'_2$ | $n''_2$ | … |
| … | … | … | … | … |
| $\varepsilon_i$ | $n_i$ | $n'_i$ | $n''_i$ | … |
| … | … | … | … | … |
| 微观状态数 | $W_D$ | $W'_D$ | $W''_D$ | … |

上表中每一套能级分布数 $n_0$，$n_1$，…，$n_i$ 代表系统的某一能级分布类型，且皆满足下列限制条件：

$$\sum_i n_i = \sum_i n'_i = \sum_i n''_i = \cdots = N$$

$$\sum_i n_i \varepsilon_i = \sum_i n'_i \varepsilon_i = \sum_i n''_i \varepsilon_i = \cdots = U$$

现在要问的是：系统某一能级分布类型的微观状态数为多少？在上表中，若能级皆是非简并的，则能级分布＝状态分布，一种能级分布亦代表一种微观运动状态。但是，由于能级是简并的，这样不仅有可辨粒子在各能级上分布的问题，还有在同一能级不同量子态上的分布方式数问题，即状态分布问题。例如，对某一能级分布类型 $D$：

| 能级 | $\varepsilon_0$ | $\varepsilon_1$ | $\varepsilon_2$ | … | $\varepsilon_i$ |
|---|---|---|---|---|---|
| 简并度 | $g_0$ | $g_1$ | $g_2$ | … | $g_i$ |
| 能级分布数 | $n_0$ | $n_1$ | $n_2$ | … | $n_i$ |

要求这一分布类型的微观状态数 $W_D$，为了便于理解，我们分两步考虑，先将能级看作是非简并的，即只考虑粒子按能级分布的微观状态数；然后再考虑 $n_0$，$n_1$，$n_2$，…，$n_i$ 在各相应能级的简并态上分布的微观状态数。两者相乘就是粒子按简并能级分布的微观状态数，即该能级分布类型的微观状态数。

下面我们将由易到难，先讨论非简并能级排列的微观状态数，在这一步又将系统分成两种情况进行讨论，一种是 $N$ 个粒子占据 $N$ 个能级，另外一种情况是任意能级上的粒子数 $n_i$ 可以是小于或等于 $N$ 的任意数值。在这之后再讨论粒子按简并态排列的微观状态数。

**(1) 粒子按非简并能级排列的微观状态数**

① $N$ 个粒子占据 $N$ 个能级的微观状态数　假设 $N$ 个粒子的能量全不一样，也就是说一个粒子占据一个能级，$N$ 个粒子占据 $N$ 个能级。这好比 $N$ 个不同的元素在 $N$ 个不同的点阵上的全排列，其排列方式数，即微观状态数为：

$$W_D = N(N-1)(N-2)\cdots 3\times 2\times 1 = N!$$

一种可区别的排列方式代表一种微观运动状态，$N$ 个粒子占据 $N$ 个能级的微观状态数为 $N!$。

② 能级 $\varepsilon_i$ 上的粒子数为 $n_i$ 时的微观状态数　当 $N$ 个粒子并不是分别占据能量不同的 $N$ 能级，而是

| 能　级： | $\varepsilon_0$ | $\varepsilon_1$ | $\varepsilon_2$ | … | $\varepsilon_i$ |
|---|---|---|---|---|---|
| 粒子数： | $n_0$ | $n_1$ | $n_2$ | … | $n_i$ |

在非简并的条件下，同一能级上的全同粒子相互间交换并不产生新的微观状态，或者说同一能级上全同粒子因位置固定而不可能重新排列产生新的量子态。因此，在 $N!$ 个排列方

式中应扣除同一能级上粒子互换而产生的排列方式数 $n_i!$，故能级 $\varepsilon_i$ 上的粒子数为 $n_i$ 且能级为非简并的排列方式数为

$$W_D=\frac{N!}{n_0!n_1!n_2!\cdots n_i!}=\frac{N!}{\prod_i n_i!},\ (i=0,1,2,\cdots)$$

**（2）粒子按简并态排列的微观状态数**

若能级是简并的，在 $\varepsilon_i$ 能级上有 $g_i$ 个简并度，而且假设每个量子态在不同的能级上可以重复出现，则

在 $\varepsilon_0$ 能级上有 $n_0$ 个粒子，由于有 $g_0$ 个简并态，将产生 $g_0^{n_0}$ 个量子态；

在$\varepsilon_1$ 能级上有$n_1$ 个粒子，由于有$g_1$ 个简并态，将产生$g_1^{n_1}$ 个量子态；

⋮　　⋮　　⋮　　⋮

在 $\varepsilon_i$ 能级上有 $n_i$ 个粒子，由于有 $g_i$ 个简并态，将产生 $g_i^{n_i}$ 个量子态。

因此，某一能级分布类型 $n_0$，$n_1$，$n_2$，…，$n_i$，由于能级简并而产生的分布方式为

$$g_0^{n_0}g_1^{n_1}g_2^{n_2}g_3^{n_3}\cdots=\prod_i g_i^{n_i}\quad (i=0,1,2,\cdots)$$

对于某一能级分布类型 $D$ 来说，它拥有的微观状态数 $W_D$ 应为 $N$ 个粒子按非简并能级排列的方式数与由于能级简并产生的排列方式数的乘积，即：

$$W_D=\frac{N!}{\prod_i n_i!}\prod_i g_i^{n_i}=N!\prod_i\frac{g_i^{n_i}}{n_i!} \tag{8-11}$$

式(8-11) 是计算定域粒子某一能级分布微观状态数的通式，可应用于定域粒子无论能级是否简并的微观状态数的计算。同理，对于另一种能级分布类型 $D'$，

$$\varepsilon_0,\ \varepsilon_1,\ \varepsilon_2,\ \cdots,\ \varepsilon_i$$
$$g_0,\ g_1,\ g_2,\ \cdots,\ g_i$$
$$n'_0,\ n'_1,\ n'_2,\ \cdots,\ n'_i$$

其微观状态数为：$W_{D'}=N!\prod_i\frac{g_i^{n'_i}}{n'_i!}$

### 8.3.4　离域粒子能级分布及其微观状态数的计算

独立子定域系统又称为玻尔兹曼（Boltzmann）系统，上述对其进行处理的统计力学方法称为玻尔兹曼统计，又称为经典统计。经典统计的特点是，不仅认为粒子间是独立无关的，而且认为粒子是可区分的，同时还认为在粒子能级的任一量子状态可容纳任意数量的粒子。但是，从量子力学原理和实验观察的结果可知，这一假设并非是完全正确的。一切同种的微观粒子都是无法区分的，称为**全同粒子**。经典统计方法不适用于处理全同粒子系统。全同粒子被分为两类：电子、质子、中子和由奇数个基本粒子组成的原子或分子（例如 NO），它们必须遵守泡利（Pauli）不相容原理，即每一个量子态最多只能容纳一个粒子，这类粒子称为费米（Fermi）子；光子和由偶数个基本粒子组成的原子或分子（例如 $O_2$），不受泡利原理的限制，即每个量子态所能容纳的粒子数没有限制，这类粒子称为玻色（Bose）子。由费米粒子组成的独立离域粒子系统称为费米-狄拉克（Fermi-Dirac）系统，遵守费米-狄拉克统计，由玻色子组成的独立离域粒子系统称为玻色-爱因斯坦（Bose-Einstein）系统，遵守玻色-爱因斯坦统计。

综上所述，对于独立（离域）全同粒子系统，玻尔兹曼统计似乎已无用武之地。实际上，只要将经典玻尔兹曼统计进行**全同性**修正后，就可以适用于独立、离域粒子系统。所谓全同性修正，是针对由可辨定域粒子系统得到的公式(8-11)进行修正。对于全同粒子系统，由于粒子不可区分，不存在不同能级上粒子互换而产生不同微观状态的问题。可别粒子系统的 $N$ 个可别粒子在 $N$ 个不同能级上的排列方式数为 $N!$，对全同粒子系统来说，由于粒子的不可区分性，$N$ 个全同粒子在 $N$ 个不同能级上的排列方式数为 1。因此，对于全同粒子求 $W_D$，只需在可别粒子系统的统计公式(8-11)中除以 $N!$ 即可。式(8-11)除以 $N!$ 称为**全同性修正**。这样，可得独立离域粒子系统某一能级分布类型的微观状态数为：

$$W_D = N!\prod_i \frac{g_i^{n_i}}{n_i!}\Big/ N! = \prod_i \frac{g_i^{n_i}}{n_i!} \tag{8-12}$$

这种处理方法又称为修正的玻尔兹曼统计。

式(8-12)中的全同性修正因子 $N!$，在数学上似乎难以理解，但在统计力学中，这种简化的处理是许可的。因为离域粒子系统（例如气体），除了极低温度以外，气体分子能级的简并度很大，对各个能级均满足 $g_i \gg n_i$ 条件。而当各个能级均满足 $g_i \gg n_i$ 条件时，玻色-爱因斯坦统计和费米统计的结果与修正的玻尔兹曼统计的结果一样（证明从略，读者可参阅有关统计力学专著）。

### 8.3.5 系统的总微观状态数 $\Omega$

体系的总微观状态数 $\Omega$ 应是所有可能的能级分布类型的微观状态数的总和，对于独立定域子系统和离域子系统，其总微观状态数分别为：

定域子系统
$$\begin{aligned}\Omega_{定} &= W_D + W_{D'} + W_{D''} + \cdots \\ &= N!\prod_i \frac{g_i^{n_i}}{n_i!} + N!\prod_i \frac{g_i^{n'_i}}{n'_i!} + N!\prod_i \frac{g_i^{n''_i}}{n''_i!} + \cdots \\ &= \sum_D W_D = N!\sum_D\left(\prod_i \frac{g_i^{n_i}}{n_i!}\right)_D \end{aligned} \tag{8-13}$$

离域子系统
$$\begin{aligned}\Omega_{离} &= W_D + W_{D'} + W_{D''} + \cdots \\ &= \prod_i \frac{g_i^{n_i}}{n_i!} + \prod_i \frac{g_i^{n'_i}}{n'_i} + \prod_i \frac{g_i^{n''_i}}{n''_i} + \cdots \\ &= \sum_D W_D = \sum_D\left(\prod_i \frac{g_i^{n_i}}{n_i!}\right)_D \end{aligned} \tag{8-14}$$

前面已讲过，任一能级分布类型都应满足 $U$ 和 $N$ 一定的限制条件：$\sum_i n_i = N$，$\sum_i n_i\varepsilon_i = U$。因此，系统的总微观状态数除了与粒子的微观性质（$\varepsilon_i$，$g_i$）有关外，还是系统的宏观条件的 $U$、$N$、$V$ 的函数：

$$\Omega = \Omega(U,N,V)$$

其中，体积 $V$ 的影响表现为改变平动能。由此可知，$\Omega$ 也是一状态函数，且对于 $U$、$N$、$V$ 一定的系统，$\Omega$ 有定值。

### 8.3.6 最概然分布与平衡分布

对于 $U$、$N$、$V$ 有确定值的独立子系统来说，其总微观状态数 $\Omega$ 等于系统的各种能级分布类型微观状态数之和。根据系统热力学宏观性质是其微观运动相应物理量统计平均的统计热力学基本原理，理论上我们首先需要根据式(8-13)或式(8-14)精确地求出系统中各种能级分布的 $W_D$ 和系统的总微观状态数 $\Omega$，方能进行统计平均。实际上，这是不可能的，也是不必要的。究其原因，一是组成系统的粒子数 $N$ 很大（例如 $10^{23}$），所以系统的能级分布类型很多，无法精确求解；另一方面，如在前面讲到的三个一维谐振子组成的系统中所看到的，Ⅰ、Ⅱ、Ⅲ三种分布类型中，只有第Ⅲ种分布类型所拥有的微观状态数最多，出现的概率最大。在由大量的粒子组成的系统中，虽然分布类型很多，但其中只有一种能级分布类型出现的概率最大，它所拥有的微观状态数最多，记为 $W_B$，此能级分布称为**最概然分布**。表 8-1 分别给出了 $N=10$ 和 20 时定域（全同）粒子系统在两个非简并能级上分布的微观状态数、数学概率 $P_D$ 和热力学概率 $W_D$。

**表 8-1　$N=10$ 和 20 时定域（全同）粒子系统在两个非简并能级 A、B 上分布的微观状态数、数学概率 $P_D$ 和热力学概率 $W_D$**

| $M$ | 0 | 1 | … | 4 | 5 | 6 | … | 9 | 10 |
|---|---|---|---|---|---|---|---|---|---|
| $N-M$ | 10 | 9 | … | 6 | 5 | 4 | … | 1 | 0 |
| $W_D$ | 1 | 10 | … | 210 | 252 | 210 | … | 10 | 1 |
| $P_D$ | $9.8\times10^{-4}$ | $9.77\times10^{-3}$ | … | 0.2051 | 0.2461 | 0.2051 | … | $9.77\times10^{-3}$ | $9.8\times10^{-4}$ |
| $M$ | 0 | … | 8 | 9 | 10 | 11 | 12 | … | 20 |
| $N-M$ | 20 | … | 12 | 11 | 10 | 9 | 8 | … | 0 |
| $W_D$ | 1 | … | 125970 | 167960 | 184756 | 167960 | 125970 | … | 1 |
| $P_D$ | $9.5\times10^{-7}$ | … | 0.12013 | 0.16018 | 0.17620 | 0.16018 | 0.12013 | … | $9.5\times10^{-7}$ |

注：$N=10$ 和 20 时，其总微观状态数 $\Omega$ 分别为 1024 和 1048576。

从表 8-1 可知，对于 $N=10$ 和 20，其最概然分布分别为 $M=5$ 和 10 的分布，相应的数学概率分别为 0.2461 和 0.1762，远小于 1，$W_{D,\max}$ 与 $\Omega$ 似乎相差甚远。但是，可以证明，当 $N$ 足够大时，只有最概然分布的微观状态数 $W_{D,\max}$ 对 $\Omega$ 才作有效的贡献，而其他分布类型的微观状态数很小，可忽略不计。事实上，在系统处于平衡状况下，虽然最概然分布的数学概率实际上很小，且随着粒子数增多而减小，但是，在 $N$ 足够大时，最概然分布及偏离最概然分布很小的、宏观上几乎觉察不到的范围内，各种分布的数学概率之和却随着粒子数增多而增大，当 $N$ 大到一定数值时，几乎等于 1，即包含了系统所有的微观状态数。这一规律可用下面例子加以说明。

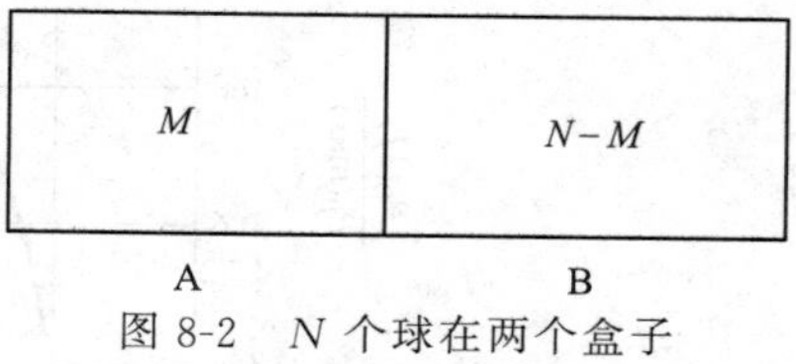

| $M$ | $N-M$ |
|---|---|
| A | B |

图 8-2　$N$ 个球在两个盒子（能级）中的分布

设有 $N$ 个全同的球分配在两个不同的盒子 A 和 B 中，如图 8-2 所示，这相当于两个非简并的能级。在 A 盒中有 $M$ 个球，在 B 盒中有 $(N-M)$ 个球，每个盒中的球数不限，$M$ 是变数，可以是从 0 到 $N$ 之间的任意一数值。这一共有 $(N+1)$ 种分布类型，根据式(8-11)，每种分布类型的微观状态数可表示为：

$$W_D=\frac{N!}{M!(N-M)!}$$

总的微观状态数为：

$$\Omega=\sum_{M=0}^{N}W_D=\sum_{M=0}^{N}\frac{N!}{M!(N-M)!}$$

将上式与二项式

$$(x+y)^N=\sum_{M=0}^{N}\frac{N!}{M!(N-M)!}x^N y^{N-M}$$

比较，令 $x=y=1$，可得

$$2^N=\sum_{M=0}^{N}\frac{N!}{M!(N-M)!}=\sum_{M=0}^{N}W_{\mathrm{D}}=\Omega$$

由二项式中定理可知，使二项式中系数最大，也就是使 $W_{\mathrm{D}}$ 具有极大值（最概然分布）的 $M$ 应为 $N/2$，即 $M=N/2$，这时

$$W_{\mathrm{B}}=\frac{N!}{(N/2)(N/2)!}$$

应用斯特林（Stirling）公式 $N!=\sqrt{2\pi N}\left(\frac{N}{\mathrm{e}}\right)^N$（当 $N>100$ 时，$\ln N!=N\ln N-N$），

$$\ln W_{\mathrm{B}}=\ln\frac{N!}{\frac{N}{2}!\frac{N}{2}!}=\ln\frac{\sqrt{2\pi N}\left(\frac{N}{\mathrm{e}}\right)^N}{\sqrt{\pi N}\left(\frac{N}{2\mathrm{e}}\right)^{N/2}\sqrt{\pi N}\left(\frac{N}{2\mathrm{e}}\right)^{N/2}}=\ln\left(\sqrt{\frac{2}{\pi N}}\cdot 2^N\right)$$

即

$$W_{\mathrm{B}}=\sqrt{\frac{2}{\pi N}}\cdot 2^N$$

将 $N=10^{24}$ 代入上式，由此得最概然分布的数学概率为

$$P\left(\frac{N}{2}\right)=\frac{W_{\mathrm{B}}}{\Omega}=\sqrt{\frac{2}{\pi N}}=\sqrt{\frac{2}{\pi\times 10^{24}}}\approx 8\times 10^{-13}$$

由此可知，在粒子数 $N=10^{24}$ 的系统中，即使是最概然分布，其出现的概率也是很小很小的，而且随着 $N$ 的增大而减小，似乎不能代表平衡分布（所谓**平衡分布**就是能级分布数不随时间变化的分布）。既然如此，又如何理解最概然分布可以代表系统平衡时的一切分布呢？

在上述由 $N$ 个全同粒子分配在两个不同的非简并能级 A 和 B 上所构成的系统中，设任一能级分布 $D$ 和最概然的数学概率分别为 $P_{\mathrm{D}}$ 和 $P_{\mathrm{B}}$。以 $P_{\mathrm{D}}/P_{\mathrm{B}}$ 对 $M/N$ 作图如图 8-3 所示。

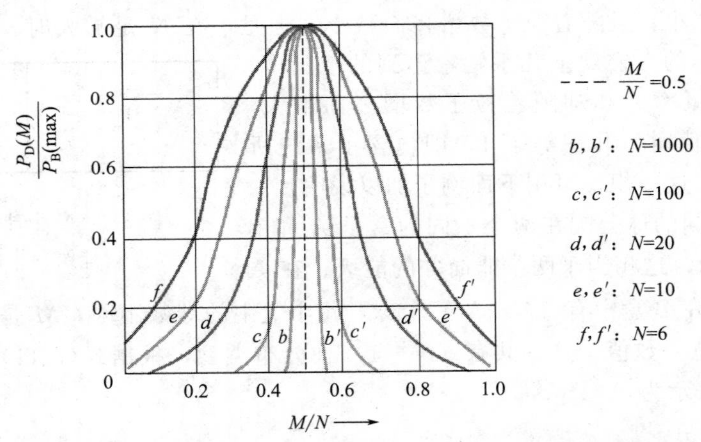


图 8-3 独立定域子系统在两个非简并能级 A、B 上分布的 $P_{\mathrm{D}}/P_{\mathrm{B}}$-$M/N$ 曲线随 $N$ 的变化

图中，最概然分布（$M/N=0.5$）的 $P_{\mathrm{D}}/P_{\mathrm{B}}$ 为一直线（图中用虚线表示）。从图 8-3 可以看出，随着 $N$ 的增大，曲线变得越来越窄，即偏离最概然分布的程度随着 $N$ 的增大而减小。可以设想，当 $N$ 足够大时，曲线就窄到几乎成为在最概然分布处的一条直线，即除了最概然分布外，其他任意能级分布 $D$ 的概率几乎为零，即使处在最概然分布两边，即偏离最概然分布非常小的范围内的 $P_{\mathrm{D}}$ 值不为零，其值也已非常小，如图 8-3 和图 8-4 所示。上

述结果的数学证明如下。

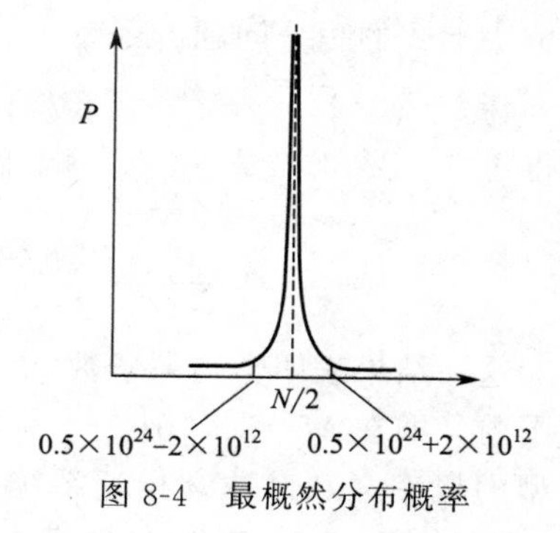

图 8-4　最概然分布概率

设有某一分布，它的分布数 $M$ 与最概然分布有一微小的偏差 $m$，即

在 A 盒子中，分布数 $M=N/2+m$

在 B 盒子中，分布数 $(N-M)=N/2-m$

这一分布的概率为：

$$P(M\pm m)=\frac{W\left(\frac{N}{2}\pm m\right)}{\Omega}=\frac{\dfrac{N!}{\left(\frac{N}{2}-m\right)!\left(\frac{N}{2}+m\right)!}}{2^N}$$

应用斯特林公式，可得：

$$N!=\sqrt{2\pi N}\left(\frac{N}{\mathrm{e}}\right)^N=\sqrt{2\pi}\,N^{N+\frac{1}{2}}\mathrm{e}^{-N}$$

$$\left(\frac{N}{2}-m\right)!=\sqrt{2\pi}\left(\frac{N}{2}-m\right)^{\left(\frac{N}{2}-m\right)+\frac{1}{2}}\mathrm{e}^{-\left(\frac{N}{2}-m\right)}$$

$$\left(\frac{N}{2}+m\right)!=\sqrt{2\pi}\left(\frac{N}{2}+m\right)^{\left(\frac{N}{2}+m\right)+\frac{1}{2}}\mathrm{e}^{-\left(\frac{N}{2}+m\right)}$$

将上述三式代入 $P(M\pm m)$ 中得：

$$P(M\pm m)=\frac{1}{\sqrt{2\pi}}\sqrt{\frac{N}{\left(\frac{N}{2}-m\right)\left(\frac{N}{2}+m\right)}}\frac{1}{\left(1-\frac{2m}{N}\right)^{\frac{N}{2}-m}\left(1+\frac{2m}{N}\right)^{\frac{N}{2}+m}}\qquad (*)$$

由于 $m\ll N/2$，所以 $N/2\pm m\approx N/2$，因此 $\sqrt{\dfrac{N}{(N/2-m)(N/2+m)}}=2/\sqrt{N}$

根据数学公式，当 $x\ll 1$ 时，

$$\ln(1\pm x)=\pm x-\frac{x^2}{2}，\text{即}\ (1\pm x)=\mathrm{e}^{\pm x-\frac{x^2}{2}}$$

令 $x=m/2$，可得

$$\begin{aligned}&\left(1+\frac{2m}{N}\right)^{\frac{N}{2}+m}\left(1-\frac{2m}{N}\right)^{\frac{N}{2}-m}\\&=\exp\left\{\left[\frac{2m}{N}-\frac{1}{2}\left(\frac{2m}{N}\right)^2\right]\left(\frac{N}{2}+m\right)\right\}\exp\left\{\left[-\frac{2m}{N}-\frac{1}{2}\left(\frac{2m}{N}\right)^2\right]\left(\frac{N}{2}-m\right)\right\}\\&=\exp\left(\frac{2m}{N}\right)^2\end{aligned}$$

将上述结果代入式(*)中，得到

$$P(N/2\pm m)=\frac{1}{\sqrt{2\pi}}\times\frac{2}{\sqrt{N}}\mathrm{e}^{-2m^2/N}=\sqrt{\frac{2}{\pi N}}\mathrm{e}^{-2m^2/N}$$

若选定 $m$ 自 $-2\sqrt{N}$ 变至 $+2\sqrt{N}$，则在此 $m$ 间隔范围内各种分布的总概率为

$$\sum_{m=-2\sqrt{N}}^{+2\sqrt{N}}P(N/2-m)=\int_{-2\sqrt{N}}^{2\sqrt{N}}\sqrt{2/\pi N}\,\mathrm{e}^{-2m^2/N}\,\mathrm{d}m\qquad (**)$$

利用误差函数

$$\mathrm{erf}(x)=\int_{-x}^{x}1/\sqrt{\pi}\,\mathrm{e}^{-y^2}\,\mathrm{d}y$$

可解决上式的积分问题。令 $y=\sqrt{2/N}m$，则 $\mathrm{d}m=\sqrt{2/N}\,\mathrm{d}y$

当 $m_1=-2\sqrt{N}$ 时，$y_1=-2\sqrt{2}$；当 $m_2=2\sqrt{N}$ 时，$y_2=2\sqrt{2}$ 代入式(**)，并查误差函数表得

$$\sum_{m=-2\sqrt{N}}^{+2\sqrt{N}} P(N/2-m)=\int_{-2\sqrt{N}}^{2\sqrt{N}} 1/\sqrt{\pi}\,\mathrm{e}^{-y^2}\,\mathrm{d}y=0.99993$$

这一结果表明，当粒子数 $N=10^{24}$ 时，分布数在 $M=N/2-2\sqrt{N}$ 至 $M=N/2+2\sqrt{N}$ 范围内，即在 $M=5\times10^{23}-2\times10^{12}$ 至 $M=5\times10^{23}+2\times10^{12}$ 的狭小区间内的各种分布类型的概率之和已非常接近系统所具有的全部各种分布类型的概率之和（等于 1），如图 8-4 所示。由于 $M$ 偏离 $N/2$ 是如此之小，以致在 $M=5\times10^{23}-2\times10^{12}=4.99999999998\times10^{23}$ 到 $M=5\times10^{23}+2\times10^{12}=5.00000000002\times10^{23}$ 范围内的分布与最概然分布 $M=N/2=5\times10^{23}$ 在实质上并无区别。由此可见，最概然分布与平衡分布的偏差随着 $N$ 的增大而减小，**当 $N$ 足够大时**，最概然分布实际上包括了在其附近极微小的、在宏观上根本无法察觉出来的偏离情况，它足以代表系统平衡时的一切分布，即**最概然分布就是平衡分布**。因此，统计热力学中研究体系的平衡态问题时，总是引用最概然分布的结果。

事实上，从数学的角度考虑，上述情况可以用狄拉克函数 $\delta(x)=0,\ x\neq0$；$\int_{-\varepsilon}^{+\varepsilon}\delta(x)\mathrm{d}x=1$ 来描述，式中 $\varepsilon$ 是任意小的正实数。针对上述最概然分布的讨论，有 $\delta(M)=0,\ M\neq N/2$；$\int_{-m}^{+m}\delta(M)\mathrm{d}M=1$，式中 $m$ 是任意小的正实数。

## 8.4 玻尔兹曼分布及配分函数

### 8.4.1 玻尔兹曼分布

前已述及，$N$、$U$、$V$ 有定值的独立子定域系统能级分布的微观状态数遵守玻尔兹曼统计，可通过式(8-11) 计算；对于 $N$、$U$、$V$ 一定的独立子离域系统，当 $g_i\gg n_i$ 时，其能级分布的微观状态数遵守修正的玻尔兹曼统计，可用式(8-12) 计算。系统的总微观状态数 $\Omega$ 等于系统各种能级分布微观状态数之和。由于粒子数 $N$ 很大（例如 $10^{23}$），要想根据式(8-13) 或式(8-14) 精确求出系统总微观状态数 $\Omega$ 是不可能的，也是不必要的。因为我们已证明，当 $N$ 达到 $10^{23}$ 数量级时，完全可以用最概然分布代替平衡分布。现在要回答的问题是：最概然分布的一般表达式是什么？换句话说，最概然分布所对应的各能级分布数 $n_i$ 与对应的能级 $\varepsilon_i$ 和 $g_i$ 的关系式是什么？由于最概然分布是在满足两个约束条件 $U=\sum_i n_i\varepsilon_i$、$N=\sum_i n_i$ 的前提下具有微观状态数 $W_\mathrm{D}$ 最大的能级分布。因此，根据最概然分布的物理意义，求最概然分布一般表达式实际上是一个求带上述约束条件的多元函数的极值问题。这需要用到拉格朗日（Lagrange J L）待定乘数求函数条件极值的方法。

由于独立定域粒子系统和离域粒子系统的能级分布的微观状态数只相差常数因子 $N!$，它们具有相同极值条件，所得结果完全相同。下面以定域子系统为例求解系统的最概然分布的表达式。

目标函数：
$$W_\mathrm{D}=N!\prod_i \frac{g_i^{n_i}}{n!} \tag{8-15a}$$

或 $$\ln W_{\mathrm{D}}=\ln\left[N!\prod_i \frac{g_i^{n_i}}{n!}\right]=\ln N!+\sum_i \ln\frac{g_i^{n_i}}{n!}$$
$$=N\ln N-N+\sum_i (n_i\ln g_i-n_i\ln n_i+n_i)$$
$$=N\ln N-N+(n_0\ln g_0+n_1\ln g_1+\cdots+n_i\ln g_i)-$$
$$(n_0\ln n_0+n_1\ln n_1+\cdots+n_i\ln n_i)+(n_0+n_1+\cdots+n_i) \tag{8-15b}$$

约束条件： $$y=\sum_i n_i-N=0 \tag{8-15c}$$
$$h=\sum_i n_i\varepsilon_i-U=0 \tag{8-15d}$$

因为函数 $W_{\mathrm{D}}$ 包含连乘积，要直接求解 $W_{\mathrm{D}}$ 的极值很困难。为了运算方便，令 $f=\ln W_{\mathrm{D}}$，当 $W_{\mathrm{D}}$ 处于极值时，$\ln W_{\mathrm{D}}$ 也一定处于极值。此外，有两个约束方程，相应地应有两个待定乘数（设为 $\alpha$ 和 $\beta$）。根据拉格朗日待定乘数法求极值的原理，应有下列方程组：

$$\frac{\partial \ln W_{\mathrm{D}}}{\partial n_i}+\alpha\frac{\partial y}{\partial n_i}+\beta\frac{\partial h}{\partial n_i}=0 \quad (i=0,1,2,\cdots\text{表示许可的能级}) \tag{8-16}$$

分别对式(8-15b)、式(8-15c) 和式(8-15d) 求偏微分，得

$$\partial \ln W_{\mathrm{D}}/\partial n_i=-\ln(n_i/g_i) \quad (i=0,1,2,\cdots\text{表示许可的能级}) \tag{8-17}$$

$$\frac{\partial y}{\partial n_i}=1 \quad (i=0,1,2,\cdots\text{表示许可的能级}) \tag{8-18}$$

$$\frac{\partial h}{\partial n_i}=\varepsilon_i \quad (i=0,1,2,\cdots\text{表示许可的能级}) \tag{8-19}$$

将式(8-17)、式(8-18) 和式(8-19) 代入式(8-16) 中，得

$$\ln(n_i^*/g_i)-\alpha-\beta\varepsilon_i=0 \tag{8-20a}$$

或 $$n_i^*=g_i\mathrm{e}^{\alpha}\exp(\beta\varepsilon_i) \quad (i=0,1,2,\cdots\text{表示许可的能级}) \tag{8-20b}$$

上式中，$n_i^*$（$i=1,2,3,\cdots$）是一套使 $\ln W_{\mathrm{D}}$ 具有极值的分布数，$n_i^*$ 不仅使 $\ln W_{\mathrm{D}}$ 具有极值，而且使 $\ln W_{\mathrm{D}}$ 具有极大值，其证明如下：对式(8-17) 的偏微商为

$$\partial \ln W_{\mathrm{D}}/\partial n_i^*=-\ln(n_i^*/g_i)$$
$$\partial^2 \ln W_{\mathrm{D}}/\partial n_i^{*2}=-(g_i/n_i^*)$$

因为有 $g_i/n_i^*>1$，所以

$$\partial^2 \ln W_{\mathrm{D}}/\partial n_i^{*2}<0 \quad (i=1,2,3,\cdots)$$

因为 $\ln W_{\mathrm{D}}$ 对 $n_i$ 的二阶偏微商在极值处的值均小于零，故求得的极值为极大值，否则为极小值。因此，式(8-20b) 求出的 $n_i^*$ 就是使 $W_{\mathrm{D}}$ 为极大值的最概然分布的表达式。式中 $n_i^*$ 表示在 $\varepsilon_0$，$\varepsilon_1$，…，$\varepsilon_i$ 能级上的一套分布数 $n_0^*$，$n_1^*$，…，$n_i^*$。式(8-20b) 就是独立可辨（定域）粒子系统的最概然分布的表达式，但尚需求出待定乘数 $\alpha$ 和 $\beta$ 值。

待定乘数 $\alpha$ 可以通过最概然分布 $n_i^*$ 同时要满足的二个条件之一的方程式(8-17) 求得，将方程式(8-20b) 代入式 $\sum n_i=N$ 中得

$$\sum_i g_i\mathrm{e}^{\alpha}\exp(\beta\varepsilon_i)=N$$

$\alpha$ 是与 $i$ 无关的，故有

$$e^{\alpha}\sum_i g_i\exp(\beta\varepsilon_i)=N$$

$$e^{\alpha}=N\bigg/\left[\sum_i g_i\exp(\beta\varepsilon_i)\right]$$

定义：$\sum\limits_i g_i\exp(\beta\varepsilon_i)\equiv q$，$q$ 称为粒子的配分函数，则

$$e^{\alpha}=N/q$$

或
$$\alpha=\ln(N/q) \tag{8-21}$$

关于待定乘数 $\beta$，可以证明（证明从略）：

$$\beta=-1/(kT) \tag{8-22}$$

式中，$k$ 为玻尔兹曼常数，$T$ 为热力学温度，$kT$ 具有能量量纲。

将 $\alpha$ 和 $\beta$ 值代入式(8-20b) 中得最概然分布为

$$n_i^*=\frac{N}{q}g_i\exp(-\varepsilon_i/kT) \tag{8-23}$$

式(8-23) 称为**玻尔兹曼分布定律**或**玻尔兹曼分布公式**。凡是 $n_i$、$g_i$ 和 $\varepsilon_i$ 之间符合式(8-23) 的分布称为**玻尔兹曼分布**。可以看出，最概然分布（玻尔兹曼分布）与系统的宏观条件 $N$、$U$、$V$ 有关（$N$、$U$、$V$ 确定，$T$ 也确定），此外还与粒子的微观性质有关。为了书写方便，以后我们将 $n_i^*$ 的上标“*”一概省去不写。

玻尔兹曼分布式(8-23) 在不同的场合，可以转换不同的形式，例如，将式(8-23) 写成：

$$\frac{n_i}{N}=\frac{g_i}{q}\exp(-\varepsilon_i/kT) \tag{8-24}$$

式(8-24) 表示粒子在 $\varepsilon_i$ 能级上出现的概率。一般而言，能级越高，被占据的概率越小。

两个能级 $i$ 和 $j$ 上的粒子数之比可表示为

$$\frac{n_i}{n_j}=\frac{g_i\exp(-\varepsilon_i/kT)}{g_j\exp(-\varepsilon_j/kT)} \tag{8-25}$$

在经典统计中常常不考虑简并度，上式变为

$$\frac{n_i}{n_j}=\exp[-(\varepsilon_i-\varepsilon_j)/kT] \tag{8-26}$$

若规定粒子的最低能级 $\varepsilon_0=0$，在 $\varepsilon_0$ 能级上的粒子数为 $n_0$，则式(8-26) 可表示为

$$n_i=n_0\exp(-\varepsilon_i/kT)=n_0\exp(-E_i/RT) \tag{8-27}$$

式(8-27) 是物理化学中常见到的一种最概然分布表达式，式中 $E_i=L\varepsilon_i$。

### 8.4.2 粒子配分函数

在玻尔兹曼分布定律式(8-23) 中，其分母在统计热力学中占有重要位置，将其定义为粒子的配分函数，简称为配分函数 $q$。

$$q\equiv\sum_j\exp(-\varepsilon_j/kT)=\sum_i g_i\exp(-\varepsilon_i/kT) \tag{8-28}$$

式中，$j$ 表示量子态，$\exp(-\varepsilon_j/kT)$ 称为**玻尔兹曼因子**，$\sum\limits_j$ 表示对所有量子态的求和，故配分函数 $q$ 的物理意义可表述为**一个粒子的所有量子态的玻尔兹曼因子之和**；另一方面，$i=1$、2、3、…、$\varepsilon_i$ 是第 $i$ 个能级的能量，$g_i$ 是 $\varepsilon_i$ 能级的简并度（量子态数），求和号 $\sum\limits_i$ 表示对所有的能级求和，又因为玻尔兹曼因子 $\exp(-\varepsilon_i/kT)<1$，所以常将 $g_i\exp(-\varepsilon_i/$

$kT$）称为能级 $i$ 的有效状态数或称为能级 $i$ 的有效容量，**故 $q$ 又称为一个粒子的所有能级的有效状态和**。由式(8-27) 可知，$q$ 值决定了粒子在各能级上的分布情况，而 $g_i$ 和 $\varepsilon_i$ 取决于粒子的性质，故将 $q$ 称为粒子的配分函数。此外，由于是独立子系统，因而一个粒子的配分函数 $q$ 与其余粒子的存在与否无关。

应该强调指出，粒子的配分函数只在独立粒子系统中才有意义，是一个量纲为 1 的量。从配分函数定义式可看出，分（粒）子配分函数 $q$ 是分（粒）子微观状态性质的反映，它与分子的能级 $\varepsilon_i$ 和简并度 $g_i$ 有关，此外还与宏观条件（温度）有关。分（粒）子配分函数的物理意义还体现在玻尔兹曼公式可表示为：

$$\frac{n_i}{N}=\frac{g_i \mathrm{e}^{-\varepsilon_i/kT}}{q} \tag{8-29}$$

式中，右方的分子是 $q$ 中的一项，由此可知 $q$ 中的任何一项（第 $i$ 项）与 $q$ 之比是粒子在 $i$ 能级上出现的概率，其值等于处于该能级 $i$ 上的粒子数与总粒子数之比。

任意两能级上粒子数之比为：

$$\frac{n_i}{n_j}=\frac{g_i \mathrm{e}^{-\varepsilon_i/kT}}{g_j \mathrm{e}^{-\varepsilon_j/kT}} \tag{8-30}$$

即 $q$ 中的任意两项之比是两能级上的分（粒）子分布（最概然分布）数之比，这也正是 $q$ 被称为配分函数一词的由来。在玻尔兹曼统计中，作为微观与宏观之间桥梁的主要媒介就是分（粒）子的配分函数 $q$。

## 8.5　独立离域分（粒)子配分函数及其计算

正如上节所述，作为微观和宏观之间桥梁的主要媒介配分函数 $q$，对其求解是用统计的方法计算系统热力学性质的关键所在。对配分函数求解的关键步骤是解决配分函数定义式中的求和问题。

### 8.5.1　粒子配分函数的析因子性质

对于独立子系统，若将分子的各种运动形式：平动、转动、振动、电子运动和核自旋运动看作是彼此独立的，则分子的总能量可看作是各种运动的能量之和。

$$\varepsilon=\varepsilon_{\mathrm{t}}+\varepsilon_{\mathrm{r}}+\varepsilon_{\mathrm{v}}+\varepsilon_{\mathrm{e}}+\varepsilon_{\mathrm{n}} \tag{8-31}$$

分子某一能级上的简并度（量子状态数）也应该是各种运动形式在该能级上的简并度的乘积。

$$g=g_{\mathrm{t}}g_{\mathrm{r}}g_{\mathrm{v}}g_{\mathrm{e}}g_{\mathrm{n}} \tag{8-32}$$

一个分子的配分函数，根据定义：

$$\begin{aligned} q &\equiv \sum_i g_i \exp(-\varepsilon_i/kT)=\sum_i g_{\mathrm{t},i}g_{\mathrm{r},i}g_{\mathrm{v},i}g_{\mathrm{e},i}g_{\mathrm{n},i}\mathrm{e}^{-(\varepsilon_{\mathrm{t},i}+\varepsilon_{\mathrm{r},i}+\varepsilon_{\mathrm{v},i}+\varepsilon_{\mathrm{e},i}+\varepsilon_{\mathrm{n},i})/(kT)} \\ &=\left[\sum_i g_{\mathrm{t},i}\mathrm{e}^{-\varepsilon_{\mathrm{t},i}/(kT)}\right]\left[\sum_i g_{\mathrm{r},i}\mathrm{e}^{-\varepsilon_{\mathrm{r},i}/(kT)}\right]\left[\sum_i g_{\mathrm{v},i}\mathrm{e}^{-\varepsilon_{\mathrm{v},i}/(kT)}\right] \\ &\quad\left[\sum_i g_{\mathrm{e},i}\mathrm{e}^{-\varepsilon_{\mathrm{e},i}/(kT)}\right]\left[\sum_i g_{\mathrm{n},i}\mathrm{e}^{-\varepsilon_{\mathrm{n},i}/(kT)}\right] \end{aligned} \tag{8-33}$$

上式中，各括号内的物理量只与粒子各独立运动形式有关，分别称为粒子各独立运动的配分函数，即

$$
\left.\begin{aligned}
&\text{平动配分函数} && q_{\mathrm{t},i}=\sum_i g_{\mathrm{t},i}\,\mathrm{e}^{-\varepsilon_{\mathrm{t},i}/(kT)}\\
&\text{转动配分函数} && q_{\mathrm{r},i}=\sum_i g_{\mathrm{r},i}\,\mathrm{e}^{-\varepsilon_{\mathrm{r},i}/(kT)}\\
&\text{振动配分函数} && q_{\mathrm{v},i}=\sum_i g_{\mathrm{v},i}\,\mathrm{e}^{-\varepsilon_{\mathrm{v},i}/(kT)}\\
&\text{电子运动配分函数} && q_{\mathrm{e},i}=\sum_i g_{\mathrm{e},i}\,\mathrm{e}^{-\varepsilon_{\mathrm{e},i}/(kT)}\\
&\text{核自旋配分函数} && q_{\mathrm{n},i}=\sum_i g_{\mathrm{n},i}\,\mathrm{e}^{-\varepsilon_{\mathrm{n},i}/(kT)}
\end{aligned}\right\}\qquad(8\text{-}34)
$$

因此

$$q=q_{\mathrm{t}}q_{\mathrm{r}}q_{\mathrm{v}}q_{\mathrm{e}}q_{\mathrm{n}} \qquad (8\text{-}35)$$

式(8-34) 和式(8-35) 表明：一个分子的全配分函数可以表示为各种独立运动形式的配分函数之积，式(8-35) 称为分子配分函数的析因子方程。有了式(8-35)，求粒子配分函数就变成了分别求粒子各种独立运动形式的配分函数，这样大大地方便了分子配分函数的计算。

### 8.5.2 能量零点的选择对配分函数的影响

由于在配分函数的指数项中含有能量变量，很显然，配分函数的值与能量有关。然而，由于各能级能量的绝对值并不知道，只能通过选择能量参考点求其相对值。而任一能级 $i$ 的能量与其零点的选择有关。这就像珠穆朗玛峰的高度，当选择海平面高度为零时，其高度为8844.43m，而选择拉萨市（拉萨市的平均海拔高度为 3700m）为零点时，珠穆朗玛峰的高度为 5144.43m。选择不同的能量标度，计算的配分函数值不同，对有关热力学量的计算也将产生影响。因此，为了方便起见，统一规定**分子基态能量为能量零点**，即规定分子基态时的能量为零。在绝对零度时，分子当然处在基态，按此规定，分子在**绝对零度时的能量为零**。若某分子基态时能量为绝对值 $\varepsilon_0$，能级 $i$ 的能量为 $\varepsilon_i$，则选择分子基态能量为零（此时，各独立运动的基态能量也自然为零）时，能级 $i$ 的能量 $\varepsilon_i^0$ 应为

$$\varepsilon_i^0=\varepsilon_i-\varepsilon_0 \qquad (8\text{-}36)$$

规定基态能级的能量为零时的配分函数以 $q^0$ 表示，则

$$q=\sum_i g_i\,\mathrm{e}^{-\varepsilon_i/(kT)}=\sum_i g_i\,\mathrm{e}^{-(\varepsilon_i^0+\varepsilon_0)/(kT)}=\mathrm{e}^{-\varepsilon_0/(kT)}\sum_i g_i\,\mathrm{e}^{-\varepsilon_i^0/(kT)}$$

令

$$q^0=\sum_i g_i\,\mathrm{e}^{-\varepsilon_i^0/(kT)} \qquad (8\text{-}37)$$

则有

$$q=\mathrm{e}^{-\varepsilon_0/(kT)}q^0\ \text{或}\ q^0=\mathrm{e}^{\varepsilon_0/(kT)}q \qquad (8\text{-}38)$$

由于 $\mathrm{e}^{-\varepsilon_0/(kT)}<1$，所以 $q^0>q$。

将上述关系式应用于各独立运动的配分函数式，得

$$
\left.\begin{aligned}
&q_{\mathrm{t}}=\mathrm{e}^{-\varepsilon_{\mathrm{t},0}/(kT)}q_{\mathrm{t}}^0,\quad q_{\mathrm{r}}=\mathrm{e}^{-\varepsilon_{\mathrm{r},0}/(kT)}q_{\mathrm{r}}^0\\
&q_{\mathrm{v}}=\mathrm{e}^{-\varepsilon_{\mathrm{v},0}/(kT)}q_{\mathrm{v}}^0,\quad q_{\mathrm{e}}=\mathrm{e}^{-\varepsilon_{\mathrm{e},0}/(kT)}q_{\mathrm{e}}^0\\
&q_{\mathrm{n}}=\mathrm{e}^{-\varepsilon_{\mathrm{n},0}/(kT)}q_{\mathrm{n}}^0
\end{aligned}\right\}\qquad(8\text{-}39)
$$

因 $\varepsilon_{\mathrm{t},0}\approx0$、$\varepsilon_{\mathrm{r},0}=0$，故有 $q_{\mathrm{t}}\approx q_{\mathrm{t}}^0$、$q_{\mathrm{r}}=q_{\mathrm{r}}^0$。

**例 8-2** 由光谱数据得出 NO 气体的振动频率 $\nu=5.602\times10^{13}\mathrm{s}^{-1}$，试求 300K 时 NO 的 $q_{\mathrm{v}}^0$ 与 $q_{\mathrm{v}}$ 之比。

**解** 已知 $\varepsilon_0=h\nu/2$，由式(8-39) 可知

$$\frac{q_v^0}{q_v}=\exp[\varepsilon_{v,0}/(kT)]=\exp\left(\frac{h\nu}{2kT}\right)=\exp\left(\frac{6.626\times10^{-34}\times5.602\times10^{13}}{2\times1.381\times10^{-23}\times300}\right)$$

$$=\exp(4.48)=88.2$$

显然，在常温下，$q_v^0$ 与 $q_v$ 的差别不能忽略。可以想象，电子和核运动的基态能量较振动更大，当然更不能忽略。

选择不同的能量零点会影响配分函数的值，请问：对计算玻尔兹曼分布中任一能级上粒子的分布数 $n_i$ 有影响吗？对 $n_i/n_j$ 值有影响吗？请读者思考之。

### 8.5.3 平动配分函数的计算

一个质量为 $m$ 的分子在边长为 $a$、$b$、$c$ 的容器中作平动运动，可看作是一个三维平动子的运动。由式(8-6) 可知，其能量由三个量子数 $n_x$、$n_y$ 和 $n_z$ 的值决定。假设三维平动子在 $x$、$y$、$z$ 三个方向的运动是彼此独立无关的，则

$$\varepsilon_t=\varepsilon_{t,x}+\varepsilon_{t,y}+\varepsilon_{t,z} \tag{8-40}$$

将式(8-6) 代入式(8-34) 平动配分函数中得：

$$q_t=\sum_{n_x,n_y,n_z}\exp\left[-\frac{h^2}{8mkT}\left(\frac{n_x^2}{a^2}+\frac{n_y^2}{b^2}+\frac{n_z^2}{c^2}\right)\right]$$

若令 $\lambda_x^2=\dfrac{h^2}{8mkTa^2}$，$\lambda_y^2=\dfrac{h^2}{8mkTb^2}$，$\lambda_z^2=\dfrac{h^2}{8mkTc^2}$，则

$$q_t=\sum_{n_x,n_y,n_z}\exp[-(\lambda_x^2n_x^2+\lambda_y^2n_y^2+\lambda_z^2n_z^2)]$$

$$=\sum_{n_x}\exp(-\lambda_x^2n_x^2)\sum_{n_y}\exp(-\lambda_y^2n_y^2)\sum_{n_z}\exp(-\lambda_z^2n_z^2)$$

$$q_t=q_{t,x}q_{t,y}q_{t,z} \tag{8-41}$$

上式表明，类似于配分函数析因子性质，粒子的平动配分函数为 $x$、$y$、$z$ 方向上平动配分函数的乘积。$q_{t,x}$、$q_{t,y}$ 和 $q_{t,z}$ 三者具有相同的形式，只需求出其中之一如 $q_{t,x}$ 即可。

由于粒子的平动能级差很小（$\Delta\varepsilon=10^{-40}$J），常温下，$h^2/(8mkTa^2)\approx10^{-19}\ll1$，量子效应不显著，从数学上知道，当 $\lambda_x^2\ll1$ 时，下式中的求和号可用积分号代替，加之能极差很小，积分下限可以从 1 扩展到零，故

$$q_{t,x}=\sum_{n_x=1}^{\infty}\exp(-\lambda_x^2n_x^2)\approx\int_0^{\infty}\exp(-\lambda_x^2n_x^2)\mathrm{d}n_x$$

查积分表得

$$\int_0^{\infty}\exp[-(\lambda_xn_x)^2]\mathrm{d}n_x=\sqrt{\pi}/2\lambda_x$$

由此得

$$q_{t,x}=\sqrt{\pi}/2\lambda_x=\sqrt{2\pi mkT}\cdot a/h$$

同理 $q_{t,y}=\sqrt{\pi}/2\lambda_y=\sqrt{2\pi mkT}\cdot b/h$；$q_{t,z}=\sqrt{\pi}/2\lambda_z=\sqrt{2\pi mkT}\cdot c/h$

由此得

$$q_t=\left(\frac{2\pi mkT}{h^2}\right)^{3/2}abc$$

$$q_t^0=q_t=\left(\frac{2\pi mkT}{h^2}\right)^{3/2}V \tag{8-42}$$

式(8-42) 即为平动配分函数的计算式，且 $q_t=f(m,T,V)$。

如果用 $f_t$ 表示立方容器中平动子的一个平动自由度的配分函数，则 $q_t = f_t^3$

$$f_t = q_t^{1/3} = \left(\frac{2\pi mkT}{h^2}\right)^{1/2} V^{1/3} \tag{8-43}$$

将理想气体 $V = nRT/p = NkT/p$ 及 $m = M/L$ 代入式(8-42) 中，可得理想气体平动配分函数计算式的另一种形式：

$$q_t = 8.2052 \times 10^7 N[M/(\text{kg·mol}^{-1})]^{3/2} (T/\text{K})^{5/2} (p/\text{Pa}) \tag{8-44}$$

**例 8-3** 若 $N_2$ 为理想气体，求 300K 时 $1\times10^{-6}\text{m}^3$ 内每个 $N_2$ 分子的平动配分函数值。已知：$h = 6.626\times10^{-34}\text{J·s}, k = 1.38\times10^{-23}\text{J·K}^{-1}$，$M(N_2) = 28.016\times10^{-3}\text{kg·mol}^{-1}$。

**解** 一个 $N_2$ 分子的质量为：

$$m = \frac{M}{L} = M/(6.023\times10^{23}) = 1.66\times10^{-24}M$$

$$q_t = q_t^0 = \left(\frac{2\pi mkT}{h^2}\right)^{3/2} V$$

$$= \frac{(2\pi\times1.66\times10^{-24}\times28.016\times10^{-3}\times1.38\times10^{-23}\times300)^{3/2}}{(6.626\times10^{-34})^3} \times 10^{-6}$$

$$= 1.45\times10^{26}$$

由上述的计算可知，常温下分子的平动配分函数是一个很大的数值。

### 8.5.4 转动配分函数的计算

对于双原子分子，除平动外，分子内部还有转动和振动。一般来说，这两种运动形式相互有关联，但为了简化，可近似认为两者彼此独立，并将转动看作是刚性转子绕质心运动。

根据量子力学结论，线性刚性转子的能级公式为

$$\varepsilon_r = J(J+1)\frac{h^2}{8\pi^2 I}$$

式中，$J = 0$、1、2 等整数；$I$ 是转动惯量，可以通过分子的转动光谱得到，对双原子分子也可以通过下式计算得到

$$I = \mu r^2 = \frac{m_1 m_2}{m_1 + m_2} r^2$$

式中，$m_1$、$m_2$ 分别是双原子分子中两个原子的质量；$\mu$ 是约化质量；$r$ 是两原子的质心距离。

此外，分子转动角动量的空间取向是量子化的，转动能级简并度 $g_r = 2J+1$，所以

$$q_r = \sum_{J=0}^{\infty}(2J+1)\exp\left[-J(J+1)\frac{h^2}{8\pi^2 IkT}\right] \tag{8-45}$$

令 $\Theta_r = h^2/(8\pi^2 Ik)$，$\Theta_r$ 的单位为 K，称为分子的转动特征温度，表 8-2 中给出了常见气体的 $\Theta_r$。常温下，除少数分子（$H_2$）外，对大多数气体而言，$\Theta_r/T \ll 1$，因此可以用积分号代替求和号来计算 $q_r$（一般来说，当 $T > 5\Theta_r$ 时，就能满足这个条件），所以

$$q_r = \int_0^{\infty}(2J+1)\exp[-J(J+1)\Theta_r/T]\mathrm{d}J$$

令 $x = J(J+1)$，$\mathrm{d}x = (2J+1)\mathrm{d}J$，当 $J$ 从 0 到∞，$x$ 也从 0 到∞，上式可表示为

$$q_r = \int_0^{\infty}\exp(-\Theta_r x/T)\mathrm{d}x = \frac{T}{\Theta_r} = \frac{8\pi^2 IkT}{h^2} \tag{8-46}$$

上式适用于异核双原子分子，也适用于非对称的线性多原子分子，如 HCN 等。但对同

表 8-2　一些双原子分子的转动特征温度和振动特征温度

| 气　体 | 转动特征温度($\Theta_r$) /K | 振动特征温度($\Theta_v$) /K | 转动惯量 $I$ /$10^{-46}$kg·m$^2$ | 核间距 $r$ /$10^{-10}$m | 基态的振动频率 $\nu$ /$10^{12}$s$^{-1}$ |
|---|---|---|---|---|---|
| $H_2$ | 85.4 | 6100 | 0.0460 | 0.742 | 131.8 |
| $N_2$ | 2.86 | 3340 | 1.394 | 1.095 | 70.75 |
| $O_2$ | 2.07 | 2230 | 1.935 | 1.207 | 47.38 |
| CO | 2.77 | 3070 | 1.449 | 1.128 | 65.05 |
| NO | 2.42 | 2690 | 1.643 | 1.151 | 57.09 |
| HCl | 15.2 | 4140 | 0.2645 | 1.275 | 80.63 |
| HBr | 12.1 | 3700 | 0.331 | 1.414 | — |
| HI | 9.0 | 3200 | 0.431 | 1.604 | — |

核双原子分子，由于分子对称性缘故：

$$q_r = q_r^0 = \frac{T}{\sigma\Theta_r} = \frac{8\pi^2 IkT}{\sigma h^2} \tag{8-47}$$

式中，$\sigma$ 称为分子的对称数，其物理意义为分子绕对称轴旋转 360°时不可区分的（即复原的）次数，对于同核双原子分子 $\sigma=2$，异核双原子分子 $\sigma=1$。由式(8-46）或式(8-47）可知，$q_r=f(\sigma,I,T)$ 的函数，与体积无关。

严格地说，式(8-46）或式(8-47）只适用于 $T\gg\Theta_r$，一般要求 $T>5\Theta_r$，对大多数异核双原子分子和不对称线型多原子分子来说，在 $T\geqslant$100K 时，用式(8-47）计算转动配分函数不致引起太大的误差。在低温下，用上式将得不出正确的 $q_r$ 值，需要用式(8-45）计算 $q_r$ 值。

**例 8-4**　CO 的转动惯量 $I=1.45\times10^{-46}$kg·m$^2$，计算 298.15K 时的转动配分函数。

**解**　$$q_r = \frac{8\pi^2 IkT}{h^2} = \frac{8\pi^2\times1.45\times10^{-46}\times1.38\times10^{-23}\times298.15}{(6.626\times10^{-34})^2} = 107.2$$

## 8.5.5　振动配分函数的计算

双原子分子沿化学键方向的振动可视作一维谐振子的振动。其能级公式为

$$\varepsilon_v = (v+1/2)h\nu \quad , \quad v=0,1,2,\cdots$$

式中，$v$ 是一维谐振子的振动频率，一维谐振子能级是非简并的，$g_v=1$。因此，一个双原子分子的振动配分函数为

$$q_v = \sum_v g_v \exp(-\varepsilon_v/kT) = \sum_{v=0}^{\infty}\exp[-(v+1/2)h\nu/kT]$$

$$= \exp(-h\nu/2kT)\sum_{v=0}^{\infty}\exp(-vh\nu/kT)$$

$$q_v = \exp(-h\nu/2kT)[1+\exp(-h\nu/kT)+\exp(-2h\nu/kT)+\cdots] \tag{8-48}$$

已知常温下振动能级间隔 $\Delta\varepsilon=h\nu\approx10kT$。因此，上式中求和号不能用积分号代替。定义 $\Theta_v\equiv h\nu/k$，$\Theta_v$ 具有温度量纲，称为振动特征温度。令 $x=\exp(-h\nu/kT)\approx e^{-10}\ll1$，则上式可写成

$$q_v = \exp(-\Theta_v/2T)(1+x+x^2+x^3+\cdots)$$

应用数学公式

$$1+x+x^2+x^3+\cdots = \frac{1}{1-x} \qquad (x\ll1)$$

得
$$q_{\mathrm{v}}=\frac{\mathrm{e}^{-\Theta_{\mathrm{v}}/2T}}{1-\mathrm{e}^{-\Theta_{\mathrm{v}}/T}}=\frac{\mathrm{e}^{-h\nu/2kT}}{1-\mathrm{e}^{-h\nu/kT}} \tag{8-49}$$

由表 8-2 可知，绝大多数气体的 $\Theta_{\mathrm{v}}$ 都很高，常温下，$\Theta_{\mathrm{v}}/T\gg1$。于是式(8-49) 可近似为
$$q_{\mathrm{v}}\approx\mathrm{e}^{-\Theta_{\mathrm{v}}/2T}=\mathrm{e}^{-h\nu/2kT} \tag{8-50}$$

式(8-50) 说明，在常温下，气体分子几乎总是处于振动基态；只有当温度 $T$ 接近 $\Theta_{\mathrm{v}}$ 时，其他各能级的振动配分函数才有实际贡献。当温度很高，$T\gg\Theta_{\mathrm{v}}$ 时，式(8-48) 的求和可用积分号代替，且有
$$q_{\mathrm{v}}=\frac{T}{\Theta_{\mathrm{v}}}\mathrm{e}^{-h\nu/2kT}=\frac{kT}{h\nu}\mathrm{e}^{-h\nu/2kT},\quad q_{\mathrm{v}}^{0}=\frac{kT}{h\nu} \tag{8-51}$$

说明此时振动各能级均实际有效。

若将能量标度零点选在振动基态能级，即 $\nu=0$ 时，$\varepsilon_0=0$ 则式(8-49) 可表示为
$$q_{\mathrm{v}}^{0}=\frac{1}{1-\mathrm{e}^{-\Theta_{\mathrm{v}}/T}}=\frac{1}{1-\mathrm{e}^{-h\nu/kT}} \tag{8-52}$$

当 $\Theta_{\mathrm{v}}/T\gg1$ 时，$q_{\mathrm{v}}^{0}=1$，此时，分子振动对各热力学量贡献的计算可被大大简化。

对于由 $n$ 个原子所组成的多原子分子来说，其振动自由度不止一个，需将各一维简谐振子的配分函数相乘。可分以下两种情况。

如果是线型多原子分子，由于其振动自由度为 $3n-5$，故其振动配分函数应为
$$q_{\mathrm{v}}^{0}=\prod_{i=1}^{3n-5}\frac{1}{1-\mathrm{e}^{-h\nu_i/kT}} \tag{8-53}$$

如果是非线型多原子分子，其振动自由度为 $3n-6$，故其振动配分函数应为
$$q_{\mathrm{v}}^{0}=\prod_{i=1}^{3n-6}\frac{1}{1-\mathrm{e}^{-h\nu_i/kT}} \tag{8-54}$$

式中，$\nu_i$ 表示第 $i$ 个自由度的基本振动频率。值得注意的是，不同自由度的振动频率可能不一样。

**例 8-5** 已知气体 $I_2$ 相邻振动能级的能量差 $\Delta\varepsilon=0.426\times10^{-20}$J，试求 300K 时 $I_2$ 的 $\Theta_{\mathrm{v}}$、$q_{\mathrm{v}}$、$q_{\mathrm{v}}^{0}$ 及 $f_{\mathrm{v}}^{0}$（$f_{\mathrm{v}}^{0}$ 是一个振动自由度的配分函数）。

**解** $\varepsilon_{\mathrm{v}}=\left(v+\frac{1}{2}\right)h\nu$，$\Delta\varepsilon=h\nu$，由此得
$$\Theta_{\mathrm{v}}=\frac{h\nu}{k}=\frac{\Delta\varepsilon}{k}=\frac{0.426\times10^{-20}}{1.38\times10^{-23}}\mathrm{K}=308.6\mathrm{K}$$
$$q_{\mathrm{v}}=\frac{1}{\mathrm{e}^{h\nu/2kT}-\mathrm{e}^{-h\nu/2kT}}=\frac{1}{\mathrm{e}^{\Delta\varepsilon/2kT}-\mathrm{e}^{-\Delta\varepsilon/2kT}}$$
$$\frac{\Delta\varepsilon}{2kT}=\frac{0.426\times10^{-20}}{2\times1.38\times10^{-23}\times300}=0.5145$$
$$q_{\mathrm{v}}=\frac{1}{\mathrm{e}^{0.5145}-\mathrm{e}^{-0.5145}}=\frac{1}{1.673-0.5978}=0.9301$$
$$q_{\mathrm{v}}^{0}=\frac{1}{1-\mathrm{e}^{-h\nu/kT}}=\frac{1}{1-\mathrm{e}^{-\Delta\varepsilon/kT}}\quad（已知\frac{\Delta\varepsilon}{kT}=1.029）$$
$$=\frac{1}{1-\mathrm{e}^{-1.029}}=\frac{1}{1-0.35736}=1.556$$
$$f_{\mathrm{v}}^{0}=q_{\mathrm{v}}^{0}=1.556$$

**例 8-6** 已知NO分子的振动特征温度 $\Theta_v=2690K$，试求300K时NO分子的振动配分函数 $q_v$ 和 $q_v^0$。

**解** 将 $\Theta_v=2690K$ 及 $T=300K$ 代入式(8-49)和式(8-52)中，分别得

$$q_v=(e^{\Theta_v/2T}-e^{-\Theta_v}/2T)^{-1}=(e^{2690/2\times300}-e^{-2690/2\times300})^{-1}$$

$$=(89.53-0.01)^{-1}=0.011$$

$$q_v^0=(1-e^{-\Theta_v/2T})^{-1}=(1-e^{-2690/2\times300})^{-1}=1.001\approx1$$

计算结果表明，300K时NO分子的 $q_v^0\approx1$，结合式(8-48)和 $q_v^0$ 的定义可知

$$q_v^0=1+e^{-\varepsilon_{v,1}/kT}+e^{-2\varepsilon_{v,2}/kT}+e^{-3\varepsilon_{v,3}/kT}+\cdots$$

上例计算的结果是 $q_v^0\approx1$，说明在 $T\ll\Theta_v$ 条件下，NO基态以上各振动能级的有效容量之和基本为零，换句话说，由于温度太低，粒子的振动能达不到基态以上的能级，基态以上的各能级基本没有开放，粒子的振动几乎全部处于基态。

### 8.5.6 电子运动的配分函数

前面已讨论过，电子的能级间隔 $\Delta\varepsilon$ 较大，一般 $\Delta\varepsilon=100kT$。除少数例外，在进行化学反应温度下，原子或分子的电子处于基态。所以式(8-34)中关于电子配分函数求和项中自第二项起均可忽略，故

$$q_e=g_{e,0}e^{-\varepsilon_{e,0}/kT}$$

当基态能级 $\varepsilon_0=0$ 时

$$q_e^0=g_{e,0}=\text{常数}$$

除了 $O_2$ 和NO等少数分子外，分子和稳定离子的基态电子能级几乎总是非简并的，即 $g_{e,0}=1$。这样，类似于低温下分子的振动，电子对各热力学量贡献的计算也可大大简化。

### 8.5.7 核运动的配分函数

只考虑核运动全部处于基态的情况，同上所述，可得

$$q_n=g_{n,0}e^{-\varepsilon_{n,0}/kT}\quad,\quad q_n^0=g_{n,0}=\text{常数}$$

### 8.5.8 分（粒）子全配分函数

① 单原子分子的全配分函数

单原子分子只有平动、电子运动和核自旋运动。因此，单原子分子全配分函数可表示为：

$$q^0=q_tq_e^0q_n^0=\left(\frac{2\pi mkT}{h^2}\right)^{3/2}V\cdot g_{e,0}\cdot g_{n,0} \tag{8-55}$$

② 双原子分子的全配分函数

$$q^0=q_tq_rq_v^0q_e^0q_n^0=\left(\frac{2\pi mkT}{h^2}\right)^{3/2}V\cdot\frac{8\pi^2IkT}{\sigma h^2}\cdot\frac{1}{1-e^{-h\nu/kT}}\cdot g_{e,0}\cdot g_{n,0}$$

$$=\left(\frac{2\pi mkT}{h^2}\right)^{3/2}V\cdot\frac{T}{\sigma\Theta_r}\cdot\frac{1}{1-e^{-\Theta_v/T}}\cdot g_{e,0}\cdot g_{n,0} \tag{8-56}$$

③ 线型多原子分子的全配分函数

$$q^0=q_tq_rq_v^0q_e^0q_n^0=\left(\frac{2\pi mkT}{h^2}\right)^{3/2}V\cdot\frac{T}{\sigma\Theta_r}\cdot\prod_{i=1}^{3n-5}\frac{1}{1-e^{-h\nu_i/kT}}\cdot g_{e,0}\cdot g_{n,0} \tag{8-57}$$

④ 非线型多原子分子的全配分函数（略）

由上述关系式可知，只要知道粒子的质量 $m$、粒子的转动惯量（可由粒子核间距和粒子质量求得，也可以通过分子的转动光谱得到）、对称数 $\sigma$ 和振动频率 $\nu_i$ 等微观性质就可以求算分子的全配分函数，进而可求得宏观系统的热力学量。

求得分子的全配分函数后，代入相应系统热力学性质的统计表达式中，就实现了从分子结构数据计算独立粒子系统宏观性质的统计热力学目的。

值得指出的是：第一，式(8-55)～式(8-57) 配分函数表达式是以分子的基态作为能量的零点；第二，这些配分函数表达式均是近似表达式，其近似之处在于以下几点。

a. 将分子的运动分解为彼此独立、互不影响的各种运动形式。实际上，各种运动形式之间是彼此互相影响的。例如，分子的转动能与转动惯量 $I$ 有关，而 $I$ 又与核间距 $r$ 有关，分子的振动又会引起 $r$ 的改变。因此振动会影响转动能级，振动基态时的转动能级与振动激发态时的转动能级是不同的。不过，对于大多数分子来说，振动能级分得很开，占据振动激发态能级的分子数很少。因此，假定振动与转动彼此独立，引起的误差不会很大。此外，电子的能级与振动、转动能级的关系更大。因为电子的激发会改变分子的振动频率、键长和转动惯量，所以每一个电子能态都有它的振动能级和转动能级。但是，由于电子能级间隔很大，在实验室可达到的温度下，处于电子激发态的分子数很少，可忽略不计。

b. 近似地将双原子分子振动看作是一维振子的简谐振动，将多原子分子看作是彼此独立的一维谐振子的简谐振动的线性组合。实际上，分子中原子间的振动不完全是简谐振动。

c. 将分子的转动近似地当作一个刚性转子的转动。实际上，分子不是刚性的，核间距由于振动而不断变化着。

尽管有这些近似，但分子配分函数还是抓住了分子的主要特征，只要温度不是太高或太低，其误差不会太大。检验分子配分函数的表达式正确与否，最好的方法是将求得的系统热力学性质与实验测得的量进行比较，看它们是否一致。

## 8.6 热力学性质与分子配分函数的关系

统计热力学的重要任务之一就是要建立系统微观运动状态与宏观性质之间的关系。在这过程中，分子配分函数在统计热力学中占有极其重要的位置。系统中的各种热力学函数都可以通过分子配分函数来表示，而统计热力学完成其求宏观热力学性质的最重要的方法之一就是通过配分函数来计算系统的热力学函数。

### 8.6.1 热力学能与配分函数的关系

独立粒子系统的热力学能等于各粒子能量的总和，即 $U=\sum_i n_i\varepsilon_i$ 。由最概然分布的讨论可知，最概然分布就是平衡分布，也就是玻尔兹曼分布，根据玻尔兹曼分布 $n_i=(N/q)g_i\exp(-\varepsilon_i/kT)$，故

$$U=\frac{N}{q}\sum_i[g_i\exp(-\varepsilon_i/kT)\cdot\varepsilon_i]$$

另一方面，若将 $q$ 对 $T$ 求偏微商，可得

$$\left(\frac{\partial q}{\partial T}\right)_{N,V}=\sum_i\left[g_i\exp(-\varepsilon_i/kT)\cdot\frac{\varepsilon_i}{kT^2}\right]$$

即

$$\sum_i[g_i\exp(-\varepsilon_i/kT)\cdot\varepsilon_i]=kT^2\left(\frac{\partial q}{\partial T}\right)_{N,V}$$

由此得
$$U=\frac{N}{q}kT^2\left(\frac{\partial q}{\partial T}\right)_{N,V}=NkT^2\left(\frac{\partial \ln q}{\partial T}\right)_{N,V} \tag{8-58}$$
上式即为热力学能与配分函数的关系式，显然，式(8-58) 对于定域子系统和离域子系统都是适用的。

若将式(8-38) 代入式(8-58) 可得
$$U=NkT^2\left(\frac{\partial \ln q^0}{\partial T}\right)_{N,V}+N\varepsilon_0 \tag{8-59}$$
令 $U_0=N\varepsilon_0$，其意义是系统中的 $N$ 个粒子全部处于基态时的总能量，可认为是系统 0K 时的热力学能。以 $U^0$ 表示选择分子基态能级为零时的热力学能。于是式(8-59) 可表示为
$$U^0=U-U_0=NkT^2\left(\frac{\partial \ln q^0}{\partial T}\right)_{N,V} \tag{8-60}$$
若规定 $\varepsilon_0=0$，则 $U_0=0$，其含义就是规定系统在 0K 时的热力学能为零。可见能量标度零点的选择不同，对所求得的系统热力学能值有直接影响。

### 8.6.2　熵与分子配分函数的关系

在介绍熵与分子配分函数的关系之前，我们要先介绍两个重要的关系式：一个是玻尔兹曼熵定理，也即是熵的统计意义；另一个是摘取最大项原理。

**(1) 玻尔兹曼熵定理**

玻尔兹曼熵定理的形式是
$$S=k\ln\Omega \tag{8-61}$$
1906 年由普朗克（M. Planck）得到这一关系式，但第一个承认并应用它的是玻尔兹曼，故称为玻尔兹曼熵定理。式(8-61) 同时也给出了熵的统计意义。玻尔兹曼熵定理适用于孤立系统，式中 $S$ 是孤立系统的熵，$\Omega$ 是孤立系统的总微观状态数，$k$ 是玻尔兹曼常数。

通过下面的叙述，我们更能体会玻尔兹曼熵定理是如何给出了熵的统计意义：由热力学可知，孤立系统中的一切自发过程，系统的熵 $S$ 总是增加的，在达到热力学平衡时，系统的熵达到最大值。由概率论可知，孤立系统中的一切自发过程都是从概率小的向概率大的方向进行，从微观状态数少的向微观状态数多的方向进行。在达到平衡时，系统的总微观状态数达到最大值。因为 $S$ 和 $\Omega$ 都是系统的状态函数（即都是 $U$、$V$ 和 $N$ 的函数），所以二者之间必然存在某种联系，可用函数关系式表示
$$S=f(\Omega)$$
现将系统一分为二，其熵和总微观状态数也一分为二，分别为 $S_1$、$\Omega_1$ 和 $S_2$、$\Omega_2$，为此应有
$$S_1=f(\Omega_1),\ S_2=f(\Omega_2) \tag{8-62}$$
由于熵是广度量（容量性质），具有加和性，故拆分后两个系统的总熵与原系统熵值之间应有
$$S=S_1+S_2 \tag{8-63}$$
根据概率的性质，两个彼此独立、互不影响的事件同时发生的概率等于这两个事件概率的乘积，即
$$\Omega=\Omega_1\times\Omega_2$$
因此，
$$S=f(\Omega)=f(\Omega_1\times\Omega_2) \tag{8-64}$$
由式(8-62) 和式(8-63) 可得

$$S=S_1+S_2=f(\Omega_1)+f(\Omega_2) \tag{8-65}$$

比较式(8-64) 和式(8-65) 得

$$f(\Omega)=f(\Omega_1\times\Omega_2)=f(\Omega_1)+f(\Omega_2)$$

数学上可以证明，唯一能满足这一关系的函数 $f(\Omega)$ 必是对数函数形式：

$$f(\Omega)=k\ln\Omega+C$$

由此得

$$S=k\ln\Omega+C \tag{8-66}$$

式(8-66) 就是著名的玻尔兹曼熵定理。式中 $k$ 是常数，可以证明 $k=R/L=1.3805\times 10^{-23}\text{J·K}$ 称为玻尔兹曼常数；常数 $C$ 是 $\Omega=1$ 时的熵值，即 $S_0=C$。热力学第三定律已经规定：$T\to 0\text{K}$ 时，$S_0$(完善晶体)$=0$。为了一致起见，统计热力学中规定 $C=0$，由此可将玻尔兹曼熵定律写成如下简便的形式：

$$S=k\ln\Omega \tag{8-67}$$

因为熵是宏观物理量，而 $\Omega$ 是一个微观量，所以这个公式成为孤立系统宏观与微观联系的桥梁。通过这个公式使统计热力学与宏观热力学发生了联系，奠定了统计热力学的基础。

**(2) 摘取最大项原理**

有了玻尔兹曼熵定律，如果知道了系统的 $\Omega$ 的数值，再辅之以热力学基本方程及相关的热力学公式，就可以解决统计热力学的全部问题。现在的问题是 $\Omega=?$ 或 $\ln\Omega=?$。

实际上，对于一个粒子数为 $10^{24}$ 数量级的宏观系统，我们无法求得 $\Omega$ 数值，由最概然分布就是平衡分布的结论，我们也无需知道 $\Omega$ 的数值。但是玻尔兹曼熵定律是有关 $S$ 与 $\ln\Omega$ 的关系，如果能证明最概然分布的 $\ln W_\text{B}=\ln\Omega$，就可将玻尔兹曼熵定律真正地用于统计热力学。

下面我们将以 8.3 节中介绍最概然分布与平衡分布时所用的特例证明 $\ln W_\text{B}=\ln\Omega$。在 $N$ 个粒子分布于 A、B 两个非简并能级的例子中，结合二项式公式得到下列方程：

$$\Omega=\sum_{M=0}^{N}\frac{N!}{M!(N-M)!}=2^N \tag{8-68}$$

在上述例子中的最概然分布数为 $M=N/2$，即

$$W_\text{B}=\frac{N!}{M!(N-M)!}=\frac{N!}{(N/2)!(N/2)!} \tag{8-69}$$

对式(8-69) 应用 $N>100$ 的斯特林近似公式 $\ln N!=N\ln N-N$，可得

$$\begin{aligned}\ln W_\text{B}&=\ln\frac{N!}{(N/2)!(N/2)!}=(N\ln N-N)-2\left(\frac{N}{2}\ln\frac{N}{2}-\frac{N}{2}\right)\\&=N\ln N-N-N\ln\frac{N}{2}+N=N\ln\frac{N}{N/2}=N\ln 2\end{aligned}$$

由此得

$$\ln W_\text{B}=N\ln 2 \tag{8-70}$$

比较式(8-68) 和式(8-70)，得

$$\frac{\ln\Omega}{\ln W_\text{B}}=1 \tag{8-71}$$

式(8-71) 被称为摘取最大项原理。为此，玻尔兹曼熵定理可写为

$$S=k\ln W_\text{B} \tag{8-72}$$

**(3) 熵与分子配分函数的关系**

① 定域子系统熵与分子配分函数的关系　对于定域子系统，$W_\text{B}=N!\prod_i\frac{g_i^{\,n_i}}{n_i!}$，所以

$$S=k\ln W_{\mathrm{B}}=k\ln\left(N!\prod_i \frac{g_i^{\,n_i}}{n_i!}\right)$$

将斯特林近似公式 $\ln N!=N\ln N-N$ 代入上式，得

$$S=Nk\ln N+k\sum_i n_i\ln\frac{g_i}{n_i}$$

将玻尔兹曼分布式和式(8-58)代入上式，即得

$$S=k\ln q^N+\frac{U}{T}=Nk\ln q+NkT\left(\frac{\partial \ln q}{\partial T}\right)_{N,V} \tag{8-73}$$

② 离域子系统熵与分子配分函数的关系　对于离域子系统，$W_{\mathrm{B}}=\prod_i \frac{g_i^{\,n_i}}{n_i!}$，所以

$$S=k\ln W_{\mathrm{B}}=k\ln\left(\prod_i \frac{g_i^{\,n_i}}{n_i!}\right)$$

将斯特林近似公式 $\ln N!=N\ln N-N$ 代入上式，得

$$S=Nk+k\sum_i n_i\ln\frac{g_i}{n_i}$$

将玻尔兹曼分布式和式(8-58)代入上式，可得

$$S=k\ln\frac{q^N}{N!}+\frac{U}{T}=k\ln\frac{q^N}{N!}+NkT\left(\frac{\partial \ln q}{\partial T}\right)_{N,V}=Nk\ln\frac{q}{N}+NkT\left(\frac{\partial \ln q}{\partial T}\right)_{N,V}+Nk \tag{8-74}$$

比较式(8-73)和式(8-74)可知，由于定域子系统和离域子系统的 $W_{\mathrm{B}}$ 相差 $N!$倍，故两者的熵值相差 $k\ln N!$。

将式(8-38)和 $U^0=U-U_0$ 代入式(8-73)和式(8-74)中，可以证明，选择不同能量标度的零点对求算系统的熵值没有影响（读者可自行验证之）。

### 8.6.3　其他热力学函数与分子配分函数的关系

根据 $U$ 和 $S$ 与 $q$ 的关系，借助热力学关系式不难求出其他热力学函数的统计热力学表达式。

**(1) 亥姆霍兹函数 $A$ 与分子配分函数的关系**

亥姆霍兹函数 $A=U-TS$，分别将熵与配分函数的关系式(8-73)和式(8-74)代入其中得

$$A=U-T\left(k\ln q^N+\frac{U}{T}\right)=-kT\ln q^N \quad \text{（定域子）} \tag{8-75}$$

和

$$A=U-T\left(k\ln\frac{q^N}{N!}+\frac{U}{T}\right)=-kT\ln\frac{q^N}{N!} \quad \text{（离域子）} \tag{8-76}$$

**(2) 压力 $p$ 与配分函数的关系**

对于封闭系统 $\mathrm{d}A=-S\mathrm{d}T-p\mathrm{d}V$，由此得

$$p=-\left(\frac{\partial A}{\partial V}\right)_{T,N}$$

将式(8-75)或式(8-76)代入上式，得

$$p=-\left[\frac{\partial(-kT\ln q^N)}{\partial V}\right]_{T,N}=NkT\left(\frac{\partial \ln q}{\partial V}\right)_{T,N} \tag{8-77}$$

**(3) 吉布斯函数 $G$ 与分子配分函数的关系**

根据 $G=A+pV$，对定域子系统，将式(8-75)和式(8-77)代入得

$$G=-NkT\ln q+NkTV\left(\frac{\partial \ln q}{\partial V}\right)_{T,N} \tag{8-78}$$

对离域子系统，将式(8-76) 和式(8-77) 代入得

$$G=-NkT\ln\frac{q}{N}-NkT+NkTV\left(\frac{\partial \ln q}{\partial V}\right)_{T,N} \tag{8-79}$$

**(4) *H* 与分子配分函数的关系**

根据 $H=U+pV$，将式(8-58) 和式(8-77) 代入得

$$H=NkT^2\left(\frac{\partial \ln q}{\partial T}\right)_{N,V}+NkTV\left(\frac{\partial \ln q}{\partial V}\right)_{T,N} \tag{8-80}$$

除了上述热力学函数与分子配分函数的关系之外，根据热力学方程，我们还可以得到不同条件下的热力学函数与配分函数的关系。例如，式(8-74) 是离域子封闭系统恒容条件 $S$ 和 $q$ 之间的关系，根据 $S=-(\partial G/\partial T)_{p,N}$，可以很容易导出理想气体封闭系统恒压条件下 $S$、$H$ 和 $q$ 的关系

$$G=A+pV=-kT\ln\frac{q^N}{N!}+pV=-NkT-NkT\ln\frac{q}{N}+NkT$$

$$=-NkT\ln\frac{q}{N}\quad（对理想气体,pV=NkT）$$

$$S=-\left(\frac{\partial G}{\partial T}\right)_{N,p}=-\left\{-\frac{\partial[NkT\ln(q/N)]}{\partial T}\right\}_{N,p}=Nk\ln\frac{q}{N}+NkT\left(\frac{\partial \ln q}{\partial T}\right)_{N,p} \tag{8-81}$$

以及

$$H=NkT^2\left(\frac{\partial \ln q}{\partial T}\right)_{N,p} \tag{8-82}$$

从以上的热力学函数与 $q$ 的关系式可以看出，只要知道分子的配分函数，就能求出各个热力学函数。值得注意的是，定域子系统的 $U$、$H$、$p$、$C_V$ 与 $q$ 的关系式和离域子系统相应的关系式一样，而 $S$、$A$ 和 $G$ 的关系式则分别相差一个常数项；另一方面，可以证明选择不同能量标度的零点，对于系统的 $S$、$p$、$C_V$ 值没有影响，而对 $U$、$H$、$A$、$G$ 的值有影响，都相差一个常数项 $U_0$。

## 8.7 热力学能和摩尔恒容热容的计算

根据 8.6 节给出的热力学函数与分子配分函数的关系式，只要用 8.5 节中介绍的粒子各种运动形式的配分函数公式计算出相应的配分函数，进而求出分子的全配分函数，就可以求出相应的热力学量。

### 8.7.1 热力学能

将分子配分函数析因子性质代入式(8-58) $U=NkT^2(\partial\ln q/\partial T)_{N,V}$ 中，得

$$U=NkT^2\left(\frac{\partial \ln q}{\partial T}\right)_{N,V}=NkT^2\left[\frac{\partial\ln(q_t q_r q_v q_e q_n)}{\partial T}\right]_{N,V}$$

$$=NkT^2\left(\frac{\partial \ln q_t}{\partial T}\right)_{N,V}+NkT^2\left(\frac{d\ln q_r}{\partial T}\right)_N+NkT^2\left(\frac{d\ln q_v}{\partial T}\right)_N+NkT^2\left(\frac{d\ln q_e}{\partial T}\right)_N+NkT^2\left(\frac{d\ln q_n}{\partial T}\right)_N$$

上式右边各项分别对应于粒子的平动、转动、振动、电子和核运动对热力学能的贡献，分别将其记作 $U_t$、$U_r$、$U_v$、$U_e$ 和 $U_n$，其中只有平动配分函数和体积 $V$ 有关。所以

$$\left.\begin{aligned}U_{\mathrm{t}}&=NkT^{2}\left(\frac{\partial \ln q_{\mathrm{t}}}{\partial T}\right)_{N,V};\ U_{\mathrm{r}}=NkT^{2}\left(\frac{\mathrm{d}\ln q_{\mathrm{r}}}{\partial T}\right)_{N}\\U_{\mathrm{v}}&=NkT^{2}\left(\frac{\mathrm{d}\ln q_{\mathrm{v}}}{\partial T}\right)_{N};\ U_{\mathrm{e}}=NkT^{2}\left(\frac{\mathrm{d}\ln q_{\mathrm{e}}}{\partial T}\right)_{N}\\U_{\mathrm{n}}&=NkT^{2}\left(\frac{\mathrm{d}\ln q_{\mathrm{n}}}{\partial T}\right)_{N}\end{aligned}\right\}\tag{8-83}$$

由此得

$$U=U_{\mathrm{t}}+U_{\mathrm{r}}+U_{\mathrm{v}}+U_{\mathrm{e}}+U_{\mathrm{n}}\tag{8-84}$$

同理，将分子配分函数析因子性质代入式(8-60) 中，可得

$$\left.\begin{aligned}U_{\mathrm{t}}^{0}&=NkT^{2}\left(\frac{\partial \ln q_{\mathrm{t}}^{0}}{\partial T}\right)_{N,V};\ U_{\mathrm{r}}^{0}=NkT^{2}\left(\frac{\mathrm{d}\ln q_{\mathrm{r}}^{0}}{\partial T}\right)_{N}\\U_{\mathrm{v}}^{0}&=NkT^{2}\left(\frac{\mathrm{d}\ln q_{\mathrm{v}}^{0}}{\partial T}\right)_{N};\ U_{\mathrm{e}}^{0}=NkT^{2}\left(\frac{\mathrm{d}\ln q_{\mathrm{e}}^{0}}{\partial T}\right)_{N}\\U_{\mathrm{n}}^{0}&=NkT^{2}\left(\frac{\mathrm{d}\ln q_{\mathrm{n}}^{0}}{\partial T}\right)_{N}\end{aligned}\right\}\tag{8-85}$$

通常温度条件下，$U_{\mathrm{e}}^{0}=0$ 和 $U_{\mathrm{n}}^{0}=0$（电子和核都处在基态，$q_{\mathrm{e}}^{0}$ 和 $q_{\mathrm{n}}^{0}$ 皆为常数），由此得

$$U^{0}=U_{\mathrm{t}}^{0}+U_{\mathrm{r}}^{0}+U_{\mathrm{v}}^{0}\tag{8-86}$$

结合粒子各独立运动的 $q$ 和 $q^{0}$ 的关系，可得

$$\left.\begin{aligned}&U_{\mathrm{t}}\approx U_{\mathrm{t}}^{0},\ U_{\mathrm{r}}=U_{\mathrm{r}}^{0},\ U_{\mathrm{v}}=U_{\mathrm{v}}^{0}+h\nu/2\\&U_{\mathrm{e}}^{0}=0,\ U_{\mathrm{n}}^{0}=0\end{aligned}\right\}\tag{8-87}$$

由式(8-87) 可知，欲计算 $U^{0}$，只需分别计算 $U_{\mathrm{t}}$、$U_{\mathrm{r}}$ 和 $U_{\mathrm{v}}^{0}$ 即可。

### 8.7.2 $U_{\mathrm{t}}$、$U_{\mathrm{r}}$ 和 $U_{\mathrm{v}}^{0}$ 的计算

**(1) $U_{\mathrm{t}}$（$\approx U_{\mathrm{t}}^{0}$）的计算**

将平动配分函数 $q_{\mathrm{t}}$ 的表达式(8-42) 代入式(8-85) 中，得

$$U_{\mathrm{t}}\approx U_{\mathrm{t}}^{0}=NkT^{2}\left(\frac{\partial \ln q_{\mathrm{t}}}{\partial T}\right)_{N,V}=NkT^{2}\left\{\frac{\partial}{\partial T}\ln\left[\left(\frac{2\pi mkT}{h^{2}}\right)^{3/2}V\right]\right\}_{N,V}$$

$$U_{\mathrm{t}}\approx U_{\mathrm{t}}^{0}=\frac{3}{2}NkT\tag{8-88a}$$

当系统的物质的量为 1mol 时

$$U_{\mathrm{t,m}}\approx U_{\mathrm{t,m}}^{0}=\frac{3}{2}RT\tag{8-88b}$$

式(8-88b) 的结果相当于每个平动自由度的摩尔能量为 $RT/2$，这与经典力学中的能量均分定律相同。这种一致性是因为平动能级的量子效应不显著，可近似地看作是连续变化所致。

**(2) $U_{\mathrm{r}}$（$\approx U_{\mathrm{r}}^{0}$）的计算**

将双原子分子转动配分函数式(8-47) 代入式(8-85) 中，可得

$$U_{\mathrm{r}}\approx U_{\mathrm{r}}^{0}=NkT^{2}\left(\frac{\partial \ln q_{\mathrm{r}}}{\partial T}\right)_{N}=NkT^{2}\left(\frac{\partial}{\partial T}\ln\frac{T}{\sigma\Theta_{\mathrm{r}}}\right)_{N}$$

$$U_{\mathrm{r}}\approx U_{\mathrm{r}}^{0}=NkT\tag{8-89a}$$

当物质的量为 1mol 时

$$U_{\mathrm{r,m}}\approx U_{\mathrm{r,m}}^{0}=RT\tag{8-89b}$$

对于双原子分子而言，其转动自由度为 2。式(8-89b) 表明，1mol 物质每个转动自由度

对热力学能的贡献为 $RT/2$，同能量均分定律一致。究其原因，同平动能级一样，转动能级在通常情况下的量子效应亦不显著，能级可近似地看作是连续的，其 $q_r$ 为积分的结果。

**(3) $U_v^0$ 的计算**

$U_v^0$ 与 $U_v$ 有明显的差别，将一维谐振子的振动配分函数式(8-52) 代入式(8-85) 中，得

$$U_v^0 = NkT^2\left(\frac{\partial \ln q_v^0}{\partial T}\right)_N = NkT^2\left(\frac{\partial}{\partial T}\ln\frac{1}{1-e^{-\Theta_v/T}}\right)_N = -NkT^2\left[\frac{\partial}{\partial T}\ln(1-e^{-\Theta_v/T})\right]_N$$

$$= -NkT^2\frac{-(\Theta_v/T^2)e^{-\Theta_v/T}}{1-e^{-\Theta_v/T}} = Nk\Theta_v\frac{e^{-\Theta_v/T}}{1-e^{-\Theta_v/T}}$$

$$U_v^0 = Nk\Theta_v\frac{1}{e^{\Theta_v/T}-1} \tag{8-90}$$

对于大多数分子来说，常温下有 $\Theta_v \gg T$，由式(8-90) 可知，$U_v^0 \approx 0$。说明常温下，粒子的振动大都处于基态能级，对热力学能基本没有贡献。一维谐振子的振动自由度为 1，但振动包含有动能和位能两个平方项，按经典的能量均分定律，1mol 物质的一维振动对热力学能的贡献应为 $RT$。常温下式(8-90) 的结果与经典力学的能量均分定律完全不符，其原因是振动能级的量子效应比较显著，$q_v$ 是通过求和得的。这从另一个方面也说明能量均分定律只适用于经典力学或量子效应不显著的情况。

当温度很高，即 $\Theta_v \ll T$ 时，将式(8-51) ($q_v^0 = T/\Theta_v$) 代入式(8-85) 中可得

$$U_v^0 = NkT^2\left(\frac{\partial \ln q_v^0}{\partial T}\right)_N = NkT^2\left[\frac{\partial}{\partial T}\ln\left(\frac{T}{\Theta_v}\right)\right]_N$$

$$U_v^0 = NkT^2\left(\frac{1}{T}\right) = NkT \tag{8-91}$$

对 1mol 物质有 $U_{v,m}^0 = RT$，该结果与经典力学的能量均分定律相同。说明 $\Theta_v/T \ll 1$ 时，各振动能级均实际有效，量子效应不是很显著，粒子的振动对系统热力学能的贡献也符合经典力学的能量均分定律。

综上所述，在粒子的电子运动和核自旋运动处在基态时

单原子气体 $\quad U_m = U_{t,m} + U_{0,m} = 3RT/2 + U_{0,m}$ (8-92)

常温下双原子分子 $\quad U_m = U_{t,m} + U_{r,m} + U_{v,m} + U_{0,m}$

$\Theta_v \gg T$ $\quad U_m = 3RT/2 + RT + 0 + U_{0,m}$

$\qquad = 5RT/2 + U_{0,m}$ (8-93a)

$\Theta_v \ll T$ $\quad U_m = 3RT/2 + RT + RT + U_{0,m}$

$\qquad = 7RT/2 + U_{0,m}$ (8-93b)

式中，$U_{m,0} = L\varepsilon_0$，为相应分子处在基态 (0K) 时的热力学能。

### 8.7.3 摩尔恒容热容及其计算

对于 1mol 物质，系统的热力学能 $U_m = U_m^0 + U_{m,0}$ ($U_{m,0} = L\varepsilon_0$，恒容时，$U_{m,0}$ 为常数)，根据恒容热容定义式，可得

$$C_{V,m} = \left(\frac{\partial U_m}{\partial T}\right)_V = \left(\frac{\partial U_m^0}{\partial T}\right)_V$$

上式表明系统的摩尔恒容热容与能量标度零点选择无关。将式(8-84) 代入上式，有

$$C_{V,m} = \left(\frac{\partial U_{m,t}^0}{\partial T}\right)_V + \left(\frac{\partial U_{m,r}^0}{\partial T}\right)_V + \left(\frac{\partial U_{m,v}^0}{\partial T}\right)_V + \left(\frac{\partial U_{m,e}^0}{\partial T}\right)_V + \left(\frac{\partial U_{m,n}^0}{\partial T}\right)_V$$

$$=C_{V,\mathrm{m,t}}+C_{V,\mathrm{m,r}}+C_{V,\mathrm{m,v}}+C_{V,\mathrm{m,e}}+C_{V,\mathrm{m,n}} \tag{8-94}$$

式(8-94) 右边分别为分子平动、转动、振动、电子运动和核运动对系统恒容热容的贡献。通常情况下，电子和核自旋运动皆处在基态，如果选取各种运动形式的基态作为能量标度的零点，则 $U^0_{\mathrm{e,m}}=0$ 和 $U^0_{\mathrm{n,m}}=0$，换句话说，通常情况下，电子和核的运动对系统的热容没有贡献。其余各项计算如下。

**(1) 平动热容（$C_{V,\mathrm{m,t}}$）和转动热容（$C_{V,\mathrm{m,r}}$）**

将式(8-88b) 和式(8-89b) 代入式(8-94) 相应的项中得

$$\left.\begin{aligned}C_{V,\mathrm{m,t}}&=\left(\frac{\partial U^0_{\mathrm{m,t}}}{\partial T}\right)_V=\left[\frac{\partial}{\partial T}\left(\frac{3RT}{2}\right)\right]_V=\frac{3}{2}R\\C_{V,\mathrm{m,r}}&=\left(\frac{\partial U^0_{\mathrm{m,r}}}{\partial T}\right)_V=\left[\frac{\partial(RT)}{\partial T}\right]_V=R\end{aligned}\right\} \tag{8-95}$$

**(2) 振动热容（$C_{V,\mathrm{m,v}}$）的计算**

常温下，$\Theta_{\mathrm{v}}\gg T$，将式(8-90) 代入式(8-94) 中得

$$C_{V,\mathrm{m,v}}=\left(\frac{\partial U^0_{\mathrm{m,v}}}{\partial T}\right)_V=R\left(\frac{\Theta_{\mathrm{v}}}{T}\right)^2\frac{\mathrm{e}^{\Theta_{\mathrm{v}}/T}}{(\mathrm{e}^{\Theta_{\mathrm{v}}/T}-1)^2} \tag{8-96}$$

当 $\Theta_{\mathrm{v}}\gg T$ 时，$(\mathrm{e}^{\Theta_{\mathrm{v}}/T}-1)\approx\mathrm{e}^{\Theta_{\mathrm{v}}/T}$，因此上式可写为

$$C_{V,\mathrm{m,t}}=R\left(\frac{\Theta_{\mathrm{v}}}{T}\right)^2\mathrm{e}^{\Theta_{\mathrm{v}}/T}\mathrm{e}^{-2\Theta_{\mathrm{v}}/T}=R\left(\frac{\Theta_{\mathrm{v}}}{T}\right)^2\mathrm{e}^{-\Theta_{\mathrm{v}}/T}\approx 0$$

即在常温时，振动基态以上的能级未开放，分子的振动运动对系统的热容贡献为零。当 $\Theta_{\mathrm{v}}\ll T$ 时，将式(8-91) 代入式(8-94) 中，得 $C_{V,\mathrm{m,v}}=R$。由此得

单原子理想气体　　$C_{V,\mathrm{m}}=C_{\mathrm{m,t}}=3R/2$

双原子分子理想气体　　$C_{V,\mathrm{m}}=C_{V,\mathrm{m,t}}+C_{V,\mathrm{m,r}}+C_{V,\mathrm{m,v}}$

常温度下（$\Theta_{\mathrm{v}}\gg T$）　　$C_{V,\mathrm{m}}=C_{V,\mathrm{m,t}}+C_{V,\mathrm{m,r}}+C_{V,\mathrm{m,v}}=3R/2+R+0=5R/2$

高温时（$\Theta_{\mathrm{v}}\ll T$）　　$C_{V,\mathrm{m}}=C_{V,\mathrm{m,t}}+C_{V,\mathrm{m,r}}+C_{V,\mathrm{m,v}}=3R/2+R+R=7R/2$

一般情况下，双原子分子的 $C_{V,\mathrm{m}}$ 是温度的函数，其值为 $5R/2\leqslant C_{V,\mathrm{m}}\leqslant 7R/2$，上、下限分别对应高温（振动能级完全开放）和常温（基态以上的振动能级完全关闭）两种情况。

**例 8-7**　已知 CO 气体分子 $\Theta_{\mathrm{r}}=2.766\mathrm{K}$，$\Theta_{\mathrm{v}}=3070\mathrm{K}$，试求 100kPa 及 400K 条件下 CO 的 $C_{V,\mathrm{m}}$ 值，并与实验值 $C_{V,\mathrm{m},实}=(18.223+7.683\times10^{-3}T/\mathrm{K}-1.172\times10^{-6}T^2/\mathrm{K}^2)\mathrm{J\cdot mol^{-1}\cdot K^{-1}}$ 比较。

**解**　$\Theta_{\mathrm{r}}/T=2.766/400=6.925\times10^{-3}\ll1$，即转动能级可近似认为是连续变化的，$C_{V,\mathrm{m,r}}=R$；

$\Theta_{\mathrm{v}}/T=3070/400=7.675$，既非 $\Theta_{\mathrm{v}}\ll T$，又非 $\Theta_{\mathrm{v}}\gg T$，故振动对摩尔热容的贡献要代入式(8-96) 中进行具体计算。

$$\begin{aligned}C_{V,\mathrm{m}}&=C_{V,\mathrm{m,t}}+C_{V,\mathrm{m,r}}+C_{V,\mathrm{m,v}}=\frac{3R}{2}+R+R\left(\frac{\Theta_{\mathrm{v}}}{T}\right)^2\frac{\mathrm{e}^{\Theta_{\mathrm{v}}/T}}{(\mathrm{e}^{\Theta_{\mathrm{v}}/T}-1)^2}\\&=\frac{3R}{2}+R+R\times7.675^2\times\frac{\mathrm{e}^{7.675}}{(\mathrm{e}^{7.675}-1)^2}\approx\frac{3R}{2}+R+R\times7.675^2\times\frac{\mathrm{e}^{7.675}}{\mathrm{e}^{7.675\times2}}\\&\approx\frac{3R}{2}+R+R\times7.675^2\times\mathrm{e}^{-7.675}=\left(\frac{3R}{2}+R+0.0273R\right)\mathrm{J\cdot mol^{-1}\cdot K^{-1}}\\&=21.01\mathrm{J\cdot mol^{-1}\cdot K^{-1}}\end{aligned}$$

将 $T=400\mathrm{K}$ 代入 $C_{V,\mathrm{m}}$ 的计算式中，得

$$C_{V,\mathrm{m},实}=(18.223+7.683\times10^{-3}T/\mathrm{K}-1.172\times10^{-6}T^2/\mathrm{K}^2)\mathrm{J\cdot mol^{-1}\cdot K^{-1}}$$
$$=21.11\mathrm{J\cdot mol^{-1}\cdot K^{-1}}$$

统计热力学方法求得的结果与实验结果非常接近，以实验结果为准，统计热力学公式求得的结果相对误差为－0.483%。

# 8.8 系统熵的计算及统计熵

## 8.8.1 熵与各独立运动配分函数的关系

8.6 节中的式(8-74) 给出了离域子的熵与配分函数的关系。有必要首先考察一下能量标度零点的选择对熵值的影响。为此，将 $q$ 和 $q^0$ 关系式(8-38) 代入式(8-74) 中

$$\begin{aligned}S&=Nk\ln\frac{q}{N}+NkT\left(\frac{\partial\ln q}{\partial T}\right)_{N,V}+Nk=Nk\ln\frac{q}{N}+\frac{U}{T}+Nk\\&=Nk\ln\frac{q^0\mathrm{e}^{-\varepsilon_0/kT}}{N}+\frac{U}{T}+Nk=Nk\left(-\frac{\varepsilon_0}{kT}\right)+Nk\ln\frac{q^0}{N}+\frac{U}{T}+Nk\\&=\frac{U}{T}-\frac{N\varepsilon_0}{T}+Nk\ln\frac{q^0}{N}+Nk\end{aligned}$$

$$S=Nk\ln\frac{q^0}{N}+\frac{U^0}{T}+Nk \tag{8-97}$$

式中，$N\varepsilon_0=U_0$，$U^0=U-U_0$。对于定域子系统，同样有

$$S=Nk\ln q^0+\frac{U^0}{T} \tag{8-98}$$

比较式 $S=Nk\ln\dfrac{q}{N}+\dfrac{U}{T}+Nk$、$S=Nk\ln\dfrac{q^0}{N}+\dfrac{U^0}{T}+Nk$ 和 $S=k\ln q^N+\dfrac{U}{T}$、$S=Nk\ln q^0+\dfrac{U^0}{T}$ 可知，系统的熵与能量标度的零点选择无关。

将配分函数的析因子方程 $q^0=q_\mathrm{t}^0q_\mathrm{r}^0q_\mathrm{v}^0q_\mathrm{e}^0q_\mathrm{n}^0$ 及 $U^0=U_\mathrm{t}^0+U_\mathrm{r}^0+U_\mathrm{v}^0+U_\mathrm{e}^0+U_\mathrm{n}^0$ 代入式(8-97) 或式(8-98) 中，可得出系统的熵等于粒子各种独立运动形式对熵贡献之和，即

$$S=S_\mathrm{t}+S_\mathrm{r}+S_\mathrm{v}+S_\mathrm{e}+S_\mathrm{n} \tag{8-99}$$

以离域子系统为例，式(8-97) 中各独立运动的熵与相应运动的配分函数的关系式为

$$\left.\begin{aligned}&S_\mathrm{t}=Nk\ln\frac{q_\mathrm{t}^0}{N}+\frac{U_\mathrm{t}^0}{T}+Nk;\quad S_\mathrm{r}=Nk\ln q_\mathrm{r}^0+\frac{U_\mathrm{r}^0}{T}\\&S_\mathrm{v}=Nk\ln q_\mathrm{v}^0+\frac{U_\mathrm{v}^0}{T};\quad S_\mathrm{e}=Nk\ln q_\mathrm{e}^0+\frac{U_\mathrm{e}^0}{T}\\&S_\mathrm{n}=Nk\ln q_\mathrm{n}^0+\frac{U_\mathrm{n}^0}{T}\end{aligned}\right\} \tag{8-100}$$

在式(8-100) 中，将离域子由于全同性修正引进的 $k\ln(1/N!)$ 归于 $S_\mathrm{t}$ 是合理的。与离域子系统相比，定域子系统除 $S_\mathrm{t}$ 的表达式与离域子不同外，其余具有相同形式，读者可自习之。本章以后的熵计算均以离域子系统为例。

**例 8-8** 设有两个体积均为 $V$ 的相连容器 A 与 B，中间以隔板隔开。容器 A 中有 1mol 理想气体，温度为 $T$。容器 B 抽成真空。将两容器间的隔板抽开，则气体最终将均匀充满在两容器中。试分别用热力学方法及根据公式 $S=c\ln W_\mathrm{B}$ 计算过程的熵变 $\Delta S$，并

证明常数 $c=k$。

**解** 理想气体向真空膨胀过程的始、末状态温度及热力学能均保持不变，故题中所述过程的始、末状态可表示如下

| 1mol IG<br>$T, V, U_1, S_1, W_{B,1}, q_1$ | $\xrightarrow{\Delta S}$ | 1mol IG<br>$T, 2V, U_2, S_2, W_{B,2}, q_2$ |
|---|---|---|

(1) 用热力学公式求 $\Delta S$

$$\Delta S=C_{V,\mathrm{m}}\ln\frac{T_2}{T_1}+R\ln\frac{V_2}{V_1}=R\ln\frac{2V}{V}=R\ln 2$$

(2) 用公式 $S=c\ln W_B$ 求 $\Delta S$

$$\Delta S=S_2-S_1=c\ln W_{B,2}-c\ln W_{B,1}$$

对于理想气体，在 $N$、$U$、$V$ 一定时，根据公式 $W_B=\prod_i(g_i^{n_i}/n!)$，有

$$\ln W_B=\sum_i(n_i\ln g_i-n_i\ln n_i+n_i)$$

将玻尔兹曼分布式 $n_i=(N/q)g_i\mathrm{e}^{-\varepsilon_i/kT}$ 代入上式，得

$$\begin{aligned}\ln W_B&=\sum_i(n_i\ln g_i-n_i\ln n_i+n_i)\\&=\sum_i[n_i\ln g_i-n_i\ln(N/q)-n_i\ln g_i+(n_i\varepsilon_i/kT)+n_i]\\&=\sum_i[n_i\ln(q/N)+(n_i\varepsilon_i/kT)+n_i]\end{aligned}$$

$$\ln W_B=N\ln(q/N)+(U/kT)+N \tag{8-101}$$

将式(8-101) 代入 $\Delta S=S_2-S_1=c(\ln W_{B,2}-\ln W_{B,1})$ 中，有

$$\Delta S=c[N\ln(q_2/N)+(U_2/kT)+N]-c[N\ln(q_1/N)+(U_1/kT)+N]=cN\ln(q_2/q_1)$$

根据配分函数析因子性质，有

$$q_1=q_{t,1}q_{r,1}q_{v,1}q_{e,1}q_{n,1} \quad 和 \quad q_2=q_{t,2}q_{r,2}q_{v,2}q_{e,2}q_{n,2}$$

在 $q_t$、$q_r$、$q_v$、$q_e$ 和 $q_n$ 中只有 $q_t$ 与 $V$ 有关，而其他配分函数只与 $T$ 有关，在 $T$ 不变的情况下，除 $q_t$ 以外，其他因子皆不变。所以

$$\begin{aligned}\Delta S&=cN\ln(q_2/q_1)=cN\ln(q_{t,2}/q_{t,1})=cN\ln\frac{(2\pi mkT)^{3/2}V_2/h^2}{(2\pi mkT)^{3/2}V_1/h^2}\\&=cN\ln\frac{V_2}{V_1}=cN\ln\frac{2V}{V}=cN\ln 2\end{aligned}$$

对于 1mol 理想气体，比较用热力学方法和用公式 $S=c\ln W_B$ 的计算结果，得

$$R\ln 2=cN\ln 2=cL\ln 2，即 c=R/L=k$$

### 8.8.2 统计熵（光谱熵）及其计算

有了前面介绍的式(8-97)～式(8-100)，似乎解决了绝对熵值的计算。但是，由于式(8-97) 中包含了 $S_n$，即核运动的熵，而核运动包括了核自旋及更深层次（例如质子、中子等）的微观运动，这些微观运动还未被人们所完全认识。即使在核运动处于基态时，$q_n^0$ 仍

是无法确定的值。所以，熵的绝对值仍无法计算。

在一般物理化学过程中，电子及核（尤其是核）不发生能级跃迁，故不需要考虑系统变化前后电子和核运动对熵变的贡献，即 $\Delta S$ 只是由于 $S_t$、$S_r$、$S_v$ 在系统变化前后改变值的加和（在有些气体化合物中，电子在所研究的过程中受到激发会对 $\Delta S$ 有贡献，这时需要计算 $S_e$）。故统计热力学中定义统计熵为：

$$S_{统}=S_t+S_v+S_r \quad 或简写为 \quad S=S_t+S_v+S_r \tag{8-102}$$

在利用式(8-102) 计算统计熵时常要用到分子的光谱数据，故又称统计熵为光谱熵。在此，读者不妨回忆一下以热力学第三定律为基础，根据量热实验测得各有关数据计算出的规定熵、又称为量热熵的定义和由来。

**(1) $S_t$ 的计算**

将式(8-42) 和式(8-88a) 代入式(8-100) 有关平动熵与其配分函数的关系式中，得

$$S_t=Nk\ln\frac{q_t^0}{N}+\frac{U_t^0}{T}+Nk=Nk\ln\frac{(2\pi mkT)^{3/2}V}{Nh^2}+\frac{3}{2}\times\frac{NkT}{T}+Nk$$

$$S_t=Nk\ln\frac{(2\pi mkT)^{3/2}V}{Nh^2}+\frac{5Nk}{2} \tag{8-103}$$

由式(8-103) 可知，$S_t=f(m,N,V,T)$。对于理想气体，将 $N=L$，$m=M/L$，$V=nRT/p$ 和 $n=1\text{mol}$ 代入式(8-103) 中，并整理得

$$S_{m,t}=R\left\{\frac{3}{2}\ln[M/(\text{kg}\cdot\text{mol}^{-1})]+\frac{5}{2}\ln(T/\text{K})-\ln(p/\text{Pa})+20.723\right\} \tag{8-104}$$

上式称为萨克尔-泰特洛德（Sackur-Tetrode）方程，是计算理想气体摩尔平动熵的常用公式。

**例 8-9** 计算 25℃及标准压力下，氖（$M=20.18\text{g}\cdot\text{mol}^{-1}$）的摩尔平动熵（即标准摩尔统计熵），并与实验值（量热熵）$146.4\text{J}\cdot\text{K}^{-1}\cdot\text{mol}^{-1}$ 比较。

**解** 将题目所给定的已知条件代入式(8-104) 中，得

$$S_m^{\ominus}=S_{m,t}=R\left\{\frac{3}{2}\ln[M/(\text{kg}\cdot\text{mol}^{-1})]+\frac{5}{2}\ln(T/\text{K})-\ln(p/\text{Pa})+20.723\right\}$$

$$=R\left[\frac{3}{2}\ln(20.18\times10^{-3})+\frac{5}{2}\ln298.15-\ln(1\times10^{-5})+20.723\right]\text{J}\cdot\text{K}^{-1}\cdot\text{mol}^{-1}$$

$$=146.32\text{J}\cdot\text{K}^{-1}\cdot\text{mol}^{-1}$$

计算表明，298.15K 下氖的标准摩尔统计熵与其量热熵非常接近。

**(2) $S_r$ 的计算**

将线型分子的转动配分函数关系式(8-47) 和式(8-89a) 代入式(8-100) 有关转动熵与配分函数的关系式中，得

$$S_r=Nk\ln q_r^0+\frac{U_r^0}{T}=Nk\ln\frac{T}{\sigma\Theta_r}+Nk \tag{8-105a}$$

式(8-105a) 表明，$S_{m,r}=f(T,\sigma,I,N)$。

对于 1mol 物质，有

$$S_{m,r}=R\ln\frac{T}{\sigma\Theta_r}+R=R\left(1+\ln\frac{T}{\sigma\Theta_r}\right) \tag{8-105b}$$

**(3) $S_v$ 的计算**

将式(8-52) 和式(8-90) 代入式(8-100) 有关振动熵与配分函数的关系式中，得

$$S_v = Nk\ln q_v^0 + \frac{U_v^0}{T}$$

$$S_v = Nk\ln(1-e^{-\Theta_v/T})^{-1} + Nk\Theta_v T^{-1}(e^{\Theta_v/T}-1)^{-1} \quad (8\text{-}106a)$$

由式(8-106a) 可知，$S_v = f(N, \Theta_v, T)$。对于 1mol 物质，有

$$S_{m,v} = R\ln(1-e^{-\Theta_v/T})^{-1} + R\Theta_v T^{-1}(e^{\Theta_v/T}-1)^{-1} \quad (8\text{-}106b)$$

**例 8-10**　CO 的转动惯量 $I = 1.45\times10^{-46}\text{kg}\cdot\text{m}^2$，振动特征温度为 $\Theta_v = 3070\text{K}$，$M = 28.0\times10^{-3}\text{kg}\cdot\text{m}^2$，试求 25℃时 CO 的标准摩尔熵 $S_m^\ominus(298.15\text{K})$。

**解**　双原子分子的标准摩尔统计熵为

$$S_m^\ominus = S_{m,t}^\ominus + S_{m,r}^\ominus + S_{m,v}^\ominus$$

将题目中给的条件代入上式中 ($\sigma=1$)，分别计算出 $S_{m,t}^\ominus$、$S_{m,r}^\ominus$、$S_{m,v}^\ominus$。

$$S_{m,t}^\ominus = R\left\{\frac{3}{2}\ln[M/(\text{kg}\cdot\text{mol}^{-1})] + \frac{5}{2}\ln(T/\text{K}) - \ln(p/\text{Pa}) + 20.723\right\}$$

$$= R\left[\frac{3}{2}\ln(28\times10^{-3}) + \frac{5}{2}\ln 298.15 - \ln(1\times10^{-5}) + 20.723\right]\text{J}\cdot\text{K}^{-1}\cdot\text{mol}^{-1}$$

$$= 148.02\text{J}\cdot\text{K}^{-1}\cdot\text{mol}^{-1}$$

$$S_{m,r} = R\ln\frac{T}{\sigma\Theta_r} + R = R\left(1+\ln\frac{T}{\sigma\Theta_r}\right) \quad (\text{对于 CO}, \sigma=1)$$

$$\Theta_r = \frac{h^2}{8\pi^2 Ik} = \frac{(6.626\times10^{-34})^2}{8\times3.14^2\times1.38\times10^{-23}\times1.45\times10^{-45}}\text{K} = 2.84\text{K}$$

$$S_{m,r} = R\left[1+\ln\left(\frac{298.15}{2.84}\right)\right]\text{J}\cdot\text{K}^{-1}\cdot\text{mol}^{-1} = 47.00\text{J}\cdot\text{K}^{-1}\cdot\text{mol}^{-1}$$

$$S_{m,v} = R\ln(1-e^{-\Theta_v/T})^{-1} + R\Theta_v T^{-1}(e^{\Theta_v/T}-1)^{-1}$$

$$= [R\ln(1-e^{-3070/298.15})^{-1} + (3070R/298.15)\times(e^{3070/298.15}-1)^{-1}]\text{J}\cdot\text{K}^{-1}\cdot\text{mol}^{-1}$$

$$\approx (0+0.0029)\text{J}\cdot\text{K}^{-1}\cdot\text{mol}^{-1}$$

$$S_m^\ominus(\text{CO}) = (148.02+47.00+0.0029)\text{J}\cdot\text{K}^{-1}\cdot\text{mol}^{-1} = 195.02\text{J}\cdot\text{K}^{-1}\cdot\text{mol}^{-1}$$

上述计算结果与标准摩尔量热熵 193.3$\text{J}\cdot\text{mol}^{-1}\cdot\text{K}^{-1}$ 相比较，相对误差为 0.89%。

实际上，CO 的标准摩尔统计熵更准确的计算结果为 197.95$\text{J}\cdot\text{mol}^{-1}\cdot\text{K}^{-1}$。

### 8.8.3 统计熵与量热熵的比较

表 8-3 给出了部分物质标准摩尔统计熵 $S_{m,统}^\ominus$ 和标准摩尔量热熵 $S_{m,量}^\ominus$。

表 8-3　部分物质在 298.15K 时的 $S_{m,统}^\ominus$ 和 $S_{m,量}^\ominus$

| 物　质 | He | $O_2$ | HCl | $N_2O$ | $Cl_2$ | CO | $H_2O$ | $H_2$ |
|---|---|---|---|---|---|---|---|---|
| $S_{m,统}^\ominus/\text{J}\cdot\text{mol}^{-1}\cdot\text{K}^{-1}$ | 146.32 | 205.15 | 186.88 | 219.99 | 223.16 | 197.95 | 188.72 | 130.60 |
| $S_{m,量}^\ominus/\text{J}\cdot\text{mol}^{-1}\cdot\text{K}^{-1}$ | 146.6 | 205.14 | 186.3 | 215.1 | 223.07 | 193.3 | 185.3 | 124.0 |

表中数据表明，有些物质（如 He、$O_2$、$Cl_2$ 等）$S_{m,统}^\ominus$ 和 $S_{m,量}^\ominus$ 吻合得很好；而有些物质二者相差较大（例如 CO 相差 4.65，$N_2O$ 相差 4.85 等），大体上 $S_{m,统}^\ominus > S_{m,量}^\ominus$。从理论上讲，对于同核双原子分子、对称的异核线型多原子分子和单原子分子，$T\to0\text{K}$ 时，$\Omega_0 = 1$，应该有 $S_{m,统}^\ominus = S_{m,量}^\ominus$。而实际上，不仅多数异核双原子分子（例如 CO、$N_2O$ 等），还有

一些同核双原子分子（例如 $H_2$ 等）的 $S^{\ominus}_{m,统}$ 和 $S^{\ominus}_{m,量}$ 相差较大，超出了实验误差。对同一物质，$S^{\ominus}_{m,统}$ 和 $S^{\ominus}_{m,量}$ 的差值叫**残余熵**。产生残余熵的原因主要是在 $T \to 0K$ 的过程中，双原子分子未能形成完美的晶体。

量热熵是以热力学第三定律为基础的，这就需要物质在 0K 时晶体内部已经达到平衡，形成完美晶体，$\Omega_0=1$，$S_0=0$，以此作为计算熵的零点。但对某些物质，例如上表中所列的 CO、$N_2O$、$H_2O$、$H_2$ 等，在温度趋于绝对零度时，晶体内部没有达到平衡，系统内部的某些无序因素被冻结，导致 $\Omega_0 \neq 1$、$S_0 \neq 0$。这些被冻结的无序性不随温度的升降而有所增减。在量热熵中反映不出这部分构型的无序性对熵的贡献。但是，计算统计熵无需做低温实验，只需要测量所求熵值温度（例如 298.15K）条件下的光谱数据即可。也就是说理论计算统计熵时已包含了这部分的贡献，是按照内部已经达到平衡进行计算的。因此说统计熵更符合客观实际情况，且其值往往大于量热熵。以 CO 气体为例，从 298.15K、0.1MPa 时开始降温液化，至 66K 时凝固成晶体。由于 CO 的偶极矩很小（0.1D），所以两种取向的能差 $\Delta\varepsilon$ 很小，$e^{-\Delta\varepsilon/kT} \approx 1$。因此，在形成晶体时，两种取向（CO 和 OC）的分子数几乎相等。随着 $T \to 0K$，要把晶体中另一取向的 CO 分子转动 180°需要一定的活化能，在低温下的分子是没有这么大的能量的，即在 $T \to 0K$ 时，系统并没有实现第三定律规定的完美晶体的状态，仍然保持原来的任意取向。一个 CO 分子有两种取向，1mol 晶体应有 $2^L$ 种构型方式，故 $\Omega_0=2^L>1$，$S_{0,m}=Lk\ln2=R\ln2=5.77J \cdot K^{-1} \cdot mol^{-1}$。这就是统计熵与量热熵的差值，即残余熵值。$S_{0,m}=5.77J \cdot K^{-1} \cdot mol^{-1}$ 与 $S^{\ominus}_{m,统}(CO)-S^{\ominus}_{m,量}(CO)=4.65J \cdot K^{-1} \cdot mol^{-1}$ 近似一致，但稍有差别，这表明在 $T \to 0K$ 时，CO 的两种取向并不是完全随意的，CO 晶体中有多于一半的分子发生了定向排列。其他的 NO 和 $N_2O$ 的情况与 CO 类似。

关于 $H_2$ 的标准摩尔统计熵与标准摩尔量热熵差值产生的原因是在 $T \to 0K$ 时，高温下的正氢（两个 H 核自旋方向相同）与仲氢（两个 H 核自旋方向相反）的平衡比（3∶1）没有随降温过程逐渐下降，在 0K 时全部变为仲氢，形成完美晶体。而是由于动力学的原因，正、仲氢之比很可能始终冻结在高温时所建立的平衡的比值上，0K 时未全部变为仲氢，形成完美晶体。

应该指出的是，虽然我们能从分子的微观性质计算出热力学系统的熵，但熵不是分子的性质。只有对大量分子的集合体，熵才有意义。单个分子是没有熵的，这一点不同于内能，应特别注意。

## 8.9 理想气体的统计热力学处理

由 8.5 节的内容可知，求得分子配分函数后，代入相应系统的热力学性质的统计力学表达式，就实现了从分子结构数据计算定域或离域独立粒子系统热力学宏观性质的统计热力学目的。尽管有些近似，但分子配分函数的表达式还是抓住了分子的主要特征，只要温度不是太低或太高，其误差不会很大。理想气体作为一典型的独立离域子系统，下面我们就以理想气体为例，用统计热力学的方法推导出理想气体状态方程，求出理想气体的摩尔热容和摩尔熵（这一内容在 8.6 节和 8.7 节中已完成）以及计算理想气体反应系统标准平衡常数。

### 8.9.1 理想气体状态方程

根据式(8-77)，理想气体压力与配分函数的关系式为

$$p=NkT\left(\frac{\partial \ln q}{\partial V}\right)_{T,N}$$

理想气体分子配分函数中只有平动配分函数 $q_t$ 与体积 $V$ 有关，因此，上式可表示为

$$p=NkT\left(\frac{\partial \ln q}{\partial V}\right)_{T,N}=NkT\left\{\frac{\partial \ln[(2\pi mkT/h^2)^{3/2}V]}{\partial V}\right\}_{T,N}$$

$$p=NkT/V \tag{8-107}$$

式(8-107) 即为理想气体状态方程。对于 1mol 理想气体

$$pV_m=RT \qquad (\text{式中，}R=Lk)$$

$$k=R/L=1.3805\times10^{-23}\text{J}\cdot\text{K}^{-1}$$

这就给出了玻尔兹曼常数的物理意义，$k$ 是一个气体分子的气体常数。

### 8.9.2　摩尔恒容热容和标准摩尔统计熵

摩尔恒容热容和标准摩尔统计熵见 8.7 节和 8.8 节。

### 8.9.3　理想气体反应的标准平衡常数

**(1) 理想气体的标准摩尔吉布斯自由能函数**

根据式(8-79)，理想气体（独立离域子）的吉布斯函数 $G$ 为

$$G=-NkT\ln\frac{q}{N}-NkT+NkTV\left(\frac{\partial \ln q}{\partial V}\right)_{T,N}$$

在分子配分函数析因子式中，只有平动配分函数 $q_t$ 与系统的体积有关，且与体积 $V$ 的一次方成正比，因此$\left(\frac{\partial \ln q}{\partial V}\right)_{T,N}=\frac{1}{V}$，将其代入上式，得

$$G=-NkT\ln\frac{q}{N}-NkT+NkTV\cdot\frac{1}{V}=-NkT\ln\frac{q}{N}$$

对于 1mol 理想气体，吉布斯函数与配分函数的关系为

$$G_{m,T}=\frac{G_T}{n}=-LkT\ln\frac{q}{N} \tag{8-108a}$$

当 $p=p^{\ominus}$时，理想气体的标准摩尔吉布斯函数为

$$G^{\ominus}_{m,T}=-RT\ln\frac{q}{N} \tag{8-108b}$$

以各独立运动形式的基态作为能量标度的零点，将 $q=\text{e}^{-\varepsilon_0/kT}q^0$ 代入式(8-108b)，得到

$$G^{\ominus}_{m,T}=-RT\ln\frac{q^0}{N}+U_{0,m} \tag{8-109}$$

式中，$U_{0,m}=L\varepsilon_0$ 为 1mol 纯物质的理想气体 0K 时的热力学能，其绝对值无法求得，若将式(8-109) 表示为

$$\frac{G^{\ominus}_{m,T}-U_{0,m}}{T}=-R\ln\frac{q^0}{N} \tag{8-110}$$

上式左端称为**标准摩尔吉布斯自由能函数**，简称为自由能函数，是温度的函数，其值可由物质于温度 $T$ 及 $p^{\ominus}$压力时的 $q^0$ 按上式求得。由于 0K 时物质的热力学能与焓近似相等，即 $U_{0,m}=H_{0,m}$，故标准摩尔吉布斯自由能函数也可用 $(G^{\ominus}_{m,T}-H_{0,m})/T$ 表示。标准摩尔吉布斯自由能函数是统计热力学计算反应平衡常数所需要的基础数据。常见物质的标准摩尔吉布斯自由能数据见附录或相关手册。

**例 8-11**　已知 HI 的 $\Theta_r=9.125\text{K}$，$\Theta_v=3208\text{K}$，试求 500K 的 HI 气体的标准摩尔吉布斯自由能函数 [$M(\text{HI})=127.91\text{kg}\cdot\text{mol}^{-1}$，$m=M/L=2.214\times10^{-25}\text{kg}$]。

**解**　由式(8-110) 可知，欲求 HI 的标准摩尔吉布斯自由能函数，首先要求出 $T=500\text{K}$，$p=p^{\ominus}$及 $n=1\text{mol}$ 条件下的 $q^0$，根据配分函数析因子性质，先分别求出 $q^0_t$、$q^0_r$、$q^0_v$。

$$q_t^0 = q_t = \left(\frac{2\pi mkT}{h^2}\right)^{3/2} V = \left(\frac{2\pi mkT}{h^2}\right)^{3/2} \cdot \frac{nRT}{p}$$

$$= \left[\frac{2\times 3.14\times 2.214\times 10^{-25}\times 1.38\times 10^{-23}\times 500}{(6.6266\times 10^{-34})^2}\right]^{3/2} \times \frac{1\times 8.314\times 500}{1\times 10^5} = 1.263\times 10^{32}$$

$$q_r^0 = q_r = \frac{T}{\sigma\Theta_r} = \frac{500}{1\times 9.125} = 54.795$$

$$q_v^0 = (1-e^{-\Theta_v/T})^{-1} = (1-e^{-3208/500})^{-1} = 1.0016$$

$$q^0 = q_t^0 q_r^0 q_v^0 = 1.263\times 10^{32}\times 54.795\times 1.0016 = 6.935\times 10^{33}$$

由此得 500K 时 HI 气体的标准摩尔吉布斯自由能函数

$$(G_{m,T}^{\ominus} - U_{0,m})/T = -R\ln(q^0/N) = -8.314\ln[6.935\times 10^{33}/(6.023\times 10^{23})]\text{J}\cdot\text{mol}^{-1}\cdot\text{K}^{-1}$$

$$= -192.6\text{J}\cdot\text{mol}^{-1}\cdot\text{K}^{-1}$$

**（2）理想气体的标准摩尔焓函数**

由于无法求得 $U_{0,m}$ 的绝对值，所以仅有式(8-110) 还无法直接利用标准摩尔吉布斯自由能函数计算理想气体反应的标准平衡常数，为此，还需定义一个新的函数。

若某物质在温度 $T$ 下的标准摩尔焓为 $H_{m,T}^{\ominus}$，称 $(H_{m,T}^{\ominus} - H_{0,m})/T$ 为物质的标准摩尔焓函数，简称为焓函数。根据式(8-80)，有

$$H = NkT^2\left(\frac{\partial \ln q}{\partial T}\right)_{N,V} + NkTV\left(\frac{\partial \ln q}{\partial V}\right)_{T,N}$$

类似于式(8-110) 的推导，可得标准摩尔焓函数为

$$H_m^{\ominus} = RT^2\left(\frac{\partial \ln q}{\partial T}\right)_{N,V} + RT \tag{8-111a}$$

选择分子各独立运动形式的基态作为能量标度零点，则

$$H_m^{\ominus} = RT^2\left(\frac{\partial \ln q^0}{\partial T}\right)_{N,V} + RT + U_{0,m} \tag{8-111b}$$

移项整理式(8-111b) 得

$$\frac{(H_{m,T}^{\ominus} - U_{0,m})}{T} = RT\left(\frac{\partial \ln q^0}{\partial T}\right)_{N,V} + R \tag{8-112a}$$

或

$$\frac{(H_{m,T}^{\ominus} - H_{0,m})}{T} = RT\left(\frac{\partial \ln q^0}{\partial T}\right)_{N,V} + R \tag{8-112b}$$

式(8-112b) 中利用了 0K 时 $U_{0,m} \approx H_{0,m}$ 等式。式(8-112b) 左端称为理想气体焓函数。焓函数也是计算理想气体化学反应平衡常数时常用的一种基础数据，主要用于计算反应在 0K 时热力学能的变化值 $\Delta U_{0,m}$（或者说 $\Delta H_{0,m}$）。常见物质的 $H_{m,T}^{\ominus} - U_{0,m}$ 值请见附录。

**（3）由 $(H_{m,T}^{\ominus} - U_{0,m})$ 和 $(G_{m,T}^{\ominus} - U_{0,m})/T$ 计算理想气体反应的标准平衡常数**

考察理想气体化学反应 $0=\sum \nu_B B$，当温度为 $T$ 时，标准平衡常数 $K^{\ominus}$ 与 $\Delta_r G_m^{\ominus}(T)$ 的关系为

$$\Delta_r G_m^{\ominus}(T) = -RT\ln K^{\ominus}$$

同时，标准摩尔反应吉布斯函数为

$$\Delta_r G_m^{\ominus} = \sum_B \nu_B G_{m,B}^{\ominus}$$

由此得
$$-RT\ln K^{\ominus} = \sum_B \nu_B G_{m,B}^{\ominus} = \sum_B \nu_B (G_{m,B}^{\ominus} - U_{0,m,B}) + \sum_B \nu_B U_{0,m,B}$$

$$-\ln K^{\ominus}=\frac{1}{R}\sum_{B}\nu_{B}\left(\frac{G_{m,B}^{\ominus}-U_{0,m,B}}{T}\right)+\frac{1}{RT}\sum_{B}\nu_{B}U_{0,m,B}$$

$$=\frac{1}{R}\Delta_{r}\left(\frac{G_{m}^{\ominus}-U_{0,m}}{T}\right)+\frac{1}{RT}\Delta_{r}U_{0,m} \tag{8-113}$$

式(8-113) 中 $\Delta_r[(G_m^{\ominus}-U_{0,m})/T]$ 为反应的标准摩尔吉布斯自由能函数的改变值；$\Delta_r U_{0,m}=\sum_B \nu_B U_{0,m,B}$ 是 0K 时摩尔反应进度的热力学能的变化值。

对于理想气体，$(G_m^{\ominus}-U_{0,m})/T$ 可以通过查吉布斯自由能函数表得到，而 $\Delta_r U_{0,m}$ 的计算则要借助于式(8-112a) 或式(8-112b) 通过配分函数求得$(H_{m,T}^{\ominus}-U_{0,m})/T$。因为

$$\Delta_r U_{0,m}=\Delta_r H_m^{\ominus}(298.15K)-\Delta_r[H_m^{\ominus}(298.15K)-U_{0,m}] \tag{8-114}$$

而

$$\Delta_r[H_m^{\ominus}(298.15K)-U_{0,m}]=\sum_B \nu_B[H_{m,B}^{\ominus}(298.15K)-U_{0,m}] \tag{8-115}$$

式(8-115) 中的 $[H_{m,B}^{\ominus}(298.15K)-U_{0,m}]$ 可通过焓函数求得，常见物质 298.15K 时 $(H_{m,T}^{\ominus}-U_{0,m})$ 值可从附录或其他手册上查得。

**例 8-12**　根据下表中数据计算 500K 时下列甲烷化反应的标准平衡常数 $K^{\ominus}$。

| 物　质 | $-[(G_m^{\ominus}-U_{0,m})/T]$(500K) /J·mol$^{-1}$·K$^{-1}$ | $(H_m^{\ominus}-H_{0,m})$ (298K) /kJ·mol$^{-1}$ | $\Delta_f H_m^{\ominus}$ (298K) /kJ·mol$^{-1}$ |
|---|---|---|---|
| $CO_2$ | 199.56 | 9.364 | −393.15 |
| $H_2$ | 117.24 | 8.468 | 0 |
| $H_2O$ | 172.91 | 9.910 | −241.82 |
| $CH_4$ | 170.61 | 10.029 | −74.81 |

**解**

$$CO_2(g)+4H_2(g)=\!=\!=CH_4(g)+2H_2O(g)$$

$$\Delta_r H_m^{\ominus}(298K)=\sum_B \nu_B \Delta_f H_m^{\ominus}(298K)$$

$$=[(-74.81-2\times241.82)-(-393.15)]kJ\cdot mol^{-1}$$

$$=-165.3kJ\cdot mol^{-1}$$

由式(8-115) 得

$$\Delta_r[H_m^{\ominus}(298K)-U_{0,m}]=\sum_B \nu_B[H_{m,B}^{\ominus}(298K)-U_{0,m}]$$

$$=[(2\times9.91+10.029)-(9.364+4\times8.468)]kJ\cdot mol^{-1}$$

$$=-13.387kJ\cdot mol^{-1}$$

由式(8-114) 得

$$\Delta_r U_{0,m}=\Delta_r H_m^{\ominus}(298K)-\Delta_r[H_m^{\ominus}(298K)-U_{0,m}]$$

$$=(-165.3+13.387)kJ\cdot mol^{-1}=-151.913kJ\cdot mol^{-1}$$

由式(8-113) 可知

$$\Delta_r\left(\frac{G_{m,B}^{\ominus}-U_{0,m}}{T}\right)(500K)=\sum_B \nu_B\left(\frac{G_{m,B}^{\ominus}-U_{0,m}}{T}\right)(500K)$$

$$=[(-2\times172.91-170.61)-(-199.56-4\times117.24)]J\cdot mol^{-1}\cdot K^{-1}$$

$$=152.09J\cdot mol^{-1}\cdot K^{-1}$$

将 $\Delta_r U_{0,m}$ 及 500K 时的 $\Delta_r[(G_m^{\ominus}-U_{0,m})/T]$ 代入式(8-113)，得

$$-\ln K^{\ominus}=\frac{1}{R}\Delta_r\left(\frac{G_m^{\ominus}-U_{0,m}}{T}\right)(500\text{K})+\frac{1}{RT}\Delta_r U_{0,m}$$

$$=\frac{152.09}{8.314}-\frac{1.51913\times10^5}{8.314\times500}=-18.25$$

由此得 $K^{\ominus}=8.43\times10^7$

**(4) 由配分函数计算理想气体反应的标准平衡常数**

为了找到理想气体标准平衡常数 $K^{\ominus}$与配分函数的关系，我们有必要根据理想气体吉布斯函数式(8-108a) $G=-NkT\ln\frac{q}{N}$通过除以系统粒子数，定义单个粒子平均吉布斯函数 $\bar{\mu}$，即

$$\bar{\mu}=\frac{G_B}{N_B}=-kT\ln\frac{q_B}{N_B}=-kT\ln\left(\frac{q_B^0}{N_B}e^{-\varepsilon_{0,B}/kT}\right) \tag{8-116}$$

对于恒温恒压条件下理想气体的化学反应 $0=\sum_B \nu_B B$，平衡时，应有

$$\Delta_r G_m=\sum_B \nu_B G_{m,B}=0$$

将上式中 B 的摩尔吉布斯函数 $G_{m,B}$ 除以 $L$，得

$$\sum_B \nu_B \bar{\mu}_B=0 \tag{8-117}$$

将式(8-116) 代入式(8-117) 中，得

$$\sum_B \nu_B \bar{\mu}_B=-kT\sum_B\left[\nu_B\ln\left(\frac{q_B^0}{N_B}e^{-\varepsilon_{0,B}/kT}\right)\right]=0$$

整理得

$$\sum_B\left[\ln\left(\frac{q_B^0}{N_B}e^{-\varepsilon_{0,B}/kT}\right)^{\nu_B}\right]=\ln\prod_B\left(q_B^0 e^{-\varepsilon_{0,B}/kT}\right)^{\nu_B}-\ln\prod_B N_B^{\nu_B}=0$$

定义 $K_N\equiv\prod_B N_B^{\nu_B}$ 为各组分分子数表示的平衡常数，则

$$K_N\equiv\prod_B N_B^{\nu_B}=\left[\prod_B (q_B^0)^{\nu_B}\right]e^{-\Delta_r\varepsilon_0/kT} \tag{8-118}$$

式中，$\Delta_r\varepsilon_0=\sum_B \nu_B\varepsilon_{0,B}$ 为反应物分子和产物分子基态能量的代数和。例如反应

$$aA+bB\longrightarrow lL+mM$$

$$K_N=\frac{(q_L^0)^l(q_M^0)^m}{(q_A^0)^a(q_B^0)^b}e^{-\Delta_r\varepsilon/kT}$$

式中， $\Delta_r\varepsilon=(l\varepsilon_{0,L}+m\varepsilon_{0,M})-(a\varepsilon_{0,A}+b\varepsilon_{0,B})$

当用单位体积中的分子数，即分子浓度（$C_B=N_B/V$）定义平衡常数时，有 $K_C\equiv\prod_B C_B^{\nu_B}$ 将 $C_B=N_B/V$ 代入式(8-118) 中，得

$$K_C\equiv\prod_B C_B^{\nu_B}=\left[\prod_B (q_B^0/V)^{\nu_B}\right]e^{-\Delta_r\varepsilon_0/kT} \tag{8-119}$$

式中，$q_B^0/V$ 是物质 B 的单位体积的配分函数，用 $q_B^*$ 表示。

由 $q_B^0$ 的析因子性质和平动配分函数 $q_{t,B}^0$ 的表达式(8-42) 可知，$q_B^0$ 与系统体积 $V$ 的一

次方成正比，故 $q_{\rm B}^{*}=q_{\rm B}^{0}/V$ 就只与粒子的性质和温度有关，与体积无关，引入 $q_{\rm B}^{*}$ 后，$K_C$ 可表示为

$$K_C \equiv \prod_{\rm B} C_{\rm B}^{\nu_{\rm B}} = \left[\prod_{\rm B} (q_{\rm B}^{*})^{\nu_{\rm B}}\right] {\rm e}^{-\Delta_{\rm r}\varepsilon_0/kT} \tag{8-120a}$$

对于反应

$$a{\rm A}+b{\rm B} \longrightarrow l{\rm L}+m{\rm M}$$

$$K_{\rm C}=\frac{(q_{\rm L}^{*})^{l}(q_{\rm M}^{*})^{m}}{(q_{\rm A}^{*})^{a}(q_{\rm B}^{*})^{b}}{\rm e}^{-\Delta_{\rm r}\varepsilon/kT} \tag{8-120b}$$

通常的情况下，用体积摩尔浓度 $c_{\rm B}$ 作浓度标度的情况更普遍，$c_{\rm B}$ 与 $C_{\rm B}$ 的关系为 $c_{\rm B}=C_{\rm B}/L$，将此式代入式(8-119) 中，得

$$K_c \equiv \prod_{\rm B} c_{\rm B}^{\nu_{\rm B}} = \prod_{\rm B} (C_{\rm B}/L)^{\nu_{\rm B}} = L^{-\sum_{\rm B}\nu_{\rm B}} \prod_{\rm B} C_{\rm B}^{\nu_{\rm B}} \tag{8-121a}$$

即

$$K_c = L^{-\sum_{\rm B}\nu_{\rm B}} K_C = L^{-\sum_{\rm B}\nu_{\rm B}} \left[\prod_{\rm B} (q_{\rm B}^{*})^{\nu_{\rm B}}\right] {\rm e}^{-\Delta_{\rm r}\varepsilon_0/kT} \tag{8-121b}$$

由于 $L\Delta\varepsilon=\Delta_{\rm r}U_{0,\rm m}$，$Lk=R$ 故上式可写为

$$K_c = L^{-\sum_{\rm B}\nu_{\rm B}} K_C = L^{-\sum_{\rm B}\nu_{\rm B}} \left[\prod_{\rm B} (q_{\rm B}^{*})^{\nu_{\rm B}}\right] {\rm e}^{-\Delta_{\rm r}U_0/RT} \tag{8-122}$$

式(8-120b) 和式(8-121b) 或式(8-122) 在第 11 章化学反应动力学的过渡态理论中将要被用到。

有了 $K_c$ 与配分函数关系，不难得出 $K_p$ 和 $K^{\ominus}$与配分函数的关系。例如

$$K_p \equiv \prod_{\rm B} p_{\rm B}^{\nu_{\rm B}} = \prod_{\rm B} (c_{\rm B}RT)^{\nu_{\rm B}}$$

$$K_p = (RT)^{\sum_{\rm B}\nu_{\rm B}} \prod_{\rm B} c_{\rm B}^{\nu_{\rm B}} = (RT)^{\sum_{\rm B}\nu_{\rm B}} K_c \tag{8-123}$$

类似地，根据理想气体反应的 $K_p$ 与 $K^{\ominus}$的关系

$$K^{\ominus} \equiv \prod_{\rm B} \left(\frac{p_{\rm B}}{p^{\ominus}}\right)^{\nu_{\rm B}} = (p^{\ominus})^{-\sum_{\rm B}\nu_{\rm B}} \sum_{\rm B} p_{\rm B}^{\nu_{\rm B}} = (p^{\ominus})^{-\sum_{\rm B}\nu_{\rm B}} K_p \tag{8-124}$$

结合式(8-124) 和式(8-120)，得 $K^{\ominus}$与配分函数的关系如下

$$K^{\ominus} = (p^{\ominus})^{-\sum_{\rm B}\nu_{\rm B}} K_p = \left(\frac{RT}{Lp^{\ominus}}\right)^{\sum_{\rm B}\nu_{\rm B}} \prod_{\rm B} C_{\rm B}^{\nu_{\rm B}}$$

$$K^{\ominus} = \left(\frac{RT}{Lp^{\ominus}}\right)^{\sum_{\rm B}\nu_{\rm B}} \left[\prod_{\rm B} (q_{\rm B}^{*})^{\nu_{\rm B}}\right] {\rm e}^{-\Delta_{\rm r}U_{0,\rm m}/RT} \tag{8-125}$$

## 本章小结及基本要求

统计热力学作为物质的微观结构性质和系统宏观热力学性质之间的联系桥梁，其主要任务是通过对由大量粒子构成的宏观系统的微观运动状态进行统计分析和计算，以求得系统的宏观热力学性质。其理论基础是统计热力学的三个基本假设和玻尔兹曼分布定律以及玻尔兹曼熵定律，同时借用量子力学关于独立粒子系统中粒子各种运动形式的能量公式及能量量子化的结论。

由于统计热力学研究的是热力学平衡系统，不考虑粒子在空间的速率分布，只考虑粒子

的能量分布。这样，宏观状态和微观运动状态的关联就转化为一种能级分布与多少微观状态相对应的问题。玻尔兹曼分布（即最概然分布）给出了分布数与相应的能级和简并度的对应关系。根据玻尔兹曼分布所引出的配分函数以及玻尔兹曼熵定律和摘取最大项原理，统计热力学首先将系统的微观状态和宏观热力学性质的热力学能和熵通过分子配分函数联系起来，进而通过热力学函数 $A$、$G$ 的定义式以及相关的热力学方程，分别给出了 $U$、$S$、$A$、$G$、$H$、$p$ 和 $C_{V,\mathrm{m}}$ 与配分函数之间的关系式。行文至此，统计热力学原则上完成了在本课程的使命，接下来是有关分子配分函数的计算。

由于独立粒子系统中粒子的总能量可以近似地等于粒子各种运动形式（平动、振动、转动、电子和核自旋运动）的能量之和，简并度等于各种运动简并度的乘积，即 $\varepsilon=\varepsilon_{\mathrm{t}}+\varepsilon_{\mathrm{r}}+\varepsilon_{\mathrm{v}}+\varepsilon_{\mathrm{e}}+\varepsilon_{\mathrm{n}}$，$g=g_{\mathrm{t}}g_{\mathrm{r}}g_{\mathrm{v}}g_{\mathrm{e}}g_{\mathrm{n}}$，由此导出分子全配分函数的析因子性质。配分函数析因子性质使得通过配分函数计算热力学性质成为可能并得到简化。

值得注意的是分子配分函数的值与分子运动能量标度的零点选择有关，在计算分子各种运动形式的配分函数时，要注意零点能的选择。

本章的基本要求。

① 理解统计热力学系统分类、基本假设。

② 理解粒子各运动形式的能级公式及能级的简并度。

③ 理解独立子系统能级分布、微态数及系统的总微态数的概念和定义。

④ 理解定（离）域粒子某一能级分布微观状态数的计算公式。

⑤ 理解最概然分布即为平衡分布概念。

⑥ 掌握玻尔兹曼分布定律、公式及适用条件和应用。

⑦ 掌握配分函数及其物理意义、配分函数的析因子性质及能量零点的选择对配分函数的影响。

⑧ 掌握粒子各种运动形式配分函数的计算。

⑨ 理解粒子配分函数与热力学函数的关系。

⑩ 理解玻尔兹曼熵定律及系统统计熵的计算。

⑪ 了解系统热容等其他热力学函数的统计计算。

⑫ 了解吉布斯自由能函数和焓函数的定义和概念。

⑬ 了解如何用配分函数表示 $K_n$、$K_c$、$K_p$ 和 $K^{\ominus}$。

## 习题

1. 某平动能级 $(n_x^2+n_y^2+n_z^2)=14$，试求该能级的统计权重（简并度）。

答案：$g=6$

2. 某系统由 3 个一维谐振子组成，分别在 a、b、c 三个定点做简谐振动，总能量为 $11h\nu/2$。试列出该系统可能的能级及分布。

答案：Ⅰ：$n_0=2$，$n_4=1$；Ⅱ：$n_0=1$，$n_2=2$；Ⅲ：$n_0=1$，$n_1=1$，$n_3=1$；Ⅳ：$n_1=2$，$n_2=1$；每种分布类型其余能级上粒子数为 0

3. 计算上题中各种能级分布类型的微态数及系统的总微态数。

答案：$W_{\mathrm{I}}=3$，$W_{\mathrm{II}}=3$，$W_{\mathrm{III}}=6$，$W_{\mathrm{IV}}=3$，$\Omega=15$

4. 设有一极大数目三维平动子组成的粒子系统，运动于边长为 $a$ 的立方容器中，系统的体积、粒子质量 $m$ 和温度 $T$ 有如下关系：$h^2/(8ma^2)=0.1kT$，试计算平动量子数分别为 $n_x^2+n_y^2+n_z^2=14$ 和 $n_x=n_y=n_z=1$ 所处能级上粒子分布数的比值。

答案：$(n_i/n_j)=1.997$

5. 求算 $H_2$、$N_2$ 和 NO 分子在 300K 时的转动配分函数 $q_r$。这些数值的物理意义是什么？$q_r$ 有没有量纲？已知 $H_2$、$N_2$ 和 NO 的转动特征温度分别为：85.4K、2.86K 和 2.42K。

答案：$q_r(H_2)=1.76$，$q_r(N_2)=52.45$，$q_r(NO)=124$；
$q_r$ 表示所有转动能级的有效状态之和，无量纲

6. 从 HCl 分子光谱中的转动谱线，测出两相邻谱线间波数差为 20.83 $cm^{-1}$，求 HCl 分子中的原子间距离 $r$。已知：$h=6.626\times10^{-34}J\cdot s$，$c=3\times10^8 m\cdot s^{-1}$，$M(H)=1.008\times1.66\times10^{-27}kg$，$M(Cl)=35.5\times1.66\times10^{-27}kg$（波数 $\tilde{\nu}=\nu/c$）。

答案：$r=1.28\times10^{-8}cm$

7. 我们能否断言：粒子按能级分布时，能级愈高，则分布数愈小。试计算 300K 时 HF 分子按转动能级分布时各能级有效状态数，以验证上述结论之正误。已知 HF 的转动特征温度 $\Theta_r=30.3K$。

答案：$n_2/n_1>1$，不能断言粒子按能级分布时，能级愈高则分布数愈小

8. 1mol 纯物质的理想气体，设分子的内部运动形式只有三个可及的能级，它们的能量和简并度分别为 $\varepsilon_0=0$，$g_0=1$；$\varepsilon_1/k=100K$，$g_1=3$；$\varepsilon_2/k=300K$，$g_2=5$；其中 $k$ 为 Boltzmann 常数，$k=1.38\times10^{-23}J\cdot K^{-1}$，$L=6.02\times10^{23}mol^{-1}$。

(1) 计算 200K 时的分子配分函数；

(2) 计算 200K 时能级 $\varepsilon_1$ 上的最概然分子数；

(3) 当 $T\rightarrow\infty$ 时，求上述三个能级上的最概然分子数的比。

答：(1) $q=3.9352$；(2) $n_1=2.784\times10^{23}mol^{-1}$；
(3) $n_1:n_2:n_3=g_1:g_2:g_3=1:3:5$

9. HCN 气体的转动光谱呈现在远红外区，其中一部分如下：

2.96 $cm^{-1}$　　5.92 $cm^{-1}$　　8.87 $cm^{-1}$　　11.83 $cm^{-1}$

试求 300 K 时，转动光谱波数 $\tilde{\nu}=2.96\ cm^{-1}$ 的该分子的转动配分函数？（波数 $\tilde{\nu}=\nu/c$）已知 $h=6.626\times10^{-34}J\cdot s$，$k=1.38\times10^{-23}J\cdot K^{-1}$，$c=3\times10^8 m\cdot s^{-1}$。

答案：$q_r=140$

10. 已知 $O_2(g)$ 的振动频率用波数表示为 $1589.36cm^{-1}$，求 $O_2$ 的振动特征温度和 3000K 时振动配分函数 $q_v$ 和 $q_v^0$（以振动基态为能量零点）。已知 $h=6.626\times10^{-34}J\cdot s$，$k=1.38\times10^{-23}J\cdot K^{-1}$，$c=3\times10^8 m\cdot s^{-1}$。（波数 $\tilde{\nu}=\nu/c$）

答案：$\Theta_v=2289.4K$，$q_v=1.279$，$q_v^0=1.837$

11. 系统中若有 2% 的 $Cl_2$ 分子由振动基态跃迁到第一振动激发态，$Cl_2$ 分子的振动波数 $\tilde{\nu}_1=5569cm^{-1}$，试估算系统的温度。已知 $h=6.626\times10^{-34}J\cdot s$，$k=1.38\times10^{-23}J\cdot k$，$c=3\times10^8 m\cdot s^{-1}$。（波数 $\tilde{\nu}=\nu/c$）

答案：$T=2061K$

12. 在铅和金刚石中，Pb 原子和金刚石原子的基态振动频率分别为 $2\times10^{12}s^{-1}$ 和 $4\times10^{13}s^{-1}$，试计算它们的振动特征温度 $\Theta_v=h\nu/k$ 和振动配分函数在 300K 下的数值。（选取

振动基态为能量零点。$k=1.3805\times10^{-23}\mathrm{J\cdot K^{-1}}$，$h=6.626\times10^{-34}\mathrm{J\cdot s}$）

答案：Pb原子：$\Theta_v=96\mathrm{K}$，$q_v=3.65$；金刚石原子：$\Theta_v=1919.9\mathrm{K}$，$q_v=1$

13. $I_2(g)$ 样品光谱的振动能级上分子的分布为 $n_{v=2}/n_{v=0}=0.5414$，$n_{v=3}/n_{v=0}=0.3984$，问系统是否已达平衡？系统温度为多少？已知振动频率 $\nu=6.39\times10^{12}\mathrm{s^{-1}}$，$h=6.626\times10^{-34}\mathrm{J\cdot s}$，$k=1.38\times10^{-23}\mathrm{J\cdot K^{-1}}$。

答案：计算结果表明系统已达平衡，$T=1000\mathrm{K}$

14. 298K时，氩在某固体表面A上吸附，如看作是二维气体，试导出其摩尔平动能公式，并计算其数值。

答：$q_{t,2d}=\dfrac{2\pi mkT}{h^2}A$，$U_{m,t}=RT^2\left(\dfrac{\partial \ln q_t}{\partial T}\right)_{V,N}=RT=(8.314\times298)\mathrm{J\cdot mol^{-1}}=2478\mathrm{J\cdot mol^{-1}}$

15. 在298.15K和100kPa压力下，1mol $O_2(g)$ 放在体积为 $V$ 的容器中，试计算

(1) 氧分子的平动配分函数。

(2) 氧分子的转动配分函数（已知转动惯量 $I$ 为 $1.935\times10^{-46}\mathrm{kg\cdot m^2}$）。

(3) 氧分子的振动配分函数 $q_v^0$（已知其振动频率为 $4.648\times10^{13}\mathrm{s^{-1}}$）。

(4) 氧分子的电子配分函数（已知电子基态的简并度为3，电子激发态可忽略）。

(5) 忽略振动和电子的影响，估算氧分子的恒容摩尔热容。

已知阿伏伽德罗常数 $L=6.022\times10^{23}\mathrm{mol^{-1}}$，普朗克常数 $h=6.626\times10^{-34}\mathrm{J\cdot s}$，$k=1.381\times10^{-23}\mathrm{J\cdot K^{-1}}$。

答案：(1) $q_t=4.344\times10^{30}$；(2) $q_r=71.66$；(3) $q_v^0=1.0006$；(4) $q_e=g_e^0=3$；(5) $C_{V,m}=20.79\mathrm{J\cdot K^{-1}\cdot mol^{-1}}$

16. 设某物分子只有2个能级0和 $\varepsilon$，且为独立定域子系统，请计算当 $T\to\infty$ 时1mol该物质的平均能量和熵值。

答案：当 $T\to\infty$ 时，$U_m^0=3.01\times10^{23}\varepsilon$，$S_m=R\ln2$

17. 已知 $Cl_2$ 的振动特征温度为801K。试计算100kPa，298.15K时 $Cl_2(g)$ 的 $C_{p,m}$。（选振动基态为能量零点）

答案：$C_{p,m}=33.81\mathrm{J\cdot K^{-1}\cdot mol^{-1}}$

18. 对于 $N$、$U$、$V$ 一定的定域子系统，根据其玻耳兹曼分布B的微态数公式 $W_B=N!\prod_i\dfrac{g_i^{n_i}}{n_i!}$，并应用斯特林方程 $\ln N!=N\ln N-N$、玻耳兹曼分布式 $n_i=\dfrac{N}{q}g_i\mathrm{e}^{-\varepsilon_i/(kT)}$ 和热力学基本方程 $\mathrm{d}U=T\mathrm{d}S-p\mathrm{d}V$，导出玻耳兹曼熵定律方程 $S=k\ln W_B$。

19. $O_2$ 的分子量 $M=0.032\mathrm{kg\cdot mol^{-1}}$，$O_2$ 分子的核间距 $R=1.2074\times10^{-10}\mathrm{m}$，振动特征温度 $\Theta_v=2273\mathrm{K}$。

求：(1) $O_2$ 分子的转动特征温度；

(2) 理想气体 $O_2$ 在298K的标准摩尔转动熵；

(3) 设 $O_2$ 的振动为简谐振动，选振动基态为振动能量零点，写出 $O_2$ 分子的振动配分函数；

(4) 理想气体 $O_2$ 占据第一振动激发态的最大比例时的温度。已知 $h=6.626\times10^{-34}\mathrm{J\cdot s}$，$k=1.38\times10^{-23}\mathrm{J\cdot K^{-1}}$。

答案：(1) $\Theta_r=2.082\mathrm{K}$；(2) $S_{m,r}^{\ominus}=43.82\mathrm{J\cdot mol^{-1}\cdot K^{-1}}$；

(3) $q_v^0=\dfrac{1}{1-e^{-\Theta_v/T}}$；(4) $T=3279K$

20. 有一单原子理想气体物质处在气液平衡态，气相分子可视为独立的离域子，其熵值可由萨古-泰洛德方程计算，若液相的熵与气相的熵相比可忽略，试导出饱和蒸气压与温度的关系式，并与克-克方程比较。

答案：$\ln p^*=-\dfrac{\Delta_{vap}H}{RT}+\dfrac{5}{2}+\ln\dfrac{(2\pi mk)^{3/2}k}{h^3}+\dfrac{5}{2}\ln T$

可以看出，由统计热力学导出的蒸气压与温度的关系方程（1）与克-克方程（2）相似，与克-克方程（3）形式上完全一致。

21. 已知 $H_2$、$CO$、$CO_2$、$H_2O(g)$ 在 1000K 时的标准摩尔吉布斯自由能 $(G_{m,T}^{\ominus}-U_{0,m})/T$ 分别为 $-137.00J\cdot K^{-1}\cdot mol^{-1}$、$-226.40J\cdot K^{-1}\cdot mol^{-1}$、$-204.43J\cdot K^{-1}\cdot mol^{-1}$、$-197.00J\cdot K^{-1}\cdot mol^{-1}$，0K 时下列反应 $H_2+CO_2 \longrightarrow CO+H_2O(g)$ 的 $\Delta U_{0,m}=40.43kJ\cdot mol^{-1}$，求该反应 1000K 的 $K^{\ominus}$。

答案：$K^{\ominus}=0.75$

# 第9章 界面现象

在大多数条件下，自然界物质一般只以固、液、气三种相态存在。这些不同相态（无论物质是否相同）的物质相互接触时，将形成不同的**相界面**，简称**界面**。三种相态相互接触将会产生气/液、气/固、液(α)/液(β)、液/固、固(α)/固(β) 五种相界面。通常把与气相接触的界面称为**表面**。

值得注意的是，相互接触的两相界面不是一个如图 9-1 所示的只有面积而没有厚度的数学上的几何面，而是如图 9-2 所示从 $aa'$到 $bb'$约有几个分子层厚度的过渡区。图中水平虚线 $aa'$和 $bb'$分别表示界面相与 α 相和 β 相的边界线。在垂直于 $aa'$和 $bb'$平面的方向上，系统的物理性质不是均匀一致的，但在平行于 $aa'$和 $bb'$的界面相内任一平面上，其性质却是均匀一致的。界面相在垂直方向上的性质随着高度 $h$ 从上往下，由 α 相特性逐渐过渡到 β 相特性。例如，组分 $i$ 的浓度 $c_i$ 在垂直于界面的方向上变化，从 $c_\alpha$ 逐渐过渡到 $c_\beta$。综上所述，所谓界面是指两相接触的、约几个分子层（约 1～10nm）厚度的过渡区，在这个过渡区内，其物理性质（包括化学性质）既不同于 α 相，也不同于 β 相。若其中一相为气体，这种界面习惯上又称为**“表面”**。

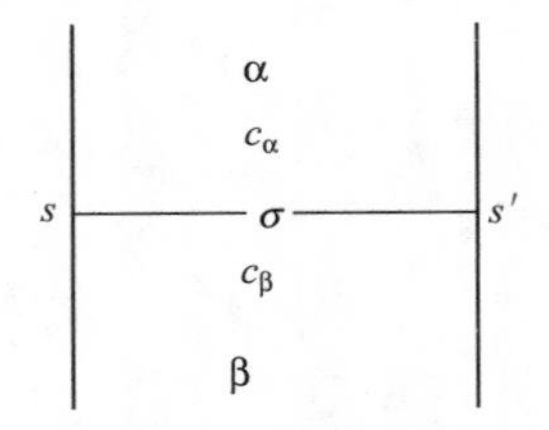


图 9-1　相界面示意图

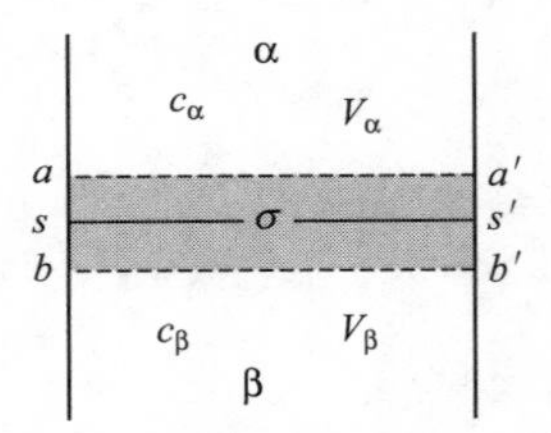


图 9-2　从 α 相到 β 相组分 $i$ 的浓度变化示意图

界面的结构、组成和性质与相邻两侧体相不同，但又与其紧密相关。界面现象广泛存在于自然界中。在人们的日常生活及科研和生产中，经常能观察到界面现象。例如荷叶上的水珠会自动形成球形，毛细管现象，微小液滴更容易挥发（小颗粒晶体易溶解），活性炭脱色，毛细管冷凝，金属粉末可在空气中自燃，粉尘会发生爆炸，纳米材料呈现出强烈的表面效应等，以上的现象皆与界面现象有关。

界面现象如此广泛地存在于自然界中，有时非常重要。但在前面各章中，并没有考虑相界面对系统物理化学性质的影响。这是因为在一般的情况下，界面的质量和性质与体相相比可忽略不计。但是，当物质高度分散时，其表面积显著增加，界面效应会显得很明显，甚至起主要作用。例如，直径 1cm 的球形液滴，其表面积仅 $3.1416\text{cm}^2$，当将其分散为直径为 10nm 的球形小液滴时，其总表面积高达 $314.16\text{m}^2$，是原来的 $10^6$ 倍，导致大量的分子或原子暴露在表面（界面）上。如图 9-3 所示，当物质粒子为 5nm 时，高达 30%以上的原子处在表面。这些处在表面（界面）相的原子或分子往往表现出独特的表面效应，这时如果再忽略界面效应，就会得出错误的结论，有时还会导致灾难性的后果。

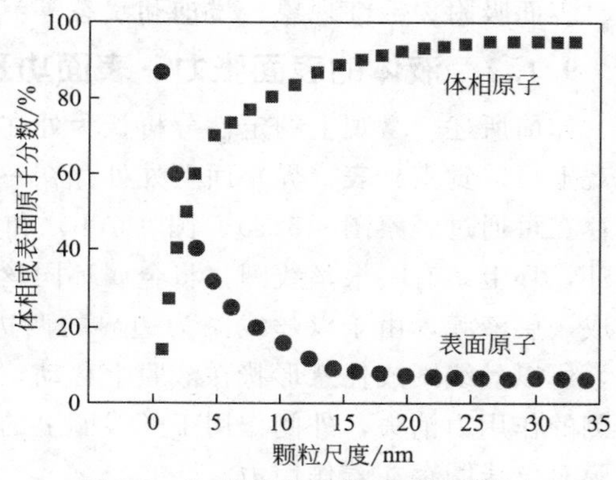

图 9-3　Fe 纳米粒子体表面原子数与粒径之间的关系

物质系统的分散程度与其**比表面（积）**密切相关。通常用比表面来衡量体系的分散程度。比表面被定义为物质的表面积 $A$ 与其质量 $m$ 之比或物质的表面积与其体积 $V$ 之比，即

$$a_m = A/m,\ [a_m] = \mathrm{m^2 \cdot kg^{-1}} \tag{9-1a}$$

或

$$a_v = A/V,\ [a_v] = \mathrm{m^2 \cdot m^{-3}} = \mathrm{m^{-1}} \tag{9-1b}$$

很显然，一定量的物质的比表面积越大，其分散程度越高，反之亦然。

## 9.1　界面张力

### 9.1.1　产生界（表）面现象的本质原因

系统比表面积大到一定程度就会呈现出独特的表面效应，究其原因，这是因为处在表面相的分子与内部分子相比，所处的环境不同。如图 9-4 所示，体相内部的分子所受四周邻近相同分子的作用力是对称的，各个方向的力彼此抵消。因此，它在液相内部移动时不需要外界对它做功。然而，处在表面相的分子则不相同，其受力情况如图 9-4 所示，它在水平方向和指向体相内部方向的受力情况类似于体相中任一分子，但在指向气相的方向，受到气相分子的作用力较小（因为气体密度低），所以表面分子受到向内（体相）的拉力。换句话说，在表面上，对单个分子而言，存在着配位不饱和现象，表面分子存在未被饱和的**“悬空键”**。对整个表面而言，存在一个未被饱和（平衡）的力场。

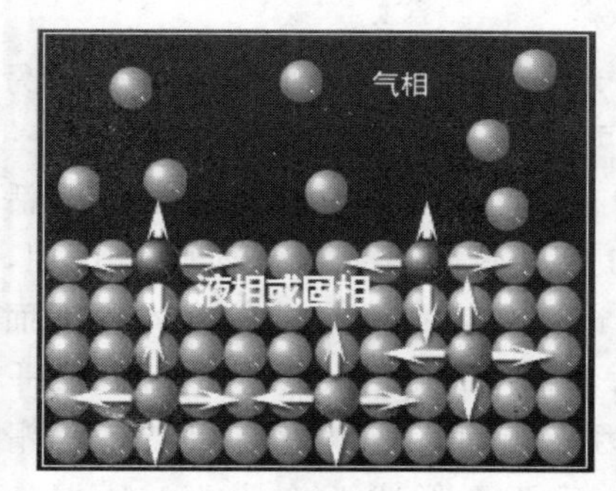

图 9-4　表面相受力与体相分子受力差异

对于单组分系统，这种不饱和力场的产生，缘于同一物质在不同相中的密度不同；对于多组分、多相系统，则缘于界面相的组成与界面两边任一相的组成不同。这种由于表面分子“悬空键”所形成的未被平衡的力场倾向于吸附其他的物质以求达到平衡。如活性炭表面通过吸附溶液中杂质使自己表面的力场平衡的同时，使溶液中的杂质得以除去；橘子皮表面通过吸附冰箱中有机分子使自己表面力场达到平衡的同时也消除了冰箱中异味。当一相为液相而另一相为气相时，由于表面分子受到向体相的拉力而倾向于向体相运动，其结果使液相表面有自动收缩到最小的趋势（例如荷叶上的水珠总是力图成球形，肥皂泡要用力吹才会大），并使表面相显示出一些独特的性质。也就是说，由表面相分子配位不饱和（或说悬空键）所形成的不平衡力场是导致所有表（界）面现象的根本原因。这些表（界）面现象包括表面张

力、表面吸附、毛细现象、过饱和状态等。

### 9.1.2 液体的表面张力、表面功及表面吉布斯函数

如前所述，微观上的定性分析认为处在表面相的分子受到一个指向体相的拉力，表现在宏观上可以觉察到表（界）面上处处存在一种张力，称之为**界面张力或表面张力**。表面张力的存在可通过观察图 9-5(a)、图 9-5(b) 和图 9-6 的实验现象加以证实。在图 9-5 中有一金属环，环上系有一根丝线圈，将金属环同丝线圈一起淹入肥皂液中，然后取出，金属环中就形成一层液膜，由于以丝线圈为边界的两边作用于丝线圈上每一点的力大小相等，方向相反，所以丝线圈成任意形状在液膜上移动，如图 9-5(a)。如果刺破丝圈中央的液膜，丝线圈内侧的作用力消失，外侧作用于丝线圈上的力将丝线绷成一个圆形。图 9-5(b) 清楚地显示液膜对丝线圈存在着作用力。

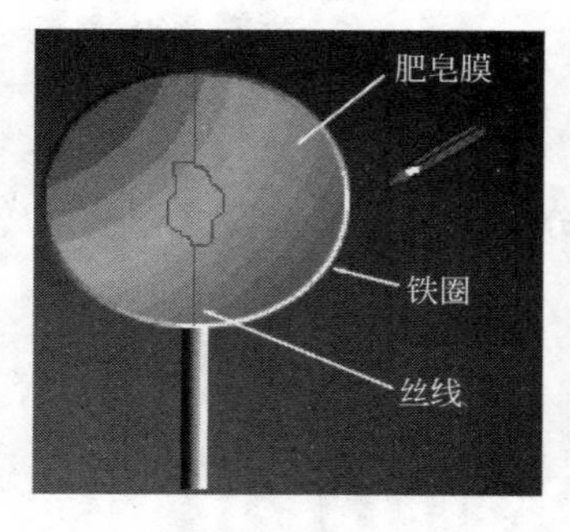


(a) 丝线圈内肥皂膜未刺破时

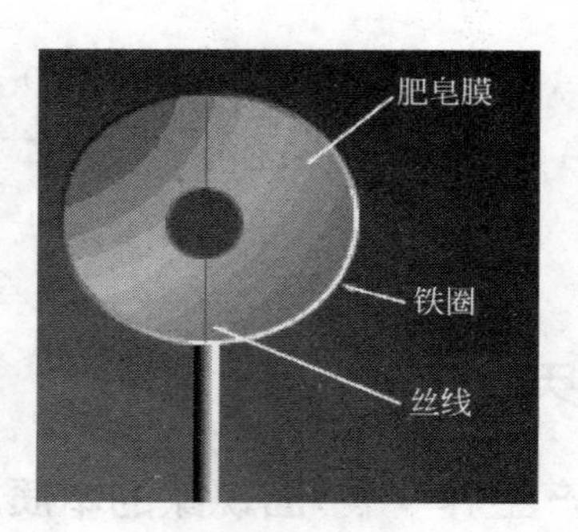


(b) 丝线圈内肥皂膜刺破后

图 9-5 液体表面张力的实验观察

另一证实表（界）面存在表（界）面张力的例子见图 9-6。将金属丝弯成 U 形框架，另一根金属丝作为框架的一边，可在 U 形框架上滑动。将这样一个含有一活动边的金属框架放在肥皂液中，然后取出悬挂，活动边在下面，由于金属框上的肥皂膜的表（界）面张力作用，可滑动的边会被上拉，直至顶部。如果在可滑动的金属丝下面吊一重物 $m_2$，当 $m_2$ 与可滑动金属丝的质量 $m_1$ 之和（即 $m_2+m_1$）与向上的表（界）面张力平衡时，金属丝就保持不再滑动。肥皂膜在金属丝框架正、反两面形成两个表面，所以表（界）面张力在总长度 $2l$（$l$ 为可滑动边的长度）的边界上作用于金属丝框架的滑动边。由于**表（界）面张力 $\gamma$ 是垂直地作用于单位长度的表（界）面边沿，并指向表面中心的力**（注意：肥皂膜在金属丝框架的正、反两面形成两个表面），所以肥皂沫将金属丝向上的拉力［即等于向下的重力 $(m_1+m_2)g$］为

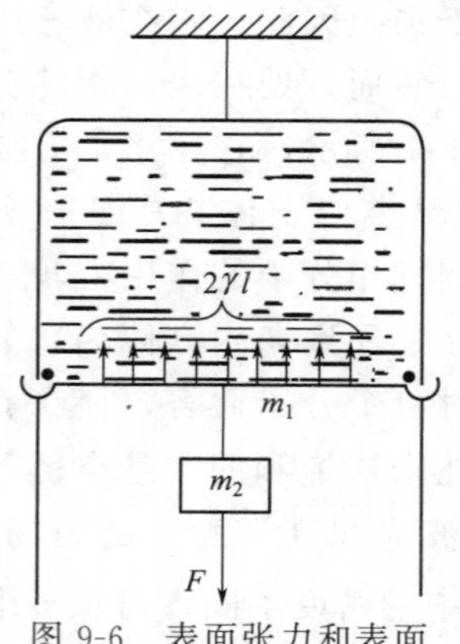


图 9-6 表面张力和表面功示意图

$$F=2\gamma l \tag{9-2a}$$

$$\gamma=F/2l \tag{9-2b}$$

式中，$\gamma$ 为表（界）面张力，$N\cdot m^{-1}$。其物理意义可以理解为作用在单位长度表（界）面上，引起液体表（界）面收缩的力。对于平面相界面，表（界）面张力作用在表面的边界上，垂直于表（界）面边界线并指向表面的中心；若为曲面，则是垂直作用于表面任意单位长度上、指向切线方向的表面收缩力。

$$\gamma = f(T, p, \cdots) \tag{9-3}$$

表（界）面张力 $\gamma$ 是 $T$、$p$、组成、物质特性、相接触的另一相等的函数。纯液体表面张力通常是指液体与饱和了本身蒸气的空气接触而言。

表面分子受到一个向体相的拉力，在没有其他作用力存在时，所有的液体都有自动收缩其表面积的趋势。因此，若要扩展液体的表面，即将一部分分子从体相移到表面，则需要克服向内的拉力而做功，此功称为**“表面功”**，用 $W_s$ 表示。所以，肥皂泡要用力吹才会长大。仍以图 9-6 为例，说明表面功与表面张力的关系。若要使图 9-6 中的液膜面积增大 $dA_s$，则需要克服由于表（界）面张力产生的向上拉力，在力 $F$ 的作用下，使可滑动金属丝向下移动 $dx$ 距离，忽略摩擦力的影响，这一过程所做的可逆非体积功为

$$\delta W_s = F dx = 2\gamma l dx = \gamma dA_s$$

式中，$dA_s = 2l dx$ 为增大的液体的表面积，整理上式得

$$\gamma = \frac{\delta W_s}{dA_s} \tag{9-4}$$

式中，$\gamma$ 亦表示为使系统增加单位面积所需要的可逆功，称为“表面功”，单位为 $J \cdot m^{-2}$。

表面扩展完成后，表面功转化为表面分子的能量。因此，表面上的分子比体相内部的分子具有较高的能量。若表面扩展过程可逆，在等温等压下，有 $\delta W_s = dG^s_{T,p}$，所以式(9-4)又可以表示为

$$dG^s_{T,p} = \gamma dA_s \quad 或 \quad \gamma = \left(\frac{\partial G^s}{\partial A_s}\right)_{T,p} \tag{9-5}$$

表面吉布斯函数

在式(9-5) 中，$\gamma$ 的物理意义是：在恒温恒压条件下，增加单位表面积所引起的系统吉布斯函数的增量，也就是单位表面积上的分子比相同数量的体相内部分子“超额”的吉布斯函数，因此 $\gamma$ 又称为“表面吉布斯函数”或简称为“表面能”，单位和表面功一样为 $J \cdot m^{-2}$。

综上所述，表面张力、表面功、表面吉布斯函数是从不同角度对同一现象的描述。虽为三个不同物理量，有各自的单位，但它们的量值和量纲是相同的（因为 $1J = 1N \cdot m$，故 $1J \cdot m^{-2} = 1N \cdot m^{-1}$，三者的单位皆可化为 $N \cdot m^{-1}$）。

表面张力或表面吉布斯函数皆为系统的强度性质。与液体表面类似，其他界面，如固(α)/固(β) 界面、液(α)/液(β) 界面、液/固界面等，其界面层分子同样受力不对称，因此都存在着界面张力。

### 9.1.3　热力学基本关系式及界（表）面的热力学分析

在第 4 章多组分溶液热力学中，对于多相多组分敞开系统，在 $W_f = 0$ 的条件下，给出了其热力学基本方程。其中并没有考虑各相界面的变化，即没有考虑表面功的存在。当考虑存在表面时，为简单起见，先考虑系统内只有一个相界面，且两相的 $T$、$p$ 相同，则相应的热力学基本方程应为：

$$dU = T dS - p dV + \sum_{\alpha} \sum_{B} \mu_{B(\alpha)} dn_{B(\alpha)} + \gamma dA_s \tag{9-6}$$

$$dH = T dS + V dp + \sum_{\alpha} \sum_{B} \mu_{B(\alpha)} dn_{B(\alpha)} + \gamma dA_s \tag{9-7}$$

$$dA = -S dT - p dV + \sum_{\alpha} \sum_{B} \mu_{B(\alpha)} dn_{B(\alpha)} + \gamma dA_s \tag{9-8}$$

$$dG = -S dT + V dp + \sum_{\alpha} \sum_{B} \mu_{B(\alpha)} dn_{B(\alpha)} + \gamma dA_s \tag{9-9}$$

式中，

$$\gamma=\left(\frac{\partial U}{\partial A_s}\right)_{S,V,n_{B(\alpha)}}=\left(\frac{\partial H}{\partial A_s}\right)_{S,p,n_{B(\alpha)}}=\left(\frac{\partial A}{\partial A_s}\right)_{T,V,n_{B(\alpha)}}=\left(\frac{\partial G}{\partial A_s}\right)_{T,p,n_{B(\alpha)}} \tag{9-10}$$

式(9-10) 中第一个等式表明，表面张力 $\gamma$ 可用系统在恒熵恒容、系统各相组成及各物质量不变的条件下，增加单位面积所引起的内能改变值来定义。当然也可分别用 $H$、$A$ 和 $G$ 在各自相应的特征变量不变及系统各相和物质量不变的条件下来定义。

在恒温恒压下，各相中各物质的量不变时，由式(9-9) 得

$$dG^s_{T,p}=\gamma dA_s$$

在 $\gamma$ 不变的条件下，积分上式，得

$$G^s=\gamma A_s \tag{9-11}$$

对式(9-11) 取全微分，有

$$dG^s=\gamma dA_s+A_s d\gamma \tag{9-12}$$

由吉布斯函数判据可知：在恒温恒压条件下，系统表（界）面吉布斯函数减小过程为自发过程。式(9-12) 表明，系统可通过两种途径来降低表（界）面吉布斯函数：一是减小表（界）面面积；二是降低表（界）面张力。例如，小液滴（小颗粒）总是倾向于聚集成大液滴（大颗粒）[此为表（界）面张力不变时减小表（界）面面积]，多孔固体表面倾向于吸附气体或液体 [此为表（界）面面积不变降低表（界）面张力] 等。从宏观上看，表（界）面吉布斯函数有自动减小的趋势，是很多表（界）面现象产生的热力学原因。当然，最根本原因还是微观上表（界）面分子由于配位不饱和（或说存在悬空键）所引起的未被平衡的立场所致。

### 9.1.4 影响界（表）面张力的因素

**(1) 温度对界（表）面张力的影响**

表（界）面张力是温度的函数，表（界）面张力总是随着温度升高而下降，这可以从热力学基本公式中看出。对式(9-9) 应用全微分的性质，可得

$$\left(\frac{\partial S}{\partial A_s}\right)_{T,p,n_B}=-\left(\frac{\partial \gamma}{\partial T}\right)_{A_s,p,n_B} \tag{9-13}$$

将式(9-13) 两边都乘以 $T$ 得

$$T\left(\frac{\partial S}{\partial A_s}\right)_{T,p,n_B}=-T\left(\frac{\partial \gamma}{\partial T}\right)_{A_s,p,n_B} \tag{9-14}$$

对于恒温可逆过程，$\delta Q_r=TdS$，即式(9-14) 左边等于在温度不变时扩大单位表（界）面面积所吸的热，其值大于零，所以 $(\partial\gamma/\partial T)_{A_s,p,n_B}<0$，即 $\gamma$ 的值随 $T$ 的升高而下降。从而可推知，若以绝热的方式扩大表面积，系统的温度必然下降，而事实正是如此。表（界）面张力之所以随着温度的升高而下降是因为当温度升高时，物质的体积膨胀，分子间的作用力随着分子间距离增加而减弱。尤其液体的表（界）面张力受温度的影响较大，且表（界）面张力随温度升高近似呈直线下降。当温度趋近于临界温度时，$V_{m(l)}=V_{m(g)}$，相界面不复存在。随着相界面的消失，液体的表（界）面张力当然亦不复存在而趋于零。纯液体的表（界）面张力随温度变化可用下列的经验公式表示：

$$\gamma=\gamma_0(1-T/T_c)^n \tag{9-15}$$

式中，$T_c$ 为液体的临界温度；$\gamma_0$、$n$ 为经验常数，与液体的性质和状态有关。对于绝大多数液体 $n>1$。表 9-1 给出了一些液体在不同温度下的表面张力。

表 9-1　不同温度下部分液体的表面张力　　单位：$mN \cdot m^{-1}$

| 液体 | 0℃ | 20℃ | 40℃ | 60℃ | 80℃ | 100℃ |
|---|---|---|---|---|---|---|
| 水 | 75.64 | 72.75 | 69.60 | 66.24 | 62.67 | 58.91 |
| 乙醇 | 24.4 | 22.3 | 21.0 | 19.2 | 17.3 | 15.5 |
| 甲醇 | 24.5 | 22.6 | 20.9 | 19.3 | 17.5 | 15.7 |
| 四氯化碳 | 29.5 | 26.9 | 24.5 | 22.1 | 19.7 | 17.3 |
| 丙酮 | 26.2 | 23.7 | 21.2 | 18.6 | 16.2 | — |
| 甲苯 | 30.92 | 28.53 | 26.15 | 23.94 | 21.8 | 19.6 |
| 苯 | 31.9 | 29.0 | 26.13 | 23.6 | 21.2 | 18.2 |

**(2) 分子间的作用力对表面张力的影响**

产生表（界）面张力的根本原因是由于表（界）面分子受到一个向体相的拉力。很显然，这个拉力与分子之间化学键力的大小密切相关。因此，对于纯液体和纯固体，表面张力的大小取决于构成该液体或固体分子的键能。化学键越强，其表面张力越大。一般存在下列顺序：

$$\gamma(\text{金属键})>\gamma(\text{离子键}),\gamma(\text{极性共价键}),\gamma(\text{非极性共价键})$$

此外，固体分子间的相互作用力远大于液体，因此固体物质具有比液体大得多的表面张力。固体表面不但表面张力大，而且由于其不均匀，故固体表面的表面张力很难测定。

**(3) 压力对界（表）面张力的影响**

对纯液体与其饱和蒸气系统，压力对表面张力的影响主要体现在压力对气相密度的影响。增加压力，饱和蒸气的密度增加，由此可减小液体表面分子受力不对称的程度，从而降低表面张力。

**(4) 构成界面的另一相物质对界面张力的影响**

一种液体与不互溶的其他液体形成液/液界面时，界面张力因构成界面的另一相物质的性质不同而异。表 9-2 是汞和水与不同的另一相液体构成界面时的界面张力。

表 9-2　20℃ 某些液-液界面张力

| 界面 | $\gamma/N \cdot m^{-1}$ | 界面 | $\gamma/N \cdot m^{-1}$ |
|---|---|---|---|
| 汞-水蒸气 | 0.4716 | 水-水蒸气 | 0.0728 |
| 汞-乙醇 | 0.3643 | 水-异戊烷 | 0.0496 |
| 汞-苯 | 0.3620 | 水-苯 | 0.0326 |
| 汞-水 | 0.375 | 水-丁醇 | 0.00176 |

**例 9-1**　常压下，水的表面吉布斯函数与温度的关系可表示为

$$\gamma=(7.564\times10^{-2}-1.40\times10^{-4}t/℃)\mathrm{J \cdot m^{-2}}$$

若在 10℃ 时，保持水的总体积不变而改变其表面，试求：

(1) 使水的表面积可逆增加 $1.00\mathrm{cm}^2$，必须做多少功？

(2) 上述过程中的 $\Delta U$、$\Delta H$、$\Delta A$、$\Delta G$ 以及所吸收的热各为若干？

(3) 上述过程后，除去外力，水将自动收缩并回到起始的表面积，此过程对外不做功，试计算此过程的 $Q$、$\Delta U$、$\Delta H$、$\Delta A$ 及 $\Delta G$。

**解**　(1) 当 $t=10$℃

$$\gamma=(7.564\times10^{-2}-1.40\times10^{-4}\times10)\mathrm{J\cdot m^{-2}}=7.424\times10^{-2}\mathrm{J\cdot m^{-2}}$$

在 $\mathrm{d}p=0$，$\mathrm{d}T=0$ 的可逆条件下，有 $\delta W_s=\gamma \mathrm{d}A_s=\mathrm{d}G_{T,p}$，由此得

$$W_s=\gamma\Delta A_s=\Delta G_{T,p}=(7.424\times10^{-2}\times1\times10^{-4})\mathrm{J}=7.42\times10^{-6}\mathrm{J}$$

(2)根据公式 $(\partial\gamma/\partial T)_{A_s,p,n_B}=-(\partial S/\partial A_s)_{T,p,n_B}$，有

$$\Delta S_2=-(\partial\gamma/\partial T)_{A_s,p,n_B}\times\Delta A_s=(1.40\times10^{-4}\times1.0\times10^{-4})\mathrm{J\cdot K^{-1}}=1.4\times10^{-8}\mathrm{J\cdot K^{-1}}$$

$$Q_{r,2}=T\Delta S=(283\times1.4\times10^{-8})\mathrm{J}=3.96\times10^{-6}\mathrm{J}$$

$$\Delta G_2=7.42\times10^{-6}\mathrm{J}$$

$$\Delta U_2=Q_r+W_s=(3.96\times10^{-6}+7.42\times10^{-6})\mathrm{J}=1.14\times10^{-5}\mathrm{J}$$

$$\Delta H_2=\Delta U_2+\Delta(pV)=\Delta U=1.14\times10^{-5}\mathrm{J}$$

$$\Delta A_2=\Delta G_2=7.42\times10^{-6}\mathrm{J}$$

(3) 当外力为零时，系统恢复到始态，所以

$$\Delta U_3=\Delta H_3=-1.14\times10^{-5}\mathrm{J}$$

$$\Delta A_3=\Delta G_3=-7.42\times10^{-6}\mathrm{J}$$

因为 $W_s=0$，所以 $Q_3=\Delta U_3=-1.14\times10^{-5}\mathrm{J}$

## 9.2 弯曲液面的附加压力及其后果

由于表面张力的存在，使得不同形状液面下的液体所承受的压力不同。本节将以纯液体为例，分析不同曲面下液体的受力状况，从而引出由弯曲液面的附加压力所引起的微小液滴蒸气压升高、毛细管现象及过热（冷）液体等亚稳态现象。不仅如此，由纯液体系统所得出的某些结论还可扩展到固体粒子。

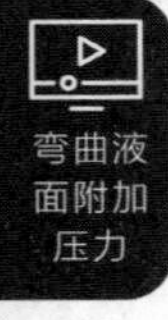


### 9.2.1 弯曲液面的附加压力

由于表面张力的作用，任何液面都有尽量收缩而减小表面积的趋势。如果液面是弯曲的，则这种收缩趋势会使弯曲液面下的液体承受除大气压力之外的附加压力 $\Delta p$。在介绍弯曲液面的附加压力 $\Delta p$ 之前，不妨先看一下平面液面下的液体所承受的压力。如图 9-7(a) 和图 9-7(b) 分别为平面液面的表面张力和平面液面上外部压力及液面下液体受力状况示意图。

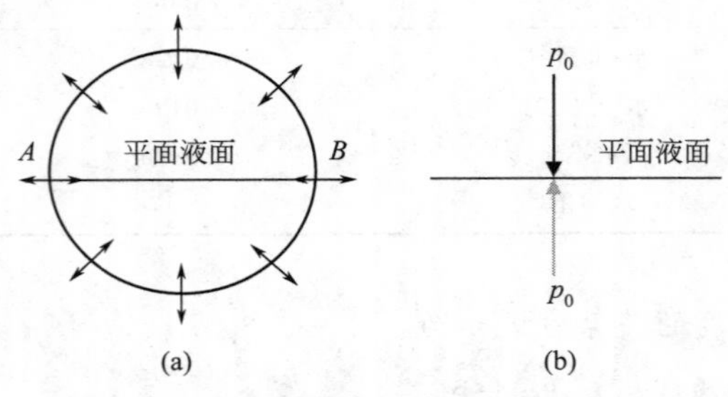


图 9-7 平面液面所承受的附加压力 $\Delta p$

从图 9-7(a) 可以看出，在平面液面中选择一小面积 $AB$，沿 $AB$ 的四周，作用于 $AB$ 周线上的每一点内、外的表面张力其大小相等，方向相反。因此，如图 9-7(b) 所示，平面液面下的液体所承受的压力就是液面上的压力 $p_0$。因此，平面液面的附加压力 $\Delta p$ 为

$$\Delta p=p_0-p_0=0 \tag{9-16}$$

如果液面是弯曲的凸面（图 9-8 所示）或凹面（图 9-9 所示），则沿 $AB$ 周界上的表面张力 $F_1$ 和 $F_2$ 不是大小相等方向相反，其方向如图 9-8(a) 和图 9-9(a) 所示。平衡时，表

面张力 $F_1$ 和 $F_2$ 将产生一合力——弯曲液面附加压力 $\Delta p$。

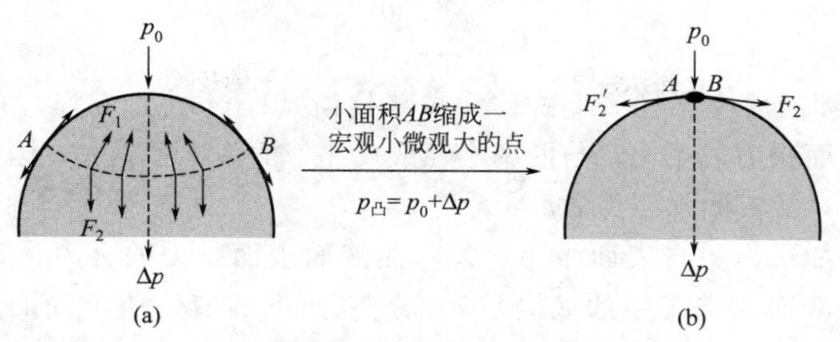


图 9-8　弯曲表面（凸面）附加压力示意图

为了直观地理解表面张力是如何在弯曲液面下产生附加压力，以及附加压力的方向，我们让 $AB$ 液面缩小成凸面或凹面上一宏观小微观大的点（很显然，这可以是球面上的任意一点），在这个点的周边上，不在同一平面的力 $F_2$ 和 $F_2'$ 将产生一指向凸面［图 9-8(b)］或凹面［图 9-9(b)］中心的合力。当液面为凸面时，合力指向液体内部；当液体为凹面时，合力指向液体外部。这个合力就是由表面张力产生的弯曲液面附加压力。由于附加压力的存在，使得表面为凸面内部的液体分子所受到的压力 $p_凸$ 大于外部压力 $p_0$；而表面为凹面时，其曲率半径 $r$ 为负值，$\Delta p<0$，故凹面内部的液体分子所受到的压力 $p_凹$ 小于外部压力 $p_0$。由此我们得到液面下分子受力情况为

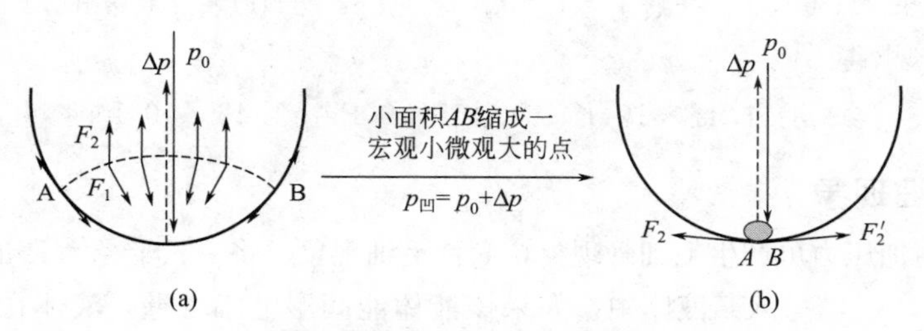


图 9-9　弯曲表面（凹面）附加压力示意图

$$p_凸 = p_0 + \Delta p_凸 > p_平 = p_0 > p_凹 = p_0 + \Delta p_凹 \tag{9-17}$$

上面给出了产生 $\Delta p$ 的原因及其物理意义，现在要问 $\Delta p = ?$

### 9.2.2　拉普拉斯方程

如图 9-10 所示，一较大的容器连有一半径为 $r$ 的毛细管。具有水平液面的大量液体通过毛细管与位于管端的半径为 $r$ 的小液滴相连接。液滴所承受的外压为 $p_0$ 和弯曲液面的附加压力 $\Delta p$ 之和，即 $\Delta p + p_0$，平面液面上活塞施加的压力和液体的静压力之和为 $p'$。当大量液体的液面与小液滴所承受的压力平衡时，$p' = \Delta p + p_0$ 或 $\Delta p = p' - p_0$。当活塞的位置向下做一无限小的移动时，容器中液体的体积 $V$ 减小了 $dV$，而小液滴的体积增大了 $dV$。此过程中液体净得功为

$$p'dV - p_0 dV = \Delta p dV$$

此功用于克服表面张力 $\gamma$ 而增大液滴的表面积 $dA$，因此有

$$\Delta p dV = \gamma dA, \quad \Delta p = \gamma dA/dV$$

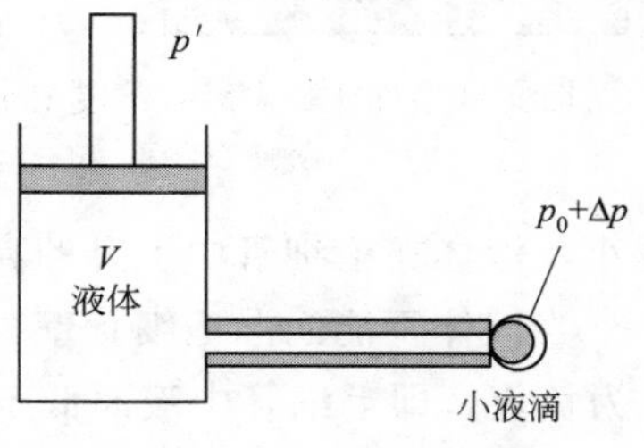


图 9-10　附加压力与曲率半径的关系

因球面积 $A = 4\pi r^2$，$dA = 8\pi r dr$；球体体积 $V = 4/3\pi r^3$，

$dV=4\pi r^2 dr$，所以上式可改写为

$$\Delta p=\frac{\gamma 8\pi r\,dr}{4\pi r^2 dr}=\frac{2\gamma}{r} \tag{9-18}$$

式中，$r$ 为曲面的曲率半径。上式称为拉普拉斯（Laplace）方程，它表明弯曲液面附加压力与液体的表面张力成正比，与曲率半径成反比。曲率半径越大，附加压力越小。平面的曲率半径无穷大，故其附加压力 $\Delta p=0$。

弯曲液面的附加压力源自表面张力，是弯曲液面表面张力的合力，其方向总是指向球心。因此，对于凸液面（空气中的液滴）来说，表面下的液体所承受的压力为 $p'=\Delta p+p_0$，大于外界所施于液滴表面的压力 $p_0$；而对于液体中的气泡（凹液面）而言，由于其曲率半径为负值，$\Delta p<0, p'=\Delta p+p_0=p_0-|\Delta p|$，即凹液面下液体所承受的压力小于 $p_0$。倘若是空气中的气泡（如肥皂泡），由于存在内外两个表面，且两个表面的半径几乎相等，因此，空气泡内的压力比泡外的压力大，其差值为

$$\Delta p=\frac{4\gamma}{r}\quad（空气中的气泡） \tag{9-19}$$

**例 9-2** 已知 20℃时水的表面张力为 $0.0728\text{N}\cdot\text{m}^{-1}$，如果把水分散成小水珠，试计算当水珠半径分别为 $1.00\times10^{-3}$cm、$1.00\times10^{-4}$cm、$1.00\times10^{-5}$cm 时，曲面下的附加压力为多少？

**解** 根据方程式(9-18)，并将 $r=1.00\times10^{-3}$cm、$1.00\times10^{-4}$cm、$1.00\times10^{-5}$cm 分别代入式(9-18) 中得

$$\Delta p=1.46\times10^4\text{Pa}、1.46\times10^5\text{Pa}、1.46\times10^6\text{Pa}$$

### 9.2.3 毛细现象

弯曲液面的附加压力可产生毛细管现象，简称**毛细现象**。将一只半径为 $R$ 的毛细管垂直地插入某液体中，如果该液体能润湿毛细管壁，液体在毛细管中呈凹液面，液体与毛细管的接触角 $\theta<90°$。在弯曲液面附加压力的作用下，液体将在毛细管中上升，使得毛细管中的液面高于烧杯中的平面液面，这一现象称为毛细管现象。如图 9-11 所示。平衡时，应有

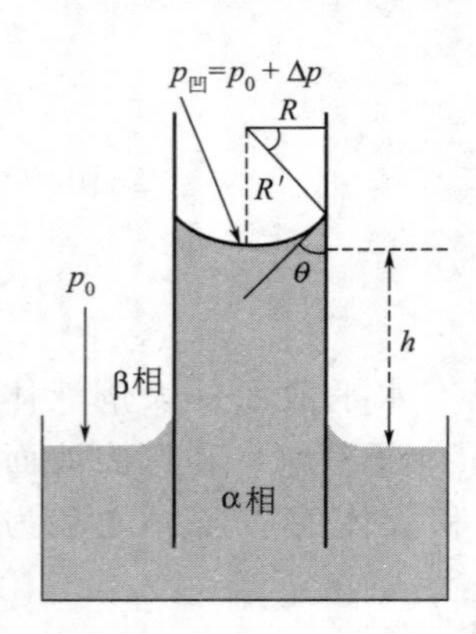

图 9-11 毛细管现象

$$\Delta p=2\gamma/R'=(\rho_\alpha-\rho_\beta)gh$$

由图 9-11 可知，毛细管半径 $R$ 与弯曲液面的曲率半径 $R'$ 的关系为 $R=R'\cos\theta$，结合上式可得液体在毛细管中上升的高度为

$$h=\frac{2\gamma\cos\theta}{R(\rho_\alpha-\rho_\beta)g} \tag{9-20}$$

式中，$\gamma$ 为液体的表面张力；$\rho_\alpha$ 和 $\rho_\beta$ 分别为 α 相和 β 相的密度；$g$ 为重力加速度。由上式可知，在一定的温度下，毛细管越细，液体对毛细管润湿性越好，即接触角 $\theta$ 越小，两相的密度差越小，液体在毛细管中上升的高度就越高。当 β 相是空气时，$\rho_\alpha-\rho_\beta\approx\rho_\alpha$。

当液体不能润湿毛细管壁时，此时有 $\theta>90°$，$\cos\theta<0$，液体在毛细管中呈凸面，此时 $h$ 为负值，即毛细管中液面低于烧杯中平面液面。例如将玻璃毛细管插入水银中。

毛细管现象早为人们所知。天旱时，农民通过锄地可以保持土壤水分，称为锄地保墒。这是因为墒情好的土壤中存在丰富的毛细管，锄地可以切断土壤通往地面的毛细管，以防止

土壤中的水分沿毛细管上升到表面而挥发；另一方面，由于液态水在毛细管中呈凹面，饱和蒸气压小于平面液体的蒸气压，因此，锄地在切断地表和土壤深处毛细管的同时，还有利于大气中水汽在土壤毛细管中凝结，增加土壤水分，这就是锄地保墒的科学原理。

**例 9-3**　汞对玻璃表面完全不润湿，若将直径为 0.100mm 的玻璃毛细管插入大量汞中，试求管内汞面的相对位置。已知汞的密度为 $1.35\times10^4\,\mathrm{kg\cdot m^{-3}}$，表面张力为 $0.520\,\mathrm{N\cdot m^{-1}}$。(已知汞对玻璃完全不润湿，即 $\theta=180°$)

**解**　$h=\dfrac{2\gamma\cos\theta}{\rho gR}=\dfrac{2\times0.520\times(-1)}{1.35\times10^4\times9.8\times0.5\times10^{-4}}=-15.7\mathrm{cm}$

### 9.2.4　弯曲表面上的蒸气压-开尔文公式

弯曲液面的附加压力改变了物质的某些物理性质。例如，微小液滴的饱和蒸气压要大于平面液体的饱和蒸气压；微小晶粒有更大的溶解度等。以弯曲液面对饱和蒸气压的影响为例，常压下某单组分液体的饱和蒸气压仅是温度的函数，$p_s=f(T)$，这一结论对平面液体而言是正确的。对高分散系统，由于弯曲液面附加压力的存在，纯液体的饱和蒸气压不但与温度有关，还与微小液滴的半径有关，即 $p_s=f(T,r)$。其函数关系推导如下。

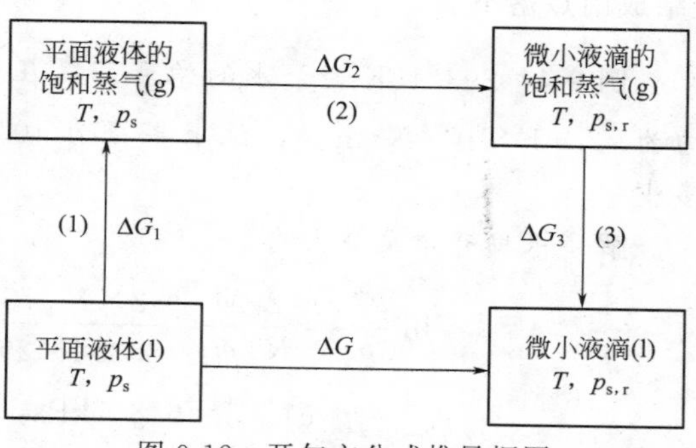


图 9-12　开尔文公式推导框图

如图 9-12 所示，设常压下，某单组分平面液体在温度为 $T$ 时的饱和蒸气压为 $p_s$，当将系统分散成半径为 $r$ 的液滴时，弯曲液面附加压力 $\Delta p=2\gamma/r$，由此导致其饱和蒸气压由 $p_s$ 变为 $p_{s,r}$。设蒸气为理想气体，可通过求该过程的吉布斯函数的变化 $\Delta G$ 求得 $p_{s,r}$ 与 $r$ 的函数关系。求 $\Delta G$ 的框图如图 9-12 所示。

$$\Delta G=\Delta G_1+\Delta G_2+\Delta G_3=0+\int_{p_s}^{p_{s,r}}V_{m(g)}\,\mathrm{d}p+0=RT\ln\frac{p_{s,r}}{p_s}$$

另一方面
$$\Delta G=\int_{p_s}^{p_s+\Delta p}V_{m(l)}\,\mathrm{d}p=V_{m(l)}\Delta p=\frac{2\gamma V_{m(l)}}{r}$$

因为 $V_{m(l)}=M/\rho$，所以 $\Delta G=2\gamma M/(\rho r)$，由此得

$$RT\ln\frac{p_{s,r}}{p_s}=\frac{2\gamma M}{\rho r}\tag{9-21}$$

上式称为开尔文（Kelvin）方程。对一定液体，在温度 $T$ 时，$\gamma$、$M$、$\rho$ 均为常数。对于液滴（凸面），$r>0$，所以 $p_{s,r}>p_s$。液滴越小，其饱和蒸气压比平面液体大得越多。若液滴的半径小到 1nm 时，$p_{s,r}$ 几乎是 $p_s$ 的三倍；而对于液体中气泡内的饱和蒸气压，由于凹面的曲率半径为负值，$r<0$，所以 $p_{s,r}<p_s$。类似地，气泡越小，其内的饱和蒸气压亦越小，故液体中由饱和蒸气形成的小气泡很难稳定存在，从而导致形成该沸腾而不沸腾的过热液体。

理论上，开尔文公式可用来解释许多由于表面效应所产生的日常现象。例如多孔硅胶或

分子筛作为干燥剂的干燥原理。作为干燥剂的硅胶和分子筛含有丰富的小孔，且能被水润湿，液体在硅胶的毛细管内呈凹面。在某温度下，蒸气对平面液体尚未达到饱和，但对于硅胶毛细管或分子筛内的凹面液体来说，却已达到饱和状态，此时蒸气在硅胶或分子筛毛细管内将凝结成液体，这种现象称为**毛细管冷凝现象**。人们正是利用硅胶或分子筛的毛细管冷凝现象达到干燥空气的目的。与毛细管冷凝现象相反，由于小液滴（凸面）的饱和蒸气压大于平面液体的饱和蒸气压，从而使得小液滴难以形成。例如在高空中如果没有微尘，水蒸气可以达到相当高的（相对于平面液体）过饱和程度而不致凝结成水。因为此时高空中的水蒸气压力对平面液体来说虽然已达到饱和，甚至过饱和，但对将要形成的小液滴而言尚未饱和，因此小液滴很难形成，即使形成了也很容易挥发。若在空中撒入凝聚核心（或空中存在灰尘的微粒），使凝聚水滴的初始半径就较大，其相应的饱和蒸气压可小于高空中已有的水蒸气压力，绕过产生极微小液滴的困难阶段，蒸气就可以在较低的过饱和度时开始在这些微粒表面凝结成大水珠。人工降雨的基本原理就是为过饱和水汽提供凝聚核心（AgI 颗粒）而使之凝结成雨点落下。

**例 9-4** 293.15K 时，水的饱和蒸气压为 2.337kPa，密度为 998.3kg·m$^{-3}$，表面张力为 72.75×10$^{-3}$N·m$^{-1}$，试求半径为 10$^{-9}$m 的小水滴在 293.15K 时的饱和蒸气压为多少？

**解** 根据开尔文公式有

$$\ln\frac{p_{s,r}}{p_s}=\frac{2\gamma M}{RT\rho r}=\frac{2\times 72.75\times 10^{-3}\times 18\times 10^{-3}}{8.314\times 293.15\times 998.3\times 10^{-9}}=1.0764$$

$$p_{s,r}=p_s e^{1.0764}=6.857\text{kPa},\quad p_{s,r}/p_s=6.875/2.337=2.94$$

计算表明，在题目给定的条件下，$p_{s,r}$ 将近是 $p_s$ 的 3 倍。

将开尔文公式稍加改造，可以用来解释、计算微小晶粒具有更大的饱和蒸气压和溶解度的现象。在图 9-13 中，线段 $AO$ 和 $BD$ 分别表示大颗粒晶体和微小晶体的饱和蒸气压与温度的关系曲线，曲线 1、2、3、4 分别表示不同浓度（$c_4>c_3>c_2>c_1$）时溶质的平衡分压与温度的关系。达到溶解平衡时，根据相平衡原理，应有

$$p_{s,溶质}=p_{s,晶体}$$

从图 9-13 可以看出，同一温度 $T_s$ 下，达到溶解平衡时，微小晶粒的溶解度大于大颗粒晶粒的溶解度，即 $c_3>c_2$。根据亨利方程 $p=Ka$，设大颗粒晶体和微小晶粒的溶解度分别为 $a_B$ 和 $a_{B,r}$，所对应的平衡压力分别为 $p_B$ 和 $p_{B,r}$，将其代入式(9-21) 中得

$$RT\ln\frac{p_{B,r}}{p_B}=\frac{2\gamma_{s\text{-}l}M_{晶}}{\rho_{晶}\, r_{晶}} \tag{9-22a}$$

$$RT\ln\frac{a_{B,r}}{a_B}=\frac{2\gamma_{s\text{-}l}M_{晶}}{\rho_{晶}\, r_{晶}} \tag{9-22b}$$

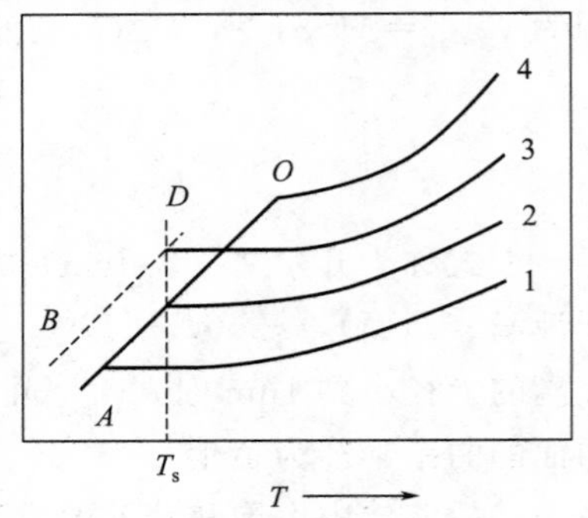

图 9-13 大颗粒晶体和微小晶体的饱和蒸气压与温度关系

上式即为不同大小的晶粒与其溶解度的关系式。式中，$\rho_{晶}$、$r_{晶}$、$\gamma_{晶}$ 和 $M_{晶}$ 分别为晶粒的密度、晶粒的半径、晶粒与溶液之间的界面张力和构成晶粒物质的相对分（原）子质量。

**例 9-5**　已知 $CaCO_3$ 在 773.15K 时的密度为 $3900kg \cdot m^{-3}$，表面张力为 $1210 \times 10^{-3} N \cdot m^{-1}$，分解压为 101.325kPa。若将 $CaCO_3$ 研磨成半径为 30nm 的粉末，求其在 773.15K 时的分解压。

**解**
$$CaCO_3(s) = CaO(s) + CO_2(g)$$

根据式(9-22a)

$$\ln \frac{p_{分,r}}{p_{分}} = \frac{2\gamma M}{RT\rho r} = \frac{2 \times 1.21 \times 100.09 \times 10^{-3}}{8.314 \times 773.15 \times 3900 \times 3.0 \times 10^{-8}} = 0.32206$$

$$p_{分,r} = p_{分} e^{0.32206} = 139.8kPa$$

上述计算表明，与液体类似，固体颗粒越小，其饱和蒸气压亦越大。

值得注意的是，由于固体很难形成严格球形，即使是同一晶体，其不同晶面的表面张力亦有所不同，故式(9-22a) 的计算结果准确度不是很高，但还是有一定的参考意义。此外，式(9-22a) 还可根据两相平衡时化学势相等，即 $\mu_i^s(T,p) = \mu_i^{sln}(T,p,a_i)$ 进行推导，读者可自己练习之。

### 9.2.5　新相生成及亚稳状态

通常情况下，系统的表面效应并不显著。但是，随着系统的分散度增加，即液滴或气泡或晶粒的不断减小以致达纳米级时，系统会呈现出强烈的表面效应。尤其是在蒸气冷凝、液体沸腾、液体凝固及溶液结晶等过程中，由于新相是从无到有，最初生成的新相（液滴或气泡或晶粒）极其微小，其比表面积和表面吉布斯函数都很大，很不稳定。因此，在系统中产生新相是很困难的。由于新相难以生成，从而导致产生在日常科研和生产中经常碰到的过饱和现象，例如过饱和蒸气、过冷或过热液体以及过饱和溶液。这些过饱和状态都不是热力学稳定状态，而是亚稳状态。一旦外界条件发生变化或有新相生成，亚稳状态将失去稳定而趋向热力学的稳定状态。下面以过饱和蒸气和过饱和液体为例，讨论亚稳态的形成过程。

**(1) 过饱和蒸气**

所谓过饱和蒸气是针对平面液体而言的。由开尔文公式得知，一定温度下，液体的饱和蒸气压随着分散度的升高（液滴半径减小）而增大。过饱和蒸气之所以能存在，是因为刚开始由蒸气形成的新相（液滴）非常微小，有较平面液体大得多的蒸气压 $p_r$。也就是说，在没有任何可以作为凝聚中心的蒸气中，要想生成新相（液滴），需要较平面液体饱和蒸气压大得多的蒸气压力。如图 9-14 所示，曲线 $OC$ 和 $O'C'$ 分别表示平面液体和微小液滴的饱和蒸气压与温度关系曲线。在温度 $t_0$ 时，缓慢提高蒸气压力（如在气缸内缓慢压缩）至 $A$ 点，蒸气已达到平面液体饱和状态的压力 $p_0$，但对微小液滴却未达到饱和状态，所以蒸气在 $p_0$ 压力下（图中 $A$ 点）不能生成新相（凝聚出微小液滴）。只有继续提高压力至 $B$ 点，达到微小液滴的饱和蒸气压 $p_r$，才有可能凝结出微小液滴。这种在正常相平衡条件下应该凝结而未凝结的蒸气称为**过饱和蒸气**。正如前文所述，人工降雨就是在达到饱和的云层中撒入微小的 AgI 晶粒作为形成新相（液滴）的中心，以绕过形成新相之初所需要的很高水蒸气压的状态，使云层中的水蒸气很容易

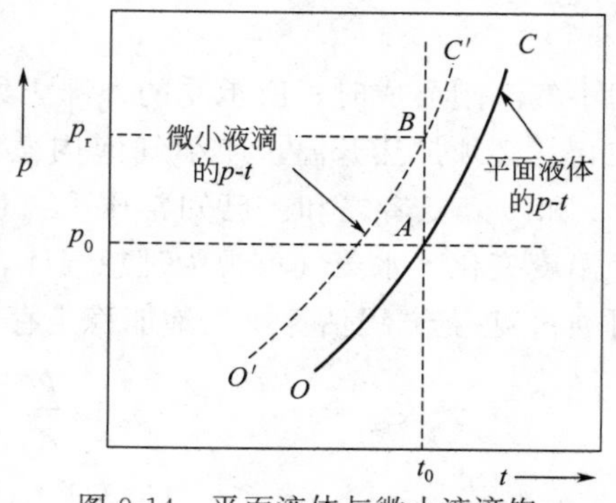

图 9-14　平面液体与微小液滴饱和蒸气压之比较

凝结成水滴落下。

**(2) 过热液体**

过热液体

所谓过热液体是指在一定压力（通常为常压下），按照平衡条件，温度达到其沸点而仍不沸腾的液体。这主要是因为液体在沸腾时不仅在液体表面进行汽化，而且要在液体内部也能自由地汽化且生成气泡（新相）逸出。但是，水中气泡内的液面是凹面，曲率半径为负值。根据开尔文公式，液体中气泡内的饱和蒸气压小于平面液体的饱和蒸气压，而且气泡越小，蒸气压越低。而沸腾时液体内部生成气泡（新相）是从无到有，从小到大，尤其是在刚形成时候，其半径极小，气泡内饱和蒸气的压力远小于它所承受的外压，极易消失。从图 9-15 及其计算的结果可知小气泡刚形成时所承受的压力何其大。在 101.325kPa、100℃的纯水中，在离液面 0.1m 的深处，假设存在一半径为 10nm 的小气泡。在上述条件下，纯水的表面张力为 $58.85\text{mN}\cdot\text{m}^{-1}$，密度为 $985.1\text{kg}\cdot\text{m}^{-3}$，可以算出：

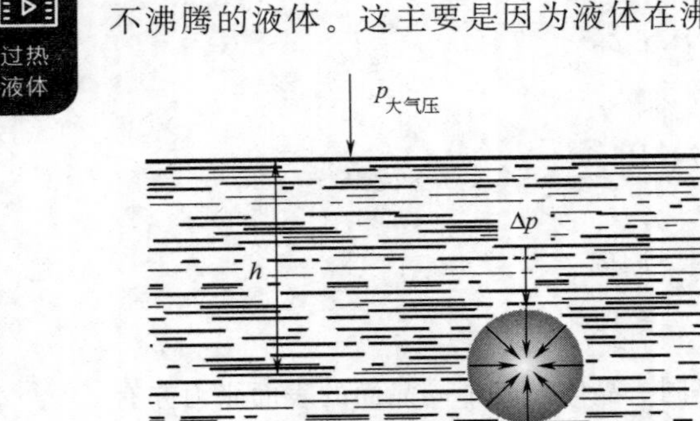


图 9-15 液相中刚生成的小气泡所承受压力的示意图

弯曲液所产生的附加压力：$\Delta p=\dfrac{2\gamma}{r}=\left(\dfrac{2\times58.85\times10^{-3}}{10^{-8}}\right)\text{Pa}=11.77\text{MPa}$

小气泡所承受的静压力：$p_{静}=\rho gh=0.965\text{kPa}$

小气泡所承受的总压力：$p_{\text{r}}=\Delta p+p_{大}+p_{静}=(11770+101.325+0.965)\text{kPa}=11.872\text{MPa}$

而小气泡内部的蒸气压为

$$\ln\frac{p'_{\text{r}}}{p_0}=\frac{2\gamma M}{RT\rho g}=-\frac{2\times58.85\times10^{-3}\times18\times10^{-3}}{8.314\times373.15\times10^{-8}\times985.1}=-0.06932$$

$$p'_{\text{r}}=p_0\text{e}^{-0.06932}=(100\text{e}^{-0.06932})\text{kPa}=93.3\text{kPa}$$

$$\frac{p_{\text{r}}}{p'_{\text{r}}}=127.2$$

即小气泡刚形成时，所承受的外部压力是其内部饱和蒸气压的 127.2 倍。若要维持小气泡存在，就必须加热升温，使小气泡内蒸气的压力增加到足以抵抗弯曲液面的附加压力 $\Delta p$、$p_{大}$ 和 $p_{静}$ 三者之和。已知常压下，100℃时水的摩尔汽化焓为 $40.67\text{kJ}\cdot\text{mol}^{-1}$，假设其不随温度变化，水蒸气可视为理想气体，过热的亚稳态近似看作平衡态，在这些假设条件下，可通过克-克方程估算小气泡能稳定存在时所需最低温度：

$$\ln\frac{p_{\text{r}}}{p'_{\text{r}}}=-\frac{\Delta_{\text{vap}}H_{\text{m}}}{R}\left(\frac{1}{T_2}-\frac{1}{T_1}\right)$$

$$\ln\frac{11.871\times10^6}{0.0933\times10^6}=-\frac{40.67\times10^3}{8.314}\left(\frac{1}{T_2}-\frac{1}{373}\right)$$

解得：

$$T_2=591.6\text{K}$$

即只有当温度达到 591.6K 时，小气泡才能稳定存在，并不断长大，液体才开始沸腾。而此温度远高于该液体的正常沸点。上述计算结果表明，弯曲液面的附加压力是导致液体过热的主要原因。在日常实验中，常在液体中投入素烧瓷片或毛细管或天然沸石等物质，以防止液体过热而产生爆沸。因为这些多孔物质的孔中储存有永久性气体（空气），加热时，这些气体从多孔物质中逸出作为新相（气泡）的种子而绕过了产生极微小气泡的困难阶段，使得气泡容易形成、长大并逸出，液体能正常沸腾。

除了上述过饱和蒸气和过热液体之外，常见的亚稳态还有过冷液体和过饱和溶液，其产生的原因和机理类似于过饱和蒸气和过热液体，皆是起因于弯曲液面的附加压力。读者可以自己分析之。例如，可参考图 9-13 分析和理解过饱和溶液和过冷液体产生的原因。

从热力学上讲，上述 4 种过饱和状态皆是亚稳态，不是热力学上的平衡态，但有时这种状态却能维持相当长的时间。产生这些在日常生产和科研中经常碰到的亚稳态的根本原因皆是弯曲液面的附加压力导致新相难以生成。

## 9.3　固/液界面

类似于液体表面，在洁净的固体表面，由于表面原子配位不饱和，存在着悬空键，因而存在未被平衡的力场。当液体或气体与固体表面接触时，将产生吸附。关于气体在固体表面吸附现象将在下一节谈论。在本节，重点讨论液体与固体接触的情况。固体与液体接触，可产生固/液界面。固/液界面上发生的过程除了吸附之外，还有一种情况是润湿。所谓**润湿就是固体与液体接触时，液体取代原来固体表面上吸附的气体形成固/液界面的过程**。为了方便描述润湿现象，下面先介绍接触角和杨氏方程。

### 9.3.1　接触角和杨氏方程

将一滴液体滴在固体表面，在不考虑重力的作用下，液体在固体表面的形状取决于液体和固体的性质。例如，水滴在荷叶上面，总是形成圆球状液滴，而水滴在玻璃上面，其形状为球冠状。图 9-16 给出了该液滴两种常见形状的剖面图。

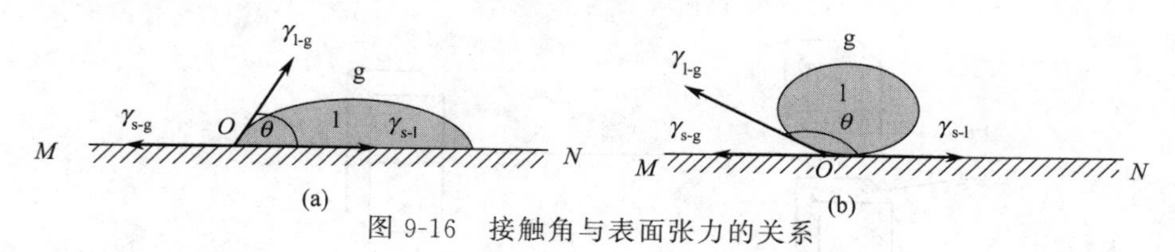


图 9-16　接触角与表面张力的关系

如图所示，表面张力 $\gamma_{s\text{-}g}$、$\gamma_{s\text{-}l}$ 和 $\gamma_{l\text{-}g}$ 同时作用于固、液和气三相相交的 $O$ 点处的分子，这三个表面张力的方向如图所示，都力求缩小各自的表面积，其中表面张力 $\gamma_{l\text{-}g}$ 与 $\gamma_{s\text{-}l}$ 的夹角 $\theta$ 称为**接触角**。如果三个力在 $MON$ 直线上的合力指向 $M$ 方向，则 $O$ 点会被拉向左方使液滴展开［图 9-16(a)］；反之，如果合力方向指向 $N$ 方向，则 $O$ 点将被拉向右方使液滴收缩［图 9-16(b)］。液滴无论是展开或收缩，当达到平衡时，合力应为零，此时接触角 $\theta$ 有确定值，液滴亦将保持一定的形状不变，此时有

$$\gamma_{s\text{-}g}-\gamma_{s\text{-}l}-\gamma_{l\text{-}g}\cos\theta=0 \tag{9-23}$$

该式称为杨氏方程，是杨氏（Young T）于 1805 年提出的。将式(9-23) 整理后可得

$$\cos\theta=\frac{\gamma_{s\text{-}g}-\gamma_{s\text{-}l}}{\gamma_{l\text{-}g}} \tag{9-24}$$

由式(9-24) 可知，在一定温度下，对于一定的液体和固体来说，两者相互接触达平衡时，接触角 $\theta$ 具有定值。唯其如此，常用接触角 $\theta$ 值的大小来衡量液体对固体的润湿程度，通常以 90°为分界线，若 $\theta<90°$，则认为液体对固体是“润湿”的［图 9-16(a)］；若 $\theta>90°$，则认为

“不润湿”［图 9-16(b)］；$\theta=0°$或在 0°时还未达到平衡称为完全润湿；$\theta=180°$时称为完全不润湿。接触角 $\theta$ 可通过实验直接测定（关于实验直接测定方法可参考相关书籍），亦可根据表面张力数据通过式(9-24) 计算，或通过测定已知表面张力的液体在毛细管中上升或下降的高度，再通过式(9-20) 求得。值得注意的是，利用式(9-24) 计算 $\theta$ 值的前提是达到平衡，即合力为零。若三个表面张力同时作用于 $O$ 点而无法达到平衡时，则杨氏方程不成立。

### 9.3.2 润湿现象

将液体滴于固体表面，该液体对固体是否润湿往往与固、液分子结构有无共性有关。经验表明，极性固体皆为亲水性，对水是润湿的，常见的亲水性固体如石英、无机盐等；而非极性固体大多是憎水性，对水是不润湿的，憎水性固体有石蜡、石墨、荷叶等。

另一方面，即使是润湿的，即 $\theta<90°$，但是，同一种液体对可润湿的固体其润湿程度是不同的，如将水滴在洁净、光滑的金属表面与普通玻璃表面其接触角尽管都小于 90°，但其大小是不同的。不过，要详细、精确地说明各种不同情况下某液体对不同固体是否润湿及润湿程度却不是那么容易。前面我们曾用接触角来判断液体对固体润湿与否，最大的好处是直观，但不能反映润湿过程的能量变化，也没有明确的热力学意义。下面我们将对润湿过程进行热力学分析，通过表面张力分析润湿过程中能量变化，并将接触角引入热力学分析中。

润湿是固体表面上吸附的气体被液体取代的过程。通常将液体对固体是否润湿及润湿程度大致分为三类：沾湿、浸湿和铺展。热力学上划分的依据就是根据润湿过程中吉布斯函数的改变值 $\Delta G$。在一定的温度和压力下，润湿过程的热力学趋势可用表面吉布斯函数的改变值 $\Delta G$ 来衡量，吉布斯函数减少得越多，润湿程度越高。图 9-17(a)、图 9-17(b)、图 9-17(c) 分别表示恒温恒压下的沾湿、浸湿和铺展三个过程。三种过程的吉布斯函数的变化值可由式(9-25a)、式(9-25b) 和式(9-25c) 表示。

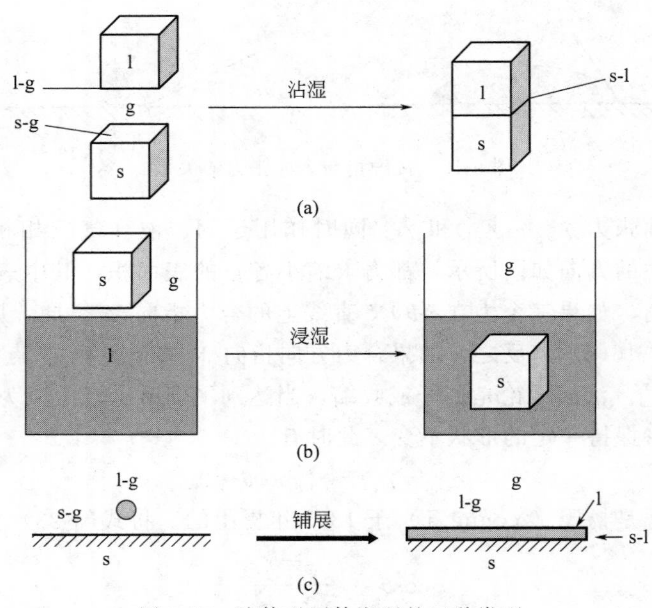


图 9-17 液体对固体润湿的三种类型

**(1) 沾湿**

沾湿是气/固和气/液界面消失，形成固/液界面的过程，如图 9-17(a) 所示。单位面积

沾湿过程的吉布斯函数变化为

$$\Delta G_a = \gamma_{s\text{-}l} - \gamma_{s\text{-}g} - \gamma_{l\text{-}g} \tag{9-25a}$$

若沾湿过程自发进行，则 $\Delta G_a < 0$。沾湿过程的逆过程所需要的功，即在可逆条件下将单位面积沾湿的固/液界面还原为固/气和液/气界面环境对系统所做的功称为沾湿功，显然

$$W'_a = -\Delta G_a$$

**(2) 浸湿**

浸湿是将固体浸入液体，固/气界面完全被固/液界面所取代的过程，如图 9-17(b) 所示。恒温恒压下，单位面积浸湿过程吉布斯函数的变化为

$$\Delta G_i = \gamma_{s\text{-}l} - \gamma_{s\text{-}g} \tag{9-25b}$$

如浸湿为自发过程，则有 $\Delta G_i < 0$。

类似地，浸湿过程的逆过程，即在可逆条件下，将单位面积已浸湿的固/液界面分开形成固/气界面过程所需要的功称为浸湿功。显然

$$W'_i = -\Delta G_i$$

**(3) 铺展**

铺展是少量的液体在固体表面自动展开，形成一层薄膜的过程。在铺展的过程中，除了固/液界面完全取代固/气界面外，同时，又增大了气/液界面，如图 9-17(c) 所示。与铺展后的 l-g 表面积相比，铺展前小液滴的 l-g 表面积可忽略不计。若忽略铺展前小液滴的 l-g 表面，则在一定 $T$、$p$ 下，单位面积上铺展过程的吉布斯函数改变值为

$$\Delta G_s = \gamma_{s\text{-}l} + \gamma_{l\text{-}g} - \gamma_{s\text{-}g} \tag{9-25c}$$

若铺展过程是自发的，则 $\Delta G_s < 0$。令

$$S = -\Delta G_s = \gamma_{s\text{-}g} - \gamma_{s\text{-}l} - \gamma_{l\text{-}g} \tag{9-26}$$

称为铺展系数。由式(9-26) 可知，液体在固体表面上能发生铺展的前提是 $S \geqslant 0$。

比较上述三个过程的 $\Delta G$ 可知：$\Delta G_s > \Delta G_i > \Delta G_a$，也即是沾湿的 $\Delta G_a$ 最小，其过程最容易进行，而 $\Delta G_s$ 值最大。

有了式(9-25a)、式(9-25b) 和式(9-25c) 三式，原则上只要知道了 $\gamma_{s\text{-}g}$、$\gamma_{s\text{-}l}$ 和 $\gamma_{l\text{-}g}$ 的数值，就可以计算相应过程的 $\Delta G$，并判断该过程能否进行，即是否润湿及润湿的程度。遗憾的是，到目前为止还没有测量 $\gamma_{s\text{-}g}$ 和 $\gamma_{s\text{-}l}$ 的可靠方法。换句话说，式(9-25a)、式(9-25b) 和式(9-25c) 三式用来进行热力学分析还可以，但要进行具体的计算就不是那么方便了。通常解决这一问题是将杨氏方程式(9-23) 和接触角引入上述三个公式中，由此得

沾湿过程：　$\Delta G_a = \gamma_{s\text{-}l} - \gamma_{s\text{-}g} - \gamma_{l\text{-}g} = -\gamma_{l\text{-}g}(\cos\theta + 1)$　(9-27a)

浸湿过程：　$\Delta G_i = \gamma_{s\text{-}l} - \gamma_{s\text{-}g} = -\gamma_{l\text{-}g}\cos\theta$　(9-27b)

铺展过程：　$\Delta G_s = \gamma_{s\text{-}l} + \gamma_{l\text{-}g} - \gamma_{s\text{-}g} = -\gamma_{l\text{-}g}(\cos\theta - 1)$　(9-27c)

在上述方程中，只有 $\gamma_{l\text{-}g}$ 和 $\theta$ 两个参数，而这两个参数是可测量的，由此可以计算相应过程的 $\Delta G$。如果某一过程可以进行，必有此过程的 $\Delta G < 0$，而液体的表面张力 $\gamma_{l\text{-}g} > 0$，因此，接触角一定满足下列条件。

沾湿过程：$\theta \leqslant 180°$

浸湿过程：$\theta \leqslant 90°$

铺展过程：$\theta = 0°$或不存在（即液体在固体表面铺展，直到 $\theta = 0°$时还未达到平衡）

上述热力学分析表明，只要 $\theta \leqslant 180°$，沾湿过程就可以进行，而任何液体在固体表面上，其接触角总是小于 180°的，所以沾湿过程是任何液体在任何固体表面都能进行的过程。

对铺展过程而言，在接触角 $\theta>0°$时，$\Delta G>0$（$S<0$），液体不能在固体表面铺展。当 $\theta=0°$时，$\Delta G_s=0$，此时 $\gamma_{s\text{-}g}=\gamma_{s\text{-}l}+\gamma_{l\text{-}g}$，这是铺展能进行的最低要求。而当 $\gamma_{s\text{-}g}>\gamma_{s\text{-}l}+\gamma_{l\text{-}g}$ 时，$\Delta G_s<0$，铺展应能顺利进行，但此时杨氏方程和式(9-27c) 不能适用，因为这时 $\gamma_{s\text{-}g}$、$\gamma_{s\text{-}l}$ 和 $\gamma_{l\text{-}g}$ 三个力没有达到平衡，而杨氏方程只能适用于平衡状态。值得注意的是，铺展很难在固体表面上进行，却容易在液面进行。一种液体在另一种不相溶的液体表面自动展开成膜的过程亦称为**铺展**。例如，将某些液体（柴油）滴在水面上，能自动展开形成一层极薄的油膜。

润湿与铺展在工农业生产和科学研究中有着广泛的应用。例如水对植物的叶子是不润湿的，溶于水的农药，将其喷洒在植物的叶子上，将形成球状液滴，杀虫效果差，甚至达不到消灭虫害的目的。如果在农药中加入乳化剂，使喷洒在叶子上的农药铺展开来，虫子吃叶子的任何地方都会被毒死，因此可大大提高杀虫效果。再如工业生产中机械润滑问题，如果润滑剂对轴承金属表面不润湿，势必在其表面形成液珠，不能在轴承表面形成一层润滑油膜，起不到润滑作用，轴很容易磨损而报废。若在润滑油中加入乳化剂，使润滑油能在轴上润湿，形成一层油膜，就能很好地起到润滑作用，减小磨损，从而延长机器的寿命。而在防水材料制备方面，是通过憎水剂处理，希望防水材料能不被水润湿，从而达到防水的目的。实验表明，用季铵盐与氟氢化物混合处理过的棉布经大雨冲淋 168h 而不透湿。注水采油也是利用水对石油的不润湿性，通过往油层下面注水将石油顶出来。除此之外，金属焊接、印染、洗涤、电镀和浮法选矿等许多工农业生产中都会涉及到与润湿理论密切相关的技术，值得我们好好关注和学习。

### 9.3.3 固体自溶液中吸附

固体自溶液中吸附也是固体界面化学的一个重要方面。它在许多工业领域和科研当中有着重要应用。如织物染色、糖液的脱色、水质的净化、离子交换、色层分离以及作为胶体的稳定剂等。但固体自溶液中的吸附，由于涉及溶剂，因而比固体对气体的吸附复杂得多。目前从理论上定量地处理固体自溶液中吸附还比较困难。不过，根据大量的实验结果，通过借鉴固体对气体吸附的模型，人们已总结出许多有用的经验规律，对处理固体自溶液中吸附的问题有一定的指导意义。具体内容读者可以参见相应的专业书籍，这里不作详细介绍。

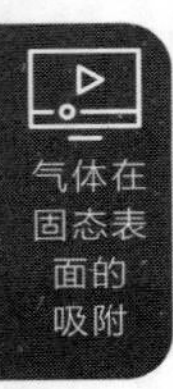


## 9.4 气体在固体表面的吸附

固体表面由于存在着悬空键，因此存在着一个不对称力场，或称剩余力场，具有较大的表面吉布斯函数。但是，固体不具有流动性，不能像液体那样通过尽量减少表面积的方式降低吉布斯函数（表面能）。唯一能降低表面能的方式是对碰到固体表面上的气体分子产生吸附，使气体分子在固体表面产生相对聚集，以降低固体的表面能，使具有较大表面积的固体系统趋于稳定。这种气体分子在固体表面发生相对聚集现象称为气体在固体表面上的**吸附**，吸附气体的固体称为**"吸附剂"**，被吸附的气体称为**"吸附质"**。

固体表面可以对气体或液体进行吸附的现象很早就为人们所知，并在工业生产中被有效地利用。例如制糖工业中，用活性炭处理杂质，从而使红糖变为白糖，此种应用至少已有上百年的历史。湖南长沙马王堆一号汉墓中用木炭作为防腐层和吸潮剂，说明两千多年前人们就知道了木炭的吸附作用。近几十年来吸附的应用就更广泛了，例如利用吸附回收少量的稀有金属，对混合物进行分析、提纯，回收溶剂，处理污水，（高层建筑和潜水艇内）空气净化以及色谱分析等。分子筛富氧就是利用某些分子筛（4A、5A、13X 等）优先吸附氮的性质，从而提高空气中氧的浓度。防毒面具中的吸附剂可以吸附有害气体，从而阻止有害气体被吸入人体。由于各种类型的吸附剂广泛用于工业生产，使得吸附已成为重要的化工单元操作之一。由于气体或液体在固体催化剂表面的吸附是气-固或液-固多相催化过程必须经过的步骤，故在催化领域中关于吸附的研究和应用尤为重要，具有特殊的重要意义。显然，如果没有对吸附的深入研究，很难想象会有今日催化工业的蓬勃发展。

### 9.4.1　吸附类型

根据固体表面对被吸附气体分子吸附作用力的性质不同，可将吸附区分为“物理吸附”和“化学吸附”两种类型。在物理吸附中，固体表面分子与气体分子之间的吸附力是范德华力，也就是使气体分子凝聚为液体的力，与气体凝结为液体相似，故吸附热与气体的冷凝热具有相同的数量级。在化学吸附中，固体表面分子与气体分子之间可有电子转移、原子重排、化学键的破坏与形成等，其吸附力远大于范德华力而与化学键力相似，所以化学吸附类似于发生化学反应。正因为物理吸附与化学吸附在分子间作用力上有本质的不同，所以表现出许多不同的吸附性质（见表 9-3）。以吸附分子层为例，因物理吸附的作用力是范德华力，它普遍地存在于所有分子之间，所以当吸附剂表面吸附了一层分子之后，被吸附的分子之间还可以再继续吸附气体分子。因此，物理吸附可以是多层的。而化学吸附则不一样，化学吸附的作用力是化学键力，在吸附的过程中，吸附剂表面分子的悬空键与吸附质之间形成化学键之后，就不会再与其他分子成键，故化学吸附层为单分子层。

**表 9-3　物理吸附与化学吸附特征之比较**

| 吸附特征 | 物理吸附 | 化学吸附 |
| --- | --- | --- |
| 吸附力 | 范德华力 | 化学键力 |
| 吸附分子层 | 单分子层或多分子层 | 单分子层 |
| 吸附选择性 | 无选择性，任何固体皆能吸附任何气体，易液化者易被吸附 | 有选择性，指定的吸附剂只能对某些气体有吸附作用 |
| 吸附热 | 较小，与气体液化热相近，约为 $2\times10^4\sim4\times10^4$ J·mol$^{-1}$ | 较大，接近化学反应热，约为 $4\times10^4\sim4\times10^5$ J·mol$^{-1}$ |
| 吸附速率 | 较快，速率受温度影响较小 | 较慢，升温速率加快 |
| 吸附稳定性 | 不稳定，容易达平衡，较易脱附（物理吸附几乎不需要活化能） | 不易达平衡，较难脱附 |
| 吸附平衡 | 易达到 | 不易达到 |
| 吸附活化能 | 几乎不需要 | 需要，较大 |

物理吸附与化学吸附不是截然分开的，两者有时可以同时发生（如氧化钨表面上的吸附），有时是串联进行的。气体分子在固体表面由物理吸附转化为化学吸附是气/固相催化反应中的常见现象。

实验可以直接证明物理吸附和化学吸附的存在。例如，可以通过吸收光谱来观察吸附后的状态，在紫外、可见及红外光谱区，若出现新的特征吸收带，这是存在化学吸附的标志。物理吸附只能使原吸附分子的特征吸收带有某些位移或者在强度上有所改变，而不会产生新的谱带。

物理吸附与化学吸附的本质区别可用如图 9-18 所示的势能曲线来表示。图中曲线 $P'aP$ 表示金属 Ni 表面原子与双原子气体分子 $H_2$ 之间的物理吸附过程中势能随距离 $r$ 的变化；曲线 $C'bC$ 表示化学吸附过程中势能随距离 $r$ 的变化，其中包括 $H_2$ 离解成 H 的离解能 $D_{H\text{-}H}$。由图中的两条曲线可知，开始时的物理吸附对随后的化学吸附起了很重要的作用。由于物理吸附的存在，随后发生的化学吸附只需要克服活化能 $E_p$，$H_2$ 就可由物理吸附转

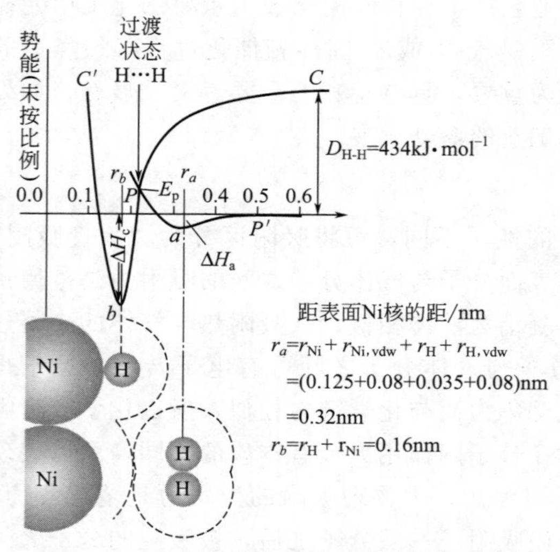


图 9-18 物理吸附和化学吸附的势能曲线

化为化学吸附，以 H 形式吸附在 Ni 表面；否则 $H_2$ 要想以 H 在 Ni 表面发生化学吸附，首先需要获得 $D_{H-H}=432.6\text{kJ}\cdot\text{mol}^{-1}$ 的能量解离成 H 之后再在 Ni 的表面发生化学吸附。尤其在气-固相催化反应中，实际发生的吸附作用往往是物理吸附和化学吸附连串进行的，即吸附曲线 $P'aPb$。

气体分子在固体表面发生吸附时，已被吸附的分子也可以脱离（或称解吸）而回到气相。在温度及压力一定的条件下，当吸附速率等于脱离速率，达到吸附平衡状态，此时吸附在固体表面上的气体量不再随时间变化。达到平衡时，单位质量吸附剂所能吸附的气体物质的量或在标准状况（0℃，$p^{\ominus}$）下所占的体积称为吸附量，以 $q$ 表示。即 $q=n/m$ 或 $q=V/m$，其中 $m$ 为吸附剂的质量。吸附量可用实验方法直接测定。

实验表明，对于一定的吸附剂和吸附质，达到平衡时的吸附量与温度及气体的压力有关。

$$q=f(T,p)$$

上式中共有三个变量，为了找出它们的规律性，常常固定一个变量，然后求出其他两个变量间的关系，例如：

$T$ 一定，则 $q=f(p)$，称为吸附等温式；

$p$ 一定，则 $q=f(T)$，称为吸附等压式；

$q$ 一定，则 $p=f(T)$，称为吸附等量式。

与上述吸附等温式、吸附等压式和吸附等量式所对应的曲线分别称为吸附等温线、吸附等压线和吸附等量线。三种吸附曲线中最重要、最常用的是吸附等温线。其他两种也有其用途，例如，欲求吸附热效应，就要利用到吸附等量线。其实，三种吸附线是可以相互联系的，从一组某一类型的吸附曲线可以作出其他两组吸附曲线。

**(1) 吸附等压线**

吸附质平衡分压一定时，反映吸附温度 $T$ 与吸附量 $q$ 之间的关系曲线称为吸附等压线。通过吸附等压线可以判断吸附类型。因为气体在固体表面的吸附是自发过程，故 $\Delta G<0$，可以证明，无论是物理吸附，还是化学所吸附都是放热的，所以温度升高时两类吸附的吸附量都应下降。如图 9-19 所示，物理吸附速率快，较易达到平衡，达到吸附平衡后，实验中将表现出吸附量随温度升高而下降。然而，化学吸附速率较慢，低温时，往往难以达到吸附平衡，但升温会加快吸附速率，出现吸附量随温度升高而增加的现象，直到达到平衡之后，吸附量才随温度升高而下降。因此，在吸附等压线上，若在相对较低温度范围内先出现吸附量随温度升高而增加，后又随温度升高而减小的现象，则可判定有化学吸附发生。图 9-19 是 CO 在 Pt 上的吸附等压线，其中吸附量 $q$

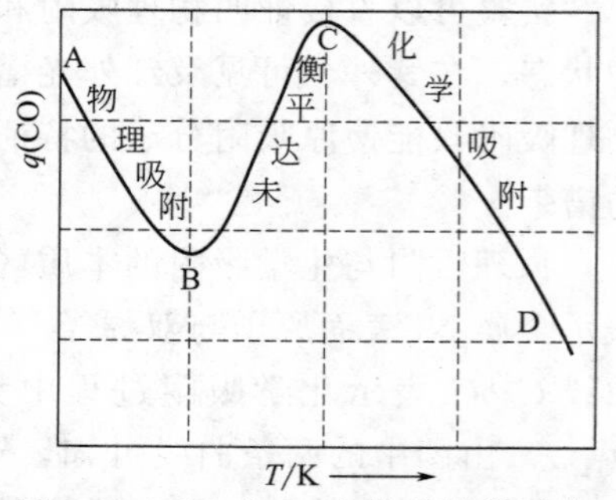


图 9-19 CO 在 Pt 上的吸附等压线

随温度变化过程如下：

$$\underset{\text{物理吸附达平衡}}{\mathrm{A}}\xrightarrow[T\uparrow,q\downarrow]{\text{物理吸附}}\underset{\text{开始发生化学吸附}}{\mathrm{B}}\xrightarrow[T\uparrow,q\uparrow]{\text{化学吸附前期未达到平衡}}\underset{\text{化学吸附达平衡}}{\mathrm{C}}\xrightarrow{\text{化学吸附},T\uparrow,q\downarrow}\mathrm{D}$$

**（2）吸附等量线**

保持吸附量一定，反映吸附温度 $T$ 与吸附质平衡分压 $p$ 之间关系的曲线称为**吸附等量线**。在吸附等量线中，$T$ 与 $p$ 的关系类似于克拉佩龙-克劳修斯方程，可用来求吸附热 $\Delta_{\mathrm{ads}}H_{\mathrm{m}}$，即

$$\left(\frac{\partial \ln p}{\partial T}\right)_{q,\mathrm{ads}}=-\frac{\Delta_{\mathrm{ads}}H_{\mathrm{m}}}{RT^2} \tag{9-28}$$

$\Delta_{\mathrm{ads}}H_{\mathrm{m}}$ 一定为负值，是研究吸附现象的重要参数之一。

**（3）吸附等温线**

尽管可将吸附分为物理吸附和化学吸附两大类，但由于不同的吸附剂和吸附质之间千差万别，所以不同的吸附质在不同的固体吸附剂上的吸附行为各有不同。随着实验数据的积累，人们从所测得的各种吸附等温线中总结出吸附等温线大致可归纳为如下五种类型，如图 9-20 所示。图中纵坐标为吸附量，横坐标 $p/p_{\mathrm{s}}$ 称为比压力，其中 $p_{\mathrm{s}}$ 是吸附质在实验温度下的饱和蒸气压，$p$ 为吸附质的实验压力。

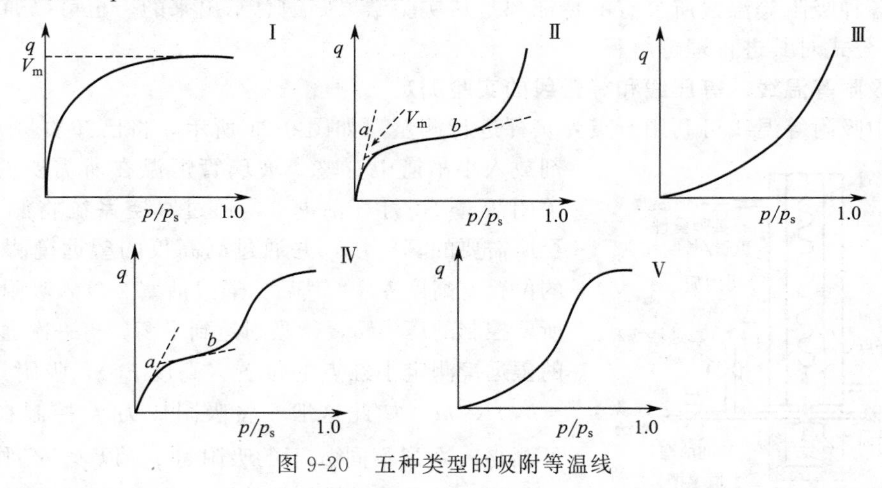


图 9-20 五种类型的吸附等温线

吸附等温线可以反映吸附剂的表面性质、孔径分布及吸附剂与吸附质之间的相互作用等有关信息。物理吸附一般包括三种现象：①单分子层吸附；②多分子层吸附；③毛细管凝结。这三种现象通常是重叠发生的。

类型Ⅰ吸附等温线（例如，氨在木炭或分子筛上的吸附），表现为吸附量随压力升高很快达到饱和吸附量 $V_{\mathrm{m}}$。具有这种类型的吸附等温线称为朗格缪尔（Langmuir）型等温线，吸附是单分子层的。化学吸附等温线一般属于类型Ⅰ。均匀细孔（2.5nm 以下）结构的固体（例如分子筛）上的气体物理吸附等温线也属于类型Ⅰ。

类型Ⅱ吸附剂具有 5nm 以上的微孔，其吸附等温线（例如，77K 时氮在硅胶上的吸附），在 $a$ 点表示饱和单分子层物理吸附的形成。当压力继续增加时，等温线上出现一段斜陡上升的准直线（图中 $ab$ 段所示），这一段反映了多层吸附建立的过程。当压力继续增大到某一相对压力时，有毛细冷凝现象发生。

类型Ⅳ吸附等温线（例如，320K 时苯蒸气在氧化铁凝胶上的吸附），多孔吸附剂（孔径在 2～20nm）发生多分子层吸附时会有这种等温线，这种类型的等温线表明在相对较小的压力（$p/p_s<0.5$）下有毛细凝结现象发生，相对压力接近 1 时，由于大孔已被填满而使吸附量呈饱和状态。吸附的上限主要取决于总孔体积及有效孔径。

类型Ⅲ（例如，352K 时溴蒸气在硅胶上的吸附）和类型Ⅴ（例如，373K 时水蒸气在木炭上的吸附）两种吸附等温线，未表现出低压时吸附量随比压力增大而迅速增加的现象，表明单分子层的吸附力较弱，这两类吸附比较少见。

这些等温线的形状差别反映了吸附剂与吸附质分子间作用的差异。譬如，在低压情况下，当第一层未达饱和吸附之前，吸附等温线的形状主要反映了吸附剂与吸附分子作用力的大小。例如，吸附剂与吸附分子间作用力较强、分子比较容易吸附时，曲线往下弯，如Ⅰ、Ⅱ、Ⅳ型吸附等温线的开始端所示；如果分子不太容易吸附，则往上弯，如Ⅲ、Ⅴ型吸附等温线的开始端情况所示。当压力增加时，等温线可能会出现一段斜陡上升的准直线，如Ⅱ、Ⅳ型中 $ab$ 段所示，这一段反映了多层吸附建立的过程。若是压力继续增加，吸附等温线可以随之改变其斜率，甚至出现突跃变化，此时说明固体孔内的毛细管凝聚开始，如Ⅱ型。这部分等温线的形状与孔的大小和分布有关，故可以利用这部分吸附等温线（外加脱附等温线）来研究固体多孔材料孔径的大小和分布。

以上各种吸附等温线所具有的特征都是从实验结果归纳总结出来的，也可以通过随后介绍的 BET 公式对其进行理论解释。

**(4) 吸附等温线、等压线和等量线的实验测定**

实验中吸附等温线可利用石英弹簧秤进行测量。如图 9-21 所示，将已知质量 $m$ 的吸附剂放入小吊篮中，整个玻璃管恒温在所需要的温度 $T$。关闭活塞 2，打开活塞 1，通过真空系统将测量体系抽至所需要的真空度，并通过测高仪的望远镜测定小红点的位置（高度 $h_1$）。其后，通过活塞 2 放入吸附质气体至所要控制的压力 $p$，待吸附达到平衡，再一次通过测高仪的望远镜测定小红点的位置（高度 $h_2$），吸附量 $q=(h_2-h_1)K/m$。如此这般，将吸附压力 $p$ 控制在不同值，可测得一系列不同 $p$ 下的吸附量 $q$。以 $p/p^*$ 作横坐标，$q$ 为纵坐标可得吸附等温线，如图 9-22(a) 所示。

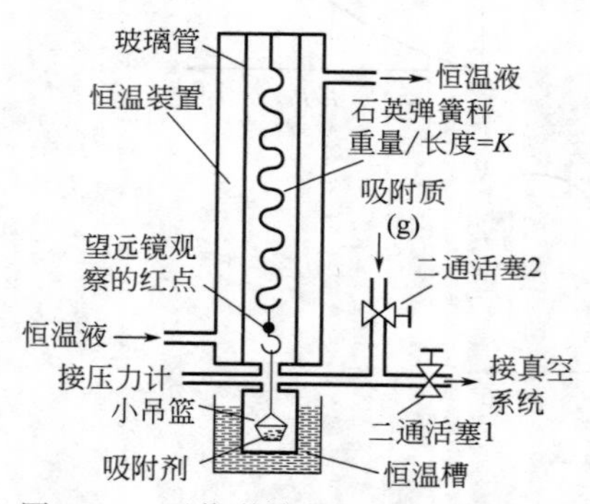

图 9-21 石英弹簧秤测吸附量示意图

保持吸附压力不变，吸附量与温度之间的关系曲线称为**吸附等压线**。吸附等压线往往不是通过实验直接测定的，而是在实验测定的一组等温吸附线上，选定所需要的压力作垂直于横坐标的直线，该直线与各等温线的交点即为相应温度下的等压吸附量，如图 9-22(a) 所示，选定 $p/p^*=0.1$，根据垂线与各等温线交点的吸附量，作一条 $q$-$T$ 曲线就是比压为 0.1 时的等压线。图 9-22(a) 表明，保持压力不变，平衡吸附量 $q$ 随温度升高而下降，与图 9-19 一致。

保持吸附量不变，压力与温度之间的关系曲线称为**吸附等量线**。同吸附等压线一样，吸附等量线也是通过吸附等温线画出的。在实验测定的一组吸附等温线上，选取吸附量 $q_1$ 作水平线与各吸附等温线相交，如图 9-22(b) 所示，根据交点的温度与压力，作 $p/p^*$-$T$ 曲线就是吸附量为 $q_1$ 的吸附等量线，如图 9-22(c) 所示。由图可知，保持吸附量不变，当温度升高时，压力也必须相应增高。根据方程式(9-28) 或式(9-37)，由等量线可求吸附热。

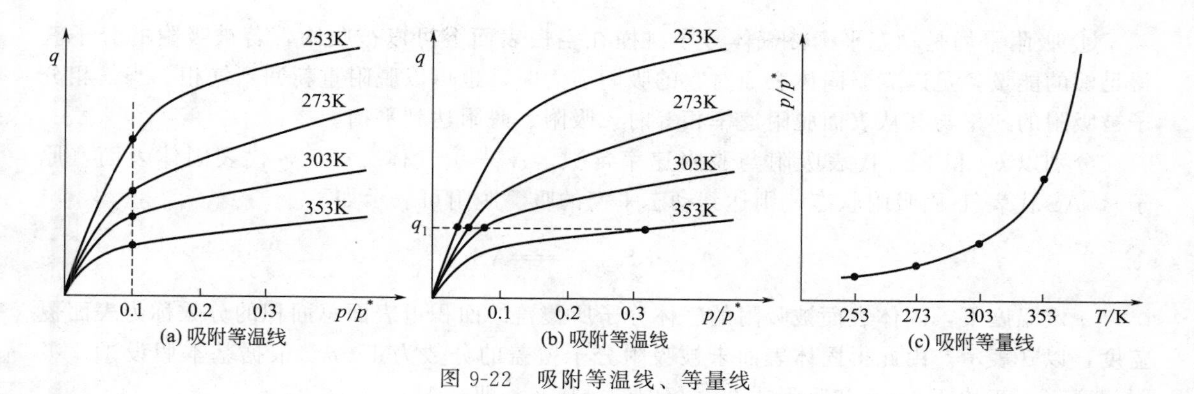


图 9-22　吸附等温线、等量线

## 9.4.2　吸附等温式

### (1) 费仑德利希吸附等温式

等温线直观明了，对于了解吸附剂和吸附质的相关信息很有帮助，但不便于理论分析。为此，许多研究者在各自的模型下给出了相应的经验公式。其中费仑德利希（Freundlich）等温式使用方便，用得也较多。费仑德利希等温式是一含有二参数的指数方程。

$$V = kp^{1/n} \tag{9-29a}$$

式中，$V$ 为吸附量；$k$ 和 $n$ 分别为与吸附剂、吸附质和温度有关的常数，一般 $n$ 是大于 1 的常数，$k$ 可视为单位压力时的吸附量。一般来说，$k$ 随温度升高而下降。该式可用来描述第Ⅰ类吸附等温线，适用于中等压力范围。若对上式取对数可得

$$\ln V = \ln k + \frac{1}{n}\ln p \tag{9-29b}$$

上式表明，若以 $\ln V$ 对 $\ln p$ 作图，可得一直线，通过直线的斜率和截距可分别求出 $n$ 和 $k$。费仑德利希经验公式形式简单，计算方便。使用的 $\theta$ 范围较下面讲的朗格缪尔吸附等温式大（$\theta$ 为覆盖度，其定义和物理意义将在下面交待），故被广泛应用。但是，该式只是近似地概括了一部分实验事实，式中的常数并没有明确的物理意义，因而不能说明吸附作用的机理。

值得注意的是，费仑德利希等温式还能用于固体吸附剂自溶液中吸附溶质的情况，只需将其中的压力换成浓度即可，即

$$\ln q = \ln k + \frac{1}{n}\ln c \tag{9-30}$$

式中，$q$ 为吸附量，以 $\ln q$ 对 $\ln c$ 作图可得一直线。

### (2) 朗格缪尔单分子层吸附等温式

在大量的实验事实基础上，1916 年，朗格缪尔提出了第一个气-固吸附理论，并导出了单分子层吸附等温式。其基本假设是：

① 气体在固体表面上的吸附是单分子层的。固体表面存在着未被饱和的力场，该力场的作用范围大约相当于分子直径的大小（即 0.2～0.3nm 之间）。因此，只有当气体分子碰撞到固体空白表面上时才能进入力场的作用范围而被吸附，如果碰撞到已被吸附的分子上则不能被吸附。

② 固体表面是均匀的。这一假设意味着固体表面上各吸附位置的吸附能力是等同的，摩尔吸附热是常数，不随表面覆盖度 $\theta$ 的变化而变化。

③ 吸附分子之间无相互作用力。因此，吸附分子从固体表面脱附不受其他吸附分子的影响。

④ 吸附平衡是动态平衡。气体分子碰撞在空白表面上可以被吸附，若被吸附的分子获得足够的能量，足以克服固体表面对它的吸附引力时，也可以脱附重新回到气相。当气相分子被吸附的速率与其从表面脱附速率相等时，吸附、脱附达到平衡。

分别以 $k_1$ 和 $k_{-1}$ 代表吸附与脱附速率常数，A 表示气体分子，S 代表固体表面（原子），AS 代表气-固吸附状态，则达到动态平衡的吸、脱附可表示如下

$$A_{(g)}+S_{(表面)}\underset{k_{-1}}{\overset{k_1}{\rightleftharpoons}}AS$$

一定温度下，固体表面被吸附的气体分子所覆盖的面积占表面总面积的分数称为**表面覆盖度**，以 $\theta$ 表示。由此得固体表面未被吸附分子覆盖的分数为 $1-\theta$。根据基本假设①，吸附速率 $r_{ads}$ 正比于 $1-\theta$ 和吸附质在气相中的分压 $p$，即

$$r_{ads}=k_1(1-\theta)p$$

式中，$k_1$ 为吸附速率常数。根据基本假设②和③，脱附速率 $r_d$ 应与 $\theta$ 成正比，即

$$r_d=k_{-1}\theta$$

式中，$k_{-1}$ 为脱附速率常数。当达到吸附、脱附平衡时，应有 $r_{ads}=r_d$，即

$$k_1(1-\theta)p=k_{-1}\theta$$

$$\theta=\frac{k_1p}{k_{-1}+k_1p}=\frac{ap}{1+ap} \tag{9-31}$$

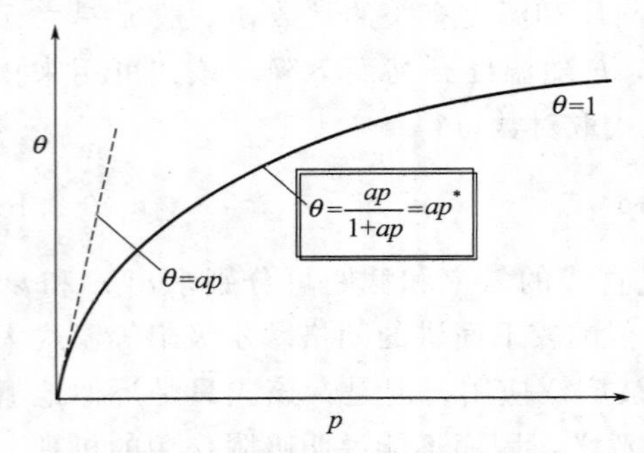


图 9-23 朗格缪尔吸附等温线

式中，$a=k_1/k_{-1}$ 为吸附平衡常数，其大小与吸附剂、吸附质的性质及温度有关。$a$ 是与吸附热有关的常数，$a$ 值越大，则表示吸附热效应越大，吸附剂对吸附质的吸附能力越强。式(9-31) 称为朗格缪尔吸附等温式。以 $\theta$ 对 $p$ 作图得朗格缪尔吸附等温线如图 9-23 所示。从图可以看出，朗格缪尔吸附等温式描述了第Ⅰ类等温吸附线。

现以标准状况（0℃、100kPa）下体积 $V$ 和 $V_m$ 分别代表覆盖度为 $\theta$ 时的平衡吸附量和满层（$\theta=1$）的饱和吸附量，根据 $\theta$ 的定义，应有

$$\theta=V/V_m$$

因此，朗格缪尔方程可写成下列形式：

$$V=V_m\frac{ap}{1+ap} \tag{9-32a}$$

或

$$\frac{1}{V}=\frac{1}{V_m}+\frac{1}{V_m a}\times\frac{1}{p} \tag{9-32b}$$

$$\frac{p}{V}=\frac{p}{V_m}+\frac{1}{V_m a} \tag{9-32c}$$

由式(9-32c) 可知，以 $p/V$ 对 $p$ 作图可得一直线（如图 9-24 所示），由直线的截距和斜率可求得 $V_m$ 和 $a$。

如果已知饱和吸附量 $V_m$ 及每个被吸附分子的横截面积 $A_m$ 和吸附剂的质量 $m$，便可以用下式来计算吸附剂的总表面积 $S$ 和比表面积 $S_m$：

$$S=\frac{V_m}{22.4}LA_m,\quad S_m=\frac{V_m}{22.4}LA_m/m \tag{9-33}$$

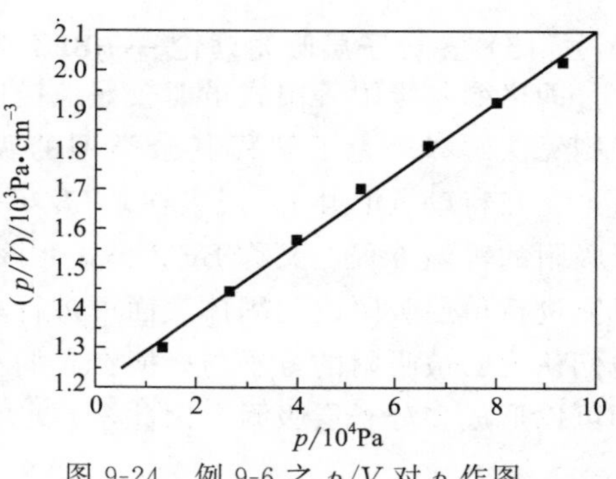

图 9-24　例 9-6 之 $p/V$ 对 $p$ 作图

式中，$V_m$ 的单位为 $dm^3$。

朗格缪尔吸附等温式适用于单分子层吸附，它能较好地描述第Ⅰ类吸附等温线在不同压力范围内的吸附特征（参见图 9-23）：

当压力很低或吸附较弱（$a$ 很小）时，$ap \ll 1$，式(9-32a) 可简化为

$$V = V_m ap$$

即吸附量正比于吸附平衡压力，这与第Ⅰ类吸附等温线在低压时几乎是一直线的特征相符。

当压力足够大或吸附较强时，$ap \gg 1$，这时有

$$V = V_m$$

这表明固体表面达到饱和吸附，第Ⅰ类吸附在较高压力下，吸附量确实不随压力变化。

在中等压力或中等吸附强度时，式(9-32a) 为一曲线，与第Ⅰ类吸附中压范围的曲线基本相符。

此外，与费仑德利希等温式一样，朗格缪尔等温式也可用于固体吸附剂自溶液中吸附溶质的情况。

虽说朗格缪尔吸附等温式能很好地解释第Ⅰ类等温吸附，但朗格缪尔的几个基本假设是不正确的。首先，一般情况下的固体表面并不限于单层吸附，更多的情况下是多层吸附；其次，固体表面是不均匀的，即使是单晶，其不同晶面的吸附性质也是不同的，通常情况是吸附热随着覆盖的增加而减小；再次，吸附在表面的分子之间存在着相互作用，否则就不存在催化反应中的 L-H（Langmuir-Hinshelwood）机理。值得注意的是，尽管朗格缪尔的基本假设与实际情况有这样那样的不相符，但是朗格缪尔的吸附等温式却是成功的，它解释了相当一部分气固吸附现象，在吸附理论研究中的地位相当于理想气体的模型和方程在气体 $pTV$ 行为研究中的地位，对后来的吸附理论的发展起到了重要的奠基作用。

**例 9-6**　0℃时，CO 在 3.022g 活性炭上的吸附有下列数据，其中体积已校正到标准状况。证明它符合朗格缪尔吸附等温式，并求 $a$ 和 $V_m$ 之值。

| $p/10^4$Pa | 1.33 | 2.67 | 4.00 | 5.33 | 6.67 | 8.00 | 9.33 |
|---|---|---|---|---|---|---|---|
| $V/cm^3$ | 10.2 | 18.6 | 25.5 | 31.4 | 36.9 | 41.6 | 46.1 |

**解**　根据式(9-32c) 以 $p/V$ 对 $p$ 作图，数据为

| $p/10^4$Pa | 1.33 | 2.67 | 4.00 | 5.33 | 6.67 | 8.00 | 9.33 |
|---|---|---|---|---|---|---|---|
| $(p/V)/10^3$Pa·cm$^{-3}$ | 1.30 | 1.44 | 1.57 | 1.70 | 1.81 | 1.92 | 2.02 |

以 $p/V$ 对 $p$ 作图为一直线，证明符合朗格缪尔等温式。斜率 $k=0.0090cm^{-3}$，因而，饱和吸附量：$V_m = 1/k = 111cm^3$

截距：$1.2\times10^3$ Pa·cm$^{-3}$

因此，吸附平衡常数

$$a = 斜率/截距 = 0.0090/1.20\times10^{-3}Pa^{-1} = 7.5\times10^{-6}Pa^{-1}$$

### *(3) 多分子层吸附理论——BET公式

朗格缪尔吸附等温式虽能较好地描述第Ⅰ类型的吸附等温线，但对其余类型的吸附等温线则无法解释。为了解释其余类型的吸附等温线，布鲁诺尔（Brunauer）、埃米特（Emmett）和特勒（Teller）三人在1938年提出了多分子层吸附理论，并成功地推出了多分子层吸附的等温方程，又称BET公式。该理论除了将朗格缪尔基本假设的第①点由固体表面只能进行单层吸附改为固体表面可进行多层吸附外，其余全盘接受了朗格缪尔的基本假设。他们认为已被吸附的分子与碰撞在它们上面的气体分子之间仍然存在相互作用，发生吸附，即可以形成多分子层吸附。因此，导出了著名的BET公式

$$V=\frac{V_{m}Cp}{(p^{*}-p)[1+(C-1)p/p^{*}]} \tag{9-34a}$$

式中，$V$ 和 $V_m$ 分别是气体在分压为 $p$ 时的平衡吸附量（标准状况下）体积和吸附剂表面被覆盖满一层时被吸附气体的（标准状况下）体积；$p^*$ 是实验温度下吸附质的饱和蒸气压；$C$ 是与吸附热有关的常数。BET公式既能适用于单分子层吸附，又适用于多分子层吸附，能对Ⅰ、Ⅱ、Ⅲ类三种吸附等温线给予说明和解释。BET公式的重要应用是测定和计算固体吸附剂的比表面积（单位质量吸附剂所具有的面积）。例如，将式(9-34a) 重排为

$$\frac{p}{V(p^{*}-p)}=\frac{1}{V_{m}C}+\frac{C-1}{V_{m}C}\times\frac{p}{p^{*}} \tag{9-34b}$$

则以 $p/[V(p^{*}-p)]$ 对 $p/p^{*}$ 作图可得一直线，斜率为 $(C-1)/(V_{m}C)$，截距为 $1/(V_{m}C)$，由此得

$$V_{m}=\frac{1}{\text{斜率}+\text{截距}} \tag{9-34c}$$

如果已知吸附分子的截面积 $A_m$ 和吸附剂的质量 $m$，就可以计算固体吸附剂的比表面积 $S_m$，若 $V_m$ 以 $cm^3$ 为单位，则

$$S_{m}=\frac{V_{m}L}{22400}\times\frac{A_{m}}{m} \tag{9-35}$$

实验表明，BET两参数公式(9-34b) 只适用于 $p/p^{*}=0.05\sim0.35$ 范围，在更低或更高压力情况下，都会产生较大偏差。当 $p/p^{*}<0.05$ 时，建立不起多层物理吸附平衡，甚至不能满足满层吸附，固体表面实际上的不均匀性将会引起较大误差；当 $p/p^{*}>0.35$ 时，分子间作用力和毛细冷凝现象将使实验结果大大地偏离实际比表面积。尽管如此，利用BET公式测定固体的比表面积的方法是目前被普遍公认的最好的方法之一，其相对误差一般在10%左右。

**例 9-7** 0℃时，丁烷蒸气在某催化剂上有如下吸附数据：

| $p/10^4$Pa | 0.752 | 1.193 | 1.669 | 2.088 | 2.350 | 2.499 |
|---|---|---|---|---|---|---|
| $V/cm^3$ | 17.09 | 20.62 | 23.74 | 26.09 | 27.77 | 28.30 |

$p$ 和 $V$ 是吸附平衡时气体的压力和被吸附气体在标准状况下的体积，0℃时丁烷饱和蒸气压 $p^*$ 为 $1.032\times10^5$Pa，催化剂质量1.876g，单个丁烷分子的截面积 $A_m$ 为 $0.4460nm^2$，试用BET公式求该催化剂的总表面积和比表面积。

**解** 由题给的实验数据可得

| $(p/p^*)\times10^2$ | 7.28 | 11.56 | 16.17 | 20.23 | 22.77 | 24.21 |
|---|---|---|---|---|---|---|
| $\{p/[V(p^*-p)]\}/10^{-3}cm^{-3}$ | 4.6 | 6.34 | 8.13 | 9.72 | 10.62 | 11.29 |

以 $p/[V(p^*-p)]$ 对 $p/p^*$ 作图可得一直线，见图 9-25，斜率$=3.91\times10^{-2}cm^{-3}$，截距$=1.78\times10^{-3}cm^{-3}$，所以

$$V_m=\left[\frac{1}{(39.1+1.78)\times10^{-3}}\right]cm^3$$
$$=24.5cm^3$$

$$S_{总}=\left(\frac{24.5}{22400}\times6.023\times10^{23}\times44.6\times10^{20}\right)m^2$$
$$=293.8m^2$$

$$S_m=\frac{293.8}{1.876}m^2\cdot g^{-1}=156.6m^2\cdot g^{-1}$$

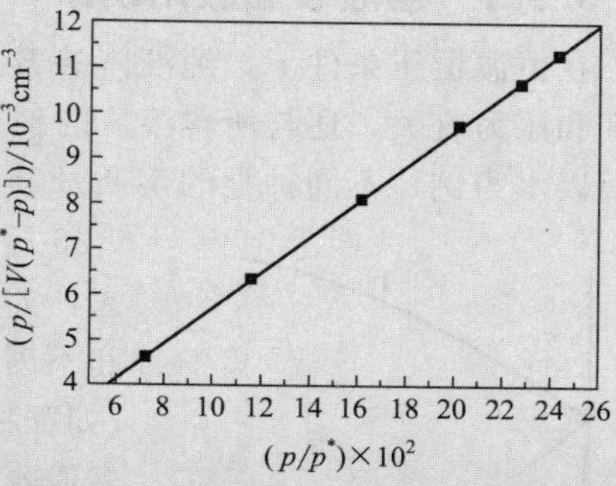

图 9-25　例 9-7 之 $p/[V(p^*-p)]$ 对 $p/p^*$ 作图

### 9.4.3　吸附热

无论是液体表面还是固体表面，由于存在不对称的力场，故都希望通过吸附气体或液体来平衡不对称力场，从而降低自身的吉布斯函数。因此，吸附是一自发过程，即：在吸附过程发生前后，系统的 $\Delta G<0$。以气体在固体表面吸附为例，根据热力学公式，在恒温条件下，有 $\Delta G=\Delta H-T\Delta S$。在吸附过程中，气体分子由三维空间运动被吸附到二维表面，很显然是一熵减少过程，即 $\Delta S<0$，由此可推得吸附过程的 $\Delta H$ 必为负值，即 $\Delta H<0$。所以说吸附过程是一放热过程。

吸附过程的热效应可以直接用量热法测定，也可以通过吸附等量线用热力学方法来计算。其基本思路就是将恒温恒压下达到吸附平衡系统中的气体分子从气相变为固体表面的吸附态及其逆过程类比气-液平衡时饱和蒸气压 $p$ 与温度 $T$ 的关系，即直接用类似于克-克方程的式(9-28) 求吸附热，公式如下：

$$\left(\frac{\partial \ln p}{\partial T}\right)_{q,ads}=-\frac{\Delta_{ads}H_m}{RT^2} \tag{9-36}$$

假设吸附热不随温度变化，积分上式得

$$\Delta_{ads}H_m=-\frac{RT_2T_1}{T_2-T_1}\ln\frac{p_2}{p_1} \tag{9-37}$$

式(9-36) 和式(9-37) 为用于求表面吸附热的克-克方程，其推导思路和步骤类似于气液两相平衡时克-克方程的推导。式中，$p_1$ 和 $p_2$ 分别是 $T_1$ 和 $T_2$ 下达到某一相同吸附量时的平衡压力，它们可由不同温度下的吸附等温线得到，也可直接从吸附等量线得到。温度升高时要想保持吸附量不变，必须要增大气体的压力，即若 $T_2>T_1$，必然有 $p_2>p_1$。

气体在固体表面吸附时，首先吸附在固体表面配位不饱和程度最大的原子，即活性最大的位置上。很显然，活性越大的位置，对气体的吸附性亦越强，因此放出的热亦更多。实验表明，吸附热一般会随着固体表面的覆盖度增大而下降，这说明固体表面是不均匀的。吸附热是研究吸附现象的重要参数之一，其数值大小常被看作是吸附强弱的重要标志。从吸附热的数据和吸附质的化学性质可以更多地了解固体表面的性质。

# 9.5 溶液的表面吸附

## 9.5.1 溶液表面吸附现象

在恒温恒压条件下，纯液体的表面张力有定值。但溶液则不同，溶液的表面张力不仅与温度和压力有关，还与所含溶质的种类和数量有关。

以水为例，不同种类的溶质及其浓度对水溶液表面张力的影响大致可分为三类，如图9-26所示。一类是溶液的表面张力随着溶质浓度的增加而增大，如曲线Ⅰ所示。这类溶质主要是无机电解质，如无机盐和不挥发的无机酸、碱以及含有多个—OH基的有机化合物（如蔗糖，甘油等）。第二类是随着溶质的浓度增加，溶液的表面张力下降，如曲线Ⅱ所示。这类溶质主要是可溶性的有机化合物，如醇、醛、酮、酸、酯等。第三类是只需在水中加入少量的溶质即可引起溶液的表面张力急剧下降，当溶质增加到某一浓度后，溶液的表面张力几乎不再随浓度的增加而变化，如曲线Ⅲ所示（图中出现虚线的最低点往往是由杂质造成的）。属于此类溶质的化合物多为具有两性的有机物，用符号RX表示，其中R代表含有10个或10个以上碳原子的憎水性烷基，X代表极性亲水基团，如—OH，—COOH，—CN，$—CONH_2$，也可以是亲水的离子基团，如$—SO_3^-$，$—NH_3^+$，$—COO^-$等。常见的有硬脂酸钠、长碳氢链的有机酸和烷基磺酸盐，即肥皂和各种洗涤剂等。通常将使溶液表面张力升高的物质称为表面惰性物质；将凡是使表面张力下降的物质原则上称为活性物质。但是习惯上，只把曲线Ⅲ所示的那些溶入少量就能显著降低溶液表面张力的物质称为**表面活性剂**。

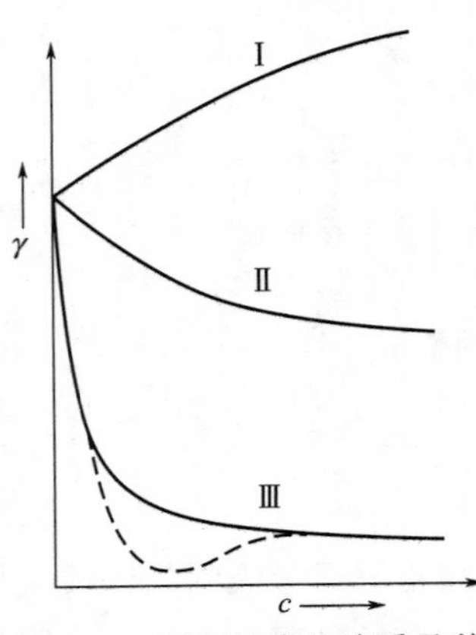

图9-26 不同种类的溶质及其浓度对水溶液表面张力的影响

溶质加入水溶液中，不总是均匀地分布在其中，根据溶质的化学性质和分子结构，有的更倾向于富集在水溶液表面，有的则倾向于进入水溶液的体相。如果处在表面层中溶质分子所受到的指向溶液内部的引力比溶剂（水）分子还要大，则这种溶质的溶入会使溶液的表面张力增大，从而使系统的表面能增加。根据能量最低原理，系统总是趋向于使自身的（表面）吉布斯函数最低，而盛于一定容器中溶液的表面积不变，降低表面吉布斯函数的唯一途径只有降低表面张力。因此，这种使表面张力增大的溶质进入溶液后趋向于更多地进入溶液内部（体相）而较少地留在表面层（相）中，这样就造成了溶质在表面相中的浓度小于体相的浓度。如果处在表面相的分子所受到的指向体相的引力比溶剂（水）分子小，则这种溶质会更多地聚集在表面相，以减小表面张力，从而使溶质在表面相中的浓度大于体相中的浓度。这种溶质在表面相的浓度不同于体相浓度的现象称为**“溶液的表面吸附现象”**。若溶液在表面相的浓度大于体相的浓度则称为**“正吸附”**，反之称为**“负吸附”**。图9-26中曲线Ⅰ表明溶液中溶质发生了负吸附，而曲线Ⅱ和Ⅲ则发生了正吸附现象。尤其是具有曲线Ⅲ行为的表面活性物质皆为两性物质，其中非极性憎水烷基基团更趋向于逃逸水溶液而伸向空气，因此表面活性物质分子极易在溶液表面相聚集就是很自然的现象了。

## 9.5.2 表面吸附量与吉布斯吸附等温式

### (1) 表面相及表面吸附量

如上所述，溶质溶入溶液中，存在表面吸附现象。现在的问题是如何定量地描述溶液表面吸附现象，判断溶液表面发生正吸附或负吸附的依据是什么？为此，特定义：在单位面积的表面相中所含溶质的物质的量与体相相同量溶剂中所含溶质物质的量的差值，称为溶质的**表面过剩或表面吸附量**，用符号 $\Gamma$ 表示（$[\Gamma]=\mathrm{mol \cdot m^{-2}}$），并以此来定量分析表面吸附现象。关于定义中提到的表面相，其定义如本章开篇所述，在这里再次叙述如下。

设有一个二元溶液的气（α 相）-液（β 相）平衡系统，两相的体积分别为 $V_\alpha$ 和 $V_\beta$，溶质在两相的浓度分别为 $c_\alpha$ 和 $c_\beta$。在气-液两相的交界处存在一溶质的浓度既不同于 α 相，亦不同于 β 相的表面相（以 σ 表示）（约几个分子层厚度），如图 9-27(a) 所示。由于并不知道表面相的确切厚度，因而无法求出溶质在表面相的浓度与体相的差异，这样也就无法计算表面吸附量 $\Gamma$。为了数学上处理的方便，假设在表面相存在一个几何面 $ss'$，该面又称为吉布斯面。如图 9-27(b) 所示，图中纵坐标为杯中溶液的高 $h$，$aa'$ 为表面相的上沿，$bb'$为表面相的下沿，$h_s$ 表示 $ss'$面的高度。从 $aa'$面向下穿过 $ss'$到 $bb'$面的曲线 $MON$ 表示溶剂的浓度 $c_{溶剂}$ 随高度 $h$ 的分布，$c_{溶剂}$ 从 0 增大到 $c_s$。吉布斯确定 $ss'$面的原则是图 9-27(b) 中 $ss'$两侧的阴影面积相等，即将 $ss'$面定在溶剂的表面过剩量为零的地方。由此确定的吉布斯面（$ss'$面）被看作是理论上的表面相，它是一个无厚度的严格的二维空间相。设在此二维空间相下面的整个 β 相（或在此相上面的整个 α 相）体积为 $V_\beta$（或 $V_\alpha$），其中溶质的浓度完全一致，而且就是体相的浓度 $c_\beta$（或 $c_\alpha$），由此算出 α 相和 β 相溶质的量 $n^\alpha$ 和 $n^\beta$ 分别为

$$n^\alpha=V_\alpha c_\alpha，\ n^\beta=V_\beta c_\beta$$

以 $n^0$ 表示系统中溶质的总量，则表面相溶质的过剩量 $n^\sigma$ 为

$$n^\sigma=n^0-(n^\alpha+n^\beta) \tag{9-38}$$

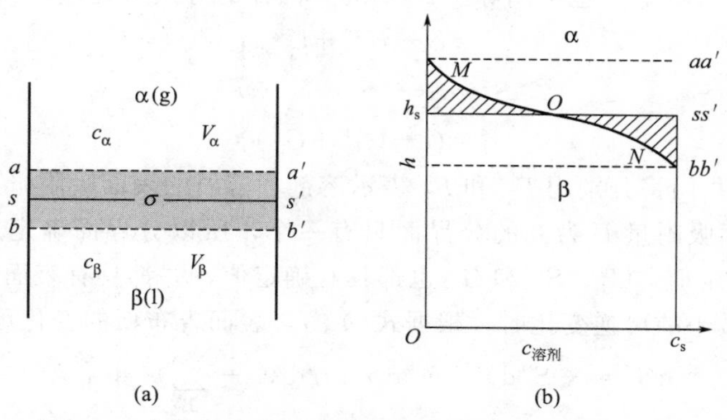


图 9-27　表面相及表面相中溶剂浓度随高度 $h$ 变化示意图

根据上述吉布斯面（$ss'$面）的确定原则及 $ss'$面上下 α 相和 β 相中溶质浓度与实际表面相中溶质浓度的差异可知，$n^\sigma$ 可能是正值，也有可能是负值。将其除以界面相的面积 $A_s$，由此得

$$\Gamma=\frac{n^\sigma}{A_s} \tag{9-39}$$

$\Gamma$ 即为溶质表面过剩量，或称为吸附量，单位为 $\mathrm{mol \cdot m^{-2}}$。

一般来说，气相中溶质的量远小于液相中溶质的量，$n^\beta \gg n^\alpha$，所以

$$\Gamma=\frac{n^\sigma}{A_s}\approx\frac{n^0-n^\beta}{A_s} \tag{9-40}$$

**(2) 吉布斯吸附等温式**

1878 年，吉布斯通过热力学方法导出了溶液表面张力随溶质活度的变化率 $\mathrm{d}\gamma/\mathrm{d}a$ 与表

面吸附量$\Gamma$之间的关系，即著名的吉布斯吸附等温式

$$\Gamma=-\frac{a}{RT}\times\frac{d\gamma}{da} \tag{9-41a}$$

对于理想稀溶液，可用浓度代替活度，上式可写为

$$\Gamma=-\frac{c}{RT}\times\frac{d\gamma}{dc} \tag{9-41b}$$

从吉布斯吸附等温式(9-41a)或式(9-41b)可得出如下结论。

① 若$d\gamma/da<0$，即增加溶质活度使溶液的表面张力降低，则$\Gamma$为正值，为正吸附。表面活性物质在溶液表面的吸附往往属于正吸附。

② 若$d\gamma/da>0$，即增加溶质活度使溶液表面张力升高，则$\Gamma$为负值，为负吸附，表面惰性物质就属于这种情况。

用吉布斯吸附等温式计算某溶质的吸附量时，首先要求出指定浓度$c$的$d\gamma/dc$值，其方法是在恒温条件下由实验测定一组不同浓（活）度所对应的一组表面张力$\gamma$，以$\gamma$对$c$作图，得到$\gamma$-$c$曲线。然后用作图法，在$\gamma$-$c$曲线上作出指定浓度$c$所对应点的切线，求得其斜率$d\gamma/dc$值，并代入式(9-41b)中，即可求得该浓度下溶质在溶液表面的吸附量$\Gamma$。将不同浓度下求得的吸附量对浓度作图，可得$\Gamma$-$c$曲线，即溶液表面的吸附等温线（若为非理想溶液，上述叙述中的“浓度”及“$c$”分别用“活度”及“$a$”替代）。

***(3) 吉布斯吸附等温式的证明**

根据吉布斯面的物理意义，系统的其他表面相热力学函数（例如表面内能$U^\sigma$、表面熵$S^\sigma$、表面吉布斯函数$G^\sigma$等）也可用导出式(9-38)同样的方法来处理，例如：

$$\left.\begin{aligned}U^\sigma&=U-(U^\alpha+U^\beta)\\S^\sigma&=S-(S^\alpha+S^\beta)\\G^\sigma&=G-(G^\alpha+G^\beta)\end{aligned}\right\} \tag{9-42}$$

（在下面的讨论中，我们将分别用$\Gamma_1$和$\Gamma_2$表示溶剂和溶质的表面吸附量）

因满足溶剂表面吸附量$\Gamma$为0的分界面只有一个，所以分界面确定之后，不仅溶质的表面吸附量$\Gamma_2$为确定值，$U^\sigma$、$S^\sigma$和$G^\sigma$也都具有确定值，并都具有表面过剩的意义。

当发生了一个微小的可逆变化时，根据式(9-9)，表面吉布斯的变化可表示为

$$dG^\sigma=-S^\sigma dT+V^\sigma dp+\gamma dA_s+\sum_B\mu_B dn_B^\sigma \tag{9-43}$$

对于恒温恒压条件下的二元系统有

$$dG^\sigma=\gamma dA_s+\mu_1 dn_1^\sigma+\mu_2 dn_2^\sigma \tag{9-44}$$

式中，$\mu_1$和$\mu_2$分别表示表面相中溶剂和溶质的化学势（其实吸附平衡时，$\mu_B^\sigma=\mu_B^\alpha=\mu_B^\beta$）；$n_1^\sigma$及$n_2^\sigma$分别为溶剂及溶质在表面相中的过剩量。在恒温恒压和组成不变时，$\gamma$和$\mu_B$都是常数，积分上式得

$$G^\sigma=\gamma A_s+\mu_1 n_1^\sigma+\mu_2 n_2^\sigma \tag{9-45}$$

表面吉布斯函数是状态函数，具有全微分性质，所以微分式(9-45)有

$$dG^\sigma=\gamma dA_s+A_s d\gamma+\mu_1 dn_1^\sigma+n_1^\sigma d\mu_1+\mu_2 dn_2^\sigma+n_2^\sigma d\mu_2 \tag{9-46}$$

比较式(9-44)和式(9-46)，有

$$A_s d\gamma+n_1^\sigma d\mu_1+n_2^\sigma d\mu_2=0 \tag{9-47}$$

式(9-47)可称为表面相的吉布斯-杜亥姆方程。式(9-47)两边除以$A_s$，再结合表面过剩的

定义式(9-39) $\Gamma=n^{\sigma}/A_{\mathrm{s}}$，得

$$\mathrm{d}\gamma=-(\Gamma_1\mathrm{d}\mu_1+\Gamma_2\mathrm{d}\mu_2) \tag{9-48}$$

根据吉布斯表面相模型，溶剂 $\Gamma_1=0$，上式变为

$$\mathrm{d}\gamma=-\Gamma_2\mathrm{d}\mu_2 \tag{9-49}$$

将 $\mathrm{d}\mu_2=-RT\mathrm{d}\ln a_2$ 代入上式，整理后得

$$\Gamma_2=-\frac{\mathrm{d}\gamma}{RT\mathrm{d}\ln a_2}=-\frac{a_2}{RT}\times\frac{\mathrm{d}\gamma}{\mathrm{d}a_2} \tag{9-50}$$

对于理想稀溶液，可用溶质的浓度 $c_2$ 代替其活度 $a_2$，略去上式中的 $a_2$、$c_2$ 和 $\Gamma_2$ 下标，式(9-50) 可写为

$$\Gamma=-\frac{a}{RT}\times\frac{\mathrm{d}\gamma}{\mathrm{d}a} \tag{9-51a}$$

$$\Gamma=-\frac{c}{RT}\times\frac{\mathrm{d}\gamma}{\mathrm{d}c} \tag{9-51b}$$

### 9.5.3　表面活性物质在表面相的定向排列

希施柯夫斯基归纳大量实验数据，对有机酸同系物的浓度与表面张力的关系给出了如下的经验公式：

$$\frac{\gamma^*-\gamma}{\gamma^*}=b\ln\left(1+\frac{c}{a}\right) \tag{9-52}$$

式中，$\gamma^*$ 和 $\gamma$ 分别为纯溶剂和浓度为 $c$ 时溶液的表面张力；$a$ 和 $b$ 是经验常数。同系物之间 $b$ 值相同而 $a$ 值各异。

对式(9-52) 中 $c$ 求微商可得

$$-\frac{\mathrm{d}\gamma}{\mathrm{d}c}=\frac{b\gamma^*}{a+c} \tag{9-53}$$

将式(9-53) 代入式(9-41b) 中，得

$$\Gamma=\frac{b\gamma^*}{RT}\times\frac{c}{a+c} \tag{9-54}$$

温度一定时，$b\gamma^*/RT$ 为常数，记为 $K$，则上式可改写为

$$\Gamma=\frac{Kc}{a+c} \tag{9-55a}$$

$$\frac{c}{\Gamma}=\frac{a}{K}+\frac{c}{K} \tag{9-55b}$$

式(9-55a) 与式(9-55b) 与朗格缪尔单分子层吸附等温式十分相似，只要知道某溶液的 $K$ 和 $a$ 值，由此式就可求出浓度为 $c$ 时的表面吸附量 $\Gamma$，而 $K$ 和 $a$ 可以通过以 $c/\Gamma$ 对 $c$ 作图的直线求得。

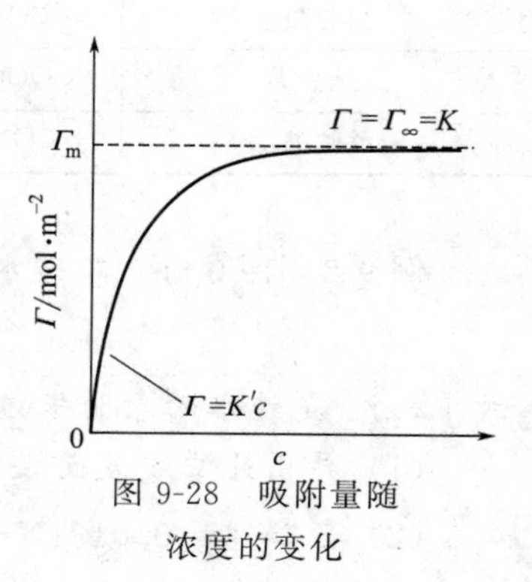

图 9-28　吸附量随浓度的变化

根据式(9-55)，以 $\Gamma$ 对 $c$ 作图所得曲线如图 9-28 所示。可以看出，吸附量随浓度变化在不同的浓度范围内有不同的规律，其规律确实类似于气体在固体表面的单层吸附。

① 当浓度很低时，$c\ll a$，$a+c\approx a$，式(9-55) 演化为

$$\Gamma=K'c\ (\text{式中 } K'=K/a) \tag{9-56}$$

即浓度很低时，吸附量 $\Gamma$ 与浓度 $c$ 成线性关系，如图 9-28 所示。

② 在中等浓度时，$\Gamma$ 随 $c$ 增大而上升，但不成正比关系，斜率逐渐减小。

③ 当浓度足够大时，$c\gg a$，$a+c\approx c$，式(9-55) 变为

$$\Gamma=K=\frac{b\gamma^*}{RT}=\Gamma_\infty \tag{9-57}$$

上式表明，当浓度足够大时，吸附量为一恒定值$\Gamma_\infty$，不再随浓度而变化，表明已达到饱和吸附状态，此时的吸附量称为饱和吸附量。如图 9-28 所示，很显然，当溶质分子在溶液表面定向排列占满整个表面，达到饱和吸附时，此时再增加表面活性剂的浓度，多余的表面活性剂只有进入体相而起不到降低表面张力的作用。由式(9-57) 可知，一定温度时，$\Gamma_\infty$只与同系物共有常数$b$有关（$b$与表面活性剂的横截面积有关)，而与同系物中各不同化合物特性常数$a$无关。也就是说各不同化合物具有相同的饱和吸附量，这已得到实验的证实。究其原因，这与表面活性剂在溶液表面的吸附行为有关。实验表明，当达到饱和吸附量时，表面活性剂分子定向整齐地排列在溶液的表面上，极性基伸向水，非极性基暴露在空气中，如图 9-29 所示，$\Gamma_\infty$值只取决于表面活性剂的横截面积。饱和吸附时，表面几乎完全被溶质分子占据，同系物中不同化合物的差别只是碳链的长短不同，而分子的截面积是相同的，故其饱和吸附量是相同的。

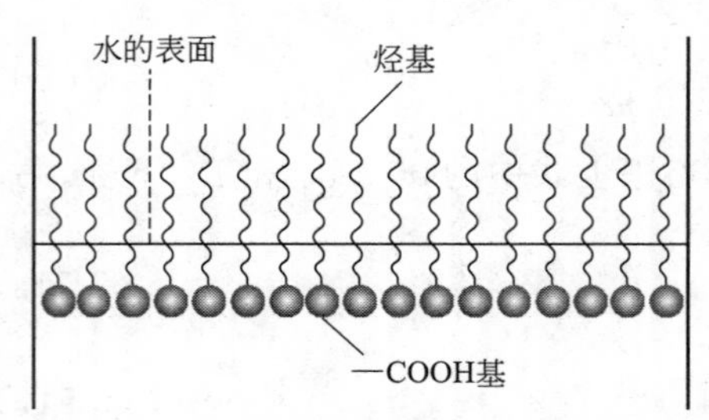


图 9-29　溶液表面达饱和吸附时吸附质（脂肪酸分子）在液面定向排列示意图

表面吸附量$\Gamma$的本来含义是表面溶质的过剩量，但在刚刚达到饱和吸附时，体相浓度与表面相浓度相比很小，可以忽略不计，因此可以将饱和吸附量近似看作是单位表面积上溶质的物质的量。故可以通过$\Gamma_\infty$值计算每个吸附分子所占的面积，即分子横截面积$A_m$

$$A_m=\frac{1}{\Gamma_\infty L} \tag{9-58}$$

计算结果一般比用其他方法所得的值稍大，其原因可能是由于分子热运动，溶质分子不可能像图 9-29 所示那样理想排列。表 9-4 给出了一些长碳氢链有机化合物的实验结果，这些化合物的结构形式皆为$C_nH_{2n+1}X$，所不同的只是 X 所代表的亲水基团，实验测得许多不同化合物分子（即碳氢链）的截面积皆为 0.205nm$^2$，这一结果可以帮助我们认识表面活性物质的分子模型。

**表 9-4　化合物在单分子模中每个分子的横截面积**

| 化合物种类 | X | $A_m/nm^2$ | 化合物种类 | X | $A_m/nm^2$ |
|---|---|---|---|---|---|
| 脂肪酸 | —COOH | 0.205 | 甘油三酸酯类(每链面积) | $—COOCH_3$ | 0.205 |
| 二元酯类 | $—COOC_2H_5$ | 0.205 | 饱和酸的酯类 | —COOR | 0.220 |
| 酰胺类 | $—CONH_2$ | 0.205 | 醇类 | $—CH_2OH$ | 0.210 |

**例 9-8**　19℃时，丁酸水溶液的表面张力与浓度关系可以准确地用下式表示：

$$\gamma=\gamma^*-A\ln(1+Bc)$$

式中，$\gamma^*$是纯水的表面张力，$c$为丁酸浓度，$A$和$B$是常数。

(1) 导出此溶液表面吸附量$\Gamma$与浓度的关系；

(2) 已知$A=0.0131N\cdot m^{-1}$，$B=19.62dm^3\cdot mol^{-1}$，求丁酸浓度为 $0.20mol\cdot dm^{-3}$ 时的吸附量$\Gamma$；

(3) 求丁酸在溶液表面的饱和吸附量$\Gamma_\infty$；

(4) 假定饱和吸附时表面全部被丁酸分子占据，计算每个丁酸分子的横截面积是多少？

**解** (1) 将题给的关系式对 $c$ 求导得：$\frac{\mathrm{d}\gamma}{\mathrm{d}c}=-\frac{AB}{1+Bc}$

将上式代入吉布斯吸附等温式：$\Gamma=-\frac{c}{RT}\times\frac{\mathrm{d}\gamma}{\mathrm{d}c}=\frac{ABc}{RT(1+Bc)}$

(2) 将题目所给数据代入上式得：

$$\Gamma=\frac{0.0131\times19.62\times10^{-3}\times0.2\times10^{3}}{8.314\times292\times(1+19.62\times10^{-3}\times0.2\times10^{3})}\mathrm{mol\cdot m^{-2}}=4.30\times10^{-6}\mathrm{mol\cdot m^{-2}}$$

(3) 当 $c$ 很大时，$1+Bc\approx Bc$，则

$$\Gamma=\Gamma_{\infty}=\frac{A}{RT}=\frac{0.0131}{8.314\times292}\mathrm{mol\cdot m^{-2}}=5.40\times10^{-6}\mathrm{mol\cdot m^{-2}}$$

(4) 丁酸分子的横截面积：

$$A_{\mathrm{m}}=(\Gamma_{\infty}L)^{-1}=[(5.40\times10^{-6}\times6.023\times10^{23})^{-1}\times10^{18}]\mathrm{nm^{2}}=0.307\mathrm{nm^{2}}$$

# 9.6 表面活性剂

## 9.6.1 表面活性剂的分类

作为溶质能显著降低溶液表面张力的物质称为**表面活性剂**。表面活性剂的种类繁多，可根据其用途、物理性质、化学性质、分子结构等进行分类。通常以水作为溶剂，依据分子结构的特点大致可分为两大类：凡能发生电离的，称为离子型表面活性剂；不能电离的称为非离子型表面活性剂。离子型表面活性剂根据其起活性作用的是正离子还是负离子，又可分为正离子型和负离子型表面活性剂。具体的分类如图 9-30 所示。值得注意的是，正、负离子型表面活性剂不能混用，否则会发生沉淀而失去表面活性作用！

表面活性剂
- 离子型
  - 阴离子型
    - $RCOONa$ 羧酸盐
    - $R—OSO_3Na$ 硫酸酯盐
    - $R—SO_3Na$ 磺酸盐
    - $R—OPO_3Na_2$ 磷酸酯盐
  - 阳离子型
    - $R—NH_2\cdot HCl$ 伯胺盐
    - $R—NHCH_3\cdot HCl$ 仲胺盐
    - $R—N(CH_3)_2\cdot HCl$ 叔胺盐
    - $R—N^+(CH_3)_2CH_3Cl^-$ 季铵盐
  - 两性型
    - $R—NHCH_2—CH_2COOH$ 氨基酸型
    - $R—N^+(CH_3)_2—CH_2COO^-$ 甜菜碱型
- 非离子型
  - $R—O—(CH_2CH_2O)_nH$
  - $R—(C_6H_4)—O(C_2H_4O)_nH$
  - $R_2N—(C_2H_4O)_nH$
  - $R—CONH(C_2H_4O)_nH$
  - $R—COOCH_2(CHOH)_3H$

图 9-30 表面活性剂分类

分子结构不同的表面活性剂其表面活性效率不同。表面活性剂的效率是指使水的表面张力明显降低所需要的表面活性剂的浓度。显然，所需浓度愈低，表面活性剂的性能愈好。

表征活性剂的另一指标是表面活性剂的有效值。表面活性剂的**有效值**是指该表面活性剂能够把水的表面张力可能降低到的最小值。

### 9.6.2 胶束和临界胶束浓度

表面活性剂在溶液（体相和表面相）中的行为状态与其浓度有关。当浓度很低时，表面活性剂分子横七竖八地斜躺在表面相，也会有少量的表面活性剂三三两两地将憎水基团相互靠拢而分散在溶液中，如图 9-31(a) 所示。随着浓度逐渐增大到 $\Gamma_{\infty}$ 时，表面上富集着越来越多的表面活性剂分子，其行为状态也逐渐地由横七竖八的无序斜躺状态逐渐地过渡到垂直于相界面整齐排列，形成单分子层饱和吸附。这个紧密排列的单分子层将原来加入表面活性剂前的相界面（对纯水来说就是水的气/液界面）完全隔离开来。

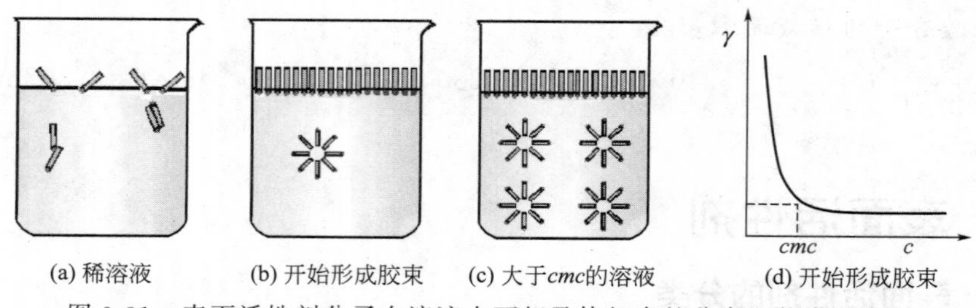


(a) 稀溶液　(b) 开始形成胶束　(c) 大于cmc的溶液　(d) 开始形成胶束

图 9-31　表面活性剂分子在溶液表面相及体相中的分布和状态示意图

少量的进入体相的表面活性剂分子将憎水基团相互靠拢聚集成“**胶束**”，如图 9-31(b) 所示。当溶质在溶液表面相形成紧密的整齐排列后，再增加表面活性剂的浓度，其增加的部分将全部进入溶液的体相，起不到降低表面张力的作用。大量进入体相的溶质分子，遵守能量最低原理，将憎水基团相互靠拢，最大限度地减少与水溶液形成新的相界面，聚集成更多或更大的胶束，如图 9-31(c) 所示。这些聚集而成的胶束根据表面活性剂的分子结构特点、化学性质及与溶液之间的相互作用情况，形成图 9-32 所示的 Hartley 球形［图 9-32(a)］、Debye 腊肠形［图 9-32(b)］或有一定大小的层状［图 9-32(c)］“胶束”。从图 9-32 可以看出，形成胶束的众多表面活性剂分子其亲水的极性基朝外，与水分子相接触；而非极性基朝里，被包藏在胶束的内部，几乎完全脱离与水分子的接触，因此以胶束形式存在于水中的表面活性剂是比较稳定的。

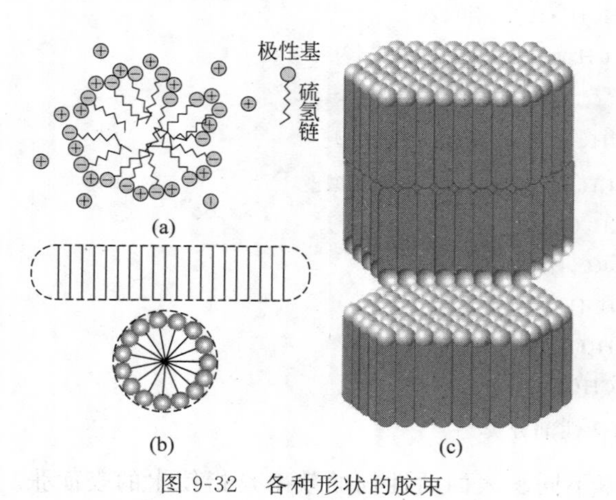


图 9-32　各种形状的胶束

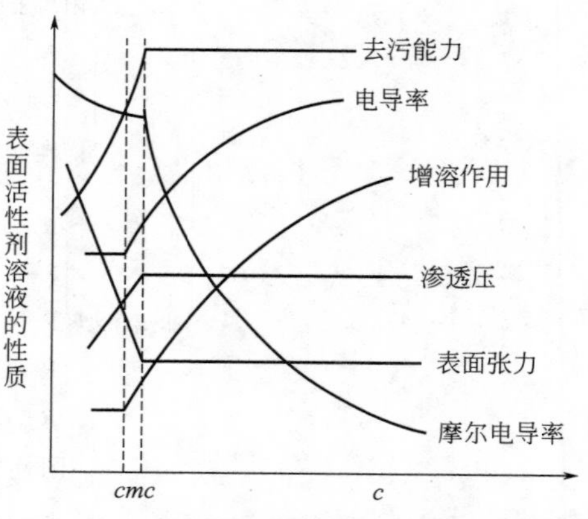

图 9-33　溶液系统的性质与表面活性剂浓度关系

表面活性剂在水溶液中形成胶束所需的最低浓度，称为**临界胶束浓度**，用 *cmc* 表示。临界胶束浓度与在溶液表面形成饱和吸附所对应的浓度基本一致，如图 9-31(b）和图 9-31(d）所示。值得注意的是，临界胶束浓度不是一精确的数值，而是一个浓度范围。在临界胶束浓度的前后，系统的许多物理性质发生明显变化，如表面张力、电导率、渗透压、去污能力、增溶作用等，都以临界胶束浓度为界出现明显转折（如图 9-33 所示）。可以通过这些性质随浓度变化规律的测量而得知临界胶束浓度数值的范围。表面活性剂的 *cmc* 值都很小，一般在 $0.001 \sim 0.002 mol \cdot dm^{-3}$。

### *9.6.3 （分子）自组装简介

所谓分子自组装，目前通行的定义有两种说法。说法一，分子自组装是在热力学平衡条件下通过化学键自发组合形成稳定、复杂有序且具有某种特定功能的分子聚集体（或超分子结构）的过程；说法二，由小分子通过氢键、金属配位、$\pi$-$\pi$ 作用、阳离子-$\pi$ 作用、范德华力、静电力、疏水作用力或上述几种不同作用兼而有之的非共价键弱相互作用力的协同作用，自发形成具有一定结构和功能超分子的有序聚集过程。上述两个定义的不同点在于分子在进行自组装时的动力，第一种说法认为是通过化学键进行的，而第二种说法认为是分子间非共价键的弱相互作用力的协同作用。但不管是哪一种说法，都肯定了分子自组装实际上是系统的构成元素（如分子）在不受人类外力的介入下，自行聚集、组织成规则结构的现象，是无序到有序的过程。

自组装现象普遍存在于自然界之中。例如，分子的结晶即是一种自组装现象，生物体的细胞即是由各种生物分子自组装而成的。自组装过程的发生通常将系统从一个无序的状态转化成一个有序或者是更高有序的状态。这种自组装可以发生在不同的尺度。分子在自组装过程中，首先聚集成纳米尺寸的超分子，这些超分子间进一步作用促使其在空间上作规则排列。分子自组装技术已被广泛应用于纳米材料和膜材料的制备及生物科技中。例如，在临界胶束浓度下，溶液中的表面活性剂在疏水作用力的作用下形成各种不同胶束就是分子自组装现象（如图 9-32 所示）。

克雷斯吉（Kressge）正是利用表面活性剂分子自组装形成的棒状胶束作导向剂，制备出 MCM 硅（铝）系列介孔分子筛（孔径为 2～10nm）这一新型的介孔材料（注：介孔材料是指介于微孔和大孔之间，孔径范围为 2～50nm 的多孔材料）。以具有六方孔道结构的 MCM-41 硅（铝）介孔分子筛的合成为例，如图 9-34 所示，过程中经历了三次分子自组装。

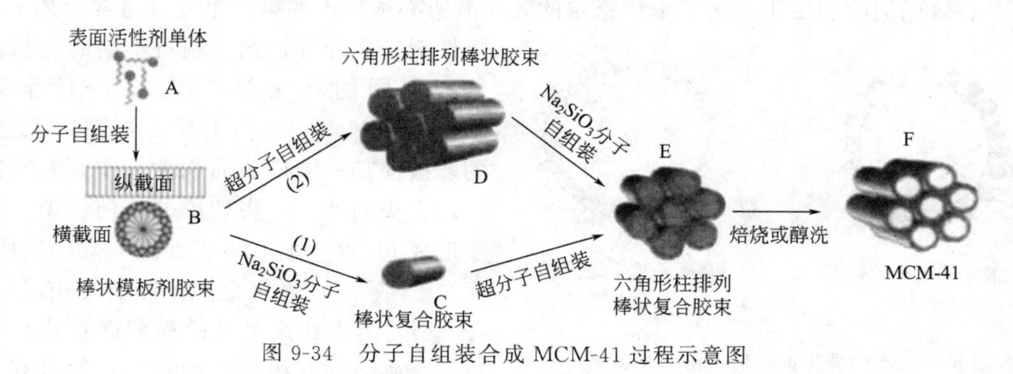


图 9-34　分子自组装合成 MCM-41 过程示意图

首先，在大于临界胶束浓度条件下，由阳离子表面活性剂单体（A）（其中碳链中的碳原子多于 10 个以上）通过疏水作用力自组装成带阳离子的棒状胶束（B）作为模板剂。其后，有两条可能的路径继续进行自组装过程：其一是由硅酸钠前驱体生成的带负电荷的硅酸

(根）纳米簇通过静电作用力先在带正电荷的棒状胶束模板剂上自组装成棒状复合胶束（C），复合胶束之间再自组装成六角形柱排列的胶束聚集体（E）；途径二是棒状胶束（B）首先自组装成聚集体（D），然后带负电荷的硅酸（根）纳米簇通过静电作用力在带正电荷的聚集体（D）上自组装，合成 E。这种自组装形成的结构足够稳定。因为复合胶束（C）或复合胶束聚集体（E）彼此间表面的硅羟基相互聚合，形成具有较高强度的稳定结构。最后通过焙烧或醇洗除掉表面活性剂分子后，直径在几个纳米范围的介孔材料 MCM-41 便形成了。

实际上，自组装的构成元素不仅仅是分子，还可以是分子（原子）簇，具有纳米尺寸的超分子，甚至更大尺寸的物质。关于分子自组装和超分子化学更多的知识，读者可以查阅相关的杂志和参考书。

### 9.6.4 表面活性剂的作用

表面活性剂广泛地用于科研、生产和日常生活中。只要稍加留心，时常可以见到表面活性剂的身影。下面介绍几种常见的应用。

**（1）润湿作用**

9.3 节中讨论固/液界面的润湿现象时，曾较详细地讨论了表面活性剂作为乳化剂、润湿剂等在润湿过程中的作用，读者可温习之。

**（2）乳化作用**

**"乳状液"**是在表面活性剂的存在下，由两种互不相溶的液体所构成的（多相）分散系统。更具体地讲，就是一种液体以细小液珠的形式分散在另一种与它不互溶的液体之中所形成的多相分散系统。这两种互不相溶的液体，通常其中之一是水，另一种是有机物（统称为"油"）。若油以小液珠的形式分散在水中，则称其为水包油型乳状液，记作"O/W"，例如牛奶就是奶油分散在水中所形成的 O/W 型乳状液；反之，若是小水珠分散在油中，则称为油包水型乳状液，记作"W/O"，如从油井中喷出的含水原油就是细小水珠分散在油中形成的 W/O 型乳状液。

乳状液是一多相分散的不稳定系统，从热力学上讲，分散的小液滴有聚集长大而使系统分成油、水两层的趋势。但是，在生产科研及日常生活中，人们需要制备稳定的乳状液。例如，金属切削时需要用到的润滑冷却液为 O/W 型乳状液，其中水起冷却作用，油起防腐蚀和润滑作用；农药常需要配制成稳定的乳状液进行喷洒，以便使杀虫剂的水溶液润湿植物的叶面，有效地消除病虫害。为了形成稳定的乳状液所必须加入的第三组分（通常为某一表面活性剂）称为乳化剂。制备不同的乳状液需选择不同的乳化剂。例如，一价金属皂（Cs、K、Na 皂），由于其亲水基一端比亲油的非极性基一端横截面积大，作为乳化剂常呈现大头朝外、小头朝里的几何构型，有利于形成 O/W 型乳状液，如图 9-35(a) 所示；而二价或三价金属皂（Zn、Fe、Ca、Mg、Al 皂），由于其亲水基的横截面积比具有两或三个碳链的非极性亲油基小，故有利于形成 W/O 型乳状液，如图 9-35(b) 所示。

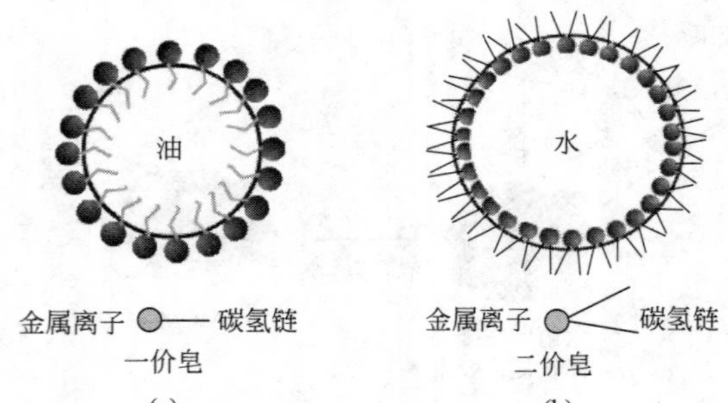

图 9-35　不同乳化剂对乳状液类型的影响

从图 9-35 可以看出，表面活性剂分子吸附在水/油界面上，降低了水/油界面张力和界面吉布斯函数，使乳状液能稳定存在。我们将乳化剂这种能使乳状液稳定存在的作用称为“**乳化作用**”。

然而，乳状液并不总是人们希望的，有时希望能破坏乳状液使分散液珠聚集并被分离除去。例如原油中水分严重腐蚀石油设备，应该破坏由少量的水形成的乳状液以除去水分；又如，通过破坏橡胶乳浆以制得橡胶；还有从牛奶中提取奶油、污水中除去油沫等都需要进行破乳。为破乳而加入的物质称为破乳剂。破坏乳状液主要是破坏乳化剂的保护作用，使水-油两相分层析出。对于各种不同的乳状液，所使用的破乳剂或破乳方法亦不同，破乳剂的具体选用及破乳方法可参考有关专业资料。

**(3) 增溶作用**

所谓的增溶作用指的是原本不溶于水的非极性碳氢化合物，如苯、己烷等，却能溶解于离子型表面活性剂浓度大于 *cmc*、含大量胶束的水溶液中，这种现象叫作**增溶作用**。例如，苯在水中的溶解度很小，但是在 $100\text{cm}^3$ 含油酸钠的质量比为 10%的水溶液中可“溶解” $10\text{cm}^3$ 苯而不出现浑浊、分层现象。

值得注意的是，增溶作用既不同于溶解作用（例如 NaCl 固体溶解于水中）又不同于乳化作用。首先，增溶作用可以使被溶物的化学势大大降低，是自发过程，通过增溶作用可使整个系统更加稳定。从这一点上讲，通过增溶作用所形成的溶液不同于通过乳化作用所形成的乳状液，尽管通过增溶作用所得到的溶液是透明的稳定系统，但它不同于溶解作用所形成的以分子尺度均匀混合的单相真溶液。真正的溶解过程会使溶液的依数性有很大的改变，但非极性的碳氢化合物增溶后，对溶液的依数性影响很小。究其原因，这与增溶作用的机理有关。其实，非极性的碳氢化合物是通过表面活性剂的胶束产生增溶作用的。在胶束内部，相当于液态的碳氢化合物，根据性质相近相溶的原理，非极性有机溶质溶于胶束内部的碳氢化合物之中，这就形成了增溶现象。换句话说，非极性有机溶质不是在分子尺度上溶于水中，而是溶于胶束内部形成一有机相的基团整体，并没有增加溶液中粒子的数目，从而对溶液的依数性影响很小。

增溶作用有广泛应用，例如，用肥皂或合成洗涤剂洗涤油污时，增溶作用就起着相当重要的作用。一些生理现象也与增溶作用有关，如脂肪类食物只有通过胆汁的增溶作用“溶解”之后才能被人体有效吸收。

总之，表面活性剂在工农业生产及日常生活中具有广泛的应用，除上述简介的润滑、乳化、增溶等几种应用外，典型的应用还有起泡、去污、助磨、浮法选矿等，这里不一一介绍，读者可以参考有关书籍。

### 9.6.5　HLB 值的定义与应用

表面活性剂种类繁多，对于一定系统究竟采用哪种表面活性剂比较合适，效率最高，目前尚缺乏统一的理论指导。一般考虑认为，表面活性剂都包含着亲水基和憎水基两部分，亲水基的亲水性代表了表面活性物质溶于水的能力，憎水基的憎水性却与此相反，它代表溶于油的能力。如果表面活性剂的亲水基团相同，可以想象，憎水基团碳链愈长（摩尔质量愈大），则憎水性愈强。因此憎水性可以用憎水基的摩尔质量来表示；但对亲水基，由于种类繁多，各种不同亲水基团与水的作用力亦不相同，故用摩尔质量来衡量亲水性不一定合理。但是，像聚乙二醇型非离子型表面活性剂确实是摩尔质量越大亲水性就越好，所以这一类非离子型表面活性剂的亲水性可以用其亲水基的摩尔质量大小来表示。基于上述的分析，格里芬（Griffin）于 1945 年提出了用 HLB（hydrophile-lipophile balance，亲水亲油平衡）值来表示表面活性剂的亲水性。例如对于聚乙二醇型和多元醇型非离子表面活性剂的 HLB 值，

计算公式为

$$\mathrm{HLB}=\frac{\text{亲水基部分的摩尔质量}}{\text{表面活性剂的摩尔质量}}\times\frac{100}{5}=\frac{\text{亲水基质量}}{\text{憎水基质量}+\text{亲水基质量}}\times\frac{100}{5}$$

例如石蜡完全没有亲水基，所以其 HLB=0；而完全是亲水基的聚乙二醇的 HLB=20，所以非离子型表面活性剂的 HLB 介于 0～20 之间。不同 HLB 值的非离子型表面活性剂加水后的性质及其应用见表 9-5。在选择表面活性剂时，HLB 值可供参考。在实际使用中，有关表面活性剂的 HLB 值可查阅表面活性剂方面的专著。

**表 9-5　表面活性剂 HLB 值与性质及其应用的对应关系**

| 表面活性剂加水后的状态 | HLB 值 | |
|---|---|---|
| 不分散 | 0 | |
| | 2 | |
| | 4 | W/O 乳化剂 |
| 分散得不好 | 6 | |
| 不稳定乳状分散系统 | 8 | |
| 稳定乳状分散系统 | 10 | 润湿剂 |
| 半透明至全透明分散系统 | 12 | |
| | 14 | 洗涤剂 O/W 乳化剂 |
| 透明溶液 | 16 | |
| | 18 | 增溶剂 |

需要指出的是，HLB 值的计算或测定还都是经验的，并且表面活性剂的种类不同时，还没有统一的计算公式和测定方法，正因为如此，单靠 HLB 的值来确定最合适的表面活性剂是不够的。

## 本章小结及基本要求

随着科学技术的发展，界面现象的研究日益显示出其重要性。不仅是石油、化工中大量应用的吸附、分离和多相催化技术，在食品、医药、染整以至新能源开发、环境治理、纳米材料制备以及生化技术的发展，都离不开有关界面现象规律的应用和进一步的研究。

本章从导致界面现象的根本原因（即处在表面的分子配位不饱和，受到一个向体相的拉力）入手，引出了界（表）面张力的概念。对整个表面相而言，存在一个未被饱和（平衡）的力场，据此，定义了表面功和吉布斯函数。通过热力学分析和能量最低原理，指出了液体或固体表面普遍存在吸附现象的根本原因。

表面张力存在的直接后果是导致弯曲液面存在附加压力，而微小液滴具有较平面液体更大的蒸气压、小晶粒的溶解度大于大晶粒的溶解度、毛细冷凝现象、过热（过冷）液体、过饱和蒸气等亚稳态现象皆是起因于弯曲液面的附加压力。

总的说来，本章可归纳为：表面分子受到一个向体相的拉力→界（表）面张力→弯曲液面存在附加压力→界（表）现象。

本章基本要求如下。

① 掌握界（表）面、表面张力、表面功、表面吉布斯函数等基本概念及其相应的物理意义。

② 深入理解产生表面张力的原因，明了表面张力的方向及影响表面张力的因素。

③ 理解弯曲液面附加压力的概念、产生的原因及方向；掌握弯曲液面附加压力的计算

方程；能正确解释弯曲液面附加压力对微小液滴饱和蒸气压、微小晶粒溶解度、毛细管现象及亚稳态形成的影响，并能进行定量计算。

④ 掌握润湿、接触角的概念及其基本应用。

⑤ 掌握（包括固体表面和液体表面）吸附概念（定义）、产生吸附的原因。

⑥ 了解固体表面吸附等温线的类型。

⑦ 掌握朗格缪尔单分子层吸附理论、等温方程及其应用条件；了解多分子层吸附理论、BET 公式及其应用。

⑧ 掌握描述液体表面吸附的吉布斯吸附等温式及其应用。

⑨ 掌握表面活性剂概念、分类及其应用。

⑩ 掌握临界胶束浓度（*cmc*）的概念及系统的物理性质（去污能力、增溶性质、摩尔电导率等）与 *cmc* 的关系。

## 习题

1. 在 293K 下，将半径为 0.5cm 的汞珠分散成半径为 0.1μm 的小汞珠，小汞珠的个数是多少？需消耗的最小功是多少？表面吉布斯函数（自由能）增加多少？已知 293K 下汞的表面张力 $\gamma=0.476\text{N}\cdot\text{m}^{-1}$。

答案：$W'_r=7.47\text{J}$，$\Delta G=7.47\text{J}$

2. 由热力学基本关系式，证明下式成立：

$$\left(\frac{\partial S}{\partial A_s}\right)_{T,p,n}=-\left(\frac{\partial \gamma}{\partial T}\right)_{A_s,p,n}$$

3. 证明单组分系统的表面焓为：$H^s=G^s+TS^s=\gamma-T(\partial\gamma/\partial T)_{p,A_s}$。

4. 75K 时，液氮的表面张力为 $0.00971\text{N}\cdot\text{m}^{-1}$，其温度系数为 $-2.3\times10^{-3}\text{N}\cdot\text{m}^{-1}\cdot\text{K}^{-1}$。试求其表面焓。

答案：$H^s=(\partial H/\partial A_s)_{T,p,n_B}=0.182\text{J}\cdot\text{m}^{-2}$

5. 已知水的表面张力 $\gamma=(75.64-0.00495T/\text{K})\times10^{-3}\text{N}\cdot\text{m}^{-1}$，试计算在 283K、$p^\ominus$ 压力下，可逆地使一定量的水的表面积增加 $10^{-4}\text{m}^2$（设体积不变）时，体系的 $\Delta U$、$\Delta H$、$\Delta S$、$\Delta A$、$\Delta G$、$Q$ 和 $W$。

答案：$\Delta U=\Delta H=75.64\times10^{-7}\text{J}$，$\Delta S=4.95\times10^{-10}\text{J}\cdot\text{K}^{-1}$，
$\Delta A=\Delta G=W_s=74.24\times10^{-7}\text{J}$，$Q=1.4\times10^{-7}\text{J}$

6. 用最大泡压法测定丁醇水溶液的表面张力。已知 20℃时实测丁醇水溶液最大泡的压差为 0.4217kPa，用同一毛细管测得水的最大泡的压差为 0.5472kPa。已知 20℃时水的表面张力为 $72.75\times10^{-3}\text{N}\cdot\text{m}^{-1}$，试计算该丁醇水溶液的表面张力。

答案：$\gamma_{\text{丁醇}}=56.1\times10^{-3}\text{N}\cdot\text{m}^{-1}$

7. 298K 时水的表面张力 $\gamma=72.75\times10^{-3}\text{N}\cdot\text{m}^{-1}$，在 $p^\ominus$ 下，水中氧的溶解度为 $5\times10^{-6}$（对于平面液体）。今若水中有空气泡存在，其气泡的半径为 1.0μm，试问在与小气泡紧邻的水中氧的溶解度为多少（设氧在水中的溶解遵从亨利定律）？

答案：$12.3\times10^{-6}$

8. 20℃时，汞的表面张力为 $483\times10^{-3}\text{N}\cdot\text{m}^{-1}$，体积质量（密度）为 $13.55\times10^3\text{kg}\cdot$

$m^{-3}$。把内直径为 $10^{-3}$m 的玻璃管垂直插入汞中，管内汞液面会降低多少？已知汞与玻璃的接触角为 180°，重力加速度 $g=9.81m\cdot s^{-2}$。

答案：0.0145m

9. 在密度为 $1.0\times10^{3}kg\cdot m^{-3}$ 的水上有一层密度为 $0.8\times10^{3}kg\cdot m^{-3}$ 的苯，将内径为 1mm 的毛细管垂直插入两相界面，发现水在毛细管中升高了 4.0cm，接触角为 40°，计算苯/水界面张力。

答案：$\gamma_{苯-水}=0.0256N\cdot m^{-1}$

10. 在 298K 时，在水中有一个半径为 $9\times10^{-10}$m 的蒸汽泡，求泡内水的蒸气压。已知 298K 时水的饱和蒸气压为 3167Pa，密度 $\rho=997kg\cdot m^{-3}$，表面张力 $\gamma=71.97\times10^{-3}N\cdot m^{-1}$。

答案：$p_r=988Pa$

11. 水蒸气迅速冷却至 25℃ 时会发生过饱和现象。已知 25℃ 时水的表面张力为 $0.0715N\cdot m^{-1}$，当过饱和蒸气压为水的平衡蒸气压的 4 倍时，试求算最初形成的水滴半径为多少？此种水滴中含有多少个水分子？

答案：$r=7.49\times10^{-10}$m，水滴中含有水分子个数 $N=59$

12. 由于天气干旱，白天空气相对湿度仅 56%。设白天温度为 35℃（饱和蒸气压为 $5.62\times10^{3}Pa$），夜间温度为 25℃（饱和蒸气压为 $3.17\times10^{3}Pa$）。试问白天分布于空气中的水分夜间能否凝结成露珠？若在直径为 0.1μm 的土壤毛细管中，夜间是否会凝结？设水对土壤完全润湿，25℃时水的表面张力 $\gamma=0.0715N\cdot m^{-1}$，水的密度 $\rho=1g\cdot cm^{-3}$。

答案：实际蒸气压 $p=5.62\times10^{3}\times0.56Pa=3.15\times10^{3}Pa<3.17\times10^{3}Pa$，小于夜间饱和蒸气压，所以夜间不会凝结，因为 $p_r=3.10\times10^{3}Pa<3.15\times10^{3}Pa$，所以夜间水蒸气能在土壤毛细管中凝结

13. 在 373K 时，水的饱和蒸气压为 101.3kPa，表面张力 $\gamma=0.0580N\cdot m^{-1}$，在 373K 条件下，水中有一个体积相当于 50 个水分子的气态蒸气泡，试求泡内水的饱和蒸气压 $p_r$（373K 时水的密度 $\rho=0.950g\cdot cm^{-3}$）。

答案：气泡内水的饱和蒸气压 $p_r=37.9\times10^{3}Pa$

14. 已知水在 293K 时的表面张力 $\gamma=0.07275N\cdot m^{-1}$，摩尔质量 $M=0.018kg\cdot mol^{-1}$，密度 $\rho=10^{3}kg\cdot m^{-3}$。273K 时水的饱和蒸气压为 610.5Pa，273～293K 温度区间内水的摩尔汽化热 $\Delta_{vap}H_m=40.67kJ\cdot mol^{-1}$，求 293K 水滴半径 $r=10^{-9}$m 时，水的饱和蒸气压 $p_r$。

答案：$p_r=6077Pa$

15. 高度分散的 $CaSO_4$ 颗粒比表面为 $3.38\times10^{3}m^{2}\cdot kg^{-1}$，它在 298K 水中的溶解度为 $18.2mmol\cdot dm^{-3}$，假定其为均一的球体，试计算 $CaSO_4$（密度 $\rho=2.96\times10^{3}kg\cdot m^{-3}$）颗粒的半径 $r$=？从这个样品的溶解度行为计算 $CaSO_4$-$H_2O$ 的界面张力。已知 298K 时大颗粒 $CaSO_4$ 在水中的饱和溶液浓度为 $15.33\ mmol\cdot dm^{-3}$，$CaSO_4$ 的摩尔质量为 $136\times10^{-3}kg\cdot mol^{-1}$。

答案：$\gamma=1.39N\cdot m^{-1}$

16. 25℃时，二硝基苯在水中溶解度为 $1\times10^{-3}mol\cdot dm^{-3}$，二硝基苯-水的界面张力 $\gamma=0.0257N\cdot m^{-1}$，求半径为 0.01μm 的二硝基苯的溶解度。已知 25℃时二硝基苯的密度为 $\rho=1575kg\cdot m^{-3}$（分子相对质量为 168）。

答案：$c_r=1.2475\times10^{-3}mol\cdot dm^{-3}$

17. 苯的正常沸点为354.5K，汽化热$\Delta_{vap}H_m=33.9kJ \cdot mol^{-1}$，293.15K时，苯的表面张力$\gamma=0.0289N \cdot m^{-1}$，密度$\rho=879kg \cdot m^{-3}$。计算293.15K时，半径$r=10^{-6}m$的苯雾滴的饱和蒸气压及苯中半径$r=10^{-6}m$的气泡内苯的饱和蒸气压。（设在293.15～354.5K区间，$\Delta_{vap}H_m$为常数）

答案：$p_{r,液滴}=9161.3Pa$，$p_{r,气泡}=9123Pa$

18. 已知300K和373K时水的饱和蒸气压分别为3.529kPa、101.325kPa；密度分别为$0.997\times10^3kg \cdot m^{-3}$、$0.958\times10^3kg \cdot m^{-3}$；表面张力分别为$7.18\times10^{-2}N \cdot m^{-1}$、$5.589\times10^{-2}N \cdot m^{-1}$；水在373K、101.325kPa时的摩尔汽化热为$40.656kJ \cdot mol^{-1}$。试求：

(1) 若300K时水在半径$r=5\times10^{-4}m$的某毛细管中上升的高度是$2.8\times10^{-2}m$，求接触角为多少？

(2) 当毛细管半径为$2.0\times10^{-9}m$时，求300K下水蒸气能在该毛细管内凝聚所具有的最低蒸气压是多少？

(3) 以$r=2\times10^{-6}m$的毛细管作为水的助沸物质，在外压为101.325kPa时，使水沸腾将过热多少摄氏度（设在沸点附近，水和毛细管的接触角与300K时近似相等，$\Delta_{vap}H_m$为常数）？欲提高助沸效果，毛细管半径应增大还是减小？

答案：(1) $\theta=19.7°$；(2) $p_r=2.15kPa$；(3) 过热温度约13℃，增大

19. 一个带有毛细管颈的漏斗，其底部装有只允许水通过的半透膜，内盛浓度为$1.00\times10^{-3}mol \cdot dm^{-3}$的稀硬脂酸钠水溶液（设为理想稀溶液）。若该溶液的表面张力$\gamma=\gamma^*-bc$，其中$\gamma^*=0.07288N \cdot m^{-1}$，$b=19.62N \cdot m^{-1} \cdot dm^3 \cdot mol^{-1}$。298.2K时将此漏斗缓慢地插入盛水的烧杯中，测得毛细管颈内液柱超出水面30.71cm时达成平衡，求毛细管的半径。若将此毛细管插入水中，液面上升多少？

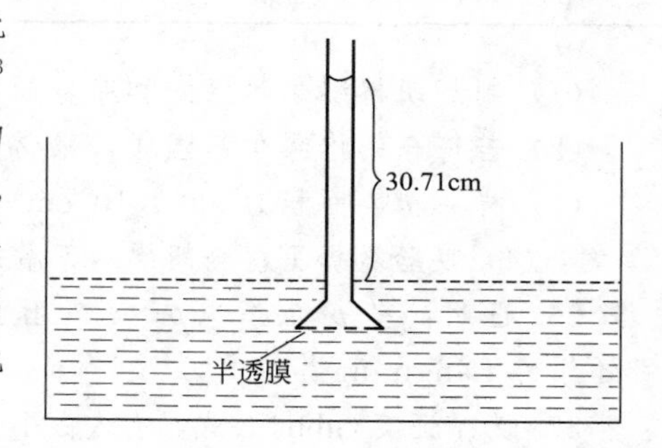


答案：$r=2.008\times10^{-4}m$，$h=7.4cm$

20. 请导出一种液体在另一种不互溶的液体表面铺展的数学表达式。20℃时，水的表面张力$\gamma_水=72.8\times10^{-3}N \cdot m^{-1}$，汞的表面张力为$\gamma_汞=4.83\times10^{-1}N \cdot m^{-1}$，汞和水的界面张力为$\gamma_{汞-水}=3.75\times10^{-1}N \cdot m^{-1}$，请判断水能否在汞的表面上铺展？

答案：能铺展的数学表达式$\gamma_1+\gamma_{1-2}<\gamma_2$，$\gamma_水+\gamma_{汞-水}=4.48\ N \cdot m^{-1}<\gamma_汞=4.83\times10^{-1}N \cdot m^{-1}$，能铺展

21. 当压力为$4.8p^\ominus$、温度为190K时，$N_2$在木炭上的吸附量可达$9.21\times10^{-4}m^3 \cdot g^{-1}$，但在250K时，要达到相同的吸附量，则压力要增至$32p^\ominus$，计算$N_2$在木炭上的摩尔吸附焓。

答案：$\Delta_{ads}H_m=-12.5kJ \cdot mol^{-1}$

22. 273K时用木炭吸附CO气体，当CO平衡分压分别为24.0kPa和41.2kPa时，对应的平衡吸附量分别为$5.567\times10^{-3}dm^3 \cdot kg^{-1}$和$8.668\times10^{-3}dm^3 \cdot kg^{-1}$。设该吸附服从朗缪尔等温式，试计算当固体表面覆盖率达0.9时，CO的平衡分压是多少？

答案：平衡分压$p=1.293\times10^3kPa$

23. 0℃时，CO在2.964g木炭上吸附的平衡压力$p$与吸附气体标准状况体积$V$如下：

| $p/10^4 Pa$ | 0.97 | 2.40 | 4.12 | 7.20 | 11.76 |
|---|---|---|---|---|---|
| $V/cm^3$ | 7.5 | 16.5 | 25.1 | 38.1 | 52.3 |

(1) 试用图解法求朗缪尔公式中常数 $V_m$ 和 $b$；

(2) 求 CO 压力为 $5.33\times10^4 Pa$ 时，1g 木炭吸附的 CO 标准状况体积。

答案：(1) $V_m=114\ cm^3$，$b=7.08\times10^{-6} Pa^{-1}$；(2) $V=10.5 cm^3\cdot g^{-1}$

24. 在 −192.4℃时，用硅胶吸附 $N_2$ 气，不同平衡压力下每克硅胶吸附 $N_2$ 的标准状况体积如下：

| $p/10^4 Pa$ | 0.889 | 1.393 | 2.062 | 2.773 | 3.377 | 3.730 |
|---|---|---|---|---|---|---|
| $V/cm^3$ | 33.55 | 36.56 | 39.80 | 42.61 | 44.66 | 45.92 |

已知在 −192.4℃时 $N_2$ 的饱和蒸气压为 $1.47\times10^5 Pa$，$N_2$ 分子截面积为 $S(N_2)=0.1620 nm^2$。求所用硅胶比表面。

答案：$S=151.9 m^2\cdot g^{-1}$

25. 在 90K 时已云母吸附 CO，不同平衡分压力 $p$ 下被吸附气体标准状况体积如下：

| $p/10^4 Pa$ | 1.33 | 2.67 | 4.00 | 5.33 | 6.67 | 8.00 |
|---|---|---|---|---|---|---|
| $V/cm^3$ | 0.130 | 0.150 | 0.162 | 0.166 | 0.175 | 0.180 |

(1) 判断朗格缪尔等温式和弗罗因德利希等温式哪一个符合得更好些？

(2) 若符合朗格缪尔等温式，求常数 $b$ 值；

(3) 样品总表面积为 $6.2\times10^3 cm^2$，试计算每个吸附质分子截面积为若干？

答案：(1) 实验数据更符合朗缪尔等温式；(2) $b=1.27\times10^{-4} Pa^{-1}$；(3) $S(CO)=0.118 nm^2$

26. 证明：当 $p\ll p^*$（$p^*$ 是吸附温度下吸附质液体的饱和蒸气压）时 BET 吸附公式可还原为 Langmuir 等温式。

27. 为了证实 Gibbs 公式，有人做了下面的实验：在 25℃时配制一浓度为 4.00g/(1000g 水) 的苯基丙酸溶液，然后用特制的刮片机在 $310 cm^2$ 的溶液表面上刮下 2.3g 溶液，经分析知表面层与本体溶液浓度差为 $1.30\times10^{-5} g\cdot(g 水)^{-1}$。已知苯基丙酸的摩尔质量 $M=150 g\cdot mol^{-1}$。(1) 根据此计算表面吸附量 $\Gamma$。(2) 已知不同浓度 $c$ 下该溶液的表面张力 $\gamma$ 为：

| $c/g\cdot(g 水)^{-1}$ | 0.0035 | 0.0040 | 0.0045 |
|---|---|---|---|
| $\gamma/N\cdot m^{-1}$ | 0.056 | 0.054 | 0.052 |

试用 Gibbs 公式计算表面吸附量，并比较二者结果。

答案：(1) $\Gamma_{实验}=6.4\times10^{-6} mol\cdot m^2$，$\Gamma_{计算}=6.5\times10^{-6} mol\cdot m^2$；(2) 二者吻合得很好

28. 某表面活性剂水溶液的表面张力与表面活性剂浓度间的关系在 292K 下由下式表示（式中 $c$ 的单位是 $mol\cdot dm^{-3}$）：

$$\gamma/(N\cdot m^{-1}) = \gamma_0 - 13.1\times10^{-3}\ln(1+19.62c)$$

(1) $\gamma_0$ 的物理意义是什么？

(2) 求 $c=0.200 mol\cdot dm^{-3}$ 时的表面过剩量 $\Gamma$。

(3) $c$ 足够大时，$19.62c\gg1$ 时的表面过剩量 $\Gamma_\infty$ 是多少？

答案：(1) $\gamma_0$ 是纯液体的表面张力；(2) $\Gamma=4.3\times10^{-6} mol\cdot m^{-2}$；(3) $\Gamma_\infty=5.39 mol\cdot m^{-2}$

# 第10章 胶体化学

关注易读书坊
扫封底授权码
学习线上资源

胶体的基本概念

早在1861年，英国科学家格雷厄姆（Graham，1805—1869）在研究各种物质在水溶液中的扩散性质及能否通过半透膜时，发现有些物质，如某些无机盐（NaCl、$MgSO_4$）、糖和甘油等，在水中扩散很快，容易透过半透膜；而另外一些物质，如蛋白质、明胶、硅酸及氢氧化物 $Al(OH)_3$、$Fe(OH)_3$ 等，在水中扩散很慢或不扩散，不能透过半透膜。当蒸去水分后，扩散快且能透过半透膜的物质析出晶体，而蛋白质、明胶等扩散慢、不能透过半透膜的物质则得到胶状物。因此，格雷厄姆将物质分为晶体和**胶体**两大类，首次提出“胶体”概念。格雷厄姆虽然首次认识到物质的胶体性质，然而他将物质分为胶体和晶体是不正确的。其实，任何典型的晶体物质都可以用降低其溶解度或选用适当的分散介质来制成溶胶（例如将NaCl分散在苯溶液中就可以形成溶胶）。同时，胶状的胶体在适当的条件下，也可以转化为晶体。通过大量的实验，人们认识到胶体只是物质以一定的分散程度而存在的一种状态，而不是一种特殊类型的物质的固有状态。当然，更不能以此来对物质进行分类。

其实，胶体作为物质存在的一种状态，普遍存在于自然界、工农业生产和人们日常生活中。胶体的性质及制备技术已被广泛应用于生物化学和分子生物学（电泳、电渗、膜平衡、血液学等）、环境科学（消除烟雾、雾霾、粉尘、泡沫，水质纯化与活性水处理、人工降雨等）、材料科学（溶胶-凝胶法制备各种纳米材料、粉末冶金、气溶胶制备等）、石油化工等科研和生产领域。

胶体化学作为物理化学的一个重要分支，其主要研究的对象是高度分散的多相系统。

## 10.1 分散系统的分类及憎液溶胶的特性

一种或几种物质分散在另一种物质中所构成的系统称为“**分散系统**”。被分散的物质称为“**分散相**”；另一种连续相的物质，称为“**分散介质**”。

按照分散相被分散的程度，即分散相粒子的大小，大致可分为三类：分子分散系统、胶体分散系统和粗分散系统。

**（1）分子分散系统**

分散相粒子的半径小于 $10^{-9}$m（1nm），相当于单个分子或离子的大小。此时，分散相与分散介质形成均匀的一相，属于单相系统。例如，NaCl或蔗糖溶于水后形成的“真溶液”。当然，对于单相系统，也就无所谓分散相和分散介质。

**（2）胶体分散系统**

分散相粒子（或说质点）的线度介于 $10^{-9}$～$10^{-7}$m（1～100nm）的高度分散系统，即为**胶体分散系统**（注：按分散系统分类，悬浮液、乳状液和泡沫属于粗分散系统，虽然尺寸已超出 1～100nm 的范围，但由于其某些性质与胶体系统类似，故仍将其放在胶体系统讨论。从这个角度讲，有的教材将胶体系统分散相尺度的上限放宽到 1μm 甚至更高）。在这里我们注重的是粒子的尺寸，而不是其化学组成（有机的或无机的）、样品的来源（生物的或矿物的）或物理状态（一相的或多相的），记住这一点就不难明白，胶体系统是大分子溶液或高度分散的多相系统，而**胶体化学即是关于胶体系统的科学**。根据上述胶体分散系统的定义，分散相可以是众多分子或离子聚集而成的、与分散介质之间存在着明显界面的粒子，也可以是与介质之间不存在界面的（生物或聚合物）大分子。由此，胶体分散系统又可以进一步分为以下几类。

① 溶胶　由众多分子或离子聚集而成的、难溶于水的固体颗粒，高度分散于水中所构成的胶体分散系统称为**憎液溶胶**，简称为**“溶胶”**。虽然用肉眼或普通显微镜观察时，溶胶是透明的，与真溶液差不多，但实际上分散相与分散介质已不属同一相，存在相界面。由于分散相粒子很小，存在着很高的界面能，溶胶中胶体粒子有自动聚结的趋势，是热力学不稳定系统。也就是说，溶胶是具有**多相**、**高度分散**和**热力学不稳定**三大特点的胶体分散系统，该系统将是本章重点讨论的内容。

② 大分子溶液　将大（高）分子物质溶于溶剂（分散介质）中，形成的是单相溶液，是真溶液。由于不存在相界面，大（高）分子溶液不会自动发生聚沉，因而属于均相热力学稳定系统。大分子溶液也称为亲液胶体。说它是胶体，是因为其分子尺寸刚好也处在 1～100nm 范围内，而且也具有扩散慢、不能穿透半透膜的性质。因此将其归类为胶体分散系统。类似的还有缔合胶体，也称为胶体电解质。

③ 缔合溶胶　缔合溶胶的分散相是由表面活性剂缔合形成的胶束，通常以水作为分散介质。胶束中表面活性剂的亲油基团朝里，亲水基团朝外，由于分散相和分散介质之间有很好的亲和性，因此缔合胶体也是一类热力学稳定系统。

**(3) 粗分散系统**

分散相粒子线度大于 $10^{-7}$m（100nm）如悬浮液、乳状液、泡沫等。

关于分散系统的分类及性质的表述，将其归纳为表 10-1，以便相互比较。

**表 10-1　分散系统分类**（按分散相线度分类）

| 分散系统类型 | | 分散相粒子线度 | 分散相 | 性　质 | 实　例 |
|---|---|---|---|---|---|
| 真溶液 | 分子、离子等溶液 | ＜1nm | 分子、离子、原子等① | 均相、热力学稳定系统，扩散快，能透过半透膜 | NaCl 或蔗糖水溶液，混合气体 |
| 胶体分散系统 | 溶胶 | 1～100nm | 胶体粒子 | 多相、热力学不稳定系统，扩散慢，不能透过半透膜 | 金溶胶，$Fe(OH)_3$ 溶胶 |
| | 大分子溶液 | 1～100nm | 大(高)分子① | 均相、热力学稳定系统，扩散慢、不能透过半透膜 | 聚乙二醇，水溶液，蛋白质水溶液 |
| | 缔合溶胶 | 1～100nm | 胶束 | 多相、热力学稳定系统，胶束扩散慢，不能透过半透膜 | 表面活性剂水溶液（$c>cmc$） |
| 粗分散系统 | 乳状液，泡沫，悬浮液 | ＞100nm | 液滴，气泡，固体粗颗粒 | 多相、热力学不稳定系统，扩散慢或不扩散、不能透过半透膜或滤纸 | 牛奶<br>泡沫<br>豆浆、泥浆 |

① 原子、分子、离子、大（高）分子溶液和混合气体均为均相系统，单个的分子、原子、离子无相而言，不能成为一相。这里仅是为了与其他分散系统作比较，借用“相”这一名称，故也将其列于分散相一栏。

对于多相分散系统，人们通常按照分散相和分散介质的聚集状态将其分为八类，如

表 10-2 所示。

**表 10-2　多相分散系统的八种类型**

| 分散介质 | 分散相 | 溶胶种类 | 名　称 | 实　例 |
|---|---|---|---|---|
| 气 | 液 | 气-液溶胶 | 气溶胶 | 云、雾 |
| | 固 | 气-固溶胶 | | 烟、粉尘、霾 |
| 液 | 气 | 液-气溶胶 | 泡沫 | 肥皂泡沫、灭火泡沫 |
| | 液 | 液-液溶胶 | 乳状液 | 牛奶 |
| | 固 | 液-固溶胶 | 液溶胶或悬浮液 | $Fe(OH)_3$ 溶胶、油墨、泥浆 |
| 固 | 气 | 固-气溶胶 | 固体泡沫 | 馒头、泡沫塑料(海绵) |
| | 液 | 固-液溶胶 | 凝胶 | 珍珠 |
| | 固 | 固-固溶胶 | 固溶胶 | 某些宝石、有色玻璃、某些合金 |

在上表的八种分散系统中，根据其分散相的线度，介于 1～100nm 属于胶体分散系统，大于 100nm 属于粗分散系统。值得注意的是，只有典型的憎液溶胶才能全面地表现出胶体的特性：**特有的分散程度、多相不均性和聚结不稳性（即热力学不稳定性）**等。

溶胶的许多性质例如扩散作用慢、不能透过半透膜、渗透压低、动力学稳定性强、乳光亮度强等都与其分散相的线度（1～100nm）和特有的分散程度密切相关。应该指出的是，溶胶与其他分散系统的差异不仅只是粒子的大小不同，还必须注意到溶胶中分散相粒子构造的复杂性，尤其是其电学上构造的复杂性。憎液溶胶的光学性质、动力学性质和电学性质将是本章主要讨论的内容。

## 10.2　溶胶的制备和净化

要成功地制备出溶胶，需满足两个条件：①使分散相粒子的大小落在胶体分散系统的范围之内；②系统中需要有适当（种类和相应量）的稳定剂（即电解质）。

首先从分散相粒子的大小来看，胶体分散系统中分散相粒子的线度刚好介于分子（原子、离子）尺度和粗分散系统中的分散相粒子尺度之间，因而，溶胶的制备也就不外乎如下的两种制备方法：分散法和聚集法。图示如下：

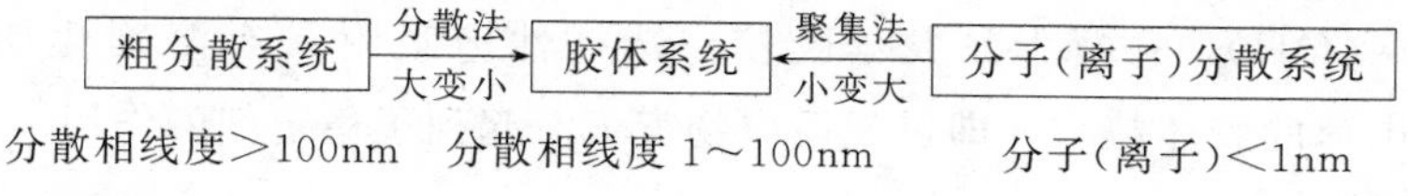

粗分散系统 —分散法（大变小）→ 胶体系统 ←聚集法（小变大）— 分子(离子)分散系统

分散相线度＞100nm　分散相线度 1～100nm　分子(离子)＜1nm

### 10.2.1　分散法

分散法是用适当的方法使大块物质在有稳定剂存在时分散成胶体粒子大小。常用的有以下几种方法。

① 研磨法　即机械粉碎的方法，通常适用于脆而碎的物质，对于柔韧性的物质必须经过硬化（例如用液态空气）处理再分散。该方法常用的设备是胶体磨，如图 10-1 所示，分散相、分散介质以及稳定剂从空心轴 F 处加入，流向高速旋转（10000～20000$r \cdot min^{-1}$）的下磨盘 G，与 F 同轴的上磨盘 E 同样高速旋转，其方向与 G 相反。在 EG 之间有狭小的细缝，分散相在这里受到强大的应力，因而被粉碎（一般可磨细到 1$\mu m$）。加入稳定剂的作用是防止被磨细的分散相由于巨大的比表面而发生再次聚集。

② 胶溶法　亦称为解胶法，它不是使粗粒分散成溶胶，而是使新鲜的凝聚沉淀的分散相（例如金属氢氧化物）又重新分散成溶胶。例如，$Ti(SO_4)_2$ 在沉淀剂 $NH_3 \cdot H_2O$ 的作用下生

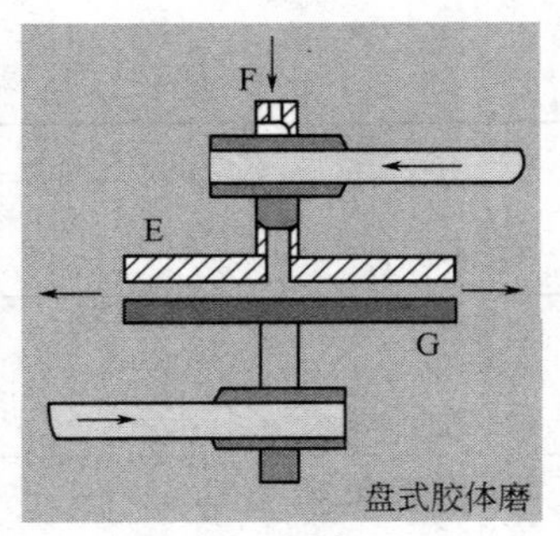


图 10-1　盘式胶体磨

成新鲜的氢氧化钛 $Ti(OH)_4$ 沉淀，再使新鲜的氢氧化钛在胶溶剂 $H^+$ 的作用下，得到氧化钛溶胶，即

$$Ti(OH)_4(\text{新鲜沉淀}) \xrightarrow{\text{加 } HNO_3} TiO_2(\text{溶胶})$$

此外，还有气流粉碎法、超声波分解法及电弧法等制备溶胶的分散法，读者可进一步参考溶胶制备的专著。

### 10.2.2　凝聚法

与分散法相反，凝聚法是将分子（原子或离子）尺度上分散的物质凝聚成具有胶体尺度的分散相的方法。凝聚法又分为化学凝聚法和物理凝聚法两种。

**(1) 化学凝聚法**

利用生成不溶性物质的化学反应（如复分解反应、水解反应、氧化还原反应等），通过控制析晶过程，例如控制产物浓度的过饱和程度，使其主要处在成核阶段从而得到溶胶的方法称为**化学凝聚法**。一般取用较大的过饱和度、较低的操作温度以利于胶核的大量形成而减缓晶粒长大的速度。最常用的是复分解反应，制备硫化砷溶胶就是一个典型的例子。将 $H_2S$ 通入足够稀的 $As_2O_3$ 溶液，则可以得到高度分散的硫化砷溶胶。其反应为

$$As_2O_3 + 3H_2S \longrightarrow As_2S_3(\text{溶胶}) + 3H_2O$$

贵金属的溶胶可以通过还原反应来制备。例如金溶胶的制备反应如下。

$$2HAuCl_4(\text{稀溶液}) + 3HCHO(\text{少量}) + 11KOH \xrightarrow[\triangle]{} 2Au(\text{溶胶}) + 3HCOOK + 8KCl + 8H_2O$$

盐类的水解是制备金属氢氧化物溶胶的一种常见的方法。例如将几滴 $FeCl_3$ 溶液滴加到沸腾的蒸馏水中，则发生下述反应

$$FeCl_3 + 3H_2O(\text{沸水}) \longrightarrow Fe(OH)_3(\text{溶胶}) + 3HCl$$

得到棕红色、透明的 $Fe(OH)_3$ 溶胶。

以上这些制备溶胶的例子中，都没有外加稳定剂。事实上胶粒的表面吸附了过量的具有溶剂化层的反应物离子，因而溶胶能稳定地存在。例如上述 $Fe(OH)_3$ 溶胶制备过程中，当 $FeCl_3$ 过量时，$Fe(OH)_3$ 的微小晶粒（胶核）选择性地吸附具有溶剂化层的同名离子 $Fe^{3+}$，形成带正电荷的胶体粒子，即过量反应物 $FeCl_3$ 起到了稳定剂的作用。

**(2) 物理凝聚法**

① 蒸气凝聚法。罗金斯基（Roginskii）和沙什尼科夫（Shal'nikov）设计的一种仪器可用于蒸气凝聚法。其构造如图 10-2 所示。图中 1 为被抽空的容器，先在图中 4、2 两管中分别盛放需要分散的物质（如金属钠）和作为分散介质用的液体（例如苯），将整个容器放在液态空气中，将系统抽成真空后取出，在 5 中放入液态空气，再适当地对 2 和 4 加热，使苯和 Na 的蒸气一起在 5 的管壁上凝聚，然后除去 5 中的液态空气，待 5 的管壁温度升高后，凝聚在其壁上的苯和 Na 的“冰”会慢慢熔化，并流入 3 中，在 3 中得到的就是 Na 的苯溶胶。用这种方法制得的溶胶似乎没有加入任何稳定剂，实际上在制备

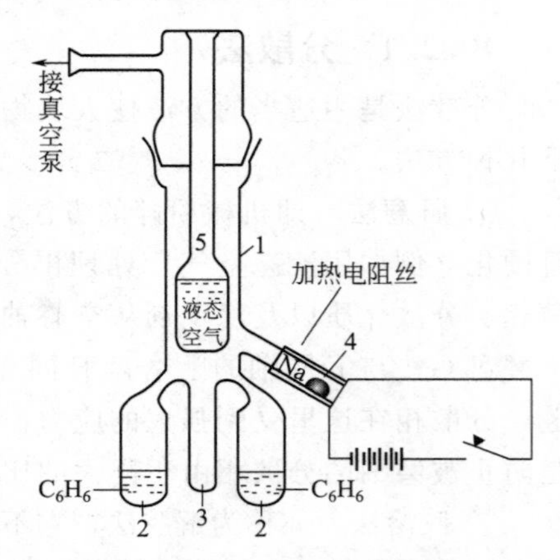


图 10-2　蒸气凝聚法仪器示意图

过程中已有少量的碱金属变成了金属氧化物，它们充当着稳定剂的作用。

② 过饱和度法。改变溶剂或用冷却的方法使溶质的溶解度降低，由于过饱和，溶质从溶剂中分离出来凝聚成溶胶。例如，将松香的酒精溶液滴入水中，由于松香在水中的溶解度很低，溶质以胶粒的大小析出，形成松香的水溶胶。用此法可制备出难溶于水的树脂、脂肪等的水溶胶。反过来，也可以通过将易溶于水的溶质滴入有机溶剂中制备出难溶于有机溶剂的有机溶胶。

### 10. 2. 3 溶胶的净化

在制得的溶胶中常会有一些电解质。适量的电解质存在，能增加溶胶的稳定性，但过多的电解质存在反而会破坏溶胶的稳定性。因此必须将溶胶净化以除去多余的电解质。常用方法有渗析法。渗析法的原理是利用溶胶粒子不能通过半透膜，而分子、离子能通过半透膜的差异，把溶胶放在装有半透膜的容器内（常用的半透膜有羊皮纸、动物膀胱膜、硝酸纤维、醋酸纤维等），膜外放溶剂。由于膜内外杂质浓度有差别，膜内的杂质离子将向半透膜外扩散、迁移。根据需要，可通过更换溶剂，将膜内电解质浓度降到合适的浓度，从而达到净化的目的。外加电场可增加离子迁移速度，外加电场的渗析法称为电渗析法。电渗析法是比普通渗析法更有效的方法，特别适用于除去普通渗析法难以除去的少量电解质。除了渗析法（或电渗析法）以外，还有超过滤法或电超过滤法。所谓电超过滤法就是将超过滤法和电渗析法联合使用，这样可以降低超过滤压力，而且可以更有效、更快地除去多余的电解质。

电渗析和电超过滤法不仅可以提纯溶胶及高分子化合物，在工业上还广泛地用于污水处理、海水淡化及水的纯化。在生物医学上，人们还利用电渗析和电超过滤原理，用人工合成的高分子半透膜，帮助肾功能衰竭患者除去血液中的毒素和水分，这一过程称为血液透析。

## 10. 3 溶胶的光学性质

溶胶的光学性质是其高度分散性和不均匀特点的光学反映。通过光学性质的研究，不仅可以解释溶胶系统的一些光学现象，而且还可观察胶体粒子的运动。溶胶的光学性质在研究胶体粒子的大小、形状和浓度方面也有重要的应用。

### 10. 3. 1 丁铎尔效应

在暗室里，让一束光线通过 $Fe(OH)_3$ 溶胶，从侧面（与光束垂直的方向）可以观察到溶胶中呈现出一浑浊发亮的光锥，如图 10-3 所示。此现象是英国物理学家丁铎尔（Tyndall）于 1869 年首次发现的，故称为**丁铎尔效应**。其他分散系统也会产生这种现象，但远不如溶胶显著，如图 10-3，$CuSO_4$ 溶液，用肉眼几乎观察不到丁铎尔效应。因此，丁铎尔效应实际上就成为判别溶胶与真溶液有效而又最简便的方法。

由经典的光学原理（不涉及量子态间的跃迁）可知，将一束光投射到分散系统时，可能发生光的透射、散射、反射或折射现象；当入射光与系统不发生任何作用时，则发生透射现象。当入射光的波长小于分散相粒子的大小时，则主要发生光的反射或折射现象，当一束光入射到粗分散系统（悬浮液或乳状液）时会发生这种情况；当入射光波长大于分散相粒子的尺度时，则发生光的散射现象。可见光的波长在 400～760nm 范围，而溶胶中分散相的线度在 1～100nm 之间，小于可见光的波长，因此当可见光束投射于溶胶系统时，则发生光散射作用而产生丁铎尔效应。光的散射现象其实质是入射光使构成胶粒分子（原子）中的电子与入射

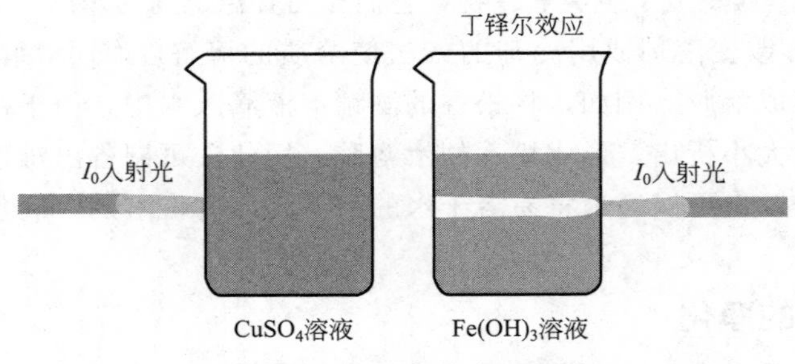


图 10-3　丁铎尔效应示意图

光作同频率的强迫振动，致使胶粒本身像一个新的光源一样向各个方向发出与入射光同频率的光波。至此我们不难知道，丁铎尔效应的实质是光的散射现象，在一定的条件下，其散射强度可用瑞利（Rayleigh）公式计算。

### 10.3.2　瑞利公式

1871 年，瑞利（Rayleigh）在下列假设条件下，导出了稀薄气溶胶散射光强度的计算公式，其假设条件为：

① 溶胶中胶粒的线度远小于入射光的波长；

② 粒子（散射中心）是各向同性、不吸收光的电介质（不带电），可视为点光源；

③ 粒子间的距离较远，可不考虑各个粒子散射光之间的相互干涉；

④ 分散相的折射率不是太大。

在以上假设的前提下，当入射光为非偏振光时，溶胶的散射光强度 $I$（即单位体积散射出的光能总量）为

$$I=\frac{9\pi^2V^2C}{2\lambda^4l^2}\left(\frac{n^2-n_0^2}{n^2+2n_0^2}\right)^2(1+\cos^2\alpha)I_0 \tag{10-1}$$

式中，$I_0$ 和 $\lambda$ 分别为入射光的强度和波长；$V$ 为每个分散相粒子的体积；$C$ 为单位体积中的粒子数；$n$ 和 $n_0$ 分别为分散相和分散介质的折射率；$\alpha$ 为散射角，即观察的方向与入射光方向间的夹角；$l$ 为观察者与散射中心的距离。若在与入射光垂直的方向上观察，即 $\alpha=90°$，$\cos\alpha=0$。

从瑞利公式可以得出如下几点结论。①散射光的强度与入射光波长的 4 次方成反比。入射光的波长愈短，散射光愈强。因此，当入射光为白光时，则其中的蓝色和紫色部分散射作用最强。这就可以解释为什么当用可见光照射溶胶时，从侧面看的散射光呈蓝紫色，而透过的光则呈橙红色。类似的原因，袅袅炊烟看上去总是蓝色的；而头顶上的天空呈蓝色，是因为我们看到的是地球周围由于大气密度的涨落及高空中微小尘埃的散射光；而日出或日落时对着太阳看过去是橙红色，这是因为我们看到的是透射光。②散射光的强度与每个粒子的体积的平方成正比。一般真溶液中溶质分子体积太小，仅可产生肉眼难以观察的散射；而粗分散系统（悬浮液、乳状液）因粒子的线度大于可见光的波长，故亦不产生散射光；只有溶胶系统既有适当大小的粒子体积，而其线度又小于可见光的波长，才可产生较强的丁铎尔效应，即乳光现象。③大（高）分子溶液中，尽管其中大（高）分子的线度与憎液溶胶中的胶粒相近，但其散射光强度甚弱。究其原因，是因为大（高）分子溶液是真溶液均相系统，无所谓分散相与分散介质折射率的差异。不像憎液溶胶，其分散相与分散介质的折射率相差较大，故憎液溶胶散射光较大（高）分子强。

当其他条件均相同时，式(10-1) 可写成

$$I=KCV^2/\lambda^4 \tag{10-2}$$

式中，$K=\frac{9\pi^2}{2l^2}\left(\frac{n^2-n_0^2}{n^2+2n_0^2}\right)^2(1+\cos^2\alpha)I_0$，若分散相粒子的密度为 $\rho$，浓度为 $c$（以 kg·dm$^{-3}$表示），则 $C=c/(V\rho)$，若再假定粒子为球形，即 $V=4\pi r^3/3$，代入式(10-2) 得

$$I=K\frac{cV}{\lambda^4\rho}=\frac{Kc}{\lambda^4\rho}\times\frac{4}{3}\pi r^3=K'cr^3 \tag{10-3}$$

即在瑞利公式适用范围之内，散射光强度与粒子的半径 $r^3$ 及浓度 $c$ 成正比。因此，若有两个浓度相同的溶胶，则有

$$\frac{I_1}{I_2}=\frac{r_1^3}{r_2^3} \tag{10-4}$$

如果溶胶粒子大小相同而浓度不同，则有

$$\frac{I_1}{I_2}=\frac{c_1}{c_2} \tag{10-5}$$

因此，在上述条件下比较两份相同物质所形成的溶胶的散射光强度，就可以得知其粒子的大小或浓度的相对值。如果其中一份溶胶粒子的大小或浓度为已知，则可以求得另一份溶胶粒子的大小或浓度。用于进行这类测定的仪器称为乳光计。

分散系统的光散射强度也常用浊度表示，浊度的定义为

$$I_t/I_0=e^{-\tau l} \tag{10-6}$$

式中，$I_t$ 和 $I_0$ 表示透射光和入射光的强度；$l$ 是样品池的长度；$\tau$ 就是浊度。它表示在光源波长、粒子大小相同情况下，通过不同浓度的分散系统，其透射光的强度将不同。当 $I_t/I_0=1/e$ 时，$\tau=1/l$，这就是浊度的物理意义。

### 10.3.3 超显微镜原理简介及胶粒大小的测定

超显微镜是根据丁铎尔效应通过对普通光学显微镜的光程进行改造而成的。普通光学显微镜至多只能观察到半径为 200nm 的粒子，看不到线度只有 1～100nm 的胶体粒子；而超显微镜可观察到半径为 5～150nm 的粒子所产生的散射光点。值得注意的是，超显微镜看到的并不是真正的胶体粒子大小（只有用电子显微镜才能观察到线度为 1～100nm 粒子的大小和形状），而是溶胶中胶粒对入射光散射后所形成的光点，这种光点要比一般粒子本身大很多倍。通过超显微镜可以观察到溶胶中闪闪发光的光点作无规则的运动（布朗运动）。为什么普通显微镜观察不到溶胶中胶粒对入射光散射后所形成光点的无规则运动呢？这是因为普通显微镜与超显微镜的光程及观察者与入射光的相对位置不同。如图 10-4 所示，图 10-4(a) 和图 10-4(b) 分别为普通显微镜中的光程和超显微镜的光程。普通显微镜之所以观察不到溶胶中胶粒散射光所形成的闪闪发光的光点，是由于观察者在入射光的反方向（即与入射光方向成 180°）观察被光照的溶胶系统，胶粒的散射光受到透射光的干扰，显得非常微弱，好似白昼看星星，一无所见；而超显微镜则是用强光源（常用弧光）照射，在黑暗的视场条件下从垂直于入射光的方向上（即入射光的侧面）观察。这样就避开了透射光的干扰。只要粒子所散射的光线有足够的强度，就可以在整个黑暗背景下看到一个个做无规则运动的闪闪光点。

虽然超显微镜不能直接观察到溶胶中胶粒的真正大小，但是如果引进一些假设，也可近

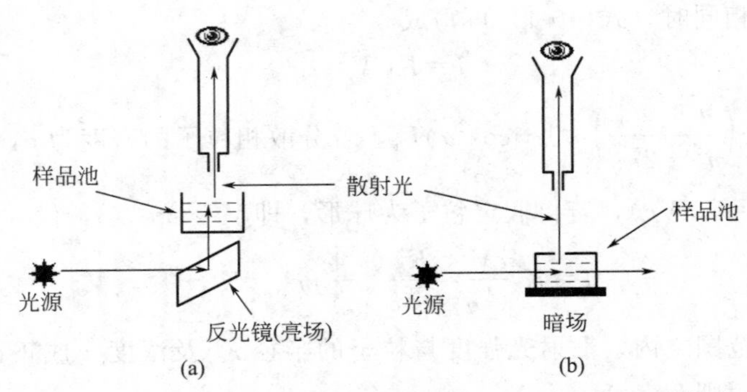


图 10-4 普通显微镜（a）和超显微镜（b）中的光程示意图

似地用超显微镜来估算溶胶胶粒的平均大小。设用超显微镜测出体积为 $V'$ 的溶胶中粒子数为 $N$，而已知分散相的浓度为 $c$（单位为 $\mathrm{kg \cdot dm^{-3}}$），则在所测体积 $V'$ 中，胶粒的总质量为 $cV'$，每个胶粒的质量为 $cV'/N$。设粒子呈球形，半径为 $r$，分散相的密度为 $\rho$，则可得

$$\frac{cV'}{N}=\frac{4}{3}\pi r^3\rho, \qquad r^3=\frac{3}{4}\times\frac{cV'}{N\pi\rho} \tag{10-7}$$

与此同时，根据闪光现象可以大致判断胶粒的形状。因为，如果粒子形状不对称，当大的一面向光时，光点就亮，小的一面向光时，光点变暗，这就是闪光现象。如果溶胶中胶粒为球形，正四面体或正八面体，则无闪光现象；如粒子为棒状，则在静止时有闪光现象，而在流动时则无闪光现象；如果胶粒为片状，则无论是静止还是流动，都有闪光现象。超显微镜也常用来研究本章后面将要讲到的胶粒的聚沉过程、沉降速度及电泳现象等。

## 10.4 溶胶的动力学性质

胶体系统的动力学性质主要指溶胶中粒子无规则运动以及由此产生的扩散、渗透压以及在重力场中浓度随高度的分布平衡（沉降平衡）等性质。爱因斯坦（Einstein）根据分子运动论的观点解释了溶胶中粒子的无规则运动。

### 10.4.1 布朗运动

用超显微镜观察溶胶，可以发现溶胶中粒子（实际上看到的是粒子发出的散射光）在介质中不停地做无规则运动，对于某一具体的粒子（光点），每隔一定的时间记录其位置，可得类似图 10-5 所示的完全无规则的运动轨迹。这种无规则的运动称为溶胶粒子的**布朗(Brown) 运动**。这是因为粒子在介质中做无规则曲线运动首先是由英国植物学家布朗(1773—1858) 在 1827 年用显微镜观察悬浮在液面上的花粉粉末时发现的，后来人们发现许多其他物质如煤、化石、金属等粉末也有类似现象，故称其为布朗运动。1902 年超显微镜的发明为研究布朗运动提供了物质条件。奥地利人齐格蒙蒂（Richard Zsigmondy，1865—1929）观察了一系列溶胶，发现粒子越小，布朗运动越剧烈，且剧烈程度不随时间而改变，但随温度升高而增加。

在很长一段时间内，关于布朗运动的本质没有得到阐明。直到 1905 年和 1906 年才分别由爱因斯坦和斯莫鲁霍夫斯基（Smoluchowski）提出了布朗运动的理论。其基本假定认为：布朗运动和分子运动完全类似，溶胶中每个粒子的平均动能和液体（分散介质）分子一样，

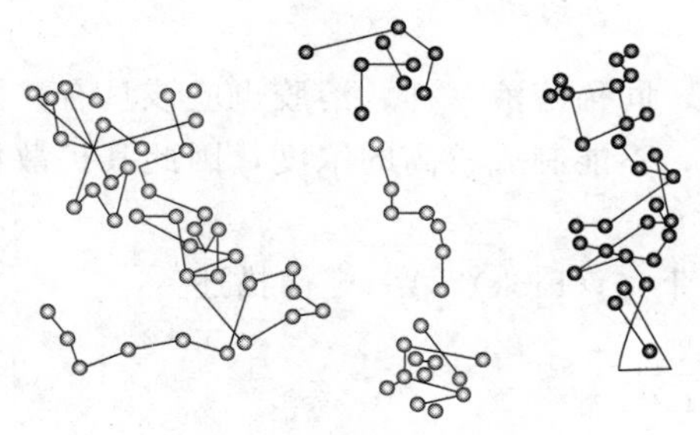

图 10-5　布朗运动

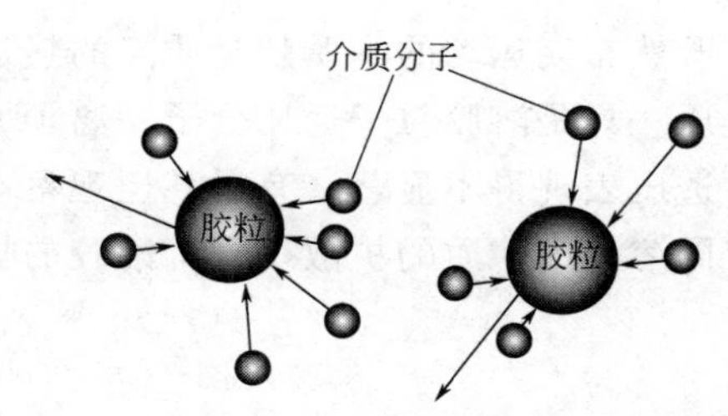


图 10-6　介质分子对胶体粒子冲击示意图

都等于$\frac{3}{2}kT$。布朗运动的本质乃是不断热运动的介质分子对胶粒的冲击结果，如图 10-6 所示。对于宏观很小但又远远大于液体介质分子的胶粒来说，由于不断受到来自不同方向、不同速度的介质分子的冲击，且受到的力不平衡，所以时时刻刻以不同的方向、不同的速度做无规则运动。尽管布朗运动看起来杂乱无章，但在一定条件下，在一定时间内，粒子所移动的平均位移却具有一定数值。爱因斯坦利用分子运动论的一些观点和概率的理论，并假设胶体粒子是球形的，推导出 Einstein-Brown 平均位移公式为

$$\overline{x}=\left(\frac{RT}{L}\times\frac{t}{3\pi\eta r}\right)^{1/2} \tag{10-8}$$

式中，$\overline{x}$ 为在观察时间 $t$ 内粒子沿 $x$ 轴方向所产生的平均位移；$r$ 为胶粒的半径；$\eta$ 为介质的黏度；$L$ 为阿伏伽德罗常数。

式(10-8) 将胶体粒子的位移与粒子的大小、介质的黏度、温度以及观察时间联系起来。珀林（Perrin）和斯威德伯格（Svedberg）等用超显微镜把不同直径（54nm 和 104nm）的金溶胶摄影在感光胶片上，然后再测定不同的曝光时间间隔 $t$ 时的位移平均值 $\overline{x}$，结果如表 10-3 所示。

**表 10-3　验证 Einstein-Brown 平均位移公式的实验结果**

| 时间间隔 $t$/s | 位移平均值$\overline{x}$ | | | |
|---|---|---|---|---|
| | $r$=27nm | | $r$=52nm | |
| | 测量值 | 计算值 | 测量值 | 计算值 |
| 1.48 | 3.1 | 3.2 | 1.4 | 1.7 |
| 2.96 | 4.5 | 4.4 | 2.3 | 2.4 |
| 4.44 | 5.3 | 5.4 | 2.9 | 2.9 |
| 5.92 | 6.4 | 6.2 | 3.6 | 3.4 |
| 7.40 | 7.0 | 6.9 | 4.0 | 3.8 |
| 8.80 | 7.8 | 7.6 | 4.5 | 4.2 |

表中的数据表明，理论计算结果与实验值吻合得很好，这一方面说明了 Einstein-Brown 公式的正确性，同时通过分子运动论成功地解释了布朗运动的本质就是热运动，是不断热运动的液体（介质）分子对胶体粒子冲击的结果。因此，溶胶和稀溶液相比较，除了溶胶的粒子远大于真溶液中的分子或离子，浓度又远低于稀溶液外，其热运动并没有本质上的不同。在此之前，分子运动被认为只是一种想象或假设，表 10-3 的数据使分子运动论得到直接的实验证明，此后分子运动论就成为被普遍接受的理论，这在科学发展史上是具有重要意义的贡献。

### 10.4.2 扩散和渗透压

既然布朗运动的本质就是质点的热运动，那么，同稀溶液一样，溶胶也应该具有扩散和渗透压。只是溶胶粒子远比分子、离子大且不稳定，不能制成较高的浓度，因此其扩散作用和渗透压表现得不显著，有时甚至观察不到。

同溶液中溶质的扩散一样，溶胶的扩散也可用菲克（Fick）第一定律描述

$$\frac{\mathrm{d}n}{\mathrm{d}t}=-DA_{\mathrm{s}}\frac{\mathrm{d}c}{\mathrm{d}x} \tag{10-9}$$

上式表明单位时间内通过垂直于浓度梯度方向某一截面的物质的量 $\mathrm{d}n/\mathrm{d}t$ 与该截面处的浓度梯度 $\mathrm{d}c/\mathrm{d}x$ 及面积 $A_{\mathrm{s}}$ 成正比，其比例系数 $D$（物理意义：单位浓度梯度下、单位时间通过单位面积的物质的量）称为扩散系数，式中负号表示浓度梯度方向与扩散方向相反。扩散系数通常用来衡量物质扩散能力的大小。对于球形粒子，扩散系数 $D$ 与半径 $r$ 成反比。与真溶液相比，胶粒的扩散系数要小近百倍。普通小分子液体的扩散系数的数量级为 $10^{-9}\,\mathrm{m^2\cdot s^{-1}}$，对于溶胶，其典型的数量级是 $10^{-11}\,\mathrm{m^2\cdot s^{-1}}$。接下来，我们将通过如图 10-7 所示的模型，找出布朗运动的 $\bar{x}$ 与 $D$ 的关系。设图 10-7 截面积为单位面积，只考虑粒子在 $x$ 轴方向上的位移，设位移 $\bar{x}$ 为在时间 $t$ 内在 $x$（既可向左，也可向右）轴方向上所经过的平均位移。$IJ$ 面与 $MN$ 面之间的距离为 $\bar{x}$，其中所含溶胶的平均浓度为 $c_1$；$PQ$ 面与 $MN$ 面也相距 $\bar{x}$，所含溶胶的平均浓度为 $c_2$（$c_1>c_2$）。在 $MN$ 面两侧可找出两相距为 $\bar{x}$，浓度分别为 $c_1$ 和 $c_2$ 的个平面（如图 10-7 中虚线所示）。这两个平面相距 $MN$ 平面均为 $\bar{x}/2$。在 $t$ 时间内，自左向右和自右向左通过 $MN$ 面的粒子数应分别为 $c_1\bar{x}/2$ 和 $c_2\bar{x}/2$，因为 $c_1>c_2$，所以自左向右通过 $MN$（单位）截面的粒子数为

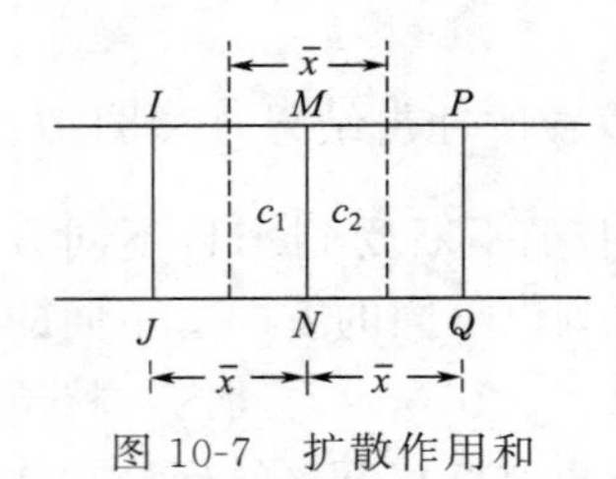

图 10-7 扩散作用和渗透压力

$$c_1\bar{x}/2-c_2\bar{x}/2=(c_1-c_2)\bar{x}/2 \tag{10-10}$$

另一方面，根据菲克第一定律，在一定温度下，自浓至稀通过截面 $MN$ 扩散的粒子数应与浓度梯度$\left(\text{设 }\bar{x}\text{ 很小，}\mathrm{d}c/\mathrm{d}x\approx\frac{c_1-c_2}{\bar{x}}\right)$和扩散时间 $t$ 成正比，由此得

$$\frac{1}{2}\bar{x}(c_1-c_2)=D\frac{c_1-c_2}{\bar{x}}t \tag{10-11}$$

整理上式，同时将式(10-8) 代入得

$$D=\bar{x}^2/(2t)=\frac{RT}{L}\times\frac{1}{6\pi\eta r} \tag{10-12}$$

上式给出了通过布朗运动的平均位移求扩散系数的方法。同时给出了介质黏度、胶粒半径及温度与扩散系数的关系。

顺便指出，若能测得溶胶中胶粒的扩散系数 $D$，就可以求得胶粒的摩尔质量。例如，由式(10-12) 得 $r=RT/(6L\pi\eta D)$，由此可得单个粒子的质量为

$$m=\frac{4}{3}\pi r^3\rho=\frac{\rho}{162\pi^2}\left(\frac{RT}{L\eta D}\right)^3 \tag{10-13}$$

式中，$\rho$ 和 $D$ 分别为粒子的密度和溶胶粒子的扩散系数；$\eta$ 为介质的黏度。

由上式进而可求得溶胶粒子的摩尔质量为

$$M=mL=\frac{\rho}{162(\pi L)^2}\left(\frac{RT}{\eta D}\right)^3 \tag{10-14}$$

当胶体粒子的分布不是单级，而是多级分散时，由式(10-13）和式(10-14）计算的结果皆为平均值。

爱因斯坦首先指出扩散作用与渗透压力之间有着密切的联系。他指出：如果用一只允许溶剂分子通过，而不允许溶质通过的半透膜将两个具有不同浓度的系统分开，则溶质分子的扩散力与使溶剂分子穿过半透膜的渗透力大小相等、方向相反。照此类推，溶胶中，胶粒作为溶质，分散介质作为溶剂，溶胶既然存在扩散现象，那么也应该有渗透压。

溶胶的渗透压（$\Pi$）可以借用稀溶液的渗透压公式来计算

$$\Pi=\frac{n}{V}RT=cRT \tag{10-15}$$

对稀溶液而言，式(10-15）中 $n$ 为体积等于 $V$ 的溶胶中所含胶粒物质的量。以 273K、每千克溶胶中含质量为 $m=7.46\times10^{-3}\text{kg}$ 的硫化砷溶胶为例，设粒子为球形，$r=1.0\times10^{-8}\text{m}$。已知硫化砷粒子的密度 $\rho=2.8\times10^{3}\text{kg·m}^{-3}$，溶胶体积为 $1\text{dm}^3$，其质量近似等于溶剂水的质量 1kg，则所含胶粒的物质的量为

$$n=\left[\frac{7.46\times10^{-3}}{\frac{4}{3}\pi(1\times10^{-8})^3\times6.023\times10^{23}\times2.8\times10^{-3}}\right]\text{mol}=1.0566\times10^{-6}\text{mol}$$

该溶胶的渗透压为

$$\Pi=\frac{n}{V}RT=\left(\frac{1.0566\times10^{-6}}{1.0\times10^{-3}}\times8.314\times273\right)\text{Pa}=2.398\text{Pa}$$

显然，这个数值实际上很难测得出来。计算结果表明，溶胶虽然有渗透压，但由于其浓度太低（注意，憎液溶胶浓度一般都很低，若浓度大了，不稳定，容易聚结沉淀），以至于渗透压太小，无法测量。但是，对于大（高）分子溶液或胶体电解质溶液，由于它们溶解度可以很大，可以配成相当高浓度的溶液，因此渗透压可以测定，而且渗透压法实际上也被广泛地用于测定大（高）分子物质的分子量。

### 10.4.3　沉降和沉降平衡

多相分布系统中的粒子因受重力作用而下沉的过程称为**沉降**。真溶液中溶质分子的扩散作用远大于由重力产生的沉降作用，使得溶液中溶质的浓度总是均匀一致的；粗分散系统（例如泥浆的悬浮液）中的粒子由于重力作用最终会逐渐地全部沉降下来；而高度分散的胶体系统则不同。溶胶中胶体粒子由于同时受到大小相等而方向相反的两个力的作用，即促使其向下沉降的重力和由布朗运动产生的促使其浓度均匀一致的扩散作用力，使得溶胶中胶体粒子的大小和浓度随高度的分布达到平衡，形成一定的浓度梯度，如图 10-8 所示。这种粒子大小和浓度随高度分布形成平衡的状态称为**沉降平衡**。

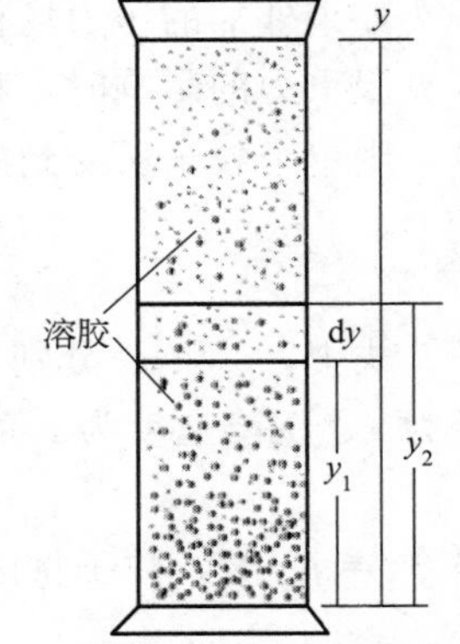

图 10-8　沉降平衡

达到沉降平衡以后，溶胶浓度随高度分布的情况可用高度分布定律来描述。设在图 10-8 所示截面积为 $A$ 的容器中盛以某种溶胶，粒子为球形且半径为 $r$，粒子与介质的密度分别为 $\rho_{粒子}$ 和 $\rho_{介质}$，$N_1$ 和 $N_2$ 分别为图中 $y_1$ 和 $y_2$ 处单位体积溶胶内的粒子数，$\Pi$ 为渗透压，$g$ 为重力加速度。在高度为 $\mathrm{d}y$ 的一层溶胶中（设单位体积粒子数为 $N$），使粒子下降的重力为 $(4/3)\times\pi r^3NA\mathrm{d}y(\rho_{粒子}-\rho_{介质})g$。同时，该层中粒子受到的扩散力，其大小等于溶剂（分散介质）

的渗透压，其值为$-A\mathrm{d}\Pi$，负号表示扩散力与重力的方向相反。若引用稀溶液渗透压的表示式$\Pi=cRT$（$c$为溶质的物质的量浓度），则得

$$-A\mathrm{d}\Pi=-ART\mathrm{d}c=-ART\,\frac{\mathrm{d}N}{L}$$

达到沉降平衡时，这两种力大小相等

$$-ART\,\frac{\mathrm{d}N}{L}=\frac{4}{3}\pi r^3(\rho_{粒子}-\rho_{介质})gAN\mathrm{d}y \tag{10-16a}$$

积分上式得

$$RT\ln\frac{N_2}{N_1}=-\frac{4}{3}\pi r^3(\rho_{粒子}-\rho_{介质})gL(y_2-y_1) \tag{10-16b}$$

或

$$\ln\frac{c_2}{c_1}=-\frac{Mg}{RT}\left(1-\frac{\rho_{介质}}{\rho_{粒子}}\right)(y_2-y_1) \tag{10-16c}$$

式中，$c_1$和$c_2$分别为高度$y_1$和$y_2$处胶粒的浓度，$M[=(4/3)\pi r^3\rho_{粒子}L]$为粒子的摩尔质量。

上式与由气体分子运动论或玻尔兹曼统计导出的大气密度（压力）随高度分布式的形式完全一样。将上式用于大气压随高度分布可得

$$\ln\frac{p_2}{p_1}=-\frac{Mg}{RT}(h_2-h_1) \tag{10-16d}$$

式(10-16c）也可以用于大气中PM2.5随高度分布的计算。

在离心力场中，式(10-16a）中的重力加速度$g$要用离心运动的角加速度$y\omega^2$代替（同时考虑，在重力场中粒子浓度增加的方向与高度增加的方向相反，而在离心力场中粒子浓度增加的方向与$y$长度增加的方向一致的差别），得

$$RT\,\frac{\mathrm{d}N}{L}=N\,\frac{4}{3}\pi r^3(\rho_{粒子}-\rho_{介质})y\omega^2\mathrm{d}y$$

式中，$y$为从旋转轴到溶胶中某一截面的距离；$\omega$为（超）离心机的角速度。上式积分得

$$RT\ln\frac{c_2}{c_1}=\frac{4}{3}\pi r^3(\rho_{粒子}-\rho_{介质})\omega^2L\,\frac{1}{2}(y_2^2-y_1^2) \tag{10-17}$$

如果外加的压力场很大（例如离心力场）或分散相粒子本身比较大，致使布朗运动不足以克服重力的影响时，粒子就会以一定的速度沉降到容器的底部。若粒子是半径为$r$的球体，则单个粒子所受到的重力为

$$f_1=\frac{4}{3}\pi r^3(\rho-\rho_0)g \tag{10-18}$$

式中，$\rho$和$\rho_0$分别为粒子和介质的密度。根据流体力学中斯托克斯（Stokes）公式，半径为$r$、沉降速度为$u$的球体在黏度系数为$\eta$的介质中运动时所受阻力为

$$f_2=6\pi\eta ru \tag{10-19}$$

当$f_1=f_2$时，粒子将以恒定的匀速$u$沉降，此时有

$$\frac{4}{3}\pi r^3(\rho-\rho_0)g=6\pi\eta ru \tag{10-20}$$

整理得

$$u=\frac{1}{6\pi\eta r}\times\frac{4}{3}\pi r^3(\rho-\rho_0)g=\frac{2}{9}\times\frac{r^2(\rho-\rho_0)g}{\eta} \tag{10-21}$$

由上式可知，通过测量粒子的沉降速度可以求得粒子大小，即

$$r=\left[\frac{9u\eta}{2(\rho-\rho_0)g}\right]^{1/2} \tag{10-22}$$

进而可由 $M=\frac{4}{3}\pi r^3\rho L$ 求得粒子的摩尔质量 $M$。

式(10-22) 也是落球法测液体黏度的公式，即

$$\eta=\frac{2}{9}\times\frac{r^2(\rho-\rho_0)g}{u} \tag{10-23}$$

用落球法测液体黏度时，$r$ 是已知密度 $\rho$ 的玻璃珠或钢珠的半径。



## 10.5　胶体的电学性质

实验发现，在外电场的作用下，溶胶中固、液两相可发生相对运动；反过来，在外力作用下，迫使固、液两相做相对运动时，可产生电势差。人们把溶胶这种与电势差有关的相对运动称为**电动现象**。电动现象说明，溶胶中固、液两相带有不同的电荷。事实上，溶胶是一高度分散的非均相系统，分散相的固体粒子与分散介质之间存在着明显的分界面。在界面上，由于发生电离、离子吸附或离子溶解等作用，因而使得分散相粒子表面带正电或者带负电；而相应的分散介质则带与粒子相反的电荷。研究表明，胶粒带电是溶胶能相对稳定存在的重要因素。

### 10.5.1　电动现象

溶胶的**电动现象**有因电而动的电泳、电渗和因动而电的流动电势和沉降电势四种。

**(1) 电泳**

在电场的作用下，溶胶中分散相粒子（胶粒）在分散介质中做定向移动的现象称为**电泳**。观察电泳现象的仪器是如图 10-9 所示的 U 形管。试验时，首先关闭活塞 $C_1$、$C_2$ 和 D，在漏斗 A 中放入待测的溶胶。实验开始时，慢慢打开 U 形管底部两边活塞，使溶胶慢慢充满活塞，且刚刚进入活塞上部 U 形管时，关上活塞 $C_1$、$C_2$，并把活塞上面多余的溶胶吸走。随后在 U 形管两边的活塞上部加入一定量密度略小于胶体的不同颜色的电解质，加到液面浸没左、右两电极 $B_1$ 和 $B_2$ 为止。同时使 A 中液面与 U 形管两边液面大致等高，多余的溶胶慢慢从活塞 D 放出。此后，慢慢打开 U 形管底部两边活塞 $C_1$、$C_2$，同时保持不同颜色的界面清晰。一切准备完毕，给电极接上 100～300V 的直流电源，即可观察溶胶移动情况。测出在一定时间内界面移动的距离，即可求得胶粒的运动速率 $v$。

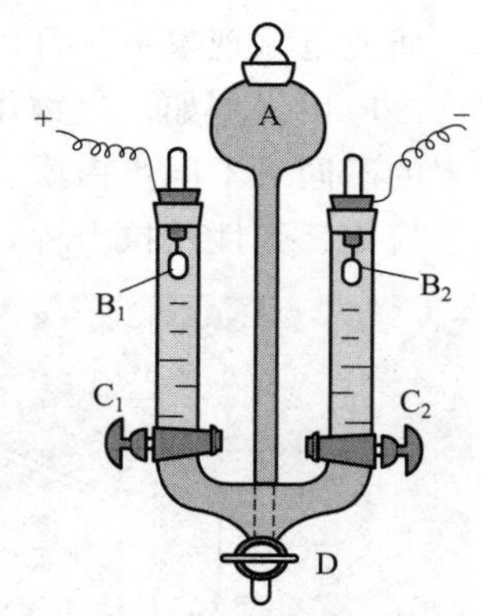

图 10-9　界面移动电泳仪

影响电泳速率的因素有粒子体积的大小、形状、粒子表面电荷的数目、介质的黏度、离子强度、pH、温度和电势梯度等。在一定的温度、pH 和电解质种类及离子强度的条件下，可以想象，电泳速率应该正比于电位梯度、粒子的荷电数量，而反比于粒子的体积和介质的黏度。若胶粒为棒形的，或半径 $r$ 较大的球形粒子 [具体说就是粒子半径 $r$ 与离子氛半径 $\kappa^{-1}$ 之比 ($r/\kappa^{-1}\gg1$)，即双电层厚度 ($\kappa^{-1}$) 较小]，质点表面可当作平面处理时，理论上可以推出电泳速率 $v$ 为

$$v=\frac{\varepsilon E\zeta}{4\pi\eta}\quad 或\quad \zeta=\frac{4\pi\eta v}{\varepsilon E} \tag{10-24}$$

式(10-24) 称作亥姆霍兹-斯莫鲁霍夫斯基（Helmholtz-Smoluchowski）公式［注：式(10-24) 在有的教科书为 $v=\frac{\varepsilon E\zeta}{\eta}$ 或 $\zeta=\frac{\eta v}{\varepsilon E}$］。

如果胶粒是半径很小的球形胶粒［具体说就是粒子半径 $r$ 与离子氛半径 $\kappa^{-1}$ 之比（$r/\kappa^{-1}\ll1$），即双电层厚度（$\kappa^{-1}$）较大］，则上式应再乘一个校正系数，一般认为是 $\frac{2}{3}$，即

$$v=\frac{\varepsilon E\zeta}{6\pi\eta} \quad 或 \quad \zeta=\frac{6\pi\eta v}{\varepsilon E} \tag{10-25}$$

式(10-25) 称为休克尔公式［注：式(10-25) 在有的教科书为 $v=\frac{2\varepsilon E\zeta}{3\eta}$ 或 $\zeta=\frac{3\eta v}{2\varepsilon E}$］。式(10-24) 和式(10-25) 中 $E$ 为外加电位梯度，$\varepsilon$［$\varepsilon=\varepsilon_r\varepsilon_0$，$\varepsilon_r$ 为相对介电常数，$\varepsilon_0$ 为真空介电常数（$8.85\times10^{-12}\mathrm{F\cdot m^{-1}}$）］为介质的介电常数；$\eta$ 为介质的黏度（单位：Pa·s）；$\zeta$ 为溶胶的电动电势（关于电动电势或 $\zeta$ 电势的定义和物理意义随后介绍）。

通常在水溶液中很难满足式(10-25) 的条件，例如半径为 10nm 的球形胶粒，在 1-1 型电解质水溶液中，电解质浓度要求小于 $10^{-5}\mathrm{mol\cdot dm^{-3}}$，这在水溶液中很难达到。因此，水溶液系统通常用式(10-24)，而式(10-25) 多用于非水系统。

实验表明溶胶的电泳速率与离子的电迁移率数量级大体相当，而溶胶粒子的质量约为一般离子的 1000 倍，由此可见，溶胶粒子荷电数量也应该是一般离子荷电数量的 1000 倍。

对不同溶胶电泳实验的观察结果发现，有的溶胶液面在负极一侧下降而在正极一侧上升，说明该溶胶的粒子荷负电，如硫溶胶、金属硫化物溶胶及贵金属溶胶通常属于这种情况；有的溶胶在正极一侧的液面下降而在负极一侧的液面上升，证明该溶胶的粒子荷正电，如金属氧化物溶胶通常属于这类情况。值得注意的是，溶胶粒子荷电的正负通常与制备的条件相关。例如 pH 的大小就决定了金属氧化物或氢氧化物荷电的正负。

研究电泳现象不仅可以了解溶胶粒子的结构及电化学性质，电泳现象在生产和科研中也有许多应用。例如，生物化学中一项重要的分离技术就是利用不同蛋白质、核酸分子的电泳速率的不同对不同蛋白质、核酸分子进行分离。又如利用电泳使橡胶电镀在模具上，可得到易于硫化、弹性及拉力皆好的产品，通常医用橡胶手套就是这样制成的。电泳涂漆工艺是电泳现象应用的又一实例，该工艺是将工件作为一个电极浸在水溶性涂料中并通以电流，带电胶粒便会沉积在工件表面。此外，陶器工业中高岭土的精炼，石油工业中天然石油乳状液中油水分离等都会用到电泳作用。

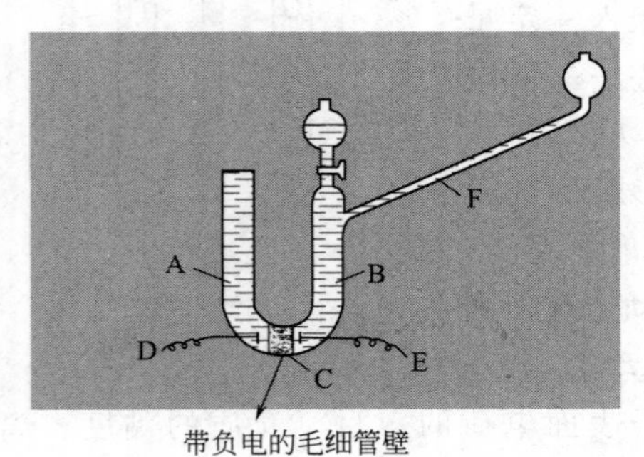


带负电的毛细管壁

紧密层

滑动面

紧密层

带负电的毛细管壁

$u$　　$E$

图 10-10　电渗管

A,B—盛液管；C—多孔膜；F—刻度毛细管；D,E—电极

**(2) 电渗**

使固体胶粒不动（将其吸附在滤纸或棉花，或凝胶，或氧化铝、碳酸钡等多孔物质上构成多孔膜）而液体介质在电场中发生定向移动的现象称为**电渗**。实验中，在外加电场作用下，可以观察到分散介质通过多孔膜或极细的毛细管（半径为 1～10nm）而移动。实验装置如图 10-10 所示。图中 C 为多孔膜，A、B 中盛液体，当在电极 D、E 上施以适当的外加电压时，从刻度毛细管 F 中弯月面的移动可以观察到介质的移动。如果多孔膜带正电（例如氧化铝、碳酸钡），

则水向阳极移动；反之，多孔膜带负电（滤纸、棉花或玻璃等），则水向阴极移动。同电泳一样，外加电解质对电渗速率有显著影响，电渗速率随电解质浓度增加而下降，甚至会改变介质的流动方向。

电渗在生产和工程中应用越来越多，我们熟知的，例如在电沉积法涂漆操作中，通过电渗法使漆膜内所含水分排到膜外以形成致密的漆膜；固废（泥浆）脱水；水的净化或海水淡化等。

**(3) 流动电势**

在外力作用下（例如加压）使液体在毛细管中流经多孔膜时，在膜两端产生的电势差称为**流动电势**。显然，该过程可看作电渗的逆过程，如图 10-11 所示。在生产中，采用管道远距离输送流体物质时，要考虑产生流动电势现象。例如，通过管道远距离输送碳氢化合物时，在流动过程中会产生流动电势，高压下易于产生火花。由于此类流体易燃，故应采取相应的防护措施，如油管接地或加入油溶性电解质，增加介质的电导，减小流动电势。

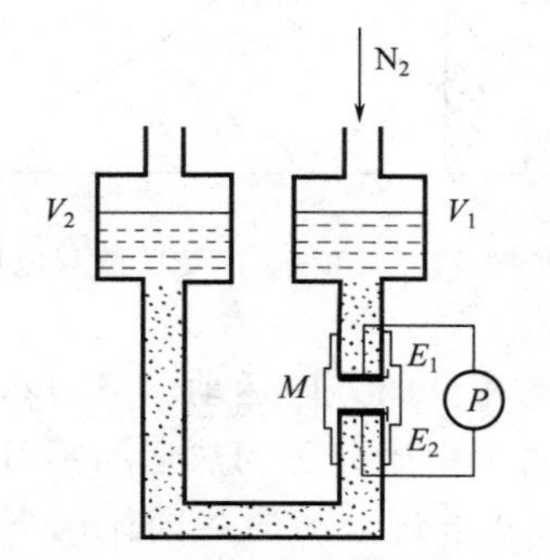


图 10-11　流动电势测量装置示意图

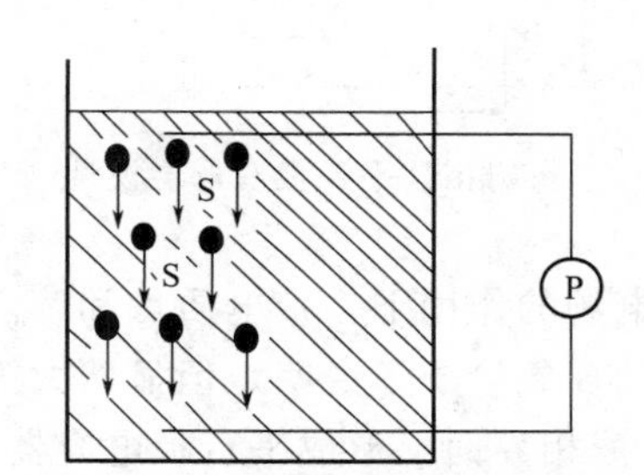


图 10-12　沉降电势测量装置示意图

**(4) 沉降电势**

分散相粒子在力场（重力场或离心力场）的作用下迅速下沉（或移动）时，在下沉（或移动）方向两端所产生的电势差称为**沉降电势**，如图 10-12 所示。显然它是电泳现象的逆过程。贮油罐中的油内常会有水滴，水滴的沉降常产生很高的沉降电势，必须加以消除。通常解决的办法是加入有机电解质，以增加介质的电导。

上述电泳、电渗、流动电势和沉降电势的电学性质都与分散相和介质的相对移动有关，统称为电动现象。尽管统称为电动现象，但电泳和电渗是外加电势差引起的分散相和介质之间的相对移动，即由电产生动；而沉降电势和流动电势是由于分散相和介质之间的相对移动而产生的电势差，即由动产生电。上述的电动现象说明分散相（胶体粒子）和分散介质带有不同性质的电荷。为了解释上述电动现象，就要搞清楚：①在电中性的溶胶系统中，胶粒为什么会带电？②溶胶中带电的胶粒周围的分散介质中反离子（介质中为平衡胶粒所带电荷的反号离子）是如何分布的？③电解质是如何影响电动现象的？诸如此类问题，要用到下面讲到的双电层理论才能给出满意的解释。

### 10.5.2　扩散双电层理论及电动电势

关于双电层形成的原因我们曾在第 7 章中解释电极电势产生的机理时提到过，即①离子吸附，当固体与液体接触时，固体从溶液中选择性吸附某种离子而带电；②解离，在液体介质的溶剂化作用下，使固体物质表面分子或原子发生电离，且以离子形式进入溶液。上述两种情况都会使固-液两相分别带有不同的电荷，在固/液界面上形成双电层。

固/液界面双电层结构如何？受哪些因素的影响？

**（1）亥姆霍兹模型**

亥姆霍兹于1879年提出平行板模型，认为带电质点的表面电荷（即固体表面电荷）与处在溶液中带相反电荷的离子（也称为反离子）构成平行的双电层。其距离$\delta$约等于离子半径，如同一个平行板电容器，如图10-13所示。带电质点表面和溶液内部的电位差称为质点的表面电势$\varphi_0$（即热力学电势），在双电层内部，$\varphi_0$呈直线下降。

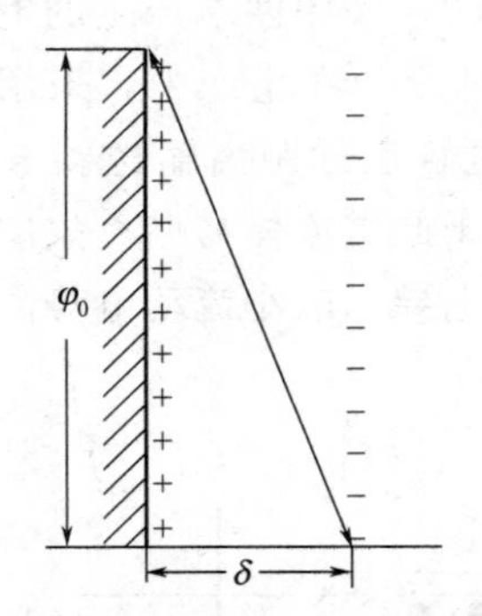


图10-13　亥姆霍兹平行板双电层模型

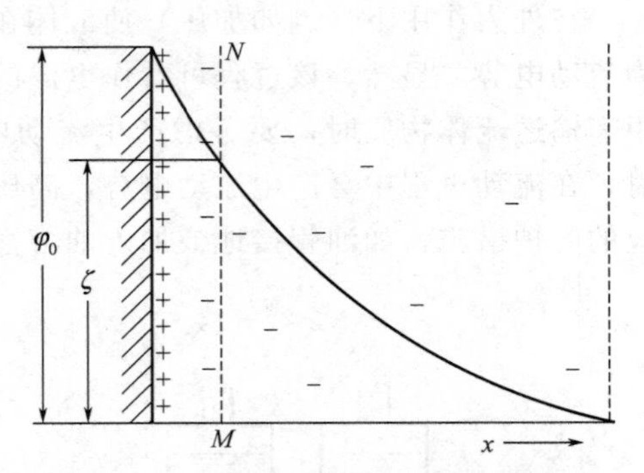


图10-14　古依-查普曼扩散双电层模型

在电场的作用下，带电质点和溶液中的反离子分别向相反的方向运动。亥姆霍兹模型虽然对电动现象给予了说明，但显然太简单。溶液中的反离子由于分子的热运动不可能整齐排列在固/液相界面上形成平行板电容器，而是在库仑力和分子热运动的共同作用下，由高到低，在固/液相界面和溶液本体之间存在着一定的分布。当然，亥姆霍兹模型也不能解释后面将要介绍的$\zeta$电势及其产生的机理。

**（2）古依-查普曼模型**

古依（Gouy，1910年）和查普曼（Chapman，1913年）修正了亥姆霍兹模型，提出了扩散双电层模型。他们认为溶液中反离子在静电吸引力和分子热运动的共同作用下，只有一部分紧密地排列在固体表面附近（距离约一二个离子的厚度），另一部分呈扩散状态分布于溶液中，分布范围从紧密层一直扩展到溶液本体中，如图10-14所示。因此，双电层实际上包括紧密层和扩散层两部分。在扩散层中，离子的分布可用玻尔兹曼分布公式表示（或说热力学电势随$x$变化可表示为$\varphi=\varphi_0 e^{-\kappa x}$，$\kappa^{-1}$是离子氛的半径，在双电层中即为双电层的厚度）。当在外电场的作用下，固-液之间发生电动现象时，移动的切（滑）动面为图中的$MN$面。$MN$面与热力学电势$\varphi_0$-$x$变化曲线交点处的电势，也即是相对运动边界处与液体内部的电势差称为电动电势或$\zeta$电势（参见图10-14）。显然，$\varphi_0$与$\zeta$电势是不同的。$\varphi_0$类似于电化学中电极/溶液界面的电势差，其数值主要取决于固体本身的性质及溶液中与固体成平衡的离子浓度，与其他离子存在与否及浓度大小无关。而$\zeta$电势则由于随着电解质浓度的增加或电解质价态的增加导致双电层厚度的减小而减小。

古依-查普曼模型正确地反映了反离子在扩散层中的分布情况，克服了亥姆霍兹模型的缺陷。但是，还是存在一些不能解释的实验事实。例如，虽然提出了扩散双电层概念，由此给出$\zeta$电势，并指出$\varphi_0$与$\zeta$电势的不同。但是根据古依-查普曼模型，$\zeta$电势随着电解质浓度的增加而减小，永远与热力学电势$\varphi_0$同号，其极限值为零。然而，实验中发现，有时$\zeta$电势会由于吸附离子浓度和种类的不同而与 $\varphi_0$ 反号，这一现象无法用古依-查普曼模型解释。

**(3) 斯特恩模型**

1924 年，斯特恩（Stern）对古依-查普曼的扩散双电层模型作了进一步修正。他认为：在静电作用力和范德华力的作用下，约有一二个分子层厚度的反离子或被溶剂化了的反离子，进入紧密层（又称 Stern 层）紧密吸附在表面上。在溶剂化层中，反离子的电性中心构成所谓的斯特恩平面，如图 10-15(a) 所示。在斯特恩平面内，电势的变化情形与亥姆霍兹的平行板模型一样，从 $\varphi_0$ 直线下降到斯特恩平面的 $\varphi_\delta$［见图 10-15(b)］，$\varphi_\delta$ 称为斯特恩电势。由于离子的溶剂化作用，紧密层中还结合有一定数量的溶剂分子，在电场的作用下，它们同紧密层中的反离子一起和固体质点作为一个整体一起移动。因此，在斯特恩模型中，滑动面（或称为切动面）略比斯特恩平面靠右，如图 10-15(a) 和图 10-15(b) 所示，$\zeta$ 电势也相应地略低于 $\varphi_\delta$（如果离子浓度不太高，则可近似认为二者是相等的，一般不会引起很大误差）。在扩散层中，电势从 $\varphi_\delta(\zeta)$ 降至零，其变化趋势与古依-查普曼模型完全一样。从某种意义上来讲，斯特恩模型是亥姆霍兹平行板模型和古依-查普曼扩散双电层模型的结合。

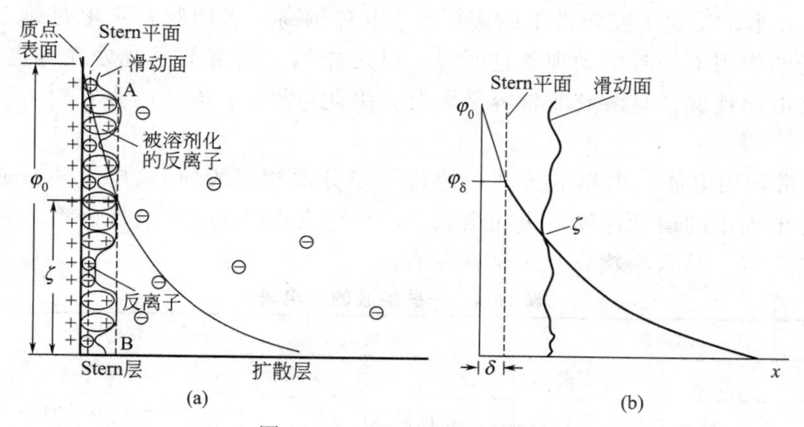


图 10-15　Stern 双电层模型

值得注意的是，实验中发现当某些高价反离子或大的反离子（如表面活性剂），由于很强的吸附性能而大量进入紧密层时，可使 $\varphi_\delta(\zeta)$ 反号［如图 10-16(b)所示］；反过来，若同号大离子因强烈的范德华力作用克服静电排斥力而进入紧密层时，可使 $\varphi_\delta$ 高于 $\varphi_0$。上述这两种现象是亥姆霍兹和古依-查普曼模型所不能解释的。

在上述古依-查普曼模型和斯特恩模型中，我们引出了一个关于溶胶系统的重要参数——电动电势，又称为 $\zeta$ 电势。$\zeta$ 电势与热力学电势 $\varphi_0$ 不同，只要存在正、负电中心不重合，就存在热力学电势 $\varphi_0$，其数值只取决于固体本身的性质及溶液中与固体成平衡的离子的浓度；而 $\zeta$ 电势则不然，只有在固液两相发生相对移动时才会呈现出 $\zeta$ 电势，而且其大小随着紧密层中离子的浓度而改变，少量外加电解质会显著地影响 $\zeta$ 电势的数值，随着电解质浓度的增加，$\zeta$ 电势的数值降低，甚至可以改变符号。图 10-16(a) 给出了 $\zeta$ 电势随外加电解质增加而下降的示意图，图中 $\delta$ 为固体表面所束缚的溶剂化层的厚度。$d$ 为没有外加电解质时扩散层的厚度，其大小与电解质的浓度、价数及温度均有关系。从图 10-16(a) 中可以看出，随着外加电解质浓度增加（$c_4>c_3>c_2>c_1$），有更多的反离子进入溶剂化层，致使双电层厚度变薄（$d>d'>d''>d'''\cdots$），导致 $\zeta$ 电势下降（$\zeta>\zeta'>\zeta''>\zeta'''\cdots$），当浓度为 $c_4$ 时，双电层被压缩到与溶剂化层（紧密层）重合时，$\zeta=0\text{V}$，称为**等电态**。如果外加电解质中反离子价数很高，或其吸附性很强，以致在溶剂化层内可能吸附过多的反离子，使 $\zeta$ 电势改变符号，如图 10-16(b) 所示。

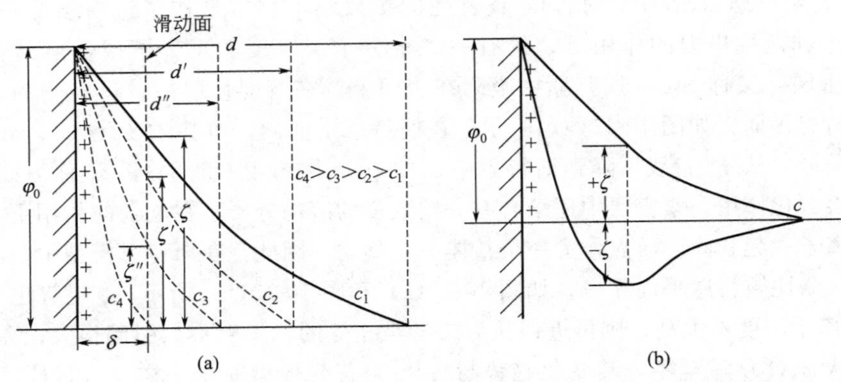


图 10-16 电解质浓度（a）或强烈吸附离子（b）对 $\zeta$ 电势的影响

$\zeta$ 电势的大小，反映了胶粒带电的多少，$\zeta$ 电势越高，表明胶粒带电量越多，扩散层越厚。在外电场的作用下，其电动现象越明显，反之亦然。当溶剂系统处在等电态时，$\zeta=0$，这时不会发生电动现象，且溶胶非常容易聚沉，由此可见，$\zeta$ 电势的存在对溶胶稳定性起着重要作用。

$\zeta$ 电势通常利用电泳或电渗的方法，通过测定分散相（胶粒）（电泳法）或介质（电渗法）在一定外电场中的运动速度，进而由式(10-24) 或式(10-25) 进行计算。表 10-4 列出了一些溶胶的 $\zeta$ 电势，其大小均在几十毫伏左右。

**表 10-4 一些溶胶的 $\zeta$ 电势**

| 水溶胶 | | | | 有机溶胶 | | |
|---|---|---|---|---|---|---|
| 分散相 | $\zeta/V$ | 分散相 | $\zeta/V$ | 分散相 | 分散介质 | $\zeta/V$ |
| $As_2S_3$ | −0.032 | Bi | +0.016 | Cd | $CH_3COOC_2H_5$ | −0.047 |
| Au | −0.032 | Pb | +0.018 | Zn | $CH_3COOC_2H_5$ | −0.064 |
| Ag | −0.034 | Fe | +0.028 | Zn | $CH_3COOC_2H_5$ | −0.087 |
| $SiO_2$ | −0.044 | $Fe(OH)_3$ | +0.044 | Bi | $CH_3COOC_2H_5$ | −0.091 |

## 10.5.3 溶胶的胶团结构

依据上述溶胶粒子带电现象和原因以及双电层模型，不难推断溶胶的胶团结构，以 $AgNO_3$ 和 KI 溶液混合制备 AgI 溶胶为例，如图 10-17 和图 10-18 所示，由 $m$ 个 AgI 分子构成的固体粒子 $(AgI)_m$ 称为“胶核”。若制备时以 $AgNO_3$ 作稳定剂，则胶核吸附 $Ag^+$ 而荷正电，反离子 $NO_3^-$ 一部分进入紧密层，另一部分在分散层，所形成的胶团如图 10-17 和图 10-18(a) 所示；若制备时 KI 过量，则胶核吸附 $I^-$ 而荷负电，反离子 $K^+$ 一部分进入紧密层，另一部分在扩散层，所形成的胶团如图 10-18(b) 所示。被胶核吸附的离子以及在电场中能被带着一起移动的紧密层共同构成“胶粒”，而“胶粒”与“扩散层”一起构成“胶团”，整个胶团保持电中性。

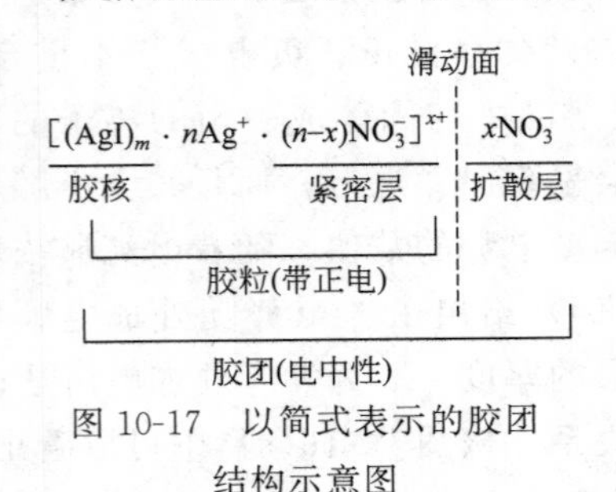


图 10-17 以简式表示的胶团结构示意图

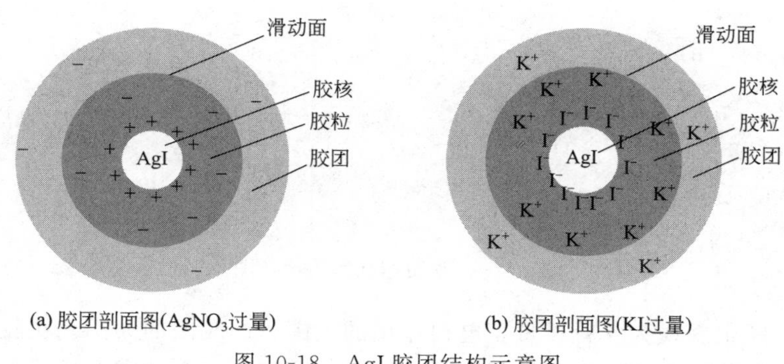


图 10-18　AgI 胶团结构示意图

## 10.6　溶胶的稳定与聚沉

憎液溶胶是热力学上不稳定系统，其不稳定性是绝对的。但是，如果制备的条件合适，有些溶胶系统能暂时稳定地存在几天、几个月、几年甚至几十年。例如法拉第所制备的红色金溶胶，静置数十年后才聚沉。热力学上不稳的溶胶系统之所以能暂时稳定存在，这是系统中不稳定因素（粒子间有相互聚结以降低其表面能趋势）和稳定因素（由布朗运动产生的动力学稳定性、带电胶粒间的静电斥力和粒子的溶剂化等）相互作用所达成的暂时的平衡结果。能使溶液暂时稳定存在的因素主要有以下几点。

胶体的稳定与聚沉

### 10.6.1　动力学稳定性

由于溶胶的粒子小，布朗运动剧烈，在重力场中不易沉降，使溶胶具有动力学稳定性。溶胶的动力学稳定性主要来源于其布朗运动。而事实上，根据爱因斯坦观点，溶胶中胶粒的布朗运动其实质是介质分子的热运动，布朗运动的激烈程度是温度的函数，随着温度的升高而增加。当温度太低时，布朗运动速度降低，由布朗运动产生的扩散作用不足以平衡胶粒的沉降，溶胶最终将失去动力学稳定性而聚沉；然而，由于布朗运动所产生的动力学稳定性也不是温度越高越好。因为布朗运动固然使溶胶具有动力学稳定性，但也促使粒子之间不断地相互碰撞。在一般的温度下，布朗运动不是非常剧烈，加之静电斥力和溶剂化作用，使得即将发生碰撞的粒子止于即将碰撞的一刻，或即使发生了碰撞，其碰撞的激烈程度也被大大降低，一经碰撞后马上被分开。但是，随着温度升高，布朗运动激烈程度增加，当温度高到粒子由于布朗运动所获得的动能大于静电斥力所产生的势垒时，胶粒会因为碰撞而聚集长大，溶胶失去动力学稳定性，进而发生沉淀。因此，针对不同的溶胶系统，维持合适的温度是保持溶胶动力学稳定性的重要条件。

### 10.6.2　溶剂化稳定性

胶粒紧密层离子溶剂化（水化外壳）层就像是给胶粒穿上了一层具有弹性的外衣，增加了胶粒聚合的机械阻力。当胶粒因布朗运动发生碰撞时，由于碰撞而变形的溶剂化层能有效地将相互碰撞的胶粒隔离并使其弹开，从而避免了胶粒由于碰撞而聚集长大，进而发生沉淀。

### 10.6.3　电学稳定性

溶胶的电学稳定性，可以通过图 10-19 加以理解。

分散在介质中的胶团，可视为带电的（具有 $\zeta$ 电势的）胶粒及环绕其周围带有反电荷的

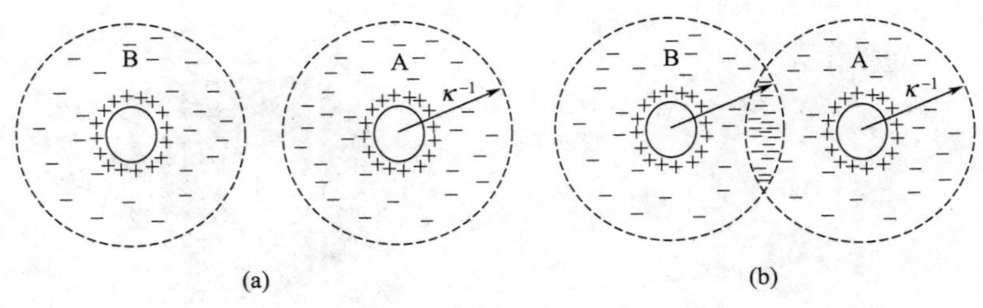


图 10-19　胶团相互作用示意图

离子氛所组成。图中虚线为胶粒所带正电荷作用的范围，即胶团的大小。在胶团之外的任何一点，则不受正电荷的影响；在扩散层内任意一点，因正电荷未被完全抵消而呈现出一定的正电性。因此，当两个胶团的扩散层未重叠时，两者之间不产生任何作用力［图 10-19(a)］；当两个胶团的扩散层发生重叠时［图 10-19(b)］，在重叠区内，反离子浓度增加，使两个胶团扩散层的对称性同时遭到破坏。这样既破坏了扩散层中反离子的平衡分布，也破坏了双电层的静电平衡。前一平衡的破坏使重叠区内过剩的反离子向未重叠区扩散，导致渗透性斥力的产生。后一种平衡的破坏，由于 $\zeta$ 电势的存在，导致两胶团之间产生静电斥力。随着重叠区的增大，这两种斥力势能皆增加，从而阻止了胶粒进一步靠近而聚集长大。溶胶的电学稳定性是使溶胶系统稳定存在的重要原因，因此，处在等电态（$\zeta=0$）的溶胶系统是不稳定的。

### 10.6.4　溶胶系统中粒子间作用能与稳定性关系

在上面讨论溶胶的电学稳定性时，我们只定性地讨论了胶粒的带电性及其 $\zeta$ 电势与溶胶稳定性的关系。实际上，在讨论溶胶的稳定性时，必须同时考虑促使其相互聚集的粒子间相互吸引的能量（$E_A$）及阻止其聚集的相互排斥的能量（$E_R$）两方面的总效应。溶胶粒子间的吸引力在本质上和分子间的范德华力相同，但是此处是由许多分子组成的粒子之间的相互吸引，其吸引力是各个分子所贡献的总和，可以证明这种作用力不是与分子间距离的六次方成反比而是与距离的三次方成反比（分子间吸引力与距离是六次方的关系），因此这是一种远程的作用力；溶胶粒子间的排斥力起源于胶粒表面双电层结构，这在前文（电学稳定性）中已有定性描述。粒子间距离（$x$）与 $E_A$、$E_R$ 以及总作用能（$E_A+E_R$）之间的关系如图 10-20 所示，图中 $E_A$ 和 $E_R$ 分别代表吸引力势能和斥力势能随距离（$x$）的变化，实线为总势能随距离 $x$ 的变化。当距离较大时，双电层未重叠，吸引力起作用，因此总势能值为负。当粒子靠近到一定距离以致双电层发生重叠时，则排斥力起主要作用，势能显著增加，但与此同时，粒子之间的吸引力也随距离缩短而增大。当两个粒子从远处逐渐接近时，粒子间的作用力由零逐渐增加，由于首先起作用的是引力势能，故 $E_A+E_R$ 小于零，即在 $a$ 点以前 $E_A$ 起主导作用；随着距离减小，在 $a$ 点到 $b$ 点的距离范围内，斥力势能 $E_R$ 起主导作用，此时 $E_A+E_R$ 大于零，从而使得总势能曲线上出现一极小值，称为**第二极小值**。随着距离缩短，引力势能 $E_A$ 在数值上迅速增加，使得总势能曲线上出现极大值 $E_{max}$。此后，当两粒子再进一步靠近时，斥力势

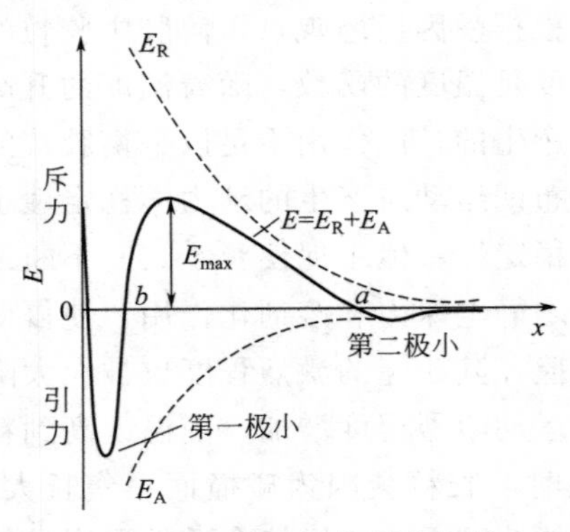


图 10-20　粒子间作用能与其距离的关系曲线

能急剧增大，由此在总势能曲线上形成又一个极小值，称为第一极小值。

总势能曲线上的极大值 $E_{max}$ 为胶体粒子间净斥力势能数值。它是溶胶发生聚沉时必须克服的“势垒”，其大小约 $15kT$（$k$ 为玻尔兹曼常数）。如果势垒足够高，超过 $15kT$，则一般胶体粒子无法克服它，此时溶胶处在相对稳定状态。值得注意的是，外加电解质的浓度和反离子的价态会影响 $E_{max}$ 的大小。若由于外加电解质改变 $\zeta$ 电势，使得势垒远小于 $15kT$，或由于布朗运动足够激烈，以致迎面相碰的一对溶胶粒子所具有的相对平动能足以克服这一势垒，它们将会进一步靠拢，使两胶粒之间的势能落入第一极小值。总势能曲线上的第一极小值如同一个陷阱，落入此陷阱的粒子将形成结构紧密而又稳定的、不可逆的聚沉物，溶胶将不可能稳定地存在。在总势能曲线上较远而又很浅的第二极小值，并非所有的溶胶皆可出现，若溶胶粒子的线度小于 10nm，即使出现第二极小值也是很浅的。对于较大的粒子，特别是形状不对称的粒子，会明显出现第二极小值，其值仅几个 $kT$ 的数量级。粒子落入第二极小值可形成较蓬松的沉积物，但不稳定。外界条件稍有变动，该蓬松沉积物可重新分离而形成溶胶。上述 10.6.3 和 10.6.4 内容实际上是后面 10.6.6 DLVO 理论的定性描述。

### 10.6.5　溶胶的聚沉及影响聚沉的因素

溶胶中的分散相微粒互相聚集，颗粒变大，进而发生沉淀的现象称为**聚沉**。影响溶胶稳定性的因素是多方面的，例如前文论述的电解质的作用、溶剂化程度、溶胶的浓度、温度等。其中溶胶浓度的增加将使粒子互相碰撞的机会增多而降低其稳定性。而温度升高会使布朗运动太剧烈，以致其迎头碰撞的动能大于势垒 $E_{max}$，从而发生聚沉。在上述诸多影响因素中，以电解质的作用研究得最多。本节中将扼要讨论电解质对于溶胶聚沉作用的影响。除此之外，还将定性介绍不同胶体系统间的相互作用和大分子化合物的聚沉作用。

**(1) 电解质的聚沉作用**

正如前面有关溶胶稳定性讨论中所论述的那样，溶胶中的电解质是使溶胶能稳定存在的重要因素，适量的电解质对溶胶起到稳定剂的作用。但是，这可不是韩信将兵，多多益善。如果电解质加入过多，尤其是含高价反离子的电解质的加入，往往会使溶胶发生聚沉。究其原因，如图 10-16 所示，这是因为电解质浓度或离子价数增加时，都会压缩扩散层，使 $\zeta$ 电势下降，导致斥力势能下降，从而使得溶胶聚沉所必须克服的势垒 $E_{max}$ 下降，如图 10-21 所示。在图 10-21 中，电解质浓度 $c_3>c_2>c_1$，$E_{max}$ 随着 $c$ 的增加而下降。当电解质浓度大于 $c_3$ 时，引力势能占绝对优势，分散相粒子一旦相碰，即可聚集长大，进而发生聚沉。

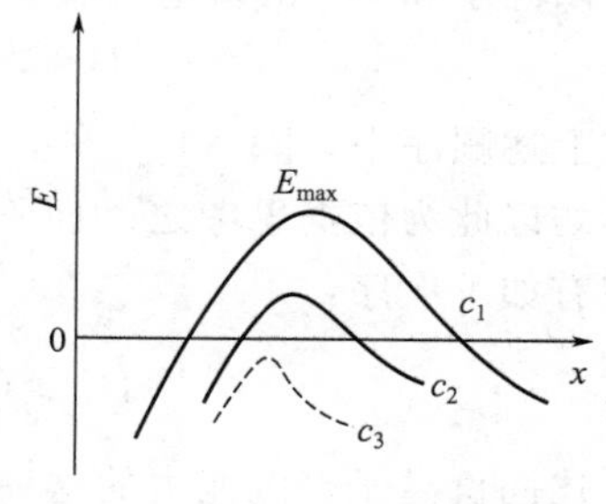

图 10-21　电解质浓度对胶体粒子间势能的影响

在一定时间内，使溶胶发生明显聚沉所需电解质的最小浓度称为该电解质的**聚沉值**。某电解质聚沉值越小，表明其聚沉能力越强，为此，将聚沉值的倒数定义为电解质的**聚沉能力**。

实验表明，当电解质浓度达到聚沉值时，胶粒的荷电量并未减少到零，亦即 $\zeta$ 值不等于零。通常情况下，此时电动电势的数值仍有 25～35mV，但胶粒的布朗运动足以克服胶粒之间所剩的较小的静电斥力，故发生沉淀。当 $\zeta=0$ 时，溶胶的聚沉速率可能达到最大值。

根据一系列的实验结果，可以总结出如下一些有关电解质对溶胶沉淀影响的规律。

① 聚沉能力主要取决于胶粒带相反电荷的离子的价态。反离子的价态愈高其聚沉能力愈强。对于给定的溶胶，反离子为一、二、三价的电解质，其聚沉值的比例大约为 100∶1.6∶0.4，亦即约 $(1/1)^6 : (1/2)^6 : (1/3)^6$。这表示聚沉值与反离子价态的六次方成反比，称为**舒尔茨-哈迪规则**(Schulye-Hardy rule)。

电解质的聚沉能力

**表 10-5 不同电解质的聚沉值** 单位：$mol \cdot m^{-3}$

| $As_2S_3$(负溶胶) | | AgI(负溶胶) | | $Al_2O_3$(正溶胶) | |
|---|---|---|---|---|---|
| LiCl | 58 | $LiNO_3$ | 165 | NaCl | 43.5 |
| NaCl | 51 | $NaNO_3$ | 140 | KCl | 46 |
| KCl | 49.5 | $KNO_3$ | 136 | $KNO_3$ | 60 |
| $KNO_3$ | 50 | $RbNO_3$ | 126 | | |
| KAc | 110 | $AgNO_3$ | 0.01 | | |
| $CaCl_2$ | 0.65 | $Ca(NO_3)_2$ | 2.40 | $K_2SO_4$ | 0.30 |
| $MgCl_2$ | 0.72 | $Mg(NO_3)_2$ | 2.60 | $K_2CrO_7$ | 0.63 |
| $MgSO_4$ | 0.81 | $Pb(NO_3)_2$ | 2.43 | $K_2C_2O_4$ | 0.69 |
| $AlCl_3$ | 0.093 | $Al(NO_3)_3$ | 0.067 | $K_3[Fe(CN)_6]$ | 0.08 |
| $1/2Al_2(SO_4)_3$ | 0.096 | $La(NO_3)_3$ | 0.069 | | |
| $Al(NO_3)_3$ | 0.095 | $Ce(NO_3)_3$ | 0.069 | | |

注：摘自傅献彩，沈文霞，姚天杨．物理化学（下册）．第 4 版．北京：高等教育出版社，1990。

针对表 10-5 中的数据，读者可以自行用舒尔茨-哈迪规则检验之。值得注意的是，当反离子在胶粒表面强烈吸附或发生表面化学反应时，舒尔茨-哈迪规则不能应用，例如上表中 $AgNO_3$ 电解质对于 AgI 负溶胶。此外，舒尔茨-哈迪规则仅可作为一种粗略估计，而不能作为严格定量计算的依据。

② 价态相同的反离子聚沉能力也有所不同。例如不同的一价碱金属以及 $NH_4^+$ 的硝酸盐阳离子和 $H^+$ 对负电性胶粒的聚沉能力可以排成如下次序：

$$H^+ > Cs^+ > Rb^+ > NH_4^+ > K^+ > Na^+ > Li^+$$

在上述顺序中，除 $NH_4^+$ 外，聚沉能力似乎与 $H^+$ 和碱金属离子半径的大小顺序相反。读者不妨以此为依据思考之。而不同的一价阴离子的钾盐对带正电的 $Fe_2O_3$ 溶胶的聚沉能力，则有如下次序：

$$F^- > Cl^- > Br^- > NO_3^- > I^- > SCN^- > OH^-$$

上述同价离子聚沉能力的这一顺序称为**感胶离子序**。

豆浆（带负电的大豆蛋白溶胶）中加入卤水（含 $Ca^{2+}$、$Mg^{2+}$、$Na^+$ 等离子的电解质）制作豆腐的过程就是利用电解质使溶胶发生聚沉的实例。还有长江、黄河等河流三角洲的成因，从胶体化学的角度来看，与海水中电解质导致河流中带电的泥沙悬浮液颗粒聚沉有关。

③ 有机化合物的离子都具有很强的聚沉能力，这可能与其具有强的吸附能力有关。表 10-6 列出了不同的一价有机阳离子所形成的氯化物对带负电的 $As_2S_3$ 溶胶的聚沉值。

**表 10-6 有机化合物的聚沉值**

| 电解质 | 聚沉值/$mol \cdot m^{-3}$ | 电解质 | 聚沉值/$mol \cdot m^{-3}$ |
|---|---|---|---|
| KCl | 49.5 | $(C_2H_5)_2NH_2^+Cl^-$ | 9.96 |
| 氯化苯胺 | 2.5 | $(C_2H_5)_3NH^+Cl^-$ | 2.79 |
| 氯化吗啡 | 0.4 | $(C_2H_5)_4N^+Cl^-$ | 0.89 |
| $(C_2H_5)NH_3^+Cl^-$ | 18.20 | | |

④ 虽然说对溶胶起聚沉作用主要是反离子，但是电解质的聚沉能力是正负离子作用的总和。尤其是反离子相同时，与胶粒同电性离子的性质对聚沉作用的影响就凸现出来。通常的情况是同电性离子的价态愈高，则电解质的聚沉能力就愈弱。这可能与这些同电性离子吸附能力以及与胶粒争夺反离子的能力有关。表 10-7 给出了不同负离子所形成的钾盐对负电性的亚铁氰化铜溶胶的聚沉值。

**表 10-7　不同电解质对亚铁氰化铜溶胶的聚沉值**

| 电解质 | 聚沉值/$mol \cdot m^{-3}$ | 电解质 | 聚沉值/$mol \cdot m^{-3}$ |
| --- | --- | --- | --- |
| KBr | 27.5 | $K_2CrO_4$ | 80.0 |
| $KNO_3$ | 28.7 | $K_2C_4H_4O_6$ | 95 |
| $K_2SO_4$ | 47.5 | $K_4[Fe(CN)_6]$ | 260 |

因此，通常只有在与溶胶同电性离子的吸附作用极弱以及电解质浓度较稀的情况下才能近似地认为溶胶的聚沉作用是反离子单独作用的结果。从上面的讨论也可以看出，电解质对溶胶的聚沉作用是很复杂的，这也是舒尔茨-哈迪规则不能作为定量计算依据的原因之一。

**(2) 溶胶的相互聚沉**

将两种电性相反的溶胶混合，能发生相互聚沉的作用。与电解质的聚沉作用不同之处在于两种溶胶用量应恰好能使其所带总电荷量相等，才能完全聚沉，否则只能发生部分聚沉，甚至不聚沉。两种不同牌号墨水混合会出现沉淀和自古以来沿用的明矾净水等都是溶胶相互聚沉的实例。

**(3) 大分子化合物对溶胶聚沉作用**

大分子化合物对溶胶系统的作用具有两重性。一方面，若在溶胶中加入少量某种大分子溶液能明显破坏溶胶的稳定性，或者是使电解质的聚沉值显著减小，称为**敏化作用**；或者是大分子化合物直接导致溶胶聚集而沉淀，称为絮凝过程。絮凝过程所得沉淀称为“絮凝物”，促使溶胶发生沉淀的（大分子）物质称为“絮凝剂”。关于大分子对溶胶的絮凝作用，莱姆(Lamer) 认为主要原因有以下几点。

① 搭桥效应。一个长碳链的大分子化合物，通过架桥的方式将两个或更多个胶粒连在一起，变成较大的聚集体，加之大分子的“痉挛”作用，导致凝絮。如图 10-22(a) 所示。

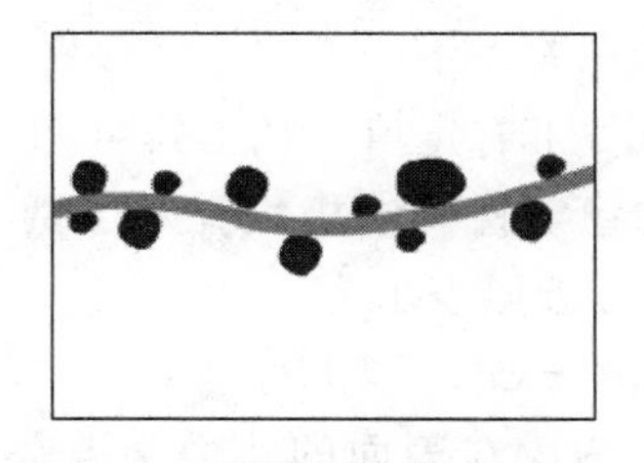

(a) 聚沉(凝絮)作用

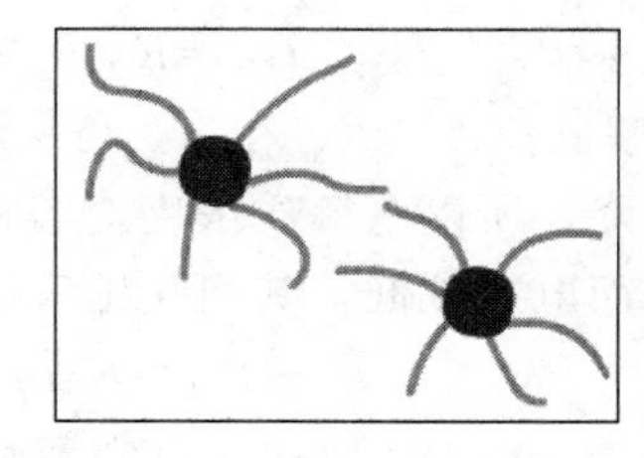

(b) 保护作用

图 10-22　大分子化合物对溶胶聚沉（凝絮）和保护作用示意图

② 脱水效应。大分子化合物对水有更强的亲和力，由于它的溶解与水化作用，使胶粒脱水，失去水化外壳而聚沉。

③ 电中和效应。离子型的大分子化合物吸附在带电胶粒上，可以中和分散相粒子的表面电荷，使粒子间的斥力势能降低而聚沉。

大分子化合物对溶胶凝絮作用的研究，自 20 世纪 60 年代以来发展很快，研究成果广泛应用于各种工业部门的污水处理和净化，化工操作中分离和沉淀。与无机聚沉剂相比，大分子絮凝过程有不少优点：a. 效率高，一般只需要加入质量分数约为 $10^{-6}$ 的凝絮剂即可有明显的凝絮作用；b. 有机絮凝剂生成的絮凝物沉淀迅速，通常可在数分钟至十几分钟完成，且沉淀物块大而疏松，便于过滤等。

目前，市售絮凝剂牌号最多的是聚丙烯酰胺类，约占絮凝剂总量的 70%。不同的牌号标志着它的不同水解度和摩尔质量，以适应不同的实际需要。其他的絮凝剂还有：聚氯乙烯、聚乙烯醇、聚乙二醇、聚丙烯酸钠以及动物胶、蛋白质等。

另一方面，若在溶胶中加入较多的大分子化合物，大量大分子化合物的一端吸附在同一个胶粒表面上，使得分散相胶粒对介质的亲和性增加，从而起到防止聚沉的保护作用；或者是许多大分子线团似环绕在胶粒周围，形成水化外壳，将胶粒包围起来，从而对胶粒起到保护作用而防止溶胶聚沉。大分子化合物对溶胶起稳定作用如图 10-22(b)。

### *10.6.6 溶胶稳定性的 DLVO 理论简介

在 20 世纪 40 年代，苏联学者德捷亚金（Derjaguin）和兰道（Landau）与荷兰学者维韦（Verwey）和欧弗比克（Overbeek）分别提出了关于各种形状粒子之间在不同情况下相互吸引能与双电层排斥能的计算方法，并据此对憎液溶胶的稳定性进行了定量处理，得出了聚沉值与反离子电价之间的关系，从理论上阐明了舒尔茨-哈迪规则，这就是关于胶体稳定性的**DLVO 理论**。由于溶胶系统影响吸引力和排斥力的因素很多，所以推导 $E_A$ 和 $E_R$ 的表示式较为复杂，这里只引出简化的结果。

若两个体积相等的球形粒子表面之间的距离 $x$ 比粒子半径 $r$ 小得多时，可以近似地得到两粒子之间的相互引力势能 $E_A$ 为

$$E_A=-\frac{A}{12}\times\frac{r}{x} \tag{10-26}$$

式中，$A$ 称为哈马克（Hamaker）常数，与粒子性质（如单位体积内原子数、极化率等）有关，是物质的特性常数，大小约在 $10^{-20}\sim10^{-19}$J 之间。

具有相同电荷粒子间相斥势能的大小取决于粒子电荷的数目和相互间的距离。此外，固体表面电位分布情况不同，则相互排斥势能的表示式也不同。对于平行板之间的相互排斥势能 $E_R$ 为

$$E_R=K_1c^{1/2}\exp(-K_2c^{1/2}) \tag{10-27}$$

式中，$c$ 为电解质浓度；$K_1$ 和 $K_2$ 在一定条件下有定值。从上式可知，$E_R$ 随电解质浓度增加而呈指数下降，所以电解质浓度对溶胶的稳定性影响极大。对于两个相距为 $R$ 的球形粒子，假定其表面电势较低，其相互排斥势能可近似表示为

$$E_R\approx K\varepsilon r\varphi_0^2\exp(-\kappa x_0) \tag{10-28}$$

式中，$K$ 为常数；$\varepsilon$ 为介质的介电常数；$\varphi_0$ 为胶粒表面的热力学电势；$\kappa$ 为德拜-休克尔离子氛半径的倒数，具有双电层厚度的意义；$x_0$ 为两球形粒子表面间的最小距离；$r$ 为粒子半径。由式(10-28) 可知，排斥势能随表面电势 $\varphi_0$ 和粒子半径 $r$ 的增大而升高，随着粒子间距离的增加而呈指数下降。

粒子间的总势能应是相吸势能和相斥势能之和，即 $E=E_A+E_R$，其数值随两粒子间距离的变化如图 10-20 所示。在势能曲线上，“势垒”的高度是溶胶稳定性的一种标志，当势垒高度为零时，溶胶将变得不稳定。在图中找出由于电解质的加入，使势垒为零的点，即在

$dE/dx=0$，$E=0$ 点的电解质浓度 $c$ 是 $E=0$ 时的聚沉浓度，通常称为聚沉值。经若干简化，得到以水为介质的DLVO理论的一种简化表示式为

$$c=\frac{K\gamma^4}{A^2Z^6} \tag{10-29}$$

式中，$c$ 为电解质的聚沉值；$K$ 为常数；$A$ 为哈马克常数；$\gamma$ 为与表面电势有关的物理量，对一定的溶胶而言，$A$ 和 $\gamma$ 有定值。由式(10-29)可知，聚沉值与反离子价数 $Z$ 的六次方呈反比的关系，这从理论上阐明了舒尔茨-哈迪规则，大量的实验事实也确实证明 $c \propto 1/Z^6$，反过来也证明了DLVO理论的正确性。

## 10.7　乳状液

在第9章表面活性剂的应用部分，我们曾讲到乳状液，并给出了乳状液的定义：由一种或几种液体分散在另一种与之不相溶的液体中构成的分散系统称为**乳状液**。其中分散相又称为内相，而分散介质则称为外相。乳状液中分散相的大小通常介于0.1～0.5μm之间，用普通显微镜可清楚地观察到。因此，从粒子的大小看，乳状液应属于粗分散系统，但由于它具有多相和聚集不稳定等特点，所以也是胶体化学研究的对象之一。

在日常生活和生产中，经常接触到乳状液，例如，母乳、牛奶、人造黄油、从油井中喷出的原油、炼油厂废水、橡胶类植物的乳浆、乳化农药等皆是典型的乳状液。

在实际的科研或生产中，为了达到分散的目的，需要设法使乳状液稳定，如牛奶、乳液涂料、乳化农药等；而有时为了达到分离的目的，则必须设法破坏乳状液，如原油脱水、炼油厂废水处理等。因此，乳状液研究的两大任务就是乳状液的稳定和破坏，即乳化和破乳。

### 10.7.1　乳化剂及其乳化作用

同胶体分散系统一样，乳状液也是一种高度分散、热力学不稳定的系统。将两种互不相溶液体混合并充分振荡，可得到瞬间的乳状液，但静置后很快就会分为上、下两层。这是因为当振荡使互不相溶的液体分散成小液滴后，系统内两液体之间的界面显著增大，界面吉布斯函数增加，处在一热力学不稳定状态，存在着自发减少吉布斯函数的倾向，由此导致小液滴聚集长大，最终分成两相。换言之，仅有两种互不相溶的液体是得不到稳定的乳状液的，必须有第三种物质的存在，它能形成保护膜，并能明显降低界面吉布斯函数，使乳状液能稳定存在。具备上述特性的第三种物质称为**乳化剂**。乳化剂使乳状液稳定的作用称为**乳化作用**。

乳化剂种类很多，可以是蛋白质、树胶、明胶、皂素、磷脂等天然产物，而使用更多更有效的乳化剂则是人工合成的表面活性剂。对于分散相液滴较大的乳状液，根据分散相是油还是水，对应的可以用具有亲水性的二氧化硅、蒙脱土等固体粉末或憎水性的石墨、炭黑等固体粉末作乳化剂。

乳化剂乳化作用的主要机制如下。

① 降低界面张力　乳状液是一高度分散的多相系统，具有很大的比表面，通常乳化剂在油/水界面上的定向排列，显著地降低了界面张力和表面吉布斯函数，使其处于能量较低的稳定状态。

② 形成界面膜　乳化剂分子（或固体粉末）在油/水界面定向排列构成具有一定机械强度的界面膜，阻止了分散相因碰撞而聚结，从而保持乳状液的稳定。

③ 形成双电层　若乳化剂为离子型表面活性剂，在油/水界面定向排列后，则与溶胶粒子类似，液滴的表面也具有双电层结构，当分散相液滴相互靠近时因双电层产生的排斥作用而不易聚结。

视具体系统，乳化剂的乳化作用可以是上述因素的一种或几种同时作用的结果。

### 10.7.2　影响乳状液类型的因素及乳状液类型的鉴别

乳状液中，通常一相为水（用 W 表示），另一相为不溶于水的有机液体（统称为“油”，用 O 表示）。对于给定的水和油而言，可以是油作为分散相分散在水中，形成水包油型乳状液，用符号 O/W 表示；也可以是水作为分散相分散在油中，形成油包水型乳状液，用符号 W/O 表示。究竟形成何种类型的乳状液，与所用的乳化剂的性质和结构相关。影响乳状液类型的因素可归纳为以下几点。

① 界面张力的影响　表面活性剂在油/水界面定向排列构成膜，比较膜与水相之间的界面张力 $\gamma_{膜/水}$ 和膜与油相之间的界面张力 $\gamma_{膜/油}$，若 $\gamma_{膜/水} > \gamma_{膜/油}$，为了尽可能降低表面吉布斯函数，膜凹向水相，易形成 W/O 型乳状液；反之，膜凸向水相，凹向油相，易形成 O/W 型乳状液。

② 乳化剂分子结构影响　乳化剂定向排列在油/水界面形成具有一定厚度的球壳形界面膜。乳化剂在进行定向排列时，总是倾向于使横截面积较大的一端处于壳形界面膜的外表面，如图 10-23 所示。当乳化剂是高级脂肪酸的钠盐（一价皂）时，朝向水的是 $Na^+$，朝向油的是碳氢链，离子一端容易水化，这就增大了这一端占有的空间，使得亲水基团处于壳形界面膜的外表面，凸向水相，因此这类乳化剂能稳定 O/W 型乳状液［见图 10-23(a)］；若用高级脂肪酸锌盐、钙盐（二价皂），由于乳化剂分子的两个碳氢链同在一侧，占有空间较大，致使亲油基团处于壳形界面膜的外表面，凸向油相，因此能稳定 W/O 型乳状液［见图 10-23(b)］。

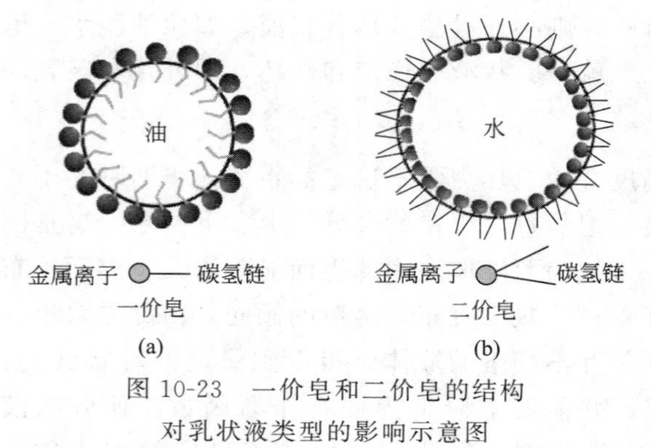

图 10-23　一价皂和二价皂的结构对乳状液类型的影响示意图

③ 溶解度的影响　一定温度下，乳化剂在水相与油相溶解度之比值 $K$（$c_{水}/c_{油}=K$）称为分配系数。若 $K$ 较大，易形成 O/W 型乳状液；反之，易形成 W/O 型乳状液。亲水性表面活性剂在水中溶解度大，适合作为 O/W 型乳状液的乳化剂，这类表面活性剂的 HLB 值为 8～18；亲油性表面活性剂在油相中溶解度大，适合作为 W/O 型乳状液的乳化剂，这类表面活性剂的 HLB 值为 3～8。

④ 润湿角影响　蛋白质类及固体粉末作为乳化剂，主要是形成具有一定结构及机械强度的表面膜，亲水性强（即接触角 $\theta<90°$）的粉末更倾向于同水结合，因此在油/水界面上的吸附膜是弯曲的，凸向水相，凹向油相，这样就使油成为不连续分散相而形成 O/W 型乳状液（见图 10-24）；亲油性的固体粉末则刚好相反，吸附膜凸向油相，凹向水相，使水成为不连续的分布而成为 W/O 型乳状液（见图 10-25）。

⑤ 油/水相体积比　一般而言，体积分数大的液体倾向于作分散介质（外相），体积分数小的倾向于作分散相（内相）。

对于一定的乳状液系统，究竟是 O/W 型，还是 W/O 型，往往很难直接通过肉眼辨认。

鉴别乳状液的类型可通过以下几种方法。

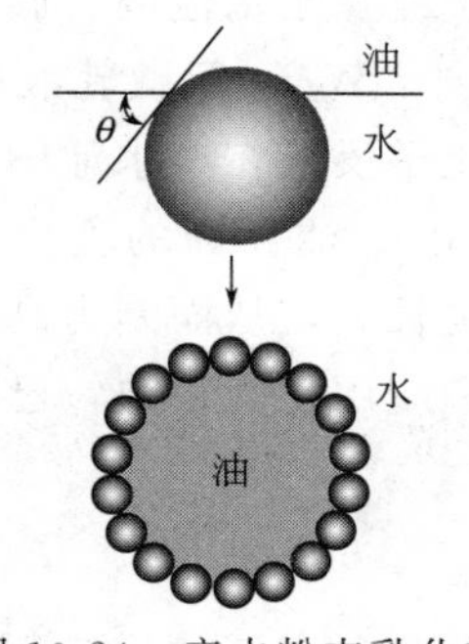


图 10-24　亲水粉末乳化剂

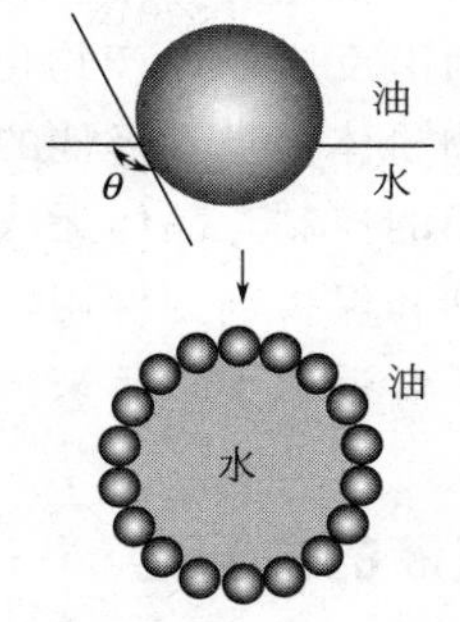


图 10-25　亲油粉末乳化剂

a. 稀释法。取少量乳状液滴入水中或油中，若乳状液能被水稀释，即为 O/W 型，能被油稀释，即为 W/O 型。例如，牛奶能被水稀释，所以牛奶是 O/W 型乳状液。

b. 染色法。将少许水溶性染料如亚甲基蓝等滴入乳状液中，若系统呈蓝色，说明是 O/W 型；若将油性染料如红色苏丹Ⅲ等加入乳状液，如果整个溶液带红色，说明乳状液是 W/O 型，如果只有星星点点的液滴为红色，则是 O/W 型。

c. 电导法。通过测量乳状液电导来确定乳状液类型，O/W 型乳状液电导较高，反之，W/O 型导电能力较差，其电导较低。

### *10.7.3　微乳状液

一般乳状液液滴直径约为 0.1～0.5μm，属于粗分散系统，是热力学不稳定系统。若液滴直径小于 0.1μm，称为微乳状液，简称微乳液。制备微乳液时，乳化剂用量特别大，约占总体积的 20%～30%（常规乳状液为 1%～10%），并需加入一些极性有机物作助剂。

微乳液与普通乳状液相比有两点显著不同。其一，微乳液是热力学稳定系统。大量的表面活性剂在助剂的作用下，互相缔合于油/水界面形成界面层，使油/水的界面张力降低至 $10^{-7}$～$10^{-5}$ $N \cdot m^{-1}$（可以认为接近零），因而使整个混合吉布斯函数（$\Delta_{mix}G$）小于零。微乳液与一般的胶束溶液也不同，在微乳液中，由表面活性剂和助剂形成的缔合界面膜构成一明确的小水池，将水围在其中，好像油包水的乳状液，但尺寸要小得多，并且是稳定的。小水池的尺寸可以用胶体实验方法（如光散射法等）测定。其二是微乳液外观均匀透明。液滴粒径大小不同，对光的吸收、反射和散射也不同，因而外观上有较大的差异。常规乳状液液滴的粒径为微米级，主要是对光的反射而呈乳白色，乳状液因此而得名。若液滴逐渐变小，散射光增强，呈现蓝色和半透明，当液滴小至微乳液时，系统则是均匀透明。表 10-8 给出了乳状液的外观与液滴尺寸的关系。

**表 10-8　乳状液外观大小与液滴尺寸关系**

| 液滴尺寸/μm | 外观 | 液滴尺寸/μm | 外观 |
|---|---|---|---|
| 大液滴 | 可分辨出有二相系统 | 0.1～0.05 | 灰色半透明 |
| >1 | 乳白色 | <0.05 | 透明 |
| 1～0.1 | 蓝白色 | | |

微乳液引起特别关注一方面是由于它在三次采油中能提高原油的采出率（10%以上）。

另一方面，它是实现非水相酶催化的有效途径。通常酶仅能在水中稳定存在，而多数底物是有机物，这就限制了酶催化的应用。利用微乳液，使酶分子存在于水池内，底物则溶于油相分散介质中，在界面上反应后，产物仍溶于油相。除此之外，W/O 型微乳液中的小水池为制备无机纳米氧化物粉体提供了极佳的微观环境。设法让化学反应在小水池中进行并生成晶体，由于受水池大小的控制，晶体无法长大。同时，吸附在水/油界面的乳化剂对所生成的纳米晶粒起到分散剂和保护剂的作用，避免了纳米晶粒聚集长大，从而制得高度分散、晶粒大小均匀的纳米粒子。近二十多年来，微乳化技术的研究和应用发展很快，已在材料制备领域得到广泛的应用。

### 10.7.4 乳状液的去乳化

在工业生产中，为了分离的目的，有时需要去乳化，即破乳。例如，药物生产中往往会形成不必要的乳状液需要破除，原油脱水、除去污水中的油珠、从牛奶中提炼奶油等都需要破乳。乳状液的破坏一般要经过分层、转相和破乳等不同阶段。破乳的原理大致上是乳化作用的逆过程，归根结底是破坏乳化剂的保护作用，最终使油、水分离。通常使用的方法有以下几种。

① 破坏乳化剂去乳化　加入能与乳化剂发生化学反应的试剂，使其与乳化剂生成新的物质而析出（沉淀）。例如，向用皂类作乳化剂的乳状液中加入无机酸，使乳化剂变成脂肪酸析出，从而达到去乳化的目的。

② 破坏保护膜去乳化　用表面活性更强，但碳氢链短，不能形成牢固保护膜的表面活性剂取代原乳化剂，从而破坏原乳化剂形成的保护膜，达到去乳化目的。常用的去乳化表面活性剂是低级醇或醚，例如异戊醇，它表面活性很强，但因碳氢链短且分叉，无法形成牢固的界面膜。

③ 加入类型相反的乳化剂去乳化　例如往用一价皂乳化形成的 O/W 乳状液中加入足够量的二价皂，可以使乳状液发生转相，利用从 O/W 型向 W/O 型转变过程中的不稳定性使之破坏。

④ 电解质去乳化　以双电层起稳定作用的稀乳状液可以通过加入电解质去乳化，这是工业上常用的方法。电解质的去乳化作用也符合舒尔茨-哈迪规则，即与液滴电性相反的离子价数越高，其去乳化能力越强。

除上述几种方法外，还有如加热去乳化，离子破乳等。

## 10.8 泡沫

气体作为分散相分散在液体或固体中称为**泡沫**。例如肥皂泡沫、啤酒泡沫等都是气体分散在液体中的泡沫。而固体泡沫，如泡沫塑料、泡沫橡胶、泡沫玻璃、面包等则是气体分散在黏度较大的液体中，冷却后形成的气体分散在固体中的泡沫。泡沫分散度较低，一般用肉眼即可分辨，属于粗分散系统。

**(1) 泡沫的形成和破裂**

图 10-26 所示的是刚开始形成的泡沫的局部结构。气泡由液膜隔开，液膜内的液体在表面张力的作用下向 $a$ 处流动，液膜渐渐变薄，最终导致破裂，或合并、长大。

**(2) 起泡剂及起泡剂的稳定机制**

要制得稳定的液体泡沫，必须加入起泡剂（或称为稳定剂），加入起泡剂后的液体泡沫可看作亚稳态系统。表面活性剂、肥皂、蛋白质、植物胶、固体粉末和高分子物质等都是很好的起泡剂。起泡剂稳定液体泡沫的作用机制与乳化剂稳定乳状液很相似。起泡剂之所以能稳定泡沫，一方面降低界面张力，减缓液膜排液变薄的过程。更重要的是形成具有一定机械强度的保护膜。例如，表面活性剂分子在液膜上形成双层，其亲水基团形成水化层（如图 10-27 所示），从而防止了液膜内液体的流失，而伸向气相的亲油基团相互吸引，使液膜强度大大提高；蛋白质类起泡剂容易形成坚固的保护膜；固体粉末（石墨、矿粉等）既能阻止气泡的相互聚结，也增加了液膜中液体流动的阻力；高分子化合物（聚乙烯醇、甲基纤维素等）也能形成保护膜，使液体泡沫稳定。此外，通过加入一些助剂可增大液膜的黏度，使液膜不易收缩变薄而破裂。同时，液膜黏度增加又减小了气体的渗透，使泡沫更加稳定。

使液膜表面带电也是使泡沫稳定的常用方法之一。若液膜的两个表面带有相同的电荷，在液膜较薄时，因相同电荷间的排斥作用，阻止了液膜继续变薄。离子型表面活性剂十二烷基硫酸钠用作起泡剂的原理即在于此。

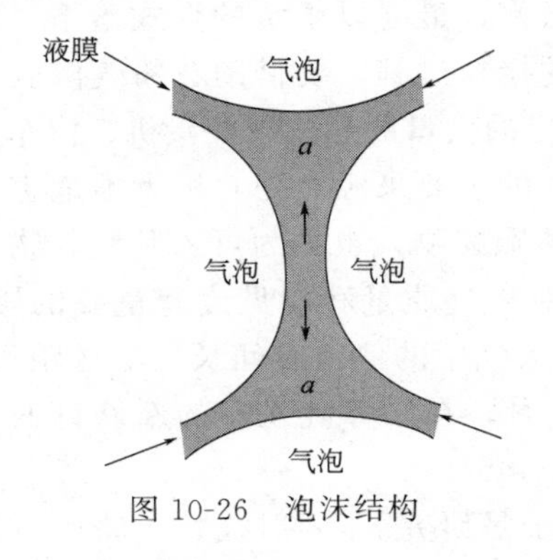


图 10-26　泡沫结构

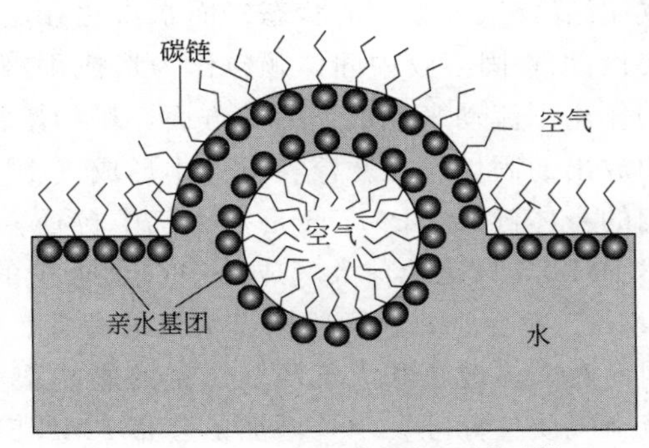


图 10-27　气泡液膜上的双层吸附

**(3) 泡沫技术应用简介**

泡沫技术在日常生活和生产中具有广泛的应用。由起泡剂、助剂等组成的气、液两相或气、液、固三相的泡沫流体，具有可压缩性、良好的流变性。这种泡沫流体已成功地应用于油气田的开发。在国外石油工业中，泡沫流体的应用已有 50 多年的历史，成为油气田开发的重要手段。此外，泡沫灭火剂、泡沫杀虫剂、泡沫除尘、泡沫分离、泡沫陶瓷及隔热保温等方面皆用到泡沫技术。

**(4) 消泡和消泡剂**

在食品、医药、炼油、印染等生产领域，常常因产生大量泡沫而给工业生产操作带来不便，影响产品质量。防止泡沫产生和有效消除泡沫是人们面临的另一方面问题。消泡的方法有物理法和化学法，物理方法包括机械搅动、交替升温降温、加压减压、气体喷射、过滤去除等；化学方法则类似于去乳化过程，是基于起泡机制逆向进行。加入消泡剂破坏泡沫，其作用机制如下。

① 起泡剂脱附　加入表面活性更强但形成的膜强度很低的物质，取代原有的起泡剂，使泡沫破裂。如乙醚、硅油、异戊醇等是常用的消泡剂。

② 降低液膜黏度　加入能降低液膜黏度的物质，以加快排液速度，削弱液膜抗扰动的能力。例如磷酸三丁酯，其分子截面积大，渗入到液膜中可极大地降低液膜的黏度。

③ 在系统中加入一些能在界面迅速吸附和扩散，但不能形成牢固界面膜的物质　由于泡沫丧失自动修复能力，从而阻止了泡沫的形成。一些润滑剂与环氧乙烷、环氧丙烷共聚而

成的聚醚型非离子表面活性剂就是这类物质。

## 10.9 气溶胶

在头顶的天空，并不是人们想象的完全纯净的空气，而是一个巨大的气溶胶系统。所谓气溶胶就是以气体为分散介质的分散系统。气体分散系统中，分散相的粒径分布范围很大，从 $10^{-4}$～$10^{-9}$m（100μm～1nm）。当粒径>$10^{-7}$m（0.1μm）时，应属于粗分散系统，例如肉眼可见的粉尘和悬滴，粗分散系统有明显的沉降行为；当粒径<$10^{-7}$m 时，如空气中的烟和雾，才是严格意义上的气溶胶，在静止空气中不能自动地下沉，而是处于无规则的布朗运动状态。按分散相不同，气溶胶可分为气-固溶胶和气-液溶胶。粉尘、炊烟是固体颗粒作为分散相分散在空气中的气-固溶胶。气象学中的霾就是典型的气-固溶胶。云雾是小水滴作为分散相分散在空气中的气-液溶胶。由此可知，人们就是生活在以空气作为分散介质的气溶胶中。

在大自然中，人们赖以生存的水在蒸发→云雾→雨水→蒸发的循环过程中，就经历了气-液溶胶（云雾）的状态；而水汽化在空气中要形成云雾，最终以雨水的形式落下，往往要借助气-固溶胶中固体颗粒作为形成雨滴的核；植物的授粉过程，要借助花粉气溶胶在风的作用下流动来完成。另一方面，矿物燃料煤燃烧所产生的大量的烟尘以及飞机、汽车尾气中放出的固体颗粒飘浮在空气中形成气-固溶胶（PM2.5 的主要来源之一）极大地危害着人们的身体健康。PM2.5 是指大气中粒径≤2.5μm 的固体颗粒物，也称为可入肺颗粒物。虽然 PM2.5 只是地球大气成分中含量很少的组分，但它对空气质量和能见度有重要的影响。PM2.5 粒径小，表面吸附有大量的有毒、有害物质且在大气中的停留时间长、输送距离远，因而对人体健康和大气环境质量的影响很大。2012 年 2 月，在国务院发布的新修订的《环境空气质量标准》中，增加了公布 PM2.5 的指标内容。

气溶胶在科技上的应用也十分广泛，一个典型的例子是研究 α、β 射线粒子轨迹所用的近代物理仪器，即威尔逊（Wilson）云雾室就是过冷水蒸气在气体离子上凝结时形成的气-液溶胶（雾）。将液体燃料喷成雾状（如汽车发动机经喷油嘴将汽油雾化后与进入汽缸中的空气混合）或固体燃料以粉尘的形式进行燃烧，可使燃烧更完全，减少污染。

综上所述，有关气溶胶的稳定与破坏都具有明显的科学和应用价值，有兴趣的读者可进一步阅读相关的专业书籍。

## 10.10 凝胶

在适当的温度条件下，通过改变系统的 pH，或加入电解质，或引发化学反应，可使溶胶中的分散相颗粒或高分子溶液中溶质（高分子）相互连接形成网状骨架，**凝胶**就是由这种网状骨架以及充满其间的分散介质构成的。其中分散相与分散介质都是连续相，是一种贯穿型的网络，是溶胶存在的一种形式。从溶胶变为凝胶的过程叫**胶凝**。通过胶凝形成的凝胶，具有一定的几何形状，具有弹性、屈服应力等固体的特性。但它不是真正的固体，其结构强度有限，易于破坏。同时它又具有液体的某些性质，如离子在水凝胶中的扩散速率与水溶液中的扩散速率十分接近。

### 10.10.1 凝胶的分类

根据凝胶中含液量的多少，可将凝胶分为**水凝胶**（又称**冻胶**）和**干胶**。冻胶就是含有大量（90%以上）水（分散介质）的凝胶，如明胶、血块、肉胨、豆腐等，具有触变性（见图10-28）；干胶是脱去水（分散介质）后的凝胶。硅胶、明胶、阿拉伯树胶均为干胶。

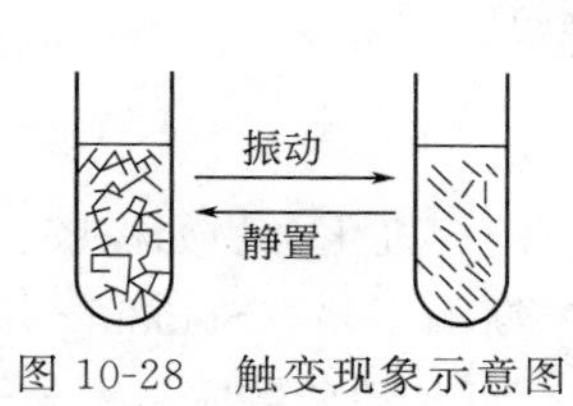


图 10-28 触变现象示意图

(a) 脱水收缩前的凝胶

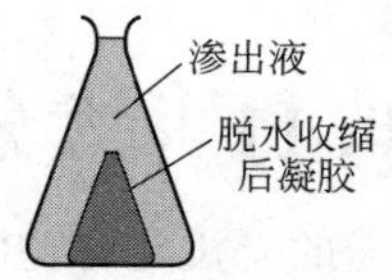


(b) 脱水收缩后凝胶分成两相

图 10-29 脱水收缩现象

根据分散相是刚性或弹性，可将凝胶分为刚性凝胶和弹性凝胶。

弹性凝胶的骨架多为柔性的不对称型或线型高分子所构成。例如橡胶、琼脂、明胶（由蛋白质分子连接而成）等皆属于弹性凝胶。弹性凝胶变形后能恢复原状。溶胶经胶凝作用变为凝胶，胶凝作用并非凝聚过程的终点，在许多情况下，如将凝胶放置，会渗出液滴，这些液滴合并形成一个液相，与此同时凝胶本身的体积将缩小。这种使凝胶分为两相的过程称为脱水收缩（见图 10-29），脱水收缩后，凝胶的体积虽变小，但仍保持最初的几何形状。例如刚成块的豆腐会不断流出水来。脱水收缩现象一般是粒子在系统内所发生的相互吸引作用的结果，各成分间并不发生任何化学反应，系统的总体积（分散相和分散介质体积之和）一般没有变化，也不引起溶剂化程度的改变。凝胶完全脱水后变为柔性的**干胶**。干胶浸于分散介质中重新吸收分散介质时，体积又重新膨胀，称为**溶胀**，有时还能无限溶胀形成溶胶或高分子溶液，如琼脂、明胶、皮革、纸张等。明胶能配成水溶液。但硫化橡胶由于形成交联网状结构，虽能在苯中溶胀，但只能有限溶胀，不能形成溶液。

非弹性凝胶骨架是由刚性颗粒构成的网状结构，如 $SiO_2$、$V_2O_5$、$TiO_2$、$Fe_2O_3$ 等。非弹性凝胶脱去分散介质后体积几乎不变，形成刚性骨架，原来分散介质所占的空间被空气取代，因此多为多孔固体，具有良好的吸附性能，常被用作吸附剂、催化剂或催化剂载体。

除此之外，20 世纪 70 年代还发现一类水凝胶，又称为敏感性水凝胶，它们在水中的溶胀随温度、pH 以及压力和溶剂组成等的变化发生急剧的变化。图 10-30 是一种温度敏感异丙烯酰胺（NIPA）水凝胶的溶胀比 $V/V_0$ 随温度的变化，$V_0$ 是某参考体积，由图 10-30 可知在 35℃左右，其体积发生了急剧改变。

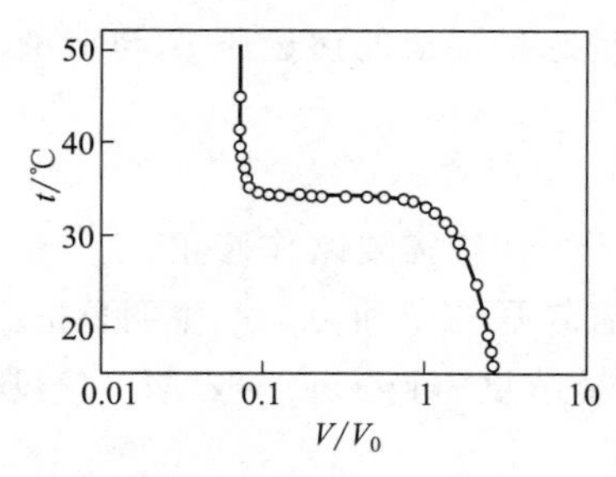


图 10-30 NIPA 水凝胶溶胀比随温度的变化

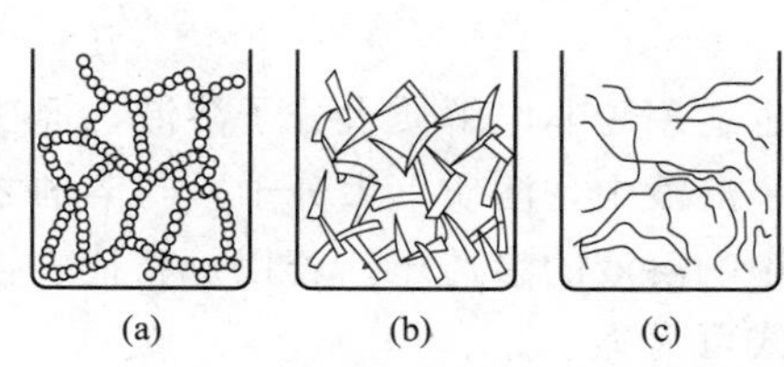


图 10-31 凝胶结构四种类型的示意图

### 10.10.2 凝胶网状结构的类型

图 10-31 是凝胶结构四种类型的示意图。其中图 10-31(a) 为球形粒子相互联结，如 $SiO_2$ 等形成的凝胶；图 10-31(b) 为棒状或片状粒子相互支撑构成骨架，如 $V_2O_5$ 等凝胶；

图 10-31(c) 为柔性线型高分子构成骨架，一部分长链有序地排列成微晶区，如明胶；图 10-31(d) 为线型高分子靠化学键形成交联的网状结构，如硫化橡胶。

## 10.11 大分子溶液

普通的有机化合物的相对分子质量约在 1000 以下，可是有的有机化合物如橡胶、蛋白质、纤维素等的相对分子质量很大，达到 $10^5$，有的甚至达到 $10^6$。斯陶丁格（Standinger）把相对分子质量大于 $10^4$ 的物质称为大分子，将其溶于适当的溶剂中，可自动分散成为大分子溶液。

大分子溶液中的大分子尺度通常在胶体分散系统范围内，而且又具有胶体的扩散缓慢、不能穿过半透膜等溶胶的基本特性，因此将其放在胶体系统讨论。大分子化合物在溶液中以分子或离子状态存在，在溶质（大分子化合物）与分散介质（溶剂）之间无相界面存在，故大分子溶液是均匀分布的热力学稳定系统，这是大分子溶液与前面讲的憎液溶胶最本质的区别。又由于在大分子溶液中，溶质与溶剂之间存在着较强的亲和力，因此，大分子溶液又叫亲液溶胶。为了便于比较，现将大分子溶液（亲液溶胶）、憎液溶胶和真溶液的主要性质的比较列于表 10-9 中。

表 10-9 三种溶液某些性质的比较

| 性质＼溶液类型 | 憎液溶胶 | 大分子溶液 | 真溶液 |
|---|---|---|---|
| 粒子大小 | 1～100nm | 1～100nm | <1nm |
| 分散相存在的单元 | 多分子构成的胶粒 | 单分子 | 单分子 |
| 是否透过半透膜 | 不能 | 不能 | 能 |
| 是否热力学稳定系统 | 不是 | 是 | 是 |
| 丁铎尔效应 | 强 | 微弱 | 微弱 |
| 黏度 | 小，与介质相似 | 大 | 小 |
| 对外加电解质 | 敏感 | 不太敏感 | 不敏感 |
| 聚沉后再加分散介质 | 不可逆 | 可逆 | — |

### 10.11.1 大分子溶液的渗透压

在前面讨论非电解质稀溶液的依数性时，曾推导出理想稀溶液的渗透压 $\Pi$ 与溶液浓度 $c$ 之间的关系为

$$\Pi = cRT \tag{10-30}$$

上式原则上也适用于非电解质大分子溶液，但在实际使用中往往需要略作修正。

在大分子溶液中，溶质（大分子）与溶剂之间存在着较强的亲和力，产生明显的溶剂化效应，从而影响溶液的渗透压。若以 $m_B$ 代表溶质的质量浓度（$kg \cdot m^{-3}$），$M$ 为溶质的摩尔质量，上式可写为

$$\Pi = \frac{RTm_B}{M} \tag{10-31}$$

实验表明，恒温下，$\Pi/m_B$ 不是常数，而是随着 $m_B$ 的变化而变化。究其原因，被认为是由于高分子溶质与介质间较强的亲和力所导致的溶剂化效应引起的。为此，采用维里（Virial）方程的模型来表示渗透压 $\Pi$ 与大分子溶液中溶质的质量浓度 $m_B$ 之间的关系

$$\frac{\Pi}{m_B}=RT\left(\frac{1}{M}+A_2m_B+A_3m_B^2+\cdots\right) \tag{10-32}$$

式中，$A_2$、$A_3$…称为维里系数，皆为常数。当 $m_B$ 很小时，可以忽略高次项，上式变为

$$\frac{\Pi}{m_B}=RT\left(\frac{1}{M}+A_2m_B\right) \tag{10-33}$$

恒温下，以 $\Pi/m_B$ 对 $m_B$ 作图，应成一直线，其斜率$=RTA_2$，截距$=RT/M$，由此可求得 $A_2$ 和 $M$。

渗透压法测大分子摩尔质量的范围是 $10\sim10^3\,\mathrm{kg\cdot mol^{-1}}$，摩尔质量太小时，大分子化合物容易穿过半透膜，制膜有困难；摩尔质量太大时，渗透压太低，测量误差太大。需要强调的是式(10-31) 只能用于不能电离的大分子溶液。否则，求得的摩尔质量往往偏低。

### 10.11.2 唐南平衡

在讨论稀溶液的依数性时，特别强调依数性只与溶液中的质点数目有关，而与质点的性质无关。对于非电解质溶液，一个溶质分子就是一个质点。但对于电解质溶液而言，一个强电解质 $C_{\nu^+}A_{\nu^-}$ 分子可以解离出 $\nu^++\nu^-$ 个质点，故依数性的公式应用于电解质溶液要作相应的修正。

许多大分子化合物是电解质，如蛋白质 $Na_zP$ 在水中即发生如下的解离：

$$Na_zP \longrightarrow zNa^+ + P^{z-}$$

这时如将蛋白质水溶液与纯水用只允许溶剂 $H_2O$ 分子和小离子透过而 $P^{z-}$ 不能透过的半透膜隔开，因半透膜两侧的溶液均应是电中性的，这时，处在溶液一侧的 $Na^+$ 不会扩散到纯水一侧，而必须和 $P^{z-}$ 留在膜的同一侧，如图 10-32 所示。若蛋白质 $Na_zP$ 的浓度为 $c_2$，且溶剂为纯水（$H_2O$），别无其他的电解质杂质，且将浓度为 $c_2$ 的 $Na_zP$ 溶液近似看作理想稀溶液，则情形就比较简单，此时溶液的渗透压

$$\Pi=(z+1)c_2RT \tag{10-34}$$

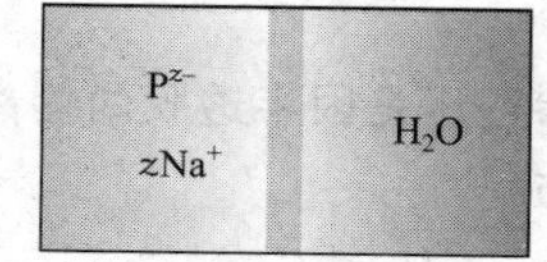

图 10-32 离子处在膜的两侧

但是，若大分子电解质中含有少量电解质杂质，即使杂质的浓度很低，然而按离子数目计算仍是可观的。电解质都是小离子，能自由地通过半透膜，但当达到平衡时，小离子在膜两边的分布不均等。此时，上式中括号内的数值（即蛋白质溶液中离子数目）无法确定，式(10-34) 也就无法应用了。唐南从热力学的角度，分析了小离子的膜平衡情况，并得到满意解释和求渗透压的结果。此后，人们就将这种平衡时，膜两边小离子分布不均匀的膜平衡称为**唐南**(Donnan) **平衡**。由于离子分布不均会造成额外的渗透压，影响大分子摩尔质量的测定，这种由于唐南平衡造成的对高分子摩尔质量测定的影响被称为**唐南效应**。为了准确测定大分子的摩尔质量，要设法消除**唐南效应**。为解决此问题，常在缓冲溶液或外加小分子电解质存在的情况下进行可解离高分子化合物摩尔质量的测定，其原理如下。

设开始时，左边的可电离的大分子（如蛋白质）浓度为 $c_2$，右边小分子电解质 NaCl 的浓度为 $c_1$ [如图 10-33(a)]。半透膜只允许 $Na^+$ 和 $Cl^-$ 通过，由于左边无 $Cl^-$，故 $Cl^-$ 从右边穿过半透膜向左边扩散，为了维持电中性，必也有相同数量的 $Na^+$ 从右边扩散到左边，实际上相当于 $Na^+$ 和 $Cl^-$ 同时向左边扩散。随着左边 $Na^+$ 和 $Cl^-$ 逐渐增多，最终处在膜两边的 $Na^+$ 和 $Cl^-$ 的扩散达到（膜）平衡，最终膜两边的浓度分布如图 10-33(b) 所示。这时，同一组分（NaCl）在膜两边的化学势相等，即

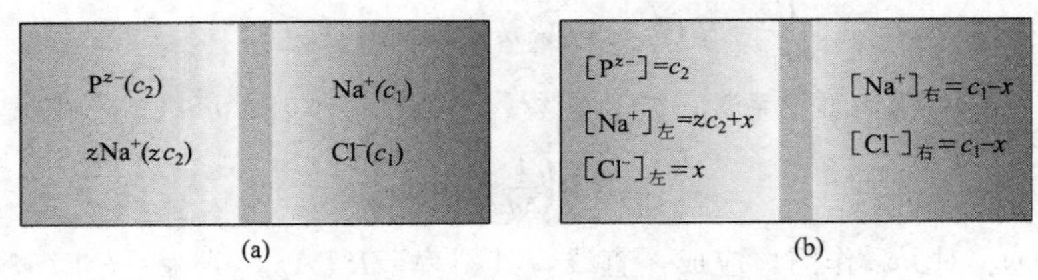


图 10-33　膜平衡前后的粒子浓度分布

$$\mu_{NaCl,L}=\mu_{NaCl,R}$$

又因为

$$\mu_{NaCl,L}=\mu^{\ominus}_{NaCl}+RT\ln a_{NaCl,L}$$

$$\mu_{NaCl,R}=\mu^{\ominus}_{NaCl}+RT\ln a_{NaCl,R}$$

由此得

$$a_{NaCl,L}=a_{NaCl,R}$$

即

$$a_{Na^+,L}a_{Cl^-,L}=a_{Na^+,R}a_{Cl^-,R}$$

对于稀溶液，可用浓度代替活度，因此有

$$c_{Na^+,L}c_{Cl^-,L}=c_{Na^+,R}c_{Cl^-,R}$$

即膜平衡时，半透膜两边的钠离子与氯离子浓度的乘积相等。设膜平衡时，有浓度为 $x$ 的 NaCl 从右边扩散到左边，则平衡浓度分布如图 10-33(b) 所示，由此得到

$$(zc_2+x)x=(c_1-x)^2$$

$$x=\frac{c_1^2}{zc_2+2c_1}$$

由于渗透压是因半透膜两侧离子数不同而引起的，所以，对照图 10-33(b) 膜两边离子浓度的分布得

$$\Pi=[(c_2+zc_2+x+x)_{左}-(2c_1-2x)_{右}]RT=(c_2+zc_2-2c_1+4x)RT$$

将 $x$ 代入上式得

$$\Pi=\frac{zc_2^2(z+1)+2c_2c_1}{zc_2+2c_1}RT \tag{10-35}$$

如果 $c_1 \ll zc_2$，即右边所加小分子电解质浓度很低，上式可近似为

$$\Pi \approx [c_2(z+1)+2c_1/z]RT \approx (z+1)c_2RT \tag{10-36}$$

这就相当于式(10-34)。由于通过渗透压法测得的是数均分子量，它不管粒子的大小。因此，这样求得的分子量较小，仅是蛋白质离子应有值的 $1/(z+1)$。

如果 $c_1 \gg zc_2$，即加在右边电解质浓度比原来蛋白质浓度大得多，则式(10-35) 可近似为

$$\Pi \approx c_2RT \tag{10-37}$$

这就相当于式(10-30)，即蛋白质在等电点的情况。从上述的分析可知，若在测定大分子电解质渗透压时，在膜的另一边加入足够量的小分子电解质，可以用非电解质的渗透压公式计算其渗透压，进而计算大分子物质的分子量而不致引起较大的误差。这就是通过加入足够量小分子电解质消除唐南效应的方法。

由上述小分子电解质浓度对唐南平衡的影响可知，唐南平衡最主要的功能是控制物质的渗透压，这对医学、生物学中研究细胞膜内外的渗透压有重要意义。

### 10.11.3　大分子溶液的黏度

虽然本小节的标题写的是大分子溶液的黏度，实际上，本小节所讨论的内容既适用于亲液溶胶（高分子溶液），也适用于憎液溶胶。为此，在本节中，我们将亲液溶胶中的“大分子”、憎液溶胶中的“胶粒”统称为分散体或质点。

**（1）流体的类型**

想象在两平行板间盛以某种液体，一块板（AA′）是静止的，另一块板（BB′）以速度 $v$ 向 $x$ 方向做匀速运动。如果将液体沿 $y$ 方向分成许多薄层，则各液层在 $x$ 方向的流速随 $y$ 值不同而变化，存在速度梯度 $\mathrm{d}v/\mathrm{d}y$，亦称为切变速率。如图 10-34 所示，用长短不等带有箭头且相互平行的线段表示各层液体的速度，与 AA′板壁相接触的液层的流速为零。流体在流动过程中，运动较慢的液层阻滞较快液层的运动，因此产生流动阻力，进而导致流体形态发生变化，流体的这种形变称为切变。为了维持稳定的流动，保持速度梯度不变，则要对上面平板 BB′施加恒定的力，此力称为切应力。流体在切应力的作用下流动，其流动特性与构成流体本身的组成（纯物质或溶液）、溶质的聚集形态、溶质粒子的大小以及带电性质等密切相关。根据流体的切变速率与切应力之间的函数关系（如图 10-35 所示），可将流体分为两大类，即牛顿型流体和非牛顿型流体。牛顿型的流体其切应力 $F/A$ 与 $\mathrm{d}v/\mathrm{d}y$ 之间的关系为一通过原点的直线。非牛顿型流体又分为塑性流体、假塑性流体、胀性流体、触变性流体。限于篇幅，在本节中只讨论牛顿型流体，而非牛顿型流体读者可参考有关流变学的专著。

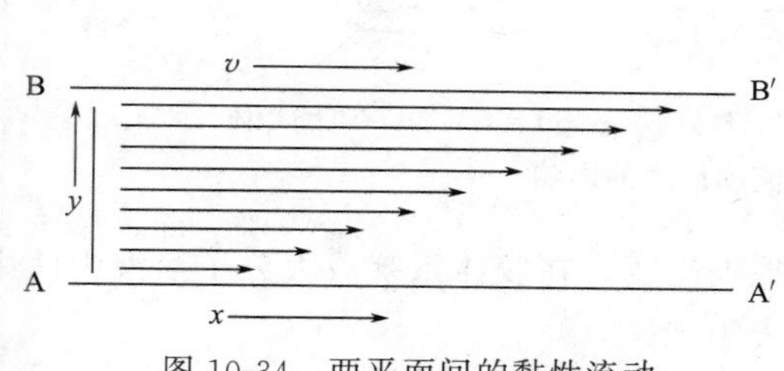


图 10-34　两平面间的黏性流动

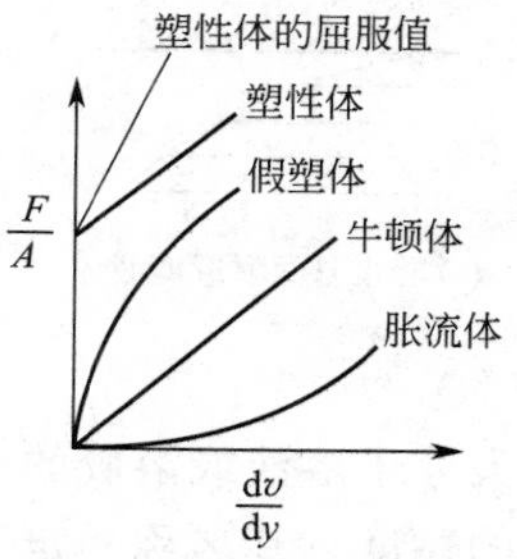

塑性体的屈服值
塑性体
假塑性体
牛顿体
胀流体
$\frac{F}{A}$
$\frac{\mathrm{d}v}{\mathrm{d}y}$

图 10-35　不同流体切变速率与切应力之间的关系

**（2）黏度的定义**

黏度是流体（包括液体和气体）流动时所表现出来的内摩擦，是流体内部阻碍其相对流动的一种特性。根据图 10-34，我们可以分别从力和能量的角度写出两个式子，其中每一个都可以看作是黏度的定义。

从力的角度考察可知，作用在单位面积流动液层上的切应力 $F/A$ 的大小应与切变速率成正比，即

$$\frac{F}{A} \propto \frac{\mathrm{d}v}{\mathrm{d}y} \quad 或 \quad \frac{F}{A} = \eta \frac{\mathrm{d}v}{\mathrm{d}y} \tag{10-38}$$

从能量的角度考虑可得单位体积流动液体中能量的消耗速率应与切变速率的平方成正比，即

$$能力消耗速率 \propto \left(\frac{\mathrm{d}v}{\mathrm{d}y}\right)^2 \quad 或 \quad 能力消耗速率 = \eta \left(\frac{\mathrm{d}v}{\mathrm{d}y}\right)^2 \tag{10-39}$$

式(10-38) 和式(10-39) 中比例系数 $\eta$ 称为该液体的黏度。其中式(10-38) 称为**牛顿黏**

**度公式**。凡符合牛顿黏度公式的流体就称为**牛顿型流体**，其特点是对给定的液体，$\eta$ 只与温度有关，一定温度下有定值，其值等于 $F/A\text{-}dv/dy$ 图（见图 10-35）截距为零的直线的斜率。在 SI 制中，$\eta$ 的单位为 Pa·s，过去的单位为 P（泊），1P=0.1Pa·s。

根据式(10-38) 和式(10-39) 两式可得出关于黏度的以下结论或推论。

① 可以从力，也可以从能量的角度讨论流动现象。

② 黏度是式(10-38) 和式(10-39) 中的一个比例因子，因此在任何切变速率下，流体越黏稠则流体流动的切应力与能量消耗速率越大。

③ 流体中若存在尺寸大小在胶体范围内的胶粒或高分子的质点，由于它对流动形态的影响，将使黏度增加。

图 10-36(a) 是纯液体在壁附近的速率剖面图，液层之间速率变化用不同长度的箭头表示。图 10-36(b) 中有一个不转动的质点，它与几个流动液层相交。因为假定该质点不转动，它必然使流体的速率减慢，以使质点两侧处的液层具有相同的速率，并且同质点在流体中的移动速率一样，这样就降低了总的速率梯度。因为假定图 10-36(a) 和图 10-36(b) 里施加的力相同，由式(10-38) 可知，速率降低必为黏度增加所致。从另一角度考虑：一个质点因其处在切变速率中而发生转动，如图 10-36(c) 所示，这时，一些本来维持液体流动的能量被消耗在使质点转动上面。因切变速率不变，由式(10-39) 可知，多消耗的能量仍是黏度增加所致。由上述无论是从力的角度还是从能量角度的分析可以预见，质点的浓度越大，因分散的（胶粒或大分子）质点引起的黏度增加也越大。

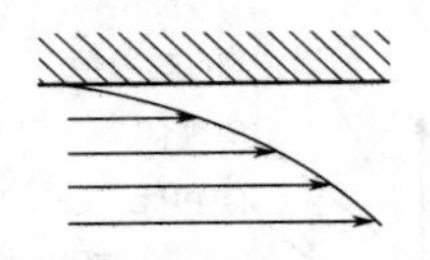

(a) 静止壁面附近纯液体

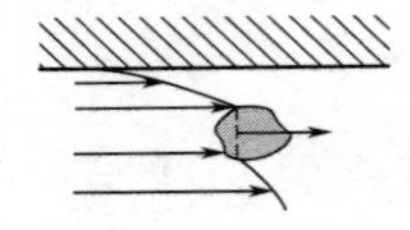

(b) 含不转动质点的分散体

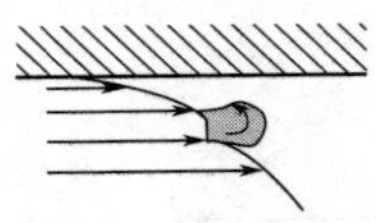

(c) 含有转动质点的分散体

图 10-36　不同质点对流动形式的影响

黏度是大分子溶液或溶胶的一个重要特征。根据需要，在胶体系统或大分子溶液中使用着几种不同的黏度，其名称、定义和物理意义见表 10-10。

**表 10-10　常用的几种黏度名称、定义及物理意义**

（$\eta_0$—纯溶剂的黏度；$\eta$—溶液的黏度；$b$—100cm³ 溶液中所含高分子或胶粒的质量）

| 名称 | 定义 | |
|---|---|---|
| | 定义式 | 物理意义 |
| 相对黏度 | $\eta_r=\frac{\eta}{\eta_0}$ | 表示溶液黏度对纯溶剂黏度的倍数 |
| 增比黏度 | $\eta_{sp}=\frac{\eta-\eta_0}{\eta_0}=\eta_r-1$ | 表示溶液黏度对比纯溶剂黏度增加的分数 |
| 比浓黏度 | $\frac{\eta_{sp}}{b}=\frac{\eta-\eta_0}{\eta_0}\times\frac{1}{b}=\frac{\eta_r-1}{b}$ | 表示单位质量浓度的增比黏度，其数值仍随质量浓度的增加而增加 |
| 特性黏度 | $[\eta]=\lim\limits_{b\to 0}\left(\ln\frac{\eta_{sp}}{b}\right)=\lim\limits_{b\to 0}\left(\ln\frac{\eta_r}{b}\right)$ | 为比浓黏度在质量浓度无限稀时的极限 |

实验表明，在溶液很稀的条件下，比浓黏度和相对黏度与溶液浓度 $b$ 的关系为

$$\frac{\eta_{sp}}{b}=[\eta]+k'[\eta]^2 b \tag{10-40}$$

$$\frac{\ln\eta_r}{b}=[\eta]-\beta[\eta]^2 b \tag{10-41}$$

实验方法是用黏度计分别测出溶剂和溶液的黏度 $\eta_0$ 和 $\eta$，计算出相对黏度 $\eta_r$ 和增比黏度 $\eta_{sp}$，根据式(10-40) 和式(10-41) 两个经验公式，分别以 $\eta_{sp}/b$ 和 $\ln\eta_r/b$ 对 $b$ 作图，从稀溶液向无限稀释外推至 $b=0$，可分别得到 $b$-$\eta_{sp}/b$ 和 $b$-$\ln\eta_r/b$ 两条直线，且这两条直线在纵坐标上交于一点，这一点的数值就是要求的 $[\eta]$。

由于特性黏度 $[\eta]$ 是外推到无限稀释时溶液的性质，已消除了大分子之间相互作用的影响，所以说它是几种黏度中最能反映溶质分子本性的一种物理量，而且代表了无限稀释溶液中，单位浓度大分子溶液黏度变化的分数。

上面已经提到，影响大分子溶液黏度的因素比较复杂，因此，从理论上导出黏度与大分子分子量之间的关系是很困难的，故通常用经验公式。最常用的特性黏度 $[\eta]$ 与分子量 $M$ 之间关系的经验方程为

$$[\eta]=KM^{\alpha} \tag{10-42a}$$

将上式两边取对数，得

$$\ln[\eta]=\ln K+\alpha\ln M \tag{10-42b}$$

式中，$K$ 和 $\alpha$ 为与溶剂、温度、大分子化合物相关的特性参数。其中 $\alpha$ 值一般在 0.5～2 之间，它与大分子在溶液中的形态有关。卷曲成线团状，$\alpha<1$ 而接近 0.5；当为弯弯曲曲的线状时，$\alpha=1$；若大分子链伸直成棍状，则 $\alpha=2$。许多重要的合成的和天然的大分子化合物在不同溶剂中的 $K$ 和 $\alpha$ 值都已被测定，且列入手册可供查阅。

应该指出的是，除少数蛋白质分子外，不论是天然的还是合成的大分子化合物，都是分子量大小不等、结构也不完全相同的同系物，因此，由黏度法测定的分子量为黏均分子量。

***(3) 爱因斯坦黏度定律**

上面简单地讨论了亲液溶胶的特性黏度 $[\eta]$ 与大分子分子量 $M$ 之间的关系。对于憎液溶胶，爱因斯坦做了比较系统的研究。

爱因斯坦将稀溶液中胶粒看作是球形固体质点，1906 年他发表了对稀的固体分散系统黏度表达式的初次推导。随后在 1911 年的一篇文章中，他更正了先前理论中的错误。从这个错误的经历，无疑可以猜想到理论之复杂，因此如下的讨论将限于简略说明爱因斯坦关于黏度理论的假设、推导要点和结论。

爱因斯坦根据流体力学方程，同时对所讨论的系统作如下主要假设（在下面的叙述中，系统中胶粒或大分子质点统称为质点）。

① 流体的 $\rho$（密度）和黏度为常数，其中的质点可视为刚性球，并且流速很低。

② 系统中质点彼此间无相互作用，即流体中质点浓度很稀。每个质点对它周围的流动形式的干扰与其他质点存在无关。

③ 质点的尺寸和形状不受流体流动的影响，即排除质点在流动过程中有絮凝或析絮凝的可能性。

④ 作为解流体运动方程的边界条件之一，假设球形分散体球面与流体之间没有滑动。

⑤ 球形质点比溶剂分子大得多，故可将溶剂看作是连续介质。但与黏度计的尺寸相比又小得足以忽略附壁效应。对球形质点大小的这些限制，使此项结果适用于胶体大小范围的质点。

由上述假设可知，爱因斯坦考虑的是质点为单级分散或质点半径分布范围很窄的、浓度

很稀的球形质点层流系统。在上述假设和边界条件下，通过解流体运动方程和单位体积能量消耗的速率方程，爱因斯坦给出了黏度与流体中质点的体积分数 $\varphi$ 的关系为：

$$\frac{\eta}{\eta_0}=(1+\varphi/2)(1+\varphi+\varphi^2+\cdots)^2 \tag{10-43}$$

因为溶液的浓度很稀，质点间相互作用的概率必定很小，若只保持 $\varphi$ 的一次方项，则式(10-43) 变为

$$\frac{\eta}{\eta_0}=1+2.5\varphi \tag{10-44}$$

上式称为爱因斯坦黏度定律。式中，$\eta_0$ 为溶剂的黏度；$\varphi$ 为流体中球形质点（胶粒或大分子质点）所占的体积分数。

爱因斯坦公式表明，在一系列假设和限制条件下，溶液的黏度与质点的体积分数之间存在着非常简单的关系。实验中用毛细管黏度计或旋转式黏度计（Couette 黏度计）测定了质点体积分数从 0.01～0.1、分散体质点半径从 0.25～4000$\mu$m 的酵母、真菌、玻璃球溶液的 $\eta/\eta_0$ 值，人们发现实验结果与按式(10-44) 的计算值符合得很好。

在推导爱因斯坦公式时，曾假设质点大小在胶体范围内，值得注意的是，实验结果表明，在浓度极小时，不管球形质点的尺寸多大，小至单个分子，大到砂粒，爱因斯坦公式的适用性都比较好。在实际使用中，对于式(10-44)，更多的情况是做逆计算，亦即黏度是可测量的，由此推断出溶液中体积分数 $\varphi$ 的大小。

爱因斯坦公式(10-44) 主要应用于质点为单级分散或半径分布范围很窄且浓度很小($\varphi\leqslant10\%$) 的球形质点系统。若增大浓度，使球形质点之固体体积分数更大，结果会怎样？图 10-37 中曲线 $A$ 的结果表明：在 $\varphi>10\%$时，系统的相对黏度对爱因斯坦定律有显著的正偏差。究其原因，是因为式(10-44) 只考虑了 $\varphi$ 的一次方项。

当粒子浓度进一步增大时，液体中质点粒子之间存在着相互排挤，这将要额外消耗能量，使黏度增加。由于这种挤压涉及一对粒子，因而与 $\varphi^2$ 有关。还有，当浓度增加，粒子间距离减小，还要考虑粒子间范德华力的影响，它同样使液体的轨迹变形。综合考虑诸多因素，式(10-44) 变为

$$\frac{\eta}{\eta_0}=1+2.5\varphi+6.2\varphi^2 \tag{10-45}$$

值得注意的是，式(10-44) 是在众多假设和限制条件下导出的。正因为如此，公式中只给出了稀溶液中质点的体积分数与相对黏度的关系。实际上，影响溶胶或高分子溶液系统相对黏度的因素除了浓度以外，质点大小、分布范围（即分散性）、溶剂化程度和粒子的形状等都将导致对爱因斯坦定律发生显著的正偏差。当溶液中质点浓度较大时，溶剂化现象也不能忽略不计。由于溶剂化程度与质点粒径大小成反比，因此，在对实际（非极稀）溶液进行测定时，质点的粒径也是对爱因斯坦定律发生正偏差的重要因素之一。图 10-38 给出了分散体（聚甲基丙烯酸甲酯）的浓度、粒径大小和分散性、溶剂化程度等因素综合影响的结果。

从图 10-38 可清楚地看出，在同样的 $\varphi$ 值条件下，相对黏度随质点尺寸变小而增大；质点越小，与爱因斯坦定律式(10-44) 预期的线性形式开始发生偏离的浓度也越低，这是因为在相同体积分数条件下，质点越小则质点浓度越大，与此同时，质点越小，其溶剂化程度越大，由此引起的正偏差亦越大。

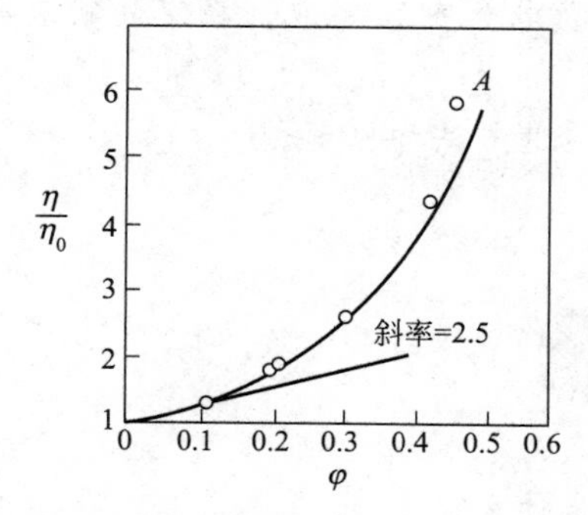


图 10-37　某玻璃球（$R=65\mu m$）分散体的相对黏度对体积分数的关系图

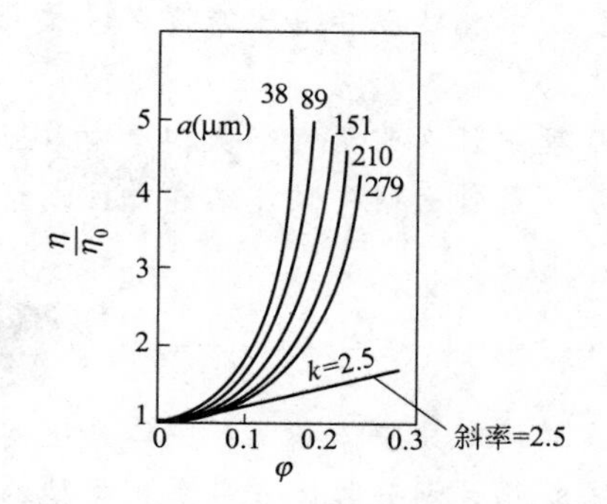


图 10-38　聚甲基丙烯酸甲酯质点相对黏度对体积分数 $\varphi$ 作图

## 本章小结及基本要求

物质系统按尺度大小可分为三个层次，即宏观层次、微观层次以及介于宏观与微观之间的层次，又称为介观层次。大致上物质尺度介于 1～100nm 之间的层次（如纳米材料和胶体系统）就属于介观层次。在学习本章内容时，要注意处于介观层次的物质系统具有既不同于宏观系统又有别于微观系统的现象和物理化学性质。例如纳米材料的表（界）面效应、小尺寸效应和量子效应。

按物质分散程度进行分类时，我们可将分散系统分为真溶液、胶体分散系统和粗分散系统。胶体系统即溶胶是本章讨论的主要内容。学习本章时，首先要掌握胶体系统的各种分类，区别哪些是热力学稳定系统，哪些是亚稳系统，哪些是均相分散系统，哪些是多相分散系统。本章详细讨论了憎液溶胶的稳定机制、光学性质、动力学性质和电学性质，阐述了胶体系统的各种平衡特性和传递特性。最后简要地介绍了亲液溶胶及具有溶胶性质的其他分散系统。

具体地讲，学习本章的基本要求如下。

① 掌握系统的分类，各类不同胶体系统分散相、分散介质及相关物理性质的异同。

② 了解憎液溶胶分散法和凝聚法的制备方法。

③ 理解憎液溶胶的三大特性和三大性质。

a. 光学性质。什么叫丁铎尔效应？产生丁铎尔效应的原因是什么？丁铎尔效应的应用如何？了解瑞利散射公式并能用瑞利公式解释日常生活中胶体系统的光学现象。

b. 掌握胶体系统的动力学性质。什么叫布朗运动，产生布朗运动的原因及布朗运动的本质？理解沉降和扩散的动力学性质。

c. 掌握胶体系统的电学性质。什么叫电泳、电渗、沉降电势和流动电势？了解其产生的机理和区别。

④ 理解斯特恩双电层模型，掌握胶团的结构和 $\zeta$ 电势定义及物理意义。理解电解质影响 $\zeta$ 电势的机理。

⑤ 理解电解质对溶胶稳定性的影响和影响溶胶稳定性的机理。理解电解质聚沉值和聚沉能力的定义以及哈迪-舒尔茨规则。

⑥ 了解 DLVO 理论。

⑦ 了解乳状液和泡沫的特点以及乳化剂、起泡剂及乳化剂和起泡剂稳定乳状液和泡沫的机理。

⑧ 理解什么叫唐南平衡和唐南效应及消除唐南效应的方法和原理。

⑨ 了解什么叫牛顿流体和爱因斯坦黏度定律。

## 复习题

1. 如何定义胶体系统？胶体系统的基本特性是什么？

2. 有几种划分胶体分散系统类型的方法？其依据是什么？

3. 什么叫憎液溶胶？什么叫亲液溶胶？什么叫缔合溶胶？各自的异同点是什么？

4. 什么叫丁铎尔效应，其实质及产生的条件是什么？

5. 布朗运动及其实质是什么？

6. 什么叫沉降平衡，为什么只有胶体系统存在沉降平衡？

7. 简述斯特恩双电层模型的要点，指出热力学电势、斯特恩电势和 $\zeta$ 电势的区别。

8. 何为胶体系统的电动现象？

9. 憎液溶胶是一高度分散、热力学不稳定的多相系统，请简述憎液溶胶能够在一定时间内稳定存在的主要原因。

10. 简述 DLVO 理论的要点。

11. 何为乳状液？简述影响乳状液类型的因素及乳化剂稳定乳状液的机理。

12. 什么叫唐南平衡和唐南效应？简述消除唐南效应的方法。

## 习 题

1. 实验室中，用相同方法做成两份硫溶胶。测得两份硫溶胶的散射光强度之比 $I_1/I_2=10$。已知入射光的频率与强度都相同，第一份溶胶的浓度为 $0.10\text{mol}\cdot\text{dm}^{-3}$，试求第二份溶胶的浓度。

答案：$c_2=0.01\text{mol}\cdot\text{dm}^{-3}$

2. 实验室中，用相同方法做成两份浓度相同的硫溶胶。用同一个仪器在相同波长下测得两溶胶的散射光强度之比 $I_1/I_2=30$。求两溶胶的粒径之比。

答案：两溶胶的粒径之比为 1.76

3. 在 290K 时，通过藤黄溶胶的布朗运动实验，测得半径 $r=3.22\times10^{-7}\text{m}$ 的藤黄粒子经 30s 时间在 $x$ 轴方向的平均位移 $\overline{x}=6.0\times10^{-6}$ m。已知该溶胶的黏度 $\eta=1.10\times10^{-3}\text{kg}\cdot\text{m}^{-1}\cdot\text{s}^{-1}$，试计算扩散系数 $D$ 和阿伏伽德罗常数 $L$。

答案：$D=6.0\times10^{-13}\text{m}^2\cdot\text{s}^{-1}$，$L=6.02\times10^{23}\text{mol}^{-1}$

4. 在 298K 时，粒子半径为 $2.0\times10^{-8}\text{m}$ 的金溶胶，在地心力场中达到沉降平衡后，在高度相距 $1.0\times10^{-4}\text{m}$ 的某指定体积内粒子数分别为 280 和 140。试计算金溶胶粒子与分散介质的密度差。若介质的密度为 $1\times10^3\text{kg}\cdot\text{m}^{-3}$，金的密度为多少？

答案：$\rho(\text{粒})-\rho(\text{介})=8.68\times10^4\text{kg}\cdot\text{m}^{-3}$，$\rho(\text{粒})=8.78\times10^4\text{kg}\cdot\text{m}^{-3}$

5. 密度为 $2.152\times10^3\text{kg}\cdot\text{m}^{-3}$ 的球形 $CaCl_2$ 粒子，在密度为 $1.595\times10^3\text{kg}\cdot\text{m}^{-3}$，黏度为 $9.80\times10^{-4}\text{kg}\cdot\text{m}^{-1}\cdot\text{s}^{-1}$ 的 $CCl_4$ 中沉降，100s 下落 0.0500m，计算此球形粒子的半径。

答案：$r=2\times10^{-5}$m

6. 某聚合物摩尔质量 $50\text{kg}\cdot\text{mol}^{-1}$，比容 $v=0.8\text{dm}^3\cdot\text{kg}^{-1}$（即 $1/\rho_{粒子}$），溶解于某一溶剂中，形成溶液的密度是 $1.011\text{kg}\cdot\text{dm}^{-3}$，将溶液置于超离心池中并转动，转速 $15000\text{r}\cdot\text{min}^{-1}$。计算在 6.75cm 处的浓度与在 7.50cm 处浓度比值，温度为 310K。

答案：$c_2/c_1=132$

7. 某一胶态铋，在 20℃时的 $\zeta$ 电势为 0.016V，求它在电势梯度等于 $1\text{V}\cdot\text{m}^{-1}$ 时的电泳速率，已知水的 $\varepsilon_r=81$，真空介电常数 $\varepsilon_0=8.854\times10^{-12}\text{F}\cdot\text{m}^{-1}$，$\eta=0.0011\text{Pa}\cdot\text{s}$。

答案：$v=8.3\times10^{-10}\text{m}\cdot\text{s}^{-1}$

8. 水中直径为 $1\mu$m 的石英粒子在电场强度 $E=200\text{V}\cdot\text{m}^{-1}$ 的电场中运动，其运动速度 $v=6.0\times10^{-5}\text{m}\cdot\text{s}^{-1}$，试计算石英/水界面上 $\zeta$ 电势的数值。设溶液黏度 $\eta=1.0\times10^{-3}\text{kg}\cdot\text{m}^{-1}\cdot\text{s}^{-1}$，介电常数 $\varepsilon=8.89\times10^{-9}\text{C}\cdot\text{V}^{-1}\cdot\text{m}^{-1}$。

答案：$\zeta=0.051$V

9. 水与玻璃界面的 $\zeta$ 电势约为−50mV，计算当电容器两端的电势梯度为 $400\text{V}\cdot\text{m}^{-1}$ 时每小时流过直径为 1.0 mm 的玻璃毛细管的水量。设水的黏度为 $1.0\times10^{-3}\text{kg}\cdot\text{m}^{-1}\cdot\text{s}^{-1}$，介电常数为 $\varepsilon=8.89\times10^{-9}\text{C}\cdot\text{V}^{-1}\cdot\text{m}^{-1}$。

答案：流过玻璃毛细管的水量为 $4.00\times10^{-8}\text{m}^3\cdot\text{h}^{-1}$

*10. 今有相对介电常数 $\varepsilon_r=8$，黏度为 $3\times10^{-3}\text{Pa}\cdot\text{s}$ 的燃料油，在 $30p^{\ominus}$ 的压力下于管道中泵送。管与油之间的 $\zeta$ 电位为 125mV，油中离子浓度很低，相当于 $10^{-8}\text{mol}\cdot\text{dm}^{-3}$ NaCl。试求管路两端产生的流动电势的大小。对其结果进行适当讨论，设燃料油的电导率 $10^{-6}\Omega^{-1}\cdot\text{m}^{-1}$。[溶胶的流动电势 $E_s$ 可用公式 $E_s=\varepsilon\zeta p/(\eta\kappa)$ 计算（式中 $\kappa$ 为溶胶的电导率）]

答案：$E_s \doteq 8854$V

11. 欲制备 AgI 负电性溶胶，应在 $20\text{cm}^3$ 的 $2.0\times10^{-2}\text{mol}\cdot\text{dm}^{-3}$ KI 溶液中加入多少体积的 $5.0\times10^{-3}\text{mol}\cdot\text{dm}^{-3}$ $AgNO_3$ 溶液？并写出该溶胶系统胶团的结构式。

答案：$AgNO_3$ 的体积应小于 $80\text{cm}^3$，胶团结构：$\{[\text{AgI}]_m n\text{I}^-\cdot(n-x)\ \text{K}^+\}^{x-}\cdot x\text{K}^+$

12. 对带负电的 AgI 溶胶，KCl 的聚沉值为 $0.14\text{mol}\cdot\text{dm}^{-3}$，则 $K_2SO_4$、$MgCl_2$、$LaCl_3$ 的聚沉值分别为多少？

答案：对 $K_2SO_4$、$MgSO_4$、$LaCl_3$ 而言，聚沉值分别为 $0.07\text{mol}\cdot\text{dm}^{-3}$、$0.0022\text{mol}\cdot\text{dm}^{-3}$、$0.0002\text{mol}\cdot\text{dm}^{-3}$

13. 在三个烧瓶中皆盛有 $0.02\text{dm}^3$ 的 $Fe(OH)_3$ 溶胶，分别加入 NaCl、$Na_2SO_4$ 和 $Na_3PO_4$ 使其聚沉，至少需要加入电解质的数量为（1）$1\text{mol}\cdot\text{dm}^{-3}$ 的 NaCl $0.021\text{dm}^3$，（2）$0.005\text{mol}\cdot\text{dm}^{-3}$ 的 $Na_2SO_4$ $0.125\text{dm}^3$，（3）$0.0033\text{mol}\cdot\text{dm}^{-3}$ 的 $Na_3PO_4$ $7.4\times10^{-3}\text{dm}^3$。试计算各电解质的聚沉值和它们的聚沉能力之比，从而可判断胶粒带什么电荷。

答案：聚沉能力之比为 1∶119∶575，所以判断胶粒带正电

14. 浓度为 $0.01\text{mol}\cdot\text{dm}^{-3}$ 的胶体电解质（可表示为 $Na_{15}X$）水溶液，被置于渗析膜的一边，而膜的另一边是等体积的浓度为 $0.05\text{mol}\cdot\text{dm}^{-3}$ 的 NaCl 水溶液，达到 Donnan 平衡时，扩散进入含胶体电解质水溶液中氯化钠的净分数是多少？

答案：扩散进入膜内 NaCl 占 NaCl 浓度的分数为 0.01/0.05=0.2

15. 298K 时，膜的一侧是 $0.1dm^{-3}$ 水溶液，其中含 0.5g 某大分子 $Na_6P$ 化合物，膜的另一侧是 $1.0\times10^{-7}mol\cdot dm^{-3}$ 的稀 NaCl 溶液，测得渗透压 6881Pa。求该大分子的数均分子量。

答案：$\overline{M}=12600g\cdot mol^{-1}$

16. 298K 时，在半透膜两边，一边放浓度为 $0.100mol\cdot dm^{-3}$ 的大分子有机物 RCl，RCl 能全部解离，但 $R^+$ 不能透过半透膜；另一边放浓度为 $0.500mol\cdot dm^{-3}$ 的 NaCl，计算膜两边达平衡后，各种离子的浓度和渗透压。

答案：$[Cl^-]_{左}=0.327mol\cdot dm^{-3}$，$[Na^+]_{左}=0.227mol\cdot dm^{-3}$，$[Cl^-]_{右}=0.273mol\cdot dm^{-3}$，$[Na^+]_{右}=0.273mol\cdot dm^{-3}$，$\Pi=2.676\times10^5Pa$

17. 血清蛋白质溶解在缓冲溶液中，改变 pH 值并通以一定电压，测定电泳距离为：

| | 向阴极移动 | | 向阳极移动 | |
|---|---|---|---|---|
| pH | 3.76 | 4.20 | 4.82 | 5.58 |
| $\Delta x/cm$ | 0.936 | 0.238 | 0.234 | 0.700 |

试确定蛋白质分子的等电点，并说明蛋白质分子带电性质与 pH 值关系

答案：等电点 pH=4.50；当 pH＞4.5 时，蛋白质分子带负电，当 pH＜4.5 时，蛋白质分子带正电

18. 298K 下，将 20g 甲苯的乙醇溶液［含甲苯 85%（质量分数）］加入到 20g 水中形成液滴平均半径为 $10^{-6}m$ 的 O/W 型乳状液，已知 298K 下甲苯与此乙醇水溶液的界面张力为 $38mN\cdot m^{-1}$，甲苯的密度为 $870kg\cdot m^{-3}$。试计算该乳状液形成过程的 $\Delta G$，并判断该乳状液能否自发形成。

答案：$\Delta G=2.224J>0$，该乳状液的形成过程不自发

19. Reinders 指出，以固体（s）粉末作乳化剂时，有三种情况

（1）若 $\gamma_{so}>\gamma_{ow}>\gamma_{sw}$，固体处于水中；（2）若 $\gamma_{sw}>\gamma_{ow}>\gamma_{so}$，固体处于油中；

（3）若 $\gamma_{ow}>\gamma_{sw}>\gamma_{so}$，或三个张力中没有一个大于其他二者之和，则固体处于水/油界面。只有在第三种情况下，固体粉末才能起到稳定作用。20℃时在空气中测得水（表面张力为 $72.8mN\cdot m^{-1}$）对某固体的接触角为 100°，油（表面张力为 $30mN\cdot m^{-1}$）对固体的接触角为 80°，水/油间的界面张力为 $40mN\cdot m^{-1}$，试估计此固体的粉末能否对油水乳化起稳定作用？（$\gamma_{sg}$ 通常较大）

答案：计算表明三个界面张力中没有一个大于其他二者之和，故此固体粉末能对油水乳化起稳定作用

# 第11章 化学动力学

关注易读书坊
扫封底授权码
学习线上资源

当研究一个化学反应时，有两个问题是必须面对的：一是要了解反应进行的方向和最大限度以及外界条件（温度、压力等）对反应方向和最大限度的影响；二是要知道反应进行的速率和机理以及外界条件（温度、压力、催化剂等）是如何影响反应速率和机理的。前者属化学热力学研究的范畴，后者属于化学动力学研究的范畴。热力学只能告诉我们在给定的条件下反应能否发生？发生到什么程度？至于热力学预示的可能性能否有效地进行，是否有工业生产的价值，热力学本身不能给出答案。这是因为经典热力学只考虑达到平衡的始末状态，并没有考虑从始态到达终态的时间因素，也没有考虑各种因素对反应速率的影响，更不涉及反应的其他细节。例如，$H_2+\frac{1}{2}O_2 = H_2O(l)$，此反应的 $\Delta_r G_m^{\ominus}(298K)=-237.2 kJ\cdot mol^{-1}$，其反应趋势是很大的，但实际上将氢气和氧放在一个容器中，常温下，好几年也察觉不到有水生成的迹象，这是由于该反应在 $p^{\ominus}$ 和 298K 条件下的反应速率太慢。但是如果选用适当的催化剂（例如钯催化剂），则能以较快的速率化合成水；再如合成氨的反应，在 $3\times10^7$Pa 和 773K 左右，根据热力学计算，其最大转化率可达 26%左右，但是，如果不加催化剂，这个反应速率太慢，要达到这一转化率需要漫长的时间，基本上不能应用于工业生产。因此说化学热力学只能解决反应可能性的问题，反应能否实现、是否具有工业生产价值，还需要借助化学动力学。

化学反应动力学的基本任务是研究化学反应速率，研究各种因素（如介质种类、反应物浓度、温度、催化剂、光等）对反应速率的影响，揭示化学反应的历程（即反应机理）以及研究物质的结构与反应性能的关系（即构效关系）。

化学热力学和化学动力学是相辅相成的，在实际生产中既要考虑热力学的可能性，又要考虑动力学的实现性。如果一个反应在热力学上判断是可能发生的，则如何将热力学上的可能性变为以一定速率进行的、具有生产价值的现实性就是动力学的任务了；如果一个反应在热力学上是不可行的，当然就无需再考虑速率问题了。

从历史上讲，化学反应动力学的发展较化学热力学晚。一百多年来，化学动力学的研究从宏观动力学到基元反应动力学，再到现在的微观反应动力学大致可分为三个阶段。

宏观反应动力学大体上开始于 19 世纪中叶到 20 世纪初，主要研究外界条件（温度、浓度、压力等宏观条件）对反应速率的影响。由于这一时期测试手段的水平较低，对动力学研究只能侧重于宏观的，因而其结论也只适用于总包反应。1884 年范特霍夫（Van't Hoff）在研究化学反应平衡时指出：达到平衡时，正反应速率等于逆反应速率，即 $r_正=r_逆$，由此得到平衡常数与正、逆反应的速率常数的关系为 $K_c=k_正/k_逆$。这一时期动力学研究标志性的成果是反应速率与反应物浓度关系和温度对反应速率的影响，即质量作用定律和阿伦尼乌斯（Svante Arrhenius，1859—1927）方程，以及反应活化能概念。

基元反应动力学阶段大致上从20世纪初到20世纪50年代。这一阶段又是动力学研究从宏观动力学到微观动力学研究的重要过渡阶段。主要研究工作和成果是从理论上对反应速率进行探讨，提出了碰撞理论和过渡态理论；而德国的博登斯坦（Bodenstein M）在HCl光合成研究中提出的链反应和链反应机理是这一阶段的又一重要成果。链反应的发现和研究则是标志着化学动力学的研究由总包反应过渡到基元反应的新阶段。苏联化学家谢苗诺夫（Nikolay Semyonov，1896—1986）因发展了链反应理论于1956年获诺贝尔化学奖。链反应之所以重要，一是许多常见的反应如燃烧反应、有机物的分解、烯烃的聚合等都是链反应，在反应的历程中有自由基存在；二是对链反应动力学的研究直接导致了大量新技术和方法用于检测反应中间体，如激光技术、真空技术、低温技术、同位素跟踪和检测技术、光电子检测和控制技术等，这些新技术的使用促使许多检测反应中间产物方法的建立，并对化学动力学的发展起到了巨大推动作用。

20世纪60年代以后，由于重要的研究方法和技术手段的创立和完善，特别是激光技术、分子束技术、微弱信号检测和放大技术以及计算机（硬件及软件）技术的应用，开始了严格意义上的态-态反应研究，称为分子反应动力学（或称为微观反应动力学），它是将激光、光电子能谱与分子束技术相结合，在电子、原子和分子层次上，深入到研究态-态反应的层次，即研究由不同量子态的反应物转化为不同量子态的产物的速率及反应的细节；与此同时，采用科恩（Kohn）密度泛函理论和波普（Pople）计算方法，化学家可以借助计算机对复杂分子的性质和化学反应过程做深入的理论模拟和探讨。借助这些方法和手段，化学家可以从微观上探索化学反应的机理，使化学动力学研究进入微观动力学阶段。

在速率理论研究方面，动力学先后建立了三个模型。第一个模型就是碰撞理论模型，其前提是分子之间由碰撞而导致反应。该理论根据气体分子运动论学说，将分子近似看作是没有吸引力和内部结构的硬球，只计算反应进行时要越过的能垒，即阈能，导出了基元反应速率的规律——质量作用定律。碰撞理论提出的较早，对分子做了过于简化的处理，没有考虑分子内部结构，当然就不能期望得到非常满意的结果。但是它的思路却是严密的，是发展更正确理论的先驱和基础。1935年美国科学家艾林（Eyring）提出的过渡态假设是速率理论的第二个理论模型。1931年，艾林和英籍匈牙利科学家波兰尼（Polanyi M）利用量子力学理论计算了 $H+H_2$ 系统的位能面，并用其模拟反应过程。在此基础上，1935年艾林用统计力学导出了反应速率表达式，提出了过渡态理论。该理论是一模型化理论，它基于一些基本假设，能够得到有关速率的、很实用的解析式。交叉分子束技术的实现，促进了现代速率理论的发展和分子动态学的建立。分子动态学充分利用了对分子内部运动的深刻理解，因而触及到反应速率理论的核心，但任务十分艰巨。美籍华裔科学家李远哲等人因其对交叉分子束反应和分子动态学发展的贡献而荣获1986年诺贝尔化学奖。

在本课程中，重点介绍宏观动力学和基元反应动力学的基本理论与应用及其相应的研究、测量方法。在反应速率理论方面主要介绍碰撞理论和过渡态理论。关于微观动力学的理论，有兴趣的读者可阅读相关的专著。

## 11.1 基本概念及速率测量方法

### 11.1.1 化学反应速率

所谓化学反应速率就是用来表征化学反应快慢程度的物理量。具体地说，就是用来定义反应物或产物的浓度随时间的变化率。浓度随时间的变化率有平均变化率和瞬时变化率。在化学动力学的研究中，除特别指明外，总是用瞬时变化率来表示反应速率。

对于反应 $0=\sum_{B}\nu_B B$（反应物 $\nu_B$ 取负号，产物 $\nu_B$ 取正号），反应进度 $\xi$ 的定义为

$$d\xi=\frac{dn_B}{\nu_B} \tag{11-1}$$

反应速率 $r$ 定义为单位体积中反应进度 $\xi$ 随时间的变化率，即

$$r=\frac{1}{V}\times\frac{d\xi}{dt}=\frac{1}{\nu_B V}\times\frac{dn_B}{dt} \tag{11-2}$$

式中，$r$ 具有［浓度］·［时间］$^{-1}$ 量纲，时间单位可以是 min 或 h 等。$r$ 恒为正值。由于 $n_B=c_B V$，$dn_B=Vdc_B+c_B dV$，为此，式(11-2) 变为：

$$r=\frac{1}{\nu_B}\times\frac{dc_B}{dt}+\frac{c_B}{\nu_B V}\times\frac{dV}{dt} \tag{11-3}$$

如果反应中系统的体积为定值，即恒容反应，例如一定体积的气相反应，或体积变化可忽略不计的凝聚相反应，则式(11-3) 可简化为

$$r=\frac{1}{\nu_B}\times\frac{dc_B}{dt} \tag{11-4}$$

对于连续反应器，$r$ 有不同形式的定义。

对于气相反应，由于压力比浓度更易于测定，反应速率可用恒容下压力随时间的变化率定义，式(11-4) 可写为：

$$r=\frac{1}{\nu_B}\times\frac{dp_B}{dt} \tag{11-5}$$

上式中 $r$ 具有［压力］·［时间］$^{-1}$ 量纲。

对于由活性表面决定反应速率的多相催化反应和电化学反应，反应速率可定义为单位面积上反应进度 $\xi$ 随时间的变化率

$$r\xlongequal{\text{def}}\frac{1}{A}\times\frac{d\xi}{dt}=\frac{1}{\nu_B A}\times\frac{dn_B}{dt} \tag{11-6}$$

上式中 $r$ 具有［物质的量］·［面积］$^{-1}$·［时间］$^{-1}$ 量纲。

上述反应速率的定义是针对整个反应式而言的，式中“B”可以是反应物，也可以用产物，其结果相同。然而，在实际化工生产中，有时为了特别强调反应物消耗或产物生成速率，分别定义了针对反应物的消耗速率 $r_A$ 和针对产物的生成速率 $r_P$

$$r_A\xlongequal{\text{def}}-\frac{dc_A}{dt}\quad\text{（恒容反应）} \tag{11-7}$$

$$r_P\xlongequal{\text{def}}\frac{dc_P}{dt}\quad\text{（恒容反应）} \tag{11-8}$$

由于反应物 A 的物质的量 $n_A$ 随时间减少，故在式(11-7) 中增添负号以保证速率为正值。对于反应

$$aA+bB\longrightarrow eE+fF$$

反应速率 $r$ 与各反应物的消耗速率和各产物的生成速率分别为

$$r_A=-\frac{dc_A}{dt}, r_B=-\frac{dc_B}{dt}, r_E=\frac{dc_E}{dt}, r_F=\frac{dc_F}{dt}$$

$$r=-\frac{1}{a}\times\frac{\mathrm{d}c_{\mathrm{A}}}{\mathrm{d}t}=-\frac{1}{b}\times\frac{\mathrm{d}c_{\mathrm{B}}}{\mathrm{d}t}=\frac{1}{e}\times\frac{\mathrm{d}c_{\mathrm{E}}}{\mathrm{d}t}=\frac{1}{f}\times\frac{\mathrm{d}c_{\mathrm{F}}}{\mathrm{d}t}$$

由此得

$$r=\frac{r_{\mathrm{A}}}{a}=\frac{r_{\mathrm{B}}}{b}=\frac{r_{\mathrm{E}}}{e}=\frac{r_{\mathrm{F}}}{f} \tag{11-9}$$

### 11.1.2 反应速率的测定方法

由反应速率的定义可知，速率是关于浓度对时间的微分，即使是同一反应，在不同时刻的反应速率也是不同的。化学反应在某一反应时刻的速率其几何意义就是 $c$-$t$ 曲线上该时刻的斜率，如图 11-1 所示。

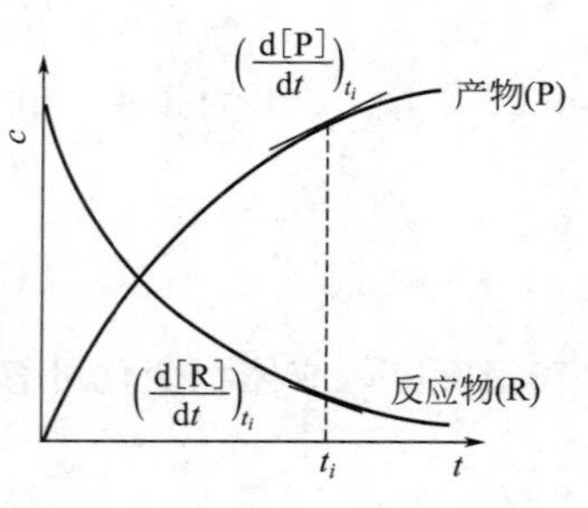


图 11-1 化学反应动力学曲线及速率的几何意义

根据定义，欲测定化学反应在某一时刻的反应速率，必须绘制出反应系统浓度随时间的变化曲线，这一曲线称为**动力学曲线**。绘制动力学曲线的关键在于实时测出反应物或产物浓度随时间的变化，即测出不同时间 $t_1$、$t_2$ 等的产物浓度或反应物浓度 $c_1$、$c_2$ 等，然后以浓度 $c$ 对时间 $t$ 作图。时刻 $t_i$ 时的反应速率就是该点切线的斜率。由此可知，测定动力学曲线是研究反应速率的关键。

就浓度测定方法而言，测定动力学曲线方法可分为化学法和物理法两大类。

① 化学法　用化学分析的方法测定不同时刻反应物或产物的浓度，一般用于液相反应。化学法的关键是取出样品后，必须设法使样品中的反应立即停止下来（根据具体反应情况，可以通过骤冷、冲稀、加阻化剂、除去催化剂或光源等来使反应尽可能快地停止下来）。尽管化学法所需设备简单，可直接测定某一时刻反应物或产物浓度的数值，但操作往往很繁琐，而且在没有合适的方法立即停止化学反应时，所测定的浓度不一定是指定时刻的浓度，因此往往误差较大，现在很少采用。

② 物理法　物理法是基于被测量的物理量与反应系统中某物质浓度呈单值关系。实验中对被测量的物理量进行连续监测，获得原位反应数据。通常被测量的物理量有压力、体积、旋光度、折射率、吸收光谱、比色、电导、电容、电动势、介电常数、黏度、热导率等。对于不同的反应可选用不同的物理量和测量方法，最好是选择与浓度变化呈线性关系的一些物理量。**选择什么样的物理量其前提是有一个确定的公式将浓度或压力与被测量的物理量相关联**。物理法的优点是迅速、方便，不需要取样，便于连续、自动记录，在目前的动力学实验中被广泛地使用。但物理法设备往往较昂贵。尤其值得注意的是如果系统有影响被测物理量的副反应或少量杂质存在，往往会影响测量结果的准确性，造成较大的误差，应设法避免。

### 11.1.3 基元反应、反应分子数和反应机理

动力学研究的主要任务之一是对某一具体反应，找出其动力学方程，即找出反应速率与浓度的关系或浓度随时间变化关系的解析式。对于通常反应，如上所述，要完成这一任务，就必须通过实验测定动力学曲线。但是，对于基元反应，问题就变得简单了。为此，首先要了解何为基元反应？

我们通常所写的化学反应方程式绝大多数并不代表化学反应的真正历程，而仅仅代表化学反应的总结果，只代表参与化学反应各物质间的计量关系，通常称之为总包反应。例如

$$H_2+Cl_2 \longrightarrow 2HCl$$

反应方程式十分简单，但是其反应历程并不是简单地通过 $H_2$ 和 $Cl_2$ 直接碰撞完成的。光化学研究表明，在光照作用下，上述总包反应所包含的反应历程如下：

① $Cl_2 \xrightarrow{h\nu} 2Cl\cdot$

② $Cl\cdot + H_2 \longrightarrow HCl + H\cdot$

③ $H\cdot + Cl_2 \longrightarrow HCl + Cl\cdot$

④ $2Cl\cdot + M \longrightarrow Cl_2 + M$

式中，M 指反应器壁或其他惰性物质分子，只起到能量传递作用。上述四个反应中的每一个反应都是反应物分子经过一次碰撞就直接转化为产物的反应，这种反应称为**基元反应**。所谓基元反应就是反应物分子（或离子、原子、自由基等）通过一步碰撞就生成新的产物的反应，其产物可以是新的分子，也可以是新的离子、原子、自由基等。反应①～反应④四个基元反应给出了 $H_2 + Cl_2 \longrightarrow 2HCl$ 这一总包反应的详细历程。我们把构成一总包反应的一系列基元反应的总和及其序列称为“**反应机理**”或“**反应历程**”。有两个或者两个以上的基元反应构成的总包反应称为“**复杂反应**”。绝大多数总包反应都是复杂反应。

在基元反应中，直接作用所必需的反应物微观粒子（分子、原子、离子、自由基）数称为“**反应分子数**”。根据反应分子数的不同，基元反应可分为“单分子反应”“双分子反应”和“三分子反应”。在上述 HCl 气相合成反应机理中，反应①为单分子反应，反应②和反应③为双分子反应，反应④是三分子反应。绝大多数基元反应为双分子反应，而四分子及四分子以上的反应，由于四个微观粒子在空中同一点相碰撞的概率太小太小，实际上至今尚未发现。应该指出的是反应分子数概念只对基元反应有意义，对复杂的总包反应，无所谓反应分子数的概念。

## 11.2　反应速率方程

反应速率方程又称为动力学方程，有微分式和积分式两种形式。积分式是表示在一定条件下参与反应的某物质浓度与时间的关系方程，即 $c=f(t)$；而微分式通常情况下是其他因素固定不变时，定量描述各种物质的浓度对反应速率影响的数学方程，即 $r=f(c)$，更一般地说，是定量描述包括浓度、温度、电场、磁场等各种因素对反应速率影响的数学方程。在物理化学中，除了浓度（压力）和温度外，电场、磁场等其他因素一般恒定不变，故更多地只讨论浓度（压力）和温度对反应速率的影响。而在本节，只讨论有关浓度对反应速率的影响，关于温度的影响，将在 11.5 节中讨论。值得注意的是动力学方程的微分式与反应器的类型和大小无关，而积分式则与反应器的类型有关。

大多数化学反应不是简单地一步就完成的反应，往往需要经过许多步骤，其反应速率与反应物浓度之间的关系比较复杂。因此，一个化学（总包）反应的速率方程必须由实验来确定。不过，对于基元反应，情况就要简单得多。

### 11.2.1　基元反应的速率方程

关于反应速率与浓度的关系，挪威化学家古德贝格（Guldberg C M）和瓦格（Waage P）在 1867 年提出了质量作用定律，其表述为：反应速率与各反应物的浓度的幂乘积成正比。后来研究发现，并不是所有的反应都服从质量作用定律。对于基元反应，完全可以根据反应方程式写出其速率方程，例如。

基元反应和质量作用定律

基元反应速率方程写法

单分子反应：$A \longrightarrow P$ $\qquad r=kc_A$

双分子反应：$2A \longrightarrow P$ $\qquad r=kc_A^2$

$A+B \longrightarrow P$ $\qquad r=kc_Ac_B$

三分子反应：$3A \longrightarrow P$ $\qquad r=kc_A^3$

$2A+B \longrightarrow P$ $\qquad r=kc_A^2c_B$

$A+B+C \longrightarrow P$ $\qquad r=kc_Ac_Bc_C$

更一般的基元反应：

$$aA+bB \longrightarrow gG+hH$$

其反应速率（微分方程）方程为

$$r=kc_A^ac_B^b \tag{11-10}$$

由质量作用定律和式(11-10)可知，速率方程中各反应物浓度幂的指数就是该物质的化学计量系数。从微观角度来看，对于基元反应，质量作用定律之所以成立，是因为基元反应方程式体现了反应物分子直接作用的关系，其本质是基元反应的速率与反应物分子的碰撞频率成正比，而碰撞频率正好与参与反应分子的浓度成正比。对只包含一个基元反应的简单反应，其总包反应方程式与基元反应一致，故质量作用定律对简单反应亦可直接应用。包含两个或两个以上基元反应的复杂反应不能体现反应物分子直接作用的关系，故质量作用定律不能直接用于复杂反应，但对于构成复杂反应的任一步基元反应，质量作用定律仍然适用。值得注意的是，有些非基元反应也具有类似基元反应速率方程的幂乘积形式，但是要记住基元反应一定符合质量作用定律，符合质量作用定律的不一定就是基元反应。

### 11.2.2 复杂反应的速率方程

#### (1) 幂函数型反应速率方程

对于复杂反应，其速率方程必须由实验来确定。经验表明，许多化学反应的速率方程与反应中的各物质浓度 $c_A$、$c_B$、$c_C$、…间的关系可表示为下列幂函数的形式：

$$r=kc_A^{\alpha}c_B^{\beta}c_C^{\gamma} \tag{11-11}$$

式中，A、B、C、…一般为反应物和催化剂，也可以是产物或其他物质。

① 反应级数和分级数　在式(11-10)中，幂的指数 $a$、$b$ 或式(11-11)中幂的指数 $\alpha$、$\beta$、$\gamma$、…分别称为反应物 A、B、C、…的级数。它们分别表示基元反应中物质 A、B 或复杂反应中物质 A、B、C、…的浓度对反应速率的影响程度。需要指出的是，在基元反应中，$a$、$b$ 分别是基元反应方程式中物质 A 和 B 的化学计量数的绝对值，又称为物质 A、B 的反应分级数，且分级数 $a+b$ 之和等于相应基元反应的反应分子数。我们将 $n=a+b$ 称为基元反应级数，换言之，对于基元反应，反应分子数和反应级数相同。对于复杂反应，$\alpha$、$\beta$、$\gamma$、…亦称为相应反应物的反应分级数，$n=\alpha+\beta+\gamma+\cdots$ 称为相应复杂反应的反应级数。不过，$\alpha$、$\beta$、$\gamma$、…并不一定等于复杂反应方程式中相应物质 A、B、C、…的化学计量系数，它们可以是整数（正整数、零、负整数），也可以是分数，负数表示该物质对反应起阻滞作用。当然，相应的反应级数 $n=\alpha+\beta+\gamma+\cdots$ 其值也可以是整数或分数。由于复杂反应无所谓反应分子数概念，因此，复杂反应的级数 $n$ 也就与反应分子数无关了。复杂反应的分级数和级数只有通过实验确定。

② 速率系数　式(11-10)和式(11-11)中的比例常数 $k$ 称为速率系数（也称速率常数）。它是各物质浓度均为 $1\mathrm{mol\cdot m^{-3}}$ 或 $1\mathrm{mol\cdot dm^{-3}}$ 时的反应速率，是特定反应的反应特性，是

温度的函数 $k=f(T)$。温度对反应速率的影响体现在对反应速率常数的影响上。$k$ 的单位为 $(\text{mol}\cdot\text{m}^{-3})^{1-n}\cdot\text{s}^{-1}$ 或 $(\text{mol}\cdot\text{dm}^{-3})^{1-n}\cdot\text{s}^{-1}$，其中 $n$ 为反应级数。值得注意的是，当使用消耗速率或生成速率表示反应速率时，式(11-11) 变为

$$r_A=k_A c_A^{\alpha} c_B^{\beta} c_C^{\gamma}\cdots \tag{11-12}$$

$$r_P=k_P c_A^{\alpha} c_B^{\beta} c_C^{\gamma}\cdots \tag{11-13}$$

式中，$k_A$、$k_P$ 也称为速率常数，它们与 $k$ 的关系类似于式(11-9) 中 $r$ 与 $r_A$ 或 $r_P$ 的关系，即

$$k=k_A/\nu_A=k_P/\nu_P \tag{11-14}$$

**(2) 非幂函数型反应速率方程**

有许多复杂反应，例如酶催化反应、多相催化反应、光化学反应等，其速率方程并不具有幂函数形式。最常见的形式为

$$r=\frac{k c_A^{\alpha} c_B^{\beta} c_C^{\lambda}\cdots}{1+k' c_A^{\alpha'} c_B^{\beta'} c_C^{\gamma'}\cdots} \tag{11-15}$$

这时讨论分级数和级数已经没有意义了，$k$ 和 $k'$ 虽然仍为常数，但意义与式(11-11) 中 $k$ 不同。

通常情况下，速率方程根据反应机理导出，再通过实验验证确定。因此，此类非幂函数型反应速率方程往往预示着复杂的反应机理。例如 $H_2+Br_2 \longrightarrow 2HBr$：

$$Br_2 \xrightarrow{k_1} 2Br\cdot$$

$$Br\cdot + H_2 \xrightarrow{k_2} HBr + H\cdot$$

$$H\cdot + Br_2 \xrightarrow{k_3} HBr + Br\cdot$$

$$H\cdot + HBr \xrightarrow{k_4} H_2 + Br\cdot$$

$$Br\cdot + Br\cdot + M \xrightarrow{k_5} Br_2 + M$$

其动力学方程为

$$r=\frac{k c_{H_2} c_{Br_2}^{1/2}}{1+k' c_{HBr} c_{Br_2}^{-1}} \tag{11-16}$$

## 11.3　简单反应速率方程的积分形式

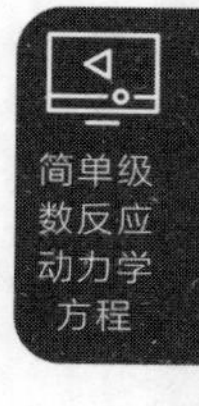


速率方程的微分式很直观地给出了参与反应物质的浓度对反应速率的影响，可由反应机理导出（当然，正确与否最终要由实验确定），即微分形式便于动力学的理论分析。但是，在工程（反应器）设计和工业生产中，人们更关心的是反应物和产物的浓度随时间的变化，这就需要知道动力学方程的积分形式 $c=f(t)$。积分方程直观地表现了反应进程的特征。值得注意的是，动力学方程的积分形式与反应器类型有关。

实验表明，许多化学反应的级数为简单的正整数或零。下面将从 $k$ 的单位、浓度与时间之间的关系及半衰期与浓度的关系等方面依次讨论 $n=0$，1，2，…具有简单级数反应的动力学方程和特征。

设 $t=0$ 时，反应物 A 的起始浓度为 $c_{A,0}$（或 $a$），$t=t$ 时，A 的浓度为 $c_A$，A 被反应掉的浓度为 $x$，根据动力学方程的微分形式 $r=-\frac{1}{\nu_i}\frac{dc}{dt}$有

$$dt=-\frac{1}{\nu_i}\frac{dc_i}{r}$$

$$\int_0^t dt=-\frac{1}{\nu_i}\int_{c_{i,0}}^{c_i}\frac{dc_i}{r}$$

$$t=-\frac{1}{\nu_i}\int_{c_{i,0}}^{c_i}\frac{dc_i}{r} \tag{11-17}$$

将 $r$ 的具体形式代入上式，不同的级数将有不同的积分结果。

### 11.3.1 零级反应（$n=0$）

反应速率与物质浓度无关称为**零级反应**。常见的零级反应有表面催化反应和酶催化反应等。这时反应物浓度总是过量的，反应速率取决于固体催化剂的有效表面活性位数目或酶的浓度。其速率方程为

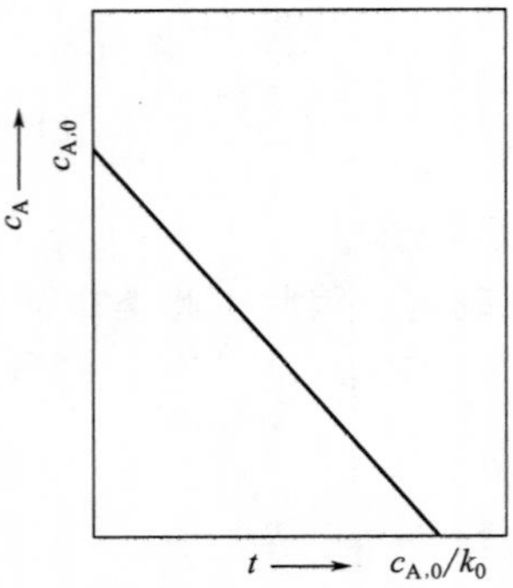

$$r=-\frac{1}{\nu_A}\frac{dc_A}{dt}=k_0' \tag{11-18}$$

将上式代入式(11-17) 中，积分得

$$c_{A,0}-c_A=k_0t \tag{11-19}$$

图 11-2 零级反应 $c_A$-$t$ 关系

式中，$k_0$ 为零级反应的速率常数，量纲为［浓度］·［时间］$^{-1}$，式(11-19) 表明，零级反应 $c_A$-$t$ 呈线性关系，其斜率为 $-k$。截距为起始浓度 $c_{A,0}$，如图 11-2 所示。从动力学角度考虑，零级反应可在有限的时间（$c_{A,0}/k_0$）内进行到底，即 $t\to c_{A,0}/k_0$，$c_A\to 0$。

反应物反应掉一半所需要的时间定义为反应的半衰期，以符号 $t_{1/2}$ 表示，即

$$c_A(t_{1/2})=c_{A,0}/2 \tag{11-20}$$

将 $c_A=c_{A,0}/2$ 代入式(11-19) 中，得零级反应的半衰期为

$$t_{1/2}=c_{A,0}/(2k_0) \tag{11-21}$$

上式表明零级反应的半衰期与反应物起始浓度成正比。

### 11.3.2 一级反应（$n=1$）

凡是反应速率只与物质浓度的一次方成正比者称为**一级反应**。例如单分子反应，一些物质的分解反应、放射性元素蜕变反应、某些分子重排反应、蔗糖水解反应等为一级反应。

设某一级反应　　$A \xrightarrow{k_1} P$

$t=0$　　$c_{A,0}=a$　　$c_P=0$

$t=t$　　$c_A=c_{A,0}-x$　　$x=c_{A,0}-c_A$

反应速率方程的微分形式为

$$r=-\frac{dc_A}{dt}=k_1c_A \quad 或 \quad r=\frac{dx}{dt}=k_1(a-x) \tag{11-22}$$

将上式代入式(11-17) 中积分得

$$\ln\frac{c_{A,0}}{c_A}=k_1t \quad 或 \quad \ln\frac{a}{a-x}=k_1t \tag{11-23}$$

根据反应物起始浓度 $c_{A,0}$ 和 $t$ 时刻的浓度 $c_A$ 即可算出速率常数 $k_1$。在 $k_1$、$t$、$c_A$ 三个量中，只要知道其中两个就可求出第三个量（当然反应物起始浓度 $c_{A,0}$ 应是已知的）。式

(11-23) 也可写成

$$c_A=c_{A,0}e^{-k_1t} \tag{11-24}$$

反应物的浓度 $c_A$ 随时间 $t$ 呈指数下降，当 $t\to\infty$ 时，$c_A\to 0$，即一级反应需要无限长的时间才能反应完全。

一级反应 $\ln c_A$-$t$ 关系见图 11-3，其特征如下。

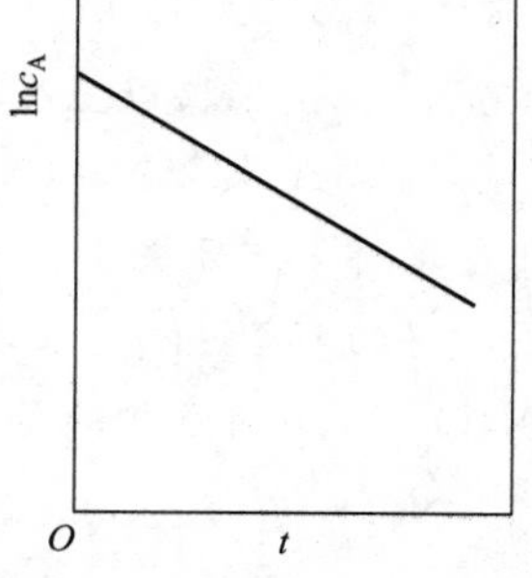

图 11-3　一级反应 $\ln c_A$-$t$ 关系

① $\ln c_A$ 对 $t$ 作图为一直线，斜率为 $-k_1$。

② $k_1$ 的量纲 [时间]$^{-1}$，单位可以是 $s^{-1}$ 或 $min^{-1}$ 或 $h^{-1}$ 或 d (天)$^{-1}$ 等。$k_1$ 的量纲与浓度单位无关。

③ 半衰期 $t_{1/2}=\ln 2/k_1$，与 $k_1$ 成反比，与 $c_{A,0}$ 无关。不仅如此，所有的分数衰期 $t_\alpha(\alpha=1/2,1/3,2/3,1/4,3/4\cdots)$ 都与 $c_{A,0}$ 无关。

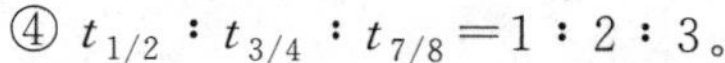

④ $t_{1/2}:t_{3/4}:t_{7/8}=1:2:3$。

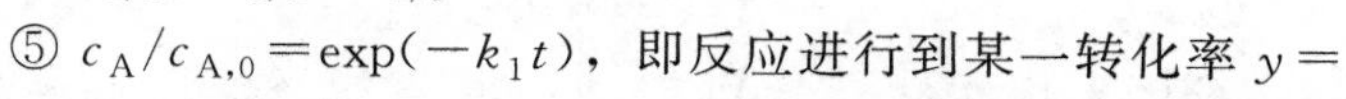

⑤ $c_A/c_{A,0}=\exp(-k_1t)$，即反应进行到某一转化率 $y=(c_{A,0}-c_A)/c_{A,0}$ 与 $c_{A,0}$ 无关，或者说反应时间 t 相同时，$c_A/c_{A,0}$ 有定值。

**例 11-1**　某金属钚的同位素进行 $\beta$ 放射，14 天后，同位素活性下降了 6.85%，试求该同位素的 (1) 蜕变常数，(2) 半衰期，(3) 分解掉 90%所需要的时间。

**解**　(1) 已知，放射性同位素的蜕变反应为一级反应，若令 $y=(c_{A,0}-c_A)/c_{A,0}$，则方程式(11-23) 可写为

$$\ln\frac{1}{1-y}=k_1t$$

得

$$k_1=\frac{1}{t}\ln\frac{1}{1-y}=\left(\frac{1}{14}\ln\frac{100}{100-6.85}\right)d^{-1}=0.00507d^{-1}$$

(2)

$$t_{1/2}=\ln 2/k_1=(0.693/0.00507)d=136.7d$$

(3)

$$t=\frac{1}{k_1}\ln\frac{1}{1-y}=\left(\frac{1}{0.00507}\ln\frac{1}{1-0.9}\right)d=454.2d$$

**例 11-2**　现在的天然铀矿中 $^{238}U:{}^{235}U=139.0:1$。已知 $^{238}U$ 蜕变反应的速率常数为 $1.520\times10^{-10}a^{-1}$，$^{235}U$ 的蜕变反应的速率常数为 $9.72\times10^{-10}a^{-1}$。问在 20 亿年 ($2\times10^9a$) 前，$^{238}U:{}^{235}U=?$

**解**　设 $^{238}U$ 为 A，$^{235}U$ 为 B，根据一级反应速率方程

$$\ln\frac{c_{A,0}}{c_A}=k_At \quad 得 \quad c_{A,0}=c_Ae^{k_At}$$

$$\ln\frac{c_{B,0}}{c_B}=k_Bt \quad 得 \quad c_{B,0}=c_Be^{k_Bt}$$

$$\frac{c_{A,0}}{c_{B,0}}=\frac{c_A}{c_B}e^{t(k_A-k_B)}=139\times e^{2\times10^9\times(1.52-9.72)\times10^{-10}}=139\times0.1932=26.85$$

**例 11-3**　$N_2O_5$ 在惰性溶剂四氯化碳中的分解反应是一级反应

$$N_2O_5 \longrightarrow 2NO_2(溶液)+\frac{1}{2}O_2(g)$$

$$\Vert$$

$$N_2O_4(溶液)$$

分解产物 $NO_2$ 和 $N_2O_4$ 都溶于溶液中，而 $O_2$ 则逸出，在恒温恒压下，用量气管测定 $O_2$ 体积，以确定反应的进程。

在40℃时进行实验，当 $O_2$ 体积为 $10.75\mathrm{cm^3}$ 时开始计时（$t=0$）。当 $t=2400\mathrm{s}$ 时，$O_2$ 的体积为 $29.65\mathrm{cm^3}$，经过很长时间，$N_2O_5$ 分解完毕时（$t=\infty$），$O_2$ 的体积为 $45.50\mathrm{cm^3}$，试根据以上数据求此反应的速率常数和半衰期。

**解** 以A代表 $N_2O_5$，Z代表 $O_2$。根据一级反应的积分方程，代入 $t$ 时刻 $c_A/c_{A,0}$ 数据即可求得 $k$。而题目中给出的实验数据是产物 $O_2$ 在 $T$、$p$ 下的体积，故必须要用不同时刻测得的 $O_2$ 的体积来表示 $c_A/c_{A,0}$。在下面的推导中，假设 $O_2$ 为理想气体，不同时刻 $N_2O_5$、$O_2$ 的物质的量及 $O_2$ 的体积如下：

$$N_2O_5 \longrightarrow 2NO_2(\text{溶液})+\frac{1}{2}O_2(g) \qquad V$$

$$t=0 \quad n_{A,0} \qquad n_{Z,0} \qquad V_0=n_{Z,0}RT/p$$

$$t=t \quad n_A \qquad n_{Z,0}+1/2(n_{A,0}-n_A) \qquad V_t=[n_{Z,0}+1/2(n_{A,0}-n_A)]RT/p$$

$$t=\infty \quad 0 \qquad n_{Z,0}+1/2n_{A,0} \qquad V_\infty=(n_{Z,0}+1/2n_{A,0})RT/p$$

对比 $V_0$，$V_t$ 和 $V_\infty$ 表达式可得知

$$V_\infty-V_0=1/2\,n_{A,0}RT/p \quad \text{及} \quad V_\infty-V_t=1/2n_ART/p$$

因溶液的体积不变，故有

$$c_{A,0}/c_A=n_{A,0}/n_A=(V_\infty-V_0)/(V_\infty-V_t)$$

所以

$$k=\frac{1}{t}\ln\frac{c_{A,0}}{c_A}=\frac{1}{t}\ln\frac{V_\infty-V_0}{V_\infty-V_t}$$

将题目所给的数据代入上式，得所求反应速率常数和半衰期为

$$k=\left(\frac{1}{2400}\ln\frac{45.50-10.75}{45.50-29.85}\right)\mathrm{s^{-1}}=3.271\times10^{-4}\mathrm{s^{-1}}$$

$$t_{1/2}=\ln2/k=\left(\frac{0.6931}{3.271\times10^{-4}}\right)\mathrm{s}=2119\mathrm{s}$$

若实验数据多，以 $\ln(V_\infty-V_t)$ 对 $t$ 作图，通过直线的斜率求 $k$，其结果会更精确。

**例 11-4** $N$-氯代乙酰苯胺 $C_6H_5N(Cl)COCH_3$（A）异构化为乙酰对氯苯胺 $ClC_6H_4NHCOCH_3$(B) 为一级反应。反应进程由加入KI溶液，并用标准硫代硫酸钠溶液滴定游离碘来测定。KI只与A反应，数据如下：

| $t$/h | 0 | 1 | 2 | 3 | 4 | 6 | 8 |
|---|---|---|---|---|---|---|---|
| $V_{Na_2S_2O_3(aq)}/\mathrm{cm^3}$ | 49.3 | 35.6 | 25.75 | 18.5 | 14.0 | 7.3 | 4.6 |

计算速率常数，以 $\mathrm{s^{-1}}$ 表示。$c_{S_2O_3^{2-}}=0.1\mathrm{mol\cdot dm^{-3}}$。

**解** 题目已告知为一级反应，同时告知了反应进行到不同时刻 $t$ 时，用于确定反应进程的 $Na_2S_2O_3$ 的用量。为此，首先要找出 $c_A$ 与 $Na_2S_2O_3$ 用量的关系，才能应用一级动力学方程求 $k$。根据题意有

$$A+KI\longrightarrow I_2,\quad Na_2S_2O_3+I_2\longrightarrow I_3^-$$

即

$$c_A\propto c_{I_2}\propto V_{Na_2S_2O_3(aq)}$$

$$c_{A,0} \propto c_{I_2,0} \propto V_{Na_2S_2O_3(aq,0)}$$

由此得

$$\frac{c_A}{c_{A,0}} = \frac{V_{Na_2S_2O_3(aq)}}{V_{Na_2S_2O_3(aq,0)}}$$

通过公式 $k_i = \frac{1}{t_i}\ln\frac{V_0}{V_i}$ 分别求出 $k_0$，$k_1$，…，$k_i$，得 $k_{平均} = \sum k_i/6 = 8.7\times10^5\,s^{-1}$。

**例 11-5** 950K 时，反应 $4PH_3(g) \longrightarrow P_4(g) + 6H_2$ 的动力学数据如下：

| $t$/min | 0 | 40 | 80 |
|---|---|---|---|
| $p_{总}$/kPa | 13.33 | 20.0 | 22.22 |

反应开始时，只有 $PH_3$，求反应级数和速率常数。

**解** 首先要确定反应级数，其方法是根据反应方程式，将被测量的物理量与反应进行到任意时刻系统中反应物浓度或分压力关联起来。

| | $4PH_3(g) \longrightarrow$ | $P_4(g)$ | $+\ 6H_2$ | $p_{总}$ |
|---|---|---|---|---|
| $t=0$ | $p_0$ | 0 | 0 | $p_0$ |
| $t=t$ | $p$ | $(p_0-p)/4$ | $6(p_0-p)/4$ | $7p_0/4-3p/4$ |
| $t=\infty$ | 0 | $p_0/4$ | $6p_0/4$ | $7p_0/4$ |

由此可知,反应进行到任意时刻反应物的压力 $p$ 与系统总压力关系如下：

$$p_{总} = 7p_0/4 - 3p/4 \quad 或 \quad p = (7p_0 - 4p_{总})/3$$

根据上式，求出反应进行到任意时刻的 $p$，且列表如下

| $t$/min | 0 | 40 | 80 |
|---|---|---|---|
| $p$/kPa | 13.33 | 13.33/3 | 4.44/3 |

比较上表中不同时刻的 $p$ 值可知，$t_{2/3}$ 与 $p_{A,0}$ 无关，符合一级反应特征。又因为一级反应的 $k$ 值与浓度单位无关，因此

$$k_1 = \frac{1}{t}\ln\frac{p_0}{p} = \left(\frac{1}{40}\ln\frac{13.33}{13.33/3}\right)\min^{-1} = 0.02747\min^{-1}$$

总结上述例题的解题思路不难看出，求解具有简单反应级数动力学方程的关键是求 $n$，为此

① 写出反应方程式，找出题目所给的被测物理量与浓度 $c_A$（或 $p_A$）之间的关系，若 $n$ 未知，尽可能求出不同反应时刻的 $c_A$（或 $p_A$）的值。

② 根据①中计算的结果，或题目给定的条件，或隐含的条件以及其他的分析结果，利用 0、1、2 等简单级数反应的特点来判断并求出反应级数 $n$。

### 11.3.3 二级反应（$n=2$）

反应速率与反应物浓度的二次方（或两种反应物浓度的乘积）成正比者称为**二级反应**。二级反应是最常见的反应，大多数基元反应为二级反应，总包反应也有很多属于二级反应。例如，碘化氢的气相合成反应，自由基与分子间的基元反应，甲醛热分解反应，乙酸乙酯的皂化反应，乙烯、丙烯、异丁烯的二聚作用等。根据具体情况，二级反应有下述两种类型：

① $2A \longrightarrow P + \cdots$

② $A + B \longrightarrow P + \cdots$

对于反应①

$$\begin{array}{lll} & 2A \longrightarrow & P \quad + \cdots \\ t=0 & c_{A,0} & 0 \\ t=t & c_A & 1/2\ (c_{A,0}-c_A) \end{array}$$

$$-\frac{1}{2}\times\frac{dc_A}{dt}=k_2' c_A^2 \tag{11-25}$$

上式的不定积分为

$$\frac{1}{c_A}=k_2 t+常数 \tag{11-26}$$

以 $1/c_A$ 对 $t$ 作图，可得一直线，直线的斜率 $=k_2$，这是利用作图求二级反应速率常数的方法。

对式(11-25) 作定积分，得

$$\frac{1}{c_A}-\frac{1}{c_{A,0}}=k_2 t \tag{11-27}$$

与一级反应不同，在二级反应中用浓度表示的速率常数和用压力表示的速率常数，在数值上不相等。设反应①为气相反应，且浓度改用压力表示，若 A 是理想气体，则有

$$c_A=p_A/RT,\ dc_A=dp_A/RT \tag{11-28}$$

将上式代入式(11-25) 有

$$-\frac{1}{2RT}\times\frac{dp_A}{dt}=k_2'\left(\frac{p_A}{RT}\right)^2$$

$$-\frac{1}{2}\times\frac{dp_A}{dt}=\frac{k_2'}{RT}p_A^2=k_{2,p}' p_A^2$$

显然 $k_2'$ 与 $k_{2,p}'$ 之间差一个 $1/RT$ 的因子，$k_2'$ 的量纲为 [浓度]$^{-1}$·[时间]$^{-1}$，而 $k_{2,p}'$ 的量纲 [压力]$^{-1}$·[时间]$^{-1}$。

对于反应②，若以 $a$、$b$ 代表 A 和 B 的起始浓度，经 $t$ 时间后有 $x$ mol·dm$^{-3}$ 的 A 和等量的 B 起作用，则在 $t$ 时，A 和 B 的浓度分别为 $(a-x)$ 和 $(b-x)$。

$$\begin{array}{lllll} & ② \quad A & + \quad B & \longrightarrow \quad P & + \cdots \\ t=0 & a & b & 0 & \\ t=t & a-x & b-x & x & \end{array}$$

$$-\frac{dc_A}{dt}=-\frac{dc_B}{dt}=-\frac{d(a-x)}{dt}=-\frac{d(b-x)}{dt}=k_2(a-x)(b-x) \tag{11-29}$$

或

$$\frac{dx}{dt}=k_2(a-x)(b-x) \tag{11-30}$$

上式中物质 A 和 B 的起始浓度可以相同也可以不同。

(1) A 和 B 的起始浓度相同，即 $a=b$，则反应②的速率方程为

$$\frac{dx}{dt}=k_2(a-x)^2 \tag{11-31}$$

上式的不定积分为

$$\int\frac{dx}{(a-x)^2}=\int k_2 dt$$

$$\frac{1}{a-x}=k_2t+\text{常数} \tag{11-32}$$

以 $1/(a-x)$ 对 $t$ 作图，可得一直线，直线的斜率 $=k_2$。

对式(11-31) 作定积分

$$\int_0^x \frac{\mathrm{d}x}{(a-x)^2}=\int_0^t k_2\mathrm{d}t$$

得

$$\frac{1}{a-x}-\frac{1}{a}=k_2t \tag{11-33}$$

二级反应的特征如下。

① 速率常数 $k_2$ 的量纲 [浓度]$^{-1}$·[时间]$^{-1}$。

② 半衰期与起始浓度成反比，$t_{1/2}=1/(k_2a)$。

③ $1/c_A$ [或 $1/(a-x)$] 与 $t$ 呈线性关系。

④ 当 $a=b$ 时，二级反应 $t_{1/2}:t_{3/4}:t_{7/8}=1:3:7$

(2) 若 A 和 B 的起始浓度不相同，即 $a\neq b$，则

$$\frac{\mathrm{d}x}{\mathrm{d}t}=k_2(a-x)(b-x) \tag{11-34}$$

对式(11-34) 积分得

$$\frac{1}{(a-b)}\ln\frac{b(a-x)}{a(b-x)}=k_2t \tag{11-35}$$

从式(11-35) 可以看出，以 $\ln[(a-x)/(b-x)]$ 对 $t$ 作图，应得一直线，由此直线的斜率可求出 $k_2$，由于 A 和 B 的半衰期不同，因此很难说总反应的半衰期是多少。$k_2$ 的量纲与 $a=b$ 时的速率常数量纲相同。

对于二级反应，若其中一反应物（假设为 A 物质）大量过量，则该反应称为准一级反应。准一级反应是具有与一级反应相同的动力学方程和特征，例如：

$$A+B\longrightarrow P$$

速率方程 $r=k_2c_Ac_B$，由于 $c_A\gg c_B$，故可写为

$$r=k'c_B$$

式中，$k'=k_2c_A$，显然 $k'$ 与 $k_2$ 有不同的量纲。关于上式其他的讨论类同一级反应。

**例 11-6**　在 $OH^-$ 作用下，硝基苯甲酸乙酯（A）的水解反应

$$O_2NC_6H_4COOC_2H_5(A)+OH^-\longrightarrow O_2NC_6H_4COOH(B)+C_2H_5OH$$

在 15℃时的动力学数据如下表，两反应物的初始浓度均为 $0.05\mathrm{mol\cdot dm^{-3}}$，计算此二级反应的速率常数

| $t$/s | 120 | 180 | 240 | 330 | 530 | 600 |
|---|---|---|---|---|---|---|
| 酯水解的转化率/% | 32.95 | 41.75 | 48.8 | 58.05 | 69.0 | 70.35 |

**解**

| | (A) | + $OH^-$ ⟶ | (B) | + $C_2H_5OH$ | $n_{总}$/mol |
|---|---|---|---|---|---|
| $t=0$ | 0.05 | 0.05 | 0 | 0 | 0.1 |
| $t=t$ | $0.05-x$ | $0.05-x$ | $x$ | $x$ | 0.1 |

$$\text{酯水解的转化率}=\frac{x}{c_{A,0}}\times100\%=\frac{x}{0.05}\times100\%$$

将根据上式计算出的不同时刻 $x$ 值列入下表，并同时代入式(11-33) 中，将计算的 $k$ 值也列入下表中

| $t$/s | 120 | 180 | 240 | 330 | 530 | 600 |
|---|---|---|---|---|---|---|
| $x\times10^{2}$/mol | 1.6475 | 2.0875 | 2.44 | 2.9025 | 3.45 | 3.518 |
| $K_i$/dm$^3\cdot$mol$^{-1}\cdot$s$^{-1}$ | $8.19\times10^{-2}$ | $7.96\times10^{-2}$ | $7.94\times10^{-2}$ | $8.39\times10^{-2}$ | $8.4\times10^{-2}$ | $7.91\times10^{-2}$ |

$$k_{平均}=\sum k_i/6=8.13\times10^{-2}\,\mathrm{dm^3\cdot mol^{-1}\cdot s^{-1}}$$

$$t_{1/2}=\frac{1}{k_2a}=\left(\frac{1}{8.13\times10^{-2}\times0.05}\right)\mathrm{s}=246\mathrm{s}$$

**例 11-7** 乙醛的气相分解反应为二级反应，$CH_3CHO\longrightarrow CH_4+CO$，在恒容下进行，反应期间系统压力将增加。在 518℃时，测量反应过程中不同时刻 $t$ 反应器内的总压 $p_{总}$，得下列数据：

| $t$/s | 0 | 73 | 242 | 480 | 840 | 1440 |
|---|---|---|---|---|---|---|
| $p_{总}$/Pa | 48.4 | 55.6 | 66.25 | 74.25 | 80.9 | 86.25 |

试求此反应的速率常数。

**解** 题目给出的是不同反应时刻 $t$ 系统的总压，为此，首先要找出反应器中总压力与反应物浓度（或分压）的关系式

| | $CH_3CHO$ ⟶ | $CH_4$ | + $CO$ | $p_{总}$ |
|---|---|---|---|---|
| $t=0$ | $p_0$ | 0 | 0 | $p_0$ |
| $t=t$ | $p$ | $p_0-p$ | $p_0-p$ | $2p_0-p$ |

$$p_{总}=2p_0-p \quad 或 \quad p=2p_0-p_{总}$$

根据二级反应速率方程式(11-27)，得

$$k=\frac{1}{t}\left(\frac{1}{2p_0-p_{总}}-\frac{1}{p_0}\right)$$

将表中不同时刻 $t$ 的 $p_{总}$ 数据代入上式，可求得一系列的 $k$ 值，由此得

$$k_{平均}=\sum k_i/5=5.0\times10^{-5}\,\mathrm{Pa^{-1}\cdot s^{-1}}$$

**例 11-8** 400K 时，在抽空的恒容容器中按化学计量比引入反应物 A(g) 和 B(g)，进行如下气相反应

$$A(g)+2B(g)\longrightarrow Z(g)$$

测得反应开始时，容器内总压为 3.36kPa，反应进行 1000s 后总压降至 2.12kPa。已知，A(g)、B(g) 的反应级数分别为 0.5 和 1.5，求速率常数 $k_{p,A}$、$k_{c,A}$ 及半衰期 $t_{1/2}$（设系统为理想气体）。

**解** 根据题意，以反应物 A 表示的速率方程为：

$$-\frac{dc_A}{dt}=k_{c,A}c_A^{0.5}c_B^{1.5}$$

实验测量的是压力，基于反应物 A 分压的速率方程为：

$$-\frac{\mathrm{d}p_{\mathrm{A}}}{\mathrm{d}t}=k_{p,\mathrm{A}}p_{\mathrm{A}}^{0.5}p_{\mathrm{B}}^{1.5}$$

由题意可知，初始时 A，B 物质的量 $n_{\mathrm{B},0}=2n_{\mathrm{A},0}$，故初始分压 $p_{\mathrm{B},0}=2p_{\mathrm{A},0}$，并且任一时刻两者的分压关系为 $p_{\mathrm{B}}=2p_{\mathrm{A}}$，于是

$$-\frac{\mathrm{d}p_{\mathrm{A}}}{\mathrm{d}t}=k_{p,\mathrm{A}}p_{\mathrm{A}}^{0.5}(2p_{\mathrm{A}})^{1.5}=2^{1.5}k_{p,\mathrm{A}}p_{\mathrm{A}}^{2}=k'_{p,\mathrm{A}}p_{\mathrm{A}}^{2}$$

对上式积分得

$$\frac{1}{p_{\mathrm{A}}}-\frac{1}{p_{\mathrm{A},0}}=k'_{p}t$$

上式是有关反应 A 的动力学积分方程，而题目给的条件是不同时刻 $t$ 时体系的总压，为此，以 $p_0$ 代表 $t=0$ 时的总压，$p_t$ 代表 $t=t$ 时的总压，则不同时刻各组分的分压及总压关系如下：

| | A(g) ＋ | 2B(g) ⟶ | Z(g) | $p_t$ |
|---|---|---|---|---|
| $t=0$ | $p_{\mathrm{A},0}$ | $2p_{\mathrm{A},0}$ | 0 | $p_0=3p_{\mathrm{A},0}$ |
| $t=t$ | $p_{\mathrm{A}}$ | $2p_{\mathrm{A}}$ | $p_{\mathrm{A},0}-p_{\mathrm{A}}$ | $2p_{\mathrm{A}}+p_{\mathrm{A},0}$ |

已知　　$p_{\mathrm{A},0}=p_0/3=3.36\mathrm{kPa}/3=1.12\mathrm{kPa}$

$t=1000\mathrm{s}$ 时　　$p_{\mathrm{A}}=(p_t-p_{\mathrm{A},0})/2=[(2.12-1.12)/2]\mathrm{kPa}=0.5\mathrm{kPa}$

因此 $k'_{p,\mathrm{A}}=\frac{1}{t}\left(\frac{1}{p_{\mathrm{A}}}-\frac{1}{p_{\mathrm{A},0}}\right)=\frac{1}{1000}\left(\frac{1}{0.5}-\frac{1}{1.12}\right)(\mathrm{kPa}\cdot\mathrm{s})^{-1}=1.107\times10^{-6}\mathrm{Pa}^{-1}\cdot\mathrm{s}^{-1}$

$$k_{p,\mathrm{A}}=k'_{p,\mathrm{A}}/2^{1.5}=1.107\times10^{-6}/2^{1.5}\mathrm{Pa}^{-1}\cdot\mathrm{s}^{-1}=3.914\times10^{-7}\mathrm{Pa}^{-1}\cdot\mathrm{s}^{-1}$$

关于以浓度表示的速率常数 $k_c$ 与以压力表示的速率常数 $k_p$ 之间的关系推导如下。

对于 $n$ 级理想气体反应，其微分方程为

$$r=-\frac{1}{\nu_{\mathrm{A}}}\times\frac{\mathrm{d}c_{\mathrm{A}}}{\mathrm{d}t}=k_c c_{\mathrm{A}}^{n}$$

将 $p=cRT$ 代入上式，得

$$r=-\frac{1}{\nu_{\mathrm{A}}}\times\frac{\mathrm{d}(p_{\mathrm{A}}/RT)}{\mathrm{d}t}=k_c(p_{\mathrm{A}}/RT)^{n}$$

$$r=-\frac{1}{\nu_{\mathrm{A}}}\times\frac{\mathrm{d}p_{\mathrm{A}}}{\mathrm{d}t}=k_c(RT)^{1-n}p_{\mathrm{A}}^{n}=k_p p_{\mathrm{A}}^{n}$$

比较上述二式得　　$k_c=k_p(RT)^{n-1}$

故基于浓度表示的速率常数为：

$$k_{c,\mathrm{A}}=k_{p,\mathrm{A}}(RT)^{n-1}=(3.914\times10^{-7}\times8.314\times400)\mathrm{m}^3\cdot\mathrm{mol}^{-1}\cdot\mathrm{s}^{-1}$$
$$=1.302\mathrm{dm}^3\cdot\mathrm{mol}^{-1}\cdot\mathrm{s}^{-1}$$

根据半衰期定义，有

$$t_{1/2}=\frac{1}{k'_{p,\mathrm{A}}p_{\mathrm{A},0}}=\frac{1}{1.107\times10^{-6}\times1.12\times1000}\mathrm{s}=807\mathrm{s}$$

当然，本题也可以先求出 $k_{c,\mathrm{A}}$，再求出 $k_{p,\mathrm{A}}$。

### 11.3.4　$n$ 级反应

对于下列三种情况：

① 只有一种反应物 $n\mathrm{A}\longrightarrow\mathrm{P}$；

② $c_{B,0}(c_{C,0}, c_{D,0}, \cdots) \gg c_{A,0}$，即除 A 物质外，其他物质的浓度在整个反应过程中可近似看作不变；

③ 各组分起始浓度正比于其化学计量数，即 $c_{A,0}/a = c_{B,0}/b = \cdots$，皆有

$$-\frac{1}{\nu_A} \times \frac{dc_A}{dt} = k'_n c_A^n \tag{11-36}$$

在式(11-36) 中，对于第②种情况，$k'_n = kc_{B,0}c_{C,0}\cdots$；对于第③种情况，$k'_n = k(b/a)^{\beta}(c/a)^{\gamma}\cdots$，$(n = \alpha + \beta + \gamma + \cdots)$。对式(11-36) 积分得，

$$k_n t = \frac{1}{n-1}\left(\frac{1}{c_A^{n-1}} - \frac{1}{c_{A,0}^{n-1}}\right) \ (n \neq 1) \tag{11-37}$$

实际上，式(11-37) 是 $n \neq 1$、且符合上述三种情况的具有简单反应级数的动力学方程的通式。根据式(11-37) 得 $n$ 级反应的基本特征：

① $\frac{1}{c^{n-1}}$与 $t$ 呈线性关系；

② $t_{1/2} = \frac{2^{n-1}-1}{(n-1)\ k_n c_{A,0}^{n-1}} \ (n \neq 1)$ (11-38)

式(11-38) 也是 $n \neq 1$ 的半衰期的通式。更一般地，令 $\theta = c_A/c_{A,0}$，$\alpha = 1-\theta$，则 $\alpha$ 衰期

$$t_{\alpha} = \frac{(1-\alpha)^{1-n}-1}{(n-1)k_n c_{A,0}^{n-1}} (n \neq 1) \tag{11-39}$$

式(11-39) 是 $n \neq 1$ 的 $\alpha$ 衰期的通式，$\alpha$ 可为任何小于 1 的分数，$t_{1/2}$ 是 $\alpha = 1/2$ 的特例。

③ 速率常数 $k_n$ 的量纲为 [浓度]$^{1-n}$·[时间]$^{-1}$，由 $k_n$ 的量纲可知，只有一级反应的 $k$ 值与所使用的浓度标度无关。

尽管以上讨论了 $n$ 级简单反应的动力学方程和特征，正如前面指出的那样，三级以上的反应就比较少，到目前为止人们发现的气相三级反应只有五个，都与 NO 有关，是 NO 与 $Cl_2$、$Br_2$、$O_2$、$H_2$、$D_2$ 的反应。溶液中三级反应比气相中多，例如在乙酸或硝基苯溶液中含有不饱和 C═C 键化合物的加成反应常为三级反应。另外，水溶液中 $FeSO_4$ 的氧化，$Fe^{3+}$ 和 $I^-$ 的作用等也是三级反应。

表 11-1 列出了几种简单级数反应的速率方程，半衰期表示式及速率常数量纲。

**表 11-1　具有简单级数反应的速率方程及其特征**

| 级数 | 反应类型 | 速率方程 | | 特征 | | |
|---|---|---|---|---|---|---|
| | | 微分式 | 积分式 | 半衰期 | 直线关系 | $k$ 的量纲 |
| 0 | 表面催化反应 | $r = k_0$ | $c_{A,0} - c_A = k_0 t$ | $c_{A,0}/(2k_0)$ | $c_A$-$t$ | [浓度]·[时间]$^{-1}$ |
| 1 | $A \longrightarrow P$ | $r = k_1 c_A$ | $\ln \frac{c_{A,0}}{c_A} = k_1 t$ | $\frac{\ln 2}{k_1}$ | $\ln c_A$-$t$ | [时间]$^{-1}$ |
| 2 | $2A \longrightarrow P$ | $r = k_2 c_A^2$ | $\frac{1}{c_A} - \frac{1}{c_{A,0}} = k_2 t$ | $\frac{1}{k_2 c_{A,0}}$ | $1/c_A$-$t$ | [浓度]$^{-1}$·[时间]$^{-1}$ |
| | $A + B \longrightarrow P$ | $r = k_2(a-x)^2$ $(a=b)$ | $\frac{1}{a-x} - \frac{1}{a} = k_2 t$ | $\frac{1}{k_2 a}$ | $\frac{1}{a-x}$-$t$ | |
| $n$ | $nA \longrightarrow P$ | $r = k_n c_A^n$ | $\frac{1}{n-1}\left(\frac{1}{c_A^{n-1}} - \frac{1}{c_{A,0}^{n-1}}\right) = k_n t$ | $\frac{A}{c_{A,0}^{n-1}}$($A$ 为常数) | $\frac{1}{c_A^{n-1}}$-$t$ | [浓度]$^{1-n}$·[时间]$^{-1}$ |

## 11.4　速率方程与反应级数的测定

宏观动力学研究的主要任务是求动力学方程和推导反应机理，二者相辅相成。然而，在

一般动力学研究中，并不能直接测得反应的瞬时速率进而得到反应速率方程。通常的研究方法有二：一是根据实验现象（压力、温度的变化、中间产物和最终产物的种类等）和类似反应的动力学研究，提出反应机理，由反应机理拟合动力学方程，最后用实验结果验证所拟合动力学方程的正确性；另一方法是以某种直接或间接方法测得反应物或产物浓度（压力）随时间的变化，即动力学曲线，再根据动力学曲线推导动力学方程，同时，用所推导的动力学方程拟合反应机理。

如何根据动力学曲线求算反应级数，对建立动力学方程至关重要，也是本节将要重点讨论的内容。如果反应具有简单级数，则只要测出反应级数就可以建立速率方程；如果反应没有简单级数，则表明反应比较复杂，所建立的速率方程对推断反应机理将有直接的帮助。

对于具有简单级数的反应，测定反应级数的常用方法有两类，分别介绍如下。

### 11.4.1　积分法

所谓**积分法**又称为**尝试法**，就是利用动力学方程的积分形式来确定反应级数。可分为下述两种方法。

① 方程尝试法　将不同时间测得的反应物浓度数据分别代入 0，1，2，…级动力学方程的积分式中，求其速率常数值，在一定的误差范围内，哪个方程算出的 $k$ 值近似为一常数，则该方程的级数即为反应级数。

② 作图尝试法　将不同时间测得的反应物浓度数据，根据表 11-1 中直线关系的特征作图，看哪个直线关系成立，则该直线关系所代表的级数即为反应级数。

**例 11-9**　过氧化二叔丁基 $(CH_3)_3COOC(CH_3)_3(A) \longrightarrow C_2H_6 + 2CH_3COCH_3(B)$，在气相分解。在恒容、等温反应容器中，充以纯过氧化二叔丁基（A），系统总压随反应时间而增加。在不同时间测得系统的总压数据如下表所示，求反应级数和速率常数。

| $t$/min | 0.0 | 2.5 | 5.0 | 10.0 | 15.0 | 20.0 |
|---|---|---|---|---|---|---|
| $p$/kPa | 1.00 | 1.40 | 1.67 | 2.11 | 2.39 | 2.59 |

**解**　在本题中，已知条件给出的是系统的总压与 $t$ 的关系，因此，首先必须通过系统总压找出反应物 A 的压力与时间的关系。

| | A ⟶ | $C_2H_6$ | + 2B | $p$ |
|---|---|---|---|---|
| $t=0$ | $p_{A,0}$ | 0 | 0 | $p_{A,0}$ |
| $t=t$ | $p_{A,t}$ | $p_{A,0}-p_{A,t}$ | $2(p_{A,0}-p_{A,t})$ | $3p_{A,0}-2p_{A,t}$ |
| $t=\infty$ | 0 | $p_{A,0}$ | $2p_{A,0}$ | $3p_{A,0}$ |

$p_{A,t}=(3p_{A,0}-p)/2$，$p_{A,\infty}=3p_{A,0}$

若该反应为零级反应，则 $p_{A,0}-p_{A,t}=k_0t$，由此得　$p-p_{A,0}=2k_0t=k't$

若该反应为一级反应，则 $\ln(p_{A,0}/p_{A,t})=k_1t$，由此得　$\ln\dfrac{2p_{A,0}}{3p_{A,0}-p}=k_1t$

若该反应为二级反应，则 $1/p_{A,t}-1/p_{A,0}=k_2t$，由此得　$\dfrac{2}{3p_{A,0}-p}-\dfrac{1}{p_{A,0}}=k_2t$

计算出不同时刻 $t$ 时的 $p$、$\ln[2p_{A,0}/(3p_{A,0}-p)]$ 和 $2/(3p_{A,0}-p)$ 值并列于下表中

| $t$/min | 0.0 | 2.5 | 5.0 | 10.0 | 15.0 | 20.0 |
|---|---|---|---|---|---|---|
| $p$/Pa | 1.00 | 1.40 | 1.67 | 2.11 | 2.39 | 2.59 |
| $\ln[2p_{A,0}/(3p_{A,0}-p)]$ | 0 | 0.22 | 0.41 | 0.81 | 1.19 | 1.58 |
| $2/(3p_{A,0}-p)$ | 1 | 1.25 | 1.50 | 2.25 | 3.28 | 4.83 |

分别以上表中不同时刻的 $p$、$\ln[2p_{A,0}/(3p_{A,0}-p)]$ 和 $2/(3p_{A,0}-p)$ 的值对 $t$ 作图，可由是否得到直线来判断级数。图 11-4(a)、图 11-4(b)、图 11-4(c) 即为相应的三个图。由图可见，该反应是一级反应。由图 11-4(b) 直线的斜率，可求得该反应速率常数 $k_1=0.08\text{min}^{-1}$。

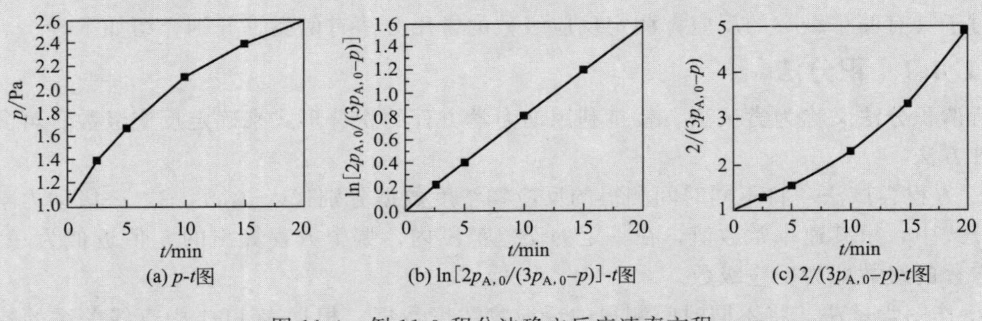


图 11-4　例 11-9 积分法确立反应速率方程

**例 11-10**　蔗糖转化反应可通过测定旋光度 $\alpha$ 进行跟踪。其反应为 $C_{12}H_{22}O_{11}$(A)+$H_2O \xrightarrow{H^+} C_6H_{12}O_6$(果糖)(B)+$C_6H_{12}O_6$(葡萄糖)(D)。反应物蔗糖 (A) 右旋 ($\alpha>0$)，产物果糖和葡萄糖的混合物左旋 ($\alpha<0$)。随着水解反应的进行，右旋角不断减小，反应完毕时，已转化为左旋并达到最大左旋角。设 $\alpha_0$、$\alpha_t$ 和 $\alpha_\infty$ 分别为蔗糖水解反应开始时、反应进行到 $t$ 时和水解完毕时的旋光角。测 25℃ 时 20% 的蔗糖水溶液在 $0.5\text{mol}\cdot\text{dm}^{-3}$ 乳酸存在时的水解数据如下表第 1、第 2 栏，试求反应级数和速率常数。已知在一定温度下，对于一定波长的光源和一定长度的试样管，旋光物质溶液的旋光度 $\alpha$ 与溶液的浓度成正比 $\alpha=kc$，几种旋光物质的混合溶液，其旋光度为各物质旋光度之和，即 $\alpha=k_1c_1+k_2c_2+\cdots$。

| $t$/min | $\alpha_t$/(°) | $(\alpha_t-\alpha_\infty)$/(°) | $k_1/10^{-5}\text{min}^{-1}$ |
|---|---|---|---|
| 0 | 34.5 | 45.27 | — |
| 1435 | 31.10 | 41.87 | 5.44 |
| 4315 | 25.00 | 35.77 | 5.46 |
| 7070 | 20.16 | 30.93 | 5.39 |
| 11360 | 13.98 | 24.75 | 5.32 |
| 14170 | 10.61 | 21.38 | 5.29 |
| 16935 | 7.57 | 18.34 | 5.34 |
| 19815 | 5.08 | 15.85 | 5.30 |
| 29925 | −1.65 | 9.12 | 5.35 |
| ∞ | −10.77 | 0.00 | — |

**解**　实验测量的是反应系统的旋光度随时间的变化，因此首先要找出反应物的浓度与系统的旋光度之间的关系式。在蔗糖转化反应过程中，根据已知条件，显然反应开始（$t=0$）时，反应液的旋光度 $\alpha_0$ 与反应物蔗糖的起始浓度 $c_{A,0}$ 成正比，即

$$\alpha_0 = k_A c_{A,0} \tag{1}$$

当反应时间为 $t$ 时，设蔗糖浓度为 $c_A$，果糖、葡萄糖的浓度则为 $c_{A,0}-c_A$，此时反应系统的旋光度应为

$$\alpha_t = k_A c_A + k_B(c_{A,0}-c_A) + k_C(c_{A,0}-c_A) \tag{2}$$

当反应时间为∞ 时，应有

$$\alpha_\infty = k_B c_{A,0} + k_C c_{A,0} \tag{3}$$

联立以上式(1)、式(2) 和式(3)，解之可得

$$c_{A,0} = \frac{1}{k_A - k_B - k_C}(\alpha_0 - \alpha_\infty)$$

$$c_{A,t} = \frac{1}{k_A - k_B - k_C}(\alpha_t - \alpha_\infty)$$

设蔗糖转化为一级反应，可得

$$\ln\frac{c_{A,0}}{c_A} = \ln\frac{\alpha_0 - \alpha_\infty}{\alpha_t - \alpha_\infty} = k_1 t$$

将 $\alpha_0-\alpha_\infty$ 值和上表中不同 $t$ 时 $\alpha_t-\alpha_\infty$ 值代入上式，求得的 $k_1$ 值列于上表的第 4 栏。由表可见，$k_1$ 基本是常数，所以蔗糖转化反应为一级反应，$k_1$ 的平均值为 $5.36\times10^{-5}\text{min}^{-1}$。若以表列数据按 $\ln(\alpha_t-\alpha_\infty)$ 对 $t$ 作图，得图 11-5，由直线的斜率可得 $k_1=5.37\times10^{-5}\text{min}^{-1}$。

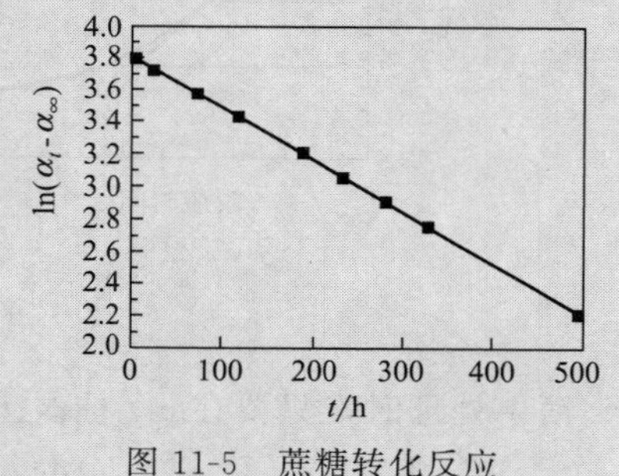

图 11-5　蔗糖转化反应的 $\ln(\alpha_t-\alpha_\infty)$-$t$ 图

由上面的计算或作图可知，对于一级反应，不需要知道反应物的起始浓度 $c_{A,0}$ 即可求得 $k_1$，而且可在任意时刻开始计时，例如以表中 $t=4315\text{min}$（71.92h）作为 $t=0$，则图 11-5 中直线向左平移，斜率不变。但二级反应与一级反应不同，在用被测量的物理量代替浓度（压力）时，必须知道 $c_{A,0}$，才能求得 $k_2$。

积分法的优点是只需一次实验的数据就能进行尝试或作图，其缺点是不够灵敏，只能适用于简单级数反应。例如，对于分数级数的反应就无能为力了。此外，对于实验持续时间不够长、转化率又低的反应，所得的 $c$-$t$ 数据按一级、二级甚至三级特征作图均会得到线性关系，差别不明显，需要特别注意。

### 11.4.2　半衰期法

由表 11-1 可知，不同级数的反应，其半衰期与起始浓度的关系不同，但可归纳出 $t_{1/2}$ 与起始浓度 $c_{A,0}$ 的关系如下：

$$t_{1/2} = A c_{A,0}^{1-n} \tag{11-40}$$

式中，$A$ 为与速率常数和反应级数有关的比例常数。将式(11-40) 两边取对数得

$$\ln t_{1/2} = \ln A + (1-n)\ln c_{A,0} \tag{11-41}$$

根据上式，对于同一反应采用一系列不同起始浓度 $c_{A,0}$ 做实验，并分别找出对应的 $t_{1/2}$ 之值，则以 $\ln t_{1/2}$ 对 $\ln c_{A,0}$ 作图应为一直线，由其斜率可求得反应级数 $n$。

此外，由式(11-41) 可得

$$n=1+\ln(t_{1/2}/t'_{1/2})/\ln(c'_{A,0}/c_{A,0}) \tag{11-42}$$

根据式(11-42)，由两组 $c_{A,0}$ 和 $t_{1/2}$ 数据可求得 $n$ 值。

相对于积分法，半衰期法求反应级数更可靠些。实际上，半衰期法并不只限于半衰期 $t_{1/2}$，可用反应物反应 $\alpha$ 衰期（$\alpha=1/3$，$2/3$，$1/4$，$3/4$，…）的时间代替半衰期，而且也只需一次实验的 $c_A$-$t$ 数据即可求得反应级数。不过，当反应物不止一种且起始浓度又不同时，半衰期法就变得较为复杂，用起来不很方便。

### 11.4.3 微分法

所谓**微分法**就是根据速率定义式，利用动力学曲线来确定反应级数的方法。如果在反应的任意时刻各反应物浓度与其化学计量系数之比相等，或只有一种反应物时，其反应速率方程为

$$r=-\frac{1}{\nu_A}\times\frac{dc_A}{dt}=kc_A^n \tag{11-43}$$

根据上式，在动力学曲线上任何一点切线的斜率即为该点浓度下的瞬时速率 $r$［如图 11-6(a) 所示］。

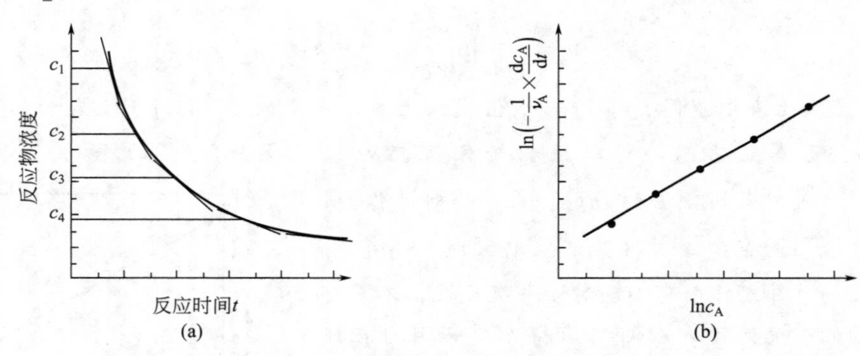


图 11-6　微分法测反应级数 $n$

简单处理时，只要在 $c$-$t$ 曲线上任取两点，并进行微分，可得

$$r_1=-\left(\frac{dc}{dt}\right)_{c=c_1}=kc_1^n,\ r_2=-\left(\frac{dc}{dt}\right)_{c=c_2}=kc_2^n$$

对上二式两边，取对数并相减得

$$n=\frac{\ln\left[\left(\frac{dc}{dt}\right)_{c=c_1}\Big/\left(\frac{dc}{dt}\right)_{c=c_2}\right]}{\ln(c_1/c_2)} \tag{11-44}$$

欲得较准确的平均结果，对式(11-43) 两边取对数得

$$\ln\left(-\frac{1}{\nu_A}\times\frac{dc_A}{dt}\right)=\ln k+n\ln c_A \tag{11-45}$$

若以 $\ln\left(-\frac{1}{\nu_A}\times\frac{dc_A}{dt}\right)$ 对 $\ln c_A$ 作图应得一直线［如图 11-6(b) 所示］，其斜率就是反应级数 $n$，截距为 $\ln k$。

图 11-6(a) 的动力学曲线是通过实际反应测量的 $c$-$t$ 结果，可以想象，随着反应的进

行，不可避免地存在着由产物到反应物的逆反应，以及中间产物等一些干扰因素，在有机化学反应中尤其如此。因此根据图 11-6 动力学曲线通过微分法求得的反应级 $n$ 往往受到上述因素的影响。为避免上述干扰因素，另一种处理方法又称起始浓度微分法是测定一系列不同起始浓度的动力学曲线，如图 11-7(a) 所示，然后将时间 $t$ 外推到 0，求各曲线在 $t=0$ 时切线的斜率，即 $-\mathrm{d}c_{\mathrm{A},0}/\mathrm{d}t$，将这些起始速率的对数 $\ln[-(1/\nu_{\mathrm{A}})\mathrm{d}c_{\mathrm{A},0}/\mathrm{d}t]$ 对相应的起始浓度对数 $\ln c_{\mathrm{A},0}$ 作图，应得一直线［如图 11-7(b) 所示］，此直线的斜率即为反应级数 $n$。由于起始浓度法消除了中间产物和逆反应的影响，所确定的级数可称为对浓度而言的反应级数。由此确定的反应级数相对而言是无干扰因素的级数，或称为真级数，用 $n_{\mathrm{C}}$ 表示。

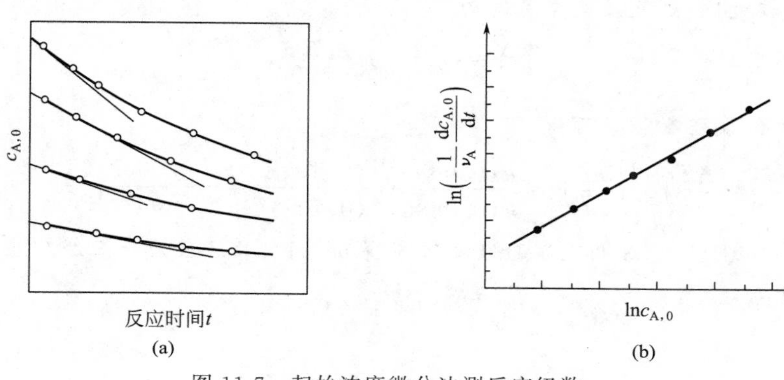


图 11-7　起始浓度微分法测反应级数 $n$

相比较而言，在剔除由于作图求微分而引进的误差外，微分法，尤其是起始浓度微分法应用更广泛，更可靠。这是因为微分法不但可求得具有简单级数反应的反应级数，还可求得具有分数级数的反应级数。另外，起始浓度微分法与反应时间无关（$t=0$），消除了中间产物、逆反应等干扰因素对真实反应级数的影响。

### 11.4.4　孤立法和过量浓度法

前面所讲的积分法、半衰期法或微分法，都是在只有一种反应物条件下求反应级数的方法。如果有两种以上的物质参与反应，且各反应物的起始浓度又不相同，其速率方程有如下形式：

$$r=kc_{\mathrm{A}}^{\alpha}c_{\mathrm{B}}^{\beta}c_{\mathrm{C}}^{\gamma}\cdots \tag{11-46}$$

则不论用上述哪种方法都比较麻烦。这时可采用过量浓度法或孤立浓度法。即在一次实验中，保持除其中一种物质（例如 A 物质）外的其他物质大大过量，这样，在反应过程中除了 A 物质外，其他物质的浓度可视为不变，近似为常数（过量浓度法）；或者在一组（至少二次）的实验中只改变其中一种物质（例如 A）的起始浓度，而保持其他各物质起始浓度不变（孤立浓度法），这时式(11-46) 变为

$$r=k'c_{\mathrm{A}}^{\alpha}(k'=kc_{\mathrm{B}}^{\beta}c_{\mathrm{C}}^{\gamma}\cdots) \tag{11-47}$$

然后再对式(11-47) 利用前面所讲的积分法或半衰期法或微分法求出 $\alpha$。依此类推，用类似的方法可分别求出各反应物的分级数 $\beta$、$\gamma$、…，而反应总级数 $n=\alpha+\beta+\gamma+\cdots$。

由以上的叙述可知，孤立法和过量浓度法不能单独使用，而是要结合积分法或半衰期法或微分法，才可求得每个反应物的分级数，进而求出总级数 $n$。

**例 11-11**　草酸钾与氯化汞的反应方程为

$$2HgCl_2+K_2C_2O_4 \longrightarrow 2KCl+Hg_2Cl_2+2CO_2$$

已知，在 373K 时，$Hg_2Cl_2$ 从初始浓度不同的反应溶液中沉淀的数据 $x$ 如下表：

| 实验序号 | $c_0(K_2C_2O_4)/mol\cdot dm^{-3}$ | $c_0(HgCl_2)/mol\cdot dm^{-3}$ | $t$/min | $x(Hg_2Cl_2)/mol\cdot dm^{-3}$ |
|---|---|---|---|---|
| 1 | 0.0836 | 0.404 | 65 | 0.0068 |
| 2 | 0.0836 | 0.202 | 120 | 0.0031 |
| 3 | 0.0418 | 0.404 | 62 | 0.0032 |

试求反应级数。

**解** 设用平均速率代替瞬时速率（这只有在反应速率较慢，或者反应时间较短时才可行，否则误差较大）。则反应速率可写为

$$\frac{\Delta x}{\Delta t}=kc^{n}_{HgCl_2}c^{m}_{K_2C_2O_4}$$

若选择 1、2 两组实验数据，可得

$$\left(\frac{\Delta x}{\Delta t}\right)_1\bigg/\left(\frac{\Delta x}{\Delta t}\right)_2=\frac{k(0.0836)^m(0.404)^n}{k(0.0836)^m(0.202)^n}=-\frac{0.0068/65}{0.031/120}$$

解之得 $n=2$。同理用 1、3 两次实验数据可求得 $m=1$。故此反应是三级反应。

$$r=k_3c^{2}_{HgCl_2}c_{K_2C_2O_4}$$

温度与反应速率的关系

## 11.5 温度对反应速率的影响

对形如

$$r=-\frac{1}{\nu_A}\times\frac{dc_A}{dt}=kc^{\alpha}_{A}c^{\beta}_{B}c^{\gamma}_{C}\cdots$$

的动力学微分方程，在一定的温度下

$$r=f(c,n,t)$$

在前面几节中，介绍了反应级数的定义和物理意义，即在动力学速率方程中，某物质浓度的分级数反映了该物质浓度对反应速率影响的程度。根据反应速率的定义，并通过动力学曲线，我们又讨论了浓度对反应速率的影响。然而，温度作为影响化学反应速率十分敏感的因素，无论是在动力学方程的微分形式还是积分形式中都没有把温度作为直接变量。实际上，温度对反应速率的影响主要体现在对速率常数的影响上。范特霍夫（van't Hoff）根据大量的实验数据归纳出一条经验规则：在室温附近，温度每升高 10℃，反应速率近似增至原来的 2～4 倍，即 $k_{t+10℃}/k_t\approx2\sim4$。

这个经验规则可以用来近似估计温度对反应速率的影响。

例如，某反应在 390K 时进行需 10min，若降温到 290K，以温度每升高 10℃，速率增加为原来的 2 倍计算，则达到相同的反应程度，需时为

$$\frac{k(390K)}{k(290K)}=\frac{t(290K)}{t(390K)}=2^{10}=1024$$

$$t(290K)=1024\times10min\approx7d$$

由上面的计算可知，温度对速率常数（即速率）的影响是很大的。

虽然说温度对反应速率有很大的影响，但是，化学反应千差万别，所以温度对反应速率的影响并非遵守同一个规律。即使是同一反应，在不同的温度阶段，其影响也不一样。各种

化学反应的速率与温度的关系相当复杂，目前已知有图 11-8 所示的五种类型。

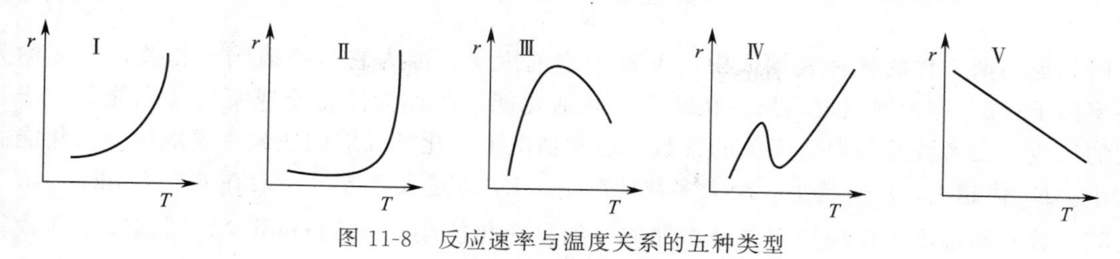


图 11-8 反应速率与温度关系的五种类型

各类型的特点：

**Ⅰ型**：反应速率随温度升高逐渐加快，$r$-$T$ 之间呈指数关系，这类反应最为常见，也是实验和理论上研究最多的一种。

**Ⅱ型**：开始时，温度影响不大，到达一定极限温度时，反应以爆炸的方式极快地进行。

**Ⅲ型**：在较低温度区间，速率随温度升高而加快，到达一定的温度，速率反而下降。在 $r$-$T$ 曲线上有一极大值。酶催化反应和有些多相催化反应多呈现这种形式。

**Ⅳ型**：在 $r$-$T$ 曲线上同时存在一高一低两个极值点，且在温度进一步升高时，反应速率迅速增加，可能的原因是发生了副反应。

**Ⅴ型**：反应速率随温度升高而下降，这种类型很少见，NO 与 $O_2$ 化合生成 $NO_2$ 的反应是一个例子。

关于温度对反应速率影响的定量描述是 1884 年范特霍夫根据与平衡常数的类比提出的速率常数与温度之间的关系式

$$\frac{\mathrm{d}\ln k}{\mathrm{d}T}=\frac{E_a}{RT^2} \tag{11-48}$$

或

$$k=A\mathrm{e}^{-E_a/RT} \tag{11-49}$$

范特霍夫虽然给出了上面两个方程，但是并没有指出其中参数 $E_a$ 和 $A$ 的物理意义，也没有进行更深入的分析。

1889 年，阿累尼乌斯（Arrhenius S）提出了活化分子的概念，他指出并非全部分子都参加反应，进行反应的只是那些具有能量比反应分子平均能量高出 $E_a$ 值的活化分子。反应系统中活化分子所占的比例符合玻尔兹曼（Boltzmann）分布，活化分子所占的分数由式(11-49) 中玻尔兹曼因子决定。反应速率随温度升高而增大，主要不在于分子平动的平均速率增加，而在于活化分子数增多。活化分子与一般反应物分子间存在平衡关系，因而速率常数与温度的关系可以用平衡常数与温度的关系来描述。

上述的解释给出了经验式(11-48) 和式(11-49) 明确的物理意义。

### 11.5.1 阿累尼乌斯方程

由于上述的正确分析，式(11-48) 和式(11-49) 现在被称为阿累尼乌斯方程。它能准确地描述温度对反应速率影响的第Ⅰ种类型，而且与热力学理论一致，满足平衡时 $K_c=k_1/k_{-1}$ 的限制。更重要的是，速率常数与温度的指数关系可以自然地由建立在统计力学基础上的现代速率理论导出，即玻尔兹曼因子。

阿累尼乌斯方程除了式(11-48) 和式(11-49) 的微分形式和指数形式外，还可以写作对数式的不定积分和定积分式

$$\ln k=-\frac{E_a}{RT}+B \tag{11-50}$$

$$\ln\frac{k_2}{k_1}=\frac{E_a}{R}\left(\frac{1}{T_1}-\frac{1}{T_2}\right) \tag{11-51}$$

在阿累尼乌斯方程的各种表示式中，$A$ 称为指前因子，因为它与碰撞频率相关，故又称为频率因子；$E_a$ 称为阿累尼乌斯活化能或实验活化能，简称为活化能或实验活化能。对于一定的反应，二者皆是与温度无关的常数。通常情况下，化学反应的快慢主要取决于活化能的大小。$E_a$ 值越大，$k$ 值越小。绝大多数情况下，$E_a$ 总是大于零，一般在 $60\sim250\text{kJ}\cdot\text{mol}^{-1}$ 之间。故升高温度，反应速率总是增加的。如果活化能小于 $40\text{kJ}\cdot\text{mol}^{-1}$，则其速率常数将大到用一般实验方法无法测定的程度。

### 11.5.2 关于阿累尼乌斯方程的几点讨论

**(1) 基元反应活化能**

反应物要发生反应，必须相互碰撞，但是并不是所有的碰撞都会发生反应，只有那些能量达到一定数值的分子，即活化分子才能通过碰撞发生反应。普通分子变为活化分子所需要的能量即阿累尼乌斯活化能（如图 11-9 所示）。从图 11-9 可以看出，无论是正反应还是逆反应都需要活化能。后来，托尔曼（Tolman）用统计平均的概念给出了基元反应活化能的定义为：活化分子的平均能量〈$E^*$〉与反应物分子平均能量〈$E$〉之差值称为活化能。即

$$E_a=\langle E^*\rangle-\langle E\rangle \tag{11-52}$$

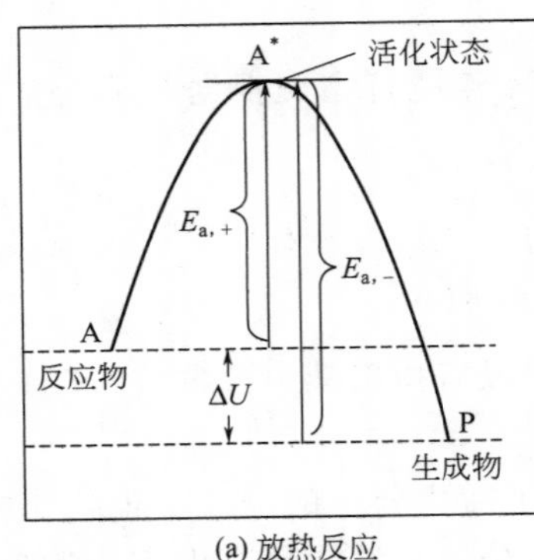

(a) 放热反应

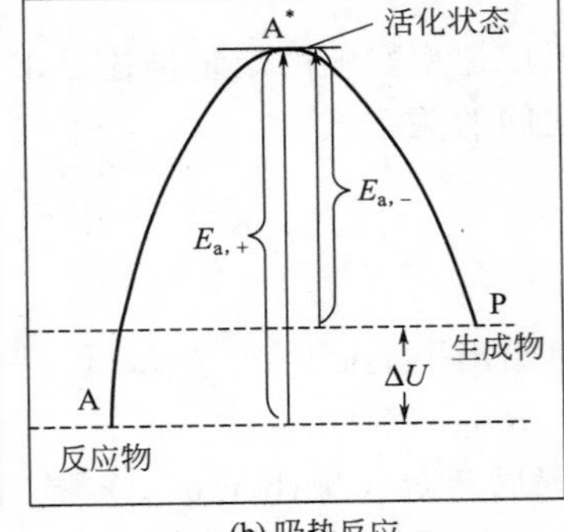

(b) 吸热反应

图 11-9 正、逆反应活化能及活化能与恒容反应热效应的关系

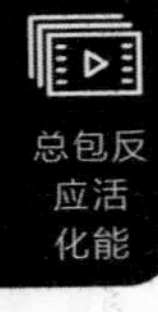


**(2) 活化能与恒容反应热效应 ΔU 的关系**

结合平衡常数随温度变化的范特霍夫方程，阿累尼乌斯解释了他的（实际上是范特霍夫提出的）经验公式，并给出了活化能与恒容反应热的关系。

假设有一对峙反应：

$$\text{A}+\text{B}\underset{k_-}{\overset{k_+}{\rightleftharpoons}}\text{C}+\text{D}$$

正、逆向都是简单反应，$k_+$ 及 $k_-$ 分别是其速率常数，则

$$r_+=k_+c_Ac_B,\ r_-=k_-c_Cc_D$$

反应达平衡时，$r_+=r_-$，所以

$$K_c=\frac{k_+}{k_-}=\frac{c_Cc_D}{c_Ac_B}$$

根据范特霍夫方程，$K_c$ 随温度变化有如下关系式

$$\frac{\text{dln}K_c}{\text{d}T}=\frac{\Delta U}{RT^2} \tag{11-53}$$

将 $K_c=k_+/k_-$ 和 $\Delta U=U$(产物)$-U$(反应物) 代入上式得

$$\frac{\mathrm{d}\ln k_+}{\mathrm{d}T}-\frac{\mathrm{d}\ln k_-}{\mathrm{d}T}=\frac{U(\text{产物})}{RT^2}-\frac{U(\text{反应物})}{RT^2} \tag{11-54}$$

同时，根据式(11-48) 有

$$\frac{\mathrm{d}\ln k_+}{\mathrm{d}T}-\frac{\mathrm{d}\ln k_-}{\mathrm{d}T}=\frac{E_{\mathrm{a},+}}{RT^2}-\frac{E_{\mathrm{a},-}}{RT^2} \tag{11-55}$$

比较式(11-54) 和式(11-55) 可得

$$E_{\mathrm{a},+}-E_{\mathrm{a},-}=\Delta U=U(\text{产物})-U(\text{反应物}) \tag{11-56}$$

式(11-56) 表明，正、逆反应活化能之差即为恒容反应热效应 $\Delta U$（如图 11-8 所示），放热反应，$\Delta U<0$，吸热反应，$\Delta U>0$。

若以 $U$（活化态）代表活化态能量，由图 11-8 和式(11-56) 可知

$$E_{\mathrm{a},+}+U(\text{反应物})=E_{\mathrm{a},-}+U(\text{产物})=U(\text{活化态}) \tag{11-57}$$

$$E_{\mathrm{a},+}=U(\text{活化态})-U(\text{反应物}) \tag{11-58}$$

$$E_{\mathrm{a},-}=U(\text{活化态})-U(\text{产物}) \tag{11-59}$$

由式(11-58) 和式(11-59) 可知，活化态能量与反应物或产物的能量之差分别为正向反应的活化能 $E_{\mathrm{a},+}$ 和逆向反应的活化能 $E_{\mathrm{a},-}$。这就是阿累尼乌斯关于活化能 $E_\mathrm{a}$ 的经验解释，也是托尔曼（Tolman）的统计解释。

**(3) 活化能的实验测定**

在动力学研究中，速率常数表达式中的指前因子和活化能是两个十分重要的参数。其中活化能的数值是根据不同温度下测得的速率常数数据利用阿累尼乌斯公式求得的。

① 作图法。作图法是根据阿累尼乌斯方程的不定积分形式 $\ln k=-E_\mathrm{a}/RT+\mathrm{B}$，以 $\ln k$ 对 $1/T$ 作图［如图 11-10 所示］，其斜率$=-E_\mathrm{a}/R$，由此得

$$E_\mathrm{a}=-(\text{斜率})\times R$$

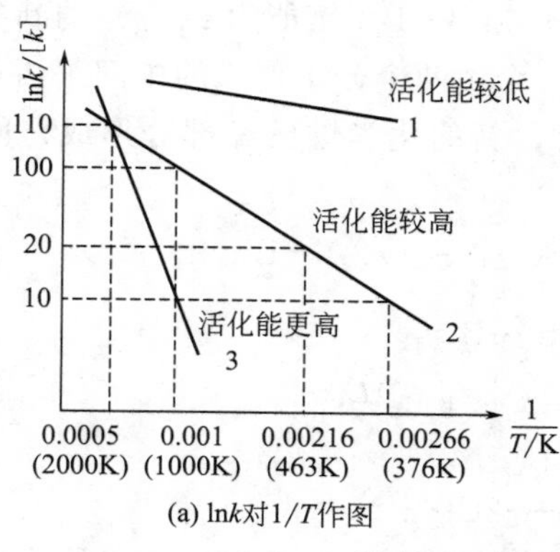

(a) lnk对1/T作图

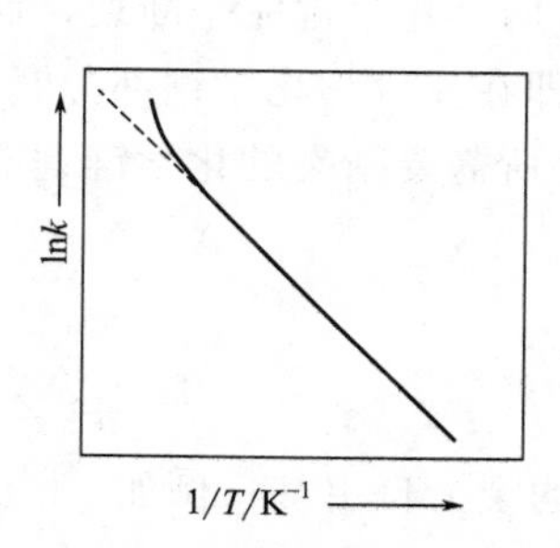

(b) lnk对1/T作图连续至高温段

图 11-10　lnk 和 1/T 关系图

从图 11-10(a) 可以看出。

a. $E_\mathrm{a}$ 越大，$\ln k$ 对 $1/T$ 作图所得斜率的绝对值越大。

b. $k$ 随 $T$ 的变化在低温区更敏感。以图 11-10 (a) 中具有中等活化能的第二条直线为例：

| 温度区间 | $\ln k$ | $\ln k$ 增加 |
|---|---|---|
| 376→463K | 10→20 | 100% |
| 1000→2000K | 100→110 | 10% |

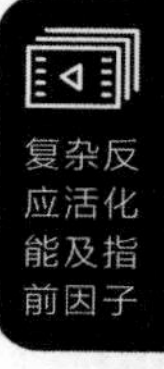

即在低温区，温度升高 87K，$\ln k$ 值增加了 100%，而在高温区，温度升高 1000K，$\ln k$ 才增加 10%。究其原因，这是因为 $\mathrm{d}\ln k/\mathrm{d}T=E_a/(RT^2)$，即 $\ln k$ 随温度的变化率与 $RT^2$ 成反比。

c. $E_a$ 大，$k$ 随 $T$ 的变化率亦大。如图 11-10(a) 所示，$E_a(3)>E_a(2)$。

| 温度区间 | $\ln k_2$ | $\ln k_3$ |
| --- | --- | --- |
| 1000→2000K | 100→110（增加 10%） | 10→110 增加了 1000% |

换言之，高温有利于 $E_a$ 大的反应。

② 数值计算法　数值计算法是根据阿累尼乌斯方程的定积分，只要将两个温度下测得的 $k$ 值代入式(11-51) 即可求得 $E_a$ 值。

**(4) 活化能 $E_a$ 与温度的关系**

阿累尼乌斯在其经验式中假定活化能是与温度无关的常数［如图 11-10(a) 所示］，这与大部分实验是相符的。但是，当反应温度较高时，如图 11-10(b) 所示，$\ln k$ 对 $1/T$ 作图的实验结果向上偏离了直线，这说明活化能与温度是相关的（至少在高温段是这样）。只是在一般温度下，温度对活化能的影响不明显而已，但在高温段，温度的影响就凸显出来了。不过，由于通常温度下，温度对 $E_a$ 的影响可忽略不计，故在后面的课程中，除特别声明外，总是假定活化能 $E_a$ 是与温度无关的常数。

**(5) 活化能的估算**

通过实验测定不同温度下的速率常数，借助阿累尼乌斯方程可得到反应的活化能。但是，对于难于测量其速率常数的反应或受条件所限无法测定速率常数时，可利用反应所涉及的化学键的键能数据估算反应活化能，尽管其结果是经验规则所得，可能显得比较粗糙，但是在没有准确的实验数据时，估算的结果还是很有实用价值的。利用键能估算活化能需要按如下几种不同的反应类型考虑。

① 对于基元反应

$$\mathrm{A{-}A+B{-}B\longrightarrow 2A{-}B}$$

该反应涉及到化学键 A—A（键能为 $\varepsilon_{A-A}$）和 B—B（键能为 $\varepsilon_{B-B}$）的断裂，但是，反应并不需要将两个化学键完全断裂，而是经历一个由两个分子形成的中间（活化）状态（活化络合物），即在反应物化学键部分断裂的同时，新的化学键已经部分形成，所以此类反应的活化能约为所需要断裂的化学键键能的 30%。

$$\mathrm{A-A+B-B\longrightarrow \begin{matrix}A\cdots A\\ \vdots\quad\vdots\\ B\cdots B\end{matrix}\longrightarrow 2A-B}$$

$$E_a=0.30(\varepsilon_{A-A}+\varepsilon_{B-B})L \tag{11-60}$$

② 分子均裂为自由基，例如

$$\mathrm{Cl{-}Cl+M\longrightarrow 2Cl\cdot+M}$$

该基元反应只有化学键断裂而没有新的化学键生成，所以此类反应的活化能为所断裂化学键的键能。即

$$E_a=L\varepsilon_{Cl-Cl} \tag{11-61}$$

③ 自由基复合为分子，例如上述反应的逆反应。此类反应无需断裂化学键，$E_a=0$。实际上，由于自由基非常活泼，所以自由基复合反应会放出巨大的能量，因此，此类反应需要第三体分子参与，移走多余的能量，以利于产物分子的稳定。

④ 自由基与稳定分子的反应

$$\mathrm{A\cdot+B{-}C\longrightarrow A{-}B+C}$$

由于自由基有很大的反应活性，故此类反应可按所需断裂键键能的5.5%予以估算。

$$E_a = 0.055\varepsilon_{B-C}L \tag{11-62}$$

需要指出的是，对于第①类和第④类反应，只有对放热反应才能正确估算活化能，对于吸热反应，可借助活化能与反应热效应的关系式，从逆反应的活化能去推算正反应活化能。

**(6) 关于非基元反应的活化能**

阿累尼乌斯方程对于简单反应或总包反应中的每一基元反应总是适用的。对某些总包反应，只要其速率方程具有$r = kc_A^{\alpha}c_B^{\beta}\cdots$的形式，阿累尼乌斯方程仍然适用。只是此时方程中的活化能不再像简单反应（或基元反应）那样具有明确的物理意义，而是构成该总包反应的某些基元反应活化能的某种组合，通常称之为表观活化能$E_{表}$，例如

$$H_2 + I_2 \xlongequal{} 2HI \qquad k = A_0 e^{-E_{a,表}/RT}$$

其机理为

$$I_2 + M^* \underset{k_{-1}}{\overset{k_1}{\rightleftharpoons}} 2I\cdot + M \text{（快速平衡）} \qquad k_1 = A_{0,1} e^{-E_{a,1}/RT}$$

$$k_{-1} = A_{0,-1} e^{-E_{a,-1}/RT}$$

$$H_2 + 2I\cdot \xrightarrow{k_2} 2HI \text{（慢反应）} \qquad k_2 = A_{0,2} e^{-E_{a,2}/RT}$$

以HI表示的速率方程为

$$\frac{1}{2} \times \frac{dc_{HI}}{dt} = k_2 c_{H_2} c_{I\cdot}^2$$

又因为$K_c = k_1/k_{-1} = c_{I\cdot}^2/c_{I_2}$，由此得

$$r = \frac{1}{2} \times \frac{dc_{HI}}{dt} = \frac{k_1 k_2}{k_{-1}} c_{H_2} c_{I_2} = k c_{H_2} c_{I_2}$$

即

$$k = k_1 k_2 / k_{-1}$$

将上述每一步基元反应速率常数的表达式代入上式中，得

$$k = k_1 k_2 / k_{-1} = A_{0,1} e^{-E_{a,1}/RT} A_{0,2} e^{-E_{a,2}/RT} / A_{0,-1} e^{-E_{a,-1}/RT}$$

$$= \frac{A_{0,1} A_{0,2}}{A_{0,-1}} e^{-(E_{a,1} + E_{a,2} - E_{a,-1})/RT} = A_0 e^{-E_{表}/RT}$$

比较得

$$A_0 = \frac{A_{0,1} A_{0,2}}{A_{0,-1}} \text{ 和 } E_{a,表} = E_{a,1} + E_{a,2} - E_{a,-1} \tag{11-63}$$

由式(11-63)可知，对于速率方程可写成$r = kc_A^{\alpha}c_B^{\beta}\cdots$的反应，只要知道了总速率常数$k$与各基元步骤速率常数之间的关系式，就可分别写出指前因子$A_0$和表观活化能$E_{a,表}$与各基元步骤指前因子和活化能之间的关系式。

值得注意的是，对于速率公式不具有$r = kc_A^{\alpha}c_B^{\beta}\cdots$形式，亦即无确定级数的总包反应，阿累尼乌斯方程不再适用。

**(7) 确定适宜的反应温度**

以表11-1中具有简单级数的反应为例，原则上，只要将阿累尼乌斯方程代入相应的动力学方程积分式中，当指前因子$A$和活化能$E_a$已知时，就可以求出在指定时间达到某一转化率所需要的温度。

**例 11-12**　溴乙烷分解反应的活化能$E_a = 229.3\text{kJ} \cdot \text{mol}^{-1}$，650K时的速率常数$k = 2.14 \times 10^{-4}\text{s}^{-1}$。现欲使此反应在20.0min内完成80%，问应将反应温度控制为多少？

**解**　根据$k = Ae^{-E_a/RT}$可求得

$$A = ke^{E_a/RT} = 2.14 \times 10^{-4} \times e^{2.293 \times 10^5/(8.314 \times 650)} \text{s}^{-1} = 5.73 \times 10^{14} \text{s}^{-1}$$

由此得该反应的 $k$ 与 $T$ 的关系式为

$$k=A\mathrm{e}^{-E_a/RT}=(5.73\times10^{14}\times\mathrm{e}^{-2.293\times10^5/8.314T})\mathrm{s}^{-1}$$

由题目中所给的 $k$ 的单位可知该反应为一级反应，即 $\ln(c_{A,0}/c_A)=kt$

因此 $$\ln\frac{1.0}{(1.0-0.80)}=5.73\times10^{14}\times\mathrm{e}^{-2.293\times10^5/8.314T}\times20\times60$$

解之得 $$T=679\mathrm{K}$$

欲使反应在 20min 时完成 80%，反应温度应控制在 679K。

**例 11-13** 乙醛（A）蒸气的热分解反应如下：$CH_3CHO(g)\longrightarrow CH_4(g)+CO(g)$ 518℃下在一恒容容器中的压力 $p$ 变化有如下两组数据

| $p_{A,0}$/kPa | 反应时间 $t=100$s | | $k$/$\mathrm{Pa^{-1}\cdot s^{-1}}$ |
|---|---|---|---|
| | $p$/kPa | $p_A$/kPa | |
| 53.329 | 66.661 | 39.997 | $6.2\times10^{-2}$ |
| 26.664 | 30.531 | 22.797 | $6.36\times10^{-2}$ |

（1）求反应级数，速率常数；（2）若活化能为 $190.4\mathrm{kJ\cdot mol^{-1}}$，问在什么温度下其速率常数为 518℃时的两倍。

**解** （1）首先找出反应过程中 A 的压力 $p_A$ 与被测定的系统总压力 $p$ 之间关系

| | A $\longrightarrow$ | $CH_4(g)$ + | $CO(g)$ | $p$ |
|---|---|---|---|---|
| $t=0$ | $p_{A,0}$ | 0 | 0 | $p_{A,0}$ |
| $t=t$ | $p_A$ | $p_{A,0}-p_A$ | $p_{A,0}-p_A$ | $2p_{A,0}-p_A$ |

由此得 $$p_A=2p_{A,0}-p$$

将不同 $p_{A,0}$ 和相应 $p$ 的数据代入上式，求出反应 100s 时反应物乙醛的压力 $p_A$ 数值并填入上表中第三列。用积分法求 $n$，将 $p_A$ 及相应的 $p_{A,0}$ 数据代入二级反应积分方程

$$k=\frac{1}{t}\left(\frac{1}{p_A}-\frac{1}{p_{A,0}}\right)$$

中，将求得 $k$ 值填入上表中第四列。计算结果表明，$k$ 近似为常数，$k_{平均}=6.28\times10^{-2}$ $\mathrm{Pa^{-1}\cdot s^{-1}}$，由此得 $n=2$。

（2）由阿累尼乌斯定积分方程求 $T$

$$\ln\frac{k_2}{k_1}=\frac{E_a}{R}\left(\frac{1}{T_1}-\frac{1}{T_2}\right)$$

根据题意 $$\ln\frac{2k_1}{k_1}=\frac{190400}{R}\left(\frac{1}{791}-\frac{1}{T_2}\right)$$

解得 $$T_2=810.4\mathrm{K}$$

**例 11-14** 恒容气相反应 $A(g)\longrightarrow D(g)$ 的速率常数 $k$ 与温度 $T$ 具有如下关系式：

$$\ln\left(\frac{k}{\mathrm{s^{-1}}}\right)=24.00-\frac{9622}{T/\mathrm{K}}$$

（1）确定此反应级数；

（2）计算此反应活化能；

（3）欲使A(g)在10min内转化率达到90%，则反应温度应控制在多少？

**解** （1）由 $[k]=s^{-1}$，可知 $n=1$。

（2）将阿累尼乌斯方程不定积分式 $\ln\left(\frac{k}{s^{-1}}\right)=-\frac{E_a}{RT}+\ln\left(\frac{A_0}{s^{-1}}\right)$ 与题目给定的方程比较可知 $E_a/R=9622$，即 $E_a=9622R=80.0kJ\cdot mol^{-1}$

（3）已知 $t=10min$，$x=0.90$，根据一级反应动力学方程

$$k=\frac{1}{t}\ln\frac{1}{1-x}=\frac{1}{10\times60}\ln\frac{1}{1-0.9}=3.838\times10^{-3}s^{-1}$$

将由此计算的 $k$ 值代入题目给定的方程中，解得

$$T=\frac{9622}{24-\ln(k/s^{-1})}K=\frac{9622}{24-\ln(3.838\times10^{-3})}K=325.5K$$

**例11-15** 假定 $2NO+O_2 \underset{k_{-1}}{\overset{k_1}{\rightleftharpoons}} 2NO_2$ 的正逆反应都是基元反应，正逆反应速率常数分别 $k_1$ 和 $k_{-1}$，实验测得下列数据

| $T/K$ | 600 | 645 |
|---|---|---|
| $k_1/mol^{-2}\cdot dm^6\cdot min^{-1}$ | $6.63\times10^5$ | $6.52\times10^5$ |
| $k_{-1}/mol^{-2}\cdot dm^6\cdot min^{-1}$ | 8.39 | 40.7 |

试求。（1）600K及645K时反应的平衡常数 $K_c$；

（2）正向反应 $\Delta_r U_m$ 和 $\Delta_r H_m$；

（3）正逆反应活化能 $E_{a,1}$ 及 $E_{a,-1}$；

（4）判断原假定正逆反应皆为基元反应是否正确。

**解** （1）根据题意，正逆反应都是基元反应

$$r_1=k_1c_{NO}^2c_{O_2},\ r_{-1}=k_{-1}c_{NO_2}^2$$

平衡时，$r_1=r_{-1}$，所以

$$K_c=\frac{k_1}{k_{-1}}=\frac{c_{NO_2}^2}{c_{NO}^2c_{O_2}}$$

由此得

$$K_c(600K)=\frac{k_1(600K)}{k_{-1}(600K)}=\frac{6.63\times10^5}{8.39}mol^{-1}\cdot dm^3=7.9\times10^4mol^{-1}\cdot dm^3$$

$$K_c(645K)=\frac{k_1(645K)}{k_{-1}(645K)}=\frac{6.52\times10^5}{40.7}mol^{-1}\cdot dm^3=1.60\times10^4mol^{-1}\cdot dm^3$$

（2）根据范特霍夫方程，平衡常数 $K_c$ 与 $T$ 的关系为

$$\frac{d\ln K_c}{dT}=\frac{\Delta_r U_m}{RT^2}$$

$$\ln\frac{K_c(T_2)}{K_c(T_1)}=\frac{\Delta_r U_m}{R}\left(\frac{1}{T_1}-\frac{1}{T_2}\right)$$

$$\ln\frac{1.6\times10^4}{7.9\times10^4}=\frac{\Delta_r U_m}{R}\left(\frac{1}{600}-\frac{1}{645}\right)$$

解得

$$\Delta_r U_m=-114kJ\cdot mol^{-1}$$

因为 $$\Delta_r H_m = \Delta_r U_m + \Delta\nu_g RT = \Delta_r U_m - RT$$

所以 $$\frac{\mathrm{d}\ln K_c}{\mathrm{d}T} = \frac{\Delta_r H_m + RT}{RT^2} = \frac{\Delta_r H_m}{RT^2} + \frac{1}{T}$$

$$\ln\frac{K_c(T_2)}{K_c(T_1)} = \frac{\Delta_r H_m}{R}\left(\frac{1}{T_1} - \frac{1}{T_2}\right) + \ln\frac{T_2}{T_1}$$

代入相应的 $K_c$ 与 T 数据得

$$\Delta_r H_m = -119kJ\cdot mol^{-1}$$

（当然，也可将系统看作理想气体，用公式 $\Delta_r H_m = \Delta_r U_m + \Delta\nu_g RT = \Delta_r U_m - RT$ 计算 $\Delta_r H_m$）

（3）由阿累尼乌斯方程的定积分形式得

$$\ln\frac{k_2(T_2)}{k_1(T_1)} = \frac{E_{a,1}}{R}\left(\frac{1}{T_1} - \frac{1}{T_2}\right)$$

$$\ln\frac{6.52\times10^5}{6.63\times10^5} = \frac{E_{a,1}}{8.314}\left(\frac{1}{600} - \frac{1}{645}\right)$$

$$E_{a,1} = -1.2\mathrm{kJ\cdot mol^{-1}}$$

同理 $$E_{a,-1} = 113\mathrm{kJ\cdot mol^{-1}}$$

（4）根据托尔曼用统计力学证明的基元反应活化能公式

$$E_{a,1} = \langle E^*\rangle - \langle E\rangle$$

即基元反应活化能是活化分子平均能量与反应物分子平均能量之差，且基元反应的活化能一定大于或等于零。本题解得 $E_{a,1} < 0$，说明正向反应不是基元反应。根据微观可逆原理，既然正向反应不是基元反应，则逆向反应亦不是基元反应，因此原假设不正确。

**（8）关于活化能的哲学思考**

关于活化能，由于它蕴藏着丰富内涵和哲理，值得作更进一步讨论。

首先，我们来思考这样一个问题：对于放热反应，如图 11-11 所示，从反应物到产物，其能量变化为什么不是根据能量最低原理，沿着图中虚线所示的“最可几途径”，而要克服活化能，经过活化态再到产物？这是因为，无论是自然界，还是人类社会，“存在即合理”，能够存在的状态或现象在一定的条件下或范围内都是相对稳定的。要想破坏它，首先要激发它，使其从一个相对稳定的状态变为不稳定的“激发态”，进而形成新的相对稳定状态。激发稳定的状态需要付出代价（能量），在化学反应中，这个代价（能量）就是反应活化能。

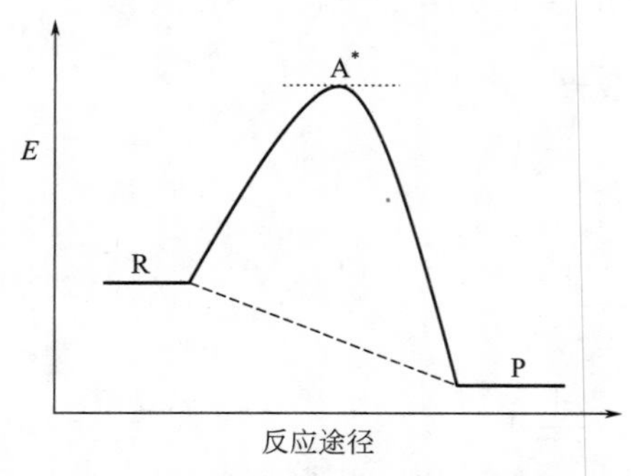

图 11-11 反应物到产物的能量变化示意图

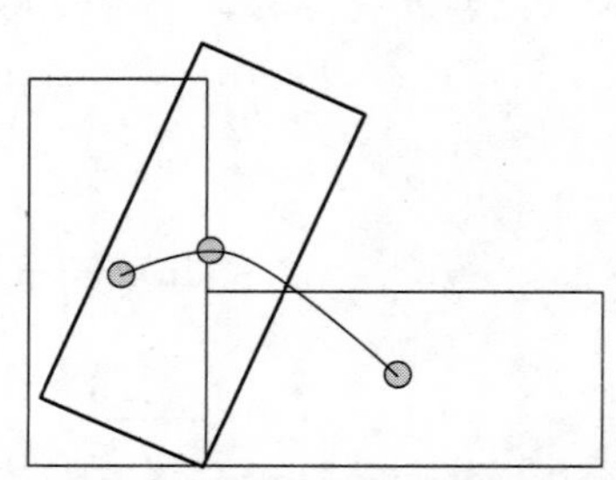
图 11-12 矩形木块状态变化过程的重心轨迹示意图

再如，将一个直立的矩形木块（相对稳定的旧的状态）推倒横卧在地面，使其重心更低（新的能量更低的稳定状态），尽管是从重心相对较高的稳定态变为重心更低的稳定态，但仔细观察发现，其重心运动的轨迹同样经过了最高点（如图 11-12 所示）。

化学反应中，要使稳定的分子发生反应，就首先要给反应物分子以能量，使其旧键断裂，同时形成新的化学键。这就是哲学上的“破”与“立”的关系。“不破不立，破字当头，立也就在其中”，要破就要付出代价（能量），这就是为什么即使是放热反应，也需要克服活化能，经历活化态再到产物的原因。

## 11.6　基元反应碰撞理论

在此之前几节中，我们讨论了宏观反应动力学的一些重要的规律，如质量作用定律、阿累尼乌斯方程等。这些是从大量的实验结果中归纳、总结得到的，极大地促进了化学动力学的发展，对化学动力学的发展具有重要意义。然而，人们对自然规律的探索并不只满足于对经验的总结，更希望在微观层次上找出这些经验规律的成因，以便从理论上了解这些规律和各个参数（如质量作用定律、活化能和指前因子等）的物理意义，从而能更深刻地认识这些重要的规律，并且更好地把握这些规律的应用范围与条件。在本节中，我们将从分子的微观运动出发，通过适当的模型和近似，根据气体分子运动论，分子间势能函数及统计平均等理论探索基元化学反应过程，并结合反应系统的物理、化学性质，定量计算宏观反应速率。对基元反应的动力学特征作出理论预期，这就是基元反应速率理论的主要内容。

本节将主要介绍气相反应碰撞理论和过渡态理论。

### 11.6.1　碰撞理论的基本假设

在阿累尼乌斯提出活化分子和活化能概念、正确解释了反应速率随温度变化的规律后，德国的特劳兹（Trautz M）和英国的路易斯（Lewis W C M）分别在 1916 年和 1918 年各自独立地研究了碘化氢的合成和分解反应，实验测定了指前因子，并从理论上计算出反应分子碰撞数，与实验基本相符。然而，这一反应并非是基元反应。此后，经过许多人的努力，逐步形成了反应速率的碰撞理论。碰撞理论的出发点和模型非常直观，其基本假设为：

① 分子之间的碰撞是基元反应发生的前提条件，碰撞频率越大，反应速率越快。即

$$r \propto \text{单位时间、单位体积内发生的碰撞数}$$

这一假设的必要性是显而易见的。基元反应是一步完成的，要发生反应，反应物分子必须通过碰撞，以实现空间上的接近，达到价电子可以发生相互作用的距离。

同时，碰撞携带的碰撞能可以满足基元反应对能量的要求。所以碰撞理论的第一步是利用气体分子运动论计算分子碰撞数 $Z$。

② 相互碰撞的分子为没有内部结构的硬球。假设分子为没有内部结构的硬球，大大地简化了计算，突出了要解决问题的重点。基于这一假设的碰撞理论又称为硬球碰撞理论。

硬球假设固然带来了计算上的便利，但是忽略了分子结构的多样性，也造成了碰撞理论的诸多缺陷，这一点将在后面讨论。

③ 碰撞虽然是基元反应发生的必要条件，但不是充分条件。只有相对运动动能 $\varepsilon_{动}$ 大于某一能量 $\varepsilon_c$ 的碰撞**分子对**才有可能引起化学反应，能发生化学反应的碰撞叫**有效碰撞**，有效碰撞占全部碰撞数的比例称为**有效碰撞分数**，记为 $q$，即

$$r \propto q$$

综上所述，硬球碰撞理论给出的基元反应的速率为

$$r = (\text{单位时间,单位体积内的碰撞数}) \times q$$

即
$$r = -\frac{\mathrm{d}c}{\mathrm{d}t} = Zq \tag{11-64}$$

由上式可知，碰撞理论的任务就是求单位时间、单位体积的碰撞数 $Z$ 和有效碰撞分数 $q$。

### 11.6.2 气相双分子碰撞数的计算

以气相双分子基元反应 A+B ⟶ P 为例，通过气体分子运动论的理论计算如图 11-13 所示碰撞的碰撞数。图中 $u_r$ 为 A、B 球之间的相对速度

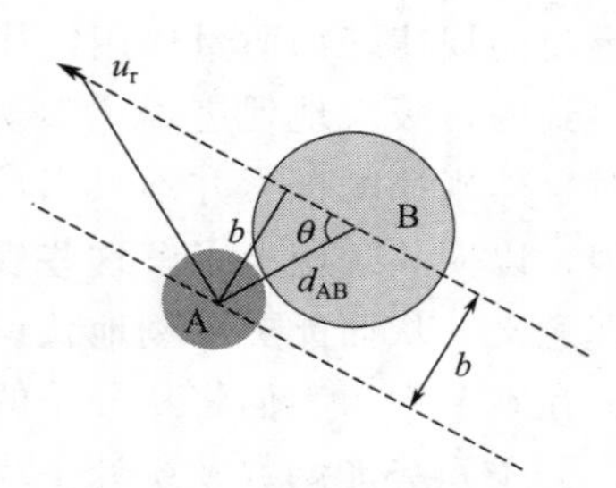


图 11-13 硬球碰撞示意图

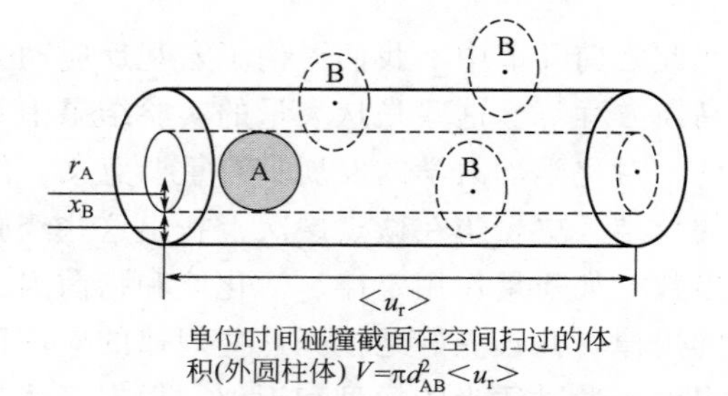


图 11-14 计算碰撞数 $Z$ 的模型示意图

在碰撞过程中，A、B 两球的相对位置将会影响其碰撞时的相对动能，故在计算碰撞数之前，首先要了解计算双分子碰撞数时所涉及的碰撞参数 $b$ 和碰撞截面 $\sigma$。

在图 11-13 硬球碰撞示意图中，A 和 B 两个球的连心线 $d_{AB}$ 为两个球的半径之和，它与相对速度 $u_r$ 之间的夹角为 $\theta$，通过 A 球质心，画平行于 $u_r$ 的平行线，两平行线间的距离就是**碰撞参数**$b$，由图可知

$$b = d_{AB} \sin\theta \tag{11-65}$$

$b_{max} = r_A + r_B$，当 $b > d_{AB}$ 时，两球之间不发生碰撞。很显然，$b$ 值越小，碰撞越激烈，当 $b=0$ 时，两球发生迎头碰撞，碰撞的程度最激烈。

现在我们来求反应物 A 与 B 的碰撞数 $Z$，即单位时间单位体积内 A 与 B 的双分子碰撞次数，同时引入**碰撞截面**的概念和定义。如图 11-14 所示，A 分子以相对于 B 分子的平均相对速率 $\langle u_r \rangle$ 运动，相对于 A 分子质心的运动轨迹，如果 B 分子质心距离 A 分子质心的运动轨迹的垂直距离小于 $d_{AB} = r_A + r_B$，则 B 分子能与 A 分子发生碰撞。图中 $d_{AB} = r_A + r_B$ 代表两分子半径之和，称为碰撞直径，以 A 分子中心为圆心，以碰撞直径为半径的圆面积，称为**碰撞截面**，记为 $\sigma$，$\sigma = \pi d_{AB}^2$。

图 11-14 是以 $d_{AB}$ 为半径的碰撞截面顺着 A 分子单位时间运动的轨迹画出的一个圆柱体，很显然，其体积为 $\pi d_{AB}^2 \langle u_r \rangle$。当 B 分子的球心（质心）处于这一圆柱体之内时，碰撞即可发生，所以，一个 A 分子与单位体积分子数为 $N_B/V$ 的 B 分子的碰撞数为：

$$Z_{A\to B} = \pi d_{AB}^2 \langle u_r \rangle N_B/V$$

将上述结果乘以单位体积内 A 的分子数 $N_A/V$，即可得到单位体积内全部 A 分子与全部 B 分子的碰撞数 $Z'_{AB}$

$$Z'_{AB} = \pi d_{AB}^2 \langle u_r \rangle \frac{N_A}{V} \times \frac{N_B}{V} \tag{11-66a}$$

式中，$N_A/V$ 和 $N_B/V$ 分别为A分子和B分子的单位体积分子数。在式(11-66a)中，$\langle u_r \rangle$ 为A分子相对于B分子的平均相对速率。根据气体分子运动论，有

$$\langle u_r \rangle = \left(\frac{8k_B T}{\pi\mu}\right)^{1/2} \quad (\text{式中}, \mu = \frac{m_A m_B}{m_A + m_B})$$

式中，$\mu$ 为折合质量；$k_B$ 为玻尔兹曼常数。将上式代入式(11-66a)中，可得不同反应物之间双分子碰撞数的基本计算式为

$$Z'_{AB} = \pi d_{AB}^2 \left(\frac{8k_B T}{\pi\mu}\right)^{1/2} \frac{N_A}{V} \times \frac{N_B}{V} = \pi d_{AB}^2 \left(\frac{8k_B T}{\pi\mu}\right)^{1/2} L^2 c_A c_B \tag{11-66b}$$

式中，$L$ 为阿伏伽德罗常数；$c_A$ 和 $c_B$ 为反应物A和B的浓度，其单位为 $mol \cdot m^{-3}$。由式(11-66b)可知，$Z'_{AB}$ 分别与碰撞截面、$T^{1/2}$ 和反应物A、B的浓度成正比。

当反应为相同反应物的双分子反应时，例如A分子与A分子之间的碰撞反应，根据上述计算 $Z'_{AB}$ 的思路，式(11-66b)需要除以2以消除计算碰撞次数时对同一分子的重复计算，即

$$Z'_{AA} = \frac{\pi d_A^2}{2} \left(\frac{8k_B T}{\pi m_A/2}\right)^{1/2} L^2 c_A^2 = 8r_A^2 \left(\frac{\pi k_B T}{m_A}\right)^{1/2} L^2 c_A^2 \tag{11-67}$$

式中，$d_A = 2r_A$；$r_A$ 为A分子的半径。

**例 11-16** 300K、$p^\ominus$ 下，求氧分子之间的碰撞数 $Z'_{AA}$。

**解** 此为同种分子间双分子碰撞，碰撞数计算需要的相关参数为 $r(O_2) = 1.8 \times 10^{-10}$ m，$M(O_2) = 0.032 kg \cdot mol^{-1}$，$c(O_2, 300K, p^\ominus) = 40.621 mol \cdot m^{-3}$，将这些参数代入式(11-67)，则

$$Z'_{AA} = 8r_A^2 \left(\frac{\pi k_B T}{m_A}\right)^{1/2} L^2 c_A^2$$

$$= \left[8 \times (1.8 \times 10^{-10})^2 \times \left(\frac{\pi \times 8.314 \times 300}{0.032}\right)^{1/2} \times (6.023 \times 10^{23})^2 \times 40.621^2\right] m^{-3} \cdot s^{-1}$$

$$= 7.68 \times 10^{34} m^{-3} \cdot s^{-1}$$

例11-16的计算结果告诉我们，常温常压下系统的碰撞频率 $Z'_{AA}$ 是一个很大的数值。

### 11.6.3 阈能、反应截面及有效碰撞分数

由例11-16的计算结果可知，常压、室温下碰撞数典型的数量级为 $10^{34} m^{-3} \cdot s^{-1}$，若每次的碰撞数都引起反应，则气相的反应速率为：

$$r = -\frac{dc_A}{dt} = \frac{Z'_{AB}}{L} = \pi d_{AB}^2 \left(\frac{8k_B T}{\pi\mu}\right)^{1/2} L c_A c_B$$

其数量级约为 $10^{11} mol \cdot m^{-3} \cdot s^{-1}$，这一数值远大于一般气相反应的实验结果，说明在大量的碰撞中，只有少数碰撞能引起化学反应。能引起化学反应的碰撞称为**"反应碰撞"**或**"有效碰撞"**。而大多数相对动能在平均值附近或比平均值低的碰撞并不剧烈，不足以克服反应物分子近距离斥力而充分接近至成键距离、进而促使分子中旧键的松动和断裂，因此不能引起反应，碰撞后随机分开，这种碰撞称为"弹性碰撞"。应该指出的是，A和B两个分子碰撞的剧烈程度并不是取决于两个分子的总平动能之大小，而是取决于二者的碰撞参数 $b$ 和相对运动速度 $u_r$，即取决于A、B两分子在质心连线方向上的相对平动能 $\varepsilon'_r$。由图11-13可知，两分子碰撞时相对平动能 $\varepsilon_r = \mu u_r^2/2$，它在连心线上的分量设为 $\varepsilon'_r$，其值为

$$\varepsilon_r'=\frac{1}{2}\mu(u_r\cos\theta)^2=\frac{1}{2}\mu u_r^2(1-\sin^2\theta)=\varepsilon_r\left(1-\frac{b^2}{d_{AB}^2}\right) \tag{11-68}$$

只有当 $\varepsilon_r'$ 超过某一规定值 $\varepsilon_c$ 方能发生反应，人们将这一规定值 $\varepsilon_c$ 值称为化学反应的**临界能**或**阈能**。对不同的反应，显然 $\varepsilon_c$ 的值不同。故发生反应的必要条件是 $\varepsilon_r'\geqslant\varepsilon_c$，即

$$\varepsilon_r\left(1-\frac{b^2}{d_{AB}^2}\right)\geqslant\varepsilon_c \tag{11-69}$$

从式(11-69) 可知，若碰撞参数 $b$ 等于某一值 $b_r$ 时，它正好使相对动能 $\varepsilon_r$ 在质心连线上的分量 $\varepsilon_r'$ 等于 $\varepsilon_c$，则

$$\varepsilon_r\left(1-\frac{b_r^2}{d_{AB}^2}\right)=\varepsilon_c \quad 或 \quad b_r^2=d_{AB}^2\left(1-\frac{\varepsilon_c}{\varepsilon_r}\right) \tag{11-70}$$

这样，当 $\varepsilon_c$ 值一定时，凡是碰撞参数 $b\leqslant b_r$ 的所有碰撞都是有效的，据此，定义**反应截面**

$$\sigma_r\equiv\pi b_r^2=\pi d_{AB}^2\left(1-\frac{\varepsilon_c}{\varepsilon_r}\right) \tag{11-71}$$

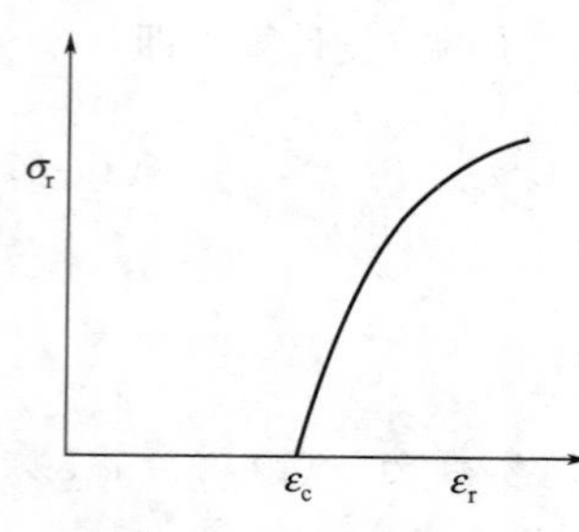

图 11-15 反应截面与阈能的关系

当 $\varepsilon_r\leqslant\varepsilon_c$ 时，$\sigma_r=0$；当 $\varepsilon_r>\varepsilon_c$ 时，$\sigma_r$ 的值随 $\varepsilon_r$ 的增加而增加，$\sigma_{r,\max}=\pi(\mathrm{d}_{AB})^2$，如图 11-15 所示。又因为 $\varepsilon_r=\mu u_r^2/2$，故 $\sigma_r$ 也是 $u_r$ 的函数，如式(11-72) 所示。

$$\sigma_r(u_r)=\pi d_{AB}^2\left(1-\frac{2\varepsilon_c}{\mu u_r^2}\right) \tag{11-72}$$

反应截面是碰撞理论的核心概念，因为它包含了决定碰撞有效性的所有因素。

反应截面 $\sigma_r$ 与碰撞截面 $\sigma$ 具有相同量纲，是一个基于分子尺度的重要参数，其重要性在于包含了决定碰撞有效性所有参数。因而通过理论计算或者实验测量某一基元反应的反应截面是碰撞理论及其他微观反应动力学研究的重要内容。

在简单的碰撞理论中

$$E_c=\varepsilon_c L \tag{11-73}$$

称为**摩尔临界能**(**阈能**)，也即是碰撞理论中的反应活化能。如果假设反应速率比分子间能量传递速率慢得多，即反应发生时分子的能量分布仍然遵守平衡时的玻尔兹曼能量分布，则根据玻尔兹曼能量分布定律可知，能量大于 $E_c$ 以上的分子数占总分子数的分数为

$$q=\mathrm{e}^{-E_c/RT} \tag{11-74}$$

$q$ 称为玻尔兹曼因子，又称为有效碰撞分数。

至此，我们已得到碰撞数 $Z$ 和 $q$ 的计算公式。需要强调指出的是，简单碰撞理论中活化能的概念不同于阿累尼乌斯公式中活化能的概念。简单碰撞理论明确指出，反应的临界能(阈能)，指的是发生有效碰撞时质心连线上的相对平动能所需具有的最低值，其摩尔值为 $E_c$ (碰撞理论中的活化能)；而阿累尼乌斯公式中的活化能指的是反应活化分子的平均能量与反应物分子平均能量之差值。不过，这二者虽然概念不同，在常温下，其量值近乎相等。令人遗憾的是简单碰撞理论本身并不能给出 $E_c$ 值，而需要借助阿累尼乌斯活化能 $E_a$ 方可求得，其二者之间的关系将随后讨论。

### 11.6.4 碰撞理论的反应速率方程和速率常数

结合上面的讨论，我们得碰撞理论计算反应速率的公式为

$$r_{AB}=-\frac{dc_A}{dt}=\frac{Z'_{AB}}{L}q=\pi d_{AB}^2\left(\frac{8k_BT}{\pi\mu}\right)^{1/2}Lqc_Ac_B \tag{11-75}$$

和

$$r_{AA}=-\frac{1}{2}\frac{dc_A}{dt}=\frac{Z'_{AA}}{L}q=8r_A^2\left(\frac{\pi k_BT}{m_A}\right)^{1/2}Lqc_A^2 \tag{11-76}$$

以式(11-75) 为例，将其与质量作用定律 $r=kc_Ac_B$ 相比较可知：质量作用定律对基元反应成立的根本原因在于碰撞数 $Z$ 与分子浓度的正比例关系；与阿累尼乌斯方程对比，碰撞理论给出的基元反应速率常数的计算公式为

$$k=q\pi d_{AB}^2\left(\frac{8k_BT}{\pi\mu}\right)^{1/2}L \tag{11-77}$$

上式中包括四个部分：①分子尺度向摩尔尺度转换的阿伏伽德罗常数 $L$；②气体分子平均相对速率 $\langle u_r\rangle=\sqrt{8k_BT/\pi\mu}$；③描述能量大于 $E_c$ 以上的分子数占总分子数的玻尔兹曼因子 $q$（类似地，$q$ 也可称为有效碰撞数在 $Z'_{AB}$中所占的分数）；④碰撞截面 $\sigma=\pi d_{AB}^2$。当把玻尔兹曼因子和碰撞截面乘在一起时，$\sigma_r=\pi d_{AB}^2q$ 是反应截面的另一定义形式。在碰撞理论中，反应截面概念之所以非常重要是因为它包含了碰撞有效性的全部因素，要想彻底明白这句话，读者可参阅式(11-72) 或有关“分子反应动力学”的书籍。

### 11.6.5　碰撞理论与阿累尼乌斯方程比较

**(1) 公式形式的比较**

为了便于比较，可将式(11-77) 写作

$$k=\pi d_{AB}^2\left(\frac{8k_BT}{\pi\mu}\right)^{1/2}L\mathrm{e}^{-E_c/RT}=Z''_{AB}\mathrm{e}^{-E_c/RT} \tag{11-78}$$

比较阿累尼乌斯方程

$$k=A\mathrm{e}^{-E_a/RT}$$

可知，二者具有类似的数学形式。

**(2) $E_c$ 和 $E_a$ 的关系**

尽管式(11-78) 和阿累尼乌斯方程有类似的数学形式，也可以近似地认为 $E_a\approx E_c$、指前因子 $A\approx Z''_{AB}$，但仔细考察，$Z''_{AB}$中包含有 $T^{1/2}$ 一项，将其从 $Z''_{AB}$中提出来，并将其余部分记为常数 $A'$，则式(11-78) 可写为

$$k=A'T^{1/2}\mathrm{e}^{-E_c/RT} \tag{11-79}$$

$$\ln k=\ln A'+\frac{1}{2}\ln T-\frac{E_c}{RT}$$

$$\frac{d\ln k}{dT}=\frac{1}{2T}+\frac{E_c}{RT^2}=\frac{E_c+RT/2}{RT^2}$$

将上式与阿累尼乌斯方程的微分形式 $d\ln k/dT=E_a/(RT^2)$比较得

$$E_a=E_c+\frac{1}{2}RT \tag{11-80}$$

由于 $E_c$ 为摩尔临界能（阈能），对一定的反应是一与温度无关的常数，所以，由式(11-80) 可知，$E_a$ 与温度有关，且 $E_a>E_c$。$E_a$ 与 $T$ 有关，这一结果与实验是一致的，尤其在高温条件下更明显，如图 11-10(b) 所示，在高温段，$\ln k$ 对 $1/T$ 作图的实验结果明显向上偏离直线。

在低温及常温下，$\frac{1}{2}RT$ 值与反应阈能 $E_c$ 相比较很小，$E_a\approx E_c$，所以在图 11-10(b)

中的温度不是很高时，$\ln k$-$1/T$ 成直线，与实验值重合。但温度足够高时，$\ln k$ 与 $1/T$ 不再是线性关系。倒是 $\ln(k/\sqrt{T})$ 与 $1/T$ 成直线关系，与阿累尼乌斯的三个参数方程 $\ln k=\ln A+m\ln T-\frac{E_a}{RT}$ 一致。

应该说明的是，在一般情况下，即温度不是太高时，$E_c \gg 1/2RT$，故可以认为 $E_a \approx E_c$，与温度无关。在我们的课程中，除在特别的讨论中或声明外，总是认为 $E_a$ 是与温度无关的常数。

**(3) $Z_{AB}$ 与碰撞频率 A 的比较**

在温度不是很高的情况下，一般认为 $E_a \approx E_c$，在更一般的情况下，$E_a=E_c+1/2RT$，将其代入式(11-78) 中，则

$$k=\pi d_{AB}^2\left(\frac{8k_B T e}{\pi\mu}\right)^{1/2} L e^{-E_a/RT}=Z''_{AB} e^{\frac{1}{2}} e^{-E_a/RT}=Z_{AB} e^{-E_a/RT} \tag{11-81}$$

比较式(11-81) 和阿累尼乌斯方程，有

$$A=Z_{AB}=\pi d_{AB}^2\left(\frac{8k_B T e}{\pi\mu}\right)^{1/2} L \tag{11-82}$$

正因为如此，指前因子 A 又称为频率因子。对于一些分子结构简单的反应，由碰撞理论计算的 $Z_{AB}$ 与实验值 A 基本相符，但对许多分子结构复杂的反应，$Z_{AB}$ 远大于 A 值。

**例 11-17** 在 600K 时反应 $2NOCl \longrightarrow 2NO+Cl_2$ 的 $k$ 值为 $0.60\times10^2 mol^{-1}\cdot dm^3\cdot s^{-1}$。实验活化能 $105.5kJ\cdot mol^{-1}$，已知 NOCl 分子直径为 $2.83\times10^{-10}$m，摩尔质量为 $65.5\times10^{-3}kg\cdot mol^{-1}$。试计算反应在 600K 时的速率常数。

解 $E_c=E_a-1/2RT$

$$k=8r_A^2\left(\frac{\pi k_B T e}{m_A}\right)^{1/2} L e^{-E_c/RT}$$

$$=8\times(1.415\times10^{-10})^2\times6.023\times10^{23}\times\left(\frac{3.14\times8.314\times600e}{65.5\times10^{-3}}\right)^{1/2}\exp\left(\frac{-105500}{8.314\times600}\right)$$

$$=5.08\times10^{-2}m^3\cdot mol^{-1}\cdot s^{-1}=0.508\times10^2 dm^3\cdot mol^{-1}\cdot s^{-1}$$

注：如果按 $E_c\approx E_a=105.5kJ\cdot mol^{-1}$

$$k=8r_A^2\left(\frac{\pi k_B T}{m_A}\right)^{1/2} L e^{-E_a/RT}$$

$$=8\times(1.415\times10^{-10})^2\times6.023\times10^{23}\times\left(\frac{3.14\times8.314\times600}{65.5\times10^{-3}}\right)^{1/2}\exp\left(\frac{-105500}{8.314\times600}\right)$$

$$=3.08\times10^{-2}m^3\cdot mol^{-1}\cdot s^{-1}=0.308\times10^2 dm^3\cdot mol^{-1}\cdot s^{-1}$$

两种情况的计算结果都与实验值符合得比较好，相比较而言，按 $E_c=E_a-\frac{1}{2}RT$ 计算的结果更符合实验结果。

**(4) 简单碰撞理论的成功与失败**

简单碰撞理论通过几点假设，虽然简单，但为化学反应提供了一个非常简洁而清晰的物理图像和模型。该理论引进了阈能、碰撞参数、碰撞截面和反应截面概念，这些概念是现代微观反应动力学实验技术的基础模型。它从数学上导出了基元反应质量作用定律和阿累尼乌斯方程，解释了它们成立的原因，给出了阿累尼乌斯方程中活化能、指前因子、指数项的物

理意义。指数项相当于有效碰撞分数，指前因子相当于碰撞数，活化能相当于阈能。同时，碰撞理论还揭示了在高温的条件下，$\ln k$ 对 $1/T$ 作图偏离阿累尼乌斯两参数方程的原因。对一些分子结构简单的反应，理论计算的 $k$ 值与实验测得的 $k$ 值吻合得比较好。

以上这些都是简单碰撞理论的成功之处，也说明简单碰撞理论解释了均相反应过程若干本质的东西。随着现代微观动力学实验技术（激光技术、分子束实验技术等）及量子力学理论的快速发展，已经可以在微观层次对分子碰撞行为进行实验观察和理论计算，碰撞理论正焕发出新的活力。

然而，碰撞理论的模型和假设简单、明了的优点，同时也正是它的不足之所在，其不足主要表现在如下三个方面。

① 无法独立使用的半经验理论。要通过碰撞理论计算速率常数 $k$，必须要知道 $E_c$，而碰撞理论本身却不能给出 $E_c$ 数值，还必须借助实验测出 $k$，再通过阿累尼乌斯方程中的 $E_a$ 求 $E_c$，这就使得碰撞理论失去了从理论上计算，预示 $k$ 值的意义，成为只限于解释、理解经验定理（质量作用定理）和公式（阿累尼乌斯方程）的附属工具，仍然是无法独立使用的半经验理论。

② 忽略了分子内部结构。碰撞理论模型的最大特征是将分子看作是无内部结构的刚性模型，这一假设对一些具有简单结构的小分子大致上是成立的，计算结果和实验结果也符合得较好。但对结构复杂的、摩尔质量较大的分子就显得太粗糙了，计算值与实验有很大的偏差。例如，乙烯气相反应的理论计算值比实验值大 $10^5 \sim 10^6$ 倍。这样大的偏差当然不能用实验误差来解释，而要从理论本身的缺陷去找原因。首先，碰撞理论认为所有的有效碰撞都能发生反应，但是，由于分子有一定的结构，只有在某一方向的碰撞才起作用。例如，对于 $S_N2$ 取代反应

$$O_2N-C_6H_4-Br + OH^- \longrightarrow Br^- + O_2N-C_6H_4-OH$$

可以想象，只有 $OH^-$ 与苯环上有 Br 取代基的碳原子碰撞时，反应才可能发生，很难设想 $OH^-$ 碰到苯环上其他碳原子也会发生上述反应。此外，如果苯环上含 Br 的碳原子周围存在着一个或多个较大基团，这样，$OH^-$ 即使是对着含 Br 碳原子碰撞过去，但由于目标碳原子周围有较大的位阻基团，使得 $OH^-$ 无法接近目标碳原子，反应也是无法进行的。这说明

a. 碰撞有方向性。对于某些基元反应，只有特定方向的碰撞才能引发反应，如碰撞的方向不合理，位置不对，即使能量符合要求，反应也不能发生。

b. 存在空间位阻效应。对于复杂分子，需要在某一特定部位断键，如果在这化学键附近存在较大基团，则由于空间位阻效应，使得其他分子接近目标部位的概率大大降低，从而减少了碰撞的有效性。

③ 忽略了分子内部能量传递滞后的影响。如果分子内部化学键方向的能量传递足够快，以至于在紧接着的下一次碰撞之前，已将碰撞能量传递到化学键需断裂的部位，则反应仍有可能进行，这样上述的方向性因素和空间位阻因素的影响就要小得多。然而事实上是复杂分子内部能量传递需要较长时间，在某一次方位不对的碰撞中，碰撞分子可能已获得足以导致反应进行的能量，但由于复杂分子内部需要较长的时间将碰撞动量在分子内部进行能量转换（动能→势能）、传递，以集中到目标键上使之断裂。往往在这一过程还没有进行完之前，含能分子可能因为与其他分子碰撞而失去能量，从而使碰撞成为无效碰撞。

鉴于上述各种原因，为了使碰撞理论的计算结果与实验值相符，有人提出在简单碰撞理论的指前因子公式中，即式(11-82) 中 $Z_{AB}$ 前面乘以矫正因子 $P$，即

$$A = PZ_{AB} = P\pi d_{AB}^2 \left(\frac{8k_B T e}{\pi\mu}\right)^{1/2} L \tag{11-83}$$

$$P=\frac{A}{Z_{AB}} \tag{11-84}$$

式中，$P$ 称为概率因子或方位因子，其值对于不同反应处在 $1\sim10^{-9}$ 之间。应当指出的是碰撞理论本身无法求算 $P$ 值的大小，只能借助阿累尼乌斯方程通过实验按式(11-84)求得，因此，$P$ 是一个经验校正因子。一些反应的 $A$、$Z_{AB}$ 和方位因子值如表 11-2 所示。

**表 11-2　一些化学反应的 A、$Z_{AB}$ 和方位因子值比较**

| 反应 | $E_a/kJ\cdot mol^{-1}$ | $\lg A$ | $\lg Z_{AB}$ | 概率因子 $P$ |
|---|---|---|---|---|
| $2NO_2 \longrightarrow 2NO+O_2$ | 111.3 | 8.42 | 9.85 | 0.038 |
| $2NOCl \longrightarrow 2NO+Cl_2$ | 107.0 | 9.51 | 9.47 | 1.1 |
| $NO+O_3 \longrightarrow NO_2+O_2$ | 9.6 | 7.80 | 9.90 | 0.008 |
| $Br\cdot+H_2 \longrightarrow HBr+H\cdot$ | 73.6 | 9.31 | 10.23 | 0.12 |
| $CH_3\cdot+H_2 \longrightarrow CH_4+H\cdot$ | 41.8 | 7.25 | 10.27 | $9.5\times10^{-4}$ |
| $CH_3\cdot+CHCl_3 \longrightarrow CH_4+Cl_3C\cdot$ | 24.3 | 6.1 | 10.18 | $8.3\times10^{-5}$ |
| 2-环戊二烯⟶二聚物 | 60.7 | 3.39 | 9.91 | $3\times10^{-7}$ |

# 11.7　基元反应的过渡态理论

碰撞理论虽然告诉了我们只有碰撞，且只有碰撞动能 $\varepsilon_r\geqslant\varepsilon_c$ 的碰撞才能引起反应，但没有也无法告诉我们碰撞动能 $\varepsilon_r$ 是如何转变成分子内导致旧键断裂新键生成的势能；碰撞后的分子是如何达到化学键新旧交替的活化态；反应物分子是如何翻越能峰（活化能）？碰撞理论的主要缺陷在于忽略了分子结构，在理论处理时回避了基元反应发生时的具体历程，因而只是一个半经验性质的理论。对于一个基元反应而言，上述提到的一系列的细节是非常重要的基础性问题，解决好这些问题不仅对化学动力学，对于化学学科都具有重大的理论意义。1931～1935 年，艾林（Eyring）和波兰尼（Polanyi）等以量子力学和统计热力学为基础，提出了**过渡态理论**，又称**活化络合物理论**，对基元反应的机理进行了理论上的探索，其结果提供了一种仅用理论计算的方法就可得到基元反应速率常数的可能。过渡态理论中的一些重要概念如过渡态、活化络合物等也对化学学科的发展产生了重要的影响。

在过渡态理论形成的过程中艾林和波兰尼等引入了一些模型和假设，在讨论过渡态理论之前，有必要先介绍有关这些模型和假设。

## 11.7.1　莫尔斯公式及双原子分子的势能曲线

原子间相互作用表现为原子间有势能 $E_p$ 存在。势能 $E_p$ 的值是原子核间距 $r$ 的函数，即 $E_p=E_p(r)$。原子间势能的值原则上可用量子力学进行理论上的计算，但非常麻烦，尤其对多原子系统，至今尚未有较完整的势能表达式，常用经验公式以获得足够准确的势能数据。对双原子分子，莫尔斯（Morse）公式是最常用的经验公式：

$$E_p(r)=D_e\{\exp[-2a(r-r_0)]-2\exp[-a(r-r_0)]\} \tag{11-85}$$

式中，$r_0$ 为分子中原子间的平衡核间距；$D_e$ 是势能曲线（如图 11-16 所示）的阱深，上式中常数 $a$ 与 $D_e$ 的关系为

$$a=\pi\nu_0\sqrt{2\mu/D_e} \tag{11-86}$$

$a$ 是一个与分子结构有关的特性常数，式中 $\nu_0$ 为振动基态频率；$\mu$ 为折合质量。图 11-16 是根据莫尔斯公式画出的势能曲线。系统的势能在平衡核间距 $r_0$ 处有最低点。当 $r<r_0$ 时，原子核间作用力以排斥力为主，当 $r>r_0$ 时，原子核间作用力以吸引力为主，即化学键力。

如果分子处在振动基态，即振动量子数 $v=0$ 的状态，这时将原分子离解为孤立原子需要的能量为 $D_0$，$D_0=D_e-E_0\left(E_0=\frac{1}{2}h\nu\right)$。$v_0$、$r_0$、$D_e$ 和 $D_0$ 都是分子的特性常数，其中 $v_0$，$r_0$ 和 $D_0$ 值可从光谱数据得到。不过，如果分子中价电子所处的能级不同时，则势能曲线也不同，一般考虑的都是电子处在基态的势能曲线。

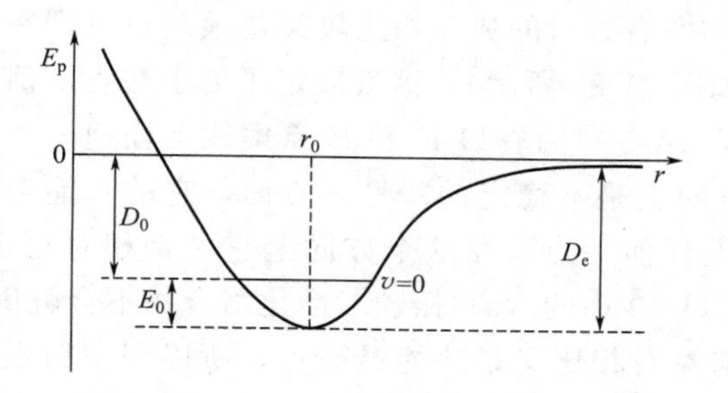


图 11-16　双原子分子的莫尔斯势能曲线

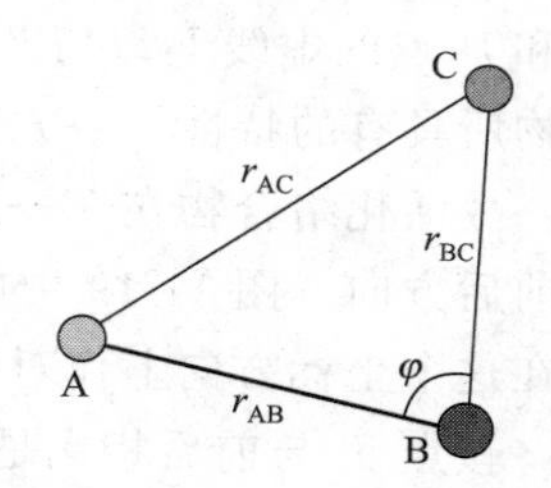


图 11-17　三原子系统的核间距

## 11.7.2　三体直线碰撞系统势能面

考虑双原子分子间势能与 $r$ 的关系得到的是势能曲线（如图 11-16 所示）。当系统是三原子时，分子间势能与 $r$ 的关系得到的将是一个势能曲面。例如 A+B−C，由于 $E_p=E_p(r_{AB},r_{BC},\angle ABC)$(参见图 11-17)，其能量是三变量的函数，需用四维空间的一个曲面来表示。现以简单反应

$$A+B-C \rightleftharpoons [A\cdots B\cdots C]^{\neq} \longrightarrow A-B+C$$

为例，很显然，四维空间的图无法画出。为此只能限制一个变量，如果表示势能面的三个参数有一个被固定，例如设 $\angle ABC=180°$，即 A 与 B-C 共线碰撞，此时反应中间态［A…B…C］$^{\neq}$ 为线型分子，则 $E_p=E_p(r_{AB},r_{BC})$。势能 $E_p$ 随 $r_{AB}$ 和 $r_{BC}$ 变化可用三维的**势能面**表示，如图 11-18 所示。图 11-19 是势能面在 $r_{AB}$、$r_{BC}$ 平面上的投影图。

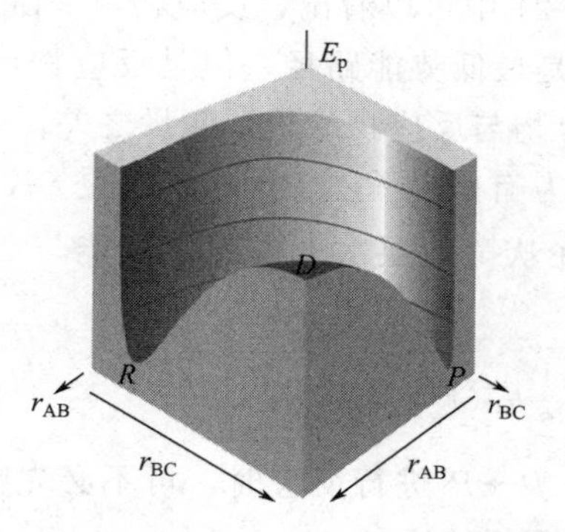


图 11-18　A+B−C ⟶ A−B+C 共线碰撞反应势能面示意图

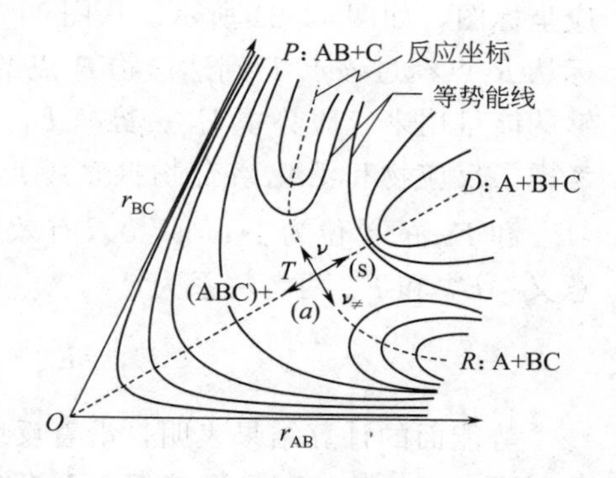


图 11-19　势能面投影示意图

在图 11-18 中，随着 $r_{AB}$ 和 $r_{BC}$ 的不同，势能值也不同，这些不同的点在空间构成了高低不平的曲面，犹如起伏的山峰。在这个势能面上，由高点 $D$ 和坐标原点一侧与 $r_{AB}$ 和 $r_{BC}$ 几乎垂直的曲面构成了一个中间高，两端低的山谷。在谷口的一端 $R$ 点，相应于反应的初态（反应物势能），另一端 $P$ 点为反应终态（产物的势能）。山谷中间的高点是势能面上的

**鞍点**(如图 11-19 和图 11-20 中 $T$ 点所示，图 11-20 相当于将图 11-18 沿逆时针方向旋转 90°后的侧视图，看起来像一个马鞍的图形)。反应进行到 $T$ 点时形成的中间态称为**活化络合物**，用“$\neq$”表示，鞍点的值即是活化络合物的势能。图中高点 $D$ 的势能很高，它相当于反应物完全离解成原子的状态，即 A+B+C 状态的势能。从图 11-20 可以看出，鞍点“$T$”的势能与坐标原点附近的势能 $E_{p,0}$ 和 $D$ 点的势能相比较是最低点（即在图 11-19 中由虚线表示的对角线上，“$T$”点的势能最低)，而与左右谷口的势能相比较又是最高点（即在连结 $R$ 和 $P$ 点的虚线上，“$T$”点的势能最高，如图 11-20 所示)，这就决定了处于鞍点的活化络合物所具有的特性：一方面，它的势能高于连结左右两谷口 $R$ 和 $P$ 点虚线上任何一点的势能，故活化络合物在 $T \rightarrow R$ 和 $T \rightarrow P$ 连线方向上是不稳定的；另一方面，它的势能又低于其前后方向（图 11-19 中虚线 $OTD$ 所示）上任何一点，在这个方向上它又是相对稳定的，故在这个坐标方向上作对称伸缩振动［如图 11-19 中的（s）振动］活化络合物不会解离。

鞍点 $T$ 与前后相比是势能最低点，而与左右相比又是势能最高点，所以用“鞍点”来表示活化络合物是十分形象化的表示，非常合适。

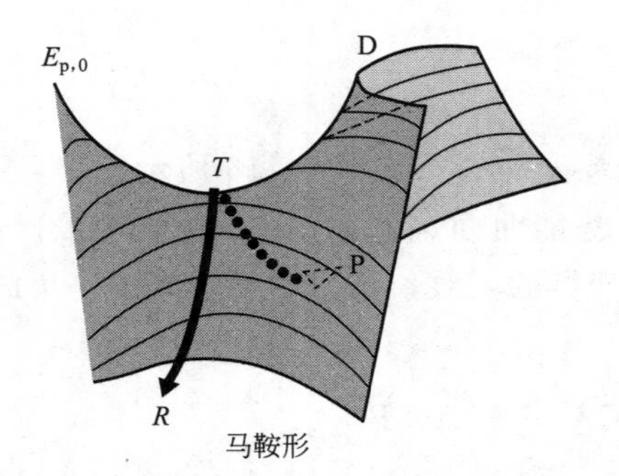

图 11-20 （图 11-18）势能面的侧视图（马鞍形曲面图）

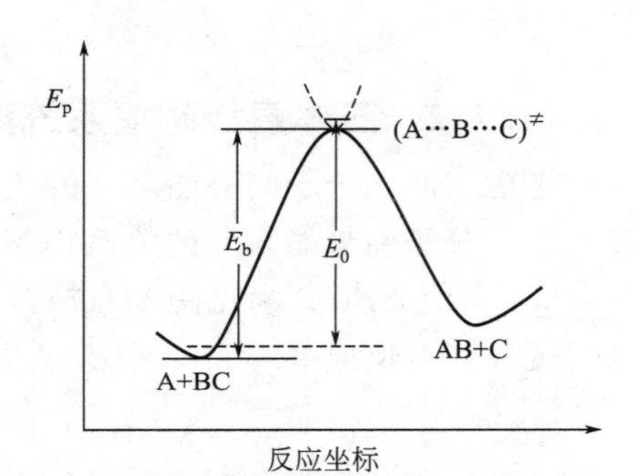

图 11-21 势能剖面图（反应坐标图）

在势能面上（参见图 11-20)，$R \rightarrow T \rightarrow P$ 这样一条最低势能途径被称为**反应坐标**。以反应坐标在 $r_{AB}$、$r_{BC}$ 平面上的投影为横坐标，以势能作为纵坐标，可得势能剖面图，又称**反应坐标图**，如图 11-21 所示。从图 11-20 和图 11-21 中可以看出，反应物 A+BC 沿着反应坐标从 $R$ 点经过鞍点 $T$ 到达产物 $P$ 点的路径虽然是最低势能路径，但是反应物仍然需要有足够的能量用来克服势垒 $E_b$。势垒 $E_b$ 是活化络合物与反应物的最低能量之差，而图中 $E_0$ 则考虑了反应物和活化络合物振动零点能，被称为有效势垒。$E_0$ 可看作是 0K 时的活化能（$E_b$ 和 $E_0$ 的单位为 $J \cdot mol^{-1}$)。有效势垒的存在从微观层次上说明了阈能与活化能的物理意义。$E_b$ 和 $E_0$ 两者关系为

$$E_0 = E_b + \left[\frac{1}{2}h\nu^{\neq} - \frac{1}{2}h\nu(\text{反应物})\right]L \tag{11-87}$$

势能面的计算结果表明，沿着反应坐标 $R \rightarrow T \rightarrow P$ 进行反应时，可不必先断裂 B—C 键再形成 A—B 键，而是沿着下述更为有利、能量更低的途径：

$$A + B—C \rightleftharpoons [A\cdots B\cdots C]^{\neq} \longrightarrow A—B + C$$

这就要求形成一个中间过渡的三原子状态，即图 11-18 或图 11-19 中的 $T$ 点状态，也就是图 11-20 的鞍点，这种三原子状态称为**过渡态**，又称为**活化络合物**。应该指出的是，图 11-21 给出的反应坐标是一条能量最低的反应路径，而实际反应路径并非完全如此，对于一对给定了初始条件（例如相对动能、振动能、碰撞参数、碰撞角度等）的反应分子对，其实

际路径需要通过计算确定。不同的初始条件，其实际路径是不同的，而且所形成的过渡态亦稍有差别，有时甚至到不了过渡态又回到起始反应物状态，如图 11-22 所示。

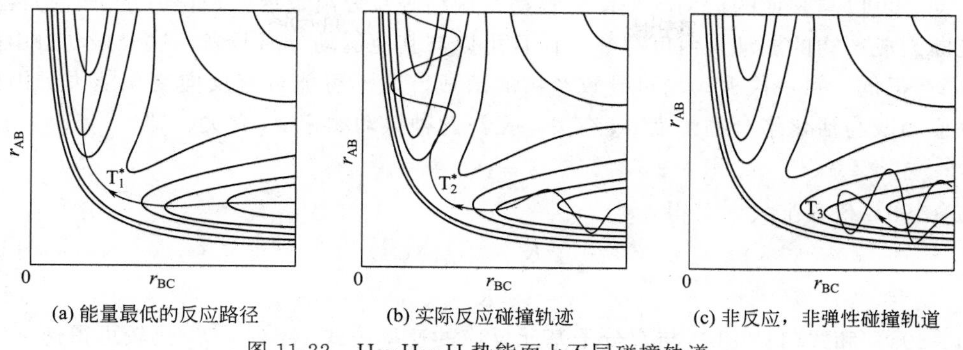


(a) 能量最低的反应路径　(b) 实际反应碰撞轨迹　(c) 非反应，非弹性碰撞轨道

图 11-22　H…H…H 势能面上不同碰撞轨道

### 11.7.3　艾林过渡态理论的基本要点

$H_2$＋H 势能的计算和势能面的绘制使我们知道，基元反应的进行经历了一个过渡态，并且过渡态的构型、势能可以从势能面上准确得到。然而，这只能对共线碰撞的 H＋$H_2 \longrightarrow$ H…H…H 的简单基元反应才能做到这一点。对于一般反应，尤其是任意碰撞的任意反应，几乎不可能得到准确的势能面，其过渡态当然也就无从谈起。艾林和波兰尼等人以最简单的三原子共线碰撞的势能面为基础，通过适当的合理假设，将问题简化，建立起了过渡态理论，最后结合统计热力学，从理论上得到了基元反应速率常数的计算公式。据此，原则上可以不借助宏观动力学实验，只根据分子的微观性质和参数的计算即可得到宏观速率常数，因此，过渡态理论又称为**绝对速率理论**。过渡态理论的基本要点归纳如下。

① 反应物分子要变成产物，必须经过碰撞获得足够的能量先形成过渡态的活化络合物；活化络合物可能分解为原始反应物，并迅速达到平衡，也可能以单位时间 $\nu^{\neq}$ 次的频率分解为产物，此频率即为活化络合物分解为产物的速率。

② 过渡态向产物的转化是整个反应的速率决定步骤。因此，只要计算出单位体积、单位时间内由反应物深谷越过过渡态的分子数就可得知反应速率［但在具体求算速率常数时，还需作如下③的近似假设］。

③ 反应系统的能量分布总是符合玻尔兹曼分布，而且**假设**即使系统处于不平衡态状态，活化络合物的浓度也总是可以根据平衡态理论进行计算。以双分子反应

$$A+B-C \rightleftharpoons [A\cdots B\cdots C]^{\neq} \longrightarrow A-B+C$$

为例，过渡态 $[A\cdots B\cdots C]^{\neq}$ 浓度 $c^{\neq}$ 可通过下列平衡常数方程求得：

$$K_{\neq}^{\ominus}=\frac{c^{\neq}/c^{\ominus}}{c_A/c^{\ominus}\cdot c_{BC}/c^{\ominus}}=\frac{c^{\neq}}{c_A c_{BC}}c^{\ominus}=K_c^{\neq}c^{\ominus} \tag{11-88a}$$

$$c^{\neq}=K_{\neq}^{\ominus}c_A c_{BC}/c^{\ominus} \tag{11-88b}$$

或

$$c^{\neq}=K_c^{\neq}c_A c_{BC} \tag{11-88c}$$

这一假定的实质是引入热力学平衡态模型，这样可以不考虑微观态-态反应细节，直接研究基元反应。

④ 反应物分子相互碰撞越过过渡态变为产物的运动，可按经典方法处理，即可忽略量子效应（如隧道效应）。

⑤ 处于过渡态的活化络合物原子间的“键”较正常分子中原子间的键弱，但同样存在着平动、转动和振动。活化络合物分子中 A…B 键逐渐加强和 B…C 键逐渐减弱乃至断裂的综合运动，可以与其他的运动（平动、转动、振动等）分离。这就是说活化络合物构型中有某个能断裂成产物的振动自由度存在，而且可以与其他运动分离开来，这个振动自由度其振动频率 $\nu_{\neq}$ 很低，每一次振动均可导致产物的形成，而不可能具有反向变化能力。因此，反应速率应当既与活化络合物浓度 $c_{\neq}$ 有关，又与此种振动频率 $\nu_{\neq}$ 有关，即

$$r=\nu_{\neq}c^{\neq}$$

将式(11-88b) 代入上式，可得

$$r=\nu_{\neq}K_{\neq}^{\ominus}c_{A}c_{BC}(c^{\ominus})^{-1} \tag{11-89a}$$

或

$$r=\nu_{\neq}K_{c}^{\neq}c_{A}c_{BC} \tag{11-89b}$$

将式(11-89a) 和式(11-89b) 与双分子基元反应的速率公式 $r=kc_{A}c_{BC}$ 比较可得速率常数

$$k=\nu_{\neq}K_{\neq}^{\ominus}(c^{\ominus})^{-1} \tag{11-90a}$$

或

$$k=\nu_{\neq}K_{c}^{\neq} \tag{11-90b}$$

上式中的 $\nu_{\neq}$ 是导致活化络合物分解成产物的某一振动的频率。为了理解其物理意义，下面我们结合势能面分析活化络合物的分解与其运动（振动）方式之间的联系。对于线性三原子分子，其自由度为 $3n$，扣除三个平动自由度，二个转动自由度，其振动（设为简谐振动）自由度有四种方式，如图 11-23 所示。

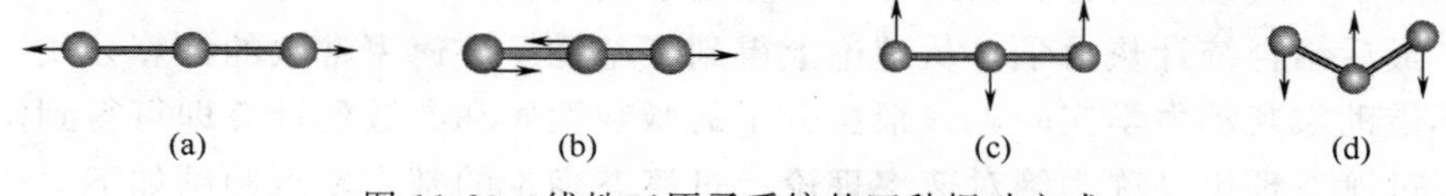

图 11-23 线性三原子系统的四种振动方式

图 11-23 中（a）为对称伸缩振动，即图 11-9 中在虚线 $OTD$ 方向上（s）振动；（b）不对称伸缩振动，即图 11-9 中在虚线 RTP 方向上（a）振动；（c）和（d）为两个简并的弯曲振动，频率相等，一个在面内，一个在面外。

对于稳定的分子，这四种振动都不会导致分子解离。但对于过渡态这一非正常的分子，则情况不同。结合势能面可以帮助理解过渡态分子的这四种振动中哪一个是导致络合物分子键断裂的振动。首先考察两个能量相等的简并的弯曲振动［图 11-23(c) 和图 11-23(d)］。相对而言这两个振动的频率较低能量较小，没有键长的变化，不会导致活化络合物的解离；对于对称伸缩振动，$r_{AB}$ 和 $r_{BC}$ 同时增大或减小，表明过渡态活化络合物分子在鞍点附近垂直于反应坐标的势能凹槽内运动，即振动过程中始终有 $r_{AB}=r_{BC}$，是沿着图 11-19 中 $OTD$ 方向的振动。这一振动是稳定的，不会导致活化络合物解离；而对于不对称伸缩振动，在 $r_{AB}$ 减小的同时，$r_{BC}$ 增大，从图 11-19 和图 11-20 可以看出，这正是活化络合物沿反应坐标跨过势垒向产物转化的振动。

根据过渡态理论的基本假设①，这就意味着一次不对称伸缩振动就会导致活化络合物的解离、产物的生成。对于活化络合物来说，不对称伸缩振动是没有回收力、不稳定的振动。

### 11.7.4 过渡态理论的统计力学处理

根据第 8 章中联系配分函数与标准平衡常数方程式(8-121b)，对于反应

$$A+B-C \rightleftharpoons [A\cdots B\cdots C]^{\neq}$$

可写出平衡常数 $K_c^{\neq}$，

$$K_c^{\neq}=\frac{q_{\neq}^{*}}{q_A^{*}q_{BC}^{*}}L\exp\left(-\frac{\Delta_r\varepsilon_0}{k_BT}\right) \tag{11-91}$$

式中，$q^*$ 是只与分子的性质和温度有关，与体积无关的分子配分函数，

$$\Delta_r\varepsilon_0/(k_BT)=\Delta_rU_{0,m}^{\neq}/(RT)$$

$\Delta_rU_{0,m}^{\neq}$ 为 0K 时摩尔反应热力学能，也就是活化络合物与反应物基态能量之差，以 $E_0$ 代之，由此得

$$K_c^{\neq}=\frac{q_{\neq}^{*}}{q_A^{*}q_{BC}^{*}}L\exp\left(-\frac{E_0}{RT}\right) \tag{11-92}$$

将式(11-92) 代入式(11-90b) 中得

$$k=\nu_{\neq}K_c^{\neq}=\nu_{\neq}\frac{q_{\neq}^{*}}{q_A^{*}q_{BC}^{*}}L\exp\left(-\frac{E_0}{RT}\right) \tag{11-93}$$

为了从式(11-93) 中将无法测量的 $\nu_{\neq}$ 消去，根据过渡态理论的基本要点⑤和配分函数的析因子性质，将 $q_{\neq}^{*}$ 中沿反应坐标的不对称伸缩振动的配分函数 $f_{\neq,\nu}$ 从 $q_{\neq}^{*}$ 中分离出来。

$$q_{\neq}^{*}=f_{\neq,\nu}(q_{\neq}^{*})'$$

式中，$(q_{\neq}^{*})'$ 是活化络合物不含沿反应坐标的不对称伸缩振动的配分函数，$f_{\neq,\nu}$ 是沿反应坐标的一维不对称伸缩振动的配分函数，如果将该振动视为简谐振动，则

$$f_{\neq,\nu}=\left[1-\exp\left(-\frac{h\nu_{\neq}}{k_BT}\right)\right]^{-1} \tag{11-94}$$

因为活化络合物是非正常分子，其沿反应坐标振动的“键”比正常的键弱得多，故 $\nu_{\neq}$ 很小，且有 $h\nu_{\neq}\ll k_BT$，因此有

$$\exp\left(-\frac{h\nu_{\neq}}{k_BT}\right)\approx 1-\frac{h\nu_{\neq}}{k_BT} \tag{11-95}$$

将式(11-95) 代入式(11-94) 中得

$$f_{\neq,\nu}=\left[1-\left(1-\frac{h\nu_{\neq}}{k_BT}\right)\right]^{-1}=\frac{k_BT}{h\nu_{\neq}} \tag{11-96}$$

由此得

$$q_{\neq}^{*}=\frac{k_BT}{h\nu_{\neq}}(q^{*})' \tag{11-97}$$

将式(11-97) 代入式(11-93) 中，得

$$k=\frac{k_BT}{h}\frac{(q_{\neq}^{*})'}{q_{AB}^{*}q_{BC}^{*}}L\exp\left(-\frac{E_0}{RT}\right) \tag{11-98}$$

或简写为

$$k=\frac{k_BT}{h}(K_c^{\neq})' \tag{11-99}$$

式(11-99) 中的 $(K_c^{\neq})'$ 与 $K_c^{\neq}$ 相比，缺少了活化络合物中沿反应坐标的振动自由度的贡献，但这一点并不影响热力学的平衡，对热力学平衡之值的影响甚微，可忽略不计，所以式(11-99) 可写为

$$k=\frac{k_BT}{h}K_c^{\neq} \tag{11-100a}$$

对反应 $A+B—C \rightleftharpoons [A\cdots B\cdots C]^{\neq}$，有

$$K_{\neq}^{\ominus}=\frac{c_{\neq}/c^{\ominus}}{\frac{c_A}{c^{\ominus}}\times\frac{c_{BC}}{c^{\ominus}}}=\frac{c_{\neq}}{c_A c_{BC}}c^{\ominus}=K_c^{\neq}c^{\ominus}$$

将上式代入式(11-100a) 中，得

$$k=\frac{k_B T}{h}K_{\neq}^{\ominus}(c^{\ominus})^{-1} \tag{11-100b}$$

式(11-99) 或式(11-100b) 称为艾林方程。原则上，只要知道了有关分子的结构和相应的参数，就可以通过上式计算出 $k$，而无需宏观动力学实验。

### 11.7.5 艾林方程的热力学表达式

将热力学方程中的 $K^{\ominus}$ 与 $\Delta_r G_m^{\ominus}$ 的关系式

$$K^{\ominus}=e^{-\Delta_r G_m^{\ominus}/RT} \quad 和 \quad \Delta_r G_m^{\ominus}=\Delta_r H_m^{\ominus}-T\Delta_r S_m^{\ominus}$$

用于反应物与过渡态活化络合物间的平衡，可得

$$K_{\neq}^{\ominus}=\exp(-\Delta_r^{\neq}G_m^{\ominus}/RT)=\exp\left(\frac{\Delta_r^{\neq}S_m^{\ominus}}{R}\right)\exp\left(-\frac{\Delta_r^{\neq}H_m^{\ominus}}{RT}\right) \tag{11-101}$$

式中，$\Delta_r^{\neq}G_m^{\ominus}$、$\Delta_r^{\neq}S_m^{\ominus}$、$\Delta_r^{\neq}H_m^{\ominus}$ 分别为**标准摩尔活化吉布斯函数**、**标准摩尔活化熵**和**标准摩尔活化焓**。对于标准摩尔活化熵，严格地说，其中缺少了活化络合物沿反应坐标振动项的贡献，但影响不大。需要指出的是，标准摩尔反应（活化）熵的数值与标准态的选择有关，$\Delta_r S_m^{\ominus}(p^{\ominus})\neq\Delta_r S_m^{\ominus}(c^{\ominus})$，但标准摩尔反应（活化）焓却比较特别，$\Delta_r H_m^{\ominus}(p^{\ominus})=\Delta_r H_m^{\ominus}(c^{\ominus})$，因为理想气体的焓只与温度有关，与标准态的标度无关。

将式(11-101) 代入式(11-100b) 中得

$$k=\frac{k_B T}{h}(c^{\ominus})^{-1}\exp\left(\frac{\Delta_r^{\neq}S_m^{\ominus}}{R}\right)\exp\left(-\frac{\Delta_r^{\neq}H_m^{\ominus}}{RT}\right) \tag{11-102}$$

更一般地

$$k=\frac{k_B T}{h}(c^{\ominus})^{1-n}\exp\left(\frac{\Delta_r^{\neq}S_m^{\ominus}}{R}\right)\exp\left(-\frac{\Delta_r^{\neq}H_m^{\ominus}}{RT}\right) \tag{11-103}$$

式(11-102)（两分子反应）和式(11-103)（$n$ 分子反应）皆为艾林方程的热力学表达式。

### 11.7.6 艾林方程热力学表达式与阿累尼乌斯方程及碰撞理论速率常数方程之比较

**(1) $\Delta_r^{\neq}H_m^{\ominus}$ 与 $E_a$ 的关系**

对式(11-100b) 两边取对数得

$$\ln k=\ln(K_c^{\neq})+\ln T+\ln B \tag{11-104}$$

对式(11-104)，两边微分得

$$\frac{d\ln k}{dT}=\frac{1}{T}+\frac{d\ln K_c^{\neq}}{dT} \tag{11-105}$$

式中，$K_c^{\neq}$ 为用浓度表示的反应 $A+B—C \rightleftharpoons [A\cdots B\cdots C]^{\neq}$ 的标准平衡常数，引用范特霍夫方程，有

$$\frac{d\ln K_c^{\neq}}{dT}=\frac{\Delta_r^{\neq}U_m^{\ominus}}{RT^2}$$

式中，$\Delta_r^{\neq}U_m^{\ominus}$ 为标准状态下活化络合物与反应物的热力学能之差，称为标准摩尔活化

热力学能。将上式及 $\Delta_r^{\neq} H_m^{\ominus}=\Delta_r^{\neq} U_m^{\ominus}+\Delta_r^{\neq}(pV_m^{\ominus})$ 代入范特霍夫方程和式(11-105) 中可得

$$\frac{\mathrm{d}\ln k}{\mathrm{d}T}=\frac{1}{T}+\frac{\Delta_r^{\neq} U_m^{\ominus}}{RT^2}=\frac{RT+\Delta_r^{\neq} H_m^{\ominus}-\Delta_r^{\neq}(pV_m^{\ominus})}{RT^2} \tag{11-106}$$

与阿累尼乌斯方程式比较，显然有下列关系：

$$E_a=RT+\Delta_r^{\neq} H_m^{\ominus}-\Delta_r^{\neq}(pV_m^{\ominus}) \tag{11-107}$$

对液相反应而言，由于 $\Delta_r^{\neq}(pV_m^{\ominus})\approx 0$，故

$$E_a=RT+\Delta_r^{\neq} H_m^{\ominus} \tag{11-108}$$

对于理想气体反应来说，由于 $\Delta_r^{\neq}(pV_m^{\ominus})=(1-n)RT$，其中 $n$ 为反应物分子数，故

$$E_a=RT+\Delta_r^{\neq} H_m^{\ominus}-(1-n)RT=\Delta_r^{\neq} H_m^{\ominus}+nRT \tag{11-109}$$

将上式代入式(11-103) 中

$$k=\frac{k_B T}{h}(c^{\ominus})^{1-n}\mathrm{e}^n\exp\left(\frac{\Delta_r^{\neq} S_m^{\ominus}}{R}\right)\exp\left(-\frac{E_a}{RT}\right) \tag{11-110}$$

式(11-110) 也是艾林方程的热力学表达式之一。对于双分子气相反应，有

$$k=\frac{k_B T}{h}\times\frac{\mathrm{e}^2}{c^{\ominus}}\exp\left(\frac{\Delta_r^{\neq} S_m^{\ominus}}{R}\right)\exp\left(-\frac{E_a}{RT}\right) \tag{11-111}$$

**(2) 碰撞理论与过渡态理论比较**

为了比较碰撞理论和过渡态理论，以最简单的两原子复合反应 $A+B\longrightarrow AB$ 为例，用两种理论分别计算其速率常数，并比较结果。

$$k=\pi d_{AB}^2\left(\frac{8k_B T}{\pi\mu}\right)^{1/2}\exp\left(-\frac{E_c}{RT}\right)L \tag{11-112}$$

设双原子复合反应的机理为 $A+B\rightleftharpoons[A\cdots B]^{\neq}\longrightarrow AB$，按过渡态处理，其速率常数为

$$k=\frac{k_B T}{h}\times\frac{(q_{\neq}^*)'}{q_A^* q_B^*}L\exp\left(-\frac{E_0}{RT}\right) \tag{11-113}$$

其中过渡态为双原子系统，其唯一的振动自由度是沿反应坐标的振动，在上式的配分函数 $(q_{\neq}^*)'$ 中不出现。各配分函数计算结果如下：

$$q_A^*=\left(\frac{2\pi m_A k_B T}{h^2}\right)^{3/2},\quad q_B^*=\left(\frac{2\pi m_B k_B T}{h^2}\right)^{3/2}$$

$$(q_{\neq}^*)'=q_{\neq,t}^* q_{\neq,r}^*=\left[\frac{2\pi(m_A+m_B)k_B T}{h^2}\right]^{3/2}\frac{8\pi^2\mu r_{\neq}^2 k_B T}{h^2}$$

将上述诸式代入式(11-113) 中，并简化得

$$k=\pi r_{\neq}^2\left(\frac{8k_B T}{\pi\mu}\right)^{1/2}\exp\left(-\frac{E_0}{RT}\right)L \tag{11-114}$$

比较式(11-112) 和式(11-114)，可以认为过渡态 $[A\cdots B]^{\neq}$ 中 A 与 B 的间距 $r_{\neq}$ 就是碰撞直径 $d_{AB}$。由此可以看出两种理论对于原子复合反应给出了同样的结论，这一点是意料之中的。因为对原子而言，以碰撞理论的硬球模型描述是比较合适的。但是，当反应物分子复杂性增加时，两者预测的结果将会出现差异。可以预期，包含分子结构参数的过渡态理论将优于碰撞理论。

例如，当碰撞理论预测的指前因子 $Z_{AB}$(计算值) 与 $A$(实验值) 有差异时，采用引进概率因子 $P$ 来校正二者的偏差，但碰撞理论自身并不能对引入的概率因子在理论上作出定量解释，而过渡态理论通过配分函数的计算，可以给出合理的解释。在这里，我们只根据碰撞理论和过渡态理论的速率常数表达式给出简单的解释。

用碰撞理论和过渡态理论分别处理双分子基元反应，同时比较阿累尼乌斯方程，得如下结果：

碰撞理论：
$$A=PZ''_{AB}=\left(\pi d_{AB}^{2}\sqrt{\frac{8k_BT}{\pi\mu}}L\right)P \tag{11-115}$$

过渡态理论：
$$A=\left(\frac{k_BT}{h}\times\frac{e^2}{c^{\ominus}}\right)\exp\left[\frac{\Delta_r^{\neq}S_{m,(c^{\ominus})}^{\ominus}}{R}\right] \tag{11-116a}$$

或
$$A=\left[\frac{k_BT}{h}e^2\left(\frac{p^{\ominus}}{RT}\right)^{-1}\right]\exp\left[\frac{\Delta_r^{\neq}S_{m,(p^{\ominus})}^{\ominus}}{R}\right] \tag{11-116b}$$

比较常温、常压下式(11-115) 和式(11-116b) 第一个括号内数量级，碰撞理论为 $10^8\,m^3\cdot mol^{-1}\cdot s^{-1}$，过渡态理论为 $10^{12}\,m^3\cdot mol^{-1}\cdot s^{-1}$。所以可以得出

$$P\approx10^4\exp\left[\frac{\Delta_r^{\neq}S_{m,(p^{\ominus})}^{\ominus}}{R}\right] \tag{11-117}$$

由式(11-117) 可知，$P$ 与活化熵有关。对于 $A+BC=\!=\!=X^{\neq}$ 的反应，若 $X^{\neq}$ 仍为线型过渡态，则反应后平动自由度（$f_t$）将减少，转动自由度（$f_r$）不变，而振动自由度将会增加；若 $X^{\neq}$ 为非线型过渡态，则平动自由度仍是减少，转动自由度增加 1，而振动自由度增加值与线型情况一样。近似地只考虑数量级，且假设不同分子相应每个平动、转动、振动自由度的配分函数有近似相同数量级，即 $(q_{A,t}^{*})^{1/3}\approx(q_{B,t}^{*})^{1/3}\approx(q_{X^{\neq},t}^{*})^{1/3},\cdots$，而不考虑分子的差异，则常温下，每个平动、转动和振动自由度的配分函数值：平动约为 $10^{10}$，转动约为 10，振动约为 1。根据上述的讨论和统计力学中熵与配分函数的关系式可知，平动熵 $S_t$ 对总熵值的贡献要远大于转动熵 $S_r$ 和振动熵 $S_v$。换句话说，由反应物生成过渡态络合物时，$\Delta_r^{\neq}S_m^{\ominus}<0$。已知 $P$ 值最大为 1。根据式(11-117)，此时 $\Delta_r^{\neq}S_{m,(p^{\ominus})}^{\ominus}=-76.6\,J\cdot K^{-1}\cdot mol^{-1}$，此数据可作为一个参考值。由此可知，过渡态络合物 $X^{\neq}$ 越复杂，有序度越高，$\Delta_r^{\neq}S_m^{\ominus}$ 值会更负，相应的 $P$ 值也就更小。这一分析与表 11-2 的实验数据相符。

**例 11-18** 反应 $H+CH_4\longrightarrow H_2+CH_3$，已知 500K 时，其指前因子 $A=1.00\times10^{10}\,dm^3\cdot mol^{-1}\cdot s^{-1}$，试求算此反应的活化熵 $\Delta_r^{\neq}S_m^{\ominus}$。

**解** 此反应为双分子反应，由式(11-116a) 可知

$$\exp\left(\frac{\Delta_r^{\neq}S_m^{\ominus}}{R}\right)=\frac{Ahc^{\ominus}}{k_BTe^2}=\frac{LAhc^{\ominus}}{RTe^2}$$

$$\begin{aligned}\Delta_r^{\neq}S_m^{\ominus}&=R\ln\frac{Ahc^{\ominus}L}{RT(2.72)^2}\\&=\left[8.314\times\ln\frac{1.00\times10^{10}\times6.02\times10^{23}\times6.63\times10^{-34}}{8.314\times500\times(2.72)^2}\right]J\cdot mol^{-1}\cdot K^{-1}\\&=-74.4\,J\cdot mol^{-1}\cdot K^{-1}\end{aligned}$$

计算结果活化熵为负值，说明活化络合物的结构比反应物 H 和 $CH_4$ 更有序。

**例 11-19** 动力学同位素效应：动力学测量表明，化学性质完全相同的同位素取代，可能会引起反应速率的巨大变化，最为典型的就是 D 对 H 的取代。请利用过渡态理论近似计算 C—H 键的断裂速率常数与 C—D 键的断裂速率常数的比值。

**解** 参照过渡态理论速率常数计算公式(11-98)

$$k=\frac{k_BT}{h}\times\frac{(q_{\neq}^{*})'}{q_A^{*}q_{BC}^{*}}L\exp\left(-\frac{E_0}{RT}\right)$$

比较 C—H 键与 C—D 键的断裂反应速率差别，主要取决于 D 代替 H 后配分函数及有效势垒 $E_0$ 的变化。

同位素取代后，引起配分函数和 $E_0$ 变化的主要原因在于反应物和过渡态活化络合物的质量、转动惯量、振动频率发生了变化。不过，相比指数上的有效势垒变化，配分函数的变化在估算时完全可忽略不计。

有效势垒 $E_0$ 的变化主要是由于反应物振动频率的变化引起的，由振动频率的计算公式 $\nu=(1/2\pi)\sqrt{k_f/\mu}$（式中，$k_f$ 为化学键的力常数，其大小只与 C—H 键的电子云密度有关）可知，D 对 H 的取代将引起约化质量 $\mu$ 的变化，进而影响振动频率。而反应物振动频率的变化会导致其振动零点能的改变，从而引起 $E_0$ 的改变（参见图 11-21）。值得注意的是，过渡态的零点能在同位素取代后不变，因为 C—H 的振动对过渡态络合物而言就是沿反应坐标的振动，该振动在速率常数计算公式(11-98) 中不被计入。

取代前后，零点能的差异为：

$$\varepsilon_0(\text{C—D})-\varepsilon_0(\text{C—H})=\frac{1}{2}h\left(\frac{1}{2\pi}\sqrt{\frac{k_f}{\mu_{\text{C-D}}}}-\frac{1}{2\pi}\sqrt{\frac{k_f}{\mu_{\text{C-H}}}}\right)=\frac{hk_f^{1/2}}{4\pi}\left(\sqrt{\frac{1}{\mu_{\text{C-D}}}}-\sqrt{\frac{1}{\mu_{\text{C-H}}}}\right)$$

则有效势垒的差值为：

$$E_0(\text{C—D})-E_0(\text{C—H})=[\varepsilon_0(\text{C—D})-\varepsilon_0(\text{C—H})]L=\frac{hk_f^{1/2}L}{4\pi}\left(\sqrt{\frac{1}{\mu_{\text{C-D}}}}-\sqrt{\frac{1}{\mu_{\text{C-H}}}}\right)$$

将上式代入式(11-98)，可得同位素取代后速率常数之比：

$$\frac{k_{\text{C-D}}}{k_{\text{C-H}}}=\mathrm{e}^{-\lambda},\text{其中 }\lambda=\frac{hk_f^{1/2}}{4\pi k_B T}\left(\sqrt{\frac{1}{\mu_{\text{C-D}}}}-\sqrt{\frac{1}{\mu_{\text{C-H}}}}\right)$$

代入相关的参数，可求得 $k_{\text{C-D}}/k_{\text{C-H}}\approx 7$，即同等条件下，C—D 键断裂的速度是 C—H 键的 7 倍。

### 11.7.7　过渡态理论的评价

反应速率理论的主要目的之一是解释实验现象并预测反应速率的大小。尽管碰撞理论揭示了反应过程中的一些本质问题，给出了比较清晰的物理图像。但无法阐明碰撞动能是如何转化为分子内的势能，既不能从理论上预测活化能的大小，也不能定量阐明概率因子 $P$ 的物理意义和大小。与碰撞理论相比，过渡态理论通过势能面清晰地描绘了基元反应的进展历程；通过过渡态形象地说明了反应碰撞动能转化为分子内势能、反应为什么会有活化能以及反应遵循的能量最低原理；提供了从理论上求算活化能和活化熵的可能性；给出了活化熵与碰撞理论中引进的方位因子 $P$ 之间的定量关系。过渡态理论中提出的势能面、活化络合物以及活化熵等概念，已应用得相当广泛。它不仅可应用于气相反应，也可应用于溶液中的反应、复相反应、催化反应等。也应该指出，过渡态理论引进的一些假设尚存在一些若干问题，例如

① 反应物通过碰撞越过过渡态后不再返回。该假设不失为一个好的近似，但有时与实际情况不符。一个极端的情况是自由基复合，当没有第三个分子通过碰撞移去自由基复合产生的能量，则活化络合物并不能形成稳定分子，而是重新解离为反应物分子，整个过程类似于一次弹性碰撞。

② 理论假设量子效应可忽略。实际上，隧道效应总是存在的。根据量子力学，当粒子

的能量小于势垒的高度时，仍有一定概率穿过势垒，即隧道效应。此外，假设活化络合物沿着反应坐标的振动可与其他的运动分离开来，这也与量子力学的要求相矛盾。

除了上述不足外，过渡态理论最大的不足在于还无法绘制复杂分子间的反应势能面，活化络合物的结构还无法从实验上确定，因此在很大程度具有猜测性。故此，过渡态理论在实际应用中还存在着一定的困难。所以，人们对于反应速率理论的认识，还有待于进一步的认识、探索。

典型复合反应动力学

## 11.8 典型的复杂反应

对于基元反应，我们根据质量作用定律很容易写出其动力学方程。然而，在日常科研和生产中，我们遇到的多数反应都是包含有多步基元反应的复杂反应。对于这些常见的复杂反应，在已知其反应机理，即已知各基元步骤及顺序的情况下，如何进行动力学处理并建立动力学方程，这将是本节讨论的主要内容。不过，我们只限于讨论三种典型的最简单的复杂反应：对峙（可逆）反应、平行反应和连续反应。每种复杂反应只包含两个基元反应。虽说简单，它们却是处理其他更复杂反应的基础，因为其他更复杂的反应是这三种典型的最简单复杂反应的不同排列组合。

在讨论复杂反应动力学之前，有必要简述一下**反应独立共存原理**。所谓反应独立共存原理是19世纪末，由奥斯特瓦尔德（Ostwald）物理化学学派提出的："一基元反应的速率常数和所遵循的基本动力学规律不因其他基元反应的存在与否而不同。"这是一个由已知基元反应速率推算复杂反应速率的重要原理和基础。只是这一原理太直观明了，以至于其他教科书没有特别叙述而是直接应用。作为例子，以下面两个基元反应为例：

$$A+B \xrightarrow{k_1} C+D \tag{1}$$

$$A+X \xrightarrow{k_2} 2B+E \tag{2}$$

根据质量作用定律有：$r_1=k_1c_Ac_B$，$r_2=k_2c_Ac_X$。

根据反应独立共存原理，两个基元反应的速率常数和速率方程均不会因为存在另一个反应而发生变化，因而，A、B浓度的变化可简单地视为两个基元反应速率的代数和，即

$$-\frac{dc_A}{dt}=r_1+r_2=k_1c_Ac_B+k_2c_Ac_X$$

$$-\frac{dc_B}{dt}=r_1-2r_2=k_1c_Ac_B-2k_2c_Ac_X$$

由上例可知，反应独立共存原理给出了由基元反应的质量作用定律推导相应的总包反应速率方程的一般性方法。在下面具体处理复杂反应时，我们将不作一一说明。

### 11.8.1 对峙（可逆）反应

**所谓对峙（可逆）反应是可以同时正、逆向进行，分别互为产物和反应物的反应**。严格地说，任何反应都是对峙（可逆）反应，尤其在均相反应中，逆反应是普遍存在的，只不过有些化学反应的逆反应速率很小（尤其是在反应刚开始时），可忽略不计。

在此前所讨论的反应均未涉及逆反应，且认为反应结束时反应物浓度为零。但对于对峙（可逆）反应，由于逆反应的存在，随着反应的进行，反应物浓度不断下降，而产物的浓度则不断增加，正、逆反应的速率将此消彼长，最终有 $r_正=r_负$。此时，反应达到平衡，反应物浓

度不再变化。对于一般而言的对峙（可逆）反应，正、逆反应可为相同级数，也可以是具有不同级数的反应；可以是基元反应，也可以是非基元反应。下面我们就以最简单的正、逆反应皆为一级基元反应的（1-1 型）对峙（可逆）反应为例进行讨论，推导其速率方程。

$$\mathrm{A} \underset{k_{-1}}{\overset{k_1}{\rightleftharpoons}} \mathrm{B}$$

$$\begin{array}{lll} t=0 & c_{\mathrm{A},0} & 0 \\ t=t & c_{\mathrm{A}} & c_{\mathrm{A},0}-c_{\mathrm{A}} \\ t=\infty & c_{\mathrm{A,e}} & c_{\mathrm{A},0}-c_{\mathrm{A,e}} \end{array}$$

式中，A 的起始浓度和平衡时浓度分别为 $c_{\mathrm{A},0}$ 和 $c_{\mathrm{A,e}}$；B 的起始浓度为 $c_{\mathrm{B},0}=0$。

正向反应：A 的消耗速率 $r_+=k_1c_{\mathrm{A}}$

逆向反应：A 的生成速率 $r_-=k_{-1}(c_{\mathrm{A},0}-c_{\mathrm{A}})$

根据反应独立共存原理，A 的净消耗速率为同时进行的正、逆反应的代数和，即

$$r=-\frac{\mathrm{d}c_{\mathrm{A}}}{\mathrm{d}t}=k_1c_{\mathrm{A}}-k_{-1}(c_{\mathrm{A},0}-c_{\mathrm{A}}) \tag{11-118}$$

当 $t=\infty$ 时，反应达到平衡，此时有 $r_+=r_-$，即

$$-\left(\frac{\mathrm{d}c_{\mathrm{A,e}}}{\mathrm{d}t}\right)_{t=\infty}=k_1c_{\mathrm{A,e}}-k_{-1}(c_{\mathrm{A},0}-c_{\mathrm{A,e}})=0 \tag{11-119}$$

由此得

$$\frac{c_{\mathrm{A},0}-c_{\mathrm{A,e}}}{c_{\mathrm{A,e}}}=\frac{c_{\mathrm{B,e}}}{c_{\mathrm{A,e}}}=\frac{k_1}{k_{-1}}=K_c \tag{11-120}$$

由式(11-118)、式(11-119) 得

$$-\frac{\mathrm{d}(c_{\mathrm{A}}-c_{\mathrm{A,e}})}{\mathrm{d}t}=k_1(c_{\mathrm{A}}-c_{\mathrm{A,e}})+k_{-1}(c_{\mathrm{A}}-c_{\mathrm{A,e}})=(k_1+k_{-1})(c_{\mathrm{A}}-c_{\mathrm{A,e}}) \tag{11-121a}$$

若令 $c_{\mathrm{A}}-c_{\mathrm{A,e}}=\Delta c_{\mathrm{A}}$ 称为反应物 A 距离平衡浓度的差，以此式代入上式，得

$$-\frac{\mathrm{d}\Delta c_{\mathrm{A}}}{\mathrm{d}t}=(k_1+k_{-1})\Delta c_{\mathrm{A}} \tag{11-121b}$$

式(11-121a) 或式(11-121b) 为 1-1 型对峙（可逆）反应的微分式。

将式(11-121a) 类比简单一级反应的微分方程式(11-22)，不难看出 1-1 型对峙（可逆）反应符合一级反应的规律，其速率常数为 $(k_1+k_{-1})$，浓度变量为 A 物质在 $t$ 时刻的浓度与平衡浓度的差值 $c_{\mathrm{A}}-c_{\mathrm{A,e}}$。

其实，当 $K_{\mathrm{c}}$ 很大，即 $k_1\gg k_{-1}$ 时，平衡大大倾向于产物一边，即逆反应速率可忽略不计，$c_{\mathrm{A,e}}\approx 0$，此时，式(11-121a) 还原为式(11-22)。

将式(11-121a) 作定积分可得

$$-\int_{c_{\mathrm{A},0}}^{c_{\mathrm{A}}}\frac{\mathrm{d}(c_{\mathrm{A}}-c_{\mathrm{A,e}})}{c_{\mathrm{A}}-c_{\mathrm{A,e}}}=\int_0^t(k_1+k_{-1})\mathrm{d}t$$

$$\ln\frac{c_{\mathrm{A},0}-c_{\mathrm{A,e}}}{c_{\mathrm{A}}-c_{\mathrm{A,e}}}=(k_1+k_{-1})t \tag{11-122}$$

由式(11-122) 可知，$\ln(c_{\mathrm{A}}-c_{\mathrm{A,e}})$ 对 $t$ 作图为一直线（如图 11-24 所示）。由直线的斜率可求出 $(k_1+k_{-1})$，再由实验测得的 $K_c$ 可得 $k_1/k_{-1}$ 比值，即：

$$斜率=-(k_1+k_{-1}),\ K_c=k_1/k_{-1}$$

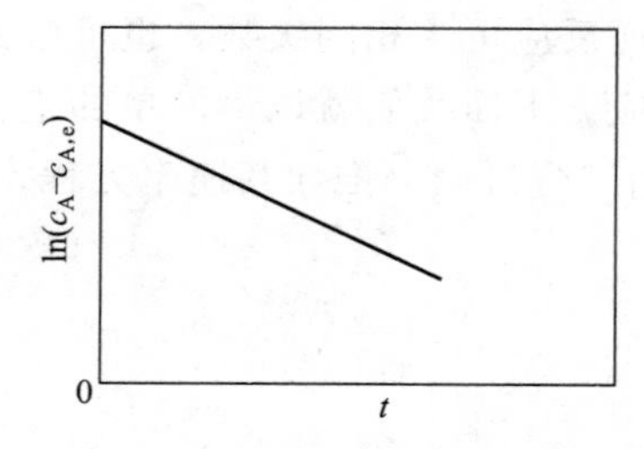

图 11-24　一级对峙反应的直线关系

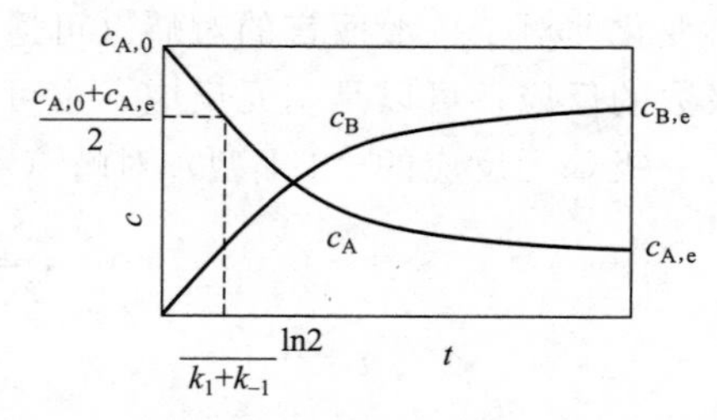

图 11-25　一级对峙反应的 $c$-$t$（$k_1 = 2k_{-1}$）

联立二式即可分别求得 $k_1$ 和 $k_{-1}$ 值。

一级对峙反应的 $c$-$t$ 关系如图 11-25 所示，从图中可以看出，对峙（可逆）反应经过足够长时间后，反应物浓度和产物的浓度趋近于各自的平衡浓度，显然，产物和反应物的平衡浓度值与 $k_1$ 和 $k_{-1}$ 相对大小有关，如图 11-26 所示。

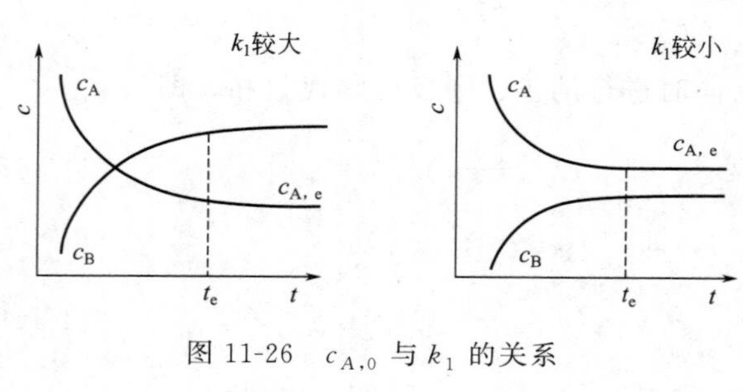

图 11-26　$c_{A,0}$ 与 $k_1$ 的关系

类似于简单一级反应，对于 1-1 型对峙（可逆）反应可定义反应进行到浓度为 $c_A - c_{A,e} = (c_{A,0} - c_{A,e})/2$，即 $c_A = (c_{A,0} + c_{A,e})/2$，所用的时间为 $t_{1/2}$，则

$$t_{1/2} = \frac{\ln 2}{k_1 + k_{-1}} \tag{11-123}$$

与反应物起始浓度 $c_{A,0}$ 无关。

值得提醒的是，1-1 型对峙（可逆）反应的半衰期浓度不是反应进行到 $c_{A,0}/2$，而是 $(c_{A,0} + c_{A,e})/2$，如图 11-25 所示。

由于逆反应的存在，温度对对峙反应的影响，就不像前面所讲的对简单级数反应速率的影响那样单一，不仅与 $E_{a,+}$ 有关，还与逆反应的活化能 $E_{a,-}$ 有关，也即是与反应热效应有关。

由范特霍夫方程 $\frac{\mathrm{d}\ln K_c}{\mathrm{d}T} = \frac{\Delta U}{RT^2}$ 可知

① 对于吸热的对峙反应，$K_c$ 随着温度升高而增大，从动力学角度分析，升高温度，无论是 $k_1$ 还是 $k_{-1}$ 都将增大，但 $K_c = k_1/k_{-1}$，这说明 $k_1$ 随温度升高而增加的幅度要大于 $k_{-1}$，由此可知，对于吸热反应，无论是从动力学角度考虑，还是从热力学角度考虑，升高温度对正向反应都是有利的。

② 对于放热的对峙反应，$K_c = k_1/k_{-1}$ 随着温度升高而减小，但从动力学角度看，温度对 $k_1$ 和 $k_{-1}$ 的影响仍符合阿累尼乌斯方程的规律。由此可知，对于放热反应，逆向速率常数随温度增加的幅度要大于正向反应的速率常数，因而总的反应速率不总是随着温度升高而增加。具体讨论可将 $K_c = k_1/k_{-1}$ 代入式(11-118) 中作下一步分析。

$$r = -\frac{\mathrm{d}c_A}{\mathrm{d}t} = k_1 c_A - k_{-1}(c_{A,0} - c_A) = k_1\left[c_A - \frac{1}{K_c}(c_{A,0} - c_A)\right] \tag{11-124}$$

对于给定的转化率，$r = f(k_1, k_{-1})$，对于放热反应，低温下，$K_c$ 值较大，相应的 $1/K_c$ 值则较小，由式(11-124) 可知，此时 $k_1$ 对 $r$ 的影响为主要因素，即此时的反应速率受动力学控制；高温下，$K_c$ 值较小，相应的 $1/K_c$ 值则较大，此时 $K_c$ 对 $r$ 的影响为主要因素，即此时的反应速率受热力学控制。

由上述分析可知，对于放热的可逆反应，在 $k_1$ 和 $K_c$ 的共同作用下，反应速率随着温度升高先增大而后减少，存在一最佳反应温度 $T_m$。

当然，不同的转化率，最佳反应温度 $T_m$ 值不同，一般而言，最佳反应温度随转化率的升高而下降，如图 11-27 所示，$SO_2+\frac{1}{2}O_2 \longrightarrow SO_3$ 的相对反应速率与温度的关系。

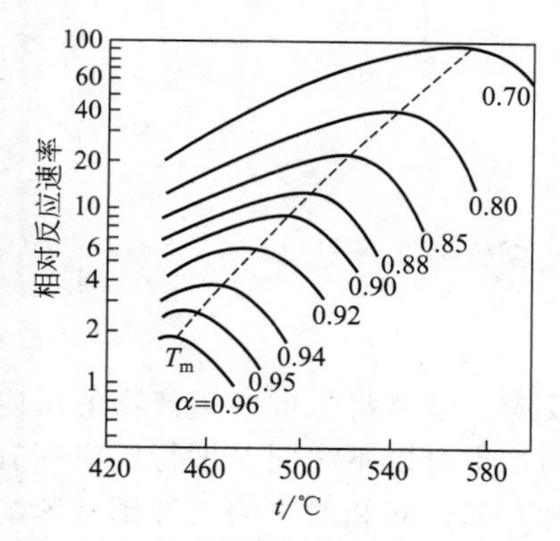


图 11-27　不同转化率下 $SO_2$ 的相对反应速率与温度的关系

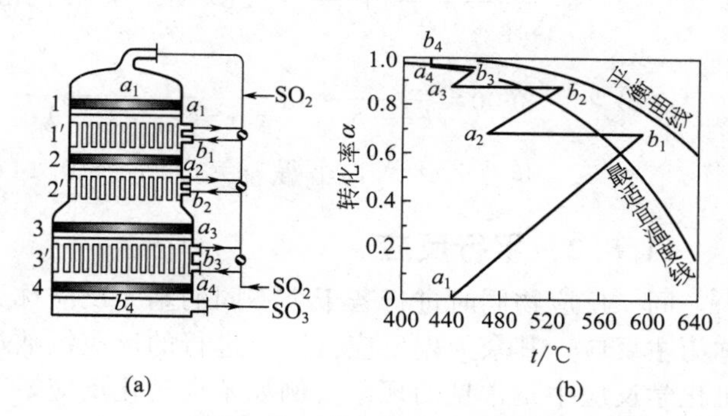


图 11-28　多段换热式反应器及其操作示意图

工业上为使这类反应尽可能在 $T_m$ 下进行，常采用多段换热式反应器。如图 11-28(a) 所示。反应物在分别通过每一段反应器 1、2、3、4 后，都要分别经过 1′、2′、3′热交换器使进料气体冷却，图 11-28(a) 和图 11-28(b) 是四段换热式反应器及其操作示意图。

图 11-28(b) 中最佳适宜温度对应于图 11-27 中的虚线，$a_1b_1$ 表示通过第一段催化剂时转化率和温度同时升高，$b_1a_2$ 表示通过换热器后温度下降，……，$a_4b_4$ 则表示通过第四段催化剂后转化率已达 99%。

**例 11-20**　溶液中某光化学活性卤化物的消旋作用如下：

$$R_1R_2R_3CX(\text{右旋})(A) \longrightarrow R_1R_2R_3CX\ (\text{左旋})(B)$$

在正逆反应上皆为一级反应，且两速率常数相等，若起始反应物为纯的右旋物质（A），速率常数为 $1.9\times10^{-6}\,s^{-1}$，试求：

(1) 转化 10%所需要的时间；

(2) 24h 后的转化率。

**解**

| | A ⇌ | B |
|---|---|---|
| $t=0$ | $c_{A,0}$ | 0 |
| $t=t$ | $c_{A,0}-x$ | $x$ |
| $t=t_e$ | $c_{A,0}-x_e$ | $x_e$ |

直接用式(11-122) 求解，要知道 $c_{A,e}$，而本题中并没有给出 $c_{A,e}$ 值。为此，需要重新推导针对本题条件的计算公式。

$$r=dx/dt=r_+-r_-=k_1(c_{A,0}-x)-k_{-1}x=k_1c_{A,0}-(k_1+k_{-1})x$$

积分上式

$$\int_0^x \frac{dx}{k_1c_{A,0}-(k_{-1}+k_1)x}=\int_0^t dt$$

得

$$t=\frac{1}{k_1+k_{-1}}\ln\frac{k_1c_{A,0}}{k_1c_{A,0}-(k_{-1}+k_1)x} \qquad (11\text{-}125)$$

式(11-125) 是 (1-1) 型对峙 (可逆) 反应动力学方程的另一种积分式，在不知道 $c_{A,e}$ 且要求转化率时经常用到。

根据题意，将转化率 10%，即 $x=0.1c_{A,0}$，代入式(11-125)，得

$$(1)\ t=\frac{1}{2\times1.9\times10^{-6}}\ln\frac{1.9\times10^{-6}}{1.9\times10^{-6}-2\times0.1\times1.9\times10^{-6}}$$

$$=\frac{1}{3.8\times10^{-6}}\ln\frac{1}{0.8}=5.87\times10^{4}\,\text{s}=978\,\text{min}$$

$$(2)\ 24\times3600=\frac{1}{k_1+k_{-1}}\ln\frac{k_1}{k_1-(k_1+k_{-1})x/c_{A,0}}$$

将 $k_1$ 和 $k_{-1}$ 值代入上式，求得 $y=x/c_{A,0}=0.14$，即 24h 后的转化率为 14%。

### 11.8.2 平行反应

同一反应物同时进行若干个不同的基元反应称为**平行反应**。通常将生成期望产物的反应称为主反应，其余为副反应。同时进行的反应级数可以相同，也可以不相同。平行反应在有机化学反应中是常见的现象。例如苯酚硝化反应，产物同时有邻、间和对位的三种硝基苯酚生成。在平行反应中，如何提高主反应的产率而抑制副反应发生，是研究平行反应的重要命题之一。下面将以最简单的平行反应，即两个一级基元平行反应（简称 1-1 型平行反应）为例，讨论平行反应动力学方程及其基本特征。对于 1-1 型平行反应

$$A\begin{cases}\xrightarrow{k_1}B & (1)\\ \xrightarrow[k_2]{}C & (2)\end{cases}$$

两个基元反应的速率分别为：$r_1=k_1c_A$，$r_2=k_2c_A$

根据反应独立共存原理，反应物 A 消耗的速率 $r$ 为两个平行反应的速率之和，即

$$r=-\frac{dc_A}{dt}=r_1+r_2=(k_1+k_2)c_A \tag{11-126}$$

与简单的一级反应速率方程相比，式(11-126) 相当于速率常数 $k=k_1+k_2$ 的简单一级反应。其积分方程为

$$\ln\frac{c_{A,0}}{c_A}=(k_1+k_2)t \tag{11-127}$$

$\ln c_A$ 对 $t$ 作图为一直线，其斜率$=-(k_1+k_2)$。实际上，简单一级反应所具有的动力学特征，1-1 型平行反应都具有。

**(1) 平行反应的选择性**

对于平行反应，除了关心总反应速率外，产物 B 和 C 的比例（即平行反应选择性）是平行反应需要关注的另一重要问题。对于平行进行的两个 1-1 型反应，根据速率方程，可以导出计算产物选择性的公式如下：

$$r_1=dc_B/dt=k_1c_A,\quad r_2=dc_C/dt=k_2c_A$$

$$\frac{dc_B}{dt}\Big/\frac{dc_C}{dt}=\frac{dc_B}{dc_C}=\frac{k_1}{k_2}$$

整理上式并积分

$$\int_0^{c_B}dc_B=\frac{k_1}{k_{-1}}\int_0^{c_C}dc_C$$

得
$$\frac{c_B}{c_C}=\frac{k_1}{k_2} \tag{11-128}$$

即当起始浓度只有反应物 A 时，反应进行到任意时刻，产物中 $c_B$ 与 $c_C$ 之比等于相应的速率常数之比，这是平行反应的特征。故不可能通过控制反应时间或反应物浓度的方法来改变平行反应产物的选择性。要想提高选择性，只有设法改变 $k_1/k_2$ 的比值。通常采用的方法有：①选择合适的催化剂，提高催化剂对某一反应的选择性，改变 $k_1/k_2$；②当主、副反应的活化能有明显差别时，可以通过改变温度来改变 $k_1/k_2$ 的值，高温有利于活化能大的反应，低温有利于活化能小的反应。

需要指出的是，式(11-128) 对于产物起始浓度为零的同级平行反应是成立的，例如 1-1 型和 2-2 型平行反应，否则式(11-128) 将不成立。

根据平行反应的特征式(11-128)，实验中只要测得任意反应时刻产物 $c_B$ 和 $c_C$ 的浓度，求出其比值，同时以 $\ln c_A$ 对 $t$ 作图求得直线的斜率，联立方程

$$斜率=-(k_1+k_2)\ 和\ c_B/c_C=k_1/k_2$$

即可求得 $k_1$ 和 $k_2$。

**(2) 平行反应的活化能**

由式(11-127) 可知，1-1 型平行反应的表观速率常数 $k=(k_1+k_2)$，根据活化能的微分定义式可求得 1-1 型平行反应的表观活化能为：

$$E_{表观}=-R\frac{\mathrm{d}\ln k}{\mathrm{d}(1/T)}=-R\frac{\mathrm{d}\ln(k_1+k_2)}{\mathrm{d}(1/T)}=-\frac{R}{k_1+k_2}\left[\frac{k_1\mathrm{d}\ln k_1}{\mathrm{d}(1/T)}+\frac{k_2\mathrm{d}\ln k_2}{\mathrm{d}(1/T)}\right]$$

$$E_{表观}=\frac{k_1E_{a,1}+k_2E_{a,2}}{k_1+k_2} \tag{11-129}$$

上式表明，平行反应的表观活化能为两个基元反应活化能的加权平均值，权重即为相应的反应速率常数。由式(11-129) 可知，当某一基元反应速率常数很大时，例如 $k_1\gg k_2$，则 $E_{表观}\approx E_{a,1}$，即表观活化能近似等于反应 (1) 的活化能。上述 1-1 型平行反应表观活化能的结论可推广到多个同级反应的情况，其结果为：

$$E_{表观}=\left(\sum_i k_iE_{a,i}\right)/\sum_i k_i \tag{11-130}$$

读者可自行证明之。

平行反应表观速率常数 $\ln k$ 对 $1/T$ 作图，根据 $E_{a,1}$ 和 $E_{a,2}$ 以及指前因子 $A_1$ 和 $A_2$ 的相对大小的关系，具有不同的形状，解释和分析如下：

由阿累尼乌斯方程可知，平行反应中的两个速率常数随温度变化的对数式分别为：

$$\ln k_1=\ln A_1-\frac{E_{a,1}}{RT}\quad 和\quad \ln k_2=\ln A_2-\frac{E_{a,2}}{RT}$$

假定 $E_{a,1}>E_{a,2}$，分别以 $\ln k_1$ 和 $\ln k_2$ 对 $1/T$ 作图得直（虚）线 $L_1$ 和 $L_2$，如图 11-29 所示，从图 11-29 看出，根据 $A_1$ 和 $A_2$ 的相对大小，$\ln k_{表观}$ 对 $1/T$ 作图的曲线存在两种形状：

① $E_{a,1}>E_{a,2}$、$A_1>A_2$，平行反应的两条直线 $L_1$ 和 $L_2$ 相交，而 $\ln k_{表观}$ 对 $1/T$ 作图的曲线 $L$ 是一条向上凹的曲线，如图 11-29(a) 所示。这说明，在高温段，以反应 (1) 为主，总反应主要生成产物 B；而低温段，以反应 (2) 为主，总反应中产物以 C 为主。因此，若希望生成的物质 B 为主产物，反应温度控制在相对较高为宜。

② $E_{a,1}>E_{a,2}$、$A_1<A_2$，由 $E_{a,1}$ 与 $E_{a,2}$ 和 $A_1$ 与 $A_2$ 的相对大小关系可知，应有 $L_1$

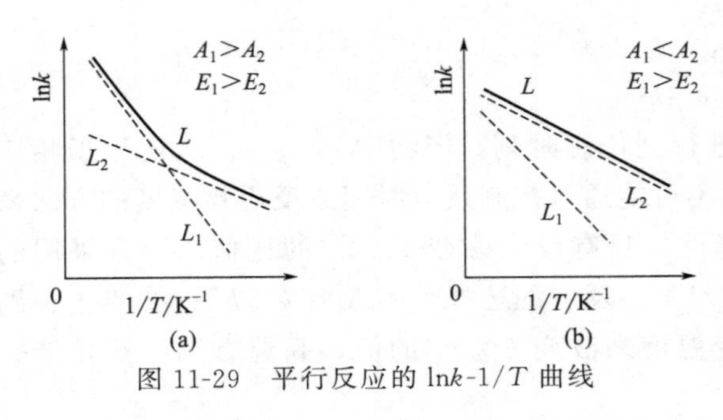


图 11-29 平行反应的 $\ln k$-$1/T$ 曲线

斜率大于 $L_2$，而 $L_2$ 的起点高于 $L_1$，[如图 11-29(b) 所示]。因此，两直线 $L_1$ 和 $L_2$ 在该温度区间内不可能相交，$k_2$ 恒大于 $k_1$。$\ln k_{表观}$ 对 $1/T$ 作图为一与 $L_2$ 重合的直线，即总反应以反应（2）为主。欲通过控制温度调整产物 B 和 C 的比例成效甚微，几乎不可能。不过，若希望得到更多的 B，还是控制温度较高为宜。

$E_{a,1}<E_{a,2}$ 的情形，其分析和讨论与上述类似，读者可自习之。

**例 11-21** 某平行反应

$$A\begin{cases}\xrightarrow{k_1}B & (1)\\ \xrightarrow[k_2]{}C & (2)\end{cases}$$

反应（1）和（2）的频率因子均为 $10^{13}\,s^{-1}$，而活化能 $E_{a,1}=108.8\,kJ\cdot mol^{-1}$，$E_{a,2}=83.69\,kJ\cdot mol^{-1}$。试计算 1000K 时产物 B 和 C 的比值是 300K 时的多少倍?

**解** 题目没有给出有关产物浓度的信息，很明显，直接求产物浓度比值将无从下手。因此，只能根据平行反应的基本特征进行分析计算。

$$k_1=A_1 e^{-E_{a,1}/RT},\quad k_2=A_2 e^{-E_{a,2}/RT}$$

根据题有 $A_1=A_2$，故

在 300K 时，$k_1/k_2=e^{-(E_{a,1}-E_{a,2})/RT}=e^{-(108.8-83.69)\times10^3/(8.314\times300)}=4.24\times10^{-5}$

在 1000K 时，$k_1/k_2=e^{-(E_{a,1}-E_{a,2})/RT}=e^{-(108.8-83.69)\times10^3/(8.314\times1000)}=4.88\times10^{-2}$

对于同级平行反应，当起始时产物浓度为零时，有 $k_1/k_2=c_B/c_C$

所有 $(k_1/k_2)_{1000K}/(k_1/k_2)_{300K}=(c_B/c_C)_{1000K}/(c_B/c_C)_{300K}=\dfrac{4.88\times10^{-2}}{4.24\times10^{-5}}=1151$

### 11.8.3 连串反应

一个反应的产物之一是另一非逆向反应的反应物，如此组合的反应称为**连串反应**。例如苯的液相氯化反应：

$$C_6H_6+Cl_2 \longrightarrow C_6H_5Cl+HCl$$
$$C_6H_5Cl+Cl_2 \longrightarrow C_6H_4Cl_2+HCl$$
$$C_6H_4Cl_2+Cl_2 \longrightarrow C_6H_3Cl_3+HCl$$
$$\cdots \qquad \cdots \qquad \cdots$$

每一步可以是基元反应，也可以是非基元反应。下面以最简单的连串反应为例来讨论。

设有单分子基元反应组成的连串反应

$$A \xrightarrow{k_1} B \xrightarrow{k_2} C$$

设初始 $t=0$ 时，A 的浓度为 $c_{A,0}$，$c_{B,0}=c_{C,0}=0$。

根据质量作用定律和反应独立共存原理，对反应中的三个物质可分别写出其速率方程。

$$r_A=-\frac{dc_A}{dt}=k_1c_A \tag{11-131}$$

$$r_{\mathrm{B}}=\frac{\mathrm{d}c_{\mathrm{B}}}{\mathrm{d}t}=k_1c_{\mathrm{A}}-k_2c_{\mathrm{B}} \tag{11-132}$$

$$r_{\mathrm{C}}=\frac{\mathrm{d}c_{\mathrm{C}}}{\mathrm{d}t}=k_2c_{\mathrm{B}} \tag{11-133}$$

在上面三个方程，因为有 $r_{\mathrm{B}}=r_{\mathrm{A}}-r_{\mathrm{C}}$，根据代数定律，三个方程中只有两个是独立的。

首先对式(11-131) 积分，得连串反应反应物 A 的浓度随时间变化

$$\ln\frac{c_{\mathrm{A},0}}{c_{\mathrm{A}}}=k_1t \quad 或 \quad c_{\mathrm{A}}=c_{\mathrm{A},0}\mathrm{e}^{-k_1t} \tag{11-134}$$

将式(11-134) 代入式(11-132) 中，得

$$\frac{\mathrm{d}c_{\mathrm{B}}}{\mathrm{d}t}+k_2c_{\mathrm{B}}=k_1c_{\mathrm{A},0}\mathrm{e}^{-k_1t} \tag{11-135}$$

线性微分方程，用一阶常系数非齐次线性微分方程标准求解法求解，得

$$c_{\mathrm{B}}=\frac{k_1c_{\mathrm{A},0}}{k_2-k_1}(\mathrm{e}^{-k_1t}-\mathrm{e}^{-k_2t}) \tag{11-136}$$

关于产物 C 的浓度随时间变化，可利用 $c_{\mathrm{A},0}=c_{\mathrm{A}}+c_{\mathrm{B}}+c_{\mathrm{C}}$，求得

$$c_{\mathrm{C}}=c_{\mathrm{A},0}\left(1-\frac{k_2\mathrm{e}^{-k_1t}-k_1\mathrm{e}^{-k_2t}}{k_2-k_1}\right) \tag{11-137}$$

方程式(11-134)、式(11-136) 和式(11-137) 分别给出了连串反应中各物质浓度随时间变化的积分方程。根据上述三式绘图，得图 11-30。

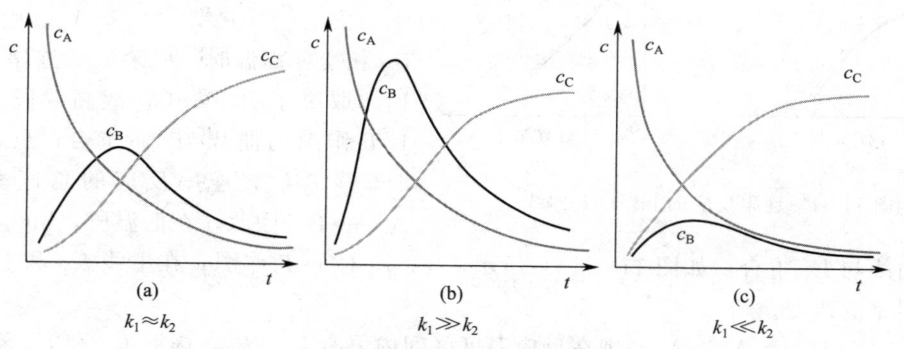


图 11-30　连串反应中浓度随时间变化关系图

从图中可以看出，反应物 A 和产物 C 的浓度随时间分别单调减少和单调增加，而 B 由于既是 A 的产物又是 C 的反应物的双重身份，其浓度随时间变化先增加而后减少，中间出现一极大值，这是连串反应的突出特点。从图中还可以看出，中间产物 B 极大值的大小 $c_{\mathrm{B,max}}$ 与 $k_2$ 和 $k_1$ 的相对大小有关。当 $k_2\ll k_1$ 时，$c_{\mathrm{B,max}}$ 值最大 [图 11-30(b)]，当 $k_2\gg k_1$ 时，$c_{\mathrm{B,max}}$ 值最小 [图 11-30(c)]。这不难解释，因为 $k_2\ll k_1$ 时，由 A 生成的 B 因来不及生成 C 而被积累，故其极大值最大；反之，因为 $k_2\gg k_1$，由 A 生成 B，B 马上生成 C，因为其极值最小；当 $k_2\approx k_1$ 时，中间产物 B 的浓度介于上述两种情况之间 [如图 11-30(a)]。

关于连串反应，还有三点值得进一步讨论。

其一：什么时候中间产物 B 的浓度达到极大值以及达到极值时的浓度为多少？关于这一点，只需将 B 物质浓度随时间变化的方程式(11-136) 对时间微分并令其等于零，即

$$\frac{\mathrm{d}c_{\mathrm{B}}}{\mathrm{d}t}=\frac{k_1c_{\mathrm{A},0}}{k_2-k_1}(k_2\mathrm{e}^{-k_2t}-k_1\mathrm{e}^{-k_1t})=0$$

最佳反应时间
$$t_m=\frac{\ln k_2-\ln k_1}{k_2-k_1} \tag{11-138}$$

在最佳反应时间 $t_m$ 时，中间产物B的浓度为

$$c_{B,\max}=\frac{k_1 c_{A,0}}{k_2-k_1}(e^{-k_1 t_m}-e^{-k_2 t_m}) \tag{11-139}$$

由式(11-138）可知，中间产物B达到最大浓度的时间与A的起始浓度无关，只取决于速率常数 $k_2$ 和 $k_1$ 的大小，参见图11-30。

其二：关于速率控制步骤。在连串反应中，如果第一步和第二步的反应速率常数相差很大，则总反应速率总是由速率常数最小的一步所控制，这个速率常数最小的反应称为总反应的**“速率控制步骤”**，习惯上也称为“慢步骤”。例如，如果 $k_2 \ll k_1$，意味着反应物A生成B快，而B生成C慢，则整个反应的速率由B生成C的所控制；反过来，若 $k_2 \gg k_1$，则整个反应速率被A生成B所控制。

其三：温度对连串反应速率影响如何？对于上述连串反应中的两个基元反应，其速率常数根据阿累尼乌斯方程对数式分别有

$$\ln k_1=\ln A_1-E_{a,1}/RT \text{ 和 } \ln k_2=\ln A_2-E_{a,2}/RT$$

假定 $E_{a,1}>E_{a,2}$，分别以 $\ln k_1$ 和 $\ln k_2$ 对 $1/T$ 作图，得图11-31中直（虚）线 $L_1$ 和 $L_2$，而 $\ln k_{表观}$ 对 $1/T$ 作图所得曲线的形状取决于指前频率因子 $A_1$ 和 $A_2$ 的大小，可分为两种情况进行讨论分析。

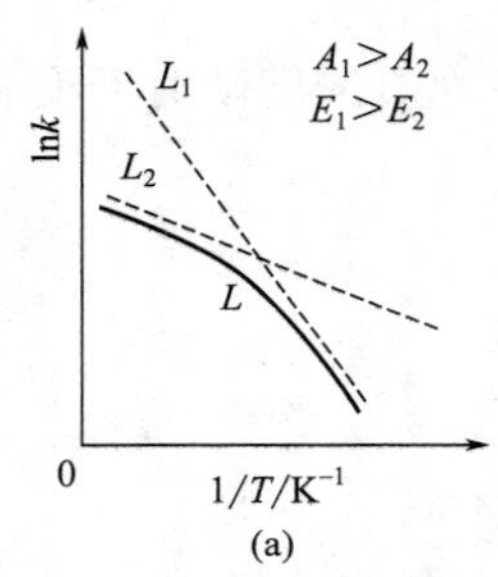

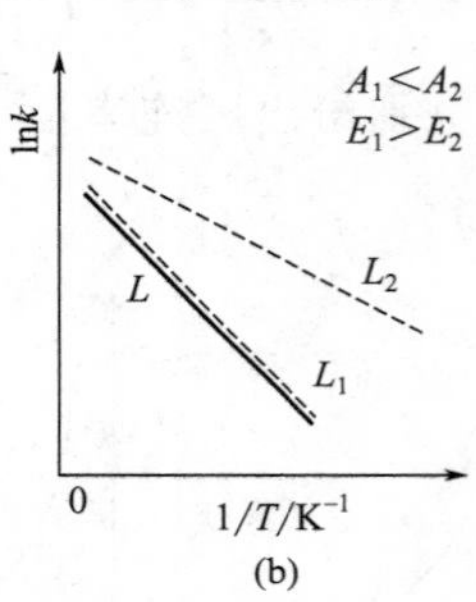


图11-31 连串反应的 $\ln k$-$1/T$ 曲线

① $E_{a,1}>E_{a,2}$、$A_1>A_2$，则 $L_1$ 必与 $L_2$ 相交。高温时，$k_1 \gg k_2$，连串反应的总速率取决于 $B \longrightarrow C$，故高温段 $\ln k_{表观}$ 对 $1/T$ 作图的曲线与 $L_2$ 重合；反之，低温时，$k_2 \gg k_1$，连串反应的总速率取决于 $A \longrightarrow B$，因此，在低温段，$\ln k_{表观}$ 对 $1/T$ 作图的曲线与 $L_1$ 重合。如图11-31(a）所示，$\ln k_{表观}$ 对 $1/T$ 作图，在虚线 $L_1$ 和 $L_2$ 交叉处发生了斜率的改变。

② $E_{a,1}>E_{a,2}$、$A_2>A_1$，则在反应温度区间内恒有 $k_2 \gg k_1$，虚线 $L_1$ 和 $L_2$ 不会相交，连串反应的速率取决于 $A \longrightarrow B$，故 $\ln k_{表观}$ 对 $1/T$ 作图的直线与 $L_1$ 重合，如图11-31(b）所示。至于 $E_{a,1}<E_{a,2}$ 的情况其分析和讨论同上。

**例11-22** 2,3-4,6二丙酮左罗糖酸（A）在酸性溶液中水解生成抗坏血酸（B）的反应是一级反应：$A \xrightarrow{k_1} B \xrightarrow{k_2} C$。一定条件下，测得50℃时的 $k_1=0.42\times10^{-2}\,\text{min}^{-1}$，$k_2=0.20\times10^{-4}\,\text{min}^{-1}$。(1）试求生产抗坏血酸最佳的反应时间及相应的最大产率；(2）若假设连串反应的频率因子 $A_1=A_2$，试讨论为提高抗坏血酸的产率，是升温还是降温？

**解** (1）根据式(11-138）和式(11-139)

$$t_m=\frac{\ln k_2-\ln k_1}{k_2-k_1}=\left[\frac{\ln(0.2\times10^{-4})-\ln(0.42\times10^{-2})}{0.2\times10^{-4}-0.42\times10^{-2}}\right]\text{min}=1280\text{min}$$

$$c_{B,m}=\frac{k_1 c_{A,0}}{k_2-k_1}(e^{-k_1 t_m}-e^{-k_2 t_m})$$

$$x=\frac{c_{B,m}}{c_{A,0}}\times 100\%=\frac{0.42\times 10^{-2}}{(0.002-0.42)\times 10^{-2}}(e^{-0.42\times 10^{-2}\times 1280}-e^{-0.2\times 10^{-4}\times 1280})\times 100\%$$
$$=97.5\%$$

（2）由题意可知 $k_1 \gg k_2$，且 $A_1=A_2$，由此可知 $E_{a,1}<E_{a,2}$。因此，升温将会加速中间产物 B 生成 C，故应控制较低温度为宜。值得注意的是，反应最适宜的温度不但只要考虑反应的速率，还要考虑产物 B 的稳定性及其副反应发生。

## 11.9 复杂反应动力学的近似处理

上一节中对一些简单的 1-1 型复杂反应，例如可逆反应、平行反应和连串反应的动力学处理展示了研究复杂反应动力学的典型方法：列出每一基元反应的微分方程，构成微分方程组，根据反应物和各产物之间浓度关系，求解微分方程组，得出反应物、中间产物及最终产物的浓度随时间变化的积分方程。这种方法无疑精确度很高，但是，对于既包含连串反应又包含可逆反应的更复杂的反应，精确求解的数学处理困难极大，有时几乎不可能。为此，化学动力学中经常采用如下一些近似方法来处理复杂反应动力学。

### 11.9.1 速率控制步骤近似法

所谓速率控制步骤近似法，就是选用整个反应中最慢的步骤作为整个反应的速率控制步骤，该步的速率决定了整个反应的速率。在这里我们仍以 1-1 型连串反应阐明速率控制步骤近似法在复杂反应动力学处理中的应用。

对于 1-1 型连串反应 $A \xrightarrow{k_1} B \xrightarrow{k_2} C$，在上一节通过精确的数学求解得：

$$c_C=c_{A,0}\left(1-\frac{k_2 e^{-k_1 t}-k_1 e^{-k_2 t}}{k_2-k_1}\right)$$

若 $k_2 \gg k_1$，则

$$c_C \approx c_{A,0}\left(1-\frac{k_2}{k_2-k_1}e^{-k_1 t}\right) \approx c_{A,0}(1-e^{-k_1 t}) \qquad (11\text{-}140)$$

式(11-140）是通过数学精确求解后，再利用 $k_2 \gg k_1$ 的条件得到的结果。

同样的，由于 $k_2 \gg k_1$，直接假设第一步反应速率为整个反应的速率，即第一步为速率控制步骤（简称为速控步），进行动力学处理，可得：

$$r=-\frac{dc_A}{dt}=k_1 c_A$$

积分上式，得：

$$c_A=c_{A,0}e^{-k_1 t}$$

又因为 $k_2 \gg k_1$，所以中间产物 B 不可能积累，即 $dc_B/dt=0$，且其浓度一般很小，$c_B \approx 0$，由此得

$$c_C=c_{A,0}-c_A-c_B \approx c_{A,0}-c_A=c_{A,0}(1-e^{-k_1 t})$$

上式与通过数学精确求解后，再利用 $k_2 \gg k_1$ 条件简化后的结果式(11-140）完全相同。这一结果相当于一个 $A \longrightarrow B$，速率常数为 $k_1$ 的一级反应，即反应物 A 的消耗速率决定了整个反应的速率，而在速控步之后的快反应可不予考虑，这一现象在后面讲到的平衡浓度法中还会碰到。从上述的处理过程可知，引入速控步的假设，可大大简化连串反应的数学处理。

### 11.9.2 平衡态近似法

对于具有如下反应机理

$$A+B \underset{k_{-1}}{\overset{k_1}{\rightleftharpoons}} C+D \xrightarrow{k_2} E$$

的复杂反应，在一快速平衡后面紧接着一个慢反应，随着反应的进行，慢反应对C的消耗会使得前面的平衡不断移动，但是若 $k_{-1} \gg k_2$，使平衡建立的速率远快于C和D的消耗速率，这样在C和D消耗的同时能迅速建立起新的平衡。即快速平衡的平衡位置虽会改变，但是平衡关系式 $K_c = c_C c_D/(c_A c_B)$ 始终成立，不受慢反应的影响，这一假设即为**平衡近似法**。通常，对于存在速率控制步骤的复杂反应，速控步之前的各步可逆反应均可以认为易于达到近似平衡法假设的要求。下面通过例题介绍平衡近似法的应用。

**例 11-23** 某复杂反应的机理如下：

(1) $A+B \overset{K_1}{\rightleftharpoons} C$ (2) $C+D \overset{K_2}{\rightleftharpoons} E$

(3) $E \xrightarrow{k_3} F$ (4) $F \xrightarrow{k_4} P$

其中(3)是速率控制步骤，试导出以产物P表示的总包反应的速率方程。

**解** 由于(3)是速控步，即有 $k_4 \gg k_3$，根据控制步骤法，步骤(3)和(4)可近似被步骤(3)等效，即

$$E \xrightarrow{k_3} F \xrightarrow{k_4} P \approx E \xrightarrow{k_3} P$$

故

$$r = \frac{dc_P}{dt} = k_3 c_E$$

由于E是中间产物，其浓度应以可测量的反应物或产物的浓度表示。根据平衡态近似法，

$$c_C = K_1 c_A c_B$$

$$c_E = K_2 c_C c_D = K_1 K_2 c_A c_B c_D$$

故

$$r = k_3 K_1 K_2 c_A c_B c_D = k c_A c_B c_D$$

式中

$$k = k_3 K_1 K_2$$

由结果可以看出，总包反应速率与速控步以后各步反应的速率常数无关，只与速控步的速率常数和速控步以前的平衡常数有关。

复合反应近似处理-2

### 11.9.3 稳态近似法

在介绍稳态近似法之前，有必要首先了解什么叫稳态近似。以连串反应为例

$$A \xrightarrow{k_1} B \xrightarrow{k_2} C$$

所谓稳态近似，严格而论，应该是A、B、C的浓度均不随时间而变化的反应。显然，这只有在不断引入A，同时移去C的开放流动系统中才可能实现。对于封闭反应系统，A和C是不可能达到稳态的，除非反应实际上没有进行。但是，在有些复杂的动力学体系中，往往存在一些活泼中间体“I”，如自由基，这些中间产物由于反应快，维持在一个很低的浓度水平，在反应进行一段时间后，中间产物“I”的生成与消耗速率近似相等，中间产物“I”的浓度基本不随时间改变，即

$$\frac{dI}{dt} \approx 0 \tag{11-141}$$

此即为动力学中所定义的稳态。利用式(11-141) 进行动力学处理的方法称为**稳态近似法**。

下面我们仍以1-1型连串反应 $A \xrightarrow{k_1} B \xrightarrow{k_2} C$ 为例，简单讨论稳态近似法的成立条件。由上节的讨论可知，连串反应中间产物B的浓度随时间 $t$ 变化的精确方程为：

$$c_B = \frac{k_1 c_{A,0}}{k_2 - k_1}(e^{-k_1 t} - e^{-k_2 t}) \tag{11-142}$$

对中间产物B采用稳态近似法处理，可得

$$\frac{dc_B}{dt} = k_1 c_A - k_2 c_B = 0$$

求得B的稳态浓度为

$$c_{B,稳} = \frac{k_1}{k_2} c_A = \frac{k_1}{k_2} c_{A,0} e^{-k_1 t} \tag{11-143}$$

对比方程式(11-142) 和式(11-143) 不难发现，对于上述连串反应，要使得中间产物B达到稳态，需要满足两个条件：① $k_2 \gg k_1$，即中间产物B是一个相对活泼的中间物；② $k_2 t \gg 1$，即 $t \gg 1/k_2$，这一条件说明稳态的建立需要时间，中间产物越活泼，近似稳态所需时间越短。在近似稳态建立之前，稳态近似法是不成立的。

**例 11-24** 已知氧化还原反应 $Hg_2^{2+} + Tl^{3+} \longrightarrow 2Hg^{2+} + Tl^+$ 的反应速率方程为：

$$r = \frac{k c_{Hg_2^{2+}} c_{Tl^{3+}}}{c_{Hg^{2+}}}$$

提出反应机理如下

$$Hg_2^{2+} \underset{k_{-1}}{\overset{k_1}{\rightleftharpoons}} Hg^{2+} + Hg$$

$$Hg + Tl^{3+} \xrightarrow{k_2} Hg^{2+} + Tl^+$$

请分别根据稳态近似法以及平衡态近似法证明上述反应机理与实验速率方程是吻合的。

**解** (1) 稳态近似法处理：以产物表示反应速率如下

$$\frac{dc_{Hg^{2+}}}{dt} = k_2 c_{Hg} c_{Tl^{3+}}$$

根据稳态近似法有

$$\frac{dc_{Hg}}{dt} = k_1 c_{Hg_2^{2+}} - k_{-1} c_{Hg} c_{Hg^{2+}} - k_2 c_{Hg} c_{Tl^{3+}} = 0$$

解得

$$c_{Hg} = \frac{k_1 c_{Hg_2^{2+}}}{k_{-1} c_{Hg^{2+}} + k_2 c_{Tl^{3+}}}$$

由此得

$$r = \frac{dc_{Hg^{2+}}}{dt} = k_2 \frac{k_1 c_{Hg_2^{2+}} c_{Tl^{3+}}}{k_{-1} c_{Hg^{2+}} + k_2 c_{Tl^{3+}}}$$

与实验结果不吻合，若 $k_{-1} \gg k_2$，则 $r = \dfrac{k_1 k_2 c_{Hg_2^{2+}} c_{Tl^{3+}}}{k_{-1} c_{Hg^{2+}}}$，与实验速率方程吻合。

(2) 平衡近似法处理

$$\frac{dc_{Hg^{2+}}}{dt} = k_2 c_{Hg} c_{Tl^{3+}}$$

根据平衡近似法，有

$$c_{Hg} = \frac{K c_{Hg_2^{2+}}}{c_{Hg^{2+}}} = \frac{k_1}{k_{-1}} \times \frac{c_{Hg_2^{2+}}}{c_{Hg^{2+}}}$$

由此得反应速率方程为

$$r=\frac{\mathrm{d}c_{Hg^{2+}}}{\mathrm{d}t}=\frac{k_1k_2c_{Hg_2^{2+}}c_{Tl^{3+}}}{k_{-1}c_{Hg^{2+}}}$$，与实验速率方程吻合。

上面的结果表明，对于所给的例题，用稳态近似法和平衡近似法处理的结果不尽相同。紧接着的问题是这两种方法的区别何在？实验表明，对具有如下反应机理的总包反应：

$$A \underset{k_{-1}}{\overset{k_1}{\rightleftharpoons}} I \xrightarrow{k_2} D$$

稳态近似法（1）和平衡态近似法（2）比较如下。

当 $k_1:k_{-1}:k_2=10^2:10^4:10^2$ 时，（1）、（2）都可得到满意结果；

当 $k_1:k_{-1}:k_2=1:10^2:10^2$ 时，（1）满意，（2）不符合；

当 $k_1:k_{-1}:k_2=10^2:10^2:1$ 时，（2）满意，（1）不符合；

当 $k_1:k_{-1}:k_2=1:10^2:1$ 时，（1）、（2）均不满意。

概而言之，稳态近似法通过稳态概念的提出，把复杂反应动力学解微分方程组的工作变成解代数方程组工作，大大地简化了计算，是近似处理复杂反应动力学的一种十分有效的方法；速控步法的结果表明：当复杂反应存在速控步时，动力学方程只与速控步及速控步之前的平衡有关，与速控步之后的反应无关，这大大地简化了连串反应的动力学处理；而平衡态近似法，通过可测量的反应物或产物浓度表示中间物浓度的方法，为复杂反应动力学的处理提供了十分简洁、有效的措施。值得注意的是，选用何种方法，取决于复杂反应机理所满足的条件。

## 11.10 单分子反应理论简介

单分子反应，顾名思义应该是由一个分子实现的反应。典型的例子包括一些分解反应，如 $Br_2 \longrightarrow 2Br$，$SO_2Cl_2 \longrightarrow SO_2+Cl_2$，以及异构化反应，如

$$\text{环丙烷}\ (CH_2)_3 \longrightarrow CH_3-CH=CH_2$$

关于单分子反应机理，探讨的焦点主要集中在如下问题上：既然单分子反应是由单一分子参与实现的，似乎就应该排除分子是通过碰撞交换能量而获得活化能的可能性。而实验表明，在没有碰撞的分子束中，单分子反应不会发生。那么，反应物分子是如何获得活化能的呢？为什么单分子反应在压力较高时表现为一级反应，而压力足够低时又表现为二级反应呢？

曾有人提出，单分子反应的反应物分子是因吸收容器壁的红外辐射而获得活化能，但这一观点很快就被否定了。无碰撞单分子束不会发生单分子反应的实验说明碰撞对于单分子反应的进行是必需的。由此，有人推测，单分子反应并非一步过程，在发生真正的单分子反应之前，发生反应的分子一定经历了一步通过碰撞而获得活化能的步骤。基于单分子反应并非一步历程的观点，林德曼（Lindmann）在1922年提出了第一个单分子反应理论，对上述提出的问题在定性的层次上给出了很好的解释。在林德曼的单分子反应机理中，他特别强调：单分子反应系统仍然是因为分子间的频繁碰撞并交换能量而使一部分反应物分子获得了活化能。

林德曼单分子反应机理的要点如下。

反应物分子 A 可以通过分子间的碰撞而获得高于反应临界能 $\varepsilon_c$ 的能量，变为活化分子

$A^*$。即

$$A+M \xrightarrow{k_1} A^* + M$$

式中，M 可以是另一个分子 A 或产物 P 分子，也可以是其他不参与反应的惰性分子。

虽然通过碰撞，$A^*$ 获得了足够的能量。但是，由于发生单分子反应的反应物均为复杂分子，此活化分子并不会立即发生反应。A 在活化后需要一段时间将通过碰撞获得的动能转化为分子内部的振动能，并在分子内部重新分配与传递，这样才能将能量集中到需要断裂的键上引发反应。这样一段从碰撞活化到反应的时间滞后是林德曼单分子反应机理的关键，在这一段时间内，活化分子 $A^*$ 可进一步反应生成产物，也可能因与其他分子碰撞而失去能量，变回原反应物。即

$$A^* + M \xrightarrow{k_{-1}} A+M$$

或

$$A^* \xrightarrow{k_2} P$$

可将上述机理简化表示为

$$A+M \underset{k_{-1}}{\overset{k_1}{\rightleftharpoons}} A^* + M$$

$$A^* \xrightarrow{k_2} P$$

根据上述的讨论可知，活化分子 $A^*$ 极其活泼，很不稳定，寿命很短，生成后很快就会消耗掉，所以 $A^*$ 的浓度必然是极小的，且符合上节所介绍的稳态法的条件 $dc_{A^*}/dt \approx 0$，即

$$\frac{dc_{A^*}}{dt}=k_1c_Ac_M-k_{-1}c_{A^*}c_M-k_2c_{A^*}=0$$

由此解得

$$c_{A^*}=\frac{k_1c_Ac_M}{k_{-1}c_M+k_2}$$

则单分子反应速率

$$r=\frac{dc_p}{dt}=k_2c_{A^*}=\frac{k_1k_2c_Ac_M}{k_{-1}c_M+k_2} \tag{11-144}$$

式(11-144) 表明，单分子反应既非一级反应，也非二级反应。在特定条件下存在下列两种情况。

① 高压下，$k_{-1}c_M \gg k_2$，式(11-144) 可简化为

$$r=\frac{k_1k_2}{k_{-1}}c_A=kc_A \quad (\text{一级反应})$$

这是因为在高压下，分子平均自由程很小，分子间碰撞频率数大，活化分子 $A^*$ 极易去活化，此时反应的速控步为 $A^* \xrightarrow{k_2} P$，故表现为一级反应。

② 低压下，$k_{-1}c_M \ll k_2$，则式(11-144) 简化为

$$r=k_1c_Ac_M \quad (\text{二级反应})$$

若系统中没有加入惰性气体，$c_M=c_A$，则 $r=k_1c_A^2$，此时反应表现为二级。这是因为在低压下，分子平均自由程大，分子两次碰撞间隔时间很长，如果这一平均时间超过活化分子内部传递能量所需要的时间，可以预期，绝大多数活化分子都会发生反应。此时 $A+M \xrightarrow{k_1}$

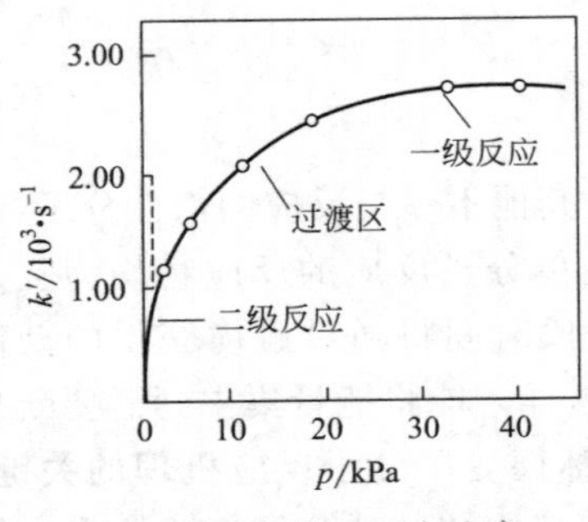


图 11-32 单分子反应速率常数与压力的关系

$A^* + M$ 成为速控步，即活化分子 $A^*$ 的生成决定了整个反应速率，因而反应表现为二级反应。

林德曼机理对单分子反应级数的描述得到了实验证实。图 11-32 显示，单分子反应——偶氮甲烷在 603K 的热分解反应，在高压下表现为一级反应，低压下表现为二级反应，在中等压力下，反应级数处于一级和二级的转变区域。可以看出，林德曼机理与上述实验现象在定性方面吻合得很好，概括了单分子反应总的动力学特征。

虽然林德曼机理对单分子反应总体来说是成功的，但根据该机理假设所求得的活化过程（即低压下）的速率常数 $k_1$，和高压下的速率常数 $k=k_1k_2/k_{-1}$ 在数值上与实验结果有较大差距。随后的研究者对林德曼理论进行了修正，如欣谢伍德（Hinshewood）理论、斯莱特（Slater）理论、RRK 理论和 RRKM 理论，但是林德曼机理是这些理论的基础。有兴趣的读者可进一步查阅相关资料。

链反应特征

## 11.11 链反应

所谓**链反应**，又称为连锁反应，是由一环套一环的反复循环的连串反应所组成的总包反应。许多重要的化工工艺过程如合成橡胶、塑料、合成纤维及其他高分子化合物的制备、烃基的氧化、燃料的燃烧、可燃气体的爆炸、臭氧层的损耗、石油裂解、卤化氢的光化合成及大气的光化学过程等，都与光化学反应（链反应）密切相关。因此，链反应是一类重要的化学反应，链反应的动力学研究具有重要的意义。1956 年诺贝尔化学奖授予了在链反应动力学研究方面做出重要贡献的苏联化学家谢苗诺夫（Semyonov）与英国化学家欣谢伍德（Hinshewood）。

链反应之所以能反复循环地进行，其重要的原因是反应中存在着一种在其他反应中很少存在的物质——自由基。所谓自由基就是一种具有未成对电子的原子或原子团，例如氢原子自由基（H•）、羟基自由基（HO•）、氧原子自由基（O•）、甲基自由基（$CH_3$•）和乙酰基自由基（$CH_3CO$•）等。自由基具有很高的化学活性，在反应中有两个重要特点：一是可以引起一般稳定分子所不能进行的反应；二是自由基具有传递性，即一个自由基与一个分子起反应，会在产物中重新产生一个或几个新的自由基。根据自由基传递方式，链反应有如上图所示的两种类型：**直链反应**和**支链反应**。

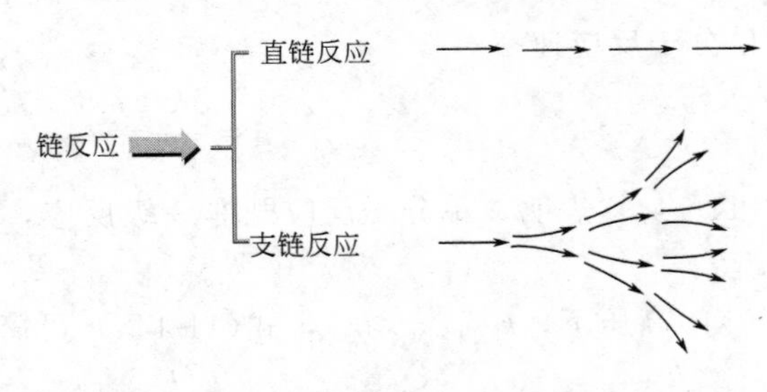


无论是直链反应还是支链反应，均包括以下三个步骤，俗称为链反应三部曲。

**(1) 链引发**

作为链反应的关键物质自由基由于活性太高，在一般的物质中不能长期稳定存在。要使链反应得以进行，就必须通过一定的方法在反应系统中引入自由基，使普通稳定的分子形成自由基，这一步称为链引发。链引发的方法通常有：热（裂解）反应、过氧化物分解反应和辐射（光）反应。

**(2) 链传递**

就是自由基与反应物反应，在生成产物的同时，能够再生成一个（或几个）自由基的步骤。

**(3) 链终止**

就是自由基本身复合或与器壁碰撞失去能量而成为普通分子的步骤。

### 11.11.1 直链反应机理及反应动力学



1906 年波登斯坦（Bodenstein）和林德（Lind）提出了在 200～300℃温度范围内 $H_2$ 和 $Br_2$ 气相反应的速率测量值，其经验方程为：

$$r=\frac{dc_{HBr}}{dt}=\frac{kc_{H_2}c_{Br_2}^{1/2}}{1+k'c_{HBr}/c_{Br_2}} \tag{11-145}$$

1919 年，克里斯琴森（Christiansen）、霍茨菲尔德（Hergfield）和皮兰义（Polamyi）用链反应机理解释上述实验结果，机理如下。

链引发： $$Br_2 \xrightarrow{k_1} 2Br\cdot \tag{1}$$

链传递： $$Br\cdot + H_2 \xrightarrow{k_2} HBr + H\cdot \tag{2}$$

$$H\cdot + Br_2 \xrightarrow{k_3} HBr + Br\cdot \tag{3}$$

链阻滞： $$H\cdot + HBr \xrightarrow{k_4} H_2 + Br\cdot \tag{4}$$

链终止： $$2Br\cdot \xrightarrow{k_5} Br_2 \tag{5}$$

在上述机理中，步骤（4）是有异于其他链反应的步骤，从链的传递角度来看，步骤（4）与步骤（2）、步骤（3）并无差异，但是其效果却是产物分子向反应物转化，对于总反应而言，表现出阻碍作用，故称为“链阻滞”。

对于链反应，由于没有速控步，也没有平衡态存在，更重要的是，链反应为自由基反应，而自由基活性高，存在于系统中浓度低，容易满足稳态近似法的 $dI/dt\approx 0$ 的条件，故链反应多用稳态近似法处理其反应动力学。

对于上述链反应，总反应速率以产物 HBr 的生成可表示为：

$$\frac{dc_{HBr}}{dt}=k_2c_{Br\cdot}c_{H_2}+k_3c_{Br_2}c_{H\cdot}-k_4c_{HBr}c_{H\cdot} \tag{11-146}$$

在式(11-146) 中含有无法测量的自由基的浓度，需通过稳态法求取用可测量的反应物或产物浓度表示的自由基浓度的表达式。式(11-146) 中含有 Br·和 H·两个自由基，故最少要列出两个独立的稳态方程，方可求得 Br·和 H·的用产物或反应物浓度表示的表达式。在上述机理中，步骤(1)～步骤(5) 皆涉及 Br·，故在 $dc_{Br\cdot}/dt\approx 0$ 稳态方程中含有 5 项，即

$$\frac{dc_{Br\cdot}}{dt}=2k_1c_{Br_2}-k_2c_{Br\cdot}c_{H_2}+k_3c_{Br_2}c_{H\cdot}+k_4c_{H\cdot}c_{HBr}-2k_5c_{Br\cdot}^2=0$$

同理，H·与步骤(2)、(3)、(4) 有关，故在 $dc_{H\cdot}/dt\approx 0$ 稳态方程中包含有相应的 3 项，即

$$\frac{dc_{H\cdot}}{dt}=k_2c_{Br\cdot}c_{H_2}-k_3c_{H\cdot}c_{Br_2}-k_4c_{H\cdot}c_{HBr}=0 \tag{11-147a}$$

上述二式相加，得

$$2k_1c_{Br_2}-2k_5c_{Br\cdot}^2=0$$

由此得 Br·的稳态浓度为： $$c_{Br\cdot}=(k_1/k_5)^{1/2}c_{Br_2}^{1/2} \tag{11-147b}$$

H·的稳态浓度为： $c_{H\cdot}=\dfrac{k_2c_{H_2}}{k_3c_{Br_2}+k_4c_{HBr}}c_{Br\cdot}=\dfrac{k_2\ (k_1/k_5)^{1/2}c_{H_2}c_{Br_2}^{1/2}}{k_3c_{Br_2}+k_4c_{HBr}}$ (11-148)

此外，由式(11-146) 减式(11-147a) 得 $dc_{HBr}/dt=2k_3c_{Br_2}c_{H\cdot}$

将式(11-148) 代入上式中，并整理得总包反应速率为：

$$\frac{dc_{HBr}}{dt}=2k_3c_{H\cdot}c_{Br_2}=\frac{2k_3k_2(k_1/k_5)^{1/2}c_{H_2}c_{Br_2}^{3/2}}{k_3c_{Br_2}+k_4c_{HBr}}=\frac{2k_2(k_1/k_5)^{1/2}c_{H_2}c_{Br_2}^{1/2}}{1+(k_4c_{HBr}/k_3c_{Br_2})} \quad (11\text{-}149)$$

在方程式(11-149) 的分子中，产生自由基的反应物 $Br_2$ 为分数级（1/2 级）。这是链反应的主要特征。在式(11-149) 中，不但含有反应物 $H_2$ 和 $Br_2$，还有产物 HBr。产物 HBr 的浓度项出现在分母中，说明上述机理中第（4）步对链反应起着阻滞作用，这表现在它将活泼的自由基传递物 H·与产物分子转化成反应物分子。

比较式(11-149) 和经验方程式(11-145)，两者结果完全一致，同时给出经验方程中两个常数分别为 $k=2k_2(k_1/k_5)^{1/2}$ 和 $k'=k_4/k_3$。与这两个速率常数对应的表观活化能的计算，可以进一步验证上述机理的正确性。由速率常数 $k$ 与各步反应速率常数 $k_i$ 的关系可知，其表观活化能

$$E_{a,表}=E_{a,2}+(E_{a,1}-E_{a,5})/2$$

代入相应的基元反应活化能数据，其结果为 $170kJ\cdot mol^{-1}$，与实验值 $175kJ\cdot mol^{-1}$ 十分吻合。计算结果还表明，虽然第一步反应活化能较高，相当于 $Br_2$ 的键能 $192kJ\cdot mol^{-1}$，但是链反应机理使得总反应的活化能得到了有效降低，与直接反应相比，链反应的有效性正体现在此。对于速率常数 $k'$，其表观活化能 $E'_{a,表}=E_{a,4}-E_{a,3}$，由于第 3 和第 4 步反应皆是自由基直链传递反应，活性相近，其活化能也基本相当，故 $k'$ 的表观活化能 $E'_{a,表}$ 十分接近于 0，也即 $k'$ 与温度基本无关。实验结果表明，$k'=0.10$，并且与温度无关。

上述链反应机理很好地再现了经验方程中的数学形式，并且对与几个表观速率常数对应的活化能也给出了正确的说明。但是，为什么在链反应机理中不出现下述也可能出现的反应？这似乎也应该有个合理的解释。

（1） $H_2 \longrightarrow H\cdot + H\cdot$　　$E_a=435.0kJ\cdot mol^{-1}$

（2） $HBr \longrightarrow H\cdot + Br\cdot$　　$E_a=365.7kJ\cdot mol^{-1}$

（3） $Br\cdot + HBr \longrightarrow Br_2 + H\cdot$　　$E_a=176.0kJ\cdot mol^{-1}$

（4） $H\cdot + Br\cdot \longrightarrow HBr$　　$E_a\approx 0$

（5） $H\cdot + H\cdot \longrightarrow H_2$　　$E_a\approx 0$

上述反应（1）、（2）之所以不出现在链反应机理中是因为 $H_2$ 和 HBr 的摩尔键能分别为 $435.0kJ\cdot mol^{-1}$ 和 $365.7kJ\cdot mol^{-1}$，比 $Br_2$ 的摩尔键能 $192kJ\cdot mol^{-1}$ 大得多。所以它们的解离速率比 $Br_2$ 要慢得多。反应（3）与 $Br\cdot + H_2$ 反应相比，反应（3）可忽略不计，因为它的活化能约为 $176kJ\cdot mol^{-1}$，而后者活化能要小得多，只有 $74kJ\cdot mol^{-1}$。为什么链终止反应不是（4）和（5），这是因为反应（1）和（2）活化能大，因而系统中 H·的浓度很低，据估算，$c_{H\cdot}/c_{Br\cdot}\approx 10^{-6}$，由此导致 H·+H·和 H·+Br·的反应速率分别只有 Br·+Br·的反应速率的 $1/10^{12}$ 和 $1/10^{6}$。由上述的讨论可知，活化能的数据在判断反应机理中起着重要作用。

### 11.11.2　支链反应与爆炸

**爆炸**是一种最常见的能量瞬间释放现象，是瞬间即完成的高速化学反应。产生爆炸的原因有两种。一种是热爆炸，其原因是在有限空间内产生强烈的放热反应，当反应热来不及散

除，将促使温度急剧升高，高温又按指数规律加速化学反应，放出更多的热量，如此恶性循环，在短时间内即可导致爆炸。另一种爆炸有一个特点，只在一定的温度、压力范围内发生爆炸，而在此温度压力范围之外，爆炸并不发生。这一现象无法用产生热爆炸的原因解释。直到人们对链反应机理和动力学研究之后，方才认识到这是由支链反应引起的爆炸。

在支链反应中，自由基的增长非常迅速，以一个自由基传递一次产生两个自由基为例，设想传递 100 次，$2^{100} \approx 10^{30}$，由一个自由基产生新的自由基达天文数字，爆炸原因即在于此。

$H_2$ 和 $O_2$ 分子比为 2∶1 混合气的燃烧反应即为支链反应，其爆炸温度和压力关系如图 11-33 所示。$H_2$ 和 $O_2$ 混合气体只有在图 11-33 所示的爆炸半岛（阴影区）内才能发生爆炸。可分为三种爆炸极限。

为了解释图 11-33 中不同温度压力的爆炸极限，有必要先了解 $H_2$ 和 $O_2$ 燃烧反应机理。关于 $H_2$ 和 $O_2$ 反应的详细机理还没有完全弄清楚，但反应过程的几个基本步骤大致如下：

链引发：$H_2 \longrightarrow H\cdot + H\cdot$　(1)

链支化：$H\cdot + O_2 \longrightarrow HO\cdot + O\cdot$　(2)

$O\cdot + H_2 \longrightarrow HO\cdot + H\cdot$　(3)

链传递：$HO\cdot + H_2 \longrightarrow H_2O + H\cdot$　(4)

$H\cdot + O_2 \longrightarrow HO_2\cdot$　(5)

慢速传递：$HO_2\cdot + H_2 \longrightarrow H_2O_2 + H\cdot$　(6)

$HO_2\cdot + H_2O \longrightarrow H_2O_2 + HO\cdot$　(7)

链终止：$H\cdot + H\cdot + M \longrightarrow H_2 + M$　气相销毁　(8)

$HO\cdot + H\cdot + M \longrightarrow H_2O + M$　气相销毁　(9)

$$\left.\begin{array}{l} H\cdot \\ HO\cdot \\ HO_2\cdot \end{array}\right\}\ \text{器壁销毁}$$

结合上述反应机理，不难理解图 11-33 中存在三种爆炸极限的原因。

① 第一爆炸限　又称为爆炸下限。以 $B$ 点为代表的下段曲线为第一爆炸限，只要温度压力的坐标在此线段之下，爆炸不会发生。例如，在 800K 时，系统总压力只要小于 160Pa（$A$ 点），就不会爆炸，这是因为在很低的压力下，自由基很容易扩散到器壁上，上述机理中器壁销毁的速率远大于支链反应速率，因而反应进行较慢，不会发生爆炸。当压力升高，达到 $B$ 点时，产生支链的速率加快，大于器壁销毁速率，支链爆炸发生。又因为扩散速率与温度关系不大，支链反应具有一定活化能，其速率随温度升高而增加，因而第一爆炸限的压力随温度升高而降低。

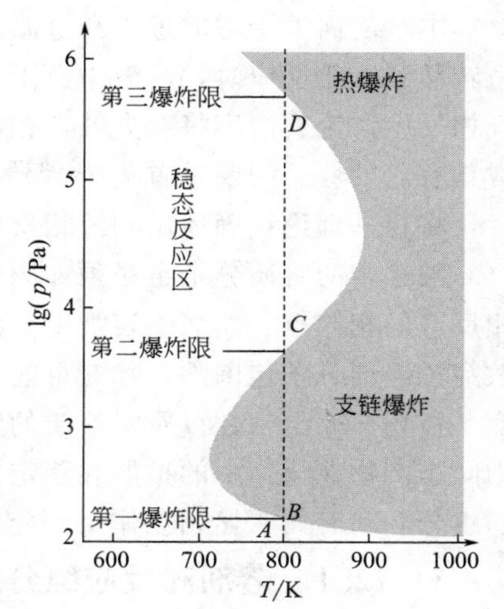

图11-33　$H_2$ 和 $O_2$ 混合气体爆炸区域与温度、压力关系

② 第二爆炸限　又称为爆炸上限。以 $C$ 点为代表的中间段曲线为第二爆炸限。800K 时，压力从 $B$ 点到 $C$ 点，系统处在支链爆炸区。当系统总压力进一步增加而高于 $C$ 点，由于反应物浓度很高，容易发生三分子碰撞，在机理中 (8)、(9) 的气相销毁自由基的反应速率超过支链产生速率，反应由支链爆炸区重新进入稳态反应区。由于

气相销毁反应（8）和（9）的活化能小于支链反应活化能，升高温度对支链反应有利，因而第二爆炸的压力随温度升高而增高，结果使由 $B$ 代表的第一爆炸限和由 $C$ 代表的第二爆炸限所构成的支链爆炸区变宽，呈现半岛形状。

③ 第三爆炸限　以 $D$ 点为代表的上线段为第三爆炸限。800K，在虚线 $CD$ 段的压力范围内，$HO_2\cdot$能一直扩散到器壁上而被销毁。但当压力再升高时，$HO_2\cdot$参与反应的(6) 和（7）开始同 $HO_2\cdot$的扩散竞争，并释放出自由基 H•和 HO•。这两个反应在恒压下进行是放热的，在接近绝热的条件下进行将使反应混合物温度升高，反应因此而加快，加快的反应又放出更多的热，使温度又进一步升高，压力同时急剧增加，如此发展下去，最后导致热爆炸。

除了温度、压力外，气体组成也是影响爆炸的重要因素。氢和氧混合气体中氢气含量为 4.1%～94%（体积分数）时，就可以称为爆炸气体，氢气含量在 4.1%以下或 94%以上时不会发生爆炸，它们分别称为氢气在氧气中的爆炸下限和上限。在空气中也类似。常见可燃气体在空气中的爆炸下限和上限列在表 11-3 中，在生产和科研中涉及可燃气体时，一定要注意其在空气中的允许浓度值。

**表 11-3　一些可燃气体在空气中的爆炸极限（体积比值）**

| 气体 | 爆炸下限/% | 爆炸上限/% | 气体 | 爆炸下限/% | 爆炸上限/% |
|---|---|---|---|---|---|
| $H_2$ | 4.1 | 94 | $C_5H_{12}$ | 1.6 | 7.8 |
| $NH_3$ | 16 | 27 | $C_2H_2$ | 2.5 | 80 |
| CO | 12.5 | 74 | $C_2H_4$ | 3.0 | 29 |
| $CH_4$ | 5.3 | 14 | $C_3H_6$ | 2 | 11 |
| $C_2H_6$ | 3.2 | 12.5 | $C_6H_6$ | 1.4 | 6.7 |
| $C_3H_8$ | 2.4 | 9.5 | $(CH_3)_2O$ | 2.5 | 13 |
| $C_4H_{10}$ | 1.9 | 8.4 | | | |

# 11.12　溶液反应动力学

尽管有不少的气相和气-固多相反应，但大多数反应发生在液相，因此了解溶剂的性质以及溶剂与溶质间的相互作用对于液相反应动力学的研究至关重要。

本章前面关于碰撞理论和过渡态理论的讨论是基于气相反应而展开的，而当我们将注意力转移到液相反应时，溶液中由于溶剂存在，问题变得复杂了。但是这并不意味着前面基于气相反应讨论的内容将会失效，相反，关于气相讨论的理论对溶液反应动力学的研究仍然非常具有启发性。问题是首先要理清气相反应与液相反应的异同，并加以分析，以便区别对待，将速率理论正确地用到液相反应中去。

液相中的溶质分子也必须如同气相分子一样，经碰撞才能发生反应，这是液相反应与气相反应的相同点。然而，溶液中，溶质分子处在溶剂分子的包围之中，溶质分子必须通过扩散穿过溶剂分子包围圈，才有可能与另一溶质分子相遇、碰撞而发生反应。此时，溶剂的黏度、极性、介电常数以及对溶质的溶解性等性质将直接影响到溶质分子（反应物）、产物和中间态产物在溶剂中的扩散和稳定性，进而影响其反应动力学。为此，本节将按溶剂与反应物组分之间有无明显相互作用，分别讨论溶剂对扩散、过渡态性质等影响。

## 11.12.1　溶剂对反应组分无明显作用的情况

常温常压下，气体的密度远小于液相，分子间距离足够大，反应物分子在气相中的运动可近似看作是自由运动，与液相比较分子间除了碰撞之外可近似看作没有相互作用。但是这一模型在溶液中显然不能成立。在溶液中，分子间存在强的相互作用，这种强的相互作用虽不像固体中粒子（原子、离子）间相互作用那么强，构成刚性的晶体结构，但根据液体的格子理论，它可以使液体具有局部结构。不过这些局部结构是不完整的，存在许多空位，由于空位的流动性，液体的局部结构在不断地改变其瞬间结构状态。

**(1) 笼效应**

溶液中溶质分子实际上都被具有一定局部结构的溶剂分子所包围，就好像进入到了一个由溶剂分子构成的“笼”中。进入“笼”中的分子不能像气相中的分子那样自由地运动、迅速离开“笼”子，只能不停地在“笼”中与周围构成“笼”的溶剂分子发生碰撞。但是不像气相中分子间发生碰撞后相互远离，“笼”中的溶质分子会在同一“笼”中与周围的溶剂分子发生反复碰撞。在反复碰撞中，如果某一次溶质分子刚好朝着溶剂局部结构的空位上撞去，这个溶质分子就会有机会从该“笼”子中冲出去而进入邻近的另一个溶剂“笼”中，这一过程完全是随机的。计算表明，溶质分子在溶剂“笼”中停留时间约为 $10^{-12}\sim10^{-11}$s，在这期间将会进行 $10^2\sim10^4$ 次碰撞。这种由于溶剂分子“笼”的存在，使溶质分子在“笼”中（局部小范围）碰撞概率大大增加，有机会进行反复多次碰撞的现象称为**“笼效应”**。

大量溶质（反应物）分子从一个“笼”中进入另一“笼”中行为的统计平均表现，在宏观层面上就是扩散现象。两个反应物分子扩散到同一“笼”中相互接触称为一次遭遇，相互遭遇的两个反应物分子称为**遭遇对**，如图 11-34 所示。在一次遭遇中，遭遇对的分子间可发生反复多次的碰撞，最终有可能导致反应。

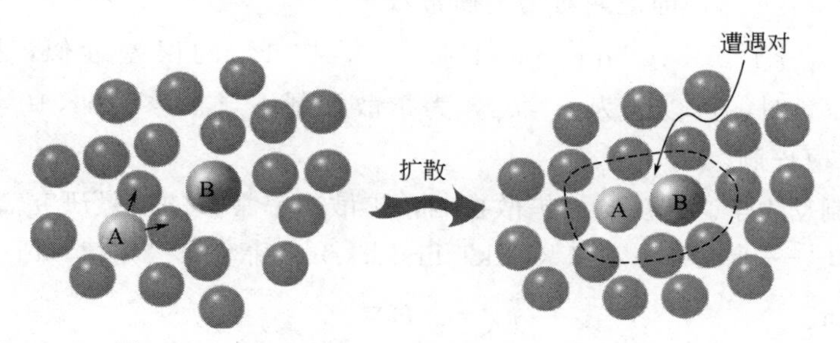


图 11-34　溶液中两个反应物分子扩散到同一笼中

由于溶剂“笼”子的存在，反应物分子在溶剂中的这种碰撞反应过程可视为由扩散过程和化学反应组成的连串过程，即

$$A+B\xrightarrow{扩散}[AB]\xrightarrow{反应}产物$$

式中，[AB] 表示 A 和 B 扩散到一起而形成的遭遇对。一般情况下，扩散过程的活化能小于 $20\text{kJ}\cdot\text{mol}^{-1}$，其速率较快，远大于一般化学反应，此时总反应速率取决于化学反应速率，称为反应控制或活化控制；但对于某些活化能较小的快速反应，如自由基反应、酸碱中和反应以及部分离子反应，反应速率很快，整个连串反应过程的速率将取决于扩散速率，称为扩散控制。这时笼效应显著。

**(2) 溶液反应动力学**

设溶液中有基元反应 $A+B\longrightarrow P$，可表示如下

$$A+B\underset{k_{-d}}{\overset{k_d}{\rightleftharpoons}}[AB]\xrightarrow{k_r}P$$

式中，$k_d$、$k_{-d}$ 和 $k_r$ 分别是形成遭遇对、遭遇对分离形成 A 和 B 以及遭遇对反应生成

产物 P 的速率常数。应用稳态近似法处理，即认为 $c_{[AB]}$ 不随时间变化，可写出：

$$\frac{dc_{[AB]}}{dt}=k_d c_A c_B-(k_{-d}+k_r)c_{[AB]}=0 \tag{11-150}$$

$$c_{[AB]}=\frac{k_d}{k_{-d}+k_r}c_A c_B \tag{11-151}$$

若反应的总速率取决于［AB］反应生成产物的速率，则

$$r=k_r c_{[AB]} \tag{11-152}$$

将式(11-151) 代入式(11-152) 中，得二级反应速率方程：

$$r=\frac{k_d k_r}{k_{-d}+k_r}c_A c_B=kc_A c_B \tag{11-153}$$

式中

$$k=\frac{k_d k_r}{k_{-d}+k_r} \tag{11-154}$$

实验中，若溶剂的黏度很大，遭遇对分离为 A 和 B 较难，或反应的活化能很小，则 $k_r \gg k_{-d}$，此时反应为扩散控制，其反应速率为

$$r=k_d c_A c_B \tag{11-155}$$

反之，若溶剂的黏度不大，或反应活化能较大，则化学反应成为速控步，式(11-153) 变为

$$r=\frac{k_r k_d}{k_{-d}}c_A c_B=k_r K_{AB} c_A c_B \tag{11-156}$$

式中，$K_{AB}=k_d/k_{-d}$，即遭遇对的平衡常数。

若设 $k_d \approx k_{-d} \approx 1.0\times10^{10}\,dm^3\cdot mol^{-1}\cdot s^{-1}$，按 1% 的误差近似，则当 $k_r > 1.0\times10^{12}\,dm^3\cdot mol^{-1}\cdot s^{-1}$ 时，可以认为 $k\approx k_d$，为扩散控制；当 $k_r < 1.0\times10^{8}\,dm^3\cdot mol^{-1}\cdot s^{-1}$ 时，$k\approx k_r$，为反应控制。

*① 扩散控制动力学。若反应为扩散控制，扩散速率常数的定量研究需借助研究扩散行为的两个基本定律——菲克第一定律（Fick's first law）和菲克第二定律（Fick's second law）

菲克第一定律：
$$\vec{j}_A=-D\nabla c_A \tag{11-157}$$

菲克第二定律：
$$\frac{\partial c_A}{\partial t}=D\nabla^2 c_A \tag{11-158}$$

式中，$\vec{j}_A$ 为通量，表示单位时间通过单位面积的 A 物质的量；$D$ 为物质的扩散系数，单位为 $m^2\cdot s^{-1}$；$c_A$ 为 A 物质浓度；$\nabla c_A$ 为 A 物质的浓度梯度。通过对微分方程式(11-158) 求解可得到 A 物质浓度随时间及空间位置的分布，进而由方程式(11-157) 得到物质 A 的通量及扩散速率。由于物质 A 的扩散方向与物质浓度增大的方向相反，为保证通量 $\vec{j}_A$ 为正值，故在式(11-157) 中浓度梯度前加上负号。为了求解方程式(11-158) 和式(11-157)，需对所研究的对象建立模型，并给出适当的初始条件和边界条件。模型如图 11-35 所示。如图所示，对扩散控制反应，可建立如下数学模型：B 分子不动，以 B 分子为中心，A 分子向 B 分子扩散。由于反应

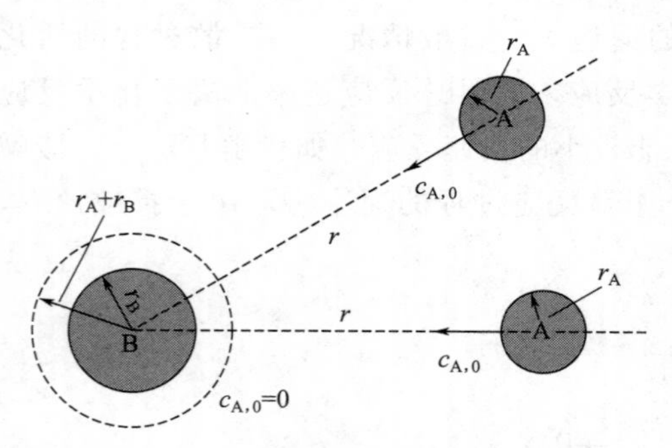

图 11-35　溶液中反应物 A 向反应物 B 扩散并反应示意图

极快，可假设当 A 分子一旦与 B 分子接触（碰撞）即会发生反应，也即以 B 分子为球心，以碰撞半径 $d_{AB}$（$d_{AB}=r_A+r_B$）为半径的球体内，A 的浓度 $c_A=0$。这样，在 B 分子附近区域，A 的浓度降低，形成一个浓度梯度。根据这一数学模型，求得扩散通量即可计算出扩散速率。由此模型可给出如下的初始条件和边界条件：

$t=0$ 时，B 周围距离 B 分子任一距离 $d$ 处位置，$c_A=c_{A,0}$。当 $t>0$ 时，$d>d_{AB}$ 处，$c_A=c_{A,0}$，$d=d_{AB}$ 处，$c_A=0$。

根据上述模型、初始条件和边界条件，可通过式(11-158) 解得反应物 A 浓度随时间及空间分布函数 $c_A=f(d,t)$ 的具体数学表达式，并将其代入式(11-157) 中，可得 $d=d_{AB}$ 处，A 的通量

$$\vec{j}_A=\frac{Dc_{A,0}}{d_{AB}}\left[1-\frac{d_{AB}}{(\pi Dt)^{1/2}}\right] \tag{11-159}$$

式(11-159) 给出了 $d=d_{AB}$ 处单位面积，A 分子通量随时间变化。简单的计算即可看出，在很短的时间内，式(11-159) 中括号内第二项即变小到与 1 相比可忽略，此时，通量达到最大值，为一常数 $\vec{j}_A=Dc_{A,0}/d_{AB}$，与时间 $t$ 无关，即$\partial c_A/\partial t=0$，相当于扩散过程迅速达到稳态。需要指出的是，模型中假设 B 分子不动，A 分子向 B 扩散，而实际扩散过程 A、B 分子同时运动，扩散系数 $D$ 应是二者之和 $D=D_A+D_B$。

显然，扩散速率应是单位时间通过以 $d_{AB}$ 为半径球面的总通量，设溶液中反应物 B 的起始浓度为 $c_{B,0}$，则整个系统中，单位时间总通量为 $4\pi d_{AB}^2 j_A c_{B,0} L$，由于稳态可以迅速建立，式(11-159) 中只取第一项，则扩散速率：

$$r=4\pi d_{AB}^2\frac{D}{d_{AB}}c_{A,0}c_{B,0}L=k_d c_{A,0}c_{B,0} \tag{11-160}$$

代入典型数值 $d_{AB}=5.0\times10^{-10}\mathrm{m}$，$D=10^{-9}\mathrm{m^2\cdot s^{-1}}$，可得扩散速率常数的数量级为 $10^9\mathrm{dm^3\cdot mol^{-1}\cdot s^{-1}}$。

在缺乏扩散系数数据时，可以根据斯托克斯-爱因斯坦（Stokes-Einstein）扩散系数公式进行计算，即

$$D=k_B T/(6\pi\eta r) \tag{11-161}$$

式中，$\eta$ 为溶剂黏度；$r$ 为扩散粒子半径，将式(11-161) 代入式(11-160) 中得

$$k_d=4\pi(r_A+r_B)\frac{k_B T}{6\pi\eta}\left(\frac{1}{r_A}+\frac{1}{r_B}\right)L=\frac{2RT}{3\eta}\frac{(r_A+r_B)^2}{r_A r_B} \tag{11-162}$$

当 $r_A\approx r_B$ 时，

$$k_d=\frac{8RT}{3\eta} \tag{11-163}$$

$k_d$ 只与温度和溶液的黏度有关。由于黏度与温度存在如下关系

$$\eta=A\exp\left(\frac{E_a}{RT}\right) \tag{11-164}$$

将式(11-164) 分别代入式(11-162) 和式(11-163) 中，可得

$$k_d=\frac{2RT}{3A}\times\frac{(r_A+r_B)^2}{r_A r_B}\exp\left(-\frac{E_a}{RT}\right) \tag{11-165a}$$

当 $r_A\approx r_B$ 时，

$$k_d=\frac{8RT}{3A}\exp\left(-\frac{E_a}{RT}\right) \tag{11-165b}$$

上式说明扩散过程也存在活化能，对于多数有机溶剂，扩散活化能约为 $10\mathrm{kJ\cdot mol^{-1}}$，

低活化能是扩散控制的特点。方程式(11-162)还表明，尽管溶剂对反应组分无明显作用，但仍存在物理效应，例如，$k_d$ 随着 $\eta$ 的增大而减小，即随着溶剂黏度的增加其传质能力下降，进而影响溶质的扩散速率常数。

② 反应（活化）控制动力学。当反应的活化能较大，反应速率小于扩散速率时，整个过程表现为活化控制。此时，由于溶剂对反应物及产物无明显作用，故其对活化能的影响应该不大。尽管溶剂的存在阻碍了反应物分子的自由运动，但溶剂的存在只对碰撞起到分批的作用，在笼效应的作用下，溶液中反应物分子的碰撞数并没有受到溶剂的影响，与气相差不多。所以，溶液中的一些二级反应（可能是双分子反应）的速率，与按气体碰撞理论的计算值相近。一个典型的例子是 $N_2O_5$ 在气相和在不同溶剂（四氯化碳、三氯甲烷、硝基甲烷、溴）中的分解速率几乎都相等。

### 11.12.2 溶剂对反应组分产生明显作用的情况

在溶液中进行的化学反应，受溶剂影响的情况更普遍。例如，$C_6H_5CHO$ 在 $CCl_4$ 中的反应速率是其在 $CHCl_3$ 或 $CS_2$ 中的1000倍。有时溶剂虽不影响反应速率和活化能，但会改变产物的选择性，例如，过氧化二叔丁基的分解反应，在异丙基溶剂中，产物叔丁醇的量是丙酮的四倍，而用叔丁基苯作溶剂，丙酮的量是叔丁醇的1.5倍。溶剂对反应速率影响的原因是比较复杂的，多方面的。例如溶剂的黏度、介电常数、极性、离子强度和溶剂对溶质的溶剂化等都会对反应速率产生影响。下面只能简略地就这些影响因素作一些定性或定量的介绍，以供根据反应物的性质选择适当的溶剂时做参考。

**(1) 离子强度对反应速率的影响——原盐效应**

离子参与的反应在溶液反应中十分常见。溶液中的离子强度会对离子反应产生一定的影响。对于稀溶液中的离子反应，我们将通过过渡态理论的准热力学和德拜-休克尔（Debye-Hückel）电解质溶液理论来处理溶液中离子反应动力学。

假设离子 $A^{Z_A}$ 和离子 $B^{Z_B}$ 在溶剂中发生化学反应，活化络合物为 $[(AB)^{Z_A+Z_B}]^{\neq}$，即

$$A^{Z_A}+B^{Z_B}\rightleftharpoons[(AB)^{Z_A+Z_B}]^{\neq}\longrightarrow 产物$$

式中，$Z_A$、$Z_B$ 和 $Z_A+Z_B$ 分别为 A、B 和 $AB^{\neq}$ 离子的电荷数。根据过渡态理论，$r=\nu_{\neq}c^{\neq}$，得

$$-\frac{dc_A}{dt}=\nu c^{\neq}=kc_Ac_B$$

式中

$$k=\frac{k_BT}{h}K_c^{\neq} \tag{11-166}$$

对于电解质溶液，由于存在着离子间的相互作用，即使是稀溶液，仍会对拉乌尔定律（溶剂）和亨利定律（溶质）产生很大的偏差，故应用活度 $a$ 代替浓度，即

$$K_a^{\neq}=\frac{a^{\neq}}{a_Aa_B}=\frac{\gamma^{\neq}c^{\neq}}{\gamma_Ac_A\gamma_Bc_B}=\frac{c^{\neq}}{c_Ac_B}\times\frac{r^{\neq}}{\gamma_A\gamma_B}=K_c^{\neq}K_r^{\neq} \tag{11-167}$$

$$K_c^{\neq}=K_a^{\neq}\frac{1}{K_\gamma^{\neq}} \tag{11-168}$$

由此得

$$k=\frac{k_BT}{h}K_a^{\neq}\frac{1}{K_\gamma^{\neq}} \tag{11-169}$$

式中，$K_\gamma^{\neq}=\gamma^{\neq}/(r_Ar_B)$，这里各溶质组分活度是以理想稀溶液为参考态，即其理想状态为在所给浓度下，各组分溶质仍服从亨利（Henry）定律的状态。对于这一理想状态，其相应速率常数记为 $k_0=k_BTK_a^{\neq}/h$，于是有

$$k=k_0/K_\gamma^{\neq}\text{，}\ln k=\ln k_0-\ln K_\gamma^{\neq} \tag{11-170}$$

式(11-170) 被称为布朗斯特（BrΦnsted）动力学方程，$K_\gamma^{\neq}$ 有时被称为布朗斯特动力学活度项。此方程表明，在溶液反应中，通过研究各因素对反应物、活化络合物活度系数的影响，即可得到该因素对速率常数影响的定量关系。

按照德拜-休克尔理论，电解质溶液与理想稀溶液活度系数的偏差可以归结为静电相互作用势能。在电解质溶液中，某一离子的活度系数为：

$$\ln\gamma_i=\frac{z_i^2 e^2}{8\pi\varepsilon k_B T}\frac{1}{r_i}-\frac{e^2}{8\pi\varepsilon k_B T}\sqrt{\frac{e^2 L\rho_0}{\varepsilon k_B T}}z_i^2\sqrt{I} \tag{11-171}$$

式中，$z_i$ 和 $r_i$ 分别为 $i$ 离子的价态和离子半径；$\varepsilon$ 和 $\rho_0$ 为溶剂的介电常数和密度；$I=\sum b_i z_i^2/2$ 为溶液离子强度。上式第一项在热力学讨论中，可以认为离子半径为常数，因而可以并入标准态化学势项 $\mu^\ominus$ 中，即式(11-171) 可简化为

$$\ln\gamma_i=-A'z_i^2\sqrt{I}\ \left(\text{式中 } A'=\frac{e^2}{8\pi\varepsilon k_B T}\sqrt{\frac{e^2 L\rho_0}{\varepsilon k_B T}}\right) \tag{11-172}$$

式(11-172) 即为德拜-休克尔极限公式。

然而，在动力学的讨论中，涉及从反应物分子（离子）到活化络合物分子半径的变化，换言之，$r_i$ 不再是常数，应保留式(11-171) 中第一项作为变数进行讨论。这样，将式(11-171) 代入式(11-170) 中，得

$$\ln k=\ln k_0+\frac{e^2}{8\pi\varepsilon k_B T}\left[\frac{z_A^2}{r_A}+\frac{z_B^2}{r_B}-\frac{(z_A+z_B)^2}{r_{\neq}}\right]-\frac{e^2}{8\pi\varepsilon k_B T}\sqrt{\frac{e^2 L\rho_0}{\varepsilon k_B T}}\sqrt{I}\,[z_A^2+z_B^2-(z_A+z_B)^2]$$

$$\ln k=\ln k_0+\frac{e^2}{8\pi\varepsilon k_B T}\left[\frac{z_A^2}{r_A}+\frac{z_B^2}{r_B}-\frac{(z_A+z_B)^2}{r_{\neq}}\right]+2A'z_A z_B\sqrt{I} \tag{11-173}$$

若记

$$\ln k(0)=\ln k_0+\frac{e^2}{8\pi\varepsilon k_B T}\left[\frac{z_A^2}{r_A}+\frac{z_B^2}{r_B}-\frac{(z_A+z_B)^2}{r_{\neq}}\right] \tag{11-174}$$

可得速率常数 $k$ 与离子强度存在如下关系

$$\ln k=\ln k(0)+2A'z_A z_B\sqrt{I}\quad\text{或}\quad \lg k=\lg k(0)+2Az_A Z_B\sqrt{I} \tag{11-175}$$

在 298K 的水溶液中，式中 A 的数值约为 $0.509(\text{kg}\cdot\text{mol}^{-1})^{1/2}$，式(11-175) 表明，对于离子参与的反应，与反应无关的电解质可影响溶液的离子强度，进而影响反应的速率常数，这一现象称为**原盐效应**。

式(11-175) 表明，对于同种电荷离子间反应，因为 $z_A z_B>0$，故反应速率（常数）随着离子强度增加而增加，称为正原盐效应；而异种离子间反应，由于 $z_A z_B<0$，其反应速率（常数）随着离子强度增加而减小，称为负原盐效应；而离子与分子间或分子与分子间的反应与离子强度无关。原盐效应的定量结果在离子强度较低的浓度区间得到实验结果很好的证实，如图 11-36 所示。当离子强度较大时，实验结果与理论值出现偏差，这是因为超出了德拜-休克尔极限公式的适用范围［图 11-36 中，“∘”为实验点，直线为按式(11-175) 的计算值，$k(0)$ 为 $I=0$ 时的 $k$ 值］。

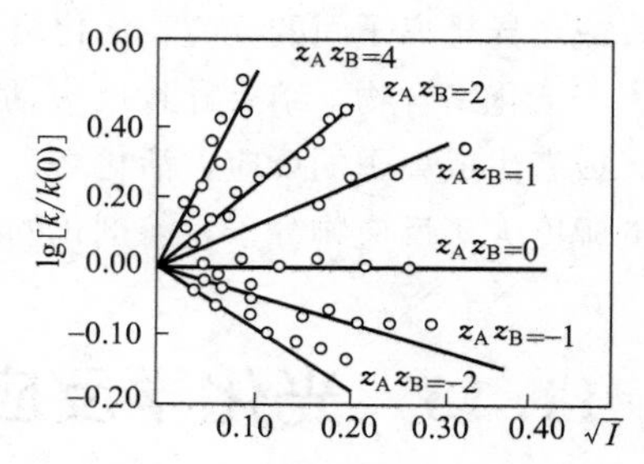

图 11-36 原盐效应（lg$k$ 与 $I^{1/2}$ 关系）

上述讨论是基于反应为动力学控制。事实上，许多离子间反应往往处于扩散控制，其反应速率由离子的扩散速率控制，而离子的扩散不同于分子扩散。同种电荷间由于静电斥力，其扩散速率相对较低；而异号电荷离子间，由于相互吸附，其扩散速率相对较高。

*（2）溶剂介电常数对反应速率的影响

溶剂介电常数增加，将减弱离子之间、极性分子之间的相互作用，因而会影响反应速率常数。其影响可根据公式(11-173)，分下列三种情况讨论如下。

① 离子与离子之间反应。对于离子与离子间的反应，在考查其他因素对速率常数影响时，可借助式(11-173)，当 $I\rightarrow 0$ 时，$k=k(0)$，即

$$\ln k=\ln k_0+\frac{e^2}{8\pi\varepsilon k_B T}\left[\frac{z_A^2}{r_A}+\frac{z_B^2}{r_B}-\frac{(z_A+z_B)^2}{r_{\neq}}\right]$$

若近似认为各离子半径 $r_A$、$r_B$ 和 $r_{\neq}$ 相差不大，均记为 $r$，则

$$\ln k=\ln k(0)=\ln k_0-\frac{z_A z_B e^2}{8\pi\varepsilon k_B T r} \tag{11-176}$$

上式表明，$\ln k$ 对 $1/\varepsilon$ 作图为一直线，对于异号离子间的反应，这一直线斜率大于零，反应速率常数将随着溶剂的介电常数的增加而下降，究其原因是介电常数的增加导致反应物离子间相互吸引的作用下降，从而降低了反应物离子间碰撞频率和碰撞的相对动能，导致反应速率下降；而对于同号离子间的反应，直线斜率小于零，溶剂介电常数增加将增大反应速率。

② 离子与分子间反应。对于离子与分子间反应，将 $z_B=0$ 代入式(11-173)，得

$$\ln k=\ln k_0+\frac{z_A^2 e^2}{8\pi\varepsilon k_B T}\left(\frac{1}{r_A}-\frac{1}{r_{\neq}}\right) \tag{11-177}$$

若认为 $r_A=r_{\neq}$，则速率常数与介电常数无关。但事实上，在通常情况下有 $r_A<r_{\neq}$，$\ln k$ 对 $1/\varepsilon$ 作图仍为直线关系，且斜率为正值。换言之，即使反应物之一为分子，介电常数仍对反应速率有影响，介电常数增加，反应速率下降。由此可以看出介电常数对反应速率的影响与离子强度影响的差异。不过，相比较而言，介电常数对离子与分子间反应的影响要小于对离子间反应的影响。

③ 分子与分子间反应。对于分子与分子间的反应，$z_A=z_B=0$，德拜-休克尔的简单静电理论不再适用。不过，通过对简单的静电理论作适当的修正和扩展，考虑分子的电荷分布，可将活度理论推广到极性分子。其详细讨论有兴趣的读者可参阅相关溶液动力学的专业书籍。

（3）溶剂化对反应速率的影响

上面讨论了溶剂的离子强度和介电常数对反应速率的影响，除此之外，**溶剂化**是溶剂对反应速率影响的另一主要因素，很多时候甚至是关键因素。所谓溶剂化就是溶剂分子与溶质离子（或极性分子）相互作用而结合在溶质离子（或极性分子）周围的过程，该过程使得溶剂分子与溶质离子（或极性分子）形成紧密结合物，并放出大量的热，使得离子（或极性分子）能量显著降低。虽然溶剂化作用会同时使反应物和活化络合物的能量下降，但由于反应物与活化络合物在结构极性上的差异，故溶剂化作用使二者能量下降幅度是不同的。例如，对于高极性分子间的反应，或者异号离子间的反应，活化络合物的极性一般小于反应物，溶剂化使反应物能量下降的幅度大于活化络合物，结果导致反应活化能增加，反应速率下降。反过来，对于极性较弱的反应物，或者生成离子的反应，活化络合物具有更高的极性，因而在极性溶剂中，活化络合物能量下降的幅度大于反应物分子，溶剂化的结果使反应活化能下降，反应速率增加。

## 11.13 光化学反应初步

**光化学反应**是指反应物吸收光的能量而发生的化学反应。相对于光化学反应，普通的化

学反应可称为“热反应”。光化学现象早为人们所知，对于人类和生物界来说，与热反应相比，光化学反应要重要得多。其理由不言而喻，没有光化学就没有生命。因为首先生命的起源离不开光化学，其次没有光化学，就没有动物赖以生存的植物。如此重要的光化学反应，以前并没有得到应有的重视。

光化学反应中，最重要的莫过于

$$CO_2 + H_2O + h\nu \xrightarrow{\text{叶绿素}} \text{碳水化合物} + O_2 \quad \Delta_r G_m^\ominus = 2879\text{kJ}\cdot\text{mol}^{-1} > 0$$

光合作用在绿色植物细胞的叶绿体中进行。作为感光剂的叶绿素，以蓝光和红光的吸收为最多，因为这两段波长的光对植物光合作用是最有效的。

光合作用可将 $CO_2$ 和 $H_2O$ 转化为糖类，并把太阳能转化为化学能储藏起来。据测定，反应中每还原一个 $CO_2$ 分子，至少需要吸收 8 个光子（设其波长为 680nm），则 6mol $CO_2$ 还原成糖类至少需要吸收光能为

$$6\times8\times\varepsilon\times L = 6\times8\times h\nu\times L = 6\times8\times hcL/\lambda$$

$$= 6\times8\times\frac{0.1197}{680\times10^{-9}}\text{J}\cdot\text{mol}^{-1} = 8.449\times10^{6}\text{J}\cdot\text{mol}^{-1}$$

由此求得光合作用的光能转化率为

$$\frac{2879\times10^{3}}{8.449\times10^{6}}\times100\% = 34\%$$

这是目前人们在已知的光化学反应中，利用光能效率最高的一种。

绿色植物的光合作用是自然界将太阳能转化为化学能的主要途径。人类和整个生物界的生命都全仰仗于它。人类当今的重要能源（煤、石油、天然气、页岩气等）也都是古代光合作用留给我们的遗产。地球上一切生命必需的氧，追根究底也是光合作用的产物。植物的光合作用是维持大气中 $CO_2$ 浓度相对稳定，减少温室效应的重要反应和过程（值得人类注意的是，随着矿物燃料日均使用量日益增加，放出大量的 $CO_2$，打破了通过植物的光合作用维持大气中 $CO_2$ 浓度相对稳定的平衡，其直接后果是温室效应日趋严重）。由此可知，光合作用是维持自然界碳物质循环和人类及生物界生命的重要反应。除此之外，还有胶片感光、染料褪色、紫外线消毒杀菌以及平流层大气中臭氧的形成以及臭氧的紫外吸收等都是典型的光化学反应。通常，光化学所涉及的光的波长在 100～1000nm 之间，即紫外至近红外波段。

与热反应中克服反应势垒的能量来自于分子热运动引起的碰撞不同，光化学反应的能量来自于反应物吸收光子的能量。正因为能量的来源不同，使得两类反应在热力学和动力学等各方面表现出差异。

对热反应而言，在恒温恒压不做非体积功的条件下，只能发生 $\Delta_r G_m < 0$ 的反应，而光化学反应则不然，光化学反应能量来自于光，可发生 $\Delta_r G_m > 0$ 的反应，如植物的光合作用。从动力学角度观察，温度升高将大大增加活化分子比例，温度对热反应的速率影响很大，但对光化学反应而言，温度对反应速率影响不大，甚至可能出现负相关。

限于篇幅，本节只初步介绍光化学反应的基础知识。

### 11.13.1　光化学反应的初级过程、次级过程和猝灭

光化学反应的能量来自于反应物吸收光子。因此，光化学反应从反应物吸收光子开始，反应物吸收光子这一步称为光化学反应的**初级过程**。在初级过程中，分子或原子吸收适当波长的光子发生电子跃迁而成为激发态，如：$Cl_2 + h\nu \longrightarrow 2Cl\cdot$，表示一个 $Cl_2$ 吸收一个光子

后解离成两个自由基 Cl·。

在初级过程之后，处在激发态的分子或原子所进行的一系列过程称为**次级过程**。在次级过程中，处在激发态的原子或分子不稳定，其寿命约为 $10^{-8}$s，在此期间，若不能与其他粒子碰撞，它就会自动地放出光子而回到基态；若激发态与其他分子碰撞，就会将过剩的能量传出，或使被碰撞的分子或原子激发，或使被撞分子解离，或与被撞分子发生反应，即

$$Hg^* + Tl \longrightarrow Hg + Tl^* \quad （被撞原子被激发）$$

$$Hg^* + H_2 \longrightarrow Hg + 2H\cdot \quad （被撞分子发生解离）$$

$$Hg^* + O_2 \longrightarrow HgO + O^* \quad （与被撞分子反应）$$

上述反应产物中的激发态分子 $Tl^*$、自由原子 H·还要继续发生次级过程。

如果激发态分子与其他分子或与器壁碰撞发生无辐射的跃迁而回到基态，称为**猝灭**，例如

$$A^* + M \longrightarrow A + M$$

M 为其他分子或器壁，猝灭使次级过程终止。

### 11.13.2 光化学反应定律

**(1) 光化学第一定律**

早在 19 世纪格罗古斯（Grotthus）首先对光化学反应进行了归纳，后来德雷帕（Draper）进一步阐明物质的光吸收与化学反应之间的关系，并总结成**光化学第一定律**，即"只有被分子吸收的光才能有效地使分子发生化学反应。"由分子结构和分子光谱数据可知，红外和微波辐射的光子因能量太小，通常只能使得振动和转动的能级反生跃迁，很难引起化学反应。大多数分子只有吸收了（200～800nm）紫外或可见光后，才能将电子跃迁到激发态而具有足够的能量使化学键断裂。光化学第一定律给出了发生光化学反应的必要条件。

**(2) 朗伯-比尔（Lambert-Beer）光吸收定律**

平行的单色光通过均匀介质时，透射光的光强度 $I$ 与入射光强度 $I_0$ 的关系为

$$I = I_0 \exp(-\varepsilon c l) \tag{11-178}$$

式中，$l$ 为光通过的介质厚度；$c$ 为吸收质的物质的量浓度；$\varepsilon$ 为吸收质的摩尔吸收（消光）系数。其值与入射光的波长、温度及溶剂的性质有关。被吸收光的强度

$$I_a = I_0 - I = I_0(1 - e^{-\varepsilon c l}) \tag{11-179}$$

**(3) 光化学第二定律——光化学当量定律**

斯塔克和爱因斯坦（Stark-Einstein）将光的量子概念用于分子的光化学反应，提出了光化学当量定律，又称为**光化学第二定律**，即在光化学的初级过程中，每一个反应物分子只能吸收一个光子而被活化；或者说，活化 1mol 分子要吸收 1mol 光子。在光化学中，1mol 光子所具有的能量叫做"1 爱因斯坦"，用 $E$ 表示。

$$E = Lh\nu = Lhc/\lambda = [0.1196 \times (\lambda/\mathrm{m})^{-1}]\mathrm{J \cdot mol^{-1}} \tag{11-180}$$

式中，$L$ 为阿伏伽德罗常数。由式(11-180) 可知，1mol 光子的能量与其波长 $\lambda$ 有关。

必须指出，上述定律仅是用于光化学的初级过程，而且光源的强度不超过 $10^{13} \sim 10^{15}$ 光子·$cm^{-3}$·$s^{-1}$。原因是在高光强辐射下，如采用大功率的脉冲作为光源时，已发现不少的分子能连续吸收两个或更多的光子，这时光化学当量定律就不适用了。

光化学当量定律只是说吸收一个光子能使一个分子活化，这个活化的分子在随后的次级过程中：①可能直接变为产物；②也可能引起多个分子反应，引发其他一系列热反应，甚至是链反应；③当然，也可能与低能分子碰撞而失活。第①种情况反应分子数等于吸收的光子

数，第②种情况反应分子数多于吸收的光子数，第③种情况的反应分子数则少于吸收的光子数。因此，从总的效果上看，并非吸收一个光子就一定是引起一个分子反应。换言之，**光当量定律只能适用于初级过程**。

**(4) 量子效率和量子产率**

由于次级过程存在，为了衡量一个光量子所能引发的光化学反应的数目，光化学中定义 $\varphi$ 为量子效率

$$\varphi=\frac{\text{发生反应的分子数}}{\text{被吸收的光子数}}=\frac{\text{发生反应的物质的量}}{\text{被吸收光子的物质的量}} \tag{11-181}$$

此外，为了描述一个光量子引起的指定化学过程的效率。在光学中还定义了量子产率为

$$\begin{aligned}\phi &=\text{指定过程中产物的分子数/被吸收的光子数}\\ &=\text{指定过程的反应速率/吸收光子的速率}=r/I_a\end{aligned} \tag{11-182a}$$

即

$$\phi=\frac{r}{I_a} \tag{11-182b}$$

对于同一光化学反应，其量子效率和量子产率可能相同，也可能不同，表 11-4 列出了一些气相光化学反应的量子效率和量子产率，表 11-5 列出一些液相光化学反应的量子产率。

例如，HI 的光解反应，其机理为

(1) $HI+h\nu \longrightarrow H\cdot+I\cdot$

(2) $H\cdot+HI \longrightarrow H_2+I\cdot$

(3) $2I\cdot+M \longrightarrow I_2+M$

1mol HI 吸收 1mol 光子后使 2mol HI 发生了反应，其 $\varphi=2$。对于上述 HI 光解反应，若指定过程为生成产物 $H_2$ 或 $I_2$，则 $\phi(HI)=2$，即 $\varphi=\phi(HI)=2$；若指定过程为生成产物 $H_2$ 或 $I_2$，则$\phi(H_2)=\phi(I_2)=1$。

**表 11-4　一些气相光化学反应的量子效率和量子产率**

| 反应 | λ/nm | 量子效率 | 量子产率(大约值) | 备　注 |
|---|---|---|---|---|
| $2NH_3 = N_2+3H_2$ | 210 | 0.25 | ～0.2 | 随压力变化 |
| $SO_2+2Cl = SO_2Cl_2$ | 420 | 1 | 1 | |
| $2HI = H_2+I_2$ | 207～282 | 2 | 2 | 在较大的温度范围为常数 |
| $2HBr = H_2+Br_2$ | 207～253 | 2 | 2 | |
| $3O_2 = 2O_3$ | 170～253 | 1～3 | 3 | 近于室温 |
| $CO+Cl_2 = COCl_2$ | 400～436 | $10^3$ | $10^3$ | 随温度而降，也与压力有关 |
| $H_2+Cl_2 = 2HCl$ | 400～436 | $10^6$ | $10^6$ | 随 $p(H_2)$ 及杂质而变 |

**表 11-5　一些液相光化学反应的量子产率**

| 反应 | 溶剂 | λ/nm | 量子产率(大约值) |
|---|---|---|---|
| 蒽的聚合 | 苯、甲苯、二甲苯 | 313～315 | 0.48 |
| $ClCH_2COOH+H_2O \longrightarrow HOCH_2COOH+HCl$ | 水 | 254 | 1 |
| $Cl_2+2CCl_3Br \longrightarrow 2CCl_4+Br_2$ | $CCl_4$ | 410～449 | 0.9 |
| $o\text{-}NO_2C_6H_4CHO \longrightarrow o\text{-}NO_2C_6H_4COOH$ | | 紫外 | 0.5 |
| $2Fe^{2+}+I_2 \longrightarrow 2Fe^{3+}+2I^-$ | 水 | 579 | 1 |
| $2HI \longrightarrow H_2+I_2$ | 液体 HI | 300 | 0.84 |
| $H_2O_2 \longrightarrow H_2O+\frac{1}{2}O_2$ | 水 | 310 | 7～80 |

一般说来，同一光化学反应在液相中进行时的量子产率比在气相中进行时要低，这是由于激发态分子在液相中易与溶剂或其他分子碰撞而去活化。

**例 11-25** 将波长为 400nm 的光照射盛有 $H_2$ 和 $Cl_2$ 的反应器，已知反应器体积为 $100cm^3$，由电热推测得 $Cl_2$ 吸收光能的速率为 $1.1\times10^{-6}J\cdot s^{-1}$。当反应系统经光照 1min 后，测得 $Cl_2$ 的分压，由 27.3kPa 降低到 20.8kPa（已校正到 0℃时值），试求 HCl 的量子产率。

**解** 400nm 光子的能量

$$\varepsilon=\frac{hc}{\lambda}=\left(\frac{6.626\times10^{-34}\times2.998\times10^{8}}{400\times10^{-9}}\right)J=4.97\times10^{-19}J$$

$Cl_2$ 吸收的光子数

$$N_{\lambda}=\frac{1.1\times10^{-6}\times60}{4.97\times10^{-19}}=1.33\times10^{14}$$

光化学反应为 $H_2+Cl_2=2HCl$

生成 HCl 的量为消耗 $Cl_2$ 的量 $\Delta n$ 的 2 倍，则生成产物 HCl 的分子数

$$N_{HCl}=2\Delta nL=\frac{2\Delta pV}{RT}\times L$$

$$=\frac{2\times(27.3-20.8)\times10^{3}\times100\times10^{-6}\times6.02\times10^{23}}{8.314\times273}=3.45\times10^{20}$$

产物 HCl 的量子产率

$$\phi=\frac{N_{HCl}}{N_{\lambda}}=\frac{3.45\times10^{20}}{1.33\times10^{14}}=2.6\times10^{6}$$

此结果表明，该反应属于光-链反应，因为一般次级过程为链反应的 $\phi$ 值都很大。

### 11.13.3 光化学反应动力学

光化学反应机理及速率较一般热反应复杂一些。在光化学反应中，不仅涉及温度、浓度等因素，还涉及光的参与。在光化学反应的初级过程，根据光化学当量定律，反应速率等于吸收光子速率 $I_a$，只与光的强度有关，而与反应物浓度无关，所以光吸收过程是零级反应。在次级过程中，在考虑过程进行中能量衰减的光物理及光化学过程基础上，再拟定次级反应（热反应）步骤，确定反应机理，利用热反应中的处理方法推导出速率方程。其中对激发态分子这种寿命极短的不稳定中间物可用稳态近似法。以下面的简单反应为例。

$$A_2+h\nu\longrightarrow2A$$

设其机理为

初级过程 （1） $A_2+h\nu\xrightarrow{I_a}A_2^*$ （活化）

次级过程
（2） $A_2^*\xrightarrow{k_2}2A$ （解离）
（3） $A_2^*+A_2\xrightarrow{k_3}2A_2$ （能量转移而失活）

产物 A 的生成速率

$$r_A=\frac{dc_A}{dt}=2k_2c_{A_2^*} \tag{11-183}$$

对 $A_2^*$ 进行稳态法处理

$$\frac{\mathrm{d}c_{A_2^*}}{\mathrm{d}t}=I_a-k_2c_{A_2^*}-k_3c_{A_2^*}c_{A_2}=0 \tag{11-184}$$

$$c_{A_2^*}=\frac{I_a}{k_2+k_3c_{A_2}} \tag{11-185}$$

将式(11-185) 代入式(11-183) 中，得

$$r_A=\frac{\mathrm{d}c_A}{\mathrm{d}t}=\frac{2k_2I_a}{k_2+k_3c_{A_2}} \tag{11-186}$$

产物 A 的量子产率

$$\phi=\frac{r_A}{I_a}=\frac{2k_2}{k_2+k_3c_{A_2}} \tag{11-187}$$

**例 11-26**　蒽（以符号 A 表示）在苯溶液中的光二聚反应

$$2A+h\nu \longrightarrow A_2$$

设反应机理为

(1) $A+h\nu \xrightarrow{I_a} A^*$（活化吸收）

(2) $A^*+A \xrightarrow{k_2} A_2$（二聚反应）

(3) $A^* \xrightarrow{k_3} A+h\nu'$（发射荧光）

(4) $A_2 \xrightarrow{k_4} 2A$（单分子分解）

试导出产物 $A_2$ 的量子产率表达式。

**解**　产物 $A_2$ 的生成速率

$$r=\frac{\mathrm{d}c_{A_2}}{\mathrm{d}t}=k_2c_{A^*}c_A-k_4c_{A_2}$$

对 $A^*$ 作稳态近似

$$\frac{\mathrm{d}c_{A^*}}{\mathrm{d}t}=I_a-k_2c_{A^*}c_A-k_3c_{A^*}=0$$

$$c_{A^*}=\frac{I_a}{k_2c_A+k_3}$$

则

$$r=\frac{\mathrm{d}c_{A_2}}{\mathrm{d}t}=\frac{I_ak_2c_A}{k_2c_A+k_3}-k_4c_{A_2}$$

产物 $A_2$ 的量子产率

$$\phi=\frac{r}{I_a}=\frac{k_2c_A}{k_2c_A+k_3}-\frac{k_4c_{A_2}}{I_a}=\frac{k_2}{k_2+k_3/c_A}-\frac{k_4c_{A_2}}{I_a}$$

由此可知，量子产率将随蒽的浓度 $c_A$ 的增大而增大，这与实验结果一致。通常情况下，此反应的 $\phi$ 在 0.2 左右，在无荧光发射和单分子分解时（$k_3=k_4=0$），$\phi=1$；若 $k_3$ 大，即发射荧光的趋势增大时，量子产率将会减少。

### 11.13.4　光化学反应与热反应比较

通过光化学反应与热反应的比较来介绍光化学平衡及温度对光化学平衡的影响等光化学反应的特点。

① 反应物质的状态　参加热反应的物质是处在基态的原子或分子，其能量分布遵守玻

尔兹曼分布定律。光化学反应的物质则是处于激发态的原子或分子，其能量分布不服从玻尔兹曼分布定律。由于激发态分子的能量很高，可以超过几个反应通道所需要的活化能，加之激发态本身也不是唯一的，所以光化学反应机理比较复杂，可以得到热反应得不到的产物。热反应的通道往往是唯一的，即势能最低的通道（可参见本章的过渡态理论）。

② 能量的来源　热反应中反应物用来克服活化能所需要的能量来源于分子碰撞时的动能，其值约 $40\sim400\mathrm{kJ\cdot mol^{-1}}$。光化学反应中反应物的能量来源于吸收光子的能量。

③ 反应方向　在等温等压不做非体积功条件下，热反应总是向着系统吉布斯函数减少（$\Delta_r G_m<0$）的方向进行，但光化学反应由于其能量来源于吸收光辐射，却可以向系统吉布斯函数增大（$\Delta_r G_m>0$）的方向进行，当然也可以向 $\Delta_r G_m<0$ 的方向进行。

④ 平衡常数　在对峙反应中，只要有一个方向是光化学反应，则其平衡即为**光化学平衡**。对已达到光化学平衡的反应，当改变其光源强度后，反应系统将重新建立新的光化学平衡，若移去光源，系统将重新建立热平衡。光化学平衡的组成与热平衡组成不同，光化学平衡时系统的组成与吸收光的强度有关。因此，光化学平衡常数中包括有吸收光强度数据，与热平衡常数不同。光化学平衡常数不能通过热力学中 $\Delta_r G_m^{\ominus}$ 的数据计算。

例如，在紫外光照射下，苯溶液中蒽的二聚反应，其真实机理比较复杂，为方便起见，用下面的简化式进行讨论：

$$2\mathrm{A}\underset{k_{-1}}{\overset{I_a,h\nu}{\rightleftharpoons}}\mathrm{A_2}$$

正反应速率 $r_+=I_a$，逆反应速率 $r_-=k_{-1}c_{\mathrm{A_2}}$。平衡时，$r_+=r_-$，由此得

$$c_{\mathrm{A_2}}=I_a/k_{-1}=K \tag{11-188}$$

上式表明，反应达平衡时，双蒽的浓度与吸收光强度 $I_a$ 成正比，$I_a$ 一定，则双蒽浓度为一常数（即光化学平衡常数），与蒽的起始浓度无关。

下列反应其正、逆向都对光敏感

$$2\mathrm{SO_3}\underset{h\nu}{\overset{h\nu}{\rightleftharpoons}}2\mathrm{SO_2}+\mathrm{O_2}$$

热平衡计算表明，在 101325Pa 和 900K 条件下，反应平衡时有 30%的 $SO_3$ 分解，但在光反应中，在 318K 时就有 35%的 $SO_3$ 分解，且在 333～1073K 之间与温度无关。这表明，热反应和光化学反应的平衡常数是不同的。

⑤ 温度的影响　对于热反应，常温时温度每增加 10K，反应速率大约增加 2～4 倍，温度对反应速率的影响，可通过阿累尼乌斯方程定量描述。但对光化学反应来说，增加相同的温度，对反应速率产生的影响很小，有的光化学反应甚至在接近绝对零度的条件下也会发生。究其原因，这是因为在光化学反应中，反应获得能量的方式和来源不同于热化学。在光化学反应的初级过程中，反应物的能量来源于吸收光子，从而形成活化分子，该过程只与光强度有关，而与温度无关。温度对光化学反应速率的影响主要是对其初级反应之后的次级反应。但是，大多数光化学反应的次级反应涉及的都是自由基（或原子）参加的反应过程，其活化能都很小，甚至为零，因此次级反应的温度系数 $\mathrm{d}k/\mathrm{d}T$ 也很小。

但在光化学反应中，偶尔也有温度系数较大的反应，接近热反应的值，例如草酸钾与碘的反应。还有个别温度系数为负值的光化学反应，如苯的氯化反应。一般而言，这说明有一个或几个中间步骤具有较高的活化能。也可能是次级反应系列中的某些步骤处于平衡，而且表示平衡常数 $K$ 与 $T$ 关系的等容方程式中有一个较大的正反应热。例如，假设总反应速率常数 $k$ 中包括中间某一步骤的速率常数 $k'$ 和平衡常数 $K$，且存在如下关系：

$$k = k'K$$

$$\frac{\mathrm{d}\ln k}{\mathrm{d}T} = \frac{\mathrm{d}\ln k'}{\mathrm{d}T} + \frac{\mathrm{d}\ln K}{\mathrm{d}T} = \frac{E_a + \Delta U}{RT^2} \tag{11-189}$$

由上式可以看出，即使 $E_a$ 小，而大的正 $\Delta U$ 仍可使反应速率常数有较大的温度系数。另一方面，若 $\Delta U$ 为负，而且其绝对值大于 $E_a$，则 $E_a + \Delta U$ 为负。此时，光化学反应有负的温度系数，这就为解释苯的光氯化反应负温度系数现象提供了理论依据。

## 11.14　催化反应动力学

### 11.14.1　催化剂与催化作用

所谓**催化剂**就是指加入反应系统能显著改变化学反应速率，而本身在反应前后数量和化学性质都不改变的物质。催化剂的这种改变反应速率的作用称为**催化作用**。像温度、浓度一样，催化剂的催化作用是影响反应速率的一个重要因素。催化剂的概念是 1836 年由德国化学家贝齐里乌斯（Berzelius）提出的。根据催化剂对反应速率是加快还是减慢，可将催化剂分为正催化剂和负催化剂两类。习惯上称正催化剂称为催化剂，而负催化剂则称为阻化剂。

催化作用按催化剂和反应物所处的相态状况，可分为均相催化、多（复）相催化和相转移催化。在均相催化中，催化剂与反应物质处在同一相，有气相均相催化和液相均相催化之分。在多相催化反应中，催化剂与反应物质不在同一相，反应在相界面上进行。工业上许多重要反应都是气-固多相催化反应（反应物为气相，催化剂为固相）。在相转移催化反应中，催化剂通过一种反应物转移到另一种反应物所在的相中起作用。本节中，限于教学课时和篇幅，只初步介绍酶催化和气-固多相催化反应动力学，关于均相催化和相转移催化反应动力学，读者可阅读相关书籍。

众所周知，催化作用与人类的生产活动乃至生命过程有着密切的关系。生命体中几乎所有的生化反应都涉及酶催化过程。在化工生产中，催化作用是现代化学工业的基础。据统计，现代化工生产中，80%～90%的化学反应过程都使用催化剂。例如，无机化工合成硫酸，氨氧化制备硝酸，合成氨，石油化工的催化裂解、重整等石油加工，高分子材料中聚乙烯、聚丙烯等高分子材料合成以及药物合成等等都离不开催化剂。20 世纪 50 年代，齐格勒-纳塔（Ziegler-Natta）催化剂的发现，使合成橡胶、合成塑料、树脂及合成纤维等工业突飞猛进。20 世纪 60 年代研制成功的分子筛催化剂和金属重整催化剂，大大地促进了石油炼制工业的发展。近几十年来，催化研究已深入到生命科学领域，酶催化过程、人工合成蛋白质、生物固氮和化学模拟光合作用的研究等日益显示出催化作用的重要性。催化剂及催化作用的研究已成为现代化学领域的一个重要分支。可以这么说，没有催化作用，就没有现代化学工业；没有催化作用，就没有生命。

### 11.14.2　催化剂加速反应速率的根本原因

催化剂虽然在反应前后没有化学性质和数量上的变化，但这绝不意味着催化剂在化学反应过程中是一个无所作为的旁观者。事实上，催化剂在动力学历程中是一个积极参与者。例如，在均相催化反应中，催化剂的浓度往往出现在速率方程中，催化剂浓度越大，反应速率越快；在多相催化反应中，固体催化剂的表面积越大，反应速率越快。这里，我们以一个较为典型的均相催化反应历程为例，说明催化剂如何改变反应历程、降低活化能，从而加速反应速率。

设均相反应为 $A+B \longrightarrow P$，没有催化剂时为一步反应，而在催化剂 K 的作用下，其反应历程为：

$$A+K \underset{k_{-1}}{\overset{k_1}{\rightleftharpoons}} AK$$

$$AK+B \xrightarrow{k_2} P+K$$

由上述反应历程可知，催化剂 K 参与了反应，首先与反应物 A 作用，生成中间态 AK，AK 与反应物 B 反应，生成产物 P，同时放出催化剂 K，催化剂完成一次循环。其中第二步为速控步，速控步前为快速平衡。由平衡态近似法得

$$c_{AK}=k_1 c_A c_K / k_{-1}$$

反应速率为 $r=k_2 c_{AK} c_B=\dfrac{k_1 k_2}{k_{-1}} c_A c_B c_K = k c_A c_B c_K$（式中 $k=k_1 k_2 / k_{-1}$）

由表观速率常数 $k$ 与历程中各基元反应速率常数关系可得表观活化能与各基元反应活化能的关系为

$$E_{a,表}=E_{a,1}+E_{a,2}-E_{a,-1}$$

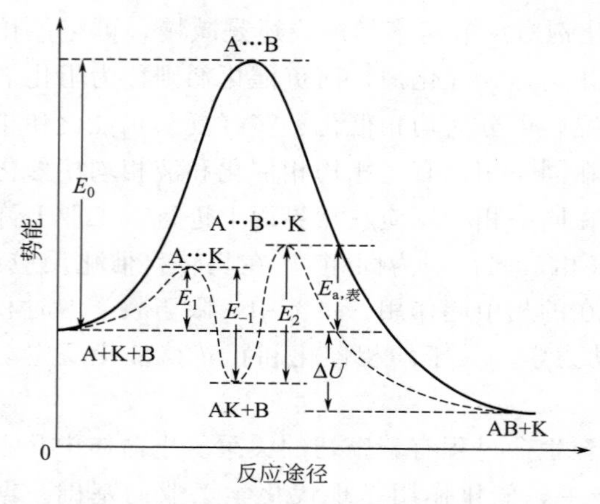


图 11-37　催化反应和非催化反应的历程和活化能

图 11-37 很直观地给出了上述 $E_{a,表}$ 与各基元反应活化能间的关系。从图中可以看出，加入催化剂后，由于反应历程的改变，反应活化能从 $E_0$ 降低为 $E_{a,表}$，由于 $E_0 \gg E_{a,表}$，故大大地加快了反应速率。因此，我们可以给出催化剂加快反应速率的根本原因为：**催化剂改变了化学反应的历程，使得一个较难进行的过程变为若干容易进行的过程，从而降低了总包反应的活化能，使得反应速率得到明显加速。简而言之：催化剂改变了化学反应的历程，降低了反应活化能，从而加速了反应速率。**表 11-6 给出了催化与非催化反应活化能的比较。

**表 11-6　催化反应与非催化反应活化能的比较**

| 反应 | 活化能 $E_a$/kJ·mol$^{-1}$ | | 催化剂 |
|---|---|---|---|
| | 非催化反应 | 催化反应 | |
| $2HI \longrightarrow H_2+I_2$ | 184 | 105 | Au |
| | | 59 | Pt |
| $2NH_3 \longrightarrow N_2+3H_2$ | 326 | 162 | W |
| | | 159～176 | $Fe\text{-}Al_2O_3\text{-}K_2O$ |
| $H_2O_2 \longrightarrow H_2O+\frac{1}{2}O_2$ | 75 | 4～8 | 过氧化氢分解酶 |
| | | 42 | $Fe^{3+}$ |
| $2N_2O \longrightarrow 2N_2+O_2$ | 245 | 134 | Pt |
| 蔗糖水解（$H^+$存在下） | 107 | 36 | 转化酶 |

由上表可知，催化反应的活化能确实比非催化反应的活化能明显降低，而且不同催化剂使同一反应的活化能降低值也不同。

值得注意的是，曾发现有些反应在加入催化剂后活化能降低不多，但反应速率却改变很大。或者，同一反应使用不同催化剂时，其活化能基本相同，而反应速率却相差较大，这都是活化熵的改变所致。根据式(11-110) 和阿累尼乌斯方程

$$k=\frac{k_{\mathrm{B}}T}{h}(c^{\ominus})^{1-n}\mathrm{e}^{n}\exp\left(\frac{\Delta_{\mathrm{r}}^{\neq}S_{\mathrm{m}}^{\ominus}}{R}\right)\exp\left(-\frac{E_{\mathrm{a}}}{RT}\right)=A\exp\left(-\frac{E_{\mathrm{a}}}{RT}\right)$$

可知，指前因子或活化熵的改变同样可以改变速率常数 $k$。例如，乙烯加氢反应，在 W 和 Pt 催化剂上，活化能相同，但在 Pt 上的活化熵增大，其相应的速率常数也更大。

### 11.14.3　催化作用的基本特征

① 催化剂参与化学反应过程，生成不稳定的中间化合物；

② 催化剂改变反应历程，降低了反应活化能，从而加速化学反应；

③ 催化剂可改变反应速率，但不影响反应平衡。

由特征③，可得出如下几点推论。

a. 催化剂不改变反应限度。以下述反应为例

$$a\mathrm{A}+b\mathrm{B}\rightleftharpoons y\mathrm{Y}+z\mathrm{Z}\quad \Delta_{\mathrm{r}}G_{\mathrm{m}}^{\ominus}(1)$$

当加入催化剂后

$$a\mathrm{A}+b\mathrm{B}+n\mathrm{K}\rightleftharpoons y\mathrm{Y}+z\mathrm{Z}+n\mathrm{K}\quad \Delta_{\mathrm{r}}G_{\mathrm{m}}^{\ominus}(2)$$

因为反应前后催化剂的数量和化学性质未变，因此有

$$\Delta_{\mathrm{r}}G_{\mathrm{m}}^{\ominus}(1)=\Delta_{\mathrm{r}}G_{\mathrm{m}}^{\ominus}(2)$$

也即是

$$-RT\ln K^{\ominus}(1)=-RT\ln K^{\ominus}(2)$$

$$K^{\ominus}(1)=K^{\ominus}(2)$$

b. 催化剂不改变反应的方向。因为催化剂不改变反应的 $\Delta_{\mathrm{r}}G_{\mathrm{m}}$，所以催化剂只能加速热力学上可能发生的反应（$\Delta_{\mathrm{r}}G_{\mathrm{m}}<0$）的速率，而不能实现热力学上不能发生（$\Delta_{\mathrm{r}}G_{\mathrm{m}}>0$）的反应。因此，当一个反应在指定条件下经热力学判断不能进行时，就没有必要去寻找催化剂了。

c. 催化剂同时加速正、逆两个方向反应的速率。由于催化剂不能改变反应的平衡 $K^{\ominus}$，而对于一个对峙反应，其平衡常数 $K=k_1/k_{-1}$，且 $K^{\ominus}/K=$常数，所以，催化剂也不改变平衡常数 $K$。既然催化剂不改变 $K$，当然在其加速正向反应速率的同时，必然同时加速逆向反应速率。所以，对正向反应是优良的催化剂必然也是逆向反应的优良催化剂。例如，Pd 是良好的加氢催化剂，同时 Pd 也是良好的脱氢催化剂。催化剂的这一特征为寻找高温高压苛刻条件下反应的催化剂提供了方便。因为，正向条件苛刻的反应，其逆向反应条件往往比较温和。

d. 催化剂不改变化学反应的恒压、恒容热效应（请读者自己证明之）。

④ 催化剂的选择性　当化学反应在理论上（热力学上）可能有几个反应方向时，通常一种催化剂在一定条件下，只对其中的一个反应方向起加速作用，这种专门对某一个化学反应起加速作用的性能，称为催化剂的**选择性**。

乙醇的催化转化是一个典型的例子。据统计，用各种适当的催化剂，在不同条件下，从乙醇可以制得多达 25 种产物，其中重要的如下。

$$C_2H_5OH \longrightarrow \begin{cases} \xrightarrow[200\sim250℃]{Cu} CH_3CHO+H_2O & (1) \\ \xrightarrow[350\sim360℃]{Al_2O_3 \text{ 或 } ThO_2} C_2H_4+H_2O & (2) \\ \xrightarrow[250℃]{Al_2O_3} (C_2H_5)_2O+H_2O & (3) \\ \xrightarrow[400\sim450℃]{ZnO\cdot Cr_2O_3} CH_2=CH-CH=CH_2 & (4) \\ \xrightarrow{Cu\text{（活性的）}} CH_3COOC_2H_5+2H_2 & (5) \\ \xrightarrow{Na} C_4H_9OH+H_2O & (6) \\ \xrightarrow{Cu(COO)_2} CH_3COCH_3+3H_2+CO & (7) \end{cases}$$

催化剂的这种选择作用，在工业上具有特殊的重要意义。它像一把钥匙开一把锁一样，使人们可以根据需要合成各种各样的产品。同样，对于连串反应，也可以通过催化剂的选择性，使反应停留在某一步，从而得到更多的所希望的中间产物。

工业生产中，对于指定的反应和催化剂，常用某一产物的量占某一反应物转化总量的百分数来表示催化剂的选择性，即

$$\text{选择性}=\frac{\text{某种反应物转化成某种产物的量}}{\text{某种反应物转化的总量}}\times100\%$$

评价催化剂时，希望其选择性愈高愈好。

有时催化剂的选择性可通过产品的单程产率和某种反应物的转化率来计算，其定义分别是

$$\text{转化率}=\frac{\text{某反应物已转化了的量}}{\text{加入反应器中某反应物的总量}}\times100\%$$

$$\text{单程产率}=\frac{\text{某种反应物转化成某种产物的量}}{\text{加入反应器中某种反应物的总量}}\times100\%$$

显然，

$$\text{选择性}=\frac{\text{单程产率}}{\text{转化率}}\times100\%$$

### 11.14.4 酶催化

酶是具有催化能力的蛋白质（蛋白质是由不同的氨基酸按一定的结构顺序聚合而成的大分子），是生物体内催化剂的总称。生物体内酶的种类繁多，目前已知有将近2000种不同的酶。酶的分子量范围从10000u到1000000u以上，其分子尺寸大小在3～100nm之间，属于胶体范畴，因此，酶催化反应就酶催化剂质点的大小而言，已介于均相催化和多相催化之间。其催化过程既可以看作是反应物（又叫底物或基质）与酶形成了中间化合物，也可以视为在酶的表面上首先吸附了底物，而后再进行反应。

酶催化作用普遍存在于生物体内的各种生化反应中，如氧化、还原、水解、脱水、脱氧、酯化、缩合等。每一种酶负责一种反应，例如，消化酶负责对食物的消化。生物体内所含消化酶的差异决定了其食物种类，例如，食肉动物与食草动物在食物选择上的差别源自它们体内所含的消化酶不同。食肉动物体内缺少一种能将植物纤维（二糖或多糖）转化成糖原供身体吸收的酶。可以说没有酶的催化作用就不可能有生命现象。酶催化在生活中和工业上也有广泛的应用。例如，从淀粉生产乙醇、丁醇、丙醇是利用酵母中酶的催化作用，微生物发酵法生产抗生素更是酶催化的一大进展，就连三废处理也离不开酶催化作用。

**(1) 酶催化作用的特点**

酶催化作用除具有一般催化剂的共性外，还具有其本身独有的特点。

① 高度的选择性。一种酶只能催化一种特定的反应，而对其他反应无催化作用。例如，脲酶只对尿素水解为氨和二氧化碳的反应起作用，而对其取代物（如甲基尿素）就没有任何作用。这种异乎寻常的选择性称为酶的专一性，是其他催化剂所不可比拟的。原因在于酶和底物作用，有高度的立体定向匹配作用。酶催化反应的专一性已达到原子水平，只要底物的分子中有一个原子或基团、一个双键或空间取向不同，就可以导致酶对该底物完全失去催化活性。当然这种专一性也不是绝对的，有些酶的专一性稍低。例如胃蛋白酶能催化各种可溶性蛋白质中肽键的水解，酯化酶（一种水解酶）能液化羧酸酯、磷酸酯和硫酸酯键的水解。

② 高效性。酶催化反应的效率高，比一般催化剂高 $10^8$～$10^{12}$ 倍，几乎无副反应。许多酶催化反应的收率几乎达100%。酶催化如此高效，是由于它能显著地降低反应活化能。例如，每个过氧化氢酶在1min内能使5008个 $H_2O_2$ 分子分解，是 $Fe^{3+}$ 的 $10^6$ 倍；脲酶催化尿素水解的能力是 $H^+$ 的 $10^{14}$ 倍；某些植物的根瘤菌能固定空气中的氮，这也是由于酶能大大地降低反应活化能。

③ 反应条件温和。酶催化反应一般在常温常压下接近中性酸碱度的条件下进行，而一般催化剂则要在高温高压下进行。例如，工业上合成氨用氧化铁作催化剂，反应在高温(650K)、高压（$15\times10^6$Pa）及特殊设备下进行，且合成效率低（7%～10%），而豆科植物根瘤菌中的固氮酶可以在常温常压下固定空气中的氮并将其还原成氨。

④ 酶催化反应的历程复杂。酶催化反应受pH、温度及离子强度的影响较大。加之酶不稳定，易溶于水，分离和纯化都相当困难，难以反复使用，某些酶的使用还需要辅助因子，这都增加了酶催化反应的困难性。因此，如何模拟自然界中生物酶的催化作用，是当前催化科学中的一大课题。

**(2) 影响酶催化的因素**

① pH的影响。酶催化反应速率受pH影响很大。一种酶一般只能在某一pH下才能发挥最大的催化效率。其原因在于酶是一种蛋白质，其分子上有许多可解离的酸性或碱性的基团。当pH不同时，这些基团的解离状态也不同，而具有催化活性的离子基团仅是其中一种特定的解离形式，米恰里斯（Michaelis）就pH与酶活性的关系提出三状态模型假设。

$$EH_2 \underset{+H^+}{\overset{-H^+}{\rightleftharpoons}} EH^- \underset{+H^+}{\overset{-H^+}{\rightleftharpoons}} E^{2-}$$

假定酶分子有两个可解离的基团。随着pH的变化，分别呈现为 $EH_2$、$EH^-$ 及 $E^{2-}$ 三种状态。即在酸性条件下，酶呈现 $EH_2$ 状态，当pH增加时，酶以 $EH^-$ 状态存在，当pH继续增加，即在碱性条件下，酶以 $E^{2-}$ 状态存在。三种状态中，只有 $EH^-$ 型具有活性。对酶催化反应，适宜的pH为6～9。

② 温度的影响。酶催化速率常数随温度变化具有11.5节图11-8中介绍的温度对速率影响的第Ⅲ型 $k$-$T$ 关系。即在较低的温度范围内，酶催化反应速率随温度升高而增大。超过某一温度后，反应速率反而随温度升高而下降，其间有一个极大值，其原因是当温度升高超过某一数值时，一方面加快了酶催化反应速率，另一方面也加快了酶热失活速率即蛋白质变性速率，从而使催化活性下降或全部失去活性。

**(3) 酶催化反应动力学**

酶催化反应大体上可分为两种类型，一类是单一底物-单一产物反应，这是最简单的酶催化反应；另一类是多个底物-多个产物的反应，本书只讨论第一类。

实验证明，在一定温度及 pH 下，酶催化反应速率与酶的浓度成正比。米恰里斯-门顿（Michaelis-Menten）研究了酶催化反应动力学，提出了如下酶催化反应动力学模型：酶（E）先与底物（S）生成不稳定的中间产物（配合物）ES，然后 ES 进一步分解生成产物 P，并释放出酶 E。其机理为

$$E+S \underset{k_{-1}}{\overset{k_1}{\rightleftharpoons}} ES \xrightarrow{k_2} P+E$$

式中，$k_1$、$k_{-1}$、$k_2$ 分别是三个反应步骤中相应的速率常数。假定中间物与反应物之间可快速建立平衡，而中间产物 ES 的分解为速控步，则根据稳态近似法，酶催化反应分解速率

$$r=\frac{\mathrm{d}c_P}{\mathrm{d}t}=-\frac{\mathrm{d}c_S}{\mathrm{d}t}=k_2c_{ES} \tag{11-190}$$

对 $c_{ES}$ 进行稳态近似处理

$$\frac{\mathrm{d}c_{ES}}{\mathrm{d}t}=k_1c_Ec_S-k_{-1}c_{ES}-k_2c_{ES}=0$$

$$c_{ES}=\frac{k_1c_Ec_S}{k_2+k_{-1}}=\frac{c_Ec_S}{K_M} \tag{11-191}$$

$$r=\frac{\mathrm{d}c_P}{\mathrm{d}t}=\frac{k_2c_Ec_S}{K_M} \tag{11-192}$$

式中，$K_M=(k_{-1}+k_2)/k_1$，称为米氏常数。由 $K_M=c_Ec_S/c_{ES}$ 可知，米氏常数相当于反应 $E+S \rightleftharpoons ES$ 的不稳定常数。式(11-192) 给出了产物 P 的生成速率，但是，由于 $c_E$ 为游离酶（尚未与底物结合的酶）的浓度，通常很难准确测定，因此，式(11-192) 在实际应用中很不方便，但酶的初始浓度 $c_{E,0}$ 可测定，且

$$c_E=c_{E,0}-c_{ES} \tag{11-193}$$

将式(11-193) 代入式(11-191) 中，经重排得

$$c_{ES}=\frac{c_{E,0}c_S}{K_M+c_S}$$

将上式代入式(11-190) 中，得

$$r=\frac{\mathrm{d}c_P}{\mathrm{d}t}=k_2\frac{c_{E,0}c_S}{K_M+c_S} \tag{11-194}$$

式(11-194) 称为米恰里斯-门顿方程。若以 $r$ 为纵坐标，以 $c_S$ 为横坐标，按上式作图，其结果如图 11-38 所示。根据式(11-194)，可以解释酶催化反应的基本动力学行为

当 $c_S$ 很大时，$c_S \gg K_M$，则

$$r=k_2c_{E,0} \tag{11-195}$$

反应速率与酶的总浓度成正比，与底物 $c_S$ 无关，反应对底物 $c_S$ 为零级。即 $r$ 不再随 $c_S$ 的增大而增大，为一常数。在图 11-38 中为水平线段。此时反应速率达到最大的定值，以 $r_m$ 表示之，即

$$r_m=k_2c_{E,0} \tag{11-196}$$

即酶催化反应速率最大值与酶的起始浓度 $c_{E,0}$ 成正比。这一结论与实验是一致的，这就是酶催化反应的速率一般都表现得十分稳定的道理。

当 $c_S$ 很小时，$c_S \ll K_M$，即 $c_S+K_M \approx K_M$，由此得

$$r=\frac{k_2}{K_M}c_{E,0}c_S=\frac{r_m}{K_M}c_S \tag{11-197}$$

反应对 $c_S$ 为一级反应，对应于图11-38中左下部分所示，以上结论与实验事实一致。

当 $c_S \approx K_M$ 时，由式(11-194)及式(11-196)得

$$r=\frac{1}{2}k_2c_{E,0}=\frac{r_m}{2} \tag{11-198}$$

此式表示，当酶催化反应速率等于其最大反应速率的一半时，底物浓度 $c_S$ 就等于米氏常数 $K_M$，由此可知 $K_M$ 具有浓度的量纲。由 $K_M$ 的定义式 $[K_M=(k_{-1}+k_2)/k_1=c_Ec_S/c_{ES}]$ 和物理意义可知，$K_M$ 反映了酶与底物间的亲和力，是酶的特性参数。其值愈小，表明酶与底物的亲和力愈大，酶活性愈高。大多数酶的 $K_M$ 值在 $10^{-3}\sim10^{-6}\mathrm{mol\cdot dm^{-3}}$ 之间。

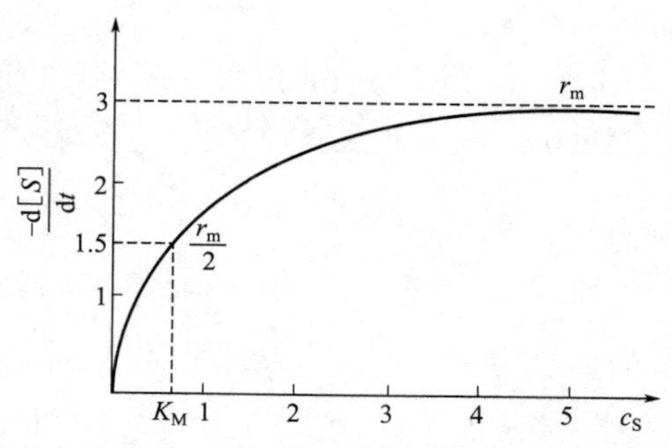


图11-38 酶催化反应速率与底物浓度关系示意图

为了求得米氏常数 $K_M$ 及最大反应常数 $r_m$，常采用作图法，为此可将式(11-196)代入式(11-194)中，得

$$r=\frac{r_mc_S}{K_M+c_S} \tag{11-199a}$$

将上式两边取倒数得

$$\frac{1}{r}=\frac{K_M}{r_m}\times\frac{1}{c_S}+\frac{1}{r_m} \tag{11-199b}$$

保持 $c_{E,0}$ 一定，以 $1/r$ 对 $1/c_S$ 作图得一直线，其

$$斜率=\frac{K_M}{r_m}，截距=\frac{1}{r_m}$$

二者联立即可分别求得 $K_M$ 和 $r_m$。

如以 $rr_m$ 乘以式(11-199b)，得

$$r=r_m-K_M\frac{r}{c_S} \tag{11-200}$$

以 $r$ 对 $r/c_S$ 作图也可得一直线，其截距 $=r_m$，斜率 $=-K_M$。

**例11-27** 有一均相酶催化反应，$K_M$ 值为 $2\times10^{-3}\mathrm{mol\cdot dm^{-3}}$，当底物的初始浓度 $c_{S,0}=1.0\times10^{-5}\mathrm{mol\cdot dm^{-3}}$ 时，若反应进行1min，则底物的转化率 $x_S$ 为2%，试计算

(1) 当反应进行3min时，底物转化率为多少？此时底物和产物的浓度如何？

(2) 当 $c_{S,0}$ 为 $1.0\times10^{-6}\mathrm{mol\cdot dm^{-3}}$ 时，也反应3min，底物和产物的浓度又是多少？

(3) 最大反应速率 $r_m$ 为多少？

**解** (1) $c_{S,0}\ll K_M$，可按一级反应处理

$$r=\frac{dc_P}{dt}=-\frac{dc_S}{dt}=\frac{r_m}{K_M}c_S$$

移项并积分

$$-\frac{K_M}{r_m}\int_{c_{S,0}}^{c_S}\frac{1}{c_S}dc_S=\int_0^t dt$$

$$t=\frac{K_M}{r_m}\ln\frac{c_{S,0}}{c_S}=k'\ln\frac{1}{1-x_S} \tag{11-201}$$

先由题给数据求出 $k'$

$$k'=t/\ln[1/(1-x_S)]=1/\ln[1/(1-0.02)]\text{min}\approx 49.5\text{min}$$

将 $k'$ 值及 $t=3\text{min}$ 代入式(11-201) 求得 $x_S=0.06=6\%$

$$c_P=c_{S,0}x_S=(1.0\times10^{-5}\times0.06)\text{mol}\cdot\text{dm}^{-3}=6.0\times10^{-7}\text{mol}\cdot\text{dm}^{-3}$$

$$c_S=c_{S,0}(1-x_S)=0.94\times10^{-5}\text{mol}\cdot\text{dm}^{-3}$$

(2) 当 $c_{S,0}=1.0\times10^{-6}\text{mol}\cdot\text{dm}^{-3}$ 时，$c_{S,0}\ll K_M$，仍视为一级反应，同法求得

$$x_S=0.06,\ c_P=6\times10^{-8}\text{mol}\cdot\text{dm}^{-3},\ c_S=0.94\times10^{-6}\text{mol}\cdot\text{dm}^{-3}$$

(3) $k'=K_M/r_m\approx 49.5\text{min}$

$$r_m=K_M/k'=(2\times10^{-3}/49.5)\text{mol}\cdot\text{dm}^{-3}\cdot\text{min}^{-1}=4.04\times10^{-5}\text{mol}\cdot\text{dm}^{-3}\cdot\text{min}^{-1}$$

### 11.14.5 多相催化反应动力学

反应物与催化剂处在不同相的反应，叫多相或复相催化反应。催化剂为固体的复相催化反应，反应物可以是液相或气相。其中以气-固相催化反应（气体物质在固相表面进行反应）在化学工业中占有特别重要的地位。在本书中主要讨论气-固相催化反应动力学规律。有关催化剂的组成及各组分的作用、功能，催化剂的制备及催化反应中反应条件对催化剂组成、催化行为等的影响，请读者参阅有关专著。

**(1) 多相催化反应的步骤**

复相催化反应中，不论是液相反应物还是气相反应物，其吸附和反应都是在固体催化剂（内、外）表面进行的。由于催化剂颗粒是多孔，所以催化剂的大量表面是微孔的内表面。反应后的产物是吸附在表面上的，要使反应连续不断地进行，则产物必须从表面上脱附，使后续的反应物再在表面吸附并反应。如此这般，使得催化反应不断进行。因此，气-固多相催化反应通常须经过如下七个步骤。

① 外扩散，由气相向催化剂外表面扩散；

② 内扩散，扩散到外表面的反应物，除少部分在外表面吸附外，其余大部分沿着催化剂孔道向内表面扩散；

③ 表面吸附，反应物在表面吸附；

④ 表面反应，吸附后反应物在表面进行反应，生成产物；

⑤ 产物解吸，反应产物从表面解吸；

⑥ 产物内扩散，产物从内表面向外表面扩散；

⑦ 产物外扩散，产物从外表面向气相扩散。

在上述七个步骤中，①②⑥⑦为扩散过程，③④⑤为表面过程。在稳定条件下，上述七个串连进行的步骤其速率是相等的，速率的大小受其中阻力最大的慢步骤控制。若慢步骤出现在①②⑥⑦中，我们说反应出现在扩散控制区；否则，则处在动力学控制区。为了简化计算，假设除了速控步外，其他步骤都很快，能够随时保持平衡。一般来说，在低温、高流速和小颗粒催化剂条件下，催化反应往往处在表面控制。相反，在高温、低流速和大颗粒催化剂条件下，催化反应一般处于扩散控制。工业上，总是希望将反应控制在表面过程，以最大限度发挥催化剂的作用。在本书中，只讨论表面反应为控制步骤的催化反应动力学（又称为本征动力学）。关于扩散，表面吸、脱附为控制步骤的讨论及其动力学规律可阅读相关书籍。

**(2) 扩散控制的鉴别与消除**

讨论表面反应为控制步骤的催化反应动力学，其目的是希望在实验的基础上获得表面反应的动力学方程式，然后通过对表面动力学方程的解释，以说明表面反应动力学规律。为此，实验过程中必须避免扩散过程成为速率控制步骤。要做到这一点，首先要识别反应是否处在扩散过程，然后才能避免扩散过程成为速控步。通常的方法是通过控制反应条件（气体流速、催化剂颗粒和反应温度）来鉴别和消除扩散过程成为速控步。例如：

① 若升高温度反应速率增加不大，说明反应可能受扩散过程控制。

② 若气体流速增加，反应速率增加，则说明反应受外扩散控制。此时要继续增加流速，直至反应速率不再随流速增加而增大为止，以此来消除外扩散控制。

③ 若反应速率随催化剂颗粒减小而增加，说明反应受内扩散控制，其消除的方法是继续减小催化剂颗粒，直至反应速率不再增加为止。

**(3) 表面吸附**

复相催化是在固体表面进行的，必须经过吸附（至少有一种反应物要吸附在催化剂表面上）而后反应。化学吸附缘于化学键力，它能使被吸附分子的价键发生变化，或引起分子的变形，因而能改变反应途径。正因为如此，反应物在催化剂表面上的吸附状态往往决定了其催化反应产物。为此，研究催化反应必须首先研究反应物在催化剂表面的吸附过程、状态及势能变化。

吸附有物理吸附和化学吸附，通过对吸附过程势能的研究，可以了解两种吸附过程各在催化反应中所起的作用。

① 分子在催化剂表面的吸附状态。反应物在催化剂表面的吸附状态既与反应物分子的性质有关，又与催化剂的组成和结构有关。有关吸附研究本身就是物理化学的一个重要的分支学科，内容十分丰富。这里只是通过几个简单分子在金属催化剂表面的吸附，举例说明分子在催化剂表面的吸附状态。

a. 解离吸附　目前已完全确定，氢分子在金属催化剂 M 表面发生化学吸附时发生解离，即

$$H_2 + 2M \longrightarrow 2MH$$

式中，M 表示金属原子。饱和烃也属于这种类型，例如甲烷在金属上吸附时

$$CH_4 + 2M \longrightarrow MCH_3 + MH$$

b. 缔合吸附　具有 π 电子或孤对电子的分子，在化学吸附时并不解离。例如，单烯烃在化学吸附时，其 π 键断裂，每个碳原子与表面的金属原子形成 δ 键

$$H_2C{=}CH_2 + 2M \longrightarrow \underset{\textstyle M}{\underset{|}{H_2C}}{-}\underset{\textstyle M}{\underset{|}{CH_2}}$$

CO 在过渡金属上的吸附方式一般认为可分成三类：线式吸附态、桥式吸附态和多重键吸附态，这些吸附态的 C—O 伸缩振动具有红外活性，其共振动频率分别位于 $\sim 2050cm^{-1}$，$\sim 1950cm^{-1}$ 和 $\sim 1700cm^{-1}$。但也有人认为 CO 在过渡金属表面上可能会形成倒式吸附态，即 C—O 键向表面倾斜，甚至平行于表面。研究表明，CO 的不同吸附态，其产物不同。

CO ⟶
- $+M \longrightarrow O{=}C{=}M$　（线式吸附）　$\tilde{\nu} \approx 2050cm^{-1}$
- $+2M \longrightarrow$ M—C(=O)—M（C 上接 O，下接两个 M）　（桥式吸附）　$\tilde{\nu} \approx 1950cm^{-1}$
- $+nM \longrightarrow$ 多重键吸附　$\tilde{\nu} \approx 1700cm^{-1}$

又如 $H_2S$ 被化学吸附时，可写作

$$H_2S+M \longrightarrow \begin{array}{c}HSH\\|\\M\end{array}$$

值得指出的是，$H_2S$ 中 S 原子与金属表面原子键合较强，它吸附在催化剂的活性位置上不易解吸，产生永久性吸附，使催化剂中毒，失去活性。

② 吸附势能曲线。在多相催化反应过程中，反应物分子在催化剂表面的吸附起着重要作用。当反应物分子向催化剂表面靠近时，首先经过物理吸附，进而转向化学吸附。现在要问：在发生吸附时，反应物分子与催化剂表面间的势能是如何变化的？物理吸附和化学吸附各起什么作用？物理吸附是如何转为化学吸附的？在第 9 章图 9-18 中以 $H_2$ 在 Ni 表面的吸附给出了上述问题示意解答。

在图 9-18 中，纵坐标表示势能的高低，处于势能为零处的横坐标表示 $H_2$ 分子离 Ni 表面的距离。曲线 $P'aP$ 表示 $H_2$ 在 Ni 表面物理吸附时势能随距离的变化；曲线 $CPbC'$ 表示 H 在催化剂表面发生化学吸附时势能随距离的变化。从图上可以看出，$H_2$ 距 Ni 表面甚远时，势能为零，当它逐渐接近 Ni 表面，由于分子与表面间存在范德华力，其势能逐渐下降。达到平衡位置 $a$ 时，势能达到极小，同时放出吸附热 $\Delta H_a$。在极小值点 $a$ 时，$H_2$ 与 Ni 表面间的核间距约为 0.32nm，这个距离正好是 Ni 的范德华半径 $r_{Ni,vdw}$（=0.205nm）和 $H_2$ 的范德华半径 $r_{H_2,vdw}$（=0.115nm）之和［所谓范德华半径是指当一个原子接近另一个原子时，在不形成化学键的前提下，所能达到的最近距离。Ni 和 $H_2$ 的范德华半径分别是 Ni 原子和 $H_2$ 共价半径加 0.08nm，即 $r_{Ni,vdw}$（=0.125nm+0.08nm），$r_{H_2,vdw}$（=0.035nm+0.08nm），其中 0.08nm 是由于 $H_2$ 与 Ni 之间因范德华力发生极化变形引起的］。过极小值点 $a$ 再继续接近表面，在斥力作用下，势能逐渐升高。

曲线 $CPbC'$ 为化学吸附的势能曲线。它表示如下的过程：

$$2Ni+2H \longrightarrow 2NiH$$

H 在 Ni 表面进行化学吸附前，首先须获得 $434kJ\cdot mol^{-1}$ 能量使 $H_2$ 解离为 H。随着 H 向 Ni 表面靠近，H 与 Ni 表面的势能沿 $CPb$ 曲线下降，达到平衡位置 $b$ 时，H 与 Ni 之间的核间距为 $r_H+r_{Ni}=(0.125+0.035)nm=0.16nm$，同时放出化学吸附热 $\Delta H_c$，其值比物理吸附热 $\Delta H_a$ 大得多。过 $b$ 点，H 继续向 Ni 表面靠近时，在斥力作用下，势能急剧上升。

实际上，$H_2$ 在 Ni 表面发生的吸附既不是上述单纯的物理吸附，也不是上述单纯的化学吸附。实际过程是，$H_2$ 在 Ni 表面先发生单纯的物理吸附，当离 Ni 表面的距离为图中 $P$ 点所对应的距离时，$H_2$ 利用物理吸附热效应 $\Delta H_a$，克服吸附活化能 $E_p$，达到吸附过渡状态 H…H（图中 $P$ 点），此后进入化学吸附。由此可知，反应物分子在催化剂表面发生化学吸附时，物理吸附是不可或缺的前奏，正是由于物理吸附的存在，使得 $H_2$ 进行化学吸附时，并不需要事先获得 $434kJ\cdot mol^{-1}$ 那么多的能量预先解离，而是通过物理吸附使得反应物分子在催化剂表面的化学吸附得以顺利进行。**反应物分子在催化剂表面吸附过程是催化剂改变原反应途径，降低反应活化能，从而加速反应速率的根本原因。**

**(4) 表面反应控制的气-固相反应动力学**

在气-固相催化反应的七个串连步骤中，若速率控制步骤为表面反应过程，则可认为表面反应前的扩散和吸附过程都很快，反应物 A 在催化剂表面分压与其气相本体分压相等，而且在整个反应过程中，都能维持吸附平衡。因此，可以利用朗格缪尔等温式和表面质量作

用定律来计算表面反应速率。根据上述假设，下面分三种情况讨论表面反应动力学。

① 只有一种反应物的表面反应，$A \longrightarrow B$，其机理为

吸附：$$A+K \underset{k_d}{\overset{k_{ad}}{\rightleftharpoons}} AK\text{（快）}$$

表面反应：$$AK \longrightarrow BK\text{（慢）}$$

解吸：$$BK \longrightarrow B+K\text{（快）}$$

式中，K 表示催化剂的活性中心，$k_{ad}$ 和 $k_d$ 分别表示反应物在催化剂表面的吸、脱附速率常数，AK 和 BK 分别表示吸附在活性中心上的反应物和产物。因为表面反应为控制步骤，根据表面质量作用定律，对单分子表面反应有

$$-\frac{dp_A}{dt}=k_S\theta_A \tag{11-202}$$

式中，$\theta_A$ 和 $k_S$ 分别为反应物 A 在表面的覆盖度和表面反应速率常数。吸附平衡时，若产物 B 在催化剂上吸附很弱，则根据朗格谬尔吸附等温式

$$\theta_A=\frac{b_A p_A}{1+b_A p_A}$$

代入式(11-202) 中得

$$r=-\frac{dp_A}{dt}=\frac{k_S b_A p_A}{1+b_A p_A} \tag{11-203}$$

对于上式，可分几种情况讨论。

a. 如果 A 在催化剂表面吸附很弱，即 $b$ 值很小，或者是压力很低时，则 $b_A p_A \ll 1$，于是式(11-203) 变为

$$r=k_S b_A p_A=kp_A\text{（一级反应）} \tag{11-204}$$

许多表面反应符合一级反应。例如

$$2N_2O \xrightarrow{Au} 2N_2+O_2$$

$$2HI \xrightarrow{Pt} H_2+I_2$$

但是，同样是上述两个反应，在均相中都是典型的二级反应。

b. 如果 A 在催化剂表面吸附很强，即 $b_A$ 值很大，或者是压力很高时。则 $b_A p_A \gg 1$，式(11-203) 可化为

$$r=k_S\text{（零级反应）} \tag{11-205}$$

反应速率为常数，与压力无关。当固体表面全部被反应物分子覆盖，即 $\theta_A=1$ 时，就属于这种情况。这时气相压力 $p_A$ 不再有影响。例如反应

$$2NH_3 \xrightarrow{W} N_2+3H_2$$

$$2HI \xrightarrow{Au} H_2+I_2$$

都是零级反应。

c. 反应物分子的吸附为中等强度，或者压力为中等大小时，

$$r=kp_A^n\ (0<n<1) \tag{11-206}$$

为分数级反应。例如 $SbH_3$ 在锑表面上的解离反应，$n=0.6$。

值得注意的是，上述讨论假定产物吸附极弱。若不是这样，而是吸附很强，根据朗格缪尔复合吸附等温方程：

$$\theta_A = \frac{b_A p_A}{1 + b_A p_A + b_B p_B}$$

由于B是强吸附，假设 $b_B p_B \gg 1 + b_A p_A$，故反应速率方程式(11-203) 变为

$$r = -\frac{dp_A}{dt} = \frac{k_S b_A p_A}{b_B p_B} = \frac{k p_A}{p_B} \tag{11-207}$$

由上式可知，反应速率与反应物分压 $p_A$ 的一次方成正比，与生成物分压 $p_B$ 的一次方成反比。例如反应

$$2NH_3 \xrightarrow{Pt} N_2 + 3H_2$$

其速率方程为

$$-\frac{dp_{NH_3}}{dt} = \frac{k p_{NH_3}}{p_{H_2}}$$

即 $NH_3$ 分解所产生的 $H_2$ 对此反应有抑制作用。

② 有两种反应物的表面反应：$A + B \longrightarrow X$，其机理为

吸附： $$A + K \underset{k_{a,A}}{\overset{k_{ad,A}}{\rightleftharpoons}} AK \text{（快）}$$

$$B + K \underset{k_{a,B}}{\overset{k_{ad,B}}{\rightleftharpoons}} BK \text{（快）}$$

表面反应： $$AK + BK \longrightarrow XK \text{（慢）}$$

解吸： $$XK \longrightarrow X + K$$

上述双分子的表面反应机理称为朗格缪尔-欣谢尔伍德（Langmuir-Hinshelwood）机理，简写为L-H机理。

因表面反应为速率控制步骤，根据表面质量作用定律，有

$$r = -\frac{dp_A}{dt} = k_S \theta_A \theta_B \tag{11-208}$$

若产物吸附很弱，根据复合吸附的朗格缪尔吸附等温式，

$$\theta_i = \frac{b_i p_i}{1 + \sum b_i p_i}$$

有

$$r = -\frac{dp_A}{dt} = \frac{k_S b_A b_B p_A p_B}{(1 + b_A p_A + b_B p_B)^2} = \frac{k p_A p_B}{(1 + b_A p_A + b_B p_B)^2} \tag{11-209}$$

在上式中，若A和B吸附都很弱或 $p_A$ 和 $p_B$ 都很小，则 $1 + b_A p_A + b_B p_B \approx 1$。上式可简化为

$$r = k p_A p_B \text{（二级反应）} \tag{11-210}$$

仿照表面单分子反应的讨论，区别不同条件，还可对式(11-209) 分几种情况进行讨论。读者可尝试讨论之。

对于表面双分子反应还有一种情况是一种物质A吸附在催化剂表面，而另一种与之反应的物质是气相B，而不是吸附的B（或者物质B吸附极弱），这种机理称为爱利-里迪尔(Eley-Rideal) 机理，简写为E-R机理。关于其速率方程，读者可参考L-H机理的推导过程自己练习之。

关于扩散或表面吸附为速率控制步骤的动力学方程，其推导过程相对较复杂，这里不一一分析。

**(5) 温度对表面反应速率的影响**

对于具有 $r=k\prod p_i^{\nu_i}$ 形式速率方程的多相催化反应，同样可用阿累尼乌斯方程讨论其温度对表面反应速率的影响，即

$$\frac{\mathrm{d}\ln k}{\mathrm{d}T}=\frac{E_\mathrm{a}}{RT^2} \tag{11-211}$$

式中，$k$ 为表面催化反应的表观速率常数；$E_\mathrm{a}$ 表示反应的表观活化能。同时将化学平衡的范德霍夫方程用于表面化学吸附平衡，有

$$\frac{\mathrm{d}\ln b}{\mathrm{d}T}=\frac{Q}{RT^2} \tag{11-212}$$

式中，$b$ 为吸附平衡常数；$Q$ 为吸附热。

将上述二式用于式(11-209)，式中 $k=k_\mathrm{S}b_\mathrm{A}b_\mathrm{B}$，将此式两边取对数后再对 $T$ 微分，得

$$\frac{\mathrm{d}\ln k}{\mathrm{d}T}=\frac{\mathrm{d}\ln k_\mathrm{S}}{\mathrm{d}T}+\frac{\mathrm{d}\ln b_\mathrm{A}}{\mathrm{d}T}+\frac{\mathrm{d}\ln b_\mathrm{B}}{\mathrm{d}T}=\frac{E_\mathrm{S}}{RT^2}+\frac{Q_\mathrm{A}}{RT^2}+\frac{Q_\mathrm{B}}{RT^2} \tag{11-213}$$

$$\frac{\mathrm{d}\ln k}{\mathrm{d}T}=\frac{E_\mathrm{S}+Q_\mathrm{A}+Q_\mathrm{B}}{RT^2} \tag{11-214}$$

式中，$E_\mathrm{S}$、$Q_\mathrm{A}$ 和 $Q_\mathrm{B}$ 分别是表面反应活化能及反应物 A 和 B 的吸附热，对比式(11-211)，可得与式(11-209) 速率方程对应表观活化能为

$$E_\mathrm{a}=E_\mathrm{S}+Q_\mathrm{A}+Q_\mathrm{B} \tag{11-215}$$

注意：吸附为放热过程，$Q_\mathrm{A}$ 和 $Q_\mathrm{B}$ 皆小于零。由此可知，$E_\mathrm{S}>E_\mathrm{a}$，即吸附过程降低了表面反应的活化能，使催化反应更容易进行。

## 本章小结及基本要求

通过化学热力学的计算，人们能知道一个化学反应变化的方向、所能达到的最大限度以及外界条件对方向和限度的影响。但是，化学热力学只能预测反应的可能性，无法预测反应是否真的能发生，更不知道反应是如何发生（反应机理）和以什么样的反应速率进行。要想知道一个热力学允许的反应是以什么机理进行、其反应速率为多少以及外界条件是如何影响反应机理和速率，就必须研究化学反应动力学。

化学反应动力学是研究反应速率及机理的科学。其内容涉及宏观反应动力学及其规律、微观反应机理及特点、反应速率理论及一些特殊过程动力学规律等。化学动力学以反应速率为切入点，提出了反应速率的定义式和测定方法，讨论了各种因素（反应物浓度、温度、溶剂性质、光、催化剂等）对反应速率的影响。

基元反应可依据质量作用定律直接得到浓度与反应速率的定量关系——反应速率方程；而对于具有简单级数的非基元反应，则需要通过动力学实验测定动力学曲线，再根据动力学曲线，通过微分法或积分法或半衰期或简单的零级、一级和二级反应的特征确定动力学方程。对速率方程的微分式（$r$-$c$ 关系）进行积分，可得到动力学方程的积分式（$c$-$t$ 关系）及相关的动力学特征。对于一些包含有对峙、平行、连串步骤的复杂反应和包含有自由基的链反应，常需要采取近似处理——稳态近似法或平衡浓度近似法求出动力学方程的微分式。

在各种影响反应速率的因素中，温度是最重要的影响因素之一。阿累尼乌斯方程给出了温度对反应速率影响的定量关系，提出了活化能和指前因子的两个经验参数。活化能是化学

反应动力学中的重要概念，其物理意义是每摩尔活化态分子平均能量与每摩尔反应物分子平均能量之差，即反应物欲变成产物必须获得的能量。是求动力学方程时必须测定的物理量之一。

溶剂、催化剂和光是影响反应速率和机理的常见因素。动力学研究认为，溶液中的反应与气相反应的不同在于溶剂通过笼效应和溶剂性质影响反应速率。若溶剂对反应产生明显的作用，则溶剂的性质如黏度、介电常数、溶剂极性、离子强度以及溶剂对反应物或产物的溶剂化程度等对反应速率有明显的影响；关于催化剂对反应速率和机理的影响，动力学从催化剂及其特征出发，结合催化剂与反应物之间作用（包括气-固相催化反应中反应物分子在催化剂表面的吸附作用），讨论了催化剂影响反应速率的根本原因、反应机理和反应速率方程。总结出了催化反应的特征，并指出催化剂影响反应速率的根本原因是催化剂改变了反应历程，降低了反应活化能。对于光化学反应，从光化学反应的特征、光化学反应定律和反应机理入手，讨论了光强度与化学反应速率的关系，并用量子效率和量子产率的概念表征光引发反应的效率，对光化学反应做出了初步、入门的介绍。

从反应微观、本质出发，利用碰撞理论和过渡状态理论，对反应产生的原因进行了定性分析，并在一些假设的基础上，推导出基元反应的速率方程，并给出了活化能和指前因子的物理意义；根据过渡态理论和势能面，给出了过渡态概念的物理意义和反应坐标的物理意义，导出了艾林方程，通过活化熵给出了碰撞理论中方位因子的物理意义，导出了活化能与反应焓之间的关系。

学习本章的基本要求。

① 掌握化学反应速率的定义、数学表达式，理解测定动力学曲线的方法。

② 理解基元反应分子数、反应级数和速率常数等基本概念，掌握质量作用定理。

③ 掌握具有简单级数（0、1、2）反应的动力学（微分、积分）方程的数学表达式，动力学特征及反应级数、速率常数的计算。

④ 理解通过动力学曲线确定速率方程的微分法、半衰期法和初始浓度法及其计算。

⑤ 了解温度对反应速率影响的五种类型。掌握阿累尼乌斯方程及相关计算，正确理解活化能和指前因子的概念。

⑥ 掌握简单复杂反应（对峙、平行和连串反应）动力学方程特征和计算。

⑦ 理解复杂反应的近似处理法，能熟练应用平衡态浓度近似法和稳态近似法推导简单复杂反应和链式反应的速率方程。

⑧ 理解表观速率常数和表观活化能的物理意义。

⑨ 理解碰撞理论的基本假设、异种分子和同种分子的碰撞数方程，玻尔兹曼因子、阈能的物理意义。

⑩ 能对由碰撞理论得到的动力学方程与阿累尼乌斯方程进行比较，理解基元反应活化能、阈能及其相互关系。

⑪ 了解林德曼单分子反应机理。

⑫ 理解过渡态理论基本假设、活化络合物、过渡态、马鞍点和反应坐标的概念及其物理意义。

⑬ 理解艾林方程及活化能、活化吉布斯函数、活化焓和活化熵的物理意义。

⑭ 能对阿累尼乌斯方程、碰撞理论速率方程和艾林方程进行比较分析，理解指前因子、碰撞频率、活化熵相互间的关系和活化能、阈能、活化焓相互间的关系。

⑮ 了解溶液中反应与气相反应的差异，溶剂性质（介电常数、极性、离子强度等）和

溶剂化对反应速率的影响。

⑯ 了解光化学反应的特点和光化学反应基本定律。

⑰ 了解简单光化学反应机理、速率方程推导和量子产率的计算。

⑱ 了解催化反应的基本概念及催化作用的基本特征和表观活化能。

⑲ 了解酶催化反应的特点、机理和动力学方程。

⑳ 理解催化剂表面吸附行为、气-固相催化反应步骤、单分子和双分子催化反应机理、动力学方程推导、不同条件下动力学方程的简化、温度对表面反应速率的影响和表观活化能的物理意义。理解催化剂加速反应的根本原因。

## 习题

1. 当有碱存在时，硝基氨分解为 $N_2O$ 和 $H_2O$ 是一级反应。在 288K 时，将 0.806mmol $NH_2NO_2$ 放入溶液中，70min 后，有 6.19$cm^3$ 气体放出（已换算成 288K，$1.013\times10^5$Pa 之干燥气体体积），求 288K 时该反应的半衰期。

答案：$t_{1/2}=123.6$min

2. 若一级反应：A $\longrightarrow$ 产物，其初速率 $r_0=1\times10^{-3}\text{mol}\cdot\text{dm}^{-3}\cdot\text{min}^{-1}$，反应进行 1h 后，反应速率 $r=0.25\times10^{-3}\text{mol}\cdot\text{dm}^{-3}\cdot\text{min}^{-1}$。求速率系数 $k$、半衰期 $t_{1/2}$ 及初始浓度 $c_{A,0}$。

答案：$k=0.023\text{min}^{-1}$，$t_{1/2}=30$min，$c_{A,0}=0.0433\text{mol}\cdot\text{dm}^{-3}$

3. 已知二甲醚气相分解反应 $CH_3OCH_3 \longrightarrow CH_4+CO+H_2$ 为一级反应。今设该反应在恒容反应器中进行，$t$ 时刻体系的总压力为 $p$，$t=\infty$ 时体系的总压力为 $p_\infty$，试写出用 $t$、$p$、$p_\infty$ 数据计算速率系数 $k$ 的公式。

答案：$k=\dfrac{1}{t}\ln\dfrac{p_{A,0}}{p_A}=\dfrac{1}{t}\ln\dfrac{2p_\infty}{3(p_\infty-p)}$

4. $N_2O_5 \longrightarrow 2NO_2+\frac{1}{2}O_2$ 为一级反应，其反应速率系数 $k_1=4.8\times10^{-4}\text{s}^{-1}$，试求 (1) 该分解反应的半衰期；(2) 若初始压力为 66661Pa，问 10min 后，压力为多少？

答案：(1) $t_{1/2}=1.444\times10^3$s；(2) $p_{总}=91686$Pa

5. 纯 $BHF_2$ 被引入 292K 恒容的容器中，发生下列反应：$6BHF_2(g) \longrightarrow B_2H_6(g)+4BF_3(g)$ 不论起始压力如何，发现 1h 后，反应物分解 8%，求

(1) 反应级数；

(2) 计算速率系数；

(3) 当起始压力是 101325Pa 时，求 2h 后容器中的总压力。

答案：(1) 因反应物分解 8% 与初始浓度无关，该反应是一级反应；(2) $k=0.083\text{h}^{-1}$；(3) $p_{总}=98.75$kPa

6. *N*-氯代乙酰苯胺 $C_6H_5N(Cl)COCH_3$ (A) 异构化为乙酰对氯苯胺 $ClC_6H_4NHCOCH_3$ (B) 为一级反应。反应进程由加 KI 溶液，并用标准硫代硫酸钠溶液滴定游离碘来测定。KI 只与 A 反应。数据如下：

| $t$/h | 0 | 1 | 2 | 3 | 4 | 6 | 8 |
|---|---|---|---|---|---|---|---|
| $V(Na_2S_2O_3,aq)/cm^3$ | 49.3 | 35.6 | 25.75 | 18.5 | 14.0 | 7.3 | 4.6 |

计算速率常数，以 $s^{-1}$ 表示。$c(S_2O_3^{2-})=0.1mol\cdot dm^{-3}$。

答案：$k_{平均}=8.7\times10^{-5}s^{-1}$

7. 950K 时，反应 $4PH_3(g)\longrightarrow P_4(g)+6H_2$ 的动力学数据如下：

| $t$/min | 0 | 40 | 80 |
|---|---|---|---|
| $p_{总}$/mmHg | 100 | 150 | 166.7 |

反应开始时，只有 $PH_3$，求反应级数和速率常数

答案：一级反应，$k=0.2747min^{-1}$

8. 气相反应 $A(g)\longrightarrow 2B(g)+1/2C(g)$ 为一级反应，其半衰期为 $1.44\times10^2s$，试求

(1) 反应速率常数 $k$；

(2) 若反应经 10min 后体系总压为 91.7kPa，则 A(g) 的初始压力为若干？

答案：(1) $k=4.8\times10^{-4}s^{-1}$；(2) A(g) 的初始压力 $p_0=66.66kPa$

9. 实验中测定蔗糖转化反应，不是测定其浓度而是测定其旋光度。已知蔗糖转化的产物为葡萄糖和果糖，且蔗糖、葡萄糖和果糖的旋光度 $\alpha$ 与其浓度有线性关系，设 $\alpha_0$ 为开始时蔗糖旋光度，$\alpha_\infty$ 为反应完毕后葡萄糖和果糖的旋光度之和，$\alpha_t$ 为 $t$ 时刻时体系旋光度，请推导 $k$ 的表达式。

答案：$k=\dfrac{1}{t}\ln\dfrac{\alpha_0-\alpha_\infty}{\alpha_t-\alpha_\infty}$

10. 放射性物质所产生的热量与核裂变的物质的量成正比，为了给北极的自动气象站提供电源，设计了一种人造放射性物质 $^{210}Pa$ 的核电池，其功率与放射性物质的量成正比。已知 $^{210}Pa$ 的半衰期 $t_{1/2}=138.4$ 天，如果核电池提供的功率不允许下降到它初值的85%以下，那么经多长时间就应更换电池？(注：因放射性物质单位时间所产生的热量与放射性物质的量成正比，因此，由核电池的工作原理可知，核电池的功率与放射性物质的量也成正比)

答案：$t=32.5$ 天，32.5 天后就应更换电池

11. 一次核爆炸产生的 $^{20}Sr$ 可代换骨中的钙，此同位素半衰期为 281a (年)，假设 $1\mu g$ $^{20}Sr$ 被一新生儿吸收，问 70 年之后，人体中还剩多少？

答案：70 年之后，人体中还剩 $0.84\mu g$

12. 碳的放射性同位素 $^{14}C$ 在自然界树木中的分布基本保持为总碳量的 $1.10\times10^{-13}\%$。某考古队在一山洞中，发现一些古代木头燃烧的灰烬，经分析 $^{14}C$ 的含量为总碳量的 $9.57\times10^{-14}\%$，已知 $^{14}C$ 的半衰期为 5700a (年)，试计算这灰距今约有多少年？

答案：约 1145a

13. 298K 时，反应 $N_2O_5(g)+NO(g)\longrightarrow 3NO_2(g)$ 的速率方程可表示为 $r=kp^x(N_2O_5)p^y(NO)$。当 $N_2O_5(g)$ 初始压力为 101.0Pa 而 NO(g) 压力是 $101.0\times10^2Pa$ 时，$\ln\{p[N_2O_5(g)]\}$ 对 $t$ 作图为一直线，而当二者初始压力均为 $101.0\times10^2Pa$ 时，$\ln[(p_\infty-p_t)/Pa]$ 对 $t$ 作图也为一直线，求该反应的级数。$p_\infty$ 是体系经极长反应时间后体系的总压，$p_t$ 是 $t$ 时刻体系的总压，设反应可进行完全。

答案：$n=x+y=1+0=1$

14. 已知反应 $mA\longrightarrow nB$ 是基元反应，其动力学方程表示为 $-\dfrac{1}{m}\times\dfrac{dc_A}{dt}=kc_A^m$，$c_A$ 单

位是 $mol \cdot dm^{-3}$，试求

(1) $k$ 的单位是什么？

(2) 写出 B 的生成速率方程 $dc_B/dt$；

(3) 分别写出当 $m=1$ 和 $m \neq 1$ 时 $k$ 的积分表达式。

答案：(1) $[k]=dm^{3(m-1)} \cdot mol^{1-m} \cdot s^{-1}$；(2) $dc_B/dt=nkc_A^m$；

(3) $m=1$ 时，$k=\frac{1}{t}\ln\frac{c_{A,0}}{c_A}$，$m \neq 1$ 时，$k=\frac{1}{mt(m-1)}(c_A^{1-m}-c_{A,0}^{1-m})$

15. 反应 $C_3H_7Br+S_2O_3^{2-}$ ══ $C_3H_7S_2O_3^-+Br^-$ 是双分子反应，其 310K 时的速率系数是 $1.64\times10^{-3} dm^3 \cdot mol^{-1} \cdot s^{-1}$，在某次实验中，反应物 $C_3H_7Br$、$S_2O_3^{2-}$ 的起始浓度均为 $0.1 mol \cdot dm^{-3}$，求反应速率 $d[C_3H_7Br]/dt$ 降到起始速率的 1/4 时所需的时间。

答案：$t=t_{1/2}=1/kc_0=1/(1.64\times10^{-3}\times0.1)=6098s^{-1}$

16. 通过测量体系的电导率可以跟踪反应：

$$CH_3CONH_2+HCl+H_2O = CH_3COOH+NH_4Cl$$

在 63℃时，混合等体积的 $2mol \cdot dm^{-3}$ 乙酰胺和 HCl 的溶液后，观测到下列电导率数据：

| $t$/min | 0 | 13 | 34 | 50 |
|---|---|---|---|---|
| $\kappa_t/\Omega^{-1} \cdot m^{-1}$ | 40.9 | 37.4 | 33.3 | 31.0 |

63℃时，实验（浓度）条件下，$H^+$、$Cl^-$ 和 $NH_4^+$ 的离子摩尔电导率分别是 $0.0515m^2 \cdot \Omega^{-1} \cdot mol^{-1}$、$0.0133m^2 \cdot \Omega^{-1} \cdot mol^{-1}$ 和 $0.0137m^2 \cdot \Omega^{-1} \cdot mol^{-1}$，不考虑非理想性的影响，确定反应级数并计算反应速率常数的值。

答案：$n=2$，$k_{平均}=0.0137mol^{-1} \cdot dm^3 \cdot s^{-1}$

17. 恒温、恒容气相反应 $A+B \longrightarrow C$，其速率方程为 $r=-dp_A/dt=kp_Ap_B$，在抽空容器中，放入 5g A(g) 和 8g B(g)，最初总压为 $0.2p^{\ominus}$，经 500s 后，A(g) 有 20%反应掉，已知 A 和 B 的相对分子质量为 50 和 80。试求：(1) 反应的速率常数；(2) 反应的半衰期。

答案：(1) $k=0.005\ (p^{\ominus} \cdot s)^{-1}$；(2) $t_{1/2}=2000s$

18. 某物质 A 的分解反应为二级反应，当反应进行到 A 消耗了 1/3 时，所需时间为 2min，若继续反应掉同样数量的 A，应需多长时间？

答案：$t_{2/3}=8min$

19. 反应 $A+B \longrightarrow C+D$ 的速率方程为 $r=kc_Ac_B$，初始时 A 与 B 浓度均为 $0.02mol \cdot dm^{-3}$，在 294K，25min 时取出样品并立即中止反应进行定量分析，测得溶液中 B 为 $0.529\times10^{-2} mol \cdot dm^{-3}$，试求反应转化率达 90%时，需时间多少？

答案：当转化率达 90%时，需要 80.8min

20. 400K 时，在一恒容的抽空容器中，按化学计量比引入反应物 A(g) 和 B(g)，进行如下气相反应：

$$A(g)+2B(g) \longrightarrow Z(g)$$

测得反应开始时，容器内总压为 3.36kPa，反应进行 1000s 后总压降至 2.12kPa。已知 A(g)、B(g) 的反应级数分别为 0.5 和 1.5，求速率常数 $k_{p,A}$、$k_{c,A}$，及半衰期 $t_{1/2}$。

答案：$k_{p,A}=3.914\times10^{-7} Pa \cdot s^{-1}$，$k_{c,A}=1.302dm^3 \cdot mol^{-1} \cdot s^{-1}$，$t_{1/2}=806s$

21. 在 910K 时反应 $C_2H_6 \longrightarrow C_2H_4+H_2$ 的速率常数为 $1.13mol^{-1/2} \cdot dm^{1/2} \cdot s^{-1}$，试求乙烷压力为 39947Pa 时的初速度。

答案：乙烷压力为 39947Pa 时的初速度 $r_0=4.34\times10^{-4}\,mol\cdot dm^{-3}\cdot s^{-1}$

22. 反应 $2A+B\longrightarrow P$，其速率方程为 $-dp_B/dt=kp_A^a p_B^b$。经实验发现，当 $p_{A,0}:p_{B,0}=100:1$，在 1093.2K 时，反应的半衰期与 $p_{B,0}$ 无关。当 $p_{B,0}:p_{A,0}=100:1$ 时，在 1093.2K 时，反应的半衰期与 $p_{A,0}$ 成反比。请确定 $a$、$b$ 值。

答案：$a=2$，$b=1$

23. 对于反应 $NH_4CNO\longrightarrow CO(NH_2)_2$ 已知实验数据如下表示：

| $[NH_4CNO]_0/mol\cdot dm^{-3}$ | 半衰期/h |
| --- | --- |
| 0.05 | 37.03 |
| 0.10 | 19.15 |
| 0.20 | 9.45 |

试求反应的级数。

答案：$n=1.98\approx2$

24. 二氧化氮热分解反应 $2NO_2=\!=\!=2NO+O_2$ 经测定有如下数据：

| 初始浓度 | 初速率 |
| --- | --- |
| $0.0225mol\cdot dm^{-3}$ | $0.0033mol\cdot dm^{-3}\cdot s^{-1}$ |
| $0.0162mol\cdot dm^{-3}$ | $0.0016mol\cdot dm^{-3}\cdot s^{-1}$ |

假设该反应有 $r_0=kc_0^n$ 形式的动力学方程，请据此确定此反应级数。

答案：$n=2$

25. 某反应物 A 消耗掉 $\alpha$ 衰期（$\alpha$ 可等于 1/2、3/4、3/5 等）所需时间用 $t_\alpha$ 表示，若 $t_{1/2}/t_{3/4}=1/5$，问该反应对反应物 A 是几级。

答案：$n=3$

26. 某化合物的分解是一级反应，该反应活化能 $E_a=140430J\cdot mol^{-1}$，已知 557K 时该反应速率常数 $k_1=3.3\times10^{-2}s^{-1}$，现在要控制此反应在 10min 内，转化率达到 90%，试问反应温度应控制在多少？

答案：$T_2=520K$

27. 乙烯热分解反应 $C_2H_4\longrightarrow C_2H_2+H_2$ 为一级反应，在 1073K 时，反应经过 10h 有 50%的乙烯分解，已知该反应的活化能 $E_a=250.8kJ\cdot mol^{-1}$，求此反应在 1573K 时，乙烯分解 50%需时多少？

答案：反应在 1573K 时，乙烯分解 50%需时 $t_{1/2}=4.8s$

28. 药物阿司匹林水解为一级反应，在 100℃时的速率常数为 $7.92d^{-1}$，活化能为 $E_a=56.43kJ\cdot mol^{-1}$。求 17℃时，阿司匹林水解 30%需多少时间？

答案：$t=8.2d$

29. 一位旅行家到达海拔 2213m 的山顶野营，想煮一个鸡蛋作午餐。一个鸡蛋在 $p^\ominus$ 下沸水 10min 即可熟，假定蛋白质的加热变性为一级反应，那么在山顶要煮熟一个鸡蛋需要多长时间？

已知蛋白质热变反应的活化能为 $85kJ\cdot mol^{-1}$。若山顶气压为 $p$，它服从公式

$$\lg(p/p^\ominus)=-Mgh/(2.303RT)$$

式中，$M$ 为空气平均分子量；$g$ 为重力加速度；$h$ 为山的高度。设温度为 20℃不变，

水的汽化焓：$\Delta_{vap}H_m=41kJ\cdot mol^{-1}$。

答案：山顶要煮熟一个鸡蛋需要17.1min

30. 已知对峙反应 $A\underset{k'}{\overset{k}{\rightleftharpoons}}B$，正、逆方向均为一级反应，速率常数分别为 $k$ 和 $k'$，若反应开始时，A和B的浓度分别为 $c_{A,0}$ 和 $c_{B,0}$，试将A的浓度表示成时间的函数，并写出此体系最后的组成。

答案：体系最后的组成：$c_{A,\infty}/c_{A,\infty}=k'/k$

31. 某一级平行反应

$$A\xrightarrow{k_1}B \quad (1)$$

$$A\xrightarrow{k_2}C \quad (2)$$

反应开始时 $c_{A,0}=0.5mol\cdot dm^{-3}$， 已知反应进行到30min时，分析可知 $c_B=0.08mol\cdot dm^{-3}$，$c_C=0.22mol\cdot dm^{-3}$，试求：

(1) 该时间反应物A的转化率（用百分号表示）；

(2) 反应的速率常数 $k_1+k_2=?$ 及 $k_1/k_2=?$

答案：(1) 反应物A的转化率 $x=60\%$；(2) $k_1+k_2=0.031min^{-1}$ 及 $k_1/k_2=0.36$

32. 已知下列二级平行分解反应：

$$2A(g)\xrightarrow{k_1}B(g)+C(g)$$

$$2A(g)\xrightarrow{k_2}D(g)+\frac{1}{2}C(g)$$

300K时，反应初始浓度 $c_{A,0}=4.0mol\cdot dm^{-3}$，反应进行到0.1s时，$c_A=0.11mol\cdot dm^{-3}$，$c_B=1.138mol\cdot dm^{-3}$，求 $k_1$ 及 $k_2$ 的值。

答案：$k_1=25.86dm^3\cdot mol^{-1}\cdot s^{-1}$，$k_2=18.34dm^3\cdot mol^{-1}\cdot s^{-1}$

33. 某物质气相分解反应为平行一级反应：

$$A\xrightarrow{k_1}R \qquad A\xrightarrow{k_2}S$$

298K时，测得 $k_1/k_2=24$，试估算573K时 $k_1/k_2$ 的数值，设指前因子 $A_1=A_2$。

答案：573K时 $k_1/k_2=5.22$

34. 已知平行反应

$$A\longrightarrow B \ (1) \ k_1=10^{15}\exp\left(\frac{-125.52kJ}{RT}\right)$$

$$A\longrightarrow C \ (2) \ k_2=10^{13}\exp\left(\frac{-83.68kJ}{RT}\right)$$

问：(1) 在什么温度下，生成两种产物的速率相同？

(2) 在什么温度下，生成B等于生成C的10倍？

(3) 在什么温度下，生成C等于生成B的10倍？

(4) 通过以上分析，可以对平行反应总结出什么规律？

答案：(1) $T=1093K$；(2) $T=2186K$；(3) $T=729K$；

(4) 升高温度对生成B（$E_a$ 大）的反应有利

35. 已知对峙反应 $2NO(g)+O_2(g)\underset{k_{-1}}{\overset{k_1}{\rightleftharpoons}}2NO_2(g)$

在不同温度下的 $k$ 值为：

| $T$/K | $k_1$/$mol^{-2}\cdot dm^6\cdot min^{-1}$ | $k_{-1}$/$mol^{-1}\cdot dm^3\cdot min^{-1}$ |
| --- | --- | --- |
| 600 | $6.63\times10^5$ | 8.39 |
| 645 | $6.52\times10^5$ | 40.4 |

试计算：

(1) 不同温度下反应的平衡常数值；

(2) 该反应的 $\Delta_r U_m$（设该值与温度无关）和 600K 时的 $\Delta_r H_m$ 值。

答案：(1)$K_c$(600K)＝$7.902\times10^4 mol^{-1}\cdot dm^3$，$K_c$ (645K) ＝$1.614\times10^4 mol^{-1}\cdot dm^3$；

(2) $\Delta_r U_m$＝$-113.6kJ\cdot mol^{-1}$，$\Delta_r H_m$＝$-118.6kJ\cdot mol^{-1}$

36. 已知对峙反应 $A \underset{k_{-1}}{\overset{k_1}{\rightleftharpoons}} B$，由实验数据作出的 $t$-$\lg(x_e-x)$ 图为一直线，其斜率为 $-243$，其中 $t$ 为反应时间（单位：min），$x$ 为 $t$ 时刻 B 的浓度，$x_e$ 为 B 的平衡浓度（注：$t=0$，时 $x=0$）。又知该反应在 298K 时的平衡常数为 2.68，试求 $k_1$、$k_{-1}$ 各为多少？

答案：$k_1=6.91\times10^{-3}min^{-1}$，$k_{-1}=2.57\times10^{-3}min^{-1}$

37. 已知一级对峙反应 $A \underset{k_{-1}}{\overset{k_1}{\rightleftharpoons}} B$，$k_1=k_{-1}$，反应开始时只有 A，且 $c_{A,0}=1.00mol\cdot dm^{-3}$，10min，后 $c_B=0.375mol\cdot dm^{-3}$，求 $k_1$、$k_{-1}$ 各为多少？

答案：$k_1=k_{-1}=6.93\times10^{-2}min^{-1}$

38. 溶液中某光学活性卤化物的消旋作用如下：

$$R_1R_2R_3CX(右旋)(A) \rightleftharpoons R_1R_2R_3CX(左旋)(B)$$

在正、逆方向上皆为一级反应，且两速率常数相等。若原始反应物为纯的右旋物质，速率常数为 $1.9\times10^{-6}s^{-1}$，试求：

(1) 转化 10%所需要的时间；(2) 24h 后的转化率

答案：(1) 转化 10%所需要的时间 $t=10^4 s$；(2) 24h 后的转化率为 14%

39. 反应 $A \xrightarrow{k_1} B \xrightarrow{k_2} C$ 为一级连串反应，A 的初始浓度为 $1.0mol\cdot dm^{-3}$，$k_1=0.1h^{-1}$，$k_2=0.05h^{-1}$。求 $[B]_{max}$ 及 $t_{max}$ 并画出 A，B，C 浓度随时间变化示意图。

答案：$t_{max}=13.9h$，$[B]_{max}=0.5mol\cdot dm^{-3}$，A、B、C 浓度随时间变化示意图（略）

40. 光气热分解的总反应为 $COCl_2 = CO+Cl_2$，该反应的历程为

(1) $Cl_2 \underset{k_{-1}}{\overset{k_1}{\rightleftharpoons}} 2Cl$

(2) $Cl+COCl_2 \xrightarrow{k_2} CO+Cl_3$

(3) $Cl_3 \underset{k_{-3}}{\overset{k_3}{\rightleftharpoons}} Cl_2+Cl$

其中反应 (2) 为决速步，(1)、(3) 是快速对峙反应，试导出以产物 CO 表示的速率方程。

答案：$d[CO]/dt=k[COCl_2][Cl_2]^{1/2}$，式中 $k=k_2(k_1/k_{-1})^{1/2}$

41. $H_2(g)+I_2(g) \longrightarrow 2HI(g)$ 反应机理如下：

$$I_2 \underset{k_{-1}}{\overset{k_1}{\rightleftharpoons}} 2I,\ 2I+H_2 \xrightarrow{k_2} 2HI$$

请导出以产物 HI 表示的速率公式，并讨论在何条件下，与双分子反应的速率公式一致及其

$E_{表}$ 的表达式。

答案：在 $H_2$ 的压力较低或逆反应速率大大地大于第2步反应时，即 $k_2[H_2] \ll k_{-1}$，$E_{表}=E_{a,1}+E_{a,2}-E_{a,-1}$

42. 反应　$A+2B \longrightarrow P$ 的可能历程如下：

$$A+B \underset{k_{-1}}{\overset{k_1}{\rightleftharpoons}} I$$

$$I+B \xrightarrow{k_2} P$$

其中I为不稳定的中间产物。若以产物P的生成速率表示反应速率，试问：

(1) 什么条件下，总反应表现为二级反应？

(2) 什么条件下，总反应表现为三级反应？

(3) $E_{表}$ 的表达式。

答案：(1) $k_{-1} \ll k_2[B]$，二级反应；(2) $k_{-1} \gg k_2[B]$，三级反应；(3) $E_{表}=E_{a,1}+E_{a,2}-E_{a,-1}$

43. 气相反应 $H_2+Cl_2 \longrightarrow 2HCl$ 的机理为：

$$Cl_2+M \xrightarrow{k_1} 2Cl+M$$

$$Cl+H_2 \xrightarrow{k_2} HCl+H$$

$$H+Cl_2 \xrightarrow{k_3} HCl+Cl$$

$$2Cl+M \xrightarrow{k_4} Cl_2+M$$

试证：

$$\frac{dc_{HCl}}{dt}=2k_2\left(\frac{k_1}{k_4}\right)^{1/2} c_{H_2} c_{Cl_2}^{1/2}$$

44. 反应　$2H_2O_2 \longrightarrow 2H_2O+O_2$ 的反应机理为：

$$H_2O_2+I^- \xrightarrow{k_1} H_2O+IO^- \qquad (a)$$

$$H_2O_2+IO^- \xrightarrow{k_2} H_2O+I^-+O_2 \qquad (b)$$

其中：$I^-$ 为催化剂。

求 (1) 设 $IO^-$ 处于稳态，试证明反应速率方程为 $dc_{O_2}/dt=kc_{I^-}c_{H_2O_2}$

(2) 若设 (a) 为快速平衡，试推导反应速率方程。

答案：(2) $dc_{O_2}/dt=kc_{I^-}c_{H_2O_2}^2$，(其中 $k=k_2K_c/c_{H_2O}$)

45. 某双原子分子分解反应的阈能为 $83680J \cdot mol^{-1}$，试问 (1) 27℃及 (2) 227℃时具有足够能量能够分解的分子占分子总数的百分数为多少？

答案：(1) $2.7 \times 10^{-13}\%$；(2) $1.81 \times 10^{-7}\%$

46. 某气相双分子反应，$2A(g) \longrightarrow B(g)+C(g)$，能发生反应的阈能为 $1 \times 10^5 J \cdot mol^{-1}$，已知A的相对分子质量为60，分子的直径为0.35nm，试计算在300K时，速率方程 $r=\frac{1}{\nu_A} \times \frac{dc_A}{dt}=kc_A^2$ 中速率常数 $k$ 值。

答案：$k=2.06 \times 10^{-10} mol \cdot m^3 \cdot s^{-1}$

47. 原子A、B在固体催化剂表面反应形成AB，该表面反应的速率可表示为：$r=kc_Ac_B$，$c_A$ 和 $c_B$ ($mol \cdot m^{-2}$) 为表面浓度。假定表面所有吸附的物质是二维气体，且产物

AB能在表面自由转动，试估算298K时的速率常数 $k$ 值。设反应的活化能为零。估算时取每个平动自由度的 $f_t=10^{10}\,m^{-1}$，每个转动自由度的 $f_r=10$，除沿反应坐标的振动之外的其他振动自由度的 $f_v=1$。

答案：$k=10^{18}\,m^2\cdot mol^{-1}\cdot s^{-1}$

48. 在285℃时，二乙酰单分子分解反应的指前因子是 $8.7\times10^{15}\,s^{-1}$，试计算该反应的活化熵。

答案：$\Delta_r^{\neq}S_m^{\ominus}=46.6\,J\cdot K^{-1}\cdot mol^{-1}$

49. 乙烯丙烯醚重排反应，在423～473K之间，实验测得

$$k=5.00\times10^{11}\exp\left(\frac{-128\,kJ\cdot mol^{-1}}{RT}\right)s^{-1}$$

求该反应在 $T=473K$ 时的 $\Delta_r^{\neq}H_m^{\ominus}$、$\Delta_r^{\neq}S_m^{\ominus}$，并解释 $\Delta_r^{\neq}S_m^{\ominus}$ 之结果。

答案：$\Delta_r^{\neq}H_m^{\ominus}=124\,kJ\cdot mol^{-1}$，$\Delta_r^{\neq}S_m^{\ominus}=-33.1\,J\cdot mol^{-1}\cdot K^{-1}$，$\Delta_r^{\neq}S_m^{\ominus}<0$

说明过渡态较反应物分子有一更紧密或更有序的结构

50. 实验测定了过硫酸根离子与碘离子在不同离子强度下的反应速率常数，现取其中二点，数据如下：

| $I/10^{-3}\,mol\cdot dm^{-3}$ | 2.45 | 12.45 |
|---|---|---|
| $k/dm^3\cdot mol^{-1}\cdot s^{-1}$ | 1.05 | 1.39 |

试求 $Z_AZ_B$ 的值。[$A=0.51(kg\cdot mol^{-1})^{1/2}$]

答案：$Z_AZ_B=1.93\approx2$

51. 对于反应 $Cr(H_2O)_6^{3+}+SCN^-\longrightarrow Cr(H_2O)_5SCN^{2+}+H_2O$ 得到如下数据：

| $I\ (\times10^3)$ | 0.4 | 0.9 | 1.6 | 2.5 | 4.9 | 10.0 |
|---|---|---|---|---|---|---|
| $k/k_0$ | 0.87 | 0.81 | 0.76 | 0.71 | 0.62 | 0.50 |

(1) 试根据以上实验事实，(作图) 分析此反应的活化络合物应具有什么性质？

(2) 逆反应速率对离子强度的依赖关系是什么？

答案：(1) 生成的活化络合体即为二种离子的结合：$[Cr(H_2O)_6SCN]^{2+}$；

(2) 在逆反应中，其中一个物质不带电荷，速率常数与离子强度无关。

52. 将基元反应碰撞理论应用于扩散控制的溶液反应，可得 $k_d=4\pi(D_A+D_B)(r_A+r_B)$，式中 $D_A$，$D_B$ 为反应物的扩散系数，可应用Stockes-Einstein扩散系数方程 $D_i=(k_BT)/(6\pi\eta r_i)$ 计算，$\eta$ 为溶剂的黏度系数。今在正己烷中研究碘原子复合反应，已知 $\eta(298K)=3.26\times10^{-4}\,kg\cdot m^{-1}\cdot s^{-1}$，请计算碘原子在正己烷中298K时的复合速率常数。

答案：$k_d=2.03\times10^7\,mol^{-1}\cdot m^3\cdot s^{-1}=2.03\times10^{10}\,mol^{-1}\cdot dm^3\cdot s^{-1}$

53. 已知298K时溶剂水的黏度 $\eta_1=8.973\times10^{-4}\,kg\cdot m^{-1}\cdot s^{-1}$，308K时其黏度为 $\eta_2=7.725\times10^{-4}\,kg\cdot m^{-1}\cdot s^{-1}$。试求以水为溶剂时扩散控制反应的活化能。已知 $\eta=A\exp\left(\frac{E_a}{RT}\right)$。

答案：$E_a=11.43\,kJ\cdot mol^{-1}$

54. 中性分子间反应 $A+B\longrightarrow P$，$r_A=294\,pm$，$r_B=825\,pm$ ($1\,pm=10^{-12}\,m$)，在黏度 $\eta=2.37\times10^{-3}\,kg\cdot m^{-1}\cdot s^{-1}$ 的溶剂中反应，当初始浓度 $c_{A,0}=0.15\,mol\cdot dm^{-3}$，$c_{A,0}=0.330\,mol\cdot dm^{-3}$ 时，求40℃时扩散控制的初始反应速率。已知 $D_i=\frac{k_BT}{6\pi\eta r_i}$。

答案：$r_0=k_d c_{A,0} c_{B,0}=3.7\times10^9\times0.33\times0.15=1.83\text{mol}\cdot\text{dm}^{-3}\cdot\text{s}^{-1}$

55. 用 10W 吸收强度（即被辐射系统单位时间吸收 10W）和平均波长 550nm 的光照射一株藻类 100s，来测定其光合成效率，所产生的氧是 $5.75\times10^{-4}$mol，计算 $O_2$ 生成的量子产率（$h=6.6261\times10^{-34}\text{J}\cdot\text{s}, L=6.022\times10^{-23}\text{mol}^{-1}$，$c=2.99792458\times10^{-23}\text{m}\cdot\text{s}^{-1}$）。

答案：$\phi=0.125$

56. 用汞灯照射溶解在 $CCl_4$ 溶液中的氯气和正庚烷。由于 $Cl_2$ 吸收了 $I_0$（$\text{mol}\cdot\text{dm}^{-3}\cdot\text{s}^{-1}$）的辐射引起链反应：

$$Cl_2+h\nu\xrightarrow{I_0}2Cl$$

$$Cl+C_7H_{16}\xrightarrow{k_2}HCl+C_7H_{15}$$

$$C_7H_{15}+Cl_2\xrightarrow{k_3}C_7H_{15}Cl+Cl$$

$$C_7H_{15}\xrightarrow{k_4}\text{断链}$$

试写出 $-\text{d}[Cl_2]/\text{d}t$ 的速率表达式并求反应的量子产率。

答案：$-\dfrac{\text{d}[Cl_2]}{\text{d}t}=I_0\left(1+\dfrac{2k_3}{k_4}[Cl_2]\right)$，$\phi=-\dfrac{\text{d}[Cl_2]}{\text{d}t}/I_0=1+\dfrac{2k_3}{k_4}[Cl_2]$

57. 氢在氧化铬催化剂上吸附量 $V$（标准状况下的 $\text{cm}^3$）与吸附时间 $t$ 服从下式：$V=5.85(1-e^{-0.16t})$，试求：

(1) 初始吸附速率；

(2) 第 10min 的吸附速率；

(3) 10min 内的平均吸附速率。

答案：(1) $r_0=0.936\text{cm}^3\cdot\text{min}^{-1}$；(2) $r_{10}=0.194\text{cm}^3\cdot\text{min}^{-1}$；(3) $r_{\text{平均}}=0.467\text{cm}^3\cdot\text{min}^{-1}$

58. 1000℃时，$NH_3$ 在铂催化剂上分解 $2NH_3 = N_2+3H_2$。已知 $H_2$ 在催化剂上强吸附，试推导分解反应的速率方程。

答案：分解反应的速率方程 $r=k'p_{NH_3}/p_{H_2}$，其中 $k'=kb_A/b_B$

59. 在某种条件下，$O_2$和 CO 反应，在石英表面其反应速率正比于 $O_2$ 的压力 $p_{O_2}$，反比于 CO 的压力 $p_{CO}$。试用催化动力学方法，讨论何者是强吸附？

答案：CO 是强吸附，$r=\dfrac{kb_{O_2}p_{O_2}}{b_{CO}p_{CO}}=k'\dfrac{p_{O_2}}{p_{CO}}$

60. 设反应物 A 和 B 在催化剂表面的反应机理为爱利-里迪尔（E-R）机理，即

吸附：$$A+K\underset{k_d}{\overset{k_{ad}}{\rightleftharpoons}}AK\ \text{（快速平衡）}$$

表面反应：$$AK+B(g)\xrightarrow{k_s}ABK\ \text{（慢）}$$

产物脱附：$$ABK\longrightarrow AB+K\ \text{（快）}$$

式中，K 为催化剂表面活性中心，$k_{ad}$、$k_d$ 和 $k_s$ 分别为反应物 A 的吸附速率常数、脱附速率常数和表面反应速率常数。请导出 E-R 机理的速率方程。（假设产物吸附很弱，且被吸附的反应物 B 不参与表面反应）

答案：$r=-\dfrac{\text{d}p_A}{\text{d}t}=\dfrac{k_s b_A p_A p_B}{1+b_A p_A+b_B p_B}$

# 参 考 文 献


[1] 傅献彩，沈文霞，姚天扬，等．物理化学．5版．北京：高等教育出版社，2005（上册），2006（下册）.

[2] 印永嘉，奚正楷，张树永．物理化学简明教程．4版．北京：高等教育出版社，2008.

[3] 胡英．物理化学．5版．北京：高等教育出版社，2007.

[4] Atkins P W，de Paula J. Physical Chemistry. 8th ed. Oxford：Oxford University Press，2006.

[5] Levine Ira N. Physical Chemistry. 5th ed. New York：McGraw-Hill Inc.，2001.

[6] Berry R S，Rice S A，Ross J. Physical Chemistry. New York：John Wiley & Sons，1980.

[7] 傅鹰．化学热力学导论．北京：科学出版社，1963.

[8] 韩德刚，高执棣．化学热力学．北京：高等教育出版社，1997.

[9] 范康年，陆靖等．物理化学．2版．北京：高等教育出版社，2005.

[10] Poling B E，Prausnitz J M，O'Connell J P. The Properties of Gases and Liquids. New York：McGraw-Hill，2004.

[11] [英] 登比 K G．化学平衡原理．4版．戴冈夫，谭曾振，韩德刚，译．北京：化学工业出版社，1985.

[12] 周公度，段连运．结构化学基础．4版．北京：北京大学出版社，2008.

[13] Levine I N. Physical Chemistry. 2th ed. McGraw-Hill，Inc. 1983.：物理化学（上）．褚德萤，李芝芬，张玉芬，译．物理化学（下）．李芝芬，张玉芬，褚德萤，译．北京：北京大学出版社，1987.

[14] 唐有祺．统计热力学及其在物理化学中的应用．北京：科学出版社，1964.

[15] 朱文浩，顾毓沁．统计物理学基础．北京：清华大学出版社，1983.

[16] Wright M R. An Introduction to Chemical Kinetics. New York：John Wiley & Sons Ltd.，2004.

[17] 艾林 H，林 S H，林 S M. 基础化学动力学．王作新，潘强余，译．北京：科学出版社，1984.

[18] 韩德刚，高盘良．化学动力学基础．北京：化学工业出版社，1987.

[19] 朱步耀，赵振国．界面化学基础．北京：化学工业出版社，1996.

[20] Morrison S R．表面化学物理．赵璧英，刘英骏，等译．北京：北京大学出版社，1984.

[21] Satterfield C N. 实用多相催化．庞礼，等译．北京：北京大学出版社，1990.

[22] Shaw D J. Introduction to Colloid & Surface Chemistry. 4th ed．London：Butterworth-Heinemann，1999.

[23] Chorkendorff I，Niemantsverdriet J W. Concepts of Modern Catalysis and Kinetics. Weinheim：Wiley-VCH Verlag GmbH & CO.，2003.

[24] 王文兴．工业催化．北京：化学工业出版社，1978.